高等学校化学基础课程系列教材

无机及分析化学

主　编　焦运红　韩　冰　马海云　赵晓珑　马志领
副主编　霍国燕　贾　光　周国强　于丽青　王红强

科学出版社

北　京

内 容 简 介

本书是在河北省精品课程"无机及分析化学"教学内容的基础上，根据河北省一流学科的要求编写而成的。

本书第1~3章原子结构、分子结构基础、物质状态与性质从微观和宏观结构两方面强化了化学理论基础。第4、5章重点阐述了热力学标准状态、平衡态、反应进度、平衡常数、活度商等化学原理基础知识的理解和运用。第6章化学计量与测定基础讨论了影响科学数据准确度的因素，为后续课程打下基础。第7~14章探讨水溶液中化学平衡和化学分析方法，作为化学原理的实际应用，体现了理论与实践的结合。第15章是以教师的科研成果为依托的教学案例，引导学生将所学知识运用于实际，提高学生分析问题、解决问题的综合能力。

本书可作为高等学校理工、农林、医药等相关专业本科一年级学生的教材。

图书在版编目（CIP）数据

无机及分析化学/焦运红等主编. —北京：科学出版社，2021.9
高等学校化学基础课程系列教材
ISBN 978-7-03-066722-9

Ⅰ. ①无… Ⅱ. ①焦… Ⅲ. ①无机化学-高等学校-教材②分析化学-高等学校-教材 Ⅳ. ①O61②O65

中国版本图书馆 CIP 数据核字（2020）第 216289 号

责任编辑：赵晓霞 李丽娇 / 责任校对：杨 赛
责任印制：赵 博 / 封面设计：陈 敬

科学出版社出版
北京东黄城根北街 16 号
邮政编码：100717
http://www.sciencep.com
三河市骏杰印刷有限公司印刷
科学出版社发行 各地新华书店经销

*

2021 年 9 月第 一 版 开本：787×1092 1/16
2024 年 8 月第四次印刷 印张：25 插页：1
字数：615 000
定价：89.00 元
（如有印装质量问题，我社负责调换）

序

化学是中心的、实用的、创造性的学科，其发展不仅推动了生物、医学、药学、材料、能源、信息等相关学科的发展，同时也受益于这些学科的发展，它们密切联系，相互促进。化学与人类社会的生存和发展密切相关，人们的衣食住行和健康等均离不开化学。化学不断发现新理论、发明新技术、创造新物质，以满足人类社会可持续发展的需求。当前，建设可持续发展社会与文明转型已成为我国社会发展的共识，这对化学教学提出了新的要求。

无机及分析化学是高等学校相关专业化学教育的入门课程。河北大学无机及分析化学教学团队在多年课程建设的基础上，根据化学及相关学科的发展方向，打破局部考量，立足科学性、系统性、实践性和前瞻性，创新性地进行教学内容重组和结构再造，编写了这本具有显著特色的《无机及分析化学》教材。

该书加强了课程体系整体设计，以化学理论基础为核心内容，探讨物质的结构、制备及相互之间化学变化的本质所在，引导学生将宏观的热力学数据与微观的结构因素联系起来，预测和判断化学反应发生的可能性及化合物的稳定性等，有利于促进知识、能力、素质有机融合。例如，第 11 章固体难溶电解质，首先介绍了化学平衡之一——溶度积规则，引导学生理解一般与个别的异同性；其次从化学结构的内因到溶液体系的外因讨论影响沉淀的生成或溶解的因素，并引出有关基本知识点，培养学生的科学思维能力；然后以晶核的形成和晶体的生长为出发点，合理取舍，讨论晶种供给速率对沉淀形态影响的动态过程；最后在溶度积规则的应用实例中介绍了侯氏联合制碱法，引入相关的课程思政内容，帮助学生树立正确的人生观、价值观和世界观。

为适应当前精准合成的要求，该书把传统教学模式中分析化学围绕测定准确度讲解的"物质的型体分布"和"沉淀生成或溶解条件的调控"等内容做了梳理和扩充，并应用分子结构、化学热力学和动力学等一般理论进行了分析，以培养学生解决复杂问题的综合思维能力。

可持续发展是一种重要的理念，该书也体现了这一点。该书第 15 章以生物质综合利用和水性铝粉颜料的制备原理为教学案例，引导学生形成"在原料选择、生产工艺制订、确定产品的使用和储存条件等过程中，按照产品应用的领域和条件决定选用材料的性质，而材料的性质由其组成和结构决定"的思路，结合环境保护和绿色生产，将碳达峰、碳中和、碳减排等理念融入教学过程中，加大研究性、创新性、综合性内容所占的比重，科学"增负"，使教学内容体现前沿性和时代性，知识结构体现学科交叉融合性。

该书设计了科教融合一体的教学体系，组织了基础知识、学科前沿和社会需求相统一的教学内容，以及与化学助力生态平衡有机融合的综合教学案例，将可持续发展教育理念融入教学。我相信，该书的出版将有助于读者了解和掌握化学理论知识，顺利跨入化学科学的大门。

第六届国家教学名师奖获得者

2018～2022 年教育部高等学校大学化学课程教学指导委员会副主任委员

前　言

本书是在河北省精品课程"无机及分析化学"教学内容的基础上，根据河北省一流学科的要求编写而成的，是大学的第一门化学基础课程教材。

本书以"化学助力生态平衡"为指导思想，注重教学与科研、理论与应用相结合，将科研成果引入教材，使教学内容贴近学科前沿；重新设计教材体系，将传授知识与培养能力和素质有机融合，提高学生分析问题、解决问题的综合能力。本书主要具有以下特点。

(1) 重视基础。本书可分为三大部分：①第 1~3 章。从光的性质引申到电子的性质，引导学生正确理解原子核外电子的运动状态、各类化学键和微观粒子间作用力的本质，进而理解物质的结构决定性质。以"相似相溶原理"初步认识科学研究是从用途到性质再到物质结构的思维路线。第 3 章进一步强化了结构决定性质，让学生认识外界因素对结构和性质的影响。②第 4~6 章。第 4、5 章讲述物质在化学变化过程中伴随的能量变化、化学反应的方向及反应进行限度、化学反应速率等基本问题。第 6 章讨论了影响科学数据的准确度的因素，注重热力学标准状态、平衡态、反应进度、平衡常数、活度商、精密度、准确度等基本概念的运用，为后续课程打下基础。③第 7~15 章。第 7~14 章探讨水溶液中的化学平衡和化学分析方法，体现了理论与实践的结合。第 15 章是以教师科研成果为依托的教学案例，引导学生将所学知识运用于实际，提高分析问题、解决问题的综合能力。

(2) 强化创新。为适应新科技革命、新产业革命、新经济背景下我国高等教育新思维、新方式，在多年课程建设的基础上，编者创新性地进行了教学内容重组和结构再造。例如，在第 7 章、第 9 章、第 11 章和第 13 章，不再局限于化学平衡的讨论，而是分别从内因(物质结构)、外因(溶液的浓度、温度、压力等)两方面介绍了影响物质性质的因素，以及如何控制条件调控物质的型体分布。再如，第 8 章舍去常规实例，增加了与学科前沿更加贴近的测定活性炭羧基、羟基和酯基的"Boehm 滴定法"，材料研究和表面活性剂生产中常用的"酸式磷酸酯组分的测定"；第 2 章编写了中国科学院国家纳米科学中心有关氢键的实空间成像。

(3) 融入课程思政。编写了侯氏联合制碱法等与教学内容相关的课程思政内容，在课堂教学的同时，帮助学生了解爱国科学家，树立正确的人生观、价值观和世界观。

本书由河北大学无机及分析化学教学团队的全体成员共同完成。其中，焦运红负责全书的统筹设计、规划、校正等；其他团队成员分工明确，共同完成书稿的编写工作；教学团队负责人马志领将自己三十余年的教学和科研体会融入教材的编写中，为本书提升创新特色提供了保障。

在本书编写过程中，得到了河北大学许多同仁的大力支持，王献玲老师为本书收集了部分数据并进行了核对等工作，在此谨向他们致以诚挚的谢意。感谢河北省精品课程(2004 年)、河北大学一流本科课程(2019 年)、河北省一流本科课程(2020 年)经费的资助。

本书虽经过多次修改，也经过多年的学生试用，但由于编者水平有限，难免存在疏漏和不足，欢迎使用本书的教师和学生提出宝贵意见！

编　者

2020 年 12 月

目　　录

第1章 原子结构

人类在长期的生产实践和科学实验中，接触到的物质种类很多，性质千差万别。不同物质在性质上的差异是物质的内部结构不同引起的。在化学反应中，原子核并不发生变化，变化的只是核外电子的运动状态。因此，要了解物质的性质及其变化规律，首先必须了解原子的内部结构，特别是核外电子的运动状态。本章将从微观粒子的特征出发，运用量子力学的观点定性地介绍氢原子和多电子原子中电子的运动状态和所遵循的运动规律。

1.1 微观粒子的特征

看得见摸得着的物质通常称为宏观物体，电子、原子、分子等在高倍显微镜下看不到、空间线度小于 10^{-8}m 的微小粒子称为微观粒子。微观粒子的运动规律与宏观物体的运动规律有本质的不同，它们具有量子化、波粒二象性和统计行为的特征。

1.1.1 量子化

在经典物理学中，对体系物理量变化的最小值没有限制，它们可以任意连续变化。例如，长度的单位可以是米(m)、厘米(cm)，也可以是埃(Å)等，要多小可以取多小；面积、时间和速度等的变化也是如此。这些物理量的变化没有最小结构单位，我们称之为连续的。但在量子力学中，物理量只能以确定的大小一份一份地进行变化，具体一份有多大要随体系所处的状态而定。例如，带电体所带的电量，只能是一个基本电荷电量($1.602×10^{-19}$C)的整数倍。这种物理量只能取某些分离数值的特征称为量子化(quantization)。1803 年，道尔顿(John Dalton，1766—1844，英国物理学家、化学家)所著的《化学哲学新体系》全面阐述了化学原子论的思想：元素是由非常微小的、看不见的、不可再分割的原子组成；原子不能创造，不能毁灭，也不能转变，所以在一切化学反应中都保持自己原有的性质；同一种元素的原子形状、质量及性质都相同，不同元素的原子的形状、质量及性质则不相同，原子的质量(而不是形状)是元素最基本的特征；不同元素的原子以简单的数目比例相结合，形成化合物。化合物的原子称为复杂原子，它的质量等于其组合原子质量的和。原子论明确了原子是构成物质的最小单位。

物理量的量子化只有在微观世界才有意义。对宏观世界，量子化并不占重要地位，如电流，严格说它有最小结构单位——电子，但相对于数量宏大的电子流，电子的大小可忽略，从宏观上看，电流是连续的。因此，量子化是微观粒子的特征。下面从"光"开始探讨微观粒子的量子化特征。

1. 光的量子化特征

1900 年，普朗克(Max Karl Ernst Ludwig Planck，1858—1947，德国物理学家)在研究黑体辐射时提出了著名的量子假说——物质吸收或发射的能量是不连续的。普朗克的量子论成功地解释了热辐射现象，也开启了现代量子理论的大门。1905 年爱因斯坦(Albert Einstein，1879—1955，德国物理学家)应用普朗克的量子论成功地解释了光电效应，提出了光子学说：

(1) 光是一束光子流，每一种频率的光的能量都有一个最小单位，称为光量子(light quantum)，简称光子(photon)。光子的能量与光子的频率成正比，即

$$E = h\nu \tag{1-1}$$

(2) 光子不但有能量(E)，还有质量(m)，但光子的静止质量为零。根据相对论的质能关系式 $E = mc^2$，则光子的质量：

$$m = \frac{E}{c^2} = \frac{h\nu}{c^2} = \frac{h}{c\lambda} \tag{1-2}$$

所以不同频率的光子有不同的质量。

(3) 光子具有一定的动量：

$$p = mc = \frac{h\nu}{c} = \frac{h}{\lambda} \tag{1-3}$$

式中：h 为普朗克常量，$h = 6.626 \times 10^{-34} \mathrm{J \cdot s}$；$\nu$ 为光的频率；λ 为光的波长；c 为光速，$c = 2.99792458 \times 10^8 \mathrm{m \cdot s^{-1}}$。

(4) 光的强度取决于单位体积内光子的数目，即光子的密度。

光子学说不仅指出光具有明显的粒子性，也说明了光能的不连续性——具有量子化特征。微观粒子能量是量子化的更为重要的证据是原子光谱，它证实了原子能量具有量子化特征。

2. 氢原子光谱——原子能量的量子化特征

一束白光通过三棱镜折射后，由于折射率不同，会呈现出颜色渐变的光谱，称为连续光谱(continuous spectrum)。例如，自然界中，雨后天空中的彩虹是连续光谱。以火焰、电弧、电火花等方法灼烧化合物时发出的光经三棱镜折射在屏幕上，得到一系列不连续的谱线，称为线状光谱(line spectrum)。线状光谱是由游离状态的原子发射的，也称为原子光谱(atomic spectrum)。许多情况下光是由原子内部电子的运动产生的，因此光谱研究是探索原子结构的重要途径之一。原子不同，发射的光谱也不同，每一种元素的原子只能发出具有其特征的线状光谱，称为原子的特征谱线，可作为现代光谱分析的基础。

原子光谱中以氢原子光谱最简单。在真空管中充入少量高纯的氢气，通过高压放电，氢分子电离为游离状态的氢原子并发光；氢气可以产生可见光、紫外光和红外光，这些光经过三棱镜分成一系列按波长大小排列的线状光谱，即氢原子光谱(图 1-1)。仔细观察图 1-1，可看到氢原子光谱在可见光区有四条比较明显的谱线，通常表示为：$H_\alpha(\lambda = 652.2\mathrm{nm})$，$H_\beta(\lambda = 486.1\mathrm{nm})$，$H_\gamma(\lambda = 434.0\mathrm{nm})$，$H_\delta(\lambda = 410.2\mathrm{nm})$。从 H_α 到 H_δ 谱线间隔越来越小，直到最后与该系极限合并为止。1885 年，巴耳末(Johann Jakob Balmer, 1825—1898, 瑞士数学家、物理学家)对当时已知的、在可见光区的 14 条谱线作了分析，发现这些谱线的波长可以用公式表示为

$$\lambda = B\frac{n^2}{n^2 - 4} \tag{1-4}$$

式中：B 为常数，$B = 3.6546 \times 10^{-7}\mathrm{m}$；$n = 3,4,5,\cdots$。

或表示为
$$\tilde{\nu} = \frac{1}{\lambda} = R\left(\frac{1}{2^2} - \frac{1}{n^2}\right) \tag{1-5}$$

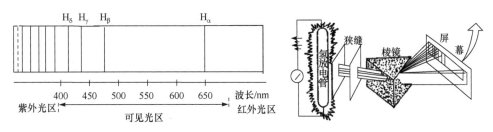

图 1-1 氢原子光谱实验示意图

式中：$\tilde{\nu}$ 为波数，cm^{-1}；$R=1.0973731\times10^7m^{-1}$。

式(1-5)称为巴耳末公式，他确定的这一组谱线称为巴耳末系(656~365nm)。可以看出，n 只能取整数，不能连续取值，波长也只会是分立的值。后来发现的氢光谱，莱曼(Theodore Lyman，1874—1954，美国物理学家)研究了位于紫外光波段(122~91.1nm)的谱线——莱曼系；帕邢(Friedrich Paschen，1865—1947，德国物理学家)研究了位于红外光波段(1870~820nm)的谱线——帕邢系。帕邢系和莱曼系也都满足与巴耳末公式类似的关系式。

1913 年，里德伯(Johannes Rober Rydberg，1854—1919，瑞典物理学家、数学家)在莱曼、巴耳末和帕邢等工作的基础上，找出了一个相当简单的数学表达式来表明所有谱线的位置，这个表达式就是里德伯公式：

$$\tilde{\nu}=R_H\left(\frac{1}{n_1^2}-\frac{1}{n_2^2}\right) \tag{1-6}$$

式中：R_H 为里德伯常量，由实验准确测得 $R_H=1.0967758\times10^7m^{-1}$；$n_1$ 和 n_2 为正整数，而且 $n_2>n_1$。例如，当 $n_1=2$，$n_2=3$ 时，则 $\tilde{\nu}=R_H\left(\frac{1}{n_1^2}-\frac{1}{n_2^2}\right)=1.0967758\times10^7m^{-1}\times\left(\frac{1}{2^2}-\frac{1}{3^2}\right)=15233.00cm^{-1}$，$\lambda=656.5nm$。与图 1-1 比较可知，这就是巴耳末系中的第一条谱线。n_2 分别取 4、5、6 等做类似的计算可以得出氢原子光谱中巴耳末系的所有谱线。若令 $n_1=1$，可以计算莱曼系的所有谱线。因此，里德伯公式在一定程度上反映了氢原子光谱的规律性。

3. 玻尔理论

1913 年，玻尔(Niels Henrik David Bohr，1885—1962，丹麦物理学家)吸取了普朗克的电磁辐射的量子理论和爱因斯坦的光子学说的最新成就，在卢瑟福(Ernest Rutherford，1871—1937，英国物理学家)有核原子模型的基础上提出了一个可以计算氢原子光谱谱线位置的玻尔原子模型，称为玻尔理论。玻尔理论的三大假设如下：

(1) 定态假设：原子系统只能处在一系列不连续的能量状态。在这些状态中，电子在一些特定的轨道上做加速运动，不辐射电磁波，这些状态称为原子的稳定状态，简称定态或能级，不同的能级具有不同的能量。这个假设是经验性的，但解决了原子的稳定问题。按照经典电磁理论，电子绕原子核做变速运动，会向外辐射电磁波，使电子向原子核靠近，最后导致原子结构的破坏。

(2) 跃迁假设：当原子从一能量为 E_n 的定态跃迁到另一能量为 E_m 的定态时，要吸收或放出一个频率为 ν_{mn} 的光子。

$$\nu_{mn} = \frac{|E_n - E_m|}{h} \qquad \text{(玻尔频率公式)} \tag{1-7}$$

这个假设是从普朗克量子假设引申而来的，很好地解释了原子光谱的起源问题。

(3) 量子化条件：核外电子绕核运动时，其稳定态必须满足电子的角动量 M 等于 $\frac{h}{2\pi}$ 的整数倍的条件，即

$$M = mvr = n\frac{h}{2\pi} = n\hbar \qquad n = 1, 2, 3, \cdots \text{(角动量量子化条件)} \tag{1-8}$$

式中：$m = 9.11 \times 10^{-31}$ kg，为电子质量；v 为电子运动速度；r 为圆形轨道的半径；h 为普朗克常量；$\hbar$ 为约化普朗克常量。

根据玻尔理论电子绕核做圆周运动的模型及角动量量子化条件假设，可以计算出原子处于各定态时的电子轨道半径 r：

$$r = \frac{\varepsilon_0 n^2 h^2}{\pi m e^2} \qquad n = 1, 2, 3, \cdots \tag{1-9}$$

式中：e 为电子电荷(1.602×10^{-19}C)；n 为轨道能级；ε_0 为真空介电常量(8.85×10^{-12}F · m^{-1})。$r_n = 0.529 \times 10^{-10} n^2$，$n = 1, 2, 3, \cdots$（正整数）。当 $n = 1$ 时，$r_1 = 0.529 \times 10^{-10}$ m $= 52.9$pm，即玻尔半径，通常用 a_0 表示。电子处在原子半径为 r_n 的轨道上运动时，可计算出氢原子系统的能量 E_n：

$$E_n = -\frac{1}{n^2}\left(\frac{me^4}{8\varepsilon_0^2 h^2}\right) = -\frac{13.6}{n^2}\text{eV} \qquad n = 1, 2, 3, \cdots \text{(能量量子化的条件)} \tag{1-10}$$

当 $n = 1$ 时，$E_1 = -13.6$eV，即基态；$n > 1$ 的各稳定态称为激发态；当 $n \to \infty$ 时，$r_n \to \infty$，$E_n \to 0$，能级趋向于连续。利用玻尔假设所得的结论，可以得到氢原子光谱的波数公式：

$$\tilde{\nu} = \frac{1}{\lambda} = \frac{\nu}{c} = \frac{|E_n - E_m|}{hc} = \frac{me^4}{8\varepsilon_0^2 h^3 c}\left(\frac{1}{n_1^2} - \frac{1}{n_2^2}\right) \qquad \left(R = \frac{me^4}{8\varepsilon_0^2 h^3 c} = 1.0973731 \times 10^7 \text{m}^{-1}\right) \tag{1-11}$$

与氢原子光谱经验公式是一致的，R 的理论值与实验值符合得很好。

【例 1-1】 计算氢原子的电子从第三层轨道($n = 3$)跃迁到第二层轨道($n = 2$)时，发射出光子的波长。

解 根据玻尔理论假设：

$$\tilde{\nu} = \frac{1}{\lambda} = R_{\text{H}}\left(\frac{1}{n_1^2} - \frac{1}{n_2^2}\right) = 1.0973731 \times 10^7 \text{m}^{-1}\left(\frac{1}{3^3} - \frac{1}{2^2}\right)$$

$$\lambda = 652.2\text{nm}$$

上述波长恰好是氢原子光谱中巴耳末系的第一条谱线，这是电子从轨道 $n = 3$ 跃迁到轨道 $n = 2$ 所发射谱线的波长。用相同的方法，可以得到氢原子光谱中所有谱线的波长，并且计算值与实验值非常吻合。

因此，玻尔推导的公式与里德伯公式完全一致，并且里德伯常量的计算值与实验值也相符合。这就从理论上解释了氢原子光谱的规律性。应当指出的是：由玻尔假设所得到的氢原子光谱的波数公式中的 n_1 和 n_2 有着如图 1-2 所示的明确的物理意义，它们分别表示不同的轨道。

玻尔理论引进了量子化的概念，成功解释了氢原子光谱，但不能说明多电子原子的光谱，也不能解释氢原子光谱的每条谱线均有数条波长相差极小的谱线组成的事实，更不能说明电子在一定轨道上稳定存在的原因。并且，玻尔理论虽然以经典理论为基础，而定态假设又和经典理论相抵触；量子化条件的引入没有适当的理论解释；对谱线的强度、宽度、偏振等无法处理。

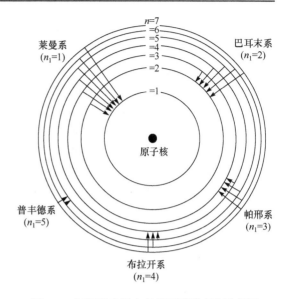

图 1-2　氢原子光谱中各线系谱线产生示意图

1.1.2　波粒二象性

1. 实物和场

按照 19 世纪前人们对自然界的认识，物质的基本类型只局限于实物和场两种。光、电、声、磁等属于场，具有波动性。1801 年，杨 (Thomas Young，1773—1829，英国物理学家)完成了杨氏双缝实验，并引入光的干涉的概念，论证了光的波动说。而实物微粒则指静止质量不为零的微观粒子，如分子、原子和中子等。但是，许多实验结果之间出现了难以解释的矛盾。例如，爱因斯坦研究光电效应展示了光具有粒子性的一面——实物。又如，原本被认为是一种场的电，1897 年被汤姆孙(Joseph John Thomson，1856—1940，英国物理学家)的阴极射线实验证明，是由带负电荷的微粒(电子)组成。即光和电这些场也具有实物的粒子性。

物理学家相信，这些表面上的矛盾势必有其深刻的根源。1923 年，德布罗意(Louis Victor de Broglie，1892—1987，法国理论物理学家)最早想到了这个问题，并且大胆地设想：爱因斯坦对于光子建立起来的两个关系式会不会也适用于实物粒子，即实物粒子也同样具有波动性。为了证实这一设想，1923 年德布罗意提出了电子衍射实验的设想。1927 年，戴维森(Clinton Joseph Davisson，1881—1958，美国实验物理学家)和革末(Lester Halbert Germer，1896—1971，美国物理学家)用电子束射到镍晶体上的衍射实验证实了电子的波动性。同样地，用 α 粒子、中子、原子或分子等粒子流做类似实验，都可以观察到衍射现象，证实了德布罗意假设的正确性。

2. 物质波

实物所具有的波动性称为物质波(matter wave)，也称德布罗意波。即由粒子构成的物质的粒子流将伴随有相应的粒子波控制它的运动，带有波的性质。并指出粒子波的波长与粒子的质量和运动速度存在以下关系式：

$$\lambda = \frac{h}{p} = \frac{h}{mv} \quad \text{(德布罗意公式)} \tag{1-12}$$

【例 1-2】　计算以 $1.0 \times 10^6 \text{m} \cdot \text{s}^{-1}$ 的速度运动的电子的德布罗意波长。

解　　　$$\lambda = \frac{h}{mv} = \frac{6.626 \times 10^{-34} \text{J} \cdot \text{s}}{9.11 \times 10^{-31} \text{kg} \times 1.0 \times 10^6 \text{m} \cdot \text{s}^{-1}} = 7 \times 10^{-10} \text{m} = 7 \text{Å}$$

计算所得电子的德布罗意波长大小相当于分子的数量级，说明原子、分子中电子运动的波效应是重要的。但对于宏观粒子，与其大小相比，波效应是微小的。例如，一个网球，其质量为 0.2kg，速度为 30m·s^{-1}，根据德布罗意公式，其波长为 10^{-31}m，显然这种波长是不能被觉察出来的。假设具有静止质量约为 10^{-30}kg 的电子，仍以 30m·s^{-1} 速度运动，则波长为 2×10^{-5}m，那就完全可以被觉察出来。

由此可知：物质的微粒性和波动性并不是互相排斥的两种现象。微观粒子，无论是光子、电子还是其他所有基本粒子，在极微小的空间做高速运动时，有时显示波动性，这时粒子性不显著；有时显示粒子性，这时波动性不显著；在不同条件下分别表现为波动和粒子的性质，这种量子行为称为波粒二象性(wave-particle duality)。自然界的一切物质都具有波粒二象性，与光的传播相关的现象，如干涉、衍射和偏振，光的波动性表现突出一些；光与实物相互作用的有关现象，如光的反射、吸收和散射等，光的粒子性表现突出一些。对于通常能观察到的宏观物体来说，物质的粒子性是主要方面；相反，对于微观粒子来说，波动性就成为主要方面。波粒二象性对于微观粒子更具有意义，是微观粒子的基本属性之一。

3. 不确定性原理

微观粒子的位置与动量不可同时被确定，位置的不确定性与动量的不确定性遵守不等式：

$$\Delta x \cdot \Delta p_x \geqslant \frac{h}{4\pi} \quad 或 \quad \Delta x \cdot \Delta p_x \geqslant \frac{\hbar}{2} \tag{1-13}$$

这称为不确定性原理(uncertainty principle)或测不准原理。式中：Δx 表示沿 x 方向的微粒位置的不确定值；Δp_x 表示沿 x 方向的动量不确定值；$\hbar$ 为约化普朗克常量。同理有：$\Delta y \cdot \Delta p_y \geqslant \frac{h}{4\pi}$，$\Delta z \cdot \Delta p_z \geqslant \frac{h}{4\pi}$。不确定性原理是 1927 年海森伯(Werner Karl Heisenberg, 1901—1976，德国物理学家)提出的，是量子力学的产物。这个理论表明微观世界的粒子行为与宏观物质很不一样。

海森伯不确定性原理是通过一些实验来论证的。设想用一个 γ 射线显微镜来观察一个电子的坐标 x，因为 γ 射线显微镜的分辨率受到波长 λ 的限制，所用光的波长 λ 越短，显微镜的分辨率越高，从而测定电子坐标不确定的程度 Δx 就越小，所以 $\Delta x \propto \lambda$。但光照射到电子，可以看成是光量子和电子的碰撞，波长 λ 越短，光量子的动量就越大，所以有 $\Delta p_x \propto \frac{1}{\lambda}$。再如，用光照到粒子上的方式来测量一个粒子的位置和速度，一部分光波被此粒子散射开来，由此指明其位置。但人们不可能将粒子的位置确定到比光的两个波峰之间的距离更小的程度，所以为了精确测定粒子的位置，必须用短波长的光。光量子会扰动粒子，波长越短的波，对被测粒子的扰动越大，对它的速度测量越不精确。如果想要精确测量一个粒子的速度，需要用波长较长的波，但是不能精确测定它的位置。于是，经过推理计算，海森伯得出不确定性原理关系式。海森伯指出：在位置被测定的一瞬间，即当光子正被电子偏转时，电子的动量发生一个不连续的变化，因此在确知电子位置的瞬间，关于它的动量就只能知道相应于其不连续变化的大小的程度。于是，位置测定得越准确，动量的测定就越不准确，反之亦然。

【例 1-3】 求原子、分子中运动的电子速度的不确定度。

解 电子的质量为 $9.11 \times 10^{-31} kg$，原子、分子中电子的运动空间线度为 $10^{-10} m$，即位置合理确定程度为：$\Delta x \sim 10^{-11} m$，因为

$$\Delta x \cdot \Delta p_x \geqslant h/4\pi , \quad \Delta p_x = m \cdot \Delta v_x$$

所以

$$\Delta x \cdot m \cdot \Delta v_x \geqslant h/4\pi$$

即

$$\Delta v_x \geqslant \frac{h}{\Delta x \cdot m \cdot 4\pi} = \frac{6.626 \times 10^{-34} J \cdot s}{10^{-11} m \times 9.11 \times 10^{-31} kg \times 4\pi} = 5.79 \times 10^6 m \cdot s^{-1}$$

一般来说，原子中电子的速度为 $10^6 m \cdot s^{-1}$，计算的速度不确定量比电子自身速度还要大，显然是不能忽略的。因此，原子、分子中运动的电子不能用经典力学描述。

【例 1-4】 质量为 0.01kg 的子弹，其运动速度为 $1000 m \cdot s^{-1}$。若它的位置的不确定度为其运动速度的 1%，求速度不确定值。

解 若位置的不确定度为其运动速度的 1%，即能准确测定到 Δx 为 10m，则速度不确定值为

$$\Delta v_x \geqslant \frac{h}{\Delta x \cdot m \cdot 4\pi} = \frac{6.626 \times 10^{-34} J \cdot s}{1\% \times 1000 m \times 0.01 kg \times 4\pi} = 5.273 \times 10^{-33} m \cdot s^{-1}$$

这个速度不确定值相对子弹本身速度完全可以忽略不计，至于质量更大的宏观物体，Δv 就更小了。由此可见，宏观物体的速度和位置可以同时准确测定。因此，其运动规律遵循经典的牛顿力学。

不确定性原理是微观粒子波粒二象性的反映，是人们对微观粒子运动规律的深化。这里的不确定性来自两个因素：首先，测量某物质的行为将会不可避免地扰乱该物质，从而改变它的状态；其次，因为量子世界不是具体的，但基于概率，精确确定一个粒子状态存在更深刻、更根本的限制。不确定性原理不是限制人们认识的限度，而是限制经典力学的适用范围。具有波粒二象性的微观粒子没有运动轨道，而要求人们建立新的概念表达微观世界内特有的规律性，这就是量子力学的目的。

1.1.3 统计行为

1926 年，玻恩(Max Born，1882—1970，德国理论物理学家)提出实物微粒波的统计解释。他认为，在空间任何一点波的强度和粒子出现的概率成正比。这样，粒子性和波动性相统一，波粒二象性为此提供了一个理论框架。按照这种解释的描述，物质波为概率波，即空间中某点某时刻可能出现的概率的大小受波动规律的支配。例如，一个电子，如果是自由电子，那么它的波函数就是行波，它有可能出现在空间中任何一点，每点概率相等。如果被束缚在氢原子中，并且处于基态，那么它出现在空间任何一点都有可能，但是在玻尔半径处概率最大。也就是说，量子力学认为物质没有确定的位置，它表现出的宏观看起来的位置其实是对概率波函数的平均值，在不测量时，它出现在哪里都有可能，一旦测量，就得到它的平均值和确定的位置。

粒子的波动性是和粒子的统计行为联系在一起的。对一个粒子而言，穿过晶体到达底片的位置不能准确预测。若将相同速度的粒子在相同的条件下重复做多次相同的实验，一定是在衍射强度大的地方，粒子出现的机会多，在衍射强度小的地方，粒子出现的机会少。对大量粒子而言，衍射强度(波的强度)大的地方，粒子出现的数目就多，衍射强度小的地方，粒子

出现的数目就小。按照玻恩提出的理论体系，电子波是电子出现的概率波，电子运动可以用一个波函数来表征，它不表示一个电子确定的运动方向与确定的轨道，但却说明电子占据空间某一点时的概率。玻恩用概率波成功地说明了量子力学的波函数的确切含义。那么，如何来描述核外电子的运动规律呢？量子力学认为自然界所有的粒子，如光子、电子或原子，都能用一个微分方程，即薛定谔方程来描述。

1.2　原子核外电子运动的量子化特征

1926 年，薛定谔(Erwin Schrödinger，1887—1961，奥地利物理学家)根据德布罗意公式和不确定性原理，提出了著名的波动方程——薛定谔方程(Schrödinger equation)来描述核外电子的运动状态，从而建立了近代量子力学理论。该方程的形式为

$$\frac{\partial^2 \psi}{\partial x^2} + \frac{\partial^2 \psi}{\partial y^2} + \frac{\partial^2 \psi}{\partial z^2} + \frac{8\pi^2 m}{h^2}(E-V)\psi = 0 \tag{1-14}$$

式中：x、y、z 为电子的空间直角坐标；ψ 为波函数(wave functions，是三维空间坐标 x、y、z 的函数)；m 为电子的质量；h 为普朗克常量；E 为系统的总能量；$V = \dfrac{ze^2}{r}$，为系统的势能(核对电子的吸引能)。方程中，m、E、V 体现了微粒性，ψ 体现了波动性。薛定谔方程是量子力学中的一个基本方程，也是量子力学的一个基本假定，其正确性只能靠实验来检验。

1.2.1　薛定谔方程

薛定谔方程是将物质波的概念和非相对论的波动方程相结合建立的二阶偏微分方程。它反映了描述微观粒子的状态随时间变化的规律，是量子力学的基本假设之一。设描述微观粒子状态的波函数为 $\psi(r,t)$，质量为 m 的微观粒子在势场 $V(r,t)$ 中运动，有一个相应的薛定谔方程；在给定初始条件和边界条件，以及波函数所满足的单值、有限、连续的条件下，可解出波函数 $\psi(r,t)$；由此可计算粒子的分布概率和任何可能实验的平均值(期望值)。当 V 不依赖于时间 t 时，粒子具有确定的能量，粒子的状态称为定态。定态时的波函数可写成 $\psi(r)$，称为定态波函数，满足定态薛定谔方程，这一方程在数学上称为本征方程，式(1-14)中 E 为本征值，是定态能量，$\psi(r)$ 又称属于本征值 E 的本征函数。

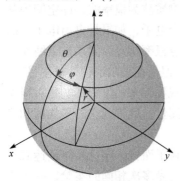

图 1-3　球坐标

解薛定谔方程是一个十分复杂而困难的数学过程，在基础化学课程中只需了解求解思路，帮助掌握由求解方程所得的一些重要结论。至于波动方程的导出和求解过程将留待后续课程中讨论。

球坐标是一种空间坐标，在球坐标中空间任一点可以用一组确定的 (r,θ,φ) 来描述。例如，氢原子核外电子的球坐标如图 1-3 所示。球坐标 (r,θ,φ) 与直角坐标 (x,y,z) 的转换关系是：$x = r\sin\theta\cos\varphi$，$y = r\sin\theta\sin\varphi$，$z = r\cos\theta$，$r = \sqrt{x^2 + y^2 + z^2}$。转换为球坐标后，薛定谔方程具有如下形式：

$$\frac{1}{r^2}\frac{\partial}{\partial r}\left(r^2\frac{\partial\psi}{\partial r}\right)+\frac{1}{r^2\sin\theta}\frac{\partial}{\partial\theta}\left(\sin\theta\frac{\partial\psi}{\partial\theta}\right)+\frac{1}{r^2\sin^2\theta}\frac{\partial^2\psi}{\partial\varphi^2}+\frac{8\pi^2m}{h^2}\left(E+\frac{ze^2}{r}\right)\psi=0 \quad (1\text{-}15)$$

这样变换后的势能表达式中，只涉及一个变量 r。

1.2.2 量子数

坐标变换之后要分离变量，即将一个含有三个变量的方程化成三个只含一个变量的方程，以便求解。令

$$\psi(r,\theta,\varphi)=R(r)\,Y(\theta,\varphi) \quad (1\text{-}16)$$

式中：$R(r)$ 称为波函数 ψ 的径向部分；$Y(\theta,\varphi)$ 称为波函数 ψ 的角度部分。再令

$$Y(\theta,\varphi)=\Theta(\theta)\Phi(\varphi) \quad (1\text{-}17)$$

将 $\psi(r,\theta,\varphi)=R(r)\Theta(\theta)\Phi(\varphi)$ 代入薛定谔方程中，得到三个只含一个变量的常微分方程，解得 $R(r)$、$\Theta(\theta)$ 和 $\Phi(\varphi)$，即可求得波函数 $\psi(r,\theta,\varphi)$。

1. 主量子数

在解 $R(r)$ 函数的过程中，引进参数 n，n 为自然数，称为主量子数(principal quantum number)。对氢原子，解 $R(r)$ 函数时，得到稳定状态的能量 E 和 n 之间的关系：

$$E_n=-\frac{1}{n^2}\left(\frac{me^4}{8\varepsilon_0^2h^2}\right)=-\frac{13.6}{n^2}\text{eV}=-2.176\times10^{-18}\left(\frac{1}{n}\right)^2\text{J} \quad (1\text{-}18)$$

n 只能取正整数，n 取不同的数值得到不同的 E。所以它的一个重要意义是：n 是决定电子能量高低的主要因素。n 越大，电子离核的平均距离越远，因此电子在核周围的运动可以看成是分层分布的，在光谱学上，也常用符号 K, L, M, N, ⋯ 代表 $n=1,2,3,4,\cdots$ 的电子层。所以主量子数的另一个物理意义是：它代表核外电子不同的主层。对氢原子和类氢原子来说，n 越大，电子的能量越高。对多电子原子，核外电子的能量除了主要决定因素主量子数 n 以外，还与原子轨道的形状有关。

解氢原子的薛定谔方程所得的能量结果与玻尔理论所得结果相同，说明了波动力学的正确性；波动力学的成功之处体现在：轨道能量的量子化不需在建立数学关系式时事先假定。

2. 角量子数

电子绕核转动时，不仅具有一定的能量，而且具有一定的角动量(M)，它的大小同原子轨道的形状有密切关系。在解 $\Theta(\theta)$ 函数时，得出电子绕核运动时的角动量绝对值为

$$|M|=\frac{h}{2\pi}\sqrt{l(l+1)} \quad (1\text{-}19)$$

式中：l 为角量子数(azimuthal quantum number)，$l=0,1,2,3,\cdots,n-1$，即 l 的可能取值为小于主量子数 n 的正整数。按光谱学上的习惯：当 l 为 0,1,2,3,⋯时，相应地用符号 s, p, d, f,⋯来表示电子的状态，也称为 s、p、d、f 亚层。因此，角量子数的第一个物理意义是：表示原子轨道的形状。例如，当 $l=0$ 时，电子在 s 轨道运动时 $M=0$，表示球形对称的 s 轨道；$l=1$ 表示呈哑铃形分布的 p 轨道；$l=2$ 表示呈花瓣形分布的 d 轨道。

从主量子数 n 与角量子数 l 的关系中可以看出，对于给定的 n 来说，可能含有一个或几个不同状态的 l，所以角量子数的另一个重要意义为：表示同一电子层中具有不同状态的分层。例如，$n=2$，则 $l=0$ 或 $l=1$，表示 L 电子层有两个亚层：一个是球形分布的 s 轨道，另一个是哑铃形分布的 p 轨道。对单电子原子，各种电子能量只与 n 有关，当 n 不同、l 相同时：$E_{1s}<E_{2s}<E_{3s}<E_{4s}<\cdots$；$n$ 相同、l 不同时：$E_{ns}=E_{np}=E_{nd}=E_{nf}=\cdots$。但在多电子原子中，由于原子中各电子之间的相互作用，当 n 相同、l 不同时，各种状态电子的能量也不相同，一般 n 相同时，l 大的能量较高：$E_{ns}<E_{np}<E_{nd}<E_{nf}<\cdots$。因此，角量子数的第三个物理意义为：它同多电子原子中电子的能量有关，即多电子原子中电子的能量由 n 和 l 共同决定。这样由不同 n 和 l 组成的各亚层其能量必然不同，从能量角度看，这些亚层称为能级。

3. 磁量子数

线状光谱在外磁场的作用下能发生分裂的实验表明，电子绕核运动的角动量(M)不仅其大小是量子化的，而且 M 在空间给定方向 z 轴上的分量 M_z 也是量子化的。在解 $\Phi(\varphi)$ 函数时得到：

$$M_z = m\frac{h}{2\pi} \tag{1-20}$$

式中：m 为磁量子数(magnetic quantum number)，可取 $0, \pm1, \pm2, \pm3, \cdots, \pm l$。例如，$l=1$ 的 p 轨道在 z 轴上角动量的分量只能有三种，$m=0, \pm1$。每一个特定分量相当于原子轨道在空间的一种伸展方向。由此可见，磁量子数表示原子轨道在空间的伸展方向。l 相同时，虽然原子轨道有不同的伸展方向，但并不影响电子的能量，即磁量子数与能量无关。例如，p 轨道的三种子状态 p_x、p_y、p_z 的能量通常是完全相同的，这些轨道又称简并轨道(degenerate orbital)。但在磁场作用下，由于伸展方向不同，它们会显出微小的能量差别。

由表 1-1 可知：$\psi(r,\theta,\varphi)$ 是一个三变量 (r,θ,φ) 和三个常量参数 (n, l, m) 的函数式。例如：

$n=1$，$l=0$，$m=0$ 时：$\psi_{1,0,0}=\sqrt{\dfrac{Z^3}{\pi a_0^3}}\,\mathrm{e}^{-Zr/a_0}$；

$n=2$，$l=0$，$m=0$ 时：$\psi_{2,0,0}=\dfrac{1}{4}\sqrt{\dfrac{Z^3}{2\pi a_0^3}}\left(2-\dfrac{Zr}{a_0}\right)\mathrm{e}^{-Zr/2a_0}$；

而 $n=2$，$l=1$，$m=0$ 时：$\psi_{2,1,0}=\dfrac{1}{4}\sqrt{\dfrac{Z^3}{2\pi a_0^3}}\left(\dfrac{Zr}{a_0}\right)\mathrm{e}^{-Zr/2a_0}\cos\theta$。

表 1-1 氢原子的部分波函数(a_0 为玻尔半径)

轨道	波函数 $\psi(r,\theta,\varphi)$	$R(r)$	$Y(\theta,\varphi)$	能量 E/J
1s	$\sqrt{\dfrac{1}{\pi a_0^3}}\mathrm{e}^{-r/a_0}$	$2\sqrt{\dfrac{1}{a_0^3}}\mathrm{e}^{-r/a_0}$	$\sqrt{\dfrac{1}{4\pi}}$	-2.18×10^{-18}
2s	$\dfrac{1}{4}\sqrt{\dfrac{1}{2\pi a_0^3}}\left(2-\dfrac{r}{a_0}\right)\mathrm{e}^{-r/2a_0}$	$\sqrt{\dfrac{1}{8a_0^3}}\left(2-\dfrac{r}{a_0}\right)\mathrm{e}^{-r/2a_0}$	$\sqrt{\dfrac{1}{4\pi}}$	$-\dfrac{1}{4}\times2.18\times10^{-18}$

续表

轨道	波函数 $\psi(r,\theta,\varphi)$	$R(r)$	$Y(\theta,\varphi)$	能量 E/J
$2p_z$	$\dfrac{1}{4}\sqrt{\dfrac{1}{2\pi a_0^3}}\left(\dfrac{r}{a_0}\right)e^{-r/2a_0}\cos\theta$	$\sqrt{\dfrac{1}{24a_0^3}}\left(\dfrac{r}{a_0}\right)e^{-r/2a_0}$	$\sqrt{\dfrac{3}{4\pi}}\cos\theta$	$-\dfrac{1}{4}\times 2.18\times 10^{-18}$
$2p_x$	$\dfrac{1}{4}\sqrt{\dfrac{1}{2\pi a_0^3}}\left(\dfrac{r}{a_0}\right)e^{-r/2a_0}\sin\theta\cos\varphi$	$\sqrt{\dfrac{1}{24a_0^3}}\left(\dfrac{r}{a_0}\right)e^{-r/2a_0}$	$\sqrt{\dfrac{3}{4\pi}}\sin\theta\cos\varphi$	$-\dfrac{1}{4}\times 2.18\times 10^{-18}$
$2p_y$	$\dfrac{1}{4}\sqrt{\dfrac{1}{2\pi a_0^3}}\left(\dfrac{r}{a_0}\right)e^{-r/2a_0}\sin\theta\sin\varphi$	$\sqrt{\dfrac{1}{24a_0^3}}\left(\dfrac{r}{a_0}\right)e^{-r/2a_0}$	$\sqrt{\dfrac{3}{4\pi}}\sin\theta\sin\varphi$	$-\dfrac{1}{4}\times 2.18\times 10^{-18}$

对应于一组合理的 (n,l,m) 取值，则有一个确定的波函数 $\psi_{n,l,m}(r,\theta,\varphi)$，即确定了一个原子轨道(atomic orbital)。n、l、m 三个量子数决定波函数某些性质的量子化状况，因而原子轨道也可以定义为 (n,l,m) 一组确定数值的波函数。所以，波函数 ψ 和原子轨道是同义词，量子力学中的原子轨道应称为原子轨函更为确切。在解薛定谔方程，求解 $\psi_{n,l,m}(r,\theta,\varphi)$ 表达式的同时，还求出了对应于每一个 $\psi_{n,l,m}(r,\theta,\varphi)$ 的特有的能量 E 值。对于氢原子来说，薛定谔方程可以得出合理的解 ψ 和能量 E，见表 1-1。

4. 自旋量子数

自旋量子数(spin quantum number)m_s 不是由薛定谔方程解出的，而是根据氢原子光谱的精细结构的实验引入的。它决定电子在空间的自旋方向，其值只可取 $+\dfrac{1}{2}$ 或 $-\dfrac{1}{2}$，通常用正反箭头↑和↓来表示。

综上所述：原子中每一个电子的运动状态可以用四个量子数 (n,l,m,m_s) 来描述并确定，因此根据量子数数值间的关系可知各电子层中可能有的运动状态数，见表 1-2。

表 1-2　电子层、电子亚层、原子轨道、运动状态和量子数之间的关系

主量子数 $n(1\sim\infty)$	角量子数 $l(0\sim n-1)$	磁量子数 $m(0\sim\pm l)$	电子亚层 符号	电子亚层 轨道数 $(2l+1)$	电子亚层 最多电子数 $2(2l+1)$	电子层 符号	电子层 总轨道数 (n^2)	电子层 最多运动状态数 $(2n^2)$	自旋量子数 m_s	最大填充值的轨道符号
1	0	0	1s	1	2	K	1	2	$\pm\dfrac{1}{2}$	$1s^2$
2	0	0	2s	1	2	L	4	8	$\pm\dfrac{1}{2}$	$2s^2$
	1	0, ±1	2p	3	6					$2p^6$
3	0	0	3s	1	2	M	9	18	$\pm\dfrac{1}{2}$	$3s^2$
	1	0, ±1,	3p	3	6					$3p^6$
	2	0, ±1, ±2	3d	5	10					$3d^{10}$
4	0	0	4s	1	2	N	16	32	$\pm\dfrac{1}{2}$	$4s^2$
	1	0, ±1,	4p	3	6					$4p^6$
	2	0, ±1, ±2	4d	5	10					$4d^{10}$
	3	0, ±1, ±2, ±3	4f	7	14					$4f^{14}$

5. 量子数应用

【例 1-5】　用四个量子数表示 $4d^1$ 的电子运动状态。

解　$n=4$，$l=2$，$m=2$，$m_s=+\dfrac{1}{2}$ 或 $-\dfrac{1}{2}$ ⟶ $\left(4,2,2,+\dfrac{1}{2}\right)$ 或 $\left(4,2,2,-\dfrac{1}{2}\right)$

$n=4$，$l=2$，$m=1$，$m_s=+\dfrac{1}{2}$ 或 $-\dfrac{1}{2}$ ⟶ $\left(4,2,1,+\dfrac{1}{2}\right)$ 或 $\left(4,2,1,-\dfrac{1}{2}\right)$

$n=4$，$l=2$，$m=0$，$m_s=+\dfrac{1}{2}$ 或 $-\dfrac{1}{2}$ ⟶ $\left(4,2,0,+\dfrac{1}{2}\right)$ 或 $\left(4,2,0,-\dfrac{1}{2}\right)$

$n=4$，$l=2$，$m=-1$，$m_s=+\dfrac{1}{2}$ 或 $-\dfrac{1}{2}$ ⟶ $\left(4,2,-1,+\dfrac{1}{2}\right)$ 或 $\left(4,2,-1,-\dfrac{1}{2}\right)$

$n=4$，$l=2$，$m=-2$，$m_s=+\dfrac{1}{2}$ 或 $-\dfrac{1}{2}$ ⟶ $\left(4,2,-2,+\dfrac{1}{2}\right)$ 或 $\left(4,2,-2,-\dfrac{1}{2}\right)$

【例 1-6】　判断下列各组量子数是否合理。不合理的给出理由。

解　$n=2$，$l=1$，$m=0$　　　合理

$n=2$，$l=2$，$m=-1$　　不合理　　　　l 取值只能为小于主量子数 n 的正整数

$n=3$，$l=0$，$m=0$　　　合理

$n=3$，$l=1$，$m=2$　　　不合理　　　　m 的最大取值为 $\pm l$

$n=4$，$l=0$，$m=-1$　　不合理　　　　m 的最大取值为 $\pm l$

$n=1$，$l=2$，$m=2$　　　不合理　　　　l 的最大取值为 $n-1$

1.3　波　函　数

在量子力学中，体系的状态用力学量的函数 $\psi(r,t)$，即波函数(又称概率幅或态函数)来确定，因此波函数成为量子力学研究的主要对象。

1.3.1　波函数和概率密度的物理意义

通过解薛定谔方程可得到波函数的具体形式及对应的能量，从而了解微观系统的性质。波函数 $\psi_{n,l,m}(r,\theta,\varphi)$ 是描述原子核外电子运动状态的数学函数式，到目前为止，还很难给出 ψ 明确的、直观的物理意义。但是波函数的平方 $|\psi|^2$ 却有确定的物理意义。对于光来说，波函数 ψ 代表波的振幅，光的强度与振幅的平方 $|\psi|^2$ 成正比。从粒子性看，光的强度决定光子密度 ρ，由此可以得出：光子密度与振幅的平方成正比($\rho \propto |\psi|^2$)，如果把比例常数定为 1，则 $\rho=|\psi|^2$。所以，光的波函数的平方代表光子的密度。原子核外的电子也可以与光相类比。从衍射实验结果可以看到，明亮的衍射环纹代表衍射强度大，说明电子出现的机会多，即电子出现的概率大；暗的衍射环纹代表衍射强度小，说明电子出现的机会少，即电子出现的概率小，所以波的强度是与电子在 (r,θ,φ) 点处出现的概率(概率密度)成正比。由此可见，波函数的平方 $|\psi|^2$ 的物理意义是代表电子的概率密度。因此，波函数也解释为描述粒子出现在特定位置的概率幅，它具有叠加性，即它们能够像波一样互相干涉和衍射。

1.3.2 原子轨道和概率密度图形

1. 电子云

在以原子核为原点的空间坐标系内，用小黑点密度表示电子出现的概率密度，这种点的分布图像称为电子云(electron cloud)。电子云是核外电子 $|\psi|^2$ 的一个形象化的描述，如图 1-4 所示。

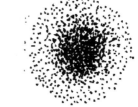

2. 等密度面图

将概率密度相对值大小相等的各点连接起来形成一个曲面，称为等密度面(isopycnic surface)。氢原子 1s 和 $2p_z$ 的等密度面图像如图 1-5 所示。

图 1-4　氢原子的 1s 电子云图像

3. 界面图

理论上，原子内的电子活动空间可以延伸至无限远，因此无法定义原子轨域的大小。实际上，被广为接受的原子轨域大小的定义是由原子核向外延伸至电子出现概率为 90%或 95% 的空间范围。因此，选择一个等密度面，其中电子出现的总概率为 90%～95%，这个面称为界面，对于氢原子 1s 轨道来说，这个界面是个球面，如图 1-6 所示。

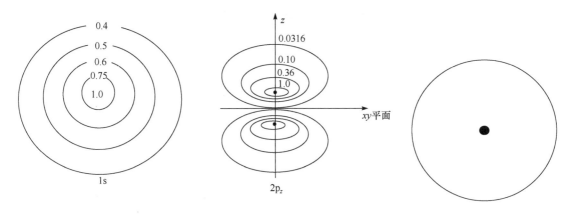

图 1-5　氢原子的 1s 和 $2p_z$ 的等密度面图像　　　　图 1-6　氢原子 1s 轨道界面图

4. 波函数的图像

通常用几何图形来形象地描述抽象的函数式，这就是函数的图像。一变量函数可以用二维坐标表示；二变量函数可以用三维坐标表示；$\psi_{n,l,m}(r,\theta,\varphi)$ 是三变量函数，必须用四维空间表示，这是很困难的。因此，常采用分步处理的方法，即 $\psi(r,\theta,\varphi)=R(r)\,Y(\theta,\varphi)$。$R(r)$ 是与半径 r 有关的波函数的径向部分；$Y(\theta,\varphi)$ 是与角度 (θ,φ) 有关的波函数的角度部分，由量子数 (l,m) 决定，与 n 无关。对于氢原子，根据表 1-1 分析，(n,l) 相同、m 不同的三个 ψ_{2p} 有相同的 $R(r)$，而 $Y(\theta,\varphi)$ 不同，因此三者的 $R(r)$ 图像相同，$Y(\theta,\varphi)$ 图像不同。而 n 不同的 ψ_{1s} 和 ψ_{2s}，则 $R(r)$ 不同，但(l,m)相同，$Y(\theta,\varphi)$ 相同，因此 ψ_{1s} 和 ψ_{2s} 的 $Y(\theta,\varphi)$ 图像相同。按此推理，$Y_{2p_z}(\theta,\varphi)$、$Y_{3p_z}(\theta,\varphi)$、$Y_{4p_z}(\theta,\varphi)$……，即 $Y_{np_z}(\theta,\varphi)$ 应具有相同的图像。下面分别从 ψ 或 $|\psi|^2$ 随半径 r 的变

化和随角度(θ, φ)的变化来了解波函数的图像。

1) 波函数径向分布图像

氢原子基态波函数为：$\psi_{1s} = \left(\dfrac{1}{\pi a_0^3}\right)^{\frac{1}{2}} \mathrm{e}^{-r/a_0}$；电子云为：$|\psi_{1s}|^2 = \dfrac{1}{\pi a_0^3} \mathrm{e}^{-2r/a_0}$。$|\psi_{1s}|^2$ 与 ψ_{1s} 中

都只有一个变量 r。图 1-7 显示：$|\psi_{1s}|^2$ 与 e^{-2r/a_0} 成正比，r 越大，$|\psi_{1s}|^2$ 越小，故曲线向下倾斜，即原子核附近电子的概率密度最大。

在波函数的径向分布图像中，以径向分布函数图应用较为广泛。对任意一个波函数 ψ，定义：

$$D(r) = |\psi|^2 \times 4\pi r^2 \tag{1-21}$$

为径向分布函数(radial distribution function，RDF)，表示电子在距原子核为 r 的球面上，单位厚度(dr =1)球壳内出现的概率。对于氢原子基态电子径向分布图(图 1-8)，有

$$D(r) = 4\pi r^2 \cdot |\psi_{1s}|^2 = 4\pi r^2 \dfrac{1}{\pi a_0^3} \mathrm{e}^{-2r/a_0}$$

令 $\dfrac{\mathrm{d}D}{\mathrm{d}r} = 0$，得到 $r = a_0$ 时，径向分布函数有极大值。可见，对于氢原子 1s 态来说，在玻尔半径球面上发现电子的概率最大。而该态电子出现概率为 90%的界面半径：$r \approx 2.6 a_0$。

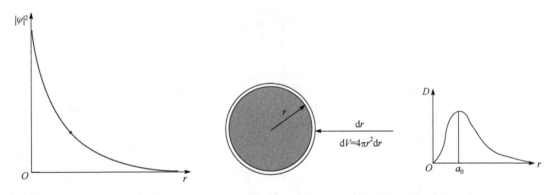

图 1-7　$|\psi_{1s}|^2$ 随半径 r 的变化图　　　　　图 1-8　氢原子基态电子径向分布图

以 r 为横坐标，$D(r)$ 为纵坐标，作 $D(r)$-r 图，就可以得出氢原子某些状态径向分布函数图(图 1-9)。仔细观察图 1-9，可以得出如下结论：①核外电子是分层排布的，并且层中有层。例如，K 电子层只有一个电子亚层 1s，L 电子层就有 2s、2p 两个亚层，且 2s、2p 的最强概率峰比 1s 的最强峰离核远些，属于第二层；M 电子层就有 3s、3p、3d 三个亚层，3s、3p、3d 的最强概率峰分别比 2s、2p 的最强峰离核又远些，属于第三层⋯⋯。②每种状态的峰值数为(n–l)个。例如，2s 有两个峰，2p 有一个峰，3s 有三个峰，当 n 相同时，l 越小，峰值越多，说明核附近出现的概率越大。③节面的数目规律是：节面的数目= n–l–1。

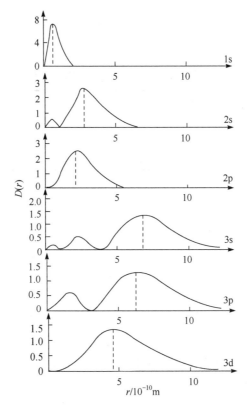

图 1-9 氢原子某些状态径向分布函数图

2) 角度分布函数 $Y(\theta,\varphi)$ 的图像

将 $Y(\theta,\varphi)$ 随 (θ,φ) 的角度变化作图，就可以得到波函数 ψ 的角度分布图，即原子轨道的角度分布图。$|Y(\theta,\varphi)|^2$ 随 (θ,φ) 的角度变化作图即得电子云的角度分布图。仍以基态氢原子为例：$Y_{1s}(\theta,\varphi)=\sqrt{\dfrac{1}{4\pi}}$，$\left|Y_{1s}(\theta,\varphi)\right|^2=\dfrac{1}{4\pi}$；它们都是与角度 (θ,φ) 无关的常数。即 1s 轨道的角度分布图是以原子核为球心、以 $\sqrt{\dfrac{1}{4\pi}}$ 为半径的球，而 1s 电子云角度分布图是以原子核为球心、$\dfrac{1}{4\pi}$ 为半径的球。又如，$Y_{2p_z}(\theta,\varphi)=\sqrt{\dfrac{3}{4\pi}}\cos\theta$，$|Y_{2p_z}(\theta,\varphi)|^2=\dfrac{3}{4\pi}\cos^2\theta$；$Y_{2p_z}$ 与 $|Y_{2p_z}(\theta,\varphi)|^2$ 只与角度 θ 有关，而与 φ 无关。按表 1-3 的数值，由 O 点出发，从不同 θ 角画射线，在各射线上取线长度分别为相应的 $Y_{2p_z}(\theta,\varphi)$ 值，连接各线段的端点，就得到图 1-10(a)。这个图形在 x 轴之上是个正值组成的圆，x 轴之下是个负值组成的圆。然后再绕 z 轴旋转 180°（φ 从 0°变化到 180°），即得到 Y_{2p_z} 随 (θ,φ) 变化图形为直径为 $A=\sqrt{\dfrac{3}{4\pi}}$ 的两个相切的球——p 原子轨道的角度分布图，如图 1-10(b)所示。若在各射线上取线长度分别为相应的 $|Y_{2p_z}(\theta,\varphi)|^2$ 值，可以画出 $|Y_{2p_z}(\theta,\varphi)|^2$ 随 θ 变化的图形；然后再绕 z 轴旋转 180°（φ 从 0°变化到 180°），即得到 $|Y_{2p_z}(\theta,\varphi)|^2$ 随 (θ,φ) 变化图为无柄哑铃形——p_z 电子云角度分布图[图 1-10(c)]。比较图 1-10(b)和图 1-10(c)有两点区别：①原子轨道角度分布图胖一点，而电子云角度分布图瘦一点。这是因为 $|Y_{2p_z}(\theta,\varphi)|<1$，所以

$|Y_{2p_z}(\theta,\varphi)|^2 < |Y_{2p_z}(\theta,\varphi)|$；②原子轨道角度分布图有正、负值之分，而电子云角度分布图均为正值。

表 1-3 　Y_{2p_z} 与 $\left|Y_{2p_z}(\theta,\phi)^2\right|$ 随 θ 角的变化

$\theta/(°)$	0	30	60	90	120	150	180
$\cos\theta$	+1	+0.866	+0.50	0	−0.50	−0.866	−1
Y_{2p_z}	+1A	+0.866A	+0.50A	0	−0.50A	−0.866A	−1A
$|Y_{2p_z}|^2$	1B	0.785B	0.25B	0	0.25B	0.785B	1B

注：$A=\sqrt{\dfrac{3}{4\pi}}$；$B=\dfrac{3}{4\pi}$。

图 1-10 中"＋"、"－"号不表示正、负电荷，而是表示 Y_{2p_z} 是正值还是负值，代表了原子轨道角度分布函数的相位，即对称关系。符号相同，表示对称性相同；符号相反，则表示对称性不同或相反。对于电子云角度分布图的理解，以图 1-11 p_z 电子云角度分布图为例：由 O 点出发，向任意方向画射线，如射线 a 和 b 分别与电子云角度分布图的曲线相交于 A 点和 B 点，线段 $OA < OB$，说明在任意半径为 r 的球壳上 p_z 电子的概率密度 A' 点小于 B' 点；对于 p_z 轨道角度分布图，z 轴的正负方向 OC 和 OD 线段最长，表明在 z 轴的正负方向 p_z 电子的概率密度最大，是 p_z 轨道的最大伸展方向。这些在讨论化学键形成和原子轨道组成分子轨道时有重要意义。

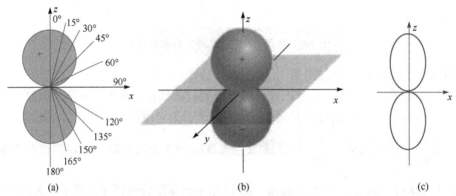

图 1-10 　Y_{2p_z} 随 θ 变化图形(a)、p_z 原子轨道角度分布图(b)和 p_z 电子云角度分布图(c)

图 1-12 和图 1-13 给出氢原子某些运动状态原子轨道角度分布图和电子云角度分布图。由图可知，s 电子云分布是球形对称的，称 s 电子轨道的形状是球形。p_x、p_y 和 p_z 电子云分别是以 x、y 和 z 轴为对称轴分布的，称 p 电子轨道的形状是无柄哑铃形，最大伸展方向分别是 x、y 和 z 轴的正负方向，即分别在 x、y 和 z 轴方向电子密度最大。d_{xy}、d_{xz} 和 d_{yz} 电子云分别是以 x、y 和 z 轴夹角平分线为对称轴分布的，沿 x、y 和 z 轴夹角平分线方向电子密度最大；$d_{x^2-y^2}$ 电子云是以 x 和 y 轴为对称轴分布的，x 和 y 轴方向 $d_{x^2-y^2}$ 电子密度最大；d_{z^2} 电子云则是以 z 轴为对称轴分布的，z 轴方向 d_{z^2} 电子密度最大；所以 d 电子轨道的形状呈花瓣形。

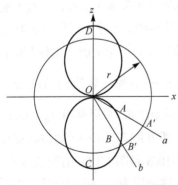

图 1-11 　p_z 电子云伸展方向示意图

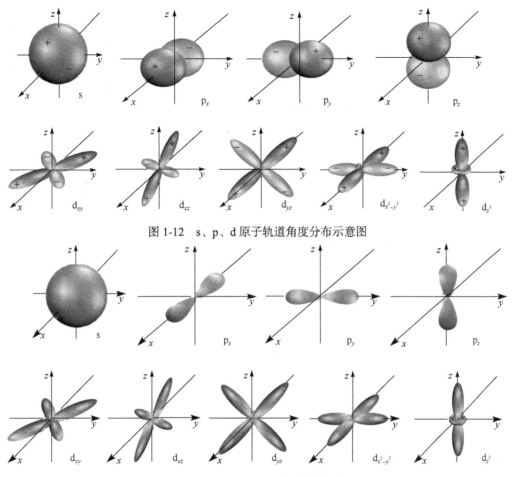

图 1-12 s、p、d 原子轨道角度分布示意图

图 1-13 s、p、d 电子云角度分布示意图

3) 氢原子的 $|\psi|^2$ 的空间分布图

径向分布函数 $D(r)$ 和角度分布函数 $Y(\theta,\varphi)$ 都从不同的侧面反映了波函数的变化情况，但都不能全面反映电子云的分布。下面还以 $2p_z$ 为例：

$$\psi_{2p_z} = \sqrt{\frac{1}{32\pi a_0^3}}\left(\frac{r}{a_0}\right)e^{-\frac{r}{2a_0}}\cos\theta \tag{1-22}$$

$$\left|\psi_{2p_z}\right|^2 = \frac{1}{32\pi a_0^3}\left(\frac{r}{a_0}\right)^2 e^{-\frac{r}{a_0}}\cos^2\theta \tag{1-23}$$

取一系列的 r,θ,φ 值，代入上面的函数式，就可以把空间各点的 $|\psi(r,\theta,\varphi)|^2$ 计算出来。把 $|\psi(r,\theta,\varphi)|^2$ 相等的各点连接起来，就得到等密度面，等密度面累积便成为 $|\psi(r,\theta,\varphi)|^2$ 的空间图像，即该状态电子云的空间图像。电子在核外空间处于不同的运动状态，就有不同形状的电子云分布。图 1-14 和图 1-15 分别是氢原子 1s、2s、3s 电子云($|\psi|^2$)的图形和 s、p、d 电子云空间分布立体示意图，是把 $R^2(r)$ 与 $Y^2(\theta,\varphi)$ 结合起来考虑的。将图 1-14 与图 1-9 的径向分布图相比，图 1-15 与图 1-13 的电子云角度分布示意图相比，不难分辨其区别。

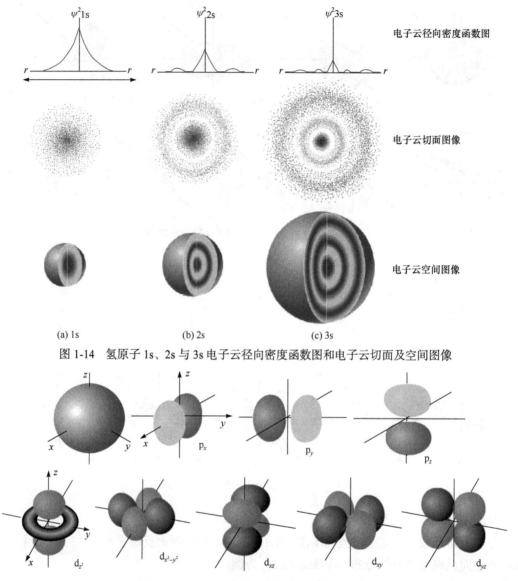

图 1-14　氢原子 1s、2s 与 3s 电子云径向密度函数图和电子云切面及空间图像

图 1-15　s、p、d 电子云空间分布立体示意图

1.4　原子内核外电子的排布

　　通过以上讨论，解决了原子内电子的核外运动状态问题，即原子轨道的大小和能量高低、原子轨道的形状和空间的伸展方向、电子自旋等，但并没有回答多电子原子的核外电子是怎样分布的问题，这是本章要解决的中心问题。为此，首先需要了解根据光谱实验结果和对元素周期律的分析得出的核外电子排布的三原则。

1.4.1　核外电子的排布原则

1. 泡利不相容原理

　　1925 年，根据元素在周期表中的位置和光谱分析的结果，泡利(Wolfgang Ernst Pauli,

1900—1958，美籍奥地利物理学家)认为：一个原子轨道最多只能容纳 2 个自旋相反的电子。或用量子力学来描述：在同一个原子中，没有四个量子数完全相同的电子。这就是泡利不相容原理(Pauli exclusion principle)，简称泡利原理。

2. 能量最低原理

能量最低原理(lowest energy principle)是指电子在原子轨道上的分布，要尽可能使整个体系能量最低。所以，原子中电子总是在不违背泡利不相容原理的前提下，按原子轨道近似能级图由低到高的顺序，尽可能排布到能量最低的轨道。

3. 洪德规则

1925 年，洪德(Friedrich Hund，1896—1997，德国理论物理学家)从大量光谱实验数据中总结出一个规则——洪德规则(Hund rule)：电子在等价轨道上排布时，总是尽可能分占不同的轨道，且自旋方向相同，这种排布体系通常能量最低、最稳定。

等价轨道(equivalent orbital)是指能量相同的轨道；在没有电场和磁场存在的原子中，n 和 l 相同、m 值不同的轨道即等价轨道，也称简并轨道。例如，C 原子核外有 6 个电子，按能量最低原理和泡利不相容原理，首先有 2 个电子排布到第一层的 1s 轨道中，另外 2 个电子填入第二层的 2s 轨道中，剩余 2 个电子排布在 2 个 p 轨道上，具有相同的自旋方向⟨↑⟩⟨↑⟩○，而不是两个电子集中在一个 p 轨道，自旋方向相反⟨↑↓⟩○○，也不是分占不同的轨道且自旋相反⟨↑⟩⟨↓⟩○。

为什么在等价轨道中自旋相同的单电子越多体系越稳定呢？这是因为当一个轨道已占有一个电子时，另一个电子要填入和前一个电子成对，就必须克服电子之间的相互排斥作用，这时所需的能量称为电子成对能(electron pairing energy)。而电子单独填入等价轨道且自旋平行，无需消耗成对能，有利于原子能量的降低。因此，当同一能级各个轨道(等价轨道)上的电子排布为全满(p^6，d^{10}，f^{14})、半满(p^3，d^5，f^7)或全空(p^0，d^0，f^0)时，体系能量最低。

1.4.2 单电子原子的能级

核外电子的排布要遵循能量最低原理，首先要认识各原子轨道能量的相对高低，即各原子轨道的能级顺序。量子力学可精确解出氢原子或类氢离子的电子概率分布和轨道能量。氢原子或类氢离子(如 He^+、Li^{2+})的核外只有一个电子，电子只受到原子核的吸引，原子的基态、激发态的能量都只随主量子数 n 增加，而与角量子数 l 无关，即主量子数相同的各原子轨道能量相同。氢原子或类氢离子能级的高低顺序为：$E_{1s} < E_{2s} = E_{2p} < E_{3s} = E_{3p} = E_{3d} < \cdots$。将此顺序画图，就得到单电子原子轨道能级图(图 1-16)，图中每一个圆圈代表一个原子轨道。单电子原子轨道图较直观形象地表示了原子轨道能级的高低，这对于讨论原子核外电子填充顺序具有重要意义。氢原子核外的一个电子通常位于基态的 1s 轨道上。

1.4.3 多电子原子的能级

除氢原子外，其他元素的原子，核外都不止一个电子，这些原子统称为多电子原子。对于多电子原子，用薛定谔方程精确求解是很困难的，但可按近似法计算轨道能级。结果表明：多电子原子体系的原子轨道和氢原子的原子轨道相似，适合氢原子的四个量子数同样可应用于多电子原子体系。但在多电子原子中，电子不仅受到原子核的吸引，还受到其他电子的排斥。由于原子中轨道之间的相互排斥作用，主量子数相同的各轨道产生分裂，能量不再相等，因此多电子原子中各轨道的能量不仅取决于主量子数 n，还取决于角量子数 l，这就使多电子原子能级变得复杂。

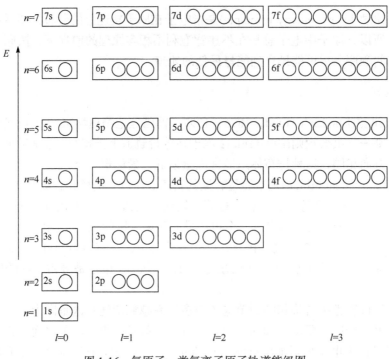

图 1-16　氢原子、类氢离子原子轨道能级图

1. 鲍林近似能级图

1939 年，鲍林(Linus Carl Pauling，1901—1994，美国化学家)从大量的光谱实验数据出发，计算得出多电子原子中轨道能量的高低顺序(图 1-17)，即鲍林的原子轨道近似能级图。其特点如下。

(1) 近似能级图是按原子轨道能量高低而不是按电子层的顺序排列的。

(2) 在近似能级图中把能量相近的能级合并成一组，称为能级组，这样的能级组共有七个，各能级组均以 s 轨道开始，并以 p 轨道结束(注：第一能级组主量子数为 1 时，不存在 p 轨道)，它与周期表中七个周期有对应关系。

(3) 各原子轨道能量的相对高低是原子中电子排布的基本依据。多电子原子的核外电子是按能级顺序分层排布的。

容易看出，鲍林的原子轨道近似能级图中的能级关系：角量子数 l 相同时，主量子数 n 越大，原子轨道能量越高，即 $E_K<E_L<E_M<E_N<E_O<\cdots$。主量子数 n 相同时，角量子数 l 越大，原子轨道能量越高，即 $E_{ns}<E_{np}<E_{nd}<E_{nf}<E_{ng}<\cdots$，这种现象称为能级分裂。若 n 和 l 都不同，虽然能量高低基本上由 n 的大小决定，但有时也会出现高电子层中低亚层(如 4s)的能量反而低于某些低电子层中高亚层(如 3d)的能量，这种现象称为能级交错。能级交错是由核电荷增加，核对电子的引力增强，各亚层的能量均降低，但各自降低的幅度不同所致。能

级交错的发生可以从屏蔽效应(shielding effect)和钻穿效应(penetration effect)得到解释。

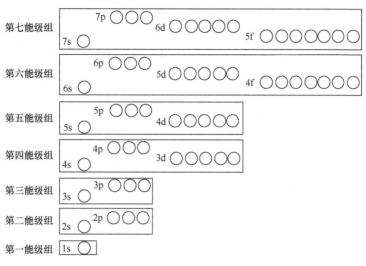

图 1-17 鲍林的原子轨道近似能级图

2. 屏蔽效应和钻穿效应

在多电子原子中，除各个电子与核间的相互作用外，还有电子与电子间的作用，以及电子的轨道运动和自旋间的作用等，所以求解多电子的薛定谔方程非常困难，只能通过某种物理模型进行简化，然后计算求得。其中应用最广的是 20 世纪 30 年代斯莱特(John Clarke Slater, 1900—1976，美国物理学家)提出的中心势场模型——斯莱特模型：每一个电子都是在核与其余电子所构成的平均势场中运动，其余电子对该电子有排斥作用，这样，核对这个电子的吸引力由于其余电子的排斥作用而被减弱，即中心势场模型着眼于将多电子结构简化为单电子结构。例如，锂(Li)原子核外有三个电子，第一电子层有两个电子，第二电子层有一个电子，对其中任何一个电子来说，它处在核与其余两个电子共同作用之中，而且都在不停地运动，因此要精确地确定其余两个电子对该电子的作用很困难。用一个近似的处理方法，可以把其余两个电子对所选定电子的排斥作用看作是集中于原子核的负电荷，就好像其他电子与核合在一起成为一个"复合核"，然后考虑"复合核"对所选定电子的吸引作用，这相当于一个单电子体系。由于"复合核"包含其他电子的作用，因而所带正电荷要比原来核电荷少，削弱了核对所选电子的吸引作用，即

$$Z^* = Z - \sigma \tag{1-24}$$

式中：Z^* 为有效核电荷(effective nuclear charge)；σ 为屏蔽常数(shielding constant)。这种由于电子间的相互排斥作用而引起原子核对外层电子吸引力减弱的效应称为屏蔽效应或屏蔽作用。对于多电子原子来说，由于屏蔽效应，每一个电子的能量为

$$E = -2.18 \times 10^{-18} \times \frac{(Z-\sigma)^2}{n^2} (\text{J}) \tag{1-25}$$

根据式(1-25)，当已知屏蔽常数 σ 后，可计算多电子原子中各能级的近似能量。屏蔽常数的大小不仅与内层电子的数目及电子离核的远近有关，而且与原子轨道的形状、被屏蔽电子所处的状态有关。为了计算屏蔽常数 σ，可采用斯莱特提出的计算屏蔽常数的规则。斯莱特规

则的基本内容是：首先将原子中的电子分成下列各组，每一组用括号标出，(1s)，(2s2p)，(3s3p)，(3d)，(4s4p)，(4d)，(4f)等；并规定：①后一组的电子对前一组电子没有屏蔽作用；②第一组 (1s)上的两个电子的 $\sigma=0.3$，其余各组中的电子的 $\sigma=0.35$；③被屏蔽电子是 ns 和 np 时，则主量子数$(n-1)$各电子对 ns 或 np 的 $\sigma=0.85$，而小于$(n-1)$的各电子对 ns 或 np 的 $\sigma=1.00$；④被屏蔽电子是 nd 或 nf 时，则位于它前面各组电子对 nd 或 nf 的 $\sigma=1.00$；⑤原子中某一个被屏蔽电子总的屏蔽常数 σ 值等于所有屏蔽电子对该电子屏蔽常数 σ 值之和。

【例 1-7】　计算钪原子一个 3d 电子和一个 3s 电子的屏蔽常数。

解　钪原子的电子结构式为　$1s^2 2s^2 2p^6 3s^2 3p^6 3d^1 4s^2$。

一个 3s 电子的屏蔽常数为

$$\sigma_{3s} = 7 \times 0.35 + 8 \times 0.85 + 2 \times 1.00 = 11.25$$

一个 3d 电子的屏蔽常数为

$$\sigma_{3d} = 18 \times 1.00 = 18$$

当 l 相同、n 不同时，不同电子层上电子的屏蔽效应不同，越靠近内层(n 越小)，则对外层屏蔽作用越大，即 $\sigma_K > \sigma_L > \sigma_M > \cdots$。离核近的电子，一方面 n 较小，另一方面受到的屏蔽效应也较小，因而原子核对电子的吸引力较强，能量较低；反之，离核远的电子，能量较高。这样，各电子层能量高低的顺序必然是：$E_K < E_L < E_M < E_N < E_O < \cdots$。

在原子核附近出现的概率较大的电子，可更多地避免其余电子的屏蔽，受到核的较强的吸引而更靠近核，这种进入原子内部空间的作用称为钻穿效应。钻穿效应与原子轨道的径向分布函数有关。l 越小的轨道，径向分布函数的峰个数越多，第一个峰钻得越深，离核越近。由图 1-18 可见，3s 比 3p 多一个离核较近的小峰，说明 3s 电子比 3p 电子钻穿能力强，从而受到屏蔽效应较小，能量较 3p 低。因此，n 相同、l 不同时，钻穿能力：ns 电子>np 电子>nd 电子>nf 电子；导致能级分裂结果：$E_{ns} < E_{np} < E_{nd} < E_{nf}$。

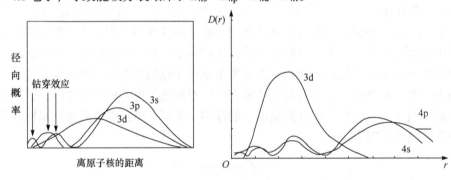

图 1-18　电子云的径向分布函数图对钻穿效应的解释

当 n 和 l 都不同时，如 4s 和 3d，由氢原子的 4s、3d 电子云的径向分布图(图 1-18)可见，4s 电子有四个峰，而 3d 电子只有一个峰；虽然 4s 的最大峰比 3d 离核远得多，但由于它有小峰钻到离核很近处，对降低轨道能量影响很大，而离核较远的峰影响较小，所以 4s 电子钻穿效应大于 3d，即 4s 电子平均受到核场的引力比 3d 大，因而就克服了由于主量子数增大而引起的能量升高值，总的效应使 4s 电子的能量反而比 3d 能量低，导致能级交错现象，即 $E_{4s} < E_{3d} < E_{4p}$。同理：$E_{5s} < E_{4d} < E_{5p}$，$E_{6s} < E_{4f} < E_{5d} < E_{6p}$，$E_{7s} < E_{5f} < E_{6d} < E_{7p}$。

这样，屏蔽效应和钻穿效应就圆满地解释了近似能级图中各原子轨道的能级顺序。屏蔽效应和钻穿效应是两个有密切联系的概念。钻穿效应大的电子，回避其他电子的屏蔽能力也越强，故自身屏蔽效应也越大。反之，钻穿效应小的电子，则本身受到的屏蔽效应也越大。

3. $(n + 0.7l)$近似规律

当 n 和 l 都不相同时，原子轨道的能级高低可由我国化学家徐光宪(1920—2015，中国物理化学家、无机化学家、教育家)归纳出的 "$n + 0.7l$" 规律来判断："$n + 0.7l$" 值越小，原子轨道的能级越低。例如，4s 和 3d 的 "$n + 0.7l$" 值分别为 4.0 和 4.4，因此 $E_{4s} < E_{3d}$。按照该规律计算的多电子原子的能级顺序与鲍林近似能级图是一致的(表 1-4)。

表 1-4　$(n+0.7l)$值与近似能级顺序

能级	1s	2s	2p	3s	3p	4s	3d	4p	5s	4d
$n + 0.7l$	1.0	2.0	2.7	3.0	3.7	4.0	4.4	4.7	5.0	5.4
能级	5p	6s	4f	5d	6p	7s	5f	6d	7p	8s
$n + 0.7l$	5.7	6.0	6.1	6.4	6.7	7.0	7.1	7.4	7.7	8.0

值得注意的是过渡元素的电离问题：第一过渡系列电子填充顺序是 4s→3d，而电子电离时先电离 4s 后电离 3d。例如，铁原子的价电子构型为 $3d^6 4s^2$，电离成 Fe^{2+} 时不是变为 $3d^4 4s^2$，而是变为 $3d^6 4s^0$。其原因是 Fe 和 Fe^{2+} 的核外电子数目、有效核电荷都是不同的，以致轨道能量不相同。Fe^{2+} 中电子数目减小 2，有效核电荷比 Fe 大，而主量子数 n 对能量的影响变为主要的，服从$(n + 0.7l)$规律，4s 的钻穿效应影响相对减弱，因此 Fe^{2+} 的 3d 轨道能量显著低于 4s。这就是过渡元素一般先电离 ns 电子，后电离$(n - 1)$d 电子的原因。

4. 科顿原子轨道能级图

鲍林近似能级图反映了绝大多数原子中电子的填充顺序，但是鲍林近似能级图是假定所有原子的能级高低次序都是一样的，这与实验事实不符合。1962 年科顿(Frank Albert Cotton，1930—2007，美国无机化学家)根据光谱实验总结出了原子轨道能级与原子序数的关系图(图 1-19)，图中横坐标为原子序数，纵坐标为轨道能量。由图 1-19 可见：

(1) 原子序数为 1 的氢原子，轨道能量只与 n 值有关。n 值相同时皆为简并轨道。但随原子序数的增大，核电荷的增加，核对电子的吸引力也增加，各轨道的能量降低。

(2) 随着原子序数的增大，原子轨道能级下降幅度不同，因此能级曲线产生了相交现象。例如，在 3d 和 4s 能量曲线上：当 $Z = 1 \sim 14$ 时，$E_{3d} < E_{4s}$；当 $Z = 15 \sim 20$ 时，$E_{4s} < E_{3d}$，即原子序数为 19(K)和 20(Ca)附近发生了能级交错现象；当 $Z > 20$ 时，$E_{3d} < E_{4s}$。这些可以通过屏蔽效应加以计算。从放大图中可以更加清楚地看到，从 Sc 开始 3d 的能量又低于 4s。而在鲍林近似能级图中未能反映。

(3) 原子的核外电子排布与按鲍林近似能级图的能量高低依次填充的相同。

(4) 对于中性原子，其电子的能量是按科顿原子轨道能级图的能量高低排列的，即电子的能量是按电子层(主量子数)的顺序而增加的。这一点对解释离子的电子结构是十分重要的。例如，过渡元素的原子失电子成离子时，先失 ns 电子，再失$(n - 1)$d 电子。

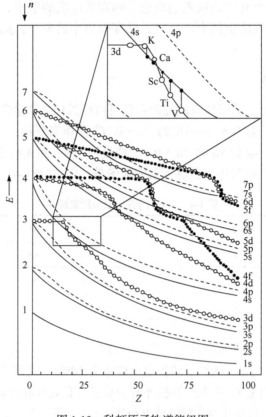

图 1-19　科顿原子轨道能级图

应当指出：在图 1-19 中能量坐标不是按严格的比例画出的，而是把主量子数大的能级间的距离适当地拉开些，使能级曲线分散，这样就简明而清晰地反映出原子轨道能量和原子序数的关系。

1.4.4　核外电子的结构

根据原子核外电子的排布原则和鲍林原子轨道近似能级图，将基态原子的电子按能级增加的顺序依次填入各原子轨道中，最后将各轨道按主量子数递增的顺序排布出来，就可以得到周期表中绝大部分元素基态原子的核外电子排布。电子在核外的排布常称为电子层结构或电子层构型，简称电子结构或电子构型(electron configuration)。通常电子结构有三种表示方法。

(1) 轨道表示式：按电子在核外原子轨道中的分布情况表示。用一个圆圈或方格表示一个原子轨道(简并轨道的方格连在一起)，用向上或向下的箭头表示电子的自旋状态，例如：

$$N: \quad \boxed{\uparrow\downarrow} \quad \boxed{\uparrow\downarrow} \quad \boxed{\uparrow|\uparrow|\uparrow}$$
$$\quad\quad 1s \quad\quad 2s \quad\quad\quad 2p$$

(2) 电子排布式：按电子在原子各亚层中分布的情况表示，亚层符号的右上角注明排列的电子数。例如，Al($Z=13$)，其电子排布式为：$1s^2 2s^2 2p^6 3s^2 3p^1$。为了简化原子的电子结构，通常用"原子实"代替部分内电子层构型，即用加方括号的稀有气体符号代替原子内和稀有气体具有相同电子结构的部分内电子层构型，因此铝的电子结构可简化为[Ne] $3s^2 3p^1$。根据洪德规则，等价轨道处于半充满状态是比较稳定的，所以铬的电子结构不是[Ar]$3d^4 4s^2$，而是[Ar]$3d^5 4s^1$。同理，铜的电子结构不是[Ar]$3d^9 4s^2$，而是[Ar]$3d^{10} 4s^1$。有时根据需要只写出在化学反应中参与成键的电子构型，称为价电子构型(valence electron configuration)。对于主族元素来说，价电子构型就是最外层电子构型；对于副族元素来说，则为最外层的 ns 和次外层的 $(n-1)d$ 电子构型，如[Cr]$3d^5 4s^1$；对镧系和锕系为最外层的 ns、次外层的$(n-1)d$ 及倒数第三层的$(n-2)f$，如[Ce]$4f^1 5d^1 6s^2$；^{13}Al、^{24}Cr 和 ^{58}Ce 的电子结构可分别表示为 $3s^2 3p^1$、$3d^5 4s^1$ 和 $4f^1 5d^1 6s^2$。

(3) 量子数表示：按电子所处的状态用 4 个量子数表示。例如，^{58}Ce 的 $6s^2$ 电子可用四个量子数表示为：$\left(6,0,0,+\dfrac{1}{2}\right)$；$\left(6,0,0,-\dfrac{1}{2}\right)$。

根据核外电子排布的原则可以写出周期表中绝大部分元素的电子结构，为了方便记忆，图 1-20 给出了核外电子填充顺序，该填充顺序与鲍林近似能级图顺序一致。根据原子核外电子排布原则和原子光谱实验结果，可以得到各元素基态电子构型。不符合一般规则的元素的电子结构是根据光谱实验事实得出的结果。另外，书写电子排布式时应注意：① 书写次序与填充顺序并不完全一致。例如，^{24}Cr 的填充电子顺序为 $1s^2 2s^2 2p^6 3s^2 3p^6 4s^1 3d^5$，但书写时应为 $1s^2 2s^2 2p^6 3s^2 3p^6 3d^5 4s^1$，或简写为[Ar]$3d^5 4s^1$。但 ^{21}Sc 的填充电子顺序为 $1s^2 2s^2 2p^6 3s^2 3p^6 4s^2 3d^1$，全空时，先填 4s；填充后 s 能量升高，写为 $1s^2 2s^2 2p^6 3s^2 3p^6 3d^1 4s^2$，

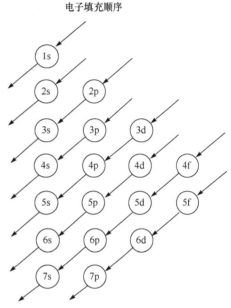

电子填充顺序

图 1-20　核外电子填充顺序

或简写为[Ar]$3d^1 4s^2$。② 少数副族元素(不包括镧系、锕系元素)的电子排布具有特殊性。例如，VB 族的 ^{41}Nb $4d^4 5s^1$；Ⅷ族的 ^{44}Ru $4d^7 5s^1$、^{45}Rh $4d^8 5s^1$、^{46}Pd $4d^{10}$ 和 ^{78}Pt $5d^9 6s^1$；Ⅰ B 族的 ^{47}Ag $4d^{10} 5s^1$ 和 ^{79}Au $5d^{10} 6s^1$ 等。

1.5　元素周期律

元素周期律(periodic law of the elements)是随元素的原子序数递增，核外电子呈现周期性排布，元素性质呈现周期性递变的规律。元素周期表(periodic table of the elements)是根据原子序数从小到大排序的化学元素列表。由于元素周期表能够准确地表述元素周期律，并预测各种元素的特性及其之间的关系，因此它在化学及其他科学领域中被广泛使用。自从 1869 年门捷列夫(Dmitri Ivanovich Mendeleev，1834—1907，俄国化学家)制作出第一张元素周期表以来，不断有人提出各种类型的周期表达 700 余种。人们制作周期表是为了方便研究周期性。研究对象不同，周期表的形式就不同，归纳起来主要有：短式表(以门捷列夫为代表)、长式表(以维尔纳式为代表)、特长表(以波尔塔式为代表)、平面螺线表和圆形表(以达姆开夫式为代表)、立体周期表(以莱西的圆锥柱立体表为代表)等，长期习用的是长式周

期表。

1.5.1 元素周期表

1. 原子的电子层结构与周期

维尔纳长式周期表分主表和副表。主表中的横行称为周期(periods)，一共有七个周期。其中第 1~5 行分别是完整的第一、二、三、四、五周期。第一周期又称特短周期，只有 H 和 He 两种元素，它们的基态原子只有 1s 电子；第一电子层填满，完成第一周期，对应于第一能级组。第二周期从 $^3Li(1s^22s^1)$ 到 $^{10}Ne(1s^22s^22p^6)$，第二层共 4 个轨道，最多填 8 个电子，所以第二周期由 $2s^1$ 到 $2s^22p^6$ 结束，完成第二周期，对应于第二能级组。第三周期从 $^{11}Na([Ne]3s^1)$ 到 $^{18}Ar([Ne]3s^23p^6)$，第三层共 9 个轨道，最多填 18 个电子，现只填了 8 个电子；但第三周期由 $3s^1$ 到 $3s^23p^6$ 结束，对应于第三能级组，而 3d 轨道空着未填入电子。第二、三周期称为短周期，各有 8 种元素，它们的原子有 s 电子和 p 电子。第四、五周期为长周期，各有 18 种元素，除钾和钙外，它们的原子有 s、p 和 d 电子；与短周期不同，长周期包含过渡元素。第四周期从 $^{19}K([Ar]4s^1)$ 到 $^{36}Kr([Ar]3d^{10}4s^24p^6)$，包含了第一过渡系元素从 ^{21}Sc 到 $^{30}Zn([Ar]3d^{10}4s^2)$，其中 $^{29}Cu([Ar]3d^{10}4s^1)$ 为洪德规则特例，电子填满第四能级组。第五周期从 $^{37}Rb([Kr]5s^1)$ 到 $^{54}Xe([Kr]4d^{10}5s^25p^6)$，电子依次填入第五能级组，包含了第二过渡系元素从 $^{39}Y([Kr]4d^15s^2)$ 到 $^{48}Cd([Kr]4d^{10}5s^2)$。但例外较多，如 $^{41}Nd([Kr]4d^45s^1)$，$^{42}Mo([Kr]4d^55s^1)$，$^{44}Ru([Kr]4d^75s^1)$，$^{45}Rh([Kr]4d^85s^1)$，$^{46}Pd([Kr]4d^{10})$，$^{47}Ag([Kr]4d^{10}5s^1)$。

主表中的第六、七行为特长周期，其中镧系元素和锕系元素被分离出来，形成主表下方的副表。第六周期从 $^{55}Cs([Xe]6s^1)$ 到 $^{86}Rn([Xe]4f^{14}5d^{10}6s^26p^6)$，它们的原子除了有 s、p 和 d 电子外，还有 f 电子(铯和钡除外)，包括第三过渡系元素 $^{57}La([Xe]5d^16s^2)$ 到 $^{80}Hg([Xe]4f^{14}5d^{10}6s^2)$，共 24 种过渡元素，其中 ^{57}La 到 $^{71}Lu([Xe]4f^{14}5d^16s^2)$ 共 15 种镧系元素。第七周期从 $^{87}Fr([Rn]7s^1)$ 到 $^{118}Og([Rn]5f^{14}6d^{10}7s^27p^6)$，其中从 $^{89}Ac([Rn]6d^17s^2)$ 到 $^{103}Lr([Rn]5f^{14}6d^17s^2)$ 共 15 种锕系元素。镧系元素和锕系元素称为内过渡元素(inner transition element)。

原子的电子构型与周期的关系见表 1-5。对比表 1-5 和图 1-17 可知：①当原子的核电荷数依次增大时，原子的最外层经常重复着同样的电子构型，元素性质周期性地改变正是由于各周期元素原子周期性地重复着最外层电子构型($ns^1np^0 \sim ns^2np^6$)的结果，所以元素的性质主要是由原子的电子层结构和最外层电子数决定的。②每一周期开始都出现一个新的电子层，因此元素原子的电子层数就等于该元素在周期表所处的周期数，即原子的最外电子层的主量子数与该元素所在的周期数相等。③各周期中元素的数目等于相应能级组中轨道所容纳电子的最大数。④在第七周期中，从镅(^{95}Am)以后的元素都是人工合成元素。

表 1-5　周期表中各周期与对应能级组关系

周期	能级组	原子轨道	原子轨道数目	能容纳电子数	元素数目	价电子构型	周期名称
1	一	1s	1	2	2	$1s^{1\sim2}$	特短周期
2	二	2s 2p	4	8	8	$2s^{1\sim2}2p^{1\sim6}$	短周期
3	三	3s 3p	4	8	8	$3s^{1\sim2}3p^{1\sim6}$	短周期
4	四	4s 3d 4p	9	18	18	$3d^{1\sim10}4s^{1\sim2}4p^{1\sim6}$	长周期
5	五	5s 4d 5p	9	18	18	$4d^{1\sim10}5s^{1\sim2}5p^{1\sim6}$	长周期

周期	能级组	原子轨道	原子轨道数目	能容纳电子数	元素数目	价电子构型	周期名称
6	六	6s 4f 5d 6p	16	32	32	$4f^{1\sim14}5d^{1\sim10}6s^{1\sim2}6p^{1\sim6}$	特长周期
7	七	7s 5f 6d 7p	16	32	32	$5f^{1\sim14}6d^{1\sim10}7s^{1\sim2}7p^{1\sim6}$	特长周期

2. 原子的电子层结构与族

周期表中的纵行称为族(group 或 family)，维尔纳长式周期表有 18 列，有八个主族(main-group，A 族)和七个副族(sub-group，B 族)各占一列，铁、钌、锇，钴、铑、铱，以及镍、钯、铂三列合为一族，称为第Ⅷ族。

主族元素的电子结构特征为最后一个电子填入最外层的 s 或 p 亚层；各主族元素的最外层电子数为族序数，简称族数。例如，^{16}S[Ne]$3s^23p^4$，是ⅥA 族元素；^{17}Cl[Ne]$3s^23p^5$，是ⅦA 族元素。元素最外层的电子是价电子，它们都可以参与化学反应。由于同一族中各元素原子核外电子层数从上到下递增，价电子层离核的平均距离及受到的屏蔽都不同程度增大，因此同族元素的化学性质具有递变性。

副族元素的电子结构特征为最后一个电子填入倒数第二层的$(n-1)$d 轨道，最外电子层一般只有 1~2 个电子。d 电子可以部分或全部参加化学反应，连同最外层的 s 电子都是价电子。这样，副族元素的价电子层应为 ns 和$(n-1)$d，价电子数为族数，当价电子数大于 8 时为第Ⅷ族，$(n-1)$d 填满不计入价电子数。例如，^{25}Mn $1s^22s^22p^63s^23p^63d^54s^2$，是ⅦB 族元素；^{26}Fe $1s^22s^22p^63s^23p^63d^64s^2$，^{27}Co $1s^22s^22p^63s^23p^63d^74s^2$ 均为第Ⅷ族元素；^{29}Cu $1s^22s^22p^63s^23p^63d^{10}4s^1$ 和 ^{30}Zn $1s^22s^22p^63s^23p^63d^{10}4s^2$ 分别为 ⅠB 族和ⅡB 族元素。同一副族元素的化学性质也具有一定的相似性，但因 d 电子有较大的屏蔽作用，随着原子序数递增而净增加的有效核电荷数较小，故副族元素的化学性质递变性不如主族元素明显。镧系和锕系元素的最外层和次外层的电子排布基本相同，只是倒数第三层的$(n-2)$f 电子排布不同，使得镧系 15 种元素、锕系 15 种元素的化学性质极为相似，在周期表中占据同一位置，因此将镧系元素、锕系元素单独列出来，置于周期表下方各列一行来表示。

2019 年，国际纯粹与应用化学联合会(The International Union of Pure and Applied Chemistry, IUPAC)提出了 18 族命名法，见表 1-6，即从左至右依次编为第 1~18 族。

表 1-6 元素周期表中族序数的新标法及元素分区

3. 原子的电子层结构与分区

根据原子核外电子排布的特点,可将周期表中的元素分为五个区,见表 1-6。①s 区元素:最后一个电子填充在 s 能级上的元素称为 s 区元素。包括 I A 族的碱金属元素和 II A 族的碱土金属元素,还包括氢(H)和氦(He);结构特点为 ns^1 和 ns^2。除氢和氦以外,它们是活泼的金属,容易失去 1 个或 2 个价电子形成 M^+ 或 M^{2+}。②p 区元素:最后一个电子填充在 p 能级上的元素称为 p 区元素。p 区元素的电子结构特点为 $ns^2np^{1\sim6}$。从 III A 族到 VII A 族,再到 VIII A 族元素,完整体现了金属→准金属→非金属的渐变;周期表已知的元素中共有 24 种非金属(包括稀有气体),它们集中在长式周期表 p 区的右上角三角区。③d 区元素:最后一个电子填充在 d 能级上的元素称为 d 区元素,包括 III B~VII B 族的各副族元素。电子结构特点为 $(n-1)d^{1\sim9}ns^{1\sim2}$。它们都是过渡元素,每种元素都有多种氧化态。④ds 区元素:最后一个电子填充在 d 能级并且达到 d^{10} 状态的元素,称为 ds 区元素。包括 I B 族和 II B 族的元素。结构特点为 $(n-1)d^{10}ns^{1\sim2}$。通常也把它们算作过渡元素(广义上的 d 区也包括 ds 区)。⑤f 区元素:最后一个电子填充在 f 能级上的元素称为 f 区元素,包括镧系元素和锕系元素,电子结构特点为 $(n-2)f^{1\sim14}$ $(n-1)d^{0\sim1}ns^{1\sim2}$。

综上所述,原子的电子层结构与元素周期系有密切的联系。能级组的划分是导致周期系中各元素划分为周期的本质原因。价电子构型是周期表中元素分族的基础,周期表中“族”的实质是根据价电子构型的不同对元素进行的分类。通过本节的学习,要会根据元素的原子序数写出该元素的电子层结构,并由此判断该元素所在的周期和族;反之,已知某元素所在的周期和族,可以推断出它的原子序数,从而写出该元素的电子层结构。

1.5.2　元素性质的周期性变化规律

由于原子电子层结构的周期性,因此与电子层结构有关的元素的基本性质,如有效核电荷、相对原子质量、原子半径、电离能、电子亲和能、电负性等也呈现明显的周期性。

1. 有效核电荷

图 1-21 是根据斯莱特规则计算屏蔽常数后所得有效核电荷的变化规律。

2. 原子半径

原子半径(atomic radius)是一个很重要的参数,是根据物质的聚集状态,人为规定的一种物理量。一般有三种:共价半径、金属半径和范德华半径,其中以共价半径的应用最为普遍。共价半径是指同种元素两个原子以共价单键连接时核间距离的一半。金属半径则是指在金属晶体中,相邻两个原子彼此接触,其核间距离的一半。当两个原子之间没有形成化学键,只有范德华力互相接近时,核间距离的一半称为范德华半径(也称非键半径)。同一种元素的原子,共价半径最小,金属半径大于共价半径,范德华半径最大。例如,Na 原子的金属半径和共价半径分别为 186pm 和 154pm;Cl 原子的共价半径和范德华半径分别为 99pm 和 175pm。所以在比较原子半径时,应采用同一套数据。表 1-7 列出周期系中各元素的原子半径,表中数据是以共价半径作为原子半径,金属元素为金属半径,但是稀有气体的半径仍为范德华半径。

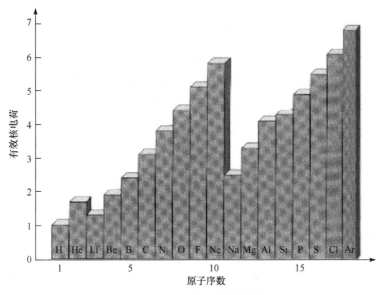

图 1-21 有效核电荷的周期性变化规律

表 1-7 原子半径(pm)

I A																	VⅢA
H 37	II A											ⅢA	ⅣA	VA	ⅥA	ⅦA	He 93
Li 152	Be 111											B 88	C 77	N 70	O 66	F 64	Ne 112
Na 186	Mg 160	ⅢB	ⅣB	VB	ⅥB	ⅦB		Ⅷ		I B	ⅡB	Al 143.1	Si 177	P 110	S 104	Cl 99	Ar 154
K 227	Ca 197	Sc 161	Ti 145	V 132	Cr 125	Mn 127	Fe 124	Co 125	Ni 125	Cu 128	Zn 133	Ga 122	Ge 123	As 125	Se 117	Br 114	Kr 169
Rb 248	Sr 216	Y 181	Zr 160	Nb 143	Mo 136	Tc 136	Ru 133	Rh 135	Pb 138	Ag 145	Cd 149	In 163	Sn 141	Sb 145	Te 137	I 133	Xe 190
Cs 265	Ba 217	La 188	Hf 156	Ta 143	W 137	Re 137	Os 134	Ir 136	Pt 138	Au 144	Hg 151	T1 170	Pb 175	Bi 155	Po 146	At 145	Rn 222

La 188	Ce 183	Pr 182	Nd 181	Pm 181	Sm 180	Eu 199	Gd 180	Tb 178	Dy 177	Ho 177	Er 173	Tm 175	Yb 194	Lu 173

在短周期中，从左到右随着核电荷数的增加，原子核对外层电子的吸引作用也相应增强，使原子半径逐渐减小。只是到最后的稀有气体时，原子半径突然大幅度变大，这主要是因为稀有气体的原子半径为范德华半径。目前稀有气体的原子半径数据基本上是理论推算的。在长周期中，总的趋势是从左到右原子半径逐渐减小。由于过渡元素新增电子填入次外层的$(n-1)$d 轨道上，电子对最外层电子的屏蔽作用比最外电子层中的电子间的屏蔽作用大得多，因此随核电荷增加，有效核电荷增加得比较缓慢，半径减小幅度较小，平均在 4pm 左右。当电子排布为 d^{10}、f^7、f^{14} 结构时，对原子核的屏蔽作用更强，具有这种结构的过渡元素原子半径略有增大，如 ds 区元素的原子半径略大于第Ⅷ族元素。f 区内过渡元素(镧系和锕系)新增电子填入倒数第二层的$(n-2)$f 轨道上，从左到右半径减小幅度更小，平均相邻元素在 1pm 左右。但随原子序数的增加，原子半径和离子半径在总的趋势上有所缩小，从镧到镥的半径总共缩

小可达 11pm，这种现象称为镧系收缩(lanthanide contraction)。

在同一主族中，各族元素自上而下，随核电荷数的增加，原子的电子层数增多，即主量子数 n 增大，所以原子半径增大。同一副族中，第四周期到第五周期元素，由于原子的电子层数增多，原子半径明显增大；但第五周期到第六周期的元素，由于镧系收缩的存在，镧系后的过渡元素的原子半径都相应缩小，抵消了由原子的电子层数增多导致的原子半径增大，使它们的原子半径非常相近，造成某些元素如 Zr 与 Hf、Nb 与 Ta、W 与 Mo 等在性质上极为相似，难以分离。

3. 电离能

使一个基态的气态原子失去一个电子形成+1 价气态离子时所消耗的最低能量称为元素的第一电离能(ionization energy)，用符号 I_1 来表示，单位是 $kJ \cdot mol^{-1}$ 或 eV。表 1-8 列出周期系中第一电离能的数据。从气态+1 价正离子再失去一个电子形成气态+2 价正离子时所需要的能量称为元素的第二电离能。同一元素的第二电离能显著大于第一电离能，这是因为形成+1 价离子后，原子核的正电场对电子的有效吸引力增强，导致离子半径变小；要再电离第二个电子需要消耗更大的能量。同理，第三电离能大于第二电离能，第四电离能大于第三电离能，依次类推。例如，碳原子的 I_1 为 $1086kJ \cdot mol^{-1}$，I_2 为 $2353kJ \cdot mol^{-1}$，I_3 为 $4621kJ \cdot mol^{-1}$，I_4 为 $6223kJ \cdot mol^{-1}$ 等。元素的第一电离能越小，表示它越容易失去电子，即该元素的金属性越强，因此元素的第一电离能是该元素金属性的一种衡量尺度。电离能的大小主要取决于原子核电荷、原子半径及原子的电子层结构，这里仅着重讨论第一电离能。

表 1-8 元素的第一电离能($kJ \cdot mol^{-1}$)

IA	IIA	IIIB	IVB	VB	VIB	VIIB	VIII			IB	IIB	IIIA	IVA	VA	VIA	VIIA	VIIIA
H 1312																	He 2372
Li 520	Be 899											B 801	C 1086	N 1402	O 1314	F 1681	Ne 2081
Na 496	Mg 738											Al 578	Si 786	P 1012	S 1000	Cl 1251	Ar 1521
K 419	Ca 590	Sc 631	Ti 658	V 650	Cr 653	Mn 717	Fe 759	Co 758	Ni 737	Cu 745	Zn 906	Ga 579	Ge 762	As 947	Se 941	Br 1140	Kr 1351
Rb 403	Sr 549	Y 616	Zr 660	Nb 664	Mo 685	Tc 702	Ru 711	Rh 720	Pd 805	Ag 731	Cd 868	In 558	Sn 709	Sb 834	Te 869	I 1008	Xe 1170
Cs 376	Ba 503	La 538	Hf 680	Ta 761	W 770	Re 760	Os 840	Ir 880	Pt 870	Au 890	Hg 1007	Tl 589	Pb 716	Bi 703	Po 812	At	Rn 1037

La 538	Ce 528	Pr 523	Nd 530	Pm 535	Sm 543	Eu 547	Gd 592	Tb 564	Dy 572	Ho 581	Er 589	Tm 596	Yb 603	Lu 524
Ac 670	Th 587	Pa 568	U 598	Np 605	Pu 585	Am 578	Cm 581	Bk 601	Cf 608	Es 619	Fm 627	Md 635	No 642	Lr

同一主族的元素，自上而下随原子半径增大，原子核对电子的引力减弱，第一电离能逐渐减小，金属性增强。同一副族中，第一电离能自上而下变化幅度较小且变化不规则，这是

因为新增的电子填入 $(n-1)$ d 轨道，并且 ns 与 $(n-1)$ d 轨道能量比较接近。除ⅢB族外，副族元素自上而下，金属性呈变弱趋势。第五周期与第四周期相比，半径的减小作用和有效核电荷的增大作用，二者对第一电离能的影响不相上下，故第一电离能变化不大。第六周期与第五周期相比，由于半径相近，影响较小；而有效核电荷增大作用较强，故第一电离能增大。

　　同一周期的元素，随核电荷数增多，半径逐渐减小，原子核对外层电子的引力增加，第一电离能逐渐增大。图 1-22 绘出了各元素第一电离能随原子序数递增而呈周期性变化的情况。以第二周期来看，Li 有最小的第一电离能，由 Li 到 Be，随核电荷数的增加，电离能增大，B 的第一电离能反而比 Be 小，这是因为 B 失去一个电子后可得 $2s^2 2p^0$ 的结构。从 B 到 N 随核电荷数增加，半径减小，电离能增大，N 原子有较大的电离能，这是因为它有半满 (p^3) 结构。O 原子的电离能又减小，因为它失去一个电子后形成 p^3 结构。氖在该周期中电离能最大，这是因为它有 $2s^2 2p^6$ 的稳定结构。同理，各周期末尾的稀有气体的电离能最大。由表 1-8 可知：在周期表中，ⅠA 族最下方的铯(Cs)的第一电离能最小，其金属性最强。稀有气体氦(He)的第一电离能最大。

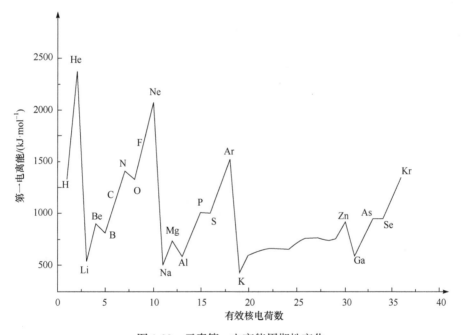

图 1-22　元素第一电离能周期性变化

　　利用电离能数据可以说明元素的常见价态。例如，Na、Mg、Al 都是金属，它们的各级电离能见表 1-9。Na 的第二电离能比第一电离能大得多，故通常只失去一个电子形成 Na^+；Mg 的第一、第二电离能较小，常形成 Mg^{2+}；而 Al 的第四电离能特别大，故形成 Al^{3+}。对于任何元素来说，在第三电离能之后的各级电离能的数值都较大，所以通常情况下高于 +3 价的独立离子是很少存在的。

表 1-9　Na、Mg、Al 的各级电离能

元素	电离能/(kJ · mol⁻¹)			
	I_1	I_2	I_3	I_4
Na(3s¹)	495.8	4563.1	6911.6	9540.0
Mg(3s²)	738	1450.9	7733.8	10540.0
Al(3s²3p¹)	578	1816.9	2745.1	11579.0

4. 电子亲和能

一个基态的气态原子获得一个电子成为–1 价气态阴离子时所放出的能量称为元素的第一电子亲和能(electron affinity energy)，用符号 E_1(kJ · mol⁻¹)表示。电子亲和能通常为电子亲和反应焓变的负值($-\Delta H^\ominus$)。从表 1-10 可以看出：原子接受一个电子要放出能量，所以大多数原子的 E_1 都为正值，然而当–1 价离子再得到一个电子，就要受到–1 价离子的排斥，必须从外界吸收能量才能克服这种排斥力，所以 E_2、E_3 皆为负值。例如：

$$O(g) + e^- \Longrightarrow O^-(g) \qquad \Delta H_1^\ominus = -141kJ \cdot mol^{-1} \qquad E_1 = -\Delta H_1^\ominus = 141kJ \cdot mol^{-1}$$

$$O^-(g) + e^- \Longrightarrow O^{2-}(g) \qquad \Delta H_2^\ominus = +780kJ \cdot mol^{-1} \qquad E_2 = -\Delta H_2^\ominus = -780kJ \cdot mol^{-1}$$

表 1-10　一些元素的第一电子亲和能(kJ · mol⁻¹)

I A																	VIII A
H 72.55	II A											III A	IV A	V A	VI A	VII A	He <0
Li 59.63	Be <0											B 26.7	C 121.85	N 0±22	O 140.97	F 328.16	Ne <0
Na 52.87	Mg <0	III B	IV B	V B	VI B	VII B		VIII		I B	II B	Al 42.5	Si 120	P 72.03	S 200.4	Cl 348.6	Ar <0
K 48.38	Ca 1.78	Sc 18.1	Ti 7.6	V 50.7	Cr 64.3	Mn	Fe 14.6	Co 63.9	Ni 111.5	Cu 119.2	Zn	Ga 29	Ge 119	As 78.3	Se 195	Br 324.5	Kr <0
Rb 46.9	Sr 4.6	Y 29.6	Zr 41.1	Nb 86.2	Mo 72.2	Tc 53.19	Ru 46.88	Rh 14.14	Pd 54.2	Ag 125.6	Cd 126	In 29.2	Sn 107.3	Sb 101	Te 190.15	I 295.15	Xe <0
Cs 45.5	Ba 114	La 48.3	Hf ≈0	Ta 31.1	W 78.6	Re 15	Os 19.1	Ir 151.0	Pt 205.3	Au 222.7	Hg	Tl 50	Pb 35.1	Bi 91.3	Po 183.3	At 270	Rn
Fr 44.0	Ra	Ac-Lr															

从表 1-10 还可以看到：目前周期表中元素的电子亲和能的数据不全，同时测定比较困难，准确性也较差，因此规律性不太明显。电子亲和能的大小同样主要取决于原子核电荷、原子半径及原子的电子层结构；半径越小，核对电子引力越大，电子亲和能越大。总的趋势，同一周期中，从左到右电子亲和能增大；同一族中，由上到下电子亲和能逐渐减小。但VIA 和VIIA 族的第一个元素的电子亲和能(氧 140.97kJ · mol⁻¹ 和氟 328.16kJ · mol⁻¹)分别小于第二个元素的电子亲和能(硫 200.4kJ · mol⁻¹ 和氯 348.6kJ · mol⁻¹)；这一反常现象是由于第二周期的元素原子半径小，电子云密度很大，电子间排斥力很强，以致当原子结合一个电子形成负离

子时，由于排斥作用致使放出的能量减小。而第三周期的元素原子半径较大，并且有空的 d
轨道可以容纳电子，电子间的相互排斥力作用显著减小，因而当原子结合电子形成阴离子时
放出的能量相对增大。

　　电子亲和能的大小主要取决于原子核对电子的有效吸引力和核外电子的互斥力，并不能
直接反映元素的非金属性的大小，只能反映气态电中性原子得到电子变成气态负离子的能力。
元素非金属性的大小除电子亲和能外，还受其他因素影响。

　　5. 元素的电负性

　　元素的电离能和电子亲和能反映某元素的原子失去和获得电子的能力，但有些元素的原
子在形成化合物时，既难以失去电子又难以获得电子，如碳、氢等。1932 年，鲍林首先提出：
在分子中，元素原子吸引电子的能力称为元素的电负性(electronegativity)，用 χ 表示，也称电
负度。元素的电负性越大，表示其原子在化合物中吸引电子的能力越强。对一个物理量而言，
确立概念和建立标度常是两回事，标度不同，数值就有可能不同。元素的电负性可以通过多
种实验的和理论的方法来建立标度。目前各种电负性数值不下 20 种，下面简单介绍其中较常
见的几种。

　　1) 鲍林的电负性标度

　　鲍林认为组成化学键的两原子电负性差值与所成键的解离能之间存在一定的关系，计算
方法是：当两种不同的双原子分子 A_2 和 B_2 反应生成 AB 时：

$$\frac{1}{2} A_2 + \frac{1}{2} B_2 = AB$$

如果所有的键都形成单纯的共价键(无离子性)，则

$$(\chi_A - \chi_B)^2 = \frac{D_{A-B} - \frac{1}{2}(D_{A-A} + D_{B-B})}{96.5} \tag{1-26}$$

式中：D_{A-B}、D_{A-A}、D_{B-B} 分别为 AB、A_2、B_2 分子的键能。根据热化学数据比较各元素
原子吸引电子的能力，依此求出其他元素的电负性(稀有气体未计)。例如，对反应

$$\frac{1}{2} H_2 + \frac{1}{2} Cl_2 = HCl$$

设 χ_{Cl}、χ_H 分别为氯和氢的电负性，D 为键的解离能。$D_{H-H} = 436 \text{kJ} \cdot \text{mol}^{-1}$，$D_{Cl-Cl} = 244 \text{kJ} \cdot \text{mol}^{-1}$，$D_{H-Cl} = 431 \text{kJ} \cdot \text{mol}^{-1}$，反应的能量变化为

$$\Delta E_{HCl} = D_{H-Cl} - \frac{1}{2}(D_{H-H} + D_{Cl-Cl}) = 91 \text{kJ} \cdot \text{mol}^{-1} \tag{1-27}$$

　　鲍林以 $96.5 \text{kJ} \cdot \text{mol}^{-1}$ 为单位(相当于每分子 1eV)，并认为

$$\chi_{Cl} - \chi_H = \sqrt{\frac{\Delta E_{HCl}}{96.5}} = 0.97 \tag{1-28}$$

为了使从碳到氟的电负性都为 2.5～4.0，取 $\chi_H = 2.05$，以 $\chi_F = 4.0$ (后人改为 3.98)，则
$\chi_{Cl} = 2.05 + 0.97 = 3.0$。所以鲍林的电负性是一个相对的数值，故元素的电负性没有单位。元素
的电负性数值越大，表示原子在分子中吸引电子的能力越强。表 1-11 列出一些元素的电负性。

表 1-11　一些元素的电负性

IA	IIA	IIIB	IVB	VB	VIB	VIIB	VIII	VIII	VIII	IB	IIB	IIIA	IVA	VA	VIA	VIIA	VIIIA
H 2.2/2.20																	He 3.2
Li 0.98/0.97	Be 1.57/1.47											B 2.04/2.01	C 2.55/2.50	N 3.04/3.07	O 3.44/3.50	F 3.98/4.20	Ne 5.1
Na 0.93/1.01	Mg 1.31/1.23											Al 1.61/1.47	Si 1.90/1.74	P 2.19/2.06	S 2.58/2.44	Cl 3.16/2.83	Ar 3.3
K 0.82/1.01	Ca 1.00/1.04	Sc 1.36/1.20	Ti 1.54/1.32	V 1.63/1.45	Cr 1.66(Ⅱ)/1.56	Mn 1.55/1.6	Fe 1.83(Ⅱ)/1.96(Ⅲ)/1.64	Co 1.38(Ⅱ)/1.70	Ni 1.91(Ⅱ)/1.75	Cu 1.9(Ⅰ)/2.0(Ⅱ)/1.75	Zn 1.65/1.66	Ga 1.81/1.82	Ge 2.01/2.02	As 2.18/2.20	Se 2.55/2.48	Br 2.96/2.74	Kr 2.9/3.1
Rb 0.82/0.89	Sr 0.95/0.99	Y 1.22/1.1	Zr 1.33/1.22	Nb 1.6/1.23	Mo 2.16(Ⅱ)/2.24(Ⅳ)/2.35(Ⅵ)/1.30	Tc 1.9/1.36	Ru 2.2/1.42	Rh 2.28/1.45	Pd 2.20/1.35	Ag 1.93/1.42	Cd 1.69/1.46	In 1.78/1.49	Sn 1.8(Ⅱ)/1.96(Ⅳ)/1.72	Sb 2.05/1.82	Te 2.1/2.01	I 2.66/2.21	Xe 2.6/2.4
Cs 0.79/0.86	Ba 0.89/0.97	La 1.10/1.23	Hf 1.3/1.33	Ta 1.5/1.40	W 2.36/1.46	Re 1.9/1.52	Os 2.2/1.55	Ir 2.20/1.44	Pt 2.28/1.42	Au 2.54/1.44	Hg 2.00/2.04(Ⅲ)	Tl 1.62(Ⅰ)/2.04(Ⅲ)/1.44	Pb 1.87(Ⅱ)/2.33(Ⅳ)/1.55	Bi 2.02/1.67	Po 2.0/1.76	At 2.2/1.90	Rn

注：表中第一行数据是鲍林的电负性数据，第二行数据是阿莱-罗周(Allred-Rochow)的电负性数据。

2) 密立根的电负性标度

1934 年，马利肯(Mulliken)综合考虑了元素的电离能和电子亲和能，提出了元素的电负性新的求算方法：

$$\chi_M = \frac{1}{2}(I + E) \tag{1-29}$$

这样计算求得的电负性数值为绝对的电负性。马利肯的电负性(χ_M)由于没有完整的电子亲和能数据，应用受到限制。为了与鲍林的数据相吻合，式(1-29)可写为

$$\chi = 0.18(I + E) \quad (I、E 用 eV 作单位)$$

$$\chi = 0.0019(I + E) \quad (I、E 用 kJ \cdot mol^{-1} 作单位)$$

3) 阿莱-罗周的电负性标度

1957 年，阿莱-罗周根据原子核对电子的静电引力也计算出一套电负性数据。设 Z^* 为作用于外层一个电子上的有效核电荷，r 为原子的共价半径，e 代表一个电子电荷。根据库仑引力，原子核对电子的引力为

$$F = \frac{Z^* e^2}{r^2} = \frac{(Z-\sigma)e^2}{r^2} \tag{1-30}$$

该引力即表示电负性的大小。但所得的电负性是绝对值，与鲍林的电负性值差距较大，于是计算了许多元素的 $\frac{Z^*}{r^2}$ 值，同时将 31 种元素的 $\frac{Z^*}{r^2}$ 对鲍林的电负性值作图，得到一条直

线，并从图上得到 $\dfrac{Z^*}{r^2}$ 与鲍林的电负性值的函数关系式为

$$\chi = 0.359 \dfrac{Z^*}{r^2} + 0.744 \tag{1-31}$$

根据表 1-11 可知，阿莱-罗周的电负性数据与鲍林的电负性值很接近。

4) 电负性的新标度

电负性 χ 是原子对共价键中价电子的相对吸引力。它与有效核电荷成正比，与共价半径成反比，近年来的研究认为电负性的数值可以按式(1-32)进行计算：

$$\chi = \dfrac{0.31(n+1\pm c)}{r} + 0.50 \tag{1-32}$$

式中：n 为价电子的数目；c 为原子上任何形式的价电荷，它前面的符号($\pm$)对应于该电荷的符号；r 为共价半径。基于较新数据对鲍林值的修正，将 3.90 分配给氟。表 1-12 中的数值是指元素的常见氧化状态。

表 1-12　电负性的较新数据

H 2.20																	
Li 0.98	Be 1.57											B 2.04	C 2.55	N 3.04	O 3.44	F 3.90	
Na 0.93	Mg 1.31											Al 1.61	Si 1.90	P 2.19	S 2.58	Cl 3.16	
K 0.82	Ca 1.00	Sc 1.36	Ti 1.54	V 1.63	Cr 1.66	Mn 1.55	Fe 1.83	Co 1.88	Ni 1.91	Cu 1.90	Zn 1.65	Ga 1.81	Ge 2.01	As 2.18	Se 2.55	Br 2.96	
Rb 0.82	Sr 0.95	Y 1.22	Zr 1.33	Nb 1.6	Mo 2.16	Tc 2.10	Ru 2.2	Rh 2.28	Pd 2.20	Ag 1.93	Cd 1.69	In 1.78	Sn 1.96	Sb 2.05	Te 2.1	I 2.66	
Cs 0.79	Ba 0.89	La 1.10	Hf 1.3	Ta 1.5	W 1.7	Re 1.9	Os 2.2	Ir 2.2	Pt 2.2	Au 2.4	Hg 1.9	Tl 1.8	Pb 1.8	Bi 1.9	Po 2.0	At 2.2	
Fr 0.7	Ra 0.9	Ac 1.1															

镧系		Ce 1.12	Pr 1.13	Nd 1.14		Sm 1.17		Gd 1.20		Dy 1.22	Ho 1.23	Er 1.24	Tm 1.25			Lu 1.0
锕系		Th 1.3	Pa 1.5	U 1.7	Np 1.3	Pu 1.3	Am 1.3	Cm 1.3	Bk 1.3	Cf 1.3	Es 1.3	Fm 1.3	Md 1.3	No 1.3		

注：数据来自于《兰氏化学手册》(第 16 版)。

由表 1-12 可知，元素的电负性也是呈周期性变化的。总的趋势是：在同一周期中从左到右递增；在同一主族中从上到下递减(p 区第四周期元素呈特殊性)。但是，副族元素的电负性没有明显的变化规律，而且第三系列过渡元素的电负性比第二系列过渡元素大。

根据电负性的数据，可以衡量元素的金属性和非金属性的强弱。一般来说，非金属元素的电负性在 2.0 以上，金属元素的电负性在 2.0 以下。但应注意，元素的金属性和非金属性之间并没有严格的界限。由表 1-12 还可知：在周期表中，右上方氟的电负性最大，非金属性最强。左下方铯的电负性最小，金属性最强。大多数活泼金属元素的电负性<1.5；大多数金属元素(Au 和第Ⅷ族 6 种元素除外)的电负性<2.0；大多数非金属元素(Si 除外)的电负性>2.0；活泼非金属元素的电负性>2.5；边界元素电负性都在 1.8~2.1。

电负性可以理解为元素的非金属性，但二者不完全等价。电负性强调共用电子对偏移方向，而非金属性侧重于电子的得失。

1.6　元素的氧化态

　　氧化态(oxidation state)是指一种化学物质中某个原子氧化程度的量度。需要注意的是，一个原子的氧化态并不等于这个原子的实际电荷。尤其对于高氧化态的原子而言，其生成高价阳离子的电离能可能要比化学反应中实际的能量高得多。原子之间氧化态的分配纯粹是形式上的，这种方法有助于理解化学反应的机理。形式氧化态是通过假设所有异核化学键都为100%离子键计算出来的。氧化态用阿拉伯数字表示，可以为正数、负数或零。根据以下公认的规则可计算该原子的电荷：①单质的氧化态为零；②对于单原子离子，该原子的氧化态与离子的净电荷相等；③除活泼金属氢化物中氢的氧化态为–1，过氧化物中氧的氧化态为–1 外，大多数化合物中，氢的氧化态为 1，氧的氧化态为–2；④中性分子中，各原子氧化态的代数和为零；离子中，各原子氧化态代数和与离子的电荷相等。例如，H_2S、S_8(单质硫)、SO_2、SO_3 和 H_2SO_4 中，硫原子的氧化态分别为–2、0、+4、+6 和+6。某原子的氧化态升高称为氧化，氧化态越高，其氧化程度越高；某原子的氧化态降低则称为还原，氧化态越低，其还原程度越高。这两个过程涉及电子的形式转移，即从总体上看，还原是获得电子的过程，氧化是失去电子的过程。

1.6.1　正氧化态

　　绝大多数元素的最高正氧化态等于它所在的族数。但氧通常为–1 和–2，氟没有正氧化态，ⅠB 族 Cu、Ag 和 Au 的最高氧化态全部超过+1，已知的最高氧化态分别为+4、+3 和+5。20 世纪 80 年代发现的钇钡铜氧高温超导体中，Cu 呈现+2 和+3 两种氧化态。

1.6.2　负氧化态

　　非金属元素普遍呈现负氧化态，它们的最低负氧化态等于族序数减 8。过去认为金属不可能呈现负氧化态，但在金属羰基化合物的衍生物及一些新型化合物中呈负氧化态的金属不是个例。例如，在 $Mn_2(CO)_{10}$ 中，锰的氧化态为零，而在$[Mn(CO)_{10}]^-$中，可认为锰呈–1氧化态。1974 年，美国人戴伊(Dye)合成了一种晶体，并证实其中半数钠原子呈–1 氧化态，该化合物中另一半钠原子则逐个地被封闭在一种称为穴醚的笼状分子中，为 Na^+。

习　　题

　　1. 举例说明原子核外电子运动的特性。
　　2. 氢光谱为什么可以得到线状光谱？谱线的波长与能级间能量差有什么关系？求氢原子中电子从 $n=4$ 的轨道跃迁回 $n=2$ 轨道时谱线的波长。
　　3. 在 $l=2$ 的电子亚层中有几个原子轨道？
　　4. 在多电子原子中，具有 $A\left(2, 1, 0, -\dfrac{1}{2}\right)$、$B\left(2, 1, 0, \dfrac{1}{2}\right)$、$C\left(3, 1, 1, \dfrac{1}{2}\right)$、$D\left(3, 3, -2, -\dfrac{1}{2}\right)$ 运动状态的电子，哪个能量更高？
　　5. 下列说法是否正确？不正确的请改正。
　　(1) s 轨道的电子绕核旋转，其轨道为一圆圈，而 p 轨道的电子是"∞"字形。

(2) 主量子数为 1 时，有自旋相反的两个原子轨道。

(3) 主量子数为 3 时，有 3s、3p、3d、3f 四个轨道。

6. (1)$n=1$，$l=1$，$m=0$；(2)$n=2$，$l=0$，$m=\pm1$；(3)$n=3$，$l=3$，$m=\pm3$；(4)$n=4$，$l=3$，$m=\pm2$，描述的电子运动状态是否存在？

7. 下列电子的各套量子数，指出哪几套不可能存在，并说明理由。

(1) 3，2，2，$\dfrac{1}{2}$　　(2) 3，0，−1，$\dfrac{1}{2}$　　(3) 2，2，2，2　　(4) 1，0，0，0　　(5) 2，−1，0，$\dfrac{1}{2}$

8. 合理填充量子数。

(1) $n=?$ $l=2$，$m=0$，$m_s=+\dfrac{1}{2}$　　　　　　(2) $n=2$，$l=?$ $m=\pm1$，$m_s=-\dfrac{1}{2}$

(3) $n=4$，$l=2$，$m=0$，$m_s=?$　　　　　　　　(4) $n=2$，$l=0$，$m=?$ $m_s=+\dfrac{1}{2}$

9. 以下能级的角量子数为多少？

(1) 1s　　(2) 4p　　(3) 5d　　(4) 6s　　(5) 5f　　(6) 5g

10. 处于 K、L、M 层的电子的最大可能数目各为多少？

11. 根据轨道填充顺序图，指出下列各电子层的电子数有无错误，并指出理由。

原子序数	K	L	M	N	O	P
19	2	8	9			
22	2	10	8	2		
30	2	8	18	2		
34	2	8	20	4		
65	2	8	18	18	12	7

12. 原子轨道、概率密度和电子云的概念有什么联系和区别？

13. 由波函数的径向分布图解释氢原子的玻尔半径。

14. 根据波函数的角度分布图解释 p 轨道的最大伸展方向。

15. 画出如下原子轨道的角度分布图。

(1) p_x　　(2) d_{yz}　　(3) p_z　　(4) s　　(5) d_{xy}　　(6) d_{z^2}

16. 以下哪些组态符合洪德规则？

(1) ↑↓　↓↑　↑↑　↑　↑

(2) ↑↓　↑↓　↑　↑　↑　　↑

(3) ↑↓　↑↓　↑↓　↑↓　↑↓　↑　↑　↑　↑

17. 根据原子序数给出下列元素的基态原子的核外电子组态。

(1) K　　(2) Al　　(3) Cl　　(4) Ti　　(5) Zn　　(6) As

18. 在下列电子构型中，哪种属于原子的基态？哪种属于原子的激发态？哪种纯属错误？

(1) $1s^2 2s^2 2p^1$　　　　(2) $1s^2 2p^2$　　　　(3) $[Ne]3s^2 3d^1$

(4) $1s^2 2s^2 2p^6 3s^1 3d^1$　　(5) $1s^2 2s^2 2p^5 4f^1$　　(6) $[Ne]3s^2 3d^{12}$

19. 下列基态原子核外各电子排布式违反了哪些原则或规则？写出正确的电子排布式。

(1) 硼：$(1s)^2(2s)^3$　　(2) 氮：$(1s)^2(2s)^2(2p_x)^2(2p_y)^1$　　(3) 铍：$(1s)^2(2p)^2$

20. 什么是屏蔽效应？什么是钻穿效应？如何解释下列轨道能量的差别？

(1) $E(1s)<E(2s)<E(3s)<E(4s)$

(2) $E(3s)<E(3p)<E(3d)$

(3) $E(4s)<E(3d)$

21. 用斯莱特规则，计算基态钾原子最后一个电子填充到 4s 或 3d 受到的有效核电荷，据此写出钾的基态电子排布式。

22. 试求基态 ^{24}Cr 原子下列各电子层上的一个电子所受到的屏蔽常数 σ。

(1) 1s   (2) 3p   (3) 3d   (4) 4s

23. 已知电中性的基态原子的价电子层电子组态分别为：(1)$3s^23p^5$；(2)$3d^64s^2$；(3)$5s^2$；(4)$4f^96s^2$；(5)$5d^{10}6s^1$。试根据这些信息确定它们在周期表中属于哪个区、哪个族、哪个周期。

24. 根据 Ti、Ge、Ag、Rb、Ne 在周期表中的位置，推出它们的基态原子的电子组态。

25. 写出下列离子的电子排布式。

$$V^{3+} \quad Cr^{3+} \quad Fe^{3+} \quad Fe^{2+} \quad Co^{2+} \quad Co^{3+} \quad Ni^{2+}$$

26. 给出 40 号元素锆原子的电子排布式，并指出其在周期表中的位置。

27. 下列几个原子最外能级组上的电子结构分别为 $6p^67s^2$、$6d^{10}7s^2$、$5s^25p^5$、$3s^23p^6$、$3d^64s^2$、$3d^{10}4s^1$、$5d^46s^2$、$4f^15d^16s^2$，写出它们的元素名称、原子序数、周期数、族数。

28. 某元素基态原子最外层为 $5s^2$，最高氧化态为+4，它位于周期表中哪个区、哪个周期和哪个族？写出它的+4 氧化态离子的电子构型。若用 A 代替它的元素符号，写出相应氧化物的化学式。

29. Na^+、Mg^{2+}、Al^{3+} 的半径为什么越来越小？Na、K、Rb、Cs 的半径为什么越来越大？

30. 人们预言具有 114 个质子和 184 个中子的核可以非常稳定地存在(半衰期可以为 100 年以上)，如果能用某种方法制得此元素，(1)此新元素的近似相对原子质量为多少？(2)外层电子的可能排布是什么？(3)在性质上与什么元素相似？

31. 某元素的基态价层电子构型为 $5d^66s^2$，请给出比该元素的原子序数小 4 的元素的基态原子电子组态。

32. 某元素价电子构型为 $4s^24p^4$，它的最外层、次外层的电子数是多少？它可能的氧化态、在周期表中的位置、基态原子的未成对电子数如何？

33. 试根据原子结构理论预测：(1)第八周期将包括多少种元素？(2)原子核外出现第一个 5g 电子的元素，其原子序数是多少？

34. A、B、C、D 四种元素电子构型中"最后一个电子"的三个量子数列于下表，指出这四种元素在周期表中是哪一类("最后一个电子"是按洪德规则 l、m、m_s 量子数由负到正的顺序排列得到的)。

元素	l	m	m_s
A	1	1	$\frac{1}{2}$
B	0	0	$\frac{1}{2}$
C	2	0	$-\frac{1}{2}$
D	3	−2	$\frac{1}{2}$

35. 不用查表，按以下要求排序并解释理由。

(1) Mg^{2+}、Ar、Br、Ca^{2+}，按半径从小到大的次序排列；

(2) Na、Na^+、O、Ne，按电离能从小到大的次序排列；

(3) H、F、Al、O，按电负性增加的次序排列。

36. 用电子构型解释：

(1) 金属元素的半径大于同周期非金属元素的半径；

(2) H 表现出和 Li、F 相似的性质；

(3) 从 Ca 到 Ga 原子半径的减小程度要比从 Mg 到 Al 的大。

37. He 的第一电离能为 2372kJ·mol^{-1}，该值在所有元素的第一电离能中为最高者。

(1) 解释为什么 He 的电离能这样高。

(2) 所有元素中第二电离能最高者是哪种元素？为什么？

(3) 通过吸收辐射的办法使气态 He 原子电离变成 He^+，辐射的最大波长是多少？

38. 试解释 B 的第一电离能小于 Be 的第一电离能，而 B 的第二电离能大于 Be 的第二电离能的原因。

39. 比较下列各对元素中，哪一个电离能高？

(1) Li 和 Cs   (2) Li 和 F   (3) Cs 和 F   (4) F 和 I

40. 比较下列各对元素中，哪一个电子亲和能高？

(1) F 和 Cl   (2) Cl 和 Br   (3) O 和 S   (4) S 和 Se

41. 周期表中哪种元素的电负性最大？哪种元素的电负性最小？周期表从左到右和从上到下元素的电负性变化呈现什么规律？为什么？

42. 周期表从上到下、从左到右元素氧化态稳定性有什么规律？

43. 用鲍林的方法计算碘的电负性。已知：$\chi_H=2.10$，$D_{H-I}=297kJ \cdot mol^{-1}$，$D_{H-H}=436kJ \cdot mol^{-1}$，$D_{I-I}=151kJ \cdot mol^{-1}$。

第 2 章　分子结构基础

在自然界中，除稀有气体元素的原子能以单原子形式稳定出现外，其他元素的原子都是以一定的方式结合成分子或晶体的形式存在。例如，氧分子是由两个氧原子结合而成；干冰是 CO_2 分子形成的分子晶体；金属铜是铜原子形成的金属晶体；而食盐是钠原子和氯原子得失电子后靠静电作用力结合成的离子晶体。通常将由一个以上有限数原子结合而成的稳定的最小实体称为分子(molecule)。例如，中性分子 CH_4、H_2，分子离子 H_2^+、He_2^+，离子型分子 LiF，自由基·CH_3 等都可称为分子。由此可见，分子是参与化学反应的基本单元，物质的性质主要取决于分子的性质，而分子的性质又是由分子的内部结构决定的，因此探索分子的内部结构对于了解物质的性质和化学反应规律具有重要的意义。

分子结构的直接证据都是用物理方法获得的，是现代物理技术应用于化学研究的结果。物理技术的进步直接影响分子结构理论的发展进程。随着量子力学理论的建立及其在化学领域的应用，分子结构和化学键理论的研究得到快速发展。分子内部结构探讨范畴通常包含以下六个方面的内容：①组成分子或晶体的原子种类和分子内原子间相互结合的数量关系；②化学键；③分子或晶体的空间构型；④分子间作用力；⑤氢键；⑥分子结构与物质的物理、化学性质之间的关系等。

2.1　分子及其结构与性质的认知

化学键的性质在理论上可以由量子力学计算作定量讨论，也可以通过表征化学键的某些物理量来描述。例如，键极性的相对强弱可以用成键两元素电负性差值来衡量；键的强度可以用键能进行比较。总之，凡能表征化学键性质的量都可称为键参数(bond parameter)。

2.1.1　化学键的键参数

1. 键能

在标准状态(100kPa, 298.15K)下，将 1mol 气态分子中的化学键断开，使之解离成气态原子时，断裂每个键所需能量的平均值 $E^\ominus$ (kJ·mol^{-1})称为化学键的键能 $D^\ominus$ (bond energy)。化学反应中旧键的断裂或新键的形成，都会引起体系热力学能的变化。根据能量守恒定律，断裂一个化学键所需的能量与形成该键时所释放出来的能量是一样的。因此，键能可作为衡量化学键牢固程度的键参数。键能越大，键越牢固。对双原子分子来说，键能在数值上就等于键解离能(D)。例如：

$$H_2(g) \longrightarrow 2H(g)$$
$$E^\ominus(H-H) = D^\ominus(H-H) = 436kJ·mol^{-1}$$

而 CH_4 这样的多原子分子中若键不止一个，则该键键能为同种键逐级解离能的平均值。除可通过光谱实验测定键解离能来确定键能外，还可以利用生成焓计算键能。

2. 键长

分子内成键两原子核间的平均距离称为键长(bond length)，用"L_b"表示。键长可以用分子光谱或 X 射线衍射等实验手段测量得到。分析大量实验数据发现，同一种键在不同分子中的键长数值基本上是一个定值。这说明一个键的性质主要取决于成键原子的本性。两个确定的原子之间，如果形成不同的化学键，其键长越短，键能越大，键就越牢固。A—B 键的键长约等于 A 和 B 原子共价半径之和。表 2-1 给出了部分化学键的键长与键能数据。

表 2-1　部分化学键的键长与键能

键	键长 L_b/pm	键能 $D^\ominus$ /(kJ·mol^{-1})
H—H	74.0	436
Cl—Cl	198.8	242.6
Br—Br	228.4	193.8
H—F	91.7	568
H—Cl	127.4	431.8
H—Br	140.8	365.7
C—C	154	356
C=C	134	598
C≡C	120	962
N—N	146	160
N=N	125	418
N≡N	109.8	946
C—N	147	285
C=N	132	616
C≡N	116	866

3. 键角

分子中两成键原子核的连线称为键轴(bond axis)，相邻两键轴或化学键的夹角称为键角(bond angle)。像键长一样，键角数据可以用分子光谱或 X 射线衍射法测得。

2.1.2　分子几何构型

分子几何构型(molecular geometry)又称分子结构，或分子立体结构、分子形状、分子几何，是用来描述分子中原子的三维排列方式。它在很大程度上影响了化学物质的反应性、极性、相态、颜色、磁性和生物活性等。如果获得了某个分子全部键长和键角的数据，就可以确定分子构型，可见键长和键角是描述分子几何构型的两个要素。例如，H_2O 分子中两个 O—H 键的夹角为 104°45′、键长为 95.8pm，呈 V 字形结构。而 NH_3、CH_4 和 CO_2 则分别呈三角锥形、正四面体形和直线形结构(图 2-1)。

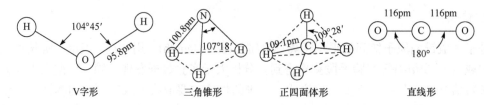

图 2-1　H₂O、NH₃、CH₄ 和 CO₂ 分子的几何构型

2.1.3　分子的电学性质

分子极性和变形性是分子的两种电学性质。

1. 分子的极性

每个分子都有带正电荷的原子核和带负电荷的电子，由于正、负电荷数量相等，整个分子是电中性的。但是对每一种电荷(正电荷或负电荷)来说，都可以设想各集中于某点上，就像任何物体的质量可被认为集中在其重心上一样，可以设想正、负电荷分别集中于一点：正电荷中心与负电荷中心称为分子的极，即分子的正极和负极。由于整个分子呈电中性，故可以认为正、负极所带电荷的电量相等：$|q^+| = |q^-|$。物理学中把大小相等、符号相反的彼此相距一定距离的两个电荷组成的体系称为偶极子(dipole)，两极间的距离称为偶极长，用 d 表示。正、负极互相重合的分子称为非极性分子；正、负极不互相重合的分子称为极性分子(polar molecule)。极性分子中始终存在一个正极和一个负极，这种固有的偶极称为永久偶极(permanent dipole)。分子的偶极矩(dipole moment)μ 是衡量分子极性强弱的物理量；它与偶极长和正、负极所带电量有关。分子的偶极矩定义为

$$\mu = d \cdot q \tag{2-1}$$

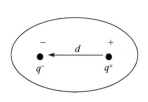

图 2-2　分子的偶极矩

如图 2-2 所示，偶极矩是一个矢量，既有数量又有方向，化学上规定其方向是从正极到负极(物理学上恰好相反)。分子偶极矩的具体数值可以通过实验测出，但 d 和 q 却无法测定。一个电子所带的电荷为 1.602×10^{-19} C(库仑)，而偶极长 d 相当于原子间距离，其数量级为 10^{-10} m，因此 μ 的数量级在 10^{-30} C·m。例如，HCl 的偶极矩是 3.43×10^{-30} C·m，H₂O 的偶极矩是 6.16×10^{-30} C·m，它们都是强极性分子。偶极矩 $\mu = 0$ 的分子，其 d 必等于 0，所以是非极性分子。

例如，实验测得 HCl 分子的偶极矩 $\mu = 3.43 \times 10^{-30}$ C·m，若假定偶极上电荷 q 为一个电子电荷($q = 1.602 \times 10^{-19}$ C)时，可求得偶极长 $d = 21$ pm。另外若假定偶极长 d 为核间距离(127pm)时，同样可求得 $q = 2.7 \times 10^{-20}$ C。偶极矩的单位常用德拜(Debye)，以"deb"表示，1deb $= 3.336 \times 10^{-30}$ C·m。

偶极矩常被用来判断分子极性的大小和分子的空间结构。同种类型的分子，μ 越大，分子的极性越强。例如，NH₃ 和 BCl₃ 都是四原子分子，这类分子一般有两种空间结构：平面三角形和三角锥形。如表 2-2 所示，这两个分子的偶极矩分别为 $\mu(NH_3) = 1.471$ deb 和 $\mu(BCl_3) = 0$ deb，即 NH₃ 分子是极性分子而 BCl₃ 分子是非极性分子，由此可断定 BCl₃ 分子一定是平面三角形的构型，而 NH₃ 分子为三角锥形的构型。

表 2-2　一些物质的偶极矩

分子	μ/deb	分子	μ/deb
H$_2$	0	HCl(g)	1.03
N$_2$	0	HCN	2.98
Br$_2$	0	H$_2$O$_2$	1.573
BCl$_3$	0	H$_2$S	0.97
CS$_2$	0	NH$_3$	1.471
HBr(g)	0.827	CO(g)	0.112

偶极矩也常被用来计算化合物中原子的电荷分布。以 HCl 为例：实验测得 μ(HCl)= 3.43×10^{-30}C·m，d(HCl)=1.27×10^{-10}m。假定 H 与 Cl 在 HCl 分子中以 H$^+$和 Cl$^-$形式存在，则一个 H$^+$带一个单位的正电荷，q^+=1.602×10^{-19}C；Cl$^-$带一个单位的负电荷，q^-=1.602×10^{-19}C，则此偶极矩应是 μ(HCl)=1.602×10^{-19}C×1.27×10^{-10}m=20.3×10^{-30}C·m；实测偶极矩值与假定偶极矩值之比就是 HCl 分子中 H、Cl 各自的离子性百分数：$\dfrac{3.43\times10^{-30}\text{C·m}}{20.3\times10^{-30}\text{C·m}}=0.169=16.9\%$。即 HCl 分子中键的极性实际上只有 16.9%。这实际上也说明 HCl 分子中 H 和 Cl 各自所带电荷值为：H 原子 δ^+ = +0.169C，Cl 原子 δ^- = −0.169C。

分子中成键的两个原子间的偶极矩称为键矩(bond moment)，表 2-3 给出一些化学键的键矩，键矩常用来衡量化学键的极性大小。键矩为零的键为非极性键，键矩不为零的键为极性键。对于双原子分子来说，偶极矩就是化学键键矩；对于多原子分子来说，偶极矩是分子中所有化学键键矩的矢量和。

表 2-3　一些化学键的键矩

键	μ/deb	键	μ/deb
H—C	0.3	O—H	1.51
C—C	0	S—H	0.65
O—C(脂肪醚)	0.74	I—H	0.38
O—C(脂肪醇)	0.7	Br—H	0.78
O=C(脂肪)	2.4	Cl—H	1.08
O=C(芳香)	2.65	F—H	1.94

在双原子分子中，如果是两个相同的原子，由于电负性相同，两个原子之间的化学键是非极性键，分子不具有极性，这种分子都是非极性分子；单质分子如 H$_2$、O$_2$、Cl$_2$ 等属于这一类型。如果是两个不同的原子，由于电负性不等，在两个原子间的化学键将是极性键，分子具有极性，称为极性分子，如 HCl、HF、CO 等。因此，对双原子分子来说，分子是否有极性，取决于所形成的键是否具有极性：极性键形成的分子一定是极性分子，极性分子内一定含有极性键。

对于多原子分子来说，如果组成原子相同(如 S$_8$、P$_4$ 等分子)，那么原子间的化学键一定是非极性键，这样的多原子分子无疑是非极性分子。但是，如果组成原子不相同，如在 SO$_2$ 和 CO$_2$ 中，虽然都是由极性键(SO$_2$ 中有 S=O 键；CO$_2$ 中有 C=O 键)形成的分子，但因 CO$_2$

具有直线形结构，键的极性互相抵消，所以 CO_2 是非极性分子；而 SO_2 具有 V 字形结构，键的极性不能抵消，所以是极性分子。

　　因此，由非极性键构成的分子一定是非极性分子；由极性键构成的分子是否具有极性还与分子的构型有关。按照极性由强到弱，分子可以分为离子型分子、极性分子和非极性分子三种类型(图 2-3)。

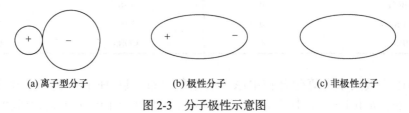

(a) 离子型分子　　　　　　　　(b) 极性分子　　　　　　　　(c) 非极性分子

图 2-3　分子极性示意图

2. 分子的变形性

　　讨论分子的极性时，只是考虑孤立分子中电荷的分布情况，如果把分子置于外加电场(E)中，则其中电荷分布还可能发生某些变化。因此，一个分子有没有极性或极性的大小，并不是固定不变的。非极性分子和极性分子中的正、负电荷重心在外电场的影响下的变化情况如图 2-4 所示。如果把某分子置于电容器的两个极板之间，分子中带正电荷的原子核被吸引向负电极，而电子云被吸引向正电极，电子云与核发生相对位移，结果使非极性分子在外电场的影响下可以变成具有一定偶极的极性分子，而极性分子在外电场的影响下其偶极矩增大，这种电荷重心的相对位移称为分子变形(deformation)，这种性质称为分子的变形性(deformability)，此过程称为分子极化(polarization)。变形性是原子、分子、离子的基本性质之一，它与许多物理现象密切相关。例如，可以用来分析讨论分子间的相互作用力，解释有关折射、散射和非线性光学等问题。

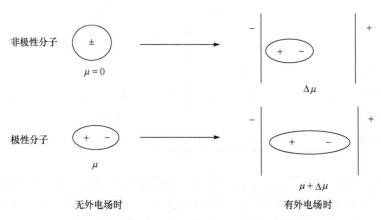

图 2-4　外电场对分子极性的影响示意图

　　因分子变形而产生的偶极称为诱导偶极(induced dipole)，以区别于极性分子中原有的永久偶极，其大小用诱导偶极矩来描述，同外界电场的强度成正比：$\Delta\mu \propto E$。引入比例常数 α 即得

$$\Delta\mu = \alpha \cdot E \tag{2-2}$$

　　显然分子越容易变形，它在外电场影响下产生的诱导偶极矩也越大，当取消外电场时，诱导偶极随即消失。α 可作为衡量分子在电场作用下变形性大小的标度，称为分子的诱导极

化率, 简称极化率(polarizability)。在一定强度的电场作用下, α 越大的分子, $\Delta\mu$ 越大, 分子的变形性也就越大; 可见极化率是描述分子变形性的物理量。

分子内部的原子核和电子都在不停地运动, 不断地改变它们的相对位置, 因此即使没有外电场存在, 正、负电荷重心也可能发生变化。在某一瞬间, 分子的正电荷重心和负电荷重心会发生不重合现象, 这时所产生的偶极称为瞬间偶极(instant dipole), 其大小用瞬间偶极矩描述。瞬间偶极矩的大小同分子的变形性有关, 分子越大, 越容易变形, 瞬间偶极也越大。

2.1.4 分子的磁性

按照物理学的观点, 有电流或运动的电荷则其周围就有磁场, 磁场是电流或运动电荷周围存在的特殊物质。一个分子有无磁性就看分子中有无运动的电荷。分子中运动的电荷主要是核外电子。一个电子自旋, 会产生一个小磁场。但是一对自旋相反的电子, 由于各自的小磁场强度相等, 方向相反, 互相抵消, 就不显磁性。因此, 只有未成对的单电子运动时才产生一个小磁场, 也才显磁性。由此可看出分子有无磁性与分子中有无未成对电子有关。按物质磁性可将物质分成以下几类(图 2-5)。

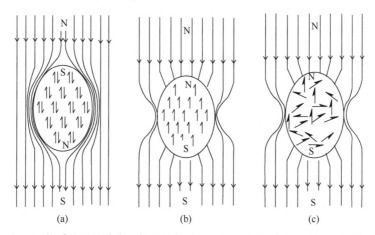

图 2-5 物质按磁性分类: 抗磁性物质(a)、铁磁性物质(b)、顺磁性物质(c)

1. 抗磁性物质

抗磁性物质(diamagnetic substance)是不含未成对电子的物质, 净磁场为零, 不显磁性。当放在外磁场中时, 由于外磁场的诱导会产生一个对着外磁场方向的小磁场, 对外磁场有微弱的抵抗力, 可以把外磁场的磁力线推开, 所以这类物质也称为抗磁性物质。撤去磁场则磁化立即消失, 如图 2-5(a)所示。

2. 铁磁性物质

铁磁性物质(ferromagnetic substance)是分子中有未成对电子的物质, 净磁场不为零。这种物质磁场很强, 会像磁铁一样, 未成对电子的自旋自发地排列起来, 形成的小磁场也整齐排列。这类物质在磁化过程中, 其自身磁场的方向与外磁场的方向一致, 当外磁场增加到一定程度时, 就发生磁饱和现象。而在外磁场撤去后, 能保持一定程度的磁性。由于这类物质呈现强磁性, 通常称为铁磁性物质, 简称铁磁质, 如图 2-5(b)所示。

3. 顺磁性物质

顺磁性物质(paramagnetic material)是分子中有未成对电子的物质，净磁场不为零。但这种物质磁场很小，物质的小磁场不会自发地排列。在外磁场的作用下，可以被微弱地磁化，其小磁场会整齐排列。其磁场方向与外磁场的方向一致，即这类物质顺着外磁场方向产生一个磁矩，因此这类物质也称为顺磁性物质，如图 2-5(c)所示。分子磁性主要与分子内部所含未成对电子数有关。若只考虑分子内未成对电子的自旋磁矩，而不考虑其他诸如轨道磁矩与自旋磁矩的偶合情况，则顺磁性物质的磁矩与其分子内未成对电子数的关系如下：

$$\mu_{m} = \sqrt{n(n+2)} \tag{2-3}$$

式中：μ_{m} 为磁矩，单位是玻尔磁子 μ_{B}（$1\mu_{B} = \dfrac{eh}{4\pi m}$）；$n$ 为未成对电子数。由于此式不考虑轨道磁矩，故也称纯自旋式。通过实验测定 μ_{m}，可推知分子内的未成对电子数；或由分子内的未成对电子数推出 μ_{m}。

需要说明的是，铁磁性物质和顺磁性物质在外磁场作用下，也会产生诱导磁矩，方向与外磁场方向相反，因此它们也表现出一定的抗磁性。由于顺磁性远远超过抗磁性，宏观上表现出的是顺磁性。

2.1.5　物质的颜色

物质之所以呈现不同的颜色，与它对光的选择性吸收有关。当一束白光照射到某一物质时，某些波长的光被物质吸收，另一些波长的光不被吸收而透过物质或被反射。人眼能感觉的波长在 400～760nm，为可见光区。物质的颜色由透过或被反射光的波长决定。例如，$KMnO_4$ 强烈地吸收黄绿色的光，对其他的光吸收很少或不吸收，所以呈现紫红色。又如，$CuSO_4 \cdot 5H_2O$ 强烈地吸收黄色的光，所以呈现蓝色。若某一物质对白光中各种颜色的光都不吸收，则为透明无色或白色；反之，则呈黑色。若两种颜色的光按适当的强度比例混合后组成白光，则这两种有色光称为互补色，各种物质的颜色的互补关系列于表 2-4 中。

表 2-4　物质吸收的可见光波长与物质颜色的关系

吸收波长(λ)/nm	波数($\bar{\nu}$)/cm^{-1}	被吸收光颜色	观察到物质的颜色
400～435	25000～23000	紫	绿黄
435～480	23000～20800	蓝	黄
480～490	20800～20400	绿蓝	橙
490～500	20400～20000	蓝绿	红
500～560	20000～17900	绿	红紫
560～580	17900～17200	黄绿	紫
580～595	17200～16800	黄	蓝
595～605	16800～16500	橙	绿蓝
605～750	16500～13333	红	蓝绿

2.2 离 子 键

1916 年，柯塞尔(Walther Kossel，1838—1956，德国物理化学家)根据稀有气体原子的电子层结构具有高度稳定性的事实，提出了离子键(ionic bond)的概念。离子键又称电价键或盐键(salt bond)，是由于原子间发生电子的转移，形成正、负离子并通过静电作用而形成的化学键。离子既可以是单离子，如 Na^+、Cl^-；也可以是原子团，如 SO_4^{2-}、NO_3^- 等。以钠与氯化合生成氯化钠为例：当钠原子与氯原子相遇时，它们都有达到稳定的稀有气体结构的倾向，钠原子(Na)失去最外层的一个电子，成为带正电的钠离子(Na^+)：

$$n Na(3s^1) \xrightarrow{-ne^-} n Na^+(3s^0)$$

氯原子(Cl)得到钠失去的电子，成为带负电的氯离子(Cl^-)：

$$n Cl(3s^2 3p^5) \xrightarrow{+ne^-} n Cl^-(3s^2 3p^6)$$

由图 2-6 的势能曲线可知，当正、负离子相互接近时，正、负离子距离 R 较大时，电子云之间的排斥作用可忽略，这时主要表现为库仑引力，体系的能量随着 R 减小而降低。当正、负离子间接近到小于平衡距离(R_0=238pm)，外层电子间的排斥上升为主要作用，这时体系能量突然增大。只有当正、负离子接近到平衡距离 R_0 时，异性电荷的吸引作用与原子核之间、电子之间的排斥作用达到平衡，体系能量达到最低值。由此可见：离子键的成键微粒为阴离子和阳离子；键的本质是阴离子和阳离子之间的静电作用，因此其特性为无饱和性、无方向性、作用力强。

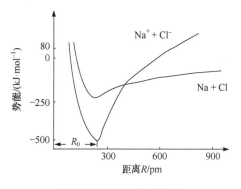

图 2-6 NaCl 的势能曲线

离子键存在于离子型化合物中，离子键的键能是指断开正、负离子的静电引力使之形成中性原子所需的能量。离子型化合物在室温下以晶体形式存在。离子晶体中粒子之间的作用能是由静电能和电子云排斥能组成的，这份能量的大小用晶格能(lattice energy)U 来衡量。晶格能是指在指定温度和标准状态下，相互远离的气态正离子和负离子各 1mol 相互靠近并结合成离子晶体时所释放的能量。所以离子键的键能和晶格能之间既有相互联系，又有本质的不同。键能一般很少用，常用的是晶格能。晶格能数值越小，表明形成晶体时，放出能量越多，离子键越强。晶格能可以通过玻恩-哈勃循环(Born-Haber cycle)和玻恩-兰德(Born-Landé)公式计算得出，也可以通过实验测量。

2.3 共 价 键

2.3.1 路易斯的共价键理论

为了解释由相同原子组成的简单分子如 H_2、Cl_2、N_2 等，以及由电负性相近的元素所组成的化合物分子如 HCl、H_2O 等的形成，1916 年，路易斯(Gilbert Newton Lewis，1875—1946，美国化学家)提出：分子中每个原子应具有稳定的稀有气体原子的电子层结构，但这种稳定结构不是靠电子的转移实现的；同种元素的原子之间，以及电负性相近的不同元素的原子之间，可以通过共用电子对形成分子；这种通过共用电子对结合而成的化学键称为共价键(covalent bond)，形成的分子称为共价分子(covalent molecule)。该理论称为路易斯理论或经典共价键理论(classical covalent bond theory)。

若 A、B 两个原子各有一个自旋相反的未成对电子，它们可以互相配对形成稳定的共价单键，这对电子为两个原子所共有。例如，H·+·H $\Longrightarrow$ H:H。如果 A、B 各有两个或三个未成对电子，则自旋相反的单电子可两两配对形成共价双键或三键。例如，氮原子有 3 个成单的 2p 电子，因此两个氮原子上自旋相反的成对单电子可以配对，形成共价三键并结合为氮分子：:N·+·N: $\Longrightarrow$:N: :N:。如果 A 原子有两个成单电子，B 原子有一个成单电子，那么一个 A 原子就能与两个 B 原子结合形成 AB$_2$ 型分子。例如，氧原子有两个成单 2p 电子，氢原子有一个成单的 1s 电子，因此一个氧原子与两个氢原子结合成 H_2O 分子：H·+·Ö·+·H $\Longrightarrow$ H: :Ö:H。如果两原子中没有成单的电子或两原子中虽有成单电子但自旋方向相同，则它们都不能形成共价键。例如，氦原子有两个 1s 电子，但它不能形成 He_2 分子。为了表示方便，每对共用电子对用一短线代表，如 H—H、O=O、N≡N、H—O—H。

对于较复杂的分子，写路易斯结构式时应先根据分子中各原子的价电子数计算出分子的价电子总数，写出其骨架结构式，根据"八隅体规则"判断分子的路易斯结构式。例如，甲醛分子(CH_2O)，价电子数为 4(C) + (1×2)(H) + 6(O)=12，其骨架结构式为：H—C—O（其中上方有 H），其中用去了 3 对 6 个电子，剩下的 6 个电子有如图 2-7 所示的 3 种排布方式，根据"八隅体规则"，很容易判断出图 2-7(c)为甲醛的路易斯结构式。

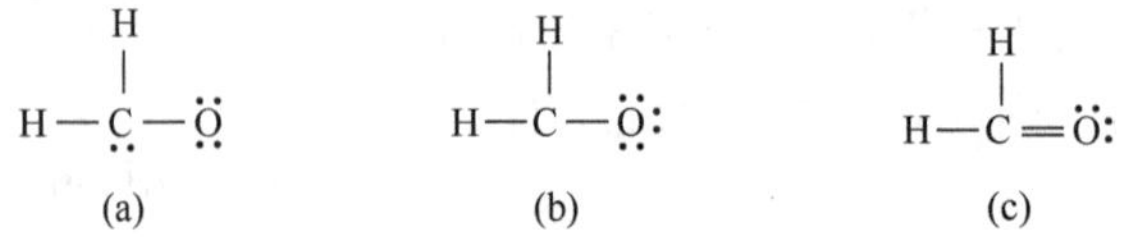

图 2-7　CH_2O 符合"八隅体规则"的可能排布方式

路易斯理论初步揭示了共价键与离子键的区别，但是也有局限性，它不能解释为什么如 BF_3 和 PCl_5、SF_6 等分子的中心原子最外层电子数虽然少于或多于 8，但仍能稳定存在；也不能解释共价键的方向性、饱和性等特性，以及存在单电子键的分子如 H_2^+ 和氧分子具有磁性等问题。同时，路易斯理论也不能阐明为什么"共用电子"就能使两个原子结合成分子的本质原因。但路易斯理论的电子对成键概念却为现代共价键理论奠定了基础。

2.3.2　海特勒和伦敦用量子力学处理氢分子的结果

1927 年海特勒(Walter Heinrich Heitler，1904—1981，德国物理学家)和伦敦(Fritz Wolfgang London，1900—1954，英国物理学家)用量子力学处理氢原子形成氢分子时，得到了如图 2-8 所示的 H_2 分子的能量(E)与核间距离(R)的关系曲线。图 2-8 中 E_S 显示，如果 A、B 两个氢原子的成单电子自旋方向相反，相互接近时，原子的电子同时受到两个原子核的吸引，整个体系的能量要比两个氢原子单独存在时低，在核间距离达到平衡距离 R_0=87pm(实验值约为 74pm)时，体系能量达到最低点。如果两个原子进一步靠近，由于核之间的斥力逐渐增大又会

使体系能量升高。这说明两个氢原子在平衡距离 R_0
处形成了稳定的化学键，这种状态称为氢分子的基
态。图 2-8 中 E_A 则说明如果两个氢原子的电子自旋
平行，它们相互靠近时，将会产生相互排斥作用，
使体系能量高于两个单独存在的氢原子能量之和，
不能形成稳定的 H_2 分子；这个结果和每个原子轨道
中不可能出现两个自旋平行的电子一致，即在两个
相互重叠的原子轨道中也不可能出现两个自旋平行
的电子，这是符合泡利不相容原理的必然结果，这
种不稳定的状态称为氢分子的排斥态。

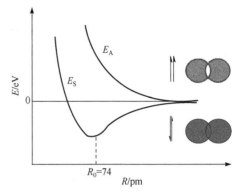

图 2-8　氢分子的能量与核间距的关系曲线

E_A：推斥态的能量曲线；E_S：基态的能量曲线

　　利用量子力学原理，可以计算出基态分子和排
斥态分子的电子云分布，结果表明基态分子和排斥
态分子在电子云的分布上也有很大差别。图 2-9 显示基态分子[图 2-9(a)]中两核之间的电子概
率密度$|\psi|^2$ 远大于排斥态分子[图 2-9(b)]中核间的电子概率密度$|\psi|^2$。在稳定的 H_2 分子的基
态中[图 2-9(c)]，两个自旋相反的 1s 电子的电子云相互重叠，在两个原子核之间出现了一个
电子云密度($|\psi|^2$)较大的区域，一方面降低了两核间的正电排斥，另一方面增添了两个原子核
对核间概率密度较大的负电荷区域的吸引，这都有利于体系势能的降低，从而使体系的能量
比两个单独存在的氢原子能量之和要小，有利于共价键的形成。两个原子轨道重叠的部分越
大，键越牢固，分子也越稳定。结果氢原子的电子不再固定在原来的 1s 轨道上，它也可以出
现在另一个氢原子的 1s 轨道上，这样，自旋相反的两个电子便相互配对为两个原子轨道所共
有，表明两个氢原子形成了稳定的共价键。排斥态[图 2-9(d)]之所以不能成键，是因为自旋相
同的两个电子的氢原子 1s 轨道(ψ_{1s})重叠部分相减，互相抵消，两核间的电子云密度($|\psi|^2$)相
对减小，电子云在核间是稀疏的，从而增大了两个核的排斥能，故体系的能量升高而不能达
成两个氢原子之间的稳定结合。

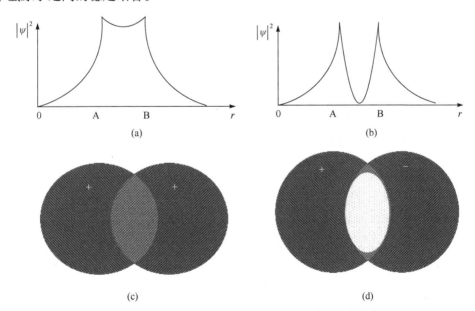

图 2-9　H_2 分子的两种状态的$|\psi|^2$ 和原子轨道重叠的示意图

现代共价键理论是以量子力学为基础的，但因分子的薛定谔方程比较复杂，至今对它严格求解还是极为困难的，所以只好采用某些近似的假定来简化计算。不同的假定产生了不同的物理模型。一种假定认为，成键电子只能在以化学键相连的两原子间的区域内运动；另一种假定认为，成键电子可以在整个分子的区域内运动。前者发展为价键理论，后者则发展为分子轨道理论。

2.3.3　价键理论

1930 年鲍林和斯莱特将量子力学理论处理氢分子成键的方法定性地推广到其他分子体系，建立了现代价键理论(valence bond theory, VBT)，包括电子配对法(electron pairing method)、杂化轨道理论和价层电子对互斥理论三部分。

1. 电子配对法

现代价键理论中的电子配对法与路易斯的电子配对法不同，它是以量子力学为基础的，其要点如下。

(1) 电子配对原理：两原子接近时，自旋方向相反的未成对的价电子可以配对，形成共价键。

在成键的过程中，自旋相反的单电子之所以要配对或偶合，主要是因为配对后会放出能量，从而使体系的能量降低。电子配对时放出能量越多形成的化学键就越稳定。例如，形成一个 C—H 键可放出 $415kJ \cdot mol^{-1}$ 的能量，形成 H—H 键时放出 $436kJ \cdot mol^{-1}$ 的能量。

(2) 原子轨道的对称性匹配(symmetry matching)条件：成键原子轨道重叠部分波函数 ψ 的符号(正或负)必须相同。

是否任意的原子轨道两原子间都会成键呢？不是的。只有当原子轨道对称性相同部分重叠，两原子间电子出现的概率密度才会增大，才能形成化学键。由于原子轨道的伸展方向能直观地观察到有利于实现最大重叠的地方，因此讨论原子轨道重叠问题时，常借用原子轨道角度分布图来表示原子轨道。当两个原子轨道以对称性相同的部分(即"+"与"+"，"−"与"−")相重叠时，由于原子间电子出现的概率密度比重叠前增大，两个原子间的结合力大于两核间的排斥力，因此体系能量降低，从而可能形成共价键。显然，这种重叠对成键是有效的，称为有效重叠或正重叠。当两个原子轨道以对称性不同部分(即"+"与"−")相重叠时，两原子间电子出现的概率密度比重叠前减小，在两原子核之间形成了一个垂直于 x 轴的、电子的概率密度几乎等于零的平面(节面)，由于核间排斥力占优势，使体系能量升高，难以成键。显然，这种重叠对成键是无效的，称为非有效重叠或负重叠。图 2-10 和图 2-11 分别给出原子轨道几种正重叠和几种负重叠的示意图。

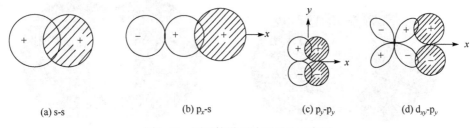

(a) s-s　　　　　(b) p_x-s　　　　　(c) p_y-p_y　　　　　(d) d_{xy}-p_y

图 2-10　原子轨道几种正重叠示意图

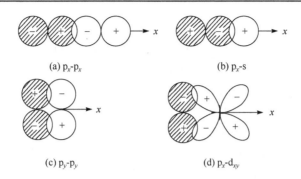

图 2-11　原子轨道几种负重叠示意图

(3) 原子轨道最大重叠原理：成键时成键电子的原子轨道尽可能采用最大程度的重叠方式。

键合原子间形成化学键时，原子轨道重叠部分越大，两核间电子概率密度越大，体系的能量越低，所形成的共价键也越牢固，分子也越稳定。

综上所述，价键理论认为共价键是在原子轨道对称性匹配条件下，通过最大重叠实现自旋相反的电子配对，使体系达到能量最低状态而形成的。

1) 共价键的特点

在形成共价键时，互相结合的原子既没有失去电子，也没有得到电子，而是共用电子，在分子中并不存在离子而只有原子，因此共价键又称原子键(atomic bond)。根据价键理论要点可推知：一个原子有几个成单的电子(包括激发后形成的单电子)便可与几个自旋相反的成单电子配对成键。例如，氢原子 1s 轨道的 1 个电子与另一个氢原子 1s 轨道上的 1 个电子配对；形成 H_2 分子后，氢原子就不再具有成单电子了，若再有第三个氢原子靠近，不可能再成键，故不能结合为 H_3 分子。又如，氮原子最外层有三个成单的 2p 电子，它只能同三个氢原子的 1s 电子配对，可形成三个共价单键，结合为 NH_3 分子；或两个 N 原子间只能形成三键，即形成 $N\equiv N$ 分子。每个原子成键的总数或以单键连接的原子数目是一定的，这决定了共价键具有饱和性(saturation property)。

在形成共价键时，由于 s 轨道呈球形对称，s 轨道和 s 轨道之间可以在任何方向上重叠程度都相同；而 p、d 和 f 轨道在空间都有一定的伸展方向。原子间总是尽可能沿着原子轨道最大伸展的方向成键，才能实现最大限度的重叠，这就决定了共价键具有方向性(directionality)。例如，在形成 HCl 分子时，氢原子的 1s 电子与氯原子的一个未成对的 $2p_x$ 电子只有沿着 p_x 轨道的对称轴(x 轴)方向才能发生最大程度的重叠，如图 2-12(a)所示，才能形成稳定的共价键，而图 2-12(b)和图 2-12(c)表示原子轨道不重叠或很少重叠。

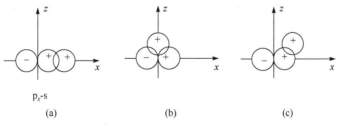

图 2-12　HCl 分子的成键示意图

2) 共价键的类型

若根据原子轨道重叠部分所具有的对称性进行分类，共价键可分为 σ 键和 π 键。例如，两个原子都含有成单的 s 和 p_x、p_y、p_z 电子，当它们沿 x 轴接近时，能形成共价键的原子轨道有 s-s、p_x-s、p_x-p_x、p_y-p_y、p_z-p_z。这些原子轨道之间的重叠方式有两种：若沿键轴的方向(键轴方向一般假定为 x 轴方向)，以"头碰头"的方式发生轨道重叠，如图 2-13(a)~(c)所示的 s-s(H_2 分子中的键)、p_x-s(HCl 分子中的键)、p_x-p_x(Cl_2 分子中的键)等，原子轨道的重叠部分，对键轴具有圆柱形对称性的键就称为 σ 键。共价单键一般为 σ 键，形成 σ 键的电子称为 σ 电子。表 2-5 给出了部分 σ 键的键能，以此可说明不同情况下 σ 键的牢固性。由表 2-5 可见，在主量子数相同的原子轨道中，p 轨道形成的 σ_{np} 共价键较 s 轨道形成的 σ_{ns} 共价键更稳固，即 p 轨道的成键能力比 s 轨道的成键能力大。成键能力大的轨道形成的共价键较为稳固。但应当指出，成键能力和键能之间并没有严格的定量关系。对于主量子数不同、角量子数相同的原子轨道来说，其形成的共价键一般是 n 值越小，共价键键能越大，键越稳固。

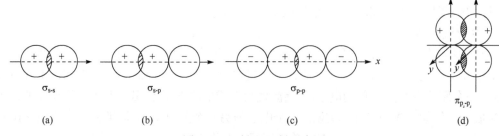

图 2-13　σ 键和 π 键示意图

表 2-5　σ 键的牢固性

周期(n)	σ_{ns}	键能/(kJ·mol^{-1})	σ_{np}	键能/(kJ·mol^{-1})
2	Li—Li	110	F—F	153
3	Na—Na	75.3	Cl—Cl	243
4	K—K	55.2	Br—Br	194
5	Rb—Rb	51.9	I—I	151

若原子轨道按图 2-13(d)所示以"肩并肩"或平行的方式发生轨道重叠，原子轨道重叠部分对键轴所在的某一特定平面(这个平面上概率密度几乎为零)具有镜面反对称性，所形成的键称为 π 键。形成 π 键的电子称为 π 电子。在具有共价双键或三键的两原子间，除 σ 键外还有 π 键。例如，在 N_2 的两个 N 原子间，有 1 个 σ 键和 2 个 π 键。N 原子的电子层结构为 $1s^22s^22p_x^12p_y^12p_z^1$，形成 N_2 时用的是 2p 轨道的 3 个成单电子，它们分别分布在 3 个相互垂直的 2p 轨道内。当两个 N 原子的 p_x 轨道沿 x 轴方向以"头碰头"的方式重叠时，随着 $2p_x$-$2p_x$ σ 键的形成，两个 N 原子将进一步靠近，使得垂直于键轴的 $2p_y$-$2p_y$ 和 $2p_z$-$2p_z$ 轨道也分别以"肩并肩"方式重叠，即形成两个 π 键(图 2-14)。N_2 分子的价键结构如图 2-15 所示，图中短横线表示 σ 键，两个长方形框分别表示 π_z 和 π_y 键，框内电子表示 π 电子，元素符号侧旁的电子表示 2s 轨道上未成键的孤电子对。

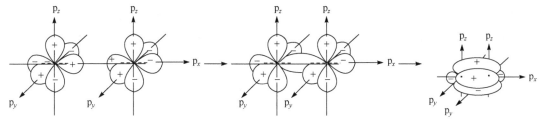

2个 p_x 轨道相重叠形成1个 σ 键　　　　　2个 p_z 及2个 p_y 轨道分别重叠形成2个 π 键

图 2-14　氮分子化学键形成示意图

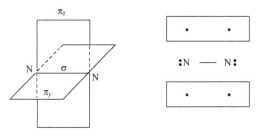

图 2-15　氮分子结构示意图

共价三键：1个 σ 键，2个 π 键

　　从原子轨道重叠程度看，π 键轨道重叠程度要比 σ 键轨道重叠程度小，π 键的键能要小于 σ 键的键能，所以 π 键的稳定性一般低于 σ 键，π 键的电子活泼性较高，它是化学反应的积极参与者，如不饱和烃类一般易参与化学反应。但必须指出，在某些分子(如 N_2)中，也可能出现强度较大的 π 键，这要用分子轨道理论才能予以说明。

　　另外，在讨论金属原子间成键及多核配合物结构时常涉及 δ 键。凡是一个原子的 d 轨道与另一个原子相匹配的 d 轨道(如 d_{xy} 与 d_{xy})以"面对面"的方式重叠(通过键轴有两个节面)所成的键就称为 δ 键(图 2-16)。

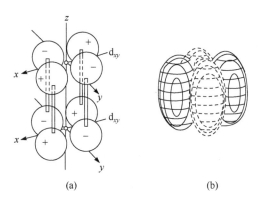

图 2-16　由两个 d_{xy} 轨道重叠而形成的 δ 轨道

(a) δ 轨道示意图；(b) 叠加后的轨道轮廓图(实线代表正值，虚线代表负值)

　　上面讨论的均是由成键原子双方各提供一个电子而形成的共价键。若成键共用电子对是由一个原子提供单方面而形成的共价键称为共价配键或配位键(coordination bond)。例如，图 2-17 在 CO 分子中，碳原子的两个成单的 2p 电子可与氧原子的两个成单的 2p 电子形成 1

个 σ 键和一个 π 键, 除此之外, O 原子的一对已成对的 2p 电子还可与 C 原子的一个 2p 空轨道形成一个配位键。配位键通常以一个指向接受电子对的原子的箭头 "→" 来表示, 如 CO 分子的结构式可写为: O≡C。

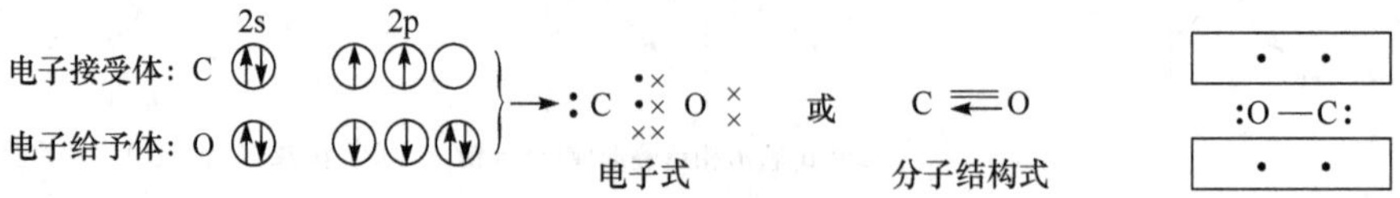

图 2-17 CO 分子结构示意图
共价三键: 1 个 σ 键, 1 个 π 键, 1 个配位 π 键

由此可见, 形成配位键必须具备两个条件: ①一个原子的价电子层有孤电子对(未共用的电子对); ②另一个原子的价电子层有可接受孤电子对的空轨道。一般含有配位键的离子或化合物是相当普遍的, 如 NH_4^+、F_3BNH_3、$[Cu(NH_3)_4]^{2+}$、$[Ag(NH_3)_2]^+$、$[Fe(CN)_6]^{4-}$、$Fe(CO)_5$ 等离子或化合物中均存在配位键。

2. 杂化轨道理论

电子配对法比较简明地阐明了共价键的形成过程和本质, 并成功地解释了共价键的方向性、饱和性等。随着近代物理技术如 X 射线衍射、旋光、红外光谱等的发展, 许多分子的几何构型已经被实验所确定。但运用电子配对法说明多原子分子的价键形成及几何构型时, 遇到了困难。例如, 碳原子的电子层结构为 $1s^2 2s^2 2p_x^1 2p_y^1$, 有两个未成对的电子, 所以可推测它能与两个氢原子形成两个共价单键; 如果考虑将碳原子的 1 个 2s 电子激发到 2p 轨道上去, 则有四个成单电子: 1 个 s 电子和 3 个 p 电子; 由于碳原子的 s 电子与 p 电子的能量和最大伸展方向是不同的, 可与四个氢原子的 s 电子配对形成四个不是等同的 σ 键。但实验测定结果表明: 甲烷(CH₄)分子的结构是一个如图 2-1 所示的正四面体结构, 碳原子位于四面体的中心, 四个氢原子占据四面体的四个顶点。实验事实是电子配对法不能解释的。

为了解释多原子分子的空间结构, 鲍林于 1931 年在电子配对法中引进了杂化轨道的概念, 并发展为杂化轨道理论(hybrid orbital theory)。其基本要点为: 某原子在形成化学键的过程中, 在键合原子的作用下, 价层中若干个能量相同或相近的原子轨道有可能改变原有的状态, 混合起来重新组成利于成键的新轨道——杂化轨道(hybrid orbital), 这种重新组合的过程称为原子轨道的杂化(hybridize)。杂化前后, 轨道总数不变, 即同一原子中能级相近的 n 个原子轨道, 组合后只能得到 n 个杂化轨道。采用杂化轨道成键时, 可以满足原子轨道最大重叠原理, 提高原子的成键能力。不同类型的杂化轨道其空间取向不同, 杂化轨道成键时, 要满足化学键间最小排斥原理。杂化轨道又可分为等性和不等性杂化轨道两种。凡是由不同类型的原子轨道混合, 重新组合成一组完全等同(能量相等、成分相同)的杂化轨道, 这种杂化称为等性杂化(equivalent hybridization)。凡是由于杂化轨道中有不参加成键的孤电子对的存在或由于成键原子吸引电子的能力不同, 造成杂化轨道所含成分不完全等同的杂化称为不等性杂化(nonequivalent hybridization)。

原子轨道的种类和数目的不同, 可以组成不同类型的杂化轨道, 形成不同类型的键。键与键间排斥力的大小取决于键的方向, 即取决于杂化轨道间的夹角, 键角越大, 化学键之间的排斥能越小。由于杂化轨道类型不同，杂化轨道间夹角也不相同，成键时键角也就不相同，故杂化轨道的类型与分子的空间构型有关。同一种原子在不同化合物中形成不同化学键时，可以是不同的杂化态。

在形成分子时，通常存在激发、杂化、轨道重叠等过程。但原子轨道的杂化，只有在形成分子的过程才会发生，而孤立的原子是不可能发生杂化的。同时只有能量相近的如 2s、2p 等原子轨道才能发生杂化，而 1s 轨道与 2p 轨道由于能量相差较大，是不可能发生杂化的。原子轨道在成键过程中，受到与它成键的其他原子的"微扰"作用进行杂化，类似于两种不同形状的波相互叠加可以形成一种新波，这正是电子具有波动性的表现。下面举例讨论。

1) sp 杂化

sp 杂化轨道是由一个 s 轨道和一个 p 轨道组合而成的。它的特点是每个 sp 杂化轨道含有 $\frac{1}{2}$ s 和 $\frac{1}{2}$ p 的成分。由于影响成键方向的只是角度波函数 $Y(\theta,\varphi)$，因此 sp 杂化轨道的角度部分的图形可以由 s 和 p 轨道的角度部分组合而得到(图 2-18)。当两个 sp 杂化轨道间夹角为 180°时，其排斥能最小，所以 sp 杂化轨道成键时呈直线形分布，形成的分子呈直线形。

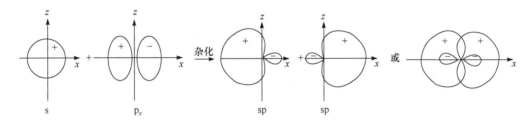

图 2-18　一个 s 轨道与一个 p 轨道经杂化而得到的杂化轨道的形状

例如，气态的二氯化铍 $BeCl_2$ 分子的结构，Be 原子的电子结构是 $1s^2 2s^2$。从表面上看基态的 Be 原子似乎不能形成共价键，但是在激发状态下，Be 一个 2s 电子可以进入 2p 轨道，使 Be 原子的电子结构成为 $2s^1 2p^1$。由于有两个成单电子，故可以与其他原子形成两个共价键。杂化轨道理论认为，Be 原子的一个 2s 轨道和一个 2p(如 p_z)轨道发生杂化，可形成两个 sp 杂化轨道，杂化轨道间的夹角为 180°。另外两个未杂化的空的 2p 轨道(p_x 和 p_y)与 sp 杂化轨道互相垂直。Be 原子的两个 sp 杂化轨道分别与氯原子中的 3p 轨道重叠，形成两个 sp-p 的 σ 键。由于杂化轨道间的夹角为 180°，所以形成的 $BeCl_2$ 分子的空间结构是直线形的(图 2-19)。

2) sp^2 杂化

sp^2 杂化轨道是由一个 s 轨道和两个 p 轨道组合而成的。它的特点是每个 sp^2 杂化轨道都含有 $\frac{1}{3}$ s 和 $\frac{2}{3}$ p 的成分，杂化轨道间的夹角为 120°，三个杂化轨道呈平面三角形分布。例如，三氟化硼 BF_3 分子中，硼原子的电子层结构为 $1s^2 2s^2 2p_x^1$。当硼与氟反应时，硼原子的一个 2s 电子激发到一个空的 p 轨道中，使硼原子的电子层结构变为 $1s^2 2s^1 2p_x^1 2p_y^1$。硼原子的 2s 轨道和两个 2p 轨道杂化组合成三个 sp^2 杂化轨道，分别与三个 F 原子的 2p 轨道重叠形成三个 sp^2-p 的 σ 键。由于三个 sp^2 杂化轨道在同一平面上，而且夹角为 120°时，成键电子间的斥力最小，所以 BF_3 分子具有平面三角形的结构(图 2-20)。实验结果表明，在 BF_3 分子中，三个 B—F 键是等同的，所有的四个原子都处在同一个平面上，硼原子位于平面三角形的中央，三个 F 原子占据三角形的三个顶点，键角∠FBF 等于 120°。

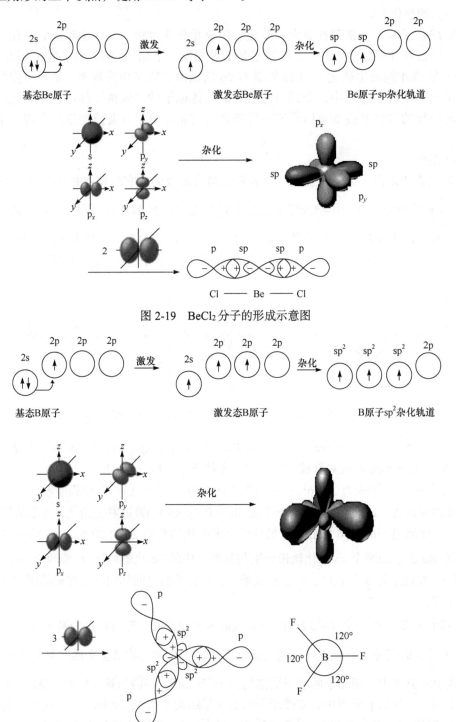

图 2-19　BeCl₂ 分子的形成示意图

图 2-20　BF₃ 分子通过 sp² 杂化轨道形成平面三角形的结构示意图

3) sp^3 杂化

sp^3 杂化轨道是由一个 s 轨道和三个 p 轨道组合而成的。它的特点是每个 sp^3 杂化轨道都含有 $\frac{1}{4}$ s 和 $\frac{3}{4}$ p 的成分，sp^3 杂化轨道间的夹角为 109°28′，空间构型为四面体形(图 2-21)。例如，CH_4 分子中，碳原子的电子结构为 $1s^22s^22p_x^12p_y^1$，杂化轨道理论认为，在形成 CH_4 分子时，碳原子的 2s 轨道中的一个电子激发到空的 $2p_z$ 轨道，使碳原子的电子层结构成为 $1s^22s^12p_x^12p_y^12p_z^1$。电子激发时所需的能量可以由成键时释放的能量予以补偿。碳原子的一个 2s 轨道和三个 2p 轨道杂化，组成四个新的能量相等、成分相同的杂化轨道。四个 sp^3 杂化轨道分别指向正四面体的四个顶角。碳原子的四个 sp^3 杂化轨道与四个氢原子的 1s 轨道发生轨道重叠，形成四个 sp^3-s 的 σ 键，由于杂化后电子云分布更为集中，可使成键的原子轨道间的重叠部分增大，成键能力增强，因此碳原子与四个氢原子能结合成稳定的 CH_4 分子。同时由于每个 sp^3 杂化轨道的能量相等、成分相同，因此在 CH_4 分子中四个 C—H 键是完全等同的。两个 C—H 键间的夹角为 109°28′，这与实验测定的结果完全相符。这种杂化称为等性杂化。除 CH_4 分子外，CCl_4、CF_4、SiH_4、$CeCl_4$ 等分子也是采取 sp^3 杂化的方式成键的。

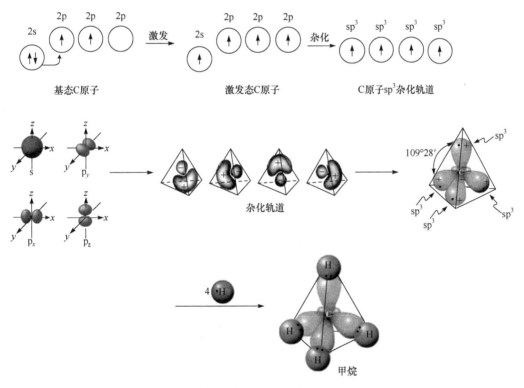

图 2-21　sp^3 杂化轨道示意图

4) 不等性杂化

NH_3 分子和 H_2O 分子的成键似乎分别与 BF_3 分子和 $BeCl_2$ 分子类似，但实测 NH_3 和 H_2O 的键角却分别为 107°18′和 104°45′，与甲烷的 109°28′更为接近些。人们经过深入研究认为，在 NH_3 分子和 H_2O 分子的成键过程中，中心 N 和 O 原子也像 CH_4 分子中的 C 原子一样，是采取 sp^3 杂化的方式成键的。

N 原子的价层电子构型为 $2s^2 2p_x^1 2p_y^1 2p_z^1$，成键时这 4 个价电子轨道发生 sp^3 杂化形成了四个 sp^3 杂化轨道。其中三个 sp^3 杂化轨道各有一个未成对电子，分别与三个 H 原子的 1s 轨道重叠，形成三个 sp^3-s(N—H)键。另一个 sp^3 杂化轨道如图 2-22 所示，被一对电子占据没有参与成键；这一对孤电子对因靠近 N 原子，其电子云在 N 原子外占据较大的空间，对三个 N—H 键的电子云有较大的静电排斥力，使键角从 109°28′压缩到 107°18′，以致 NH_3 分子呈三角锥形。杂化轨道理论认为：由于孤电子对的电子云比较集中于 N 原子的附近，因而其所在的杂化轨道会有较多的 s 轨道成分，其余三个杂化轨道则含有较多的 p 轨道成分，使这四个 sp^3 杂化轨道不完全等同，形成不等性杂化轨道。同理，在形成水分子时，氧原子的一个 2s 轨道和三个 2p 轨道也采取 sp^3 杂化形成四个 sp^3 不等性杂化轨道，其中有两个 p 轨道成分较多的 sp^3 杂化轨道被两个成单电子占据，可与两个 H 原子的 1s 电子形成两个共价单键，剩下的两个 s 轨道成分较多的 sp^3 杂化轨道被孤电子对占据。由于 s 轨道成分较多的电子云的排斥作用，两个 O—H 键间的夹角从 109°28′压缩为 104°45′(图 2-23)。

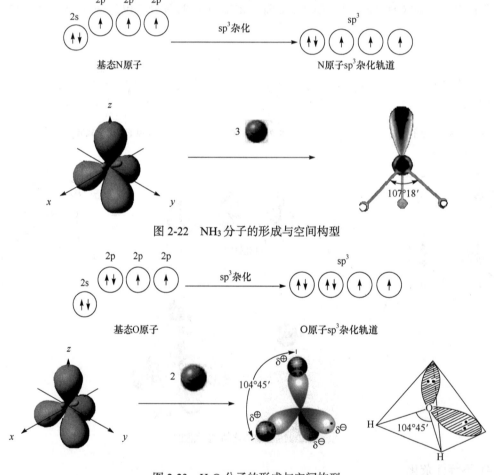

图 2-22　NH_3 分子的形成与空间构型

图 2-23　H_2O 分子的形成与空间构型

应当注意：孤电子对并不包括在分子构型的描述中。因此，NH_3 和 H_2O 的分子构型分别被描述成三角锥形和 V 字形而不能描述为四面体形。表 2-6 归纳出了 s-p 型等性和不等性杂化的区别。

表 2-6　s-p 型等性和不等性杂化比较

杂化轨道类型			轨道键角	轨道几何形状	分子几何形状	实例
sp^3	等性杂化		109°28′	正四面体	正四面体	CH_4、NH_4^+、SiF_4
	不等性杂化	1 对孤电子对	<109°28′	四面体	三角锥	NH_3、H_3O^+、PCl_3
		2 对孤电子对	≪109°28′	四面体	弯曲形	H_2O、OF_2
sp^2	等性杂化		120°	平面三角形	平面三角形	BF_3、BCl_3、SO_3
	不等性杂化(含 1 对孤电子对)		120°	平面三角形	弯曲形	SO_2、NO_2
sp	等性杂化		180°	直线形	直线形	$BeCl_2$、CO_2、C_2H_2

5) s-p-d 或 d-s-p 型杂化

第三周期及其后的元素原子，价层中有 d 轨道。若($n-1$)d 或 nd 轨道与 ns、np 轨道能级比较接近，成键时有可能发生 s-p-d 或 d-s-p 型杂化。例如，SF_6 分子中，硫原子的电子层结构为 $1s^2 2s^2 2p^6 3s^2 3p^4 3d^0$。由于硫原子有空的 3d 轨道，在激发条件下，一个 3s 电子和一个已成对的 3p 电子分别可被激发到 3d 轨道。由一个 3s 轨道、三个 3p 轨道和两个 3d 轨道进行杂化形成六个 sp^{3}d^2 杂化轨道。硫原子的六个 sp^{3}d^2 杂化轨道分别与六个 F 原子中各一个 2p 轨道重叠形成六个 sp^{3}d^2-p 的σ键，组合成 SF_6 分子，其空间结构为八面体(图 2-24)。sp^{3}d^2 杂化轨道是由一个 ns、三个 np 和两个 nd 轨道组合而成。它的特点是六个 sp^{3}d^2 轨道指向正八面体的六个顶点，sp^{3}d^2 轨道间的夹角为 90°或 180°。

第六周期及其后的元素原子，价层中有 f 轨道，成键时还可能发生 f-d-s-p 型杂化。我国科学家唐傲庆(1915—2008，中国物理化学家)对此做出了卓有成效的贡献，使杂化理论更臻完善，由此可阐明更复杂的化合物的结构。

从以上介绍可以看出，当多原子分子的几何构型被实验确定后，杂化轨道理论是能给予较好解释的。但是，就一般并非专门从事结构化学研

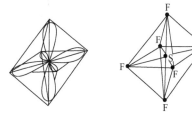

图 2-24　SF_6 分子的空间结构

究的人们来说，由于对不同轨道之间能级差别的大小缺乏了解，难以对某些轨道杂化的可能性做出判断。因此，如果直接应用杂化轨道理论去预测分子的几何构型，未必都能得到满意的结果。继杂化轨道理论之后，历史上又出现了各种理论或方法来解释实验事实，确定并预测分子的几何构型，如价层电子对互斥理论。

3. 价层电子对互斥理论

1940 年希吉维克(Sidgwick)和坡维尔(Powell)首先提出了分子的几何构型与价层电子对互斥作用有关的假说，吉莱斯皮(Gillespie)和尼霍姆(Nyholm)在假说的基础上进行了大量的研究工作，经过归纳、整理，终于在 1957 年正式提出了价层电子对互斥理论(valence-shell electron pair repulsion theory)，简称 VSEPR 理论。其基本要点是：

(1) AX$_n$E$_m$ 型分子的几何构型，主要取决于中心原子 A 价层电子对的数目。价层电子对的

数目简称价层电子对数,以 VP 表示,是指在 AX_nE_m 分子中 A 原子价层内的成键 σ 电子对 n (简称键电子)和孤电子对 m,即 $VP=n+m$。例如,CH_4 中,$n=4$,$m=0$,C 原子的价层电子对数 $VP=4$;又如,NH_3 中 $n=3$,$m=1$,N 原子的 $VP=4$,但其中有三对为键电子对,一对为孤电子对。

(2) 遵循电子对之间的互相排斥作用最小的原则。例如,BeH_2 中 Be 的价电子层只有两对成键的电子。显然,这两对电子只有处于 Be 原子核的两侧:—Be—:才能使它们之间的斥力最小,这时即为 BeH_2 分子最稳定的状态,因而可以推断 BeH_2 应是直线形分子 H—Be—H。实验完全证实了这种推断的正确性。

根据上述基本要点,判断共价分子结构的一般规则是:

(1) 确定在中心原子 A 的价层电子对数(VP),即中心原子(A)的价电子数和键合原子(X)供给的电子数的总和,如果所讨论的物种是一个离子,则应加上或减去与电荷相应的电子数,然后除以 2,即

价层电子对数(VP)=$\frac{1}{2}$(中心原子的价电子数+键合原子提供的电子数–离子电荷代数值)

在常规的共价键中,键合原子供给的电子数:①氢与卤素每个原子各提供一个共用电子,如 CH_4、CCl_4 等;②氧族原子可认为不提供共用电子,如 PO_4^{3-}、AsO_4^{3-} 中氧原子不提供共用电子。

(2) 根据 VP 推测价层电子对的理想几何构型。如果出现有奇电子(有一个成单电子)可把这个单电子当作电子对来看待。当中心原子的价层电子对数>2 时:若把价层的形状近似看为球面,只有当各价层电子对在球面上都处在相距最远的位置时,才能使价层电子对之间的排斥力达到尽可能的最小值。由纯几何学的方法不难找出表 2-7 中的对应关系。价层电子对数超过 6 时,价层电子对分布的几何图形比较复杂,在此不再列出。

表 2-7　价层电子对的几何构型同价层电子对数目的关系

价层电子对数(VP)	价层电子对的理想几何分布	排布形式
2	球体直径的两端	 直线形
3	通过球心的内接三角形的顶点	 平面三角形
4	内接四面体的四个顶点	 四面体形

续表

价层电子对数(VP)	价层电子对的理想几何分布	排布形式
5	内接三角双锥的五个顶点	三角双锥体形
6	内接八面体的六个顶点	八面体形

(3) 确定中心原子的孤电子对数,推断分子的空间构型。

(a) 中心原子的价层电子对全是 σ 键,说明无孤电子对,$m=0$,电子对的空间构型就是该分子的空间构型。例如,在 PO_4^{3-} 中,磷原子有 5 个价电子,氧原子不提供电子,因为 PO_4^{3-} 带 3 个负电荷,所以磷原子价层的电子总数为 8,即有 4 对电子,由表 2-7 可知,磷原子价层电子对的排布应为四面体。因此,PO_4^{3-} 的空间结构为四面体形(图 2-25)。

(b) 如中心原子的价层电子对中有孤电子对,$m \neq 0$,分子的空间构型将不同于该电子对的空间构型:①电子对之间的夹角越小,排斥力越大;②电子对之间斥力大小的顺序如下:孤电子对-孤电子对>孤电子对-成键电子对 > 成键电子对-成键电子对。据此确定排斥力最小的稳定结构,并估计这种结构对理想几何构型的偏离程度。

图 2-25　PO_4^{3-} 的结构

【例 2-1】　采用价层电子对互斥理论推测 SO_3^{2-} 的结构。

解　在 SO_3^{2-} 中,S 有 6 个价电子,氧不提供电子,有两个负电荷,所以硫原子价层的电子总数为 8,即有 4 对电子,由表 2-7 可知,硫原子价层电子对的排布应为四面体。而 SO_3^{2-} 的空间结构应为三角锥形(图 2-26)。

图 2-26　SO_3^{2-} 的结构

在 VP=2、3、4 的构型中,若 $m \neq 0$,任何一对价层电子对为孤电子对所得分子的结构式是等同的;但在 VP=5 时,5 对价电子对的几何分布应为三角双锥,$m \neq 0$ 时,孤电子对的方式对分子的稳定性影响显著。

【例 2-2】　采用价层电子对互斥理论推测 SF_4 的结构。

解　在 SF_4 中,$n=4$,$m=1$。各价电子对和成键原子的相对位置则可能有图 2-27 的两种不同的排布方式,与(b)相比较,由于(a)的排布方式中最小角度 90°角的孤电子对和成键电子对排斥作用数较少,分子体系的能量最低,因此可以推断 SF_4 的稳定结构应为(a)这种排布方式。

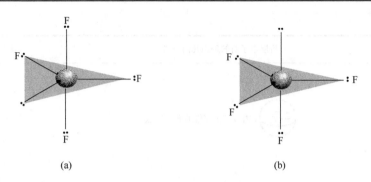

图 2-27　SF₄可能的结构

【例 2-3】　采用价层电子对互斥理论推测 ClF_3 的结构。

解　在 ClF_3 分子中，氯原子有 7 个价电子，3 个氟原子提供 3 个电子，使氯原子价层电子的总数为 10，即有 5 对电子。这 5 对电子将分别占据一个三角双锥的 5 个顶角，其中有 2 个顶角被孤电子对占据，3 个顶角被成键电子对占据，因此配上 3 个氟原子时，共有 3 种可能的结构(图 2-28)。

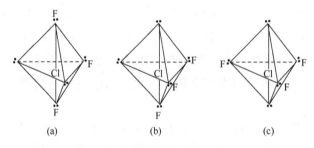

图 2-28　ClF_3 分子的三种可能结构

为了确定这三种结构中哪一种是最可能的结构，可以找出上述(a)、(b)和(c)三角双锥结构中最小角度(90°)的三种电子对之间排斥作用的数目列于表 2-8 中。由于结构(a)和(c)都没有 90°角的孤电子对-孤电子对的排斥作用，而且结构(a)又有较少数目的孤电子对-成键电子对的排斥作用，因此在上述三种可能的结构中，结构(a)的排斥作用最小，它是一种比较稳定的结构。

表 2-8　ClF_3 分子的三种可能结构中电子对的排斥力情况

ClF_3 的结构	(a)	(b)	(c)
90°孤电子对-孤电子对排斥作用数	0	1	0
90°孤电子对-成键电子对排斥作用数	4	3	6
90°成键电子对-成键电子对排斥作用数	2	2	0

对于含有多重键的分子来说，虽然其 π 键电子不能改变分子的基本形状，但重键电子云在中心原子周围占据的空间比单键电子云大些，使斥力大小顺序：三键＞双键＞单键，因而含重键的键角较大。例如，图 2-29 中，$COCl_2$ 的 $\angle ClCO$ 大于 120°；甲醛分子中 $\angle HCO = 122°6'$，$\angle HCH = 115°48'$。

若中心原子(A)相同，由于键电子对之间的斥力随着配位原子电负性增加而减小，因而键角也减小。例如，图 2-30 中 NF_3 分子的 $\angle FNF=102°$，而 NH_3 分子的 $\angle HNH=107°18'$。虽然中心原子都是 N 原子，但由于配位原子 F 的电负性(3.90)比 H 的电负性(2.20)大，吸引共价电子对的能力强，使 NF_3 中的共价电子对偏向配位原子而远离中心原子，因此成键电子对间的斥力减小，键角随之减小。若配位原子相同而中心原子不同时，将随中心原子电负性的变小，键角变小。例如，NH_3 键角为 $107°18'$，PH_3 键角为 $93°18'$，AsH_3 键角为 $91°24'$。电负性：N(3.04)，P(2.19)，As(2.18)，当然，这里 As 的原子半径较大也有影响。价层电子对数及其种类与分子几何构型的对应关系见表 2-9。

图 2-29 多重键对分子结构的影响   图 2-30 电负性对分子结构的影响

表 2-9 价层电子对与分子几何构型的对应关系

价层电子对数	价层电子对几何分布	键电子对数	孤电子对数	分子类型	分子几何构型	实例
2	直线形	2	0	AX_2	直线形	$HgCl_2$，CO_2
3	平面三角形	3	0	AX_3	平面三角形	BF_3，SO_3
		2	1	AX_2E	V 字形	$PbCl_2$，SO_2
4	四面体形	4	0	AX_4	四面体形	CH_4，SO_4^{2-}
		3	1	AX_3E	三角锥形	NH_3，SO_3^{2-}
		2	2	AX_2E_2	V 字形	H_2O，ClO_2^-

从以上讨论可以看出，杂化轨道理论和价层电子对互斥理论是从不同的角度(前者从原子轨道的杂化，后者从价层电子对的互斥作用)来探讨分子的几何构型，而所得的结果大致相同。价层电子对互斥理论在推断 AX_nE_m 型分子(或离子)的几何构型上确实是很有用的。但是正如任何理论都有它的适用范围一样，价层电子对互斥理论也有一定的局限性：①它主要适用于讨论中心原子是主族元素的 AX_nE_m 型分子(或离子)。由于副族元素价层内 d 电子多，电子云的空间分布错综复杂，对分子的几何构型往往会产生影响，使该理论应用于过渡金属化合物时遇到困难，除非价层的 d 亚层恰好是全空、半满或全满，因为在这三种状态下，d 电子云可以近似认为是球形对称的，对分子的空间构型影响不大。②它只适用于讨论孤立的分子(或离子)，而不适用于讨论固体的空间结构。③它只能对分子的构型做定性描述，而不能得出定量的结果。

2.3.4 分子轨道理论

价键理论由于袭用了早期经典化学键理论中的价键概念，比较直观，易被化学家接受，因此长期以来在化学界影响很深。直至目前人们仍用它来说明一些分子的价键形成和空间构型。但实际上还有许多分子的结构和性质，是价键理论难以解释的。例如，按价键理论，两个氧原子的成单电子配对形成 O_2 的分子无成单电子存在。而对 O_2 分子的磁性研究表明，O_2 分子有两个自旋方向相同的成单电子；此外随着科学技术的发展，发现在氢的放电管中存在 H_2^+ 等。这些实验事实，价键理论无法解释。为了克服价键理论所遇到的困难，分子轨道理论应运而生。近年来，由于电子计算机的应用，分子轨道理论发展较快，已成功地说明很多分子的结构和反应性能问题，在共价键理论中占有越来越重要的地位。

1. 分子轨道理论的基本要点

分子轨道理论是把原子电子层结构的概念推广到分子体系而形成的一种分子结构的理论。在描述电子在原子中的状态时，原子结构理论把原子核作为原子的核心，电子在原子核外若干个原子轨道内运动。分子轨道理论在描述电子在分子中的状态与此十分相似。分子轨道理论的基本要点：①把组成分子的各原子核作为分子的骨架，分子中每一个电子都是在整个分子范围内运动，每一个电子的运动状态可以用波函数来描述。这个波函数 ψ 称为分子轨道。每一个分子轨道都有各自相应的能量，由此可以得到分子轨道能级图。②分子轨道是由组成分子的原子的原子轨道线性组合而成的，组合前原子轨道总数等于组合后分子轨道的总数。③为了有效地组合成分子轨道，要求各原子轨道必须符合对称性匹配原则、最大重叠原则和能量近似原则。④分子中的电子按照泡利不相容原理、能量最低原理和洪德规则排布。⑤键的牢固程度可以用键级表示。键级是描述分子的结构稳定性的键参数，指分子中净成键电子数的一半：

$$键级 = \frac{净成键电子数}{2} = \frac{成键轨道电子数 - 反键轨道电子数}{2} \tag{2-4}$$

键级的大小与键能有关，一般键级越大，键能越大，键越牢固，分子越稳定。键级为零，表示原子之间不能结合成分子。但是需要指出的是，键级只能定性地推断键能的大小，粗略地估计分子结构稳定性的相对大小。事实上键级相同的分子其稳定性也可能有差别。

2. 分子轨道的类型

由于参与组合的原子轨道的对称性不同或组合方式不同，可以得到不同种类的分子轨道。波函数的角度分布图能直观地观察到对称性匹配和最大重叠问题。讨论原子轨道和分子轨道的对称性问题，严格地说应该用群论的方法。鉴于本书面向的是本科一年级学生，在这里可以简单作如下考虑：一个原子轨道，取要形成的化学键的键轴作旋转轴，旋转 180°，如果其角度分布函数的符号、图形都不变，则称为对称或 σ 对称；如果其角度分布函数的符号变，图形不变，则称为反对称或 π 对称。若符号和图形都变，则称为外对称。若 A、B 两个原子沿着 x 轴方向重叠成键，则 s、p_x、$d_{x^2-y^2}$ 为 σ 对称，而 p_y、p_z、d_{xy} 为 π 对称。因此，对称性匹配包含两方面的含义：①由 σ 对称的原子轨道的组合形成的分子轨道，称为 σ 分子轨道；由 π 对称的原子轨道组合形成的分子轨道，称为 π 分子轨道。②参加成键的原子轨道重叠部分波函数 ψ 的符号可"+"可"−"，有效重叠和非有效重叠各占一半的概率。n 个原子轨道组合：有效重叠形成 $\dfrac{n}{2}$ 个能量低于原来的原子轨道能量的分子轨道，称为成键分子轨道，简称成键轨道(bonding orbital)；非有效重叠形成 $\frac{n}{2}$ 能量高于原来的原子轨道能量的分子轨道，称为反键分子轨道，简称反键轨道(antibonding orbital)，常标注 "*" 以区别于成键轨道。下面以 A、B 两个原子沿着 x 轴方向成键为例，来讨论常见的原子轨道组合分子轨道的类型。

1) s-s 原子轨道的组合

如图 2-31 所示，由 s-s 原子轨道组合两个 σ 分子轨道，图中反键轨道称为 σ_{ns}^*，成键轨道称为 σ_{ns}。通过理论计算和实验测定可知，σ_{ns}^* 的能量比组合该分子轨道的 ns 原子轨道的能量要高，而 σ_{ns} 的能量则比 ns 原子轨道的能量要低。如图 2-32 所示，H_2 分子轨道由两个 1s 原子轨道组合而成，图中每一实线表示一个轨道。根据能量最低原理，来自两个氢原子 1s 轨道的自旋方向相反的电子将进入能量较低的 σ_{1s}，体系能量降低的结果形成一个以 σ 键结合的 H_2。H_2 的分子轨道式可表示为：$H_2\left[\left(\sigma_{1s}^2\right)\right]$。

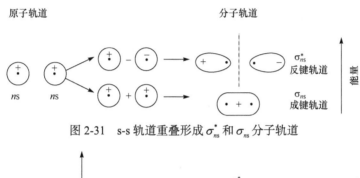

图 2-31　s-s 轨道重叠形成 σ_{ns}^* 和 σ_{ns} 分子轨道

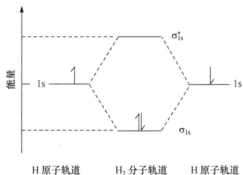

图 2-32　H_2 分子轨道能级示意图

2) s-p 原子轨道的组合

当一个氢原子的 1s 轨道和一个氯原子的 $2p_x$ 轨道沿 x 轴成键时，组合一个 σ_{2p} 成键分子轨道和一个 σ_{2p}^* 反键分子轨道(图 2-33)。

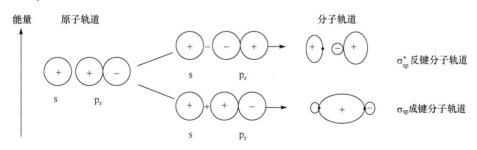

图 2-33　s-p 轨道重叠形成 σ_{sp}^* 和 σ_{sp} 分子轨道

3) p-p 原子轨道的组合

图 2-34 表示两个氮原子的 p_x 轨道沿 x 轴成键，组合一个 σ_{2p} 成键分子轨道和一个 σ_{2p}^* 反键分子轨道。图 2-35 中则表示氮原子的 p_y 轨道或 p_z 轨道沿 x 轴成键，形成 π_{2p_y} 或 π_{2p_z} 成键分子轨道和 $\pi_{2p_z}^*$ 或 $\pi_{2p_y}^*$ 反键分子轨道。

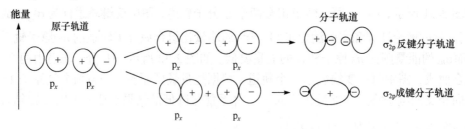

图 2-34　p-p 轨道重叠形成 σ_{2p}^* 和 σ_{2p} 分子轨道

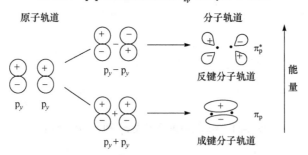

图 2-35　p-p 轨道重叠形成 π_{p_y} 和 $\pi_{p_y}^*$ 分子轨道

除此之外，还可有 p-d 组合、d-d 组合，这些内容不再叙述。

3. 同核双原子的分子轨道能级图

由于每种分子的每个分子轨道都有确定的能量；不同种分子的分子轨道能量是不同的。解薛定谔方程计算分子轨道能量很复杂，目前主要借助光谱实验来确定。图 2-36 是根据分子

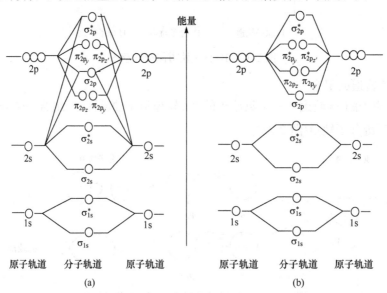

图 2-36　同核双原子分子的分子轨道的两种能级顺序

光谱的实验数据，得出的第二周期元素同核双原子分子的分子轨道能级一般顺序。由于该周期分子轨道σ_{2p}与π_{2p}在 N_2 和 O_2 之间发生能级交错，因此第二周期同核双原子分子的能级图实际上有两种能级顺序，如图 2-36(a)和(b)。图 2-36(a)能级顺序适用于锂、铍、硼、碳、氮的分子及它们离子的结构，图 2-36(b)能级顺序适用于氧、氟的分子及它们离子的结构。

4. 分子轨道理论的应用

【例 2-4】 请用分子轨道理论推测H_2^+存在的可能性。

解 形成H_2^+时，由一个氢原子的 1s 原子轨道和一个氢离子的 1s 原子轨道，可以组合成一个σ_{1s}成键轨道和一个σ_{1s}^*反键轨道。一个电子填入能量低的σ_{1s}成键分子轨道上(图 2-37)，H_2^+中形成一个单电子 σ 键，H_2^+的键级为：$\frac{1}{2}(1-0)=\frac{1}{2}$，分子轨道式的表示式为$H_2^+\left[\left(\sigma_{1s}^1\right)\right]$，因此从理论上推测$H_2^+$是可能存在的。$H_2^+$分子的存在已经被实验证实，对于解释这类化学事实，价键理论是无能为力的。

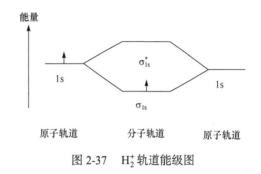

图 2-37 H_2^+轨道能级图

【例 2-5】 用分子轨道理论推测 Be_2 分子存在的可能性。

解 Be_2 分子有 8 个电子，假如这种分子能存在，根据同核双原子分子轨道能级图可写出其分子轨道式：$Be_2[KK(\sigma_{2s})^2(\sigma_{2s}^*)^2]$，键级为：$\frac{1}{2}(2-2)=0$，因此从理论上推测 Be_2 分子不是高度不稳定就是根本不存在。事实上 Be_2 分子至今尚未被发现。

【例 2-6】 用分子轨道理论解释 B_2 分子的顺磁性。

解 B_2 分子有 10 个电子，B_2 分子中电子的排布应按图 2-36(a)其分子轨道式为：$B_2[KK(\sigma_{2s})^2(\sigma_{2s}^*)^2(\pi_{2p_y})^1(\pi_{2p_z})^1]$，键级为：$\frac{1}{2}(4-2)=1$，有两个成单电子，所以推测 B_2 不仅可稳定存在，而且具有顺磁性。实验结果表明 B_2 确实有顺磁性，这也是π_{2p}能级低于σ_{2p}能级的重要证据。由于电子占满了σ_{2s}与σ_{2s}^*轨道，所以在 B_2 分子中两个 B 原子间只存在 π 键，不存在 σ 键。

【例 2-7】 用分子轨道理论解释氮分子的结构的稳定性。

解 N_2 分子中电子的排布应按图 2-36(a)。N_2 的分子轨道式为：$N_2[KK(\sigma_{2s})^2(\sigma_{2s}^*)^2(\pi_{2p_y})^2(\pi_{2p_z})^2(\sigma_{2p_x})^2]$。键级为：$\frac{1}{2}(8-2)=3$，$(\sigma_{2s})^2$与$(\sigma_{2s}^*)^2$的能量与 2s 原子轨道相比也是一低一高，它们对成键的贡献实际很小，而对成键有贡献的主要是$(\pi_{2p_y})^2$、$(\pi_{2p_z})^2$和$(\sigma_{2p_x})^2$这三对电子，即形成两个 π 键和一个 σ 键。这三个键构成 N_2 中的三键，与价键理论讨论的结果一致。而且 N_2 的结构仍可采用与电子配对法相同的形式(图 2-15)。在 N_2 的分子结构式中，除划出三键外，还标明价层中有两对孤电子对。对这两对孤电子对，分子轨道理论的解释为：由于$(\sigma_{2s})^2$与$(\sigma_{2s}^*)^2$的相互作用抵消，原来属于 2s 原子轨道上的电子对，可以看成仍然分属于两个 N 原子。至于 K 层电子因是内层电子，在写结构式时不予标出。在 N_2 的价键结构式中还进一步把 σ 键和 π 键区别开来，即以短线表示 σ 键。两个长方形框表示 $(\pi_{2p_y})^2$ 和 $(\pi_{2p_z})^2$ 分子轨道，长方形框内的电子表示双电子 π 键。应当指出 N_2 分子中π键上电子的能量比 σ 键还要低，此即 N_2 分子在一般情况下不活泼的原因。

【例 2-8】　用分子轨道理论解释 O_2 的结构、顺磁性与活泼性。

解　O_2 中电子的排布应按图 2-36(b)。O_2 的分子轨道表示式为

$$O_2[(\sigma_{1s})^2(\sigma_{1s}^*)^2(\sigma_{2s})^2(\sigma_{2s}^*)^2(\sigma_{2p})^2(\pi_{2p_y})^2(\pi_{2p_z})^2(\pi_{2p_y}^*)^1(\pi_{2p_z}^*)^1]$$

也可以简写为

$$O_2[KK(\sigma_{2s})^2(\sigma_{2s}^*)^2(\sigma_{2p})^2(\pi_{2p})^4(\pi_{2p}^*)^2]$$

在 O_2 的分子轨道中，内层电子对成键不起作用，并且 $(\sigma_{2s})^2$ 与 $(\sigma_{2s}^*)^2$ 对成键的贡献互相抵消，因此对成键有贡献的是 $(\sigma_{2p})^2$ 和 $(\pi_{2p_y})^2(\pi_{2p_z})^2(\pi_{2p_y}^*)^1(\pi_{2p_z}^*)^1$，分别构成一个两电子的σ 键和两个三电子的 π 键。O_2 的键级为：$\dfrac{10-6}{2}=2$。O_2 分子结构式可以简化为

$$:O \;\text{——}\; O: \quad 或 \quad O \;\vdots\!\text{--}\!\vdots\; O$$

从 O_2 的分子轨道能级图中可以看到 O_2 有两个成单电子，所以 O_2 具有顺磁性。这样分子轨道理论就能圆满地解释 O_2 的实验事实。由于三电子 π 键中有一个反键电子抵消了一部分成键电子的能量，削弱了键的强度，因此三电子 π 键不及双电子 π 键牢固。N≡N 键能 946kJ·mol^{-1}，C≡C 键能 835kJ·mol^{-1}，而 O_2 的三键键能只有 498kJ·mol^{-1}，甚至低于 C=C 键能 602kJ·mol^{-1}，因此分子轨道理论成功解释了 O_2 的活泼性。由此可见，分子轨道理论能预言和解释分子的顺磁性与反磁性，这是价键理论无法解释的。

2.3.5　分子轨道理论和价键理论的对比

价键理论简明直观，价键概念突出，在描述分子的几何构型方面有其独到之处，容易为人们所掌握。但是价键理论把成键局限于两个相邻原子之间，构成定域键，而且该理论严格限定只有自旋方向相反的两个电子配对才能成键，这就使得它的应用范围比较狭窄，对许多分子的结构和性能不能给出确切的解释。

分子轨道理论恰好克服了价键理论的缺点，把分子中电子的分布统筹安排，使分子具有整体性，这样成键就可以不局限于两个相邻原子之间，还可以构成非定域键；而且该理论把成键条件放宽，认为单电子进入分子轨道后，只要分子体系的总能量得以降低也可以成键，这就使得它的应用范围比较宽广，能阐明一些价键理论不能解释的问题。但是分子轨道理论价键概念不明确，计算方法也比较复杂，不易被一般学习者运用和掌握，而且在描述分子的几何构型方面也不够直观。以量子力学为基础，结合高速发展的计算技术分别建立起来的计算材料科学、计算物理、量子化学等分支学科，促进了物理学、化学和材料科学的发展，为发展和设计新型材料提供了理论基础和新的研究方法。在理论上最具诱惑力，且在将来最有可能开展真正意义

上的材料设计的计算就是解体系的薛定谔方程，即为计算材料学中的第一原理计算。同时价键理论也在不断地改进和演变。这两种理论各自取长补短，相辅相成，在新的更为成熟的分子结构理论尚未正式创立之前，无论对价键理论还是分子轨道理论，均不可偏废。

2.4 金 属 键

存在于金属中的化学键是金属键(metallic bond)。由自由电子及排列成晶格状的金属离子之间的静电吸引力组合而成。目前较流行的金属键理论有改性共价理论和金属键的能带理论。

2.4.1 金属键的改性共价理论

该理论是 1900 年德鲁德等为解释金属的导电、导热性能所提出的一种假设：在金属晶体中，价电子做穿梭运动，它们不专属于某个金属原子，而是为整个金属晶体所共有。这些共用电子与全部金属原子或离子相互作用，这种作用称为金属键。由于金属只有少数价电子能用于成键，金属在形成晶体时，倾向于构成极为紧密的结构，使每个原子都有尽可能多的相邻原子，这样，电子能级可以得到尽可能多的重叠，从而形成金属键。这种理论先后经过洛伦兹(Hendrik Antoon Lorentz, 1853—1928, 荷兰物理学家)和索末菲(Arnold Sommerfeld, 1868—1951, 德国物理学家)等的改进和发展，对金属的许多重要性质都给予了一定的解释：①由于在外电场作用下，金属晶体中自由电子定向运动产生电流而可以导电。②加热时，因为金属原子振动加剧，阻碍了自由电子做穿梭运动，因而金属电阻率一般和温度呈正相关。③当金属晶体受外力作用而变形时，尽管金属原子发生了位移，但自由电子的连接作用并没变，金属键没有被破坏，故金属晶体具有延展性。④自由电子很容易被激发，它们可以吸收在光电效应截止频率以上的光，并发射各种可见光，所以大多数金属呈银白色。这就说明了金属的光泽和金属是辐射能的优良吸收体。⑤温度是分子平均动能的量度，而金属原子和自由电子的振动很容易一个接一个地传导，故金属局部分子的振动能快速地传至整体，所以金属导热性能一般很好。

但是，由于金属的自由电子模型过于简单化，不能解释金属晶体为什么有结合力，也不能解释金属晶体为什么有导体、绝缘体和半导体之分。随着科学和生产的发展，特别是量子理论的发展，建立了能带理论。

2.4.2 金属键的能带理论

金属键的量子力学模型称为能带理论。它有 5 个基本论点：

(1) 为使金属原子的少数价电子能够适应高配位数结构的需要，成键时价电子必须是“离域”的(不再从属于任何一个特定的原子)，所有的价电子属于整个金属晶体的原子所共有。

(2) 金属晶格中原子很密集,能组成许多分子轨道,而且相邻的分子轨道间的能量差很小,可以认为各能级间的能量变化基本上是连续的。以金属锂为例,Li 原子起作用的价电子是 $2s^1$, Li_2 分子有 6 个电子, 其分子轨道式：$Li_2[KK(\sigma_{2s})^2]$, 能级图如图 2-38 所示。可以设想对于 Li_n 分子, 有 n 个分子轨道, 其中 $\dfrac{n}{2}$ 个成键分子轨道将被成对电子充满, $\dfrac{n}{2}$ 个反键分子轨道是空的。此外，各相邻分子轨道能级之间的差值将很小，一个电子从低能级向邻近高能级跃迁时并不需要很多的能量。图 2-39 中绘出了由许多等距离能级所组成的能带，这就是金属的能带模型。

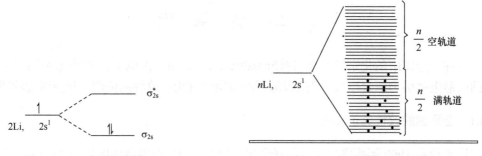

图 2-38　Li_2 分子轨道图　　　　　　　　　图 2-39　金属锂的分子轨道图

(3) 分子轨道所形成的能带也可以看成是紧密堆积的金属原子的电子能级发生的重叠，这种能带是属于整个金属晶体的。例如，金属锂中锂原子的 1s 能级互相重叠形成了金属晶格中的 1s 能带；原子的 2s 能级互相重叠组成了金属晶格的 2s 能带等。每个能带可以包括许多相近的能级，因而每个能带会包括相当大的能量范围。

(4) 依原子轨道能级的不同，金属晶体中可以有不同的能带。由充满电子的原子轨道能级所形成的低能量能带，称为满带(full filled band)，如金属锂的 1s 能带。由未充满电子的原子轨道能级所形成的能带，称为导带(conduction band)，如金属锂的 2s 能带中由于电子未充满，故电子可以在接受外来能量的情况下，在带内相邻能级中自由运动。这两类能带之间的能量差很大，以致低能带中的电子向高能带跃迁几乎不可能，所以把这两类能级间的能量间隔称为禁带(forbidden band)，如图 2-40 所示。

(5) 金属中相邻近的能带有时可以互相重叠。例如，铍的 2s 能带是满带，似乎铍应该是一个非导体。但是由于铍的 2s 能带和空的 2p 能带能量比较接近，同时当铍原子间互相靠近时，由于原子间的相互作用，2s 和 2p 轨道能级发生分裂，而且原子越靠近，能级分裂程度增大，致使 2s 和 2p 能带有部分互相重叠，它们之间没有禁带。同时由于 2p 能带是空的，因此 2s 能带中的电子很容易跃迁到空的 2p 能带中去(图 2-41)，故铍依然是一种具有良好导电性的金属，并具有一切金属的通性。

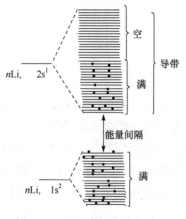

图 2-40　金属导体的能带模型

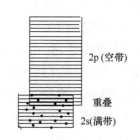

图 2-41　金属铍的能带结构

根据能带理论的观点，金属能带之间的能量差和能带中电子充填的状况决定了物质是导体、绝缘体还是半导体。如果一种物质的能带是部分被电子充满[图 2-42(a)]；或价电子能带虽是全满，但有相邻的且能量间隙很小的空能带可与之发生重叠[图 2-42(b)]，它是一种导体。一般金属导体(如 Li、Na)的价电子能带是半满的，而 Be、Mg 的价电子能带虽是全满，但有空的能带发生部分重叠。当外电场存在时，图 2-42(a)的情况由于能带中未充满电子，很容易导电，而(b)的情况，由于满带中的价电子可以部分进入空的能带，因而也能导电。如果物质的所有能带都全满(或最高能带全空)，而且能带间的能量间隔很大，这个物质将是一个绝缘体，如图 2-42(d)所示。例如，金刚石的价电子都在满带，导带是空的，而且满带顶与导带底之间的能量间隔大，$E_g \geq 8.0 \times 10^{-19}\,\mathrm{J}$。所以，在外电场作用下满带

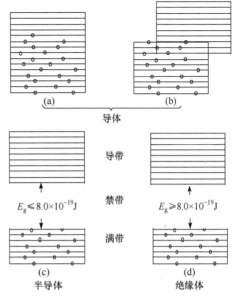

图 2-42　金属的能带结构

中的电子不能越过禁带跃迁到导带，故不能导电。半导体(如 Si、Ge 等)的能带结构如图 2-42(c)所示。满带被电子充满，导带是空的，但这种能带结构中，禁带宽度很窄($E_g \leq 8.0 \times 10^{-19}\,\mathrm{J}$)。在一般情况下，因为满带上的电子不能进入空带，因此无杂质、无缺陷的 Si 和 Ge 晶体不导电(尤其是在低温下)。但当光照或在外电场作用下，由于 E_g 很小，满带上的电子很容易跃迁到空带上去形成导带，原来的满带上留下空位(通常称为空穴)也变为导带，故能导电。

2.5　分子间作用力和氢键

传统上将分子间作用力定义为：分子的永久偶极和瞬间偶极引起的弱静电相互作用。随着研究的深入，发现了许多用该定义的作用机理无法说明的现象。现在学术上已经不再用"分子间作用力"来涵盖全部的弱相互作用，而是用更准确的术语"次级键"(secondary bond)。氢键、范德华力、盐键、疏水作用力、芳环堆积作用、卤键等都统称为次级键。可见，氢键是否属于分子间作用力取决于对"分子间作用力"的定义。而如果"分子间作用力"定义指代一切分子的相互作用，那么不仅氢键，离子键力也应属于分子间作用力。

2.5.1　分子间作用力

范德华(Johannes van der Waals，1837—1923，荷兰物理学家)早在 1873 年就注意到分子间存在着相互吸引作用，并且进行了卓有成效的研究，所以后人把分子间力称为范德华力。对于范德华力本质的认识也是随着量子力学的出现而逐步深入的。范德华力一般包括三个部分。

1. 取向力

由永久偶极之间的相互作用产生的分子间力称为取向力(dipole-dipole-attration)，也称葛生

力(Keesom force)。如图 2-43 所示，由于极性分子具有偶极，而偶极是电性的，因此两个极性

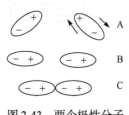

图 2-43 两个极性分子
相互作用示意图

分子相互接近时，同极相斥，异极相吸，使分子发生相对的转动而取向整齐排列。在已取向的偶极分子之间，由于静电引力互相吸引，当接近到一定距离后，排斥和吸引达到相对平衡，从而使体系能量达到最小值。取向力的本质是静电引力，因此根据静电理论可以具体求出取向力的大小，$E_K = -\dfrac{2}{3}\dfrac{\mu_1^2 \mu_2^2}{kTR^6}$。即分子的极性越大，取向力越大；温度越高，取向力就越弱；取向力与分子间距离的 6 次方成反比，即随分子间距离变大，取向力迅速递减。

2. 诱导力

由于诱导偶极存在而产生的分子间力称为诱导力，也称德拜力(Debye force)。无论是极性分子还是非极性分子都可以受到相邻的极性分子的永久偶极电场的影响而产生诱导偶极。因此，诱导力既可以存在于非极性分子和极性分子之间(图 2-44)，也可以存在于极性分子和极性分子之间；还会出现在离子和分子及离子和离子之间。诱导力的本质是静电引力，因此根据静电理论可以定量求出诱导力的大小：

图 2-44 极性分子和非极性分子相互作用
示意图

$E_D = -\dfrac{\mu_1^2 \alpha_2}{R^6}$。诱导力与极性分子偶极矩的平方成正比；与被诱导分子的变形性成正比，通常分子中各组成原子的半径越大，它在外来静电力作用下越容易变形；诱导力也与分子间距离的 6 次方成反比，因而随距离增大，诱导力减弱得很快；诱导力与温度无关。

3. 色散力

对于非极性分子，室温下苯是液体，碘、萘是固体；在低温下，Cl_2、N_2、O_2 甚至稀有气体也能液化；而对于极性分子来说，由取向力和诱导力算出的分子间作用力也比实验值小得多，说明还存在第三种力，这种力必须根据近代量子力学原理才能正确理解它的来源和本质。由于存在"瞬间偶极"而产生的相互作用力称为色散力(dispersion force)，也称伦敦力(London force)。无论非极性还是极性分子都具有瞬间偶极。因此色散力存在于任何分子之间。量子力学计算表明：$E_L = -\dfrac{3}{2}\left(\dfrac{I_1 I_2}{I_1 + I_2}\right)\left(\dfrac{\alpha_1 \alpha_2}{R^6}\right)$。色散力和相互作用分子的变形性有关，变形性越大，色散力越大；色散力和分子间距离的 6 次方成反比。此外，色散力和相互作用分子的电离能有关。

4. 范德华力的分配及其对物质性质的影响

由表 2-10 卤素的熔点与沸点可知，对于非极性分子，相对分子质量增大，极化率增大，色散力增大，熔、沸点升高。取向力对于极性分子沸点的影响：偶极矩减小，定向力减小，沸点降低。对于表 2-11 中从 CH_3Cl 到 CH_3I，偶极矩减小，相对分子质量增大，二者对于沸点的影响是相反的；而表 2-11 中沸点随相对分子质量增大而升高的变化规律证明了分子间作用力的贡献：色散力>取向力。由此可以得出近似规律：在相同类型的分子中，分子间作用力随相对分子质量增大而增大。

表 2-10　卤素的熔点与沸点

单质	熔点/℃	沸点/℃	单质	熔点/℃	沸点/℃
F_2	−223	−187.9	Br_2	−7.3	58.0
Cl_2	−102.4	−34.0	I_2	113.6	184.5

表 2-11　卤仿的沸点与偶极矩

卤仿	相对分子质量	沸点/℃	$\mu/(10^{-30}C \cdot m)$
CH_3Cl	50.48	−24.09	1.97
CH_3Br	94.94	4.5	1.79
CH_3I	141.93	42.5	1.64

表 2-12 给出一些典型分子间各种范德华力的贡献。由表 2-12 可见，除极少数强极性分子外，大多数分子间的范德华力有下面的一些特点：①它是永远存在于分子或原子间的一种作用力。②分子间作用力的本质是静电吸引力，其作用能约比化学键能小一两个数量级。③范德华力的作用范围只有几皮米。④与共价键不同，范德华力一般没有方向性和饱和性。⑤对大多数分子来说色散力是主要的。表 2-12 中 NH_3 和 H_2O 取向力突出的贡献除与永久偶极有关外，更具影响力的是氢键。

表 2-12　分子间作用能的分配$(kJ \cdot mol^{-1})$

分子	取向力	诱导力	色散力	总和
Ar	0.000	0.000	8.49	8.49
CO	0.0029	0.0084	8.74	8.76
HI	0.025	0.1130	25.86	26.00
HBr	0.686	0.502	21.92	23.11
HCl	3.305	1.004	16.82	21.13
NH_3	13.31	1.548	14.94	29.80
H_2O	36.38	1.929	8.996	47.30

2.5.2　氢键

1. 鲍林给出的氢键的传统解释

为什么 NH_3 和 H_2O 有许多奇异的性质呢？显然这与它们分子的缔合现象有关，人们为了说明分子缔合的原因，提出了氢键学说。例如，水分子是强极性分子，氧的电负性(3.44)比氢的电负性(2.2)大，因此在水分子中 O—H 键的电子云强烈地偏向于氧原子一边，使氧带负电；而氢原子的特点是原子半径小，核外只有一个电子，无内层电子，氢原子与电负性大的元素形成共价键后，电子对强烈偏向电负性大的元素一边，使氢几乎成为赤裸的质子，它呈现强的正电性。这个半径很小又带正电性的氢原子与另一个水分子中含有孤电子对并带部分负电荷的氧原子充分靠近产生吸引力，这种吸引力称为氢键(图 2-45)。由此可见，氢键的本质主要是静电作用力。一般分子形成氢键必须具备两

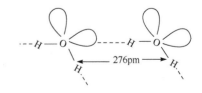

图 2-45　水分子间的氢键

个基本条件：①分子中必须有一个与电负性很强的元素(X)形成强极性键的氢原子。②分子中必须有孤电子对，电负性大，而且原子半径小的元素(Y)。氢键通常可用 X—H…Y 表示。Y 原子与 X—H 形成氢键时，在尽可能的范围内使氢键的方向与 X—H 键轴在同一个方向，即 X—H…Y 在同一直线上。这样可使 X 与 Y 的距离最远，两原子电子云之间的斥力最小，形成的氢键最强、体系最稳定，所以氢键具有方向性。而当 X—H 与一个 Y 原子形成氢键 X—H…Y 后，这个氢原子不可能与第二个 Y 原子再形成第二个氢键，所以氢键具有饱和性。

　　氢键中 X 和 Y 可以是两种相同的元素，如 O—H…O、F—H…F 等；也可以是两种不同的元素，如 N—H…O 等。氢键的强度可以用键能和键长来表示，氢键的键能是指 X—H…Y—R 分解成 X—H 和 Y—R 所需的能量。而氢键的键长是指在 X—H…Y 中，由 X 原子中心到 Y 原子中心的距离。表 2-13 列出一些常见氢键的键能和键长。在水分子中 O—H…O 中氢键的键能是 $18.8 kJ \cdot mol^{-1}$，而 O—H 键的键能为 $462.8 kJ \cdot mol^{-1}$。从键能看，氢键的键能比共价键的键能小得多。氢键的强弱与 X 和 Y 的电负性大小有关，它们的电负性越大，则氢键越强；也与 X 和 Y 的原子半径大小有关。由表 2-13 可见，X 和 Y 一般为 F、O、N 的原子。例如，F 原子的电负性最大，且半径小，形成的氢键最强。Cl 原子的电负性较小，一般不易形成氢键。根据元素电负性的大小，形成氢键的强弱次序如下：F—H…F＞O—H…O＞O—H…N＞N—H…N。

表 2-13　氢键的键能和键长

氢键	键能/($kJ \cdot mol^{-1}$)	键长/pm	化合物
F—H…F	28.0	255	$(HF)_n$
O—H…O	18.8	276	冰
N—H…F	20.9	266	NH_4F
N—H…O	—	286	CH_2CONH_2
N—H…N	5.4	358	NH_3

2. 氢键对物质性质的影响

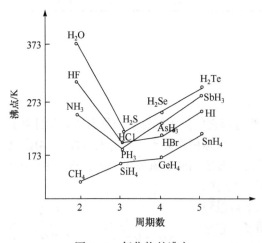

图 2-46　氢化物的沸点

　　氢键通常是物质在液态时形成的，但形成后有时也能继续存在于某些晶态甚至气态物质之中。例如，气态、液态和固态的 HF 中都有氢键存在。能够形成氢键的物质很多，如水、水合物、氨合物、无机酸和某些有机化合物。氢键影响物质的某些性质。分子间有氢键的物质熔化或气化时，除了要克服分子间的范德华力外，还必须提高温度，额外地供应一份能量来破坏分子间的氢键，所以这些物质的熔、沸点较高。例如，硫酸、磷酸都是高沸点的无机强酸。从图 2-46 可看出，在分子间没有氢键形成的情况下(如ⅣA 族元素的氢化物)化合物的沸点随相对分子质量的增加而升高，这是由于随相对分子质量的增大，分子间力(主要是色散力)依次增大。但在分子间有较强的氢键时(如 HF、H_2O、NH_3)，化合物的沸点和熔点与同族同类化合物相比则显著升高。

　　除了分子间的氢键外，某些物质也可以形成分子内氢键，使物质具有较高的熔、沸点。

因为物质的熔、沸点与分子间作用力有关，如果分子内形成氢键，那么相应的分子间作用力就会减少。例如，硝酸由于可以生成分子内氢键，具有较低的沸点，是挥发性的无机强酸。如图 2-47 所示，熔点的大小：有分子内氢键的邻硝基苯酚(45℃)＜无氢键的间硝基苯酚(96℃)＜有分子间氢键的对硝基苯酚(114℃)。

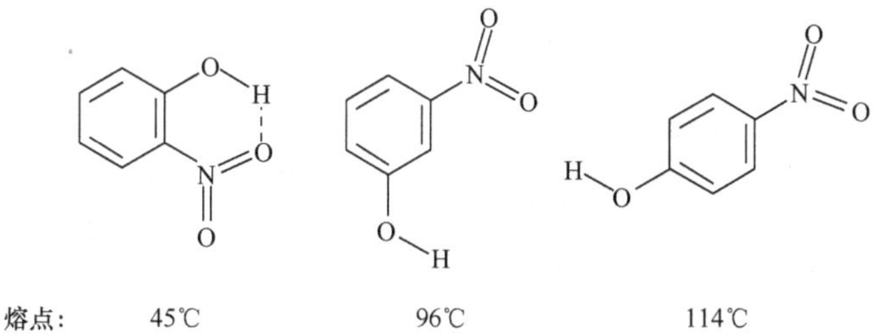

熔点:　　　　45℃　　　　　　　　96℃　　　　　　　　114℃

图 2-47　邻、间、对硝基苯酚熔点与氢键的关系

在极性溶剂中，如果溶质分子与溶剂分子之间可以形成氢键，则溶质的溶解度增大。HF和 NH_3 在水中的溶解度比较大，就是这个缘故。分子间有氢键的液体，一般黏度较大。例如，甘油、磷酸、浓硫酸等多羟基化合物，由于分子间可形成众多的氢键，这些物质通常为黏稠状液体。液体分子间若形成氢键，有可能发生缔合现象。例如，液态 HF，在通常条件下除了正常简单 HF 分子外，还有通过氢键联系在一起的复杂分子 $(HF)_n$，其中 n 可以是 2, 3, 4, …。这种由若干个简单分子连成复杂分子而又不会改变原物质化学性质的现象，称为分子缔合(molecular association)。分子缔合的结果会影响液体的密度。由于具有静电性质和定向性质，氢键在分子形成晶体的堆积过程中有一定作用。尤其当体系中形成较多氢键时，通过氢键连接成网络结构和多维结构在晶体工程学中有重要意义。

3. 氢键的重新定义及研究进展

以上讨论是鲍林给出的氢键的传统解释。2011 年 IUPAC 重新给出了氢键的定义：氢键就是键合于一个分子或分子碎片 X—H 上的氢原子与另外一个原子或原子团之间形成的吸引力，有分子间氢键和分子内氢键之分，其 X 的电负性比氢原子强。可表示为 X—H…Y—Z，"…"是氢键，X—H 是氢键供体，Y 是氢键受体，Y 可以是分子、离子及分子片段。受体 Y 必须是富电子的，可以是含孤电子对的 Y 原子，也可以是含 π 键的 Y 分子，X、Y 为相同原子时形成对称氢键。IUPAC 规则指出，氢键形成可以看作质子迁移反应被部分激活的先兆。氢键网状结构表现出来的协同现象导致氢键性质不具备加和性。氢键在成键方向的最优选择影响晶体的结构堆积模式。氢键电荷迁移估算表明，氢键的相互作用能与供体和受体间电荷迁移程度密切相关。

中国科学院国家纳米科学中心 2013 年 11 月 22 日宣布，该中心科研人员在国际上首次"拍"到氢键的"照片"，实现了氢键的实空间成像，为"氢键的本质"这一化学界争论了 80 多年的问题提供了直观证据。图 2-48 是 2013 *Nature* 杂志评选的年度图片：中国科学院的裘晓辉团队运用原子力显微镜，首次成功捕捉到了氢键的图像。图中较宽的部分为氢键。氢键的高清晰照片能帮助科学家理解其本质，进而为控制氢键、利用氢键奠定基础。例如，支撑 DNA

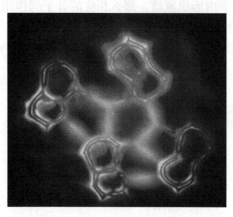

图 2-48　原子力显微镜下氢键的图像

双螺旋结构的就是氢键，氢键还能解开和复制，在生命遗传中起到非常重要的作用。在此基础上，未来有可能人工影响或控制水、DNA和蛋白质的结构，生命体和生活的环境也有可能因此而改变。

2.5.3　不同分子间作用的比较

范德华力、离子键、盐键、共价键、氢键都是静电引力，为什么差距这么大？真正的关键词是"距离"，我们可以把范德华力、离子键放在一起考虑。从表 2-14 可知：无机离子型化合物中粒子之间的强相互作用是离子键。

有机分子形成的离子，电负性差异没有那么大，相互作用不像这些典型的离子化合物离子键这样大，所以就称为离子相互作用，也称盐键；是弱相互作用，是随 $1/r^2 \sim 1/r^4$ 而减小。但它们的共同点都是靠静电引力而形成。范德华力包括引力和排斥力，引力和距离的 6 次方成反比，排斥力与距离的 12 次方成反比。它们都是静电力在不同层次的涌现。

表 2-14　不同分子间作用的比较

作用类型	能量和距离的关系	分子类型
离子键：荷电基团静电作用	$E \propto \dfrac{1}{r}$	典型的离子型化合物：NaCl、CsCl、CaF$_2$、立方 ZnS、六方 ZnS、金红石 TiO$_2$
盐键：　　离子-偶极子	$E \propto \dfrac{1}{r^2}$	有机分子形成的离子或生物分子中的离子，如 Mg^{2+} 和 ATP 的相互作用，氨基酸两性离子间的相互作用
离子-诱导偶极	$E \propto \dfrac{1}{r^4}$	
取向力：偶极子-偶极子	$E \propto \dfrac{1}{r^6}$	极性分子与极性分子
诱导力：偶极子-诱导偶极子	$E \propto \dfrac{1}{r^6}$	极性分子与极性分子；极性分子与非极性分子
色散力：诱导偶极子-诱导偶极子	$E \propto \dfrac{1}{r^6}$	所有类型分子
非键排斥	$E \propto \dfrac{1}{r^{12}} \to \dfrac{1}{r^6}$	电子云
氢键		含有与 N、O、F 直接相连的 H 的分子

2.6　相似相溶原理

相似相溶(like dissolves like)原理实际上是遵循了"分子间作用力相近相互易溶"规则。其中"相似"是指溶质与溶剂在结构和极性上相似，"相溶"是指溶质与溶剂彼此互溶。对于气体和固体溶质来说，"相似相溶"也适用。

(1) 极性相似的两者互溶度大。例如，I_2(非极性)分别在 H_2O(强极性)、C_2H_5OH(弱极性)、CCl_4(非极性)中的溶解度[$g \cdot$(100g溶剂)$^{-1}$]依次为 0.030(25℃)、20.5(15℃)、2.91(25℃)。又如，O_2(非极性)在 1mL H_2O、乙醚(弱极性)、CCl_4 中溶解的体积(已换算至标准状态下体积)依次为 0.0308mL(20℃)、0.455mL(25℃)、0.302mL(25℃)；白磷 P_4(非极性)能溶于 CS_2(非极性)，但红磷(巨型结构)却不溶。

(2) 结构相似者可能互溶，HOH、CH_3OH、C_2H_5OH、n-C_3H_7OH 分子中都含—OH，且—OH 所占"份额"较大，所以三种醇均可与水互溶，n-C_4H_9OH 中虽含—OH，因其"份额"小，水溶性有限。可以料想，碳数增多，一元醇的水溶度将进一步下降。丙三醇(甘油)中含有—OH 且"份额"较大，与水互溶。$C_6H_{12}O_6$(葡萄糖)中含 5 个—OH，因分子比 H_2O 大了许多，只是易溶于水。高分子淀粉$(C_6H_{10}O_5)_n$ 的"分子"更大，只能部分溶解于水；而纤维素更大、—OH 占"份额"更少，难溶于水。

由以上可以看出：相似相溶规律是定性规律，通常仅能给出难溶、微溶、可溶的判断，结构相似对溶解度的影响强于极性相似。

相似相溶原理无论在日常生活中还是在科学研究、工业生产中都得到广泛应用。例如，当衣服上不小心沾上油漆时，用汽油(而不是用水)可以将其洗掉。又如，胡萝卜素是维持人的眼睛和皮肤健康不可缺少的营养成分之一，胡萝卜中含有丰富的胡萝卜素，从图 2-49 的结构中可见，胡萝卜素易溶于极性较弱的油性物质，因此生吃、凉拌或水煮胡萝卜都不如油炒更易被吸收。

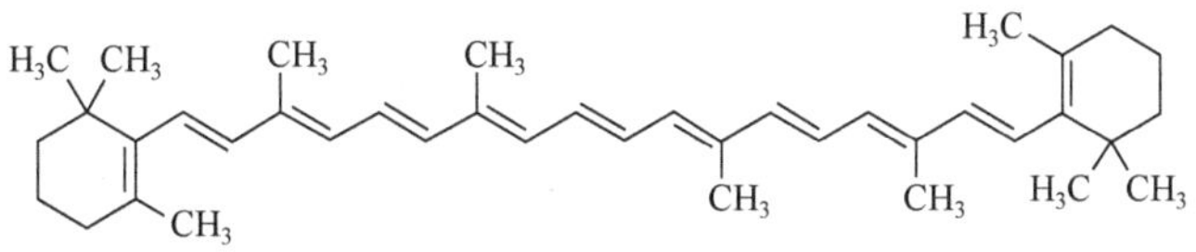

图 2-49　β-胡萝卜素的结构

非极性的高分子材料聚丙烯、聚乙烯或橡胶等材料应用时，为了提升某种性能常加入补强剂 SiO_2、阻燃剂等，但这些添加物常是极性物质，与底材相容性差，为了提高相容性，常采用加入增容剂或对底材做极性改性，或对添加剂做疏水亲油性改性处理。

习　　题

1. 分别举例说明分子结构、电学性质和磁学性质的物理量。
2. 举例说明非极性键和极性键的强弱与共用电子对的偏离程度的关系。
3. 实验测得 HF 键的偶极矩 $\mu = 6.37 \times 10^{-30}$C $\cdot$ m，试计算 F 原子所带电量，并分析 HF 键的离子性。
4. 根据电负性差值判断下列各对化合物中键的极性大小。
(1) FeO 和 FeS　　　(2) AsH_3 和 NH_3　　　(3) NH_3 和 NF_3　　　(4) CCl_4 和 $SnCl_4$
5. 结合 Cl_2 的形成，说明共价键形成的条件。共价键为什么有饱和性？
6. NH_3 分子中各原子均达到稳定结构，为什么还能与 H^+ 结合？请用电子式表示 N 和 H 形成氨的过程，并讨论 NH_3 和 H^+ 是如何形成 NH_4^+ 的。
7. 用杂化轨道理论解释为什么 PCl_3 是三角锥形，键角为 101°，而 BCl_3 却是平面三角形，$SiCl_4$ 是四面体形、键角为 109°28′的几何构型。
8. 在 BCl_3 和 NCl_3 分子中，中心原子的氧化数和配位数都相同，为什么二者的中心原子采取的杂化类型、分子构型却不同?

9. 指出下列各分子中中心原子的杂化轨道类型和空间构型。

$$SO_2 \quad NO_2^+ \quad SCl_2 \quad SnCl_2 \quad BrF_2^+$$

10. 试用价层电子对互斥理论判断下列分子或离子的空间构型。

$$NH_4^+ \quad CO_3^{2-} \quad BCl_3 \quad PCl_5(g) \quad SiF_6^{2-} \quad H_3O^+ \quad XeF_4 \quad SO_2$$

11. 试用价层电子对互斥理论判断 XeF_2 的几何构型。推测价层电子对的几何构型为八面体时，对应于孤电子对数分别为 1 的 BrF_5 和 2 的 XeF_4 的稳定结构。

12. 试用价层电子对互斥理论写出 CH_4、CS_2、BF_3 和 NF_3 的分子构型，并用杂化轨道理论加以说明。

13. 用价层电子对互斥理论解释: (1) 氮、磷、砷、锑的氢化物的键角为什么从上到下变小? (2) 为什么 NH_3 的键角是 $107°18'$，NF_3 的键角是 $102.5°$，而 PH_3 的键角是 $93.6°$，PF_3 的键角是 $96.3°$?

14. 请说明 C 和 O 的电负性差较大，CO 分子极性却较弱的原因。

15. 乙醇分子中含有极性键、非极性键、σ 键、π 键的个数分别是多少?

16. 下列双原子分子或离子，哪些可稳定存在，哪些不可能稳定存在，请将能稳定存在的双原子分子或离子按稳定性由大到小的顺序排列起来。

$$H_2 \quad He_2 \quad He_2^+ \quad Be_2 \quad C_2 \quad N_2 \quad N_2^+$$

17. 第二周期某元素的单质是双原子分子，键级为 1 是顺磁性物质。推断出它的原子序号，写出分子轨道中的排布情况。

18. 写出 O_2 分子的分子轨道表达式，据此判断下列双原子分子或离子各有多少成单电子，将它们按键的强度由强到弱的顺序排列起来，并推测各自的磁性。

$$O_2^+ \quad O_2 \quad O_2^- \quad O_2^{2-}$$

19. 为什么由不同种元素的原子生成的 PCl_5 分子为非极性分子，而由同种元素的原子形成的 O_3 分子却是极性分子?

20. 已知 N 与 H 的电负性差 0.8，小于 N 与 F 的电负性差 0.9，解释 NH_3 分子偶极矩远比 NF_3 大的原因。

21. 从电子排布指出价带、导带、禁带、满带和空带的区别。怎样用能带理论说明金属、半导体和绝缘体的导电性能?

22. 请指出下列分子中哪些是极性分子，哪些是非极性分子。

$$NO_2 \quad CHCl_3 \quad NCl_3 \quad SO_3 \quad SCl_2 \quad COCl_2 \quad BCl_3$$

23. 判断下列各组分子之间存在什么形式的作用力。

(1) CS_2 与 CCl_4　　(2) H_2O 与 N_2　　(3) CH_3Cl 和 CH_3Cl　　(4) H_2O 与 NH_3

24. 什么是氢键? 分子间氢键的形成对物质的物理性质有哪些影响? H_2O 的熔、沸点比 H_2S 高还是低? 为什么?

25. 根据分子结构，判断下列化合物中，有无氢键存在，如果存在氢键，是分子间氢键，还是分子内氢键?

$$NH_3 \quad H_2CO_3 \quad HNO_3 \quad CH_3COOH \quad C_2H_5OC_2H_5 \quad HCl$$

26. HF 分子间氢键比 H_2O 分子间氢键更强些，为什么 HF 的沸点及气化热均比 H_2O 的低?

27. 说明 HO—⬡—CHO 和 ⬡(CHO/OH) 两种化合物熔、沸点的高低及其原因。

第 3 章　物质状态与性质

　　宏观物体是由大量微粒组成的观点表明了物体是不连续的，粒子之间存在一定的空隙。例如，水和乙醇混合体积会减小。组成物体的粒子在永不停息地做热运动，如物质的扩散性、布朗运动。由于粒子间存在相互作用力不同，而表现为不同的状态。人们熟悉的物质状态有气体、液体、固体。随着科学技术的发展，20 世纪中叶开始等离子体和液晶纳入物质状态的范围。

3.1　液　　体

　　液态分子从局部看分子的排列是有规则的，分子间作用力较大，使得分子彼此间保持一个特定的距离，所以液体具有恒定的密度，难以压缩。但极易接受外界的能量克服分子间相互作用力做无规则运动，因此液态分子不占据确定的位置，也不以特殊方式取向。液体没有固定形状，通常取容器的形状，具有流动性，但有一定的体积。常用来描述液体的两个特征物理量为饱和蒸气压和沸点。

3.1.1　饱和蒸气压

　　假设有一杯水被放在一个密闭的真空容器内，由于水分子的不断运动，处在液面上的部分能量较大的水分子能够脱离液面，进入液面上方的空间，变为气体，这一过程称为蒸发(evaporate)或气化(boil-off)。气体水分子若运动到液面附近，也会被液体中的分子吸引又回到液体中，这就是凝结(condense)或液化(liquefying)。如果维持一定温度时，随着空间蒸气分子数目的增多，重新回到液面的分子数目的增多，最后当离开液面的分子数等于回到液面的分子数目时，水和水蒸气达到动态平衡。此时，气相中水蒸气产生的压力称为水的饱和蒸气压。因此，饱和蒸气压(saturated vapor pressure)是指在一个密闭空间内，某种物质在给定的温度下，该物质的液相、气相共存时的气体压力，简称蒸气压，用"p_0"表示。液体的饱和蒸气压是液体的重要性质，它仅与液体的性质和温度有关，而与液体的数量及液面上空间的体积无关。在相同温度下，液体质点间的引力弱，则蒸气压就高；对同一液体，升高温度，则蒸气压提高；降低温度，则蒸气压降低，见表 3-1。

表 3-1　水的饱和蒸气压和温度的关系

温度/K	压力/Pa	温度/K	压力/Pa
273	6.10×10^2	343	3.11×10^4
283	1.22×10^3	353	4.72×10^4
293	2.33×10^3	363	6.99×10^4
295	2.63×10^3	370	9.06×10^4
298	3.16×10^3	371	9.40×10^4
300	3.55×10^3	372	9.74×10^4
313	7.35×10^3	373	1.01×10^5
323	1.23×10^4	383	1.43×10^5
333	1.99×10^4	393	1.97×10^5

3.1.2　沸点

沸点(boiling point)是液体发生沸腾时的温度。当液体沸腾时，在其内部所形成的气泡中的饱和蒸气压必须与外界施予的压力相等，气泡才有可能长大并上升，所以沸点也就是液体的饱和蒸气压等于外界压力的温度，是液体的另一特征物理量。液体的沸点与外部压力有关，当液体所受的压力增大时，它的沸点升高；压力减小时；沸点降低。高压锅和减压蒸馏就是这个原理。

3.2　气　　体

在所有的物质状态中，气态分子排列有序性最小，分子间作用力最小。分子进行杂乱无章的运动，使它们最终扩散到整个容器。所以，气体无一定的形状，无一定的体积，通常气体装在一个容器中，容器的形状和体积就是气体的形状和体积，气体最基本的特征是扩散性和可压缩性。由于它具有扩散性，因此各种不同气体可以任意比例混合，空气就是最典型的气体混合物。将一定量的气体装进一定容积的容器内，在一定温度下，气体的压力是一定的，如果温度或体积改变，压力也就随着改变。因而，实际工作中，通常用压力(p)、温度(T)、体积(V)和物质的量(n)四个物理量来计量气体。p、V、n、T之间的相互关系式为

$$pV=nRT \tag{3-1}$$

式(3-1)通常称为理想气体状态方程，又称克拉佩龙方程(Clapyron equation)。式中，R 称为摩尔气体常量，当 $n(mol)$、$T(K)$、$p(Pa)$ 和 $V(m^3)$ 确定后，R 取值为 $8.314J \cdot mol^{-1} \cdot K^{-1}$。严格地说，理想气体状态方程仅适用于理想气体，即分子自身没有体积，并且分子之间没有引力的气体。而通常的真实气体如 O_2、N_2、H_2 等在高温、低压的条件下，可以认为接近理想气体。

理想气体状态方程不仅适用于单一气体，也适用于混合气体。这是因为混合气体中的组分气体若相互不发生化学反应，则如同单独存在一样，混合得非常均匀，都充满整个容器。

【例 3-1】　在温度 298.15K 时，盛有氢气和氮气的混合气体的容积为 100L，氢气的物质的量为 1mol，氮气的物质的量为 5mol，那么组分气体 H_2 和 N_2 单独存在于容器中的压力(分压)和混合气体的总压为多少呢？

解　根据状态方程，组分气体 H_2 和 N_2 产生的压力分别为

$$p(H_2) = \frac{n(H_2)RT}{V} = \frac{1 \times 8.314 \times 298.15}{100} = 24.79(Pa)$$

$$p(N_2) = \frac{n(N_2)RT}{V} = \frac{5 \times 8.314 \times 298.15}{100} = 123.94(Pa)$$

混合气体的总压为

$$p(总) = \frac{n(总)RT}{V} = \frac{(5+1) \times 8.314 \times 298.15}{100} = 148.73(Pa)$$

$$p(总) = p(H_2) + p(N_2)$$

这里，$p(H_2)$ 和 $p(N_2)$ 分别称为 H_2 和 N_2 的分压。分压是指恒温时，同质量的某种气体单独

占据与混合气体具有相同体积时所产生的压力。

推广到任意混合气体则有

$$p(总)=p(A)+p(B)+\cdots=\sum p(i) \tag{3-2}$$

式(3-2)表明，混合气体的总压力等于各组分气体分压之和，此经验规则称为道尔顿分压定律(Dalton's law of partial pressure)。

设在体积为 V 的容器中，气体总物质的量为 $n(总)$，其中某一组分的物质的量为 $n(i)$，则该组分气体的分压 $p(i)$ 和容器内的总压 $p(总)$ 分别为

$$p(i)=\frac{n(i)RT}{V} \tag{3-3}$$

$$p(总)=\frac{n(总)RT}{V} \tag{3-4}$$

将式(3-3)除以式(3-4)，可以得出

$$\frac{p(i)}{p(总)}=\frac{n(i)}{n(总)}=X(i) \tag{3-5}$$

$X(i)$ 称为对应组分的摩尔分数(mole fraction)，是指该组分气体的物质的量与所有气体总的物质的量的比值，表示为

$$X(i)=\frac{n(i)}{n(A)+n(B)+\cdots}=\frac{n(i)}{\sum n(i)} \tag{3-6}$$

$$p(i)=\frac{n(i)}{\sum n(i)}p(总)=X(i)p(总) \tag{3-7}$$

即理想气体的分压等于总压乘以该气体的摩尔分数。这就是道尔顿分压定律的另一种表述形式。在化工生产和科学实验中，常遇到的是混合气体，如在水面上收集气体时，从压力计读出的压力数值应是被收集气体的饱和水蒸气的分压之和。有了道尔顿分压定律，研究气体混合物的分压就方便多了。

【例 3-2】 在 300K 时，当压力为 1.02×10^5Pa 时，用排水集气法分解 $KClO_3$ 收集氧气。则分解多少克 $KClO_3$ 才能在水面上收集 10L 的氧气?

解 用排水集气法收集在集气瓶中的气体应是氧和水蒸气的混合气体:

$$p(总)=p(H_2O)+p(O_2)$$

由表 3-1 可知，300K 时，水饱和蒸气压为 3.55×10^3Pa，则

$$p(O_2)=p(总)-p(H_2O)=1.02\times10^5-3.55\times10^3=9.85\times10^4(Pa)$$

收集到氧气的物质的量为

$$n(O_2)=\frac{p(O_2)V}{RT}=\frac{9.85\times10^4\times10\times10^{-3}}{8.314\times300}=0.395(mol)$$

因为 $2KClO_3 == 2KCl+3O_2$ $M(KClO_3)=122.6g\cdot mol^{-1}$

所以分解 $KClO_3$ 的质量为

$$m(KClO_3) = 122.6 \times \frac{2}{3} \times 0.395 = 32.2(g)$$

工业上常用各组分气体的体积分数表示气体的组成。工业分析中，用气体分析仪对混合气体进行分析，可求得各组分气体的体积分数。由于同温同压下，气体的物质的量与体积成正比，可以推导出：

$$\frac{n(i)}{n(总)} = \frac{V(i)}{V(总)} = X(i) \tag{3-8}$$

$\frac{V(i)}{V(总)}$ 称为体积分数(volume fraction)。混合气体中某组分气体的摩尔分数等于其体积分数。分体积的含义是指恒温时，某组分气体单独存在时，它的压力与混合气体压力相等时所占的体积。

因为

$$\frac{p(i)}{p(总)} = X(i)$$

所以

$$p(i) = \frac{V(i)}{V(总)} p(总) \tag{3-9}$$

式(3-9)是道尔顿分压定律的另一种表述形式。

3.3　固　　体

固体不仅有一定的体积，而且有一定的形状。固体物质按原子排列的有序程度不同可分为晶体(crystal)和非晶体(noncrystal)两大类。非晶体物质是指结构远程无序，但近程可能有序的固体物质，又常称为无定形物质(amorphous solid)；玻璃、蜂蜡、松香、沥青、橡胶、塑料等就是常见的非晶体。因为玻璃体是典型非晶固体，所以非晶固态又称为玻璃态。玻璃态物质最大的特点是在加热时先软化，后黏度逐渐变小，最后变成液体。这是因为非晶体分子、原子的排列不规则，吸收的热量只用来提高平均动能，所以当从外界吸收热量时，便由硬变软，最后变成液体。重要的玻璃态物质有氧化物玻璃、金属玻璃、非晶半导体和高分子化合物四大类，玻璃体整体质地均匀。例如，SiO_2 玻璃为氧化物玻璃，用 SiO_2 玻璃拉伸而成的玻璃纤维强度大于尼龙纤维；用玻璃纤维织的布被热熔性塑料黏结制成的玻璃钢，可用来制造质轻、防腐蚀、无磁性的管道和容器。而沥青和石蜡等为高分子化合物。

在一定条件下，晶体与非晶体可以相互转换。例如，把石英晶体熔化并迅速冷却，可以得到石英玻璃。涤纶熔体若迅速冷却，可得无定形体；若慢慢冷却，则可得晶体。由此可见，晶态和非晶态是物质在不同条件下形成的两种不同的固体状态。从热力学角度说，晶态比非晶态稳定。晶体由于结构整齐，因此具有许多自己的特点。

3.3.1　蒸气压和熔点

固体与液体一样，也有它的蒸气压。固体与它的蒸气压在一定条件下可达到动态平衡，如在一定温度下，冰也具有一定的蒸气压。实验测出的冰在各温度下的蒸气压见表 3-2，可以看出：冰的蒸气压随温度的降低而减小。

表 3-2 冰在不同温度下的蒸气压

温度/K	273	268	263	258	253
蒸气压/Pa	$6.01×10^2$	$4.01×10^2$	$2.59×10^2$	$1.65×10^2$	$1.03×10^2$

当晶体从外界吸收热量时，其内部分子、原子的平均动能增大，温度也开始升高，但并不破坏其规则排列；继续吸热直至达到熔点时，其分子、原子运动的剧烈程度可以破坏其有规则的排列，于是晶体开始变成液体。在晶体从固体向液体的转化过程中，吸收的热量用来破坏晶体的规则排列，所以固液混合物的温度并不升高。当晶体完全熔化后，随着从外界吸收热量，温度又开始升高；反之，冷却可使液体凝固。因此，晶体都有固定的熔点，如 NaCl、石英、金刚石、萤石等。熔点或凝固点是指在 $1.013×10^5$Pa 的压力下，液相和固相可以平衡共存的温度。水在空气中冷却到 273K 时开始结冰，即水的凝固点为 273K。水的凝固点随压力增大而降低，见表 3-3，但压力对凝固点的影响是很小的。

表 3-3 水在不同压力下的凝固点

压力/Pa	$6.10×10^2$	$1.013×10^5$	$6.18×10^7$	$1.14×10^8$	$1.61×10^8$	$2.0×10^8$
凝固点/K	273.16	273.15	268	263	258	253

3.3.2 晶格理论基本概念

晶体最明显的特征是具有规则的几何构型，同一种晶体由于生成条件的不同，外形上可能有差别，颗粒有大有小，但晶体的晶面角(interfacial angle)却不会变；晶体表现为各向异性，如云母和石墨具有解理性。

晶体的宏观特征是晶体内部微观结构的反映。19 世纪，布拉维(Auguste Bravais，1811—1863，法国物理学家)等提出：在晶体内部构成晶体的质点，如离子、原子或分子等在三维空间有规则地排列，如图 3-1 所示，若把晶体内部的微粒看成是几何学上的点，这些点按一定的规则组成的几何形状在结晶学上称为结晶格子，简称为晶格(lattice)，也称为空间点阵。在晶格中由微粒排列的那些点，或空间点阵中每一个点称为晶格结点(lattice node)。任何点阵结构都可分解为某种平行六面体的单位点阵，它是晶格中能表达晶体结构的最小重复单位，称为晶胞(unit cell)。晶胞是晶体结构的最基本单元，晶胞的大小和形状由六个参数决定，称为晶胞参数或点阵参数(lattice parameters)，如图 3-2 所示。

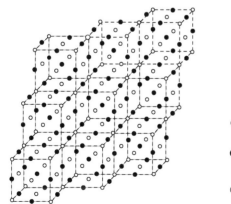
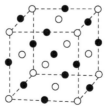

图 3-1 晶格结点、晶格和晶胞示意图

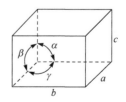

图 3-2 晶胞参数示意图

按晶体对称性划分，可将晶体分为七大晶系(表 3-4)，每种晶系又分为若干种晶格，共 14 种晶格(表 3-5)。已知晶胞的形状、大小和组成(离子的种类及位置分布)，就知道了相应的晶体的空间结构。

表 3-4　晶体的类型与晶胞参数的关系

晶系	晶轴	轴间夹角	实例
立方	$a=b=c$	$\alpha=\beta=\gamma=90°$	$NaCl$，CaF_2，ZnS，Cu
四方	$a=b\neq c$	$\alpha=\beta=\gamma=90°$	SnO_2，MgF_2，$NiSO_4$，Sn
正交	$a\neq b\neq c$	$\alpha=\beta=\gamma=90°$	K_2SO_4，$BaCO_4$，$HgCl_2$，I_2
三方*	$a=b=c$	$\alpha=\beta=\gamma\neq 90°$	Al_2O_3，$CaCO_3$，As，Bi
	$a=b\neq c$	$\alpha=\beta=90°$，$\gamma=120°$	
单斜	$a\neq b\neq c$	$\alpha=\gamma=90°$，$\beta\neq90°$	$KClO_3$，$K_3[Fe(CN)_6]$，$Na_2B_4O_7$
三斜	$a\neq b\neq c$	$\alpha\neq\beta\neq\gamma\neq90°$	$CuSO_4\cdot5H_2O$，$K_2Cr_2O_7$
六方	$a=b\neq c$	$\alpha=\beta=90°$，$\gamma=120°$	SiO_2(石英)，AgI，CuS，Mg

*三方晶系的晶胞参数有两类，一类为菱面格子，$a=b=c$，$\alpha=\beta=\gamma\neq90°$；另一类为六方 P 格子。

表 3-5　晶体的 14 种晶格

晶系	简单	体心	面心	底心
立方晶系 $a=b=c$ $\alpha=\beta=\gamma=90°$	 立方P	 立方I	 立方F	—
四方晶系 $a=b\neq c$ $\alpha=\beta=\gamma=90°$	 四方P	 四方I	与体心同	与简单同
正交晶系 $a\neq b\neq c$ $\alpha=\beta=\gamma=90°$	 正交P	 正交I	 正交F	 正交C
三方晶系 $a=b=c$ $\alpha=\beta=\gamma\neq90°$	 三方P	与简单同	与简单同	—
单斜晶系 $a\neq b\neq c$ $\alpha=\gamma=90°$ $\beta\neq90°$	 单斜P	与底心同	与简单同	 单斜C
三斜晶系 $a\neq b\neq c$ $\alpha\neq\beta\neq\gamma\neq90°$	 三斜P	与简单同	与简单同	与简单同
六方晶系 $a=b\neq c$ $\alpha=\beta=90°$ $\gamma=120°$	—	—	—	 六方P

3.3.3　晶体类型

按晶格结点间作用力不同，可将晶体分为分子晶体、原子晶体、金属晶体和离子晶体四大类。

1. 分子晶体

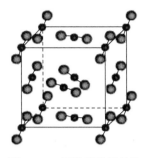

在分子晶体(molecular crystal)中，占据晶格结点的是如 CO_2、HCl 等分子；相互之间的作用力为分子间作用力。每个分子内部的原子之间是由共价键结合的。如图 3-3 所示，二氧化碳分子晶格结点之间的作用力是分子间作用力，而每个 CO_2 分子内部 C 与 O 原子之间是通过共价键结合的。由于分子间作用力很弱，因此分子晶体一般具有较低的熔点、沸点和较小的硬度。这类固体一般不导电，熔化时也不导电，只有极性很强的分子晶体如 HCl 等，溶解在极性溶剂(如水)中时，由于发生电离方可导电。

图 3-3　二氧化碳分子晶体
●—●—●: CO_2

2. 原子晶体

如图 3-4 所示，在原子晶体(atomic crystal)中，占据在晶格结点上的是原子；原子间是通过共价键相互结合在一起的。例如，金刚石、硅、硼及碳化硅、二氧化硅、氮化硼等，它们在通常情况下是由"无限"数目的原子所组成的晶体，整个晶体是一个大分子，没有确定的相对分子质量。因此，原子晶体中不存在独立的小分子。由于原子之间的作用力比较牢固，要断开这种原子之间的共价键需要消耗较大的能量，因此原子晶体一般具有较高的熔点、沸点和硬度。例如，金刚石的熔点为 3849℃。原子晶体在通常情况下不导电，也是热的不良导体，熔化时也不导电。但硅、碳化硅等具有半导体的性质，可以有条件地导电。

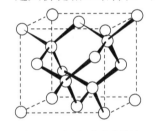

图 3-4　金刚石原子晶体

3. 金属晶体

在金属晶体(metallic crystal)中，金属原子可看作圆球一个挨一个地紧密堆积在一起，金属原子间是通过金属键相互结合在一起的。这些圆球形原子在空间的排列形式是使在一定体积的晶体内含有最多数目的原子，这种结构形式就是紧堆结构。紧堆结构使每个原子拥有尽可能多的相邻原子，这样，电子的能级可以尽可能多地重叠，形成的金属键更牢固。不同的紧堆结构，形成不同的晶格。例如，Sr、Ca、Pb、Ag、Au、Al、Cu、Ni 等是图 3-5(c)中，配位数为 12 的面心立方紧堆晶格；La、Y、Mg、Zr、Hf、Cd、Ti、Co 等是图 3-5(b)中，配位数为 12 的六方紧堆晶格；它们都是最紧密的结构形式，圆球在全部体积中占 74%，其余为晶体空隙。而 K、Rb、Cs、Li、Na、Cr、Mo、W、Fe 等是图 3-5(a)中，配位数为 8 的体心立方晶格，圆球全部体积中仅占 68%，所以可认为它不是紧堆结构。

金属能带理论能很好地说明金属的一些物理性质。向金属施以外加电场时，导带中的电子便会在能带内向较高能级跃迁，并沿着外加电场方向通过晶格产生运动，这就说明了金属的导电性。能带中的电子可以吸收光能，并能将吸收的能量又发射出来，这就说明了金属的

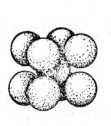 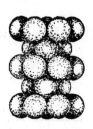 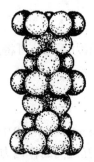

　　(a) 体心立方晶格　　　　(b) 六方紧堆晶格　　　(c) 面心立方紧堆晶格

图 3-5　金属晶格示意图

光泽和金属是辐射能的优良反射体,如铝银粉可以作为隐身颜料。电子也可以传输热能,表现出金属有导热性。给金属晶体施加机械应力时,由于在金属中电子是"离域"(不属于任何一个原子而属于金属整体)的,一个地方的金属键被破坏,在另一个地方又可以生成新的金属键,因此机械加工根本不会破坏金属结构,而仅能改变金属的外形。这也就是金属有延性、展性、可塑性等共同的机械加工性能的原因。

　　金属原子对于形成能带所贡献的不成对价电子越多,金属键越强,反映在物理性质上表现为熔点和沸点越高,密度和硬度越大。例如,第 6 周期金属的成单电子数和一些物理性质的大致对应关系见表 3-6。

表 3-6　元素成键时不成对价电子数和物理性质的对应关系

金属	价电子层结构	不成对电子数	熔点/K	沸点/K	密度/(g·cm⁻³)	硬度(莫氏标准)
Cs	$6s^1$	1	301.5	958	1.88	0.2
Ba	$6s^2$	0	998	1913	3.51	—
La	$6s^25d^1$	1	1194	3730	6.15	—
Hf	$6s^25d^2$	2	2500	4875	13.31	—
Ta	$6s^25d^3$	3	3269	5698	16.6	—
W	$6s^25d^4$	4	3683	5933	19.35	7
Re	$6s^25d^5$	5	3453	5900	20.53	—
Os	$6s^25d^6$	4	3318	5300	22.48	7
Ir	$6s^25d^7$	3	2683	4403	22.4	6.5
Pt	$6s^15d^9$	1	2045	4100	21.45	4.3
Au	$6s^15d^{10}$	1	1336	2980	19.3	2.5

4. 离子晶体

　　由离子键形成的化合物称为离子型化合物(ionic compound)。离子型化合物虽然在气态可以形成离子型分子,如 LiF 蒸气中存在由一个 Li^+ 和一个 F^-组成的独立分子 LiF 分子,但离子型化合物主要还是以晶体状态出现,如氯化铯和氯化钠晶体。

　　晶格结点之间的作用力为离子键的晶体是离子晶体(ionic crystal)。离子键虽然没有方向性,但组成晶体的正负离子总是按照一定的规律在空间呈周期性的重复排列。如图 3-6 所示,离子晶体采取的是密堆积空隙的填充方式排列的:一般认为阴离子半径比较大,可以看成大的球体，采取密堆积，形成空隙；而阳离子半径比较小，可以看成小球的球体填充空隙；阴阳离子相互以最大配位数接触，形成稳定的晶体。把每个离子周围最邻近的带异号电荷的离子数称为配位数。例如，氯化钠中，Na^+或 Cl^-的配位数为 6，而在氯化铯晶体中，Cs^+或 Cl^-的配位数为 8。这也能够说明一个离子周围的异电荷离子数与各自所产生的静电作用力的强弱无关。离子键没有饱和性，只要空间条件许可，一个离子可以同时和几个电荷相反的离子相结合。

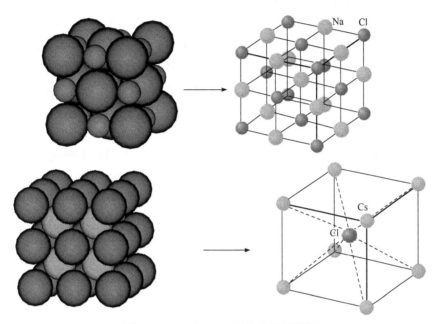

图 3-6　NaCl 与 CsCl 晶胞结构示意图

由于在离子晶体中每个离子都被异号配位离子包围着，因此不存在独立的"分子单元"。例如，在 NaCl 晶体中并不能划分出一个 NaCl 分子，通常书写的 NaCl 分子式，并不代表一个 NaCl 分子，它只表示在 NaCl 晶体中，Na^+与 Cl^-的个数比例为 1∶1。所以严格地说，NaCl 式子不能称为分子式，只能称化学式或最简式。

影响离子键强度，即晶格能大小的因素有：阴阳离子的半径和电荷、离子的电子构型。

1) 离子半径

离子半径和原子半径一样，也是难以测定的。通常把离子晶体中正负离子看成是互相接触的球体，两个原子核中心间的平均距离，称为核间距 d，即

$$d = r_+ + r_- \tag{3-10}$$

d 可以通过晶体 X 射线衍射实验测得。但是在晶体中，正负离子间除了库仑引力以外，还有原子核之间、电子云之间的斥力，因此正负离子不可能完全接触，这样测得的半径应是有效半径，简称离子半径(图 3-7)。它只能近似反映离子的相对大小。

通过实验测得核间距，利用式(3-10)就可以根据某已知的离子半径，推算出另一离子半径。1927 年，哥西密德(Victor Moritz Goldschmidt，1888—1947，挪威籍瑞士地球化学家)采用瓦萨斯谢纳(Wasastjerna)的方法测得 F^-半径(133pm)和 O^{2-}半径(132pm)。测得各种离子晶体核间距，即可以用上述方法推算一套离子半径的数据。鲍林从核电荷数和屏蔽常数又推算出一套

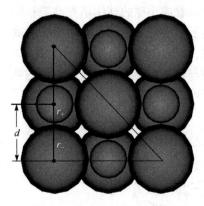

图 3-7　离子半径求算示意图

离子半径数据。桑诺(Shanon)又根据配位数、电子自旋和几何构型提出了一套较完整的离子半径数据[《兰氏化学手册》(第 16 版)]。表 3-7 列出了哥西密德和鲍林的离子半径数据。从表 3-7 中可以看出离子半径在周期表中的变化规律是：①在同一周期中，从左至右，正离子半径随着各离子正电荷的升高而减小，负离子半径随着各离子负电荷的降低而减小。这是因为同周期带同种类电荷的离子的电子层数相同，而原子核的电荷数从左到右依次增大，对外层电子的引力依次增强，所以正负离子的半径总的趋势是逐渐减小。②在同一主族中，相同电荷数的离子半径自上而下依次增大。这是因为离子的电子层数依次增多。③同一元素形成不同电荷的正离子时，其离子半径随正电荷的增加而减少。例如，Fe^{3+} 半径为 64pm，Fe^{2+} 半径为 75pm，这是因为同一元素形成不同电荷的正离子，其核电荷数相同，而 Fe^{3+} 比 Fe^{2+} 少一个电子，屏蔽效应减弱，原子核对外层电子的引力相对增强，所以离子半径减小。④对角线关系：沿周期表左上角向右下角方向的若干对角线贯穿的元素的离子，具有大致相仿的离子半径。例如，Na^+(95pm)—Ca^{2+}(99pm)—Y^{3+}(93pm)；Li^+(60pm)—Mg^{2+}(65pm)；Sc^{3+}(81pm)—Zr^{4+}(80pm)。⑤负离子半径一般为 130～250pm，正离子半径一般为 10～170pm，因此，在大多数场合下有：$r_- > r_+$。

表 3-7　哥西密德和鲍林的离子半径数据

I A																	VIIIA
H⁺ 154 208	II A											IIIA	IVA	V A	VIA	VIIA	He 122
Li⁺ 70 60	Be²⁺ 34 31											B³⁺ — 20	C⁴⁺ 20 15	N³⁻ — 171	O²⁻ 132 140	F⁻ 133 136	Ne 160
Na⁺ 98 95	Mg²⁺ 78 65	III B	IVB	VB	VIB	VIIB		VIII		I B	II B	Al³⁺ 55 50	Si⁴⁺ 40 271	P³⁻ 180 212	S²⁻ 182 184	Cl⁻ 181 181	Ar 191
K⁺ 133 133	Ca²⁺ 105 99	Sc³⁺ 83 81	Ti⁴⁺ 64 68	V⁵⁺ — 59	Cr⁶⁺ 36 52	Mn²⁺ 91 80	Fe²⁺ 83 75	Co²⁺ 82 72	Ni²⁺ 78 70	Cu⁺ 95 96	Zn²⁺ 88 74	Ga³⁺ 62 62	Ge⁴⁺ 55 53	As³⁻ 191 222	Se²⁻ 193 198	Br⁻ 196 195	Kr 199
Rb⁺ 149 148	Sr²⁺ 118 113	Y³⁺ 95 93	Zr⁴⁺ 80 80	Nb⁵⁺ — 70	Mo⁶⁺ 65 62				Pd²⁺ 80 —	Ag⁺ 115 126	Cd²⁺ 99 97	In³⁺ 92 81	Sn⁴⁺ 74 71	Sb³⁻ — 62	Te²⁻ 212 221	I⁻ 220 216	
Cs⁺ 170 169	Ba²⁺ 138 135	La³⁺ 104 115	Hf⁴⁺ 86 —	Ta⁵⁺ 73 —	W⁶⁺ 65 —				Pt²⁺ 106 —	Au⁺ — 137	Hg²⁺ 112 110	Tl³⁺ 105 95	Pb²⁺ 84 84	Bi⁵⁺ — 74			

在离子电荷数相同的情况下，离子半径越小，键长越短，离子键越强，所形成的晶体的晶格能越负。例如，表 3-8 所示 MgO 的晶格能为 $-3916 kJ \cdot mol^{-1}$，CaO 的晶格能为 $-3479 kJ \cdot mol^{-1}$。

表 3-8 晶格能与离子型化合物的物理性质

物理性质	NaCl 型晶体								
	NaI	NaBr	NaCl	NaF	BaO	SrO	CaO	MgO	BeO
离子电荷	1	1	1	1	2	2	2	2	2
核间距/pm	318	294	279	231	277	257	240	210	165
晶格能/(kJ·mol⁻¹)	−686	−732	−786	−891	−3041	−3204	−3476	−3916	—
熔点/K	933	1013	1074	1261	2196	2703	2843	3073	2833
硬度(莫氏标准)	—	—	—	—	3.3	3.5	4.5	6.5	9.0

2) 离子型化合物的晶体类型

对组成为 MX 的晶体,通常有 NaCl 型、CsCl 型和 ZnS 型三种晶体类型。究竟采用何种晶体类型及配位数,通常取决于正负离子半径的比值,见表 3-9。

表 3-9 MX 型化合物离子半径比与配位数及晶体类型

正离子半径/负离子半径	正离子配位数	晶体类型	典型例子
0.225~0.414	4	ZnS 型(正四面体)	BeO、BeS
0.414~0.732	6	NaCl 型(正八面体)	NaCl、KCl、NaBr、LiF、CaO
0.732~1	8	CsCl 型(立方体)	CsCl、CsBr、CsI

【例 3-3】 根据表 3-7 和表 3-9 中数据,判断 NaCl 晶体中 Na^+ 和 Cl^- 的配位数。

解 $\dfrac{r(Na^+)}{r(Cl^-)} = \dfrac{95}{181} = 0.52$,$Na^+$ 和 Cl^- 配位数均为 6。

【例 3-4】 根据表 3-7 和表 3-9 中数据,判断 SiO_2 晶体中 Si 和 O 的配位数。

解 $\dfrac{r(Si^{4+})}{r(O^{2-})} = \dfrac{40}{132} = 0.303$,$Si^{4+}$ 的配位数为 4,而 O^{2-} 的配位数为 2。

一般表列离子半径都是以配位数为 6 的 NaCl 构型为基准给出的,对于配位数不为 6 的构型,离子半径的数值就必须加以校正,表 3-10 给出了不同配位数时离子半径的校正系数。

表 3-10 离子半径的校正系数

配位数	4	6	8	12
离子半径校正系数	0.94	1.00	1.03	1.12

【例 3-5】 实验测得 CsI 晶体中的离子键长为 396pm,与根据表 3-7 中 $r(Cs^+) + r(I^-) = 169 + 216 = 385$(pm)计算值有差距,请给予解释。

解 CsI 晶体属 CsCl 型结构,正、负离子的配位数都是 8,由表 3-7 中查得:$r(Cs^+)=169$pm,$r(I^-)=216$pm,实际上应按表 3-10 中进行校正:$r(Cs^+)=169$pm×1.03pm=174.07pm,$r(I^-)=216$pm×1.03pm= 222.48pm。因此

$$r(Cs^+) + r(I^-) = 396.55 \text{pm}$$

这与实验测得其离子键长为 396pm 基本一致,而与未加校正时 $r(Cs^+) + r(I^-)=385$pm 相差较多。

　　应当指出，配位数还与离子的电子层结构及外界条件有关。例如，离子半径的大小受温度的影响，CsCl 在常温下的晶格类型是 CsCl 型，而在高温时却为 NaCl 型。CsCl 晶体在常温下配位数为 8，$r(Cs^+)=169pm×1.03pm=174.07pm$，而在高温下则转变为配位数为 6 的 NaCl 型，$r(Cs^+)=169pm$。

　　3) 离子的构型

　　原子得失电子后，所形成的离子的稳定电子层结构称为离子的构型。从表 3-11 可知，离子的电子构型对化合物的性质有很大的影响。所有简单负离子构型除 H^- 为 2 电子构型外，其余皆为 8 电子构型，比较简单。阳离子的构型比较复杂，共有以下六种：① 0 电子构型，最外层为 $1s^0$ 结构，如 H^+；② 2 电子构型，最外层为 $1s^2$ 结构，如 Li^+、Be^{2+} 等；③ 8 电子构型，最外层为 ns^2np^6 结构，如 Na^+、Ca^{2+} 等；④ 18 电子构型，最外层为 $ns^2np^6nd^{10}$ 结构，如 Zn^{2+}、Cu^+、Ag^+ 等；⑤ 18+2 电子构型，最外层为 $(n-1)s^2(n-1)p^6(n-1)d^{10}ns^2$ 结构，如 Sn^{2+}、Pb^{2+}、Bi^{3+} 等；⑥ 不规则结构(9～17 电子构型)，外层具有 $ns^2np^6(n-1)d^{1\sim9}$ 结构，如 Fe^{2+}、Cr^{3+}、Co^{2+} 等。

表 3-11　离子的电子构型对化合物性质的影响

性质	元素		比较
	Na	Cu	
离子电荷	+1	+1	离子电荷相同
离子半径/pm	95	96	离子半径相近
离子的电子构型	$1s^22s^22p^6(3s^0)$ 属 8 电子构型	$1s^22s^22p^63s^23p^63d^{10}(4s^0)$ 属 18 电子构型	离子的电子构型不同
性质	NaCl 溶于水	CuCl 不溶于水	形成化合物的性质不同

　　在具有各种不同电子构型的正离子中，属于 8 电子构型的离子是非常稳定的，这种类型的离子，通常不具有与其他原子或离子共有电子的倾向。具有 18 电子构型的正离子也较稳定。18＋2 电子构型的离子因为最外层的 s 电子钻穿效应较强，进入内层 18 电子层，6s 电子较为稳定。不饱和电子构型相对来说较不稳定，表现为副族元素金属离子的电荷常具有多种变化。一般来说，离子的构型和离子晶体类型对离子型化合物性质的影响是比较复杂的。所以在比较离子型化合物的性质时，常选用相同构型的正负离子和晶体类型，使问题简单化。

　　4) 离子晶体的通性

　　各种因素对于物质某些性质的影响集中体现在晶格能的大小上，根据晶格能的大小可以解释和预测离子型化合物的某些物理化学性质。对于相同类型的离子晶体来说，离子电荷越高，正、负离子间的核间距越短，晶格能数值越负，离子键越牢，离子化合物越稳定。体现在物质的性质上即为具有较高的熔点、升华热和较大的硬度、密度，见表 3-8，$U(NaCl)=-786kJ\cdot mol^{-1}$，$U(MgO)=-3916kJ\cdot mol^{-1}$，MgO 较 NaCl 具有较高的熔点且热稳定性更高，MgO 是耐火砖的主要原料。离子晶体的硬度虽大，但比较脆，延展性较差。这是由于在离子晶体中，正负离子交替地规则排列，当晶体受到冲击力时，各层离子位置发生错动，使吸引力大大减弱而易破碎。离子晶体不论在熔融状态还是水溶液中都具有优良的导电性，但在固体状态，由于离子被限制在晶格的一定位置上振动，其本身迁移很困难，电子又受到原子核的强力束缚，不存在金属中那样的"自由电子"，因此处于固态时的离子晶体几乎不导电。以上这些都可以认为是离子型化合物的通性，是由共同的价键特征决定的。

离子晶体在水中溶解度不仅与晶格能有关，而且与离子的水合能有关。晶体溶于水时，晶格被破坏，要吸收能量抵消晶格能；正、负离子与水结合成水合离子，要放出能量——水合能。一般来说，晶格能较小而水合能较大的离子晶体，易溶于水，反之则难溶于水。例如，由单电荷离子组成的离子型化合物碱金属盐、硝酸盐、高氯酸盐等晶格能相对较小，一般易溶于水。由多电荷离子组成的离子型化合物碱土金属盐、碳酸盐、硫酸盐、磷酸盐、硅酸盐等晶格能相对较大，一般较难溶于水。

5. 混合晶体

若某种晶体中晶格结点之间化学键不是单一的化学键类型时，该种晶体属于混合晶体 (mixed crystal)。典型的例子是如图 3-8 所示的石墨晶体：石墨中的每一个碳原子都是 sp^2 杂化，每个碳原子与相邻的三个碳原子以 sp^2 杂化轨道重叠形成 σ 键，这样可以形成一个无限平面构型，在该无限平面中有一个最小且能够重复的几何构象——正六边形。每个碳原子剩余一个未杂化的 p 轨道和一个 p 电子且都相互平行且垂直于 sp^2 杂化构成的平面，这样未杂化的 p 轨道之间可以重叠形成大 π 键，即 π_n^n，由 n 个原子和 n 个电子组成。这 n 个电子可以在这 n 个原子组成的平面内移动，类似于金属中的自由电子组成的金属键，称为类金属键。平面与平面之间以范德华力结合成石墨晶体。可见，石墨中所包含的化学键有共价键、类金属键和分子间作用力三种化学键型，是典型的混合键晶体。石墨显示共价键的特点，具有高熔点(3652℃)；显示金属键的特点，具有光泽性和导电性(大 π 键中可移动的电子)；显示分子间作用力易被破坏的特点，具有润滑性。石墨在工业上用作导电电极、加热器件和润滑剂等。许多化合物具有与石墨类似的结构，如六方 BN。

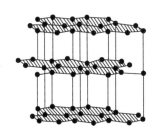

图 3-8　石墨晶体示意图

再如，在 $Ca(OH)_2$ 晶体中，O—H 为共价键，Ca^{2+} 和 O 原子之间为离子键，形成混合晶体的化合物。类似的还有 $Mg(OH)_2$、CaI_2 和 MgI_2 等。

3.3.4　键型变异现象

在离子型化合物中，正负离子靠库仑引力相互吸引形成离子键。然而正负离子不是一个简单的电荷，它们核外有电子层结构，于是当形成离子键的同时，原子轨道将发生不同程度的重叠，使离子键带有一定程度的共价性，这就是键型变异现象。

近代实验证实，CsF_2 是最典型的离子键，但是其键只有 92% 的离子性。鲍林总结了 AB 型化合物单键离子性百分数与电负性差值之间的关系，见表 3-12。从表 3-12 中可知：当两元素电负性差值约为 1.7 时，单键离子性百分数约为 50%，这是一个很重要的参考数据，可以此作为判断离子键和共价键的标准。如果两元素电负性差值大于 1.7 时，一般认为原子间的化学键是离子键。如果两元素电负性差值小于 1.7，则认为原子间的化学键是共价键。

表 3-12　单键的离子性百分数与电负性差值之间的关系

$\chi_A - \chi_B$	$I/\%$	$\chi_A - \chi_B$	$I/\%$
0.2	1	1.8	55
0.4	4	2.0	63
0.6	9	2.2	70

续表

$\chi_A - \chi_B$	$I/\%$	$\chi_A - \chi_B$	$I/\%$
0.8	15	2.4	76
1.0	22	2.6	82
1.2	30	2.8	86
1.4	39	3.0	89
1.6	47	3.2	92

产生键型变异现象的一个重要原因是离子极化。能使其他离子发生变形的作用，称为离子极化作用，简称极化力(polarization force)。受其他离子极化作用被诱导的性质称为变形性。无论正离子还是负离子都有极化力和变形性。一般来说，阳离子主要考虑极化力，阴离子主要考虑变形性。

离子的极化作用大致与离子势 ϕ ($\phi = \dfrac{z}{r}$，z 为正离子的电荷数，r 为正离子半径)成正比。可归纳为如下规律：①对于 8 电子构型正离子来说，半径越小，正电荷数越高，极化能力越强。②对相同正电荷数、半径相近的正离子来说，18 电子构型、18+2 电子构型及 2 电子构型的极化力最强，9~17 电子构型极化力次之，8 电子构型极化力最弱。

离子的变形性通常用极化率来度量。负离子因有较多的电子一般比正离子极化率大。正离子带电荷越多，其极化率越小；负离子带电荷越多，则极化率越大。当正离子电荷相同，半径相近时，8 电子构型的极化率小，其他构型的极化率较大。

离子相互极化后，造成正负离子外层原子轨道相互渗透和重叠，增强了正负离子间的相互吸引力，从而使核间距减小，因而使化学键由离子键向共价键过渡(图 3-9)。

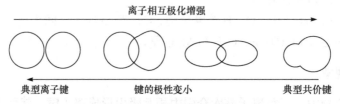

图 3-9　由离子键向共价键过渡

卤化银的晶体结构和性质可作为离子键向共价键过渡的例证。由于 Ag^+ 具有较强的极化作用，随 X^- 半径增大，相互极化能力增强，促使 AgX 的键型逐步由离子键向共价键过渡，到 AgI 已成为以共价键为主的结构，使 AgI 成为 ZnS 型晶体。离子极化使离子键逐步向共价键过渡，根据相似相溶原理，离子极化的结果必然导致化合物在水中的溶解度降低。例如，从表 3-13 可知，卤化银在水中溶解度由 F 到 I 逐渐减小。又如，表 3-11 所示 NaCl 易溶于水，而 CuCl 难溶于水，这是由于 Cu^+ 具有较大的极化力，使 CuCl 中的化学键具有较大的共价性。ⅡA 族元素的氯化物和氧化物等化合物中，$BeCl_2$、$MgCl_2$、$CaCl_2$ 的熔点依次为 410℃、714℃、782℃；可理解为 Be^{2+} 半径最小，又是 2 电子构型，因此 Be^{2+} 有很大的极化能力，使 Cl^- 发生比较显著的变形，Be^{2+} 和 Cl^- 之间的键有较显著的共价性。因此，$BeCl_2$ 由离子型晶体向分子型晶体过渡，因此具有较低的熔、沸点。在一般情况下，如果组成化合物的两种离子都是无色的，则该化合物也无色，如 NaCl 和 KNO_3；如果其中一种离子无色，则另一种离子的颜色就是该化合物的颜色，如 K_2CrO_4 呈黄色。但 Ag^+、Br^-、I^- 均为无色，而 AgBr(淡黄色)和 AgI(黄色)却有色，是由化学键具有显著的共价性所致。

表 3-13　卤化银晶格类型和性质

卤化银		AgF	AgCl	AgBr	AgI
理论核间距/pm		259	307	322	346
实测核间距/pm		246	277	289	281
Δ/pm		13	30	33	65
晶体类型		NaCl 型	NaCl 型	NaCl 型	ZnS 型
颜色		白	白	淡黄	黄
溶解度	/(mol·L^{-1})	14	1.3×10^{-5}	7.1×10^{-7}	9.2×10^{-9}
	/[g·(100g)$^{-1}$]	1.82	1.5×10^{-4}	8.4×10^{-6}	2.7×10^{-7}
键型		离子键 $\xrightarrow{\qquad\qquad\qquad\qquad}$ 共价键 键的极性减小			

3.3.5　晶体缺陷

　　理想晶体结构中所有的粒子都严格地处在规则的格点上。实际存在的晶体或多或少存在着各种各样的结构不完整性。理想晶体与真实晶体之间的差别可类比于理想气体和真实气体之间的差别。晶体中一切偏离理想的晶格结构都称为晶体缺陷(crystal defect)。按缺陷的几何形态可分为点缺陷、线缺陷和面缺陷等。点缺陷是零维缺陷，缺陷尺寸处于原子大小的数量级上，即三维方向上缺陷的尺寸都很小，包括如图 3-10 所示的空位(vacancy)、间隙原子(interstitial particle)、异类原子(foreign particle)等。根据形成缺陷的原因和结构作如下介绍。

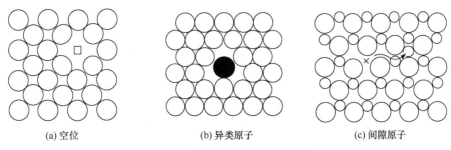

(a) 空位　　　　　　　　　(b) 异类原子　　　　　　　　　(c) 间隙原子

图 3-10　晶体中的点缺陷示意图

1. 热缺陷

　　原子由于热起伏产生的缺陷称为热缺陷(thermally defected crystal)。由于一切物质都处在绝对零度以上，因此在现实环境中的物质都有热缺陷。这种缺陷的浓度是温度的函数，并且不改变其化学成分，称为本征缺陷(intrinsic defect)。热缺陷又分为肖特基(Schottky)缺陷和弗仑克尔(Frenkel)缺陷。

1) 肖特基缺陷

　　肖特基缺陷是指由于晶体表面附近的原子或离子热运动，某些原子或离子获得高能量而逸出其原来位置；在热平衡过程中，内部邻近的其他原子或离子可以填充这些点空位，也可能原来原子或离子再回填到这些点空位，如此这样逐步发生空位移动，直至在给定温度下达到平衡。显然，对于离子晶体，为了维持局部的静电平衡，离子的移出是成对进行的，空位总是成对出现；留下的阴阳离子空位(缺陷)也是成对的。肖特基缺陷除了可在晶体表面产生外，也可在位错或晶界上产生。肖特基缺陷在晶体内也能运动，也存在着产生和复合的动态平衡。一般来说，随着温度的升高，肖特基缺陷的浓度会增大；对于典型的离子晶体碱金属卤化物，肖特基缺陷形成能较低。所以，肖特基缺陷主要存在于碱金属卤化物中，但只有高温时才明显。如图 3-11 所示，在 298K 的温度下，NaCl 晶体中热缺陷率为 0.711%，其中以肖特基缺陷为主。

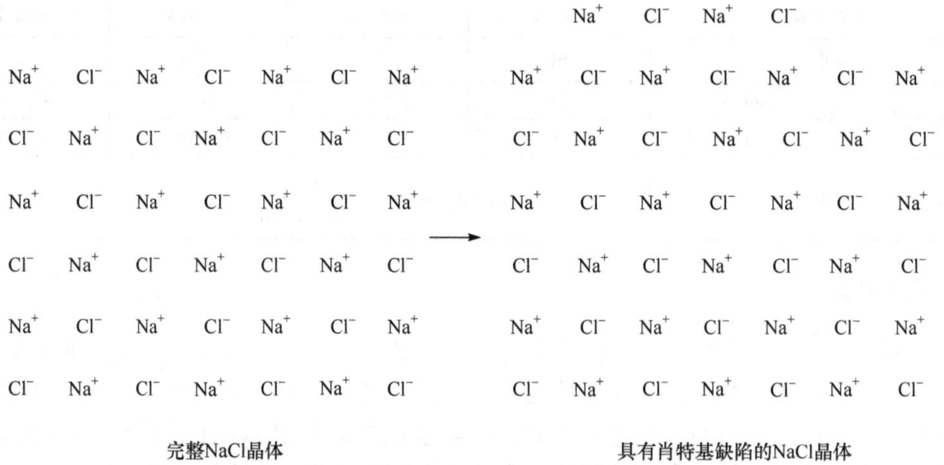

完整NaCl晶体　　　　　　　　　　具有肖特基缺陷的NaCl晶体

图 3-11　NaCl 晶体肖特基缺陷的形成示意图

对于离子性小于碱金属卤化物的氧化物而言，其肖特基缺陷形成能较高，只有在较高的温度下，它的肖特基缺陷才变得重要。对一定的晶体来说，在确定的温度下，肖特基缺陷的浓度也是一定的。空位缺陷的存在可用场离子显微镜直接观察到。肖特基缺陷除了是温度的函数外，还伴随着晶体体积增大而增加。对于晶体单质，则无肖特基缺陷。

2) 弗仑克尔缺陷

晶体结构中占据某一晶格结点的原子或离子在振动过程中获得足够高的能量，摆脱周围原子或离子的束缚逸出原来的位置，离开格点位置，进入间隙位置，成为间隙原子或离子，并在原先占据的格点处留下一个空位；空位和进入间隙位置的原子或离子是一一对应的，即有一个原子或离子进入间隙位置就留下一个空位，所以这类缺陷也是成对出现的；这样的空位-间隙对就称为弗仑克尔缺陷。例如，一个 MX 型离子晶体，倘若 M 离子受到热起伏的作用离开了它所在的 M 离子亚点阵格点，但 X 离子亚点阵未发生改变，此时引起的离子晶体空位数和间隙数应相等。此种缺陷因物理学家雅科夫·弗仑克尔(Яков Френкель)而得名，与肖特基缺陷概念是紧紧联系在一起的，但是又有本质的区别。

典型的弗仑克尔缺陷出现在 AgCl 晶体中。图 3-12 是 AgCl 晶体结构中的弗仑克尔缺陷示意图，图中示出的是二维情况。AgCl 晶体属于 NaCl 型结构，AgCl 晶体中的 Ag^+ 从原有的八面体位置逸出，进入四面体间隙。虽然 AgCl 和 NaCl 属于同类型结构，但是形成的热缺陷不同，其原因是 Ag^+ 极化能力和变形性都比 Na^+ 的强。在室温下(25℃)AgCl 的热缺陷率为 1.48%。

肖特基缺陷和弗仑克尔缺陷之间的重要差别之一，在于肖特基缺陷的生成需要一个像晶界、位错或表面之类的晶格混乱区域，使得内部的质点能够逐步移到这些区域，并在原来的位置上留下空位；只在晶体内形成空位而无间隙原子。但弗仑克尔缺陷的产生并无此限制。

当肖特基缺陷的浓度较高时，用比重法所测得的固体密度显著地低于用 X 射线分析得出的晶胞大小数据计算所得的密度。弗仑克尔缺陷的间隙原子和空位是成对出现的。

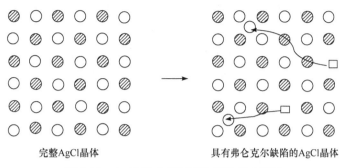

图 3-12　AgCl 弗仑克尔缺陷的形成示意图

⊘ Ag⁺　　○ Cl⁻　　□ 空位

2. 杂质缺陷

杂质缺陷是指晶体中含有该晶体组成成分之外的原子或离子进入晶体。这类缺陷不是由于温度的原因形成的，所以又称为非本征缺陷(non-intrinsic defect)。如图 3-13 所示，根据杂质进入晶体中位置不同可分为替代式杂质缺陷(substitutive impurity defect)和非替代式杂质缺陷(non-substitutive impurity defect)。替代式杂质缺陷是指杂质原子或离子替代了原晶体中的某原子或离子形成的杂质缺陷，这种缺陷经常用来改善材料的导电性质。例如，在高纯 Si 或 Ge 中掺入微量的 B 或 As 使得它们的导电性质得到极大改善。非替代式杂质缺陷又称间隙杂质缺陷(interstitial impurity defect)，是指杂质原子或离子进入原晶体中原有的空穴中(也称为间隙)形成的杂质缺陷，这种缺陷往往用来改善材料的硬度或其他物理性质。例如，Fe 中掺入少量的 C 变为钢就是典型的硬度提高的实例。再如，磁性材料如 Gd_2Fe_{17} 中掺入一定量的 N、H 或 C 会提高居里温度(Curie temperature)。如果杂质含量一定，温度升高，杂质浓度并不随之变化，但是这类缺陷的最大浓度与温度有关，通常最大浓度随着温度的升高而升高。一般地，这种缺陷是由晶体制备过程中人为地加入或不可避免地带入，因而又称化学缺陷(chemical defect)。

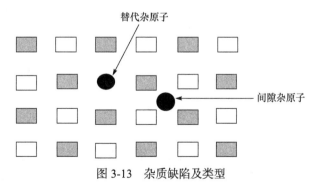

图 3-13　杂质缺陷及类型

3.3.6　非计量化合物

化学计量化合物是指具有确定组成且各种元素的原子互成简单整数比的化合物，这类化合物又称整比化合物或道尔顿体。例如，一氧化碳中氧与碳质量比恒为 4∶3,原子比恒为 1∶1;

NaCl 中，Na^+ 与 Cl^- 的比例是 $1:1$；Na_2SO_4 中，$Na:S:O$ 的比例为 $2:1:4$。

非化学计量化合物是指其组成可在一个较小范围内变动，而又保持基本结构不变的固态化合物，因此又称为非整比化合物或贝多莱体。例如，室温下 FeO 颜色是黑色的，而我们见到的铁锈是黄色的，随时间延长慢慢变为红色，黄色氧化亚铁就是非化学计量化合物，可以写作 $Fe_{1-\delta}O$ 或 $FeO_{1+\delta}$。再如，还原 WO_3 或加热 WO_2 与 WO_3 的混合物均可得到 $WO_{2.92}$。近代晶体结构的研究表明，非整比化合物的存在比整比化合物更为普遍。现代许多新材料为非整比化合物。

TiO_2 应该是白色的粉末，而我们看到的是略显黄色，这也是因为二氧化钛是非化学计量化合物，一般写作 $TiO_{2-\delta}$。一般情况下 δ 值会随着加热条件的变化而变化，这可以从化学平衡原理找到答案。以 TiO_2 作为例子：

$$TiO_2(s) \rightleftharpoons (1-x)TiO_2(s) + \frac{x}{2}Ti_2O_3(s) + \frac{x}{4}O_2(g)$$

平衡常数 $K^{\ominus}=\left(\dfrac{p_{O_2}}{p^{\ominus}}\right)^{\frac{x}{4}}$，联系 $\ln K^{\ominus}=-\dfrac{\Delta_r H_m^{\ominus}}{RT}+\dfrac{\Delta_r S_m^{\ominus}}{R}$ 可知，在不同的温度下加热二氧化钛所需的氧气的分压不同。式中的 $\left[(1-x)TiO_2(s)+\dfrac{x}{2}Ti_2O_3(s)\right]$ 可以写作 $TiO_{2-\delta}$。如果在空气环境和 1000℃ 情况下，空气中氧的分压不足导致二氧化钛中的氧缺乏形成缺氧的 TiO_2 化合物即 $TiO_{2-\delta}$。如果在氧气环境和 1000℃ 情况下，氧气的分压适当情况下恰好生成化学计量的二氧化钛，即使氧的分压过大也不会生成氧过量的 TiO_2 化合物即 $TiO_{2+\delta}$，原因在于钛的最高氧化数是 +4。另外一个例子是 NaCl，NaCl 是无色透明的晶体，如果将 NaCl 放在钠蒸气中加热一定时间后，取出后会看到 NaCl 颜色变为淡黄色，这是由于形成非化学计量化合物，化学式可写成 $Na_{1+\delta}Cl$。在这里形成 $Na_{1+\delta}Cl$ 是由于超过化学计量的钠离子来源于钠蒸气 (Na^+e^-) 的钠，其中 Na^+ 可以迁移到肖特基缺陷中的钠离子空位中，e^- 可以迁移到肖特基缺陷中的氯离子空位中。

3.3.7 固体的物理性质及其影响因素

固体的物理性质包括颜色、气味、状态、熔点、沸点、硬度、延展性、溶解性、黏度、密度等，这些都是大家非常熟悉的物理性质，这里不再赘述。下面介绍一些重要的，也是材料研究中比较热门的物理性质。

1. 电学性质

大家比较熟悉的导电性是电流流过导体所致。事实上导电性包括金属导电性、半导体和绝缘体的导电性。如何区分是金属导电、半导体导电还是绝缘体导电呢？一般认为电阻率(ρ)小的是金属导电，而电阻率大的是半导体导电，绝缘体根本不导电，但这是误解。

金属导体是指电阻率随温度的升高增加，即 $d\rho/dT>0$ 的导体；也就是第 2 章讨论的轨道与轨道之间的能量差非常小以至于轨道重叠在一起形成了能带。$d\rho/dT>0$ 是源于随着温度的升高金属中的金属原子或离子振动频率升高，振动振幅增加，造成电子移动过程中受阻性增加的原因。

而半导体或者绝缘体是指电阻率随温度的升高而降低，即 $d\rho/dT<0$ 的导体；即第 2 章讨

论的轨道与轨道之间的能量差比较大，在通常情况下，只有少数电子从其所在的轨道跃迁到空轨道上而导电，随着温度的升高能够从其所在的轨道跃迁到空轨道上的电子数迅速增加，一方面能够导电的电子数增加使得电阻减小，另一方面电子的移动过程中阻力增大，最终是导电的电子数增加使得电阻减小远大于电子的移动过程中电阻增大，显现出来的结果是电阻随温度升高而降低。半导体和绝缘体本质上没有差别，只是人为进行了区别，人为的标准是：在室温下，电阻率大于 $10^7\Omega\cdot cm$ 被认为是绝缘体，带隙在 3.0eV 以上；而电阻率小于 $10^7\Omega\cdot cm$ 被认为是半导体，带隙在 0.1~3.0eV。人们普遍认为金属是金属导体，非金属是绝缘体或半导体，而无机化合物一般都是绝缘体，但也有例外。例如，PbS 和 CuO 是化合物但不是绝缘体；实际上它们是半导体，它们的带隙分别是 0.37eV 和 0.6eV。又如，$La_{0.7}Sr_{0.3}MnO_3$ 在室温情况下是金属导体等。

另外还有一类导体称为超导体(superconductor)，只不过这类导体只能在低温下才能看到，许多金属单质在 4.2K 温度下，电阻率出现突然消失的现象称为超导电性，这样的金属称为超导体金属，具有超导电性的物质称为超导体。不同的物质显示超导体的温度不同，该温度称为临界温度，也称居里温度。具有超导电性的物质很多，如 Hg、Nb、Tc、Pb、La、V 和 Ta 等纯金属，还有金属形成的合金材料，如 Nb_3Al、Nb_3Si、$Nb_3(Al_{0.75}Ge_{0.25})$、V_3Si 和 V_3Ge 等。除此之外还有氧化物材料，如 $YBaCu_3O_{7-\delta}$ 和 $Sr_2CuO_{4-\delta}$ 等，这两种超导体都是铜基氧化物，其居里温度都在液氮温度以上，分别是 90K 和 95K。

2. 磁学性质

物质中的原子或离子具有未配对电子时就具有顺磁性，反之具有抗磁性或反磁性，所以磁性是所有物质的基本属性。区分磁性或者说顺磁性物质与反(抗)磁性物质的方法是将物质放入磁场中，若物质被磁场排斥，该种物质就是反(抗)磁性物质，若物质被磁场吸引就是顺磁性物质。这两类物质的磁性都很弱，一般情况下很难被觉察，通常认为是没有磁性的物质。一般认为能够被磁铁吸引的物质是磁性物质，其实物质的磁性类别比想象的更复杂，下面就将作一细致的介绍。

1) 反(抗)磁性

从物质中原子或离子价电子结构的角度考虑，凡是价电子结构层中所有的电子都成对的物质都是反(抗)磁性的。从其表现出的物理性质来讲，将物质放入磁场中被磁场排斥的物质是反(抗)磁性的，即磁力线穿过反(抗)磁性物质比穿过真空更难(图 3-14)，这种磁性非常弱，所以称为反(抗)磁性物质。磁性物质中也有反(抗)磁性部分，只不过其反(抗)磁性部分被磁性部分掩蔽而已。我们看到(测量)是二者之和，所以认为是磁性物质。反(抗)磁性大小与温度无关，与原子序数成正比，而与价层电子轨道半径平方成反比。具有反(抗)磁性的物质有 H_2、

图 3-14　反(抗)磁性物质

Cl_2、N_2、Bi、Sb、Si、Ge、S、NaCl、KCl、LiBr 和 P 等。

2) 顺磁性

从组成物质中原子或离子价电子结构的角度考虑，凡是价电子结构层中有未成对的电子且电子与电子之间相互作用产生磁性比较弱的物质是顺磁性的。顺磁性物质的磁性随温度升

高减弱，与温度成反比。在室温下，电子与电子之间磁相互作用的方向受到温度的影响而随机分布，所以在宏观上表现出无磁性(图 3-15)。如果将其放入一个适当大小的磁场中就受到磁场的吸引而表现出磁性，也就是磁力线穿过顺磁性物质比穿过真空更容易(图 3-16)，所以表现为顺磁性，顺磁性的强弱与该物质中原子或离子中成单电子数目的多少有关。具有顺磁性的物质除了所学到的 O_2 之外，还有 NO、NO_2、$FeSO_4$、$CrCl_3$，以及大部分过渡金属的盐类和过渡金属配合物。

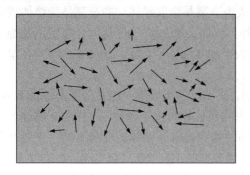

图 3-15　顺磁性物质内部电子自旋方向

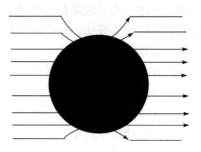

图 3-16　顺磁性物质

3) 反铁磁性

从组成物质中原子或离子价电子结构的角度考虑，凡是价电子结构层中有未成对的电子且

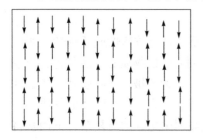

图 3-17　反铁磁性物质

电子与电子之间相互作用产生磁性强，并且每一个原子或离子的磁性方向相反(图 3-17)。这种磁矩的排列方式属于有序排列，相邻的原子或离子的磁矩方向相反，造成磁矩相互抵消，从而宏观上在磁场中表现出无磁性。这种磁性物质的一个特点是随着温度升高，宏观上在磁场中表现出磁性增强至某一最大值，温度继续升高磁性降低表现为顺磁性。磁性最大值对应的温度称为奈尔温度。具有反铁磁性的物质有 $LaMnO_3$、α-Mn、Cr、CuO、NiO、CoO、MnF_2 和 FeO 等。

4) 铁磁性

组成铁磁性物质的原子或离子的价层中具有未成对的电子，电子磁矩之间相互作用很强，电子磁矩排列有序，相邻的磁性原子或离子的电子磁矩方向相同(图 3-18)。这种物质在磁场中表现出很强的磁性，其磁性随着温度升高而减弱(这一点与反铁磁性物质相反)，继续升高温度至某一温度，磁性突然降低，该温度称为居里温度。居里温度之上的磁性表现为顺磁性，顺磁性的特性与上面讲述的顺磁性物质的特点一致。铁磁性物质很多，常见的有 Fe、Co、Ni 等单质，$La_{0.67}Sr_{0.33}MnO_3$、$BaFe_{12}O_{19}$ 等氧化物，Gd_2Fe_{17}、$Gd_3(Fe_{1-x}Ti_x)_{29}$ 等合金化合物。

5) 亚铁磁性

亚铁磁性物质的磁性介于反铁磁性和铁磁性物质之间。从元素组成上讲，亚铁磁性物质一般有两种元素或同一种元素具有两种氧化态，并且两种元素价层中未成对的电子数目不同，这两种元素的未成对电子产生的磁矩的方向相反，同一种元素两种氧化态的未成对电子产生的磁矩也是相反的，如图 3-19 所示。在磁场中其磁性行为随温度的变化较为复杂，在这里不作进一步叙述。亚铁磁性物质很多，常见的有 Fe_3O_4、Mn_3O_4、Co_3O_4、Sr_2FeMoO_6 和 $NiFe_2O_4$ 等氧化物。

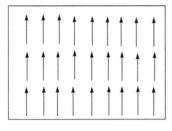

图 3-18 铁磁性物质

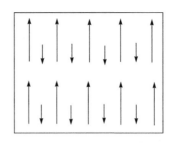

图 3-19 亚铁磁性物质

3. 热学性质

对于大家熟悉的热学性质如热膨胀、热容(比热)、热传导、(热)熔化和(热)蒸发等相关内容，这里不作过多叙述，本节主要了解一些热与电相关的性质。金属导体的电阻随着温度的升高而增加，而半导体电阻随着温度升高而降低，也就是说，不管是金属导体还是半导体，它们的电阻都是温度的函数，正是有这样的关系才发现了热电效应。利用热电效应制成了热电偶，用热电偶可以探测温度。下面介绍几种热电效应。

1) 汤姆逊效应

在一导体(金属)两端，一端放入冰水混合物中，另一端用酒精灯加热，由于导体两端的温度不同，导体内的载流子从热端向冷端移动，从而两端产生一个电势差，这种现象称为汤姆逊效应(Thomson effect)。同样半导体也会产生汤姆逊效应，利用电势差的正负能够区分是 p 型半导体还是 n 型半导体。如果是 n 型半导体，载流子主要是电子，电子向冷端移动，冷端为负。如果是 p 型半导体，载流子主要是空穴导电，空穴向冷端移动，冷端为正。

2) 佩尔捷效应

当电流通过由两种不同导体连接的导体时，在两种不同导体连接处会有热效应(吸热或放热)产生，这种现象在 1834 年被佩尔捷(Jean-Charles Athanase Peltier，1785—1845，法国物理学家)发现，称为佩尔捷效应(Peltier effect)。如果电流从一端流向另一端是放热，那么电流反方向流动则会吸热。如果只是简单地将两种不同的导体相连接，电子会从一种导体向另一种导体移动，直到两种导体接触处电势相等为止。

3) 泽贝克效应

由两种不同导体在两端分别连接在一起，两端的连接处分别处在不同的温度下，线路中会有电势(电流)产生，这种现象由泽贝克(Thomas Johann Seebeck，1770—1831，德国物理学家)发现，称为泽贝克效应(Seebeck effect)。这是热电偶制作或工作的基础，不同的导体连接形成的电势不同，所以热电偶有不同的种类和型号。

3.4 等 离 子 体

普通气体温度升高达百万开尔文到 1 亿开尔文时，由于气体粒子热运动的加剧，粒子之间发生强烈碰撞，大量原子或分子中的电子被撞掉，所有原子或分子全部电离；此时，电离出的自由电子总的负电量与正离子总的正电量相等。这种高度电离的、宏观上呈中性的气体称为等离子体(plasma)。等离子体由离子、电子及未电离的中性粒子的集合组成，整体呈中性的物质状态。在宇宙中，等离子体是物质最主要的正常状态。宇宙研究和开发，以及卫星、宇航、能源等新技术伴随着等离子体的深入研究进入了新时代。

在等离子体中，带电粒子之间的库仑力作用效果远超过带电粒子可能发生的局部短程碰撞效果，等离子体中的带电粒子运动时，能引起正电荷或负电荷局部集中，产生电场；电荷定向运动引起电流，产生磁场，电场和磁场要影响其他带电粒子的运动，并伴随着极强的热辐射和热传导；等离子体能被磁场约束做回旋运动等。等离子体的这些特性使它区别于普通气体被称为物质的第四态。

等离子体可分为高温和低温等离子体。高温等离子体只有在温度足够高时发生；太阳和恒星不断地发出这种等离子体。低温等离子体是在常温下发生的等离子体。现在低温等离子体广泛运用于各生产领域，如等离子电视、婴儿尿布表面防水涂层、增加啤酒瓶阻隔性等。更重要的是在计算机芯片中的蚀刻运用，加速了网络时代的进程。

3.5　液　　晶

液晶即液态晶体(liquid crystal，LC)，是相态的一种，具有特殊形状分子组合才会产生，它们可以流动，且拥有结晶的光学性质。液晶的组成物质多为有机化合物，也就是以碳为中心所构成的化合物。同时具有两种物质的液晶，是以分子间作用力结合的，它们有特殊光学性质，又对电磁场敏感，极具实用价值。因为具有特殊的理化与光电特性，20 世纪 40～60 年代开始，液晶被广泛应用在轻薄型的显示技术上。随着材料科学和材料加工技术的进一步发展，以及新型显示模式和驱动技术的开发，液晶显示技术获得了快速发展。

液晶的种类很多，通常按液晶分子的中心桥键和环的特征进行分类。目前已合成了 1 万多种液晶材料，其中常用的液晶显示材料有上千种，主要有联苯液晶、苯基环己烷液晶及酯类液晶等。按外因分：因液晶产生的条件(状况)不同而被分为热致液晶(thermotropic LC)和溶致液晶(lyotropic LC)，分别由加热、加入溶剂形成热致液晶和溶致液晶两种情形。液晶的光电效应受温度条件控制的液晶称为热致液晶；溶致液晶则受控于浓度条件。显示用液晶一般是低分子热致液晶。

溶致液晶是由两种或两种以上的组分形成的液晶，其中一种是水或其他的极性溶剂。这是将一种溶质溶于一种溶剂而形成的液晶态物质。典型的溶质部分是由一个具有一端为亲水基团，另一端为疏水基团的双亲分子构成的，如十二烷基磺酸钠或脂肪酸钠肥皂等碱金属脂肪盐类等。它的溶剂是水，当这些溶质溶于水后，在不同的浓度下，由于双亲分子亲水、疏水基团的作用会形成不同的核心相(middle)和层相(lamella)，核心相为球形或柱形，层相则由与近晶相相似的层式排布构成。溶致液晶中的长棒状溶质分子一般要比构成热致液晶的长棒状分子大得多，分子轴比约为 15。由于分子的有序排布必然给这种溶液带来某种晶体的特性。例如，光学的异向性、电学的异向性，甚至亲和力的异向性，如肥皂泡表面的彩虹及洗涤作用就是这种异向性的体现。溶致液晶不同于热致液晶，它们广泛存在于大自然界、生物体内，并被不知不觉地应用于人类生活的各个领域，在生物物理学、生物化学、仿生学领域都深受注目。这是因为很多生物膜、生物体，如神经、血液、生物膜等生命物质与生命过程中的新陈代谢、消化吸收、知觉、信息传递等生命现象都与溶致液晶态物质及性能有关。因此，在生物工程、生命、医疗卫生和人工生命研究领域，溶致液晶科学的研究都倍受重视。

液晶具有电光效应,液晶的电光效应是指它的干涉、散射、衍射、旋光、吸收等受电场调制的光学现象。目前已知的液晶物质都是有机化合物,人体中的大脑、肌肉、神经髓鞘、眼睛的视网膜等可能存在液晶组织。液晶由于对光、电、磁、热、机械压力及化学环境变化都非常敏感,作为各种信息的显示和记忆材料,被广泛应用于科技领域中,对生命科学的研究更有特殊意义。

习　题

1. 在 298K 时,将压力为 $9.57 \times 10^5 Pa$ 的乙烷 0.30L,压力为 $7.97 \times 10^4 Pa$ 的 CO_2 0.40L 移入 1.20L 的真空容器中,求(1)混合气体中各组分气体的分压;(2)混合气体的总压;(3)混合气体的摩尔分数;(4)混合气体中各组分气体的分体积。

2. 在 285K,由水面上收集 $1.02 \times 10^5 Pa$ 的气体 0.19L,经干燥后,仍将温度降为 285K,压力仍为 $1.02 \times 10^5 Pa$,则该气体占有多少体积? (285K 时,水的饱和蒸气压为 $1.40 \times 10^3 Pa$)

3. 当 0.75mol 的 "A_4" 固体与 2mol 的气态 O_2 在一密闭的容器中加热,若反应物完全消耗仅能生成一种化合物,已知当温度降回到初温时,容器内所施的压力等于原来的一半,从这些数据,你对反应生成物如何下结论?

4. 在 1L 的玻璃瓶中,装有 100mL 含 HCl 10%的盐酸溶液($1.19g \cdot mL^{-1}$),在温度为 27℃时,加入 0.327g 锌(相对原子质量为 65.4)并立即用塞子塞紧。反应完全后,如瓶内温度和反应前相同,则瓶中的压力是多少? (假设反应前瓶中的压力为 101.325kPa,包括空气、水蒸气和氯化氢三种气体的分压,并假设反应前后此三种分压相同)

5. 已知金(Au)晶体是面心立方体,金的原子半径为 144pm,(1)每个晶胞中含有几个金原子? (2)计算晶胞边长。(3)求出金晶体的密度。

6. 判断下列各对物质的熔、沸点高低,并说明理由。

(1) H_2O 与 H_2S　　(2) PH_3 与 AsH_3　　(3) Br_2 与 I_2　　(4) SiF_4 与 $SiCl_4$

7. 指出下列物质在晶体中质点间的作用力、晶体类型、熔点高低。

(1) KCl　　(2) SiC　　(3) CH_3Cl　　(4) NH_3　　(5) Cu　　(6) Xe

8. 离子键无饱和性和方向性,而离子晶体中每个离子有确定的配位数,二者有无矛盾?

9. 判断下列各组晶体在水中溶解度的相对大小,并说明原因。

(1) CaF_2 与 LiF　(2) $PbCl_2$ 与 PbI_2　(3) AgF 与 AgBr　(4) SiO_2 与 CO_2　(5) I_2 与 HI　(6) Na_2S 与 ZnS

10. 根据离子半径比值推测下列物质的晶体各属于何种类型。

$$KBr \quad CsI \quad NaI \quad BeO$$

11. (1) 若 Cs^+ 的 $r_6 = 169pm$、$n = 12$,试计算八配位时 Cs^+ 的半径。

(2) 若 Li^+ 的 $r_6 = 60pm$、$n = 5$,试计算四配位时 Li^+ 的半径。

12. 实验测得某些离子型二元化合物的熔点如下:

化合物	NaF	NaCl	NaBr	NaI	KCl	RbCl	CsCl	CaO	BaO
熔点/℃	992	801	747	662	768	717	638	2570	7920

试从晶格能的变化来讨论化合物的熔点随离子半径、离子电荷等变化的规律。

13. 试解释:

(1) NaCl 和 AgCl 的阳离子都是+1 价离子,为什么 NaCl 易溶于水,而 AgCl 难溶于水?

(2) 为什么碱土金属碳酸盐的热分解温度从 $BeCO_3$ 到 $BaCO_3$ 不断升高?

(3) 预测在室温下 LiF 是否溶于水,并解释你的结论。

14. 估计下列物质分别属于哪一类晶体。

(1) BBr_3,熔点−46℃;

(2) KI，熔点 880℃；

(3) Si，熔点 1423℃。

15. 试说明石墨的结构是一种混合型的晶体结构。利用石墨作电极或作润滑剂与它的晶体中哪一部分结构有关？金刚石为什么没有这种性能？

16. 列出下列物质的离子极化作用由大到小的顺序。

$$MgCl_2 \quad NaCl \quad AlCl_3 \quad SiCl_4$$

17. 结合下列物质，讨论它们的键性有何不同。

$$Cl_2 \quad HCl \quad AgI \quad NaF$$

18. 试用离子极化理论比较下列各组氯化物熔、沸点高低。

(1) $CaCl_2$ 和 $GeCl_4$　　　　　　　　　(2) $ZnCl_2$ 和 $CaCl_2$　　　　　　　　　(3) $FeCl_3$ 和 $FeCl_2$

19. 试用离子极化观点排出下列化合物的熔点及溶解度由大到小的顺序。

(1) $BeCl_2$，$CaCl_2$，$HgCl_2$　　　　　　(2) CaS，FeS，HgS　　　　　　　　　(3) LiCl，KCl，CuCl

20. 比较下列各对离子极化率的大小，并简单说明判断依据。

(1) Cl^- 和 S^{2-}　　(2) F^- 和 O^{2-}　　(3) Fe^{2+} 和 Fe^{3+}　　(4) Mg^{2+} 和 Cu^{2+}　　(5) Cl^- 和 I^-　　(6) K^+ 和 Ag^+

第4章　化学热力学基础

　　热学是研究与热现象有关的规律的科学。热现象是物质中大量分子无规则运动的集体表现。大量分子的无规则运动称为热运动。热学的研究方法分为宏观法和微观法。微观法是从物质的微观结构出发,采用统计的方法进行研究,称为统计热力学(statistical thermodynamics),它的初级理论称为气体分子运动论。宏观法是采用最基本的实验规律运用数学进行逻辑推理的研究方法,称为热力学。因此,热力学所研究的对象是宏观物体。将热力学原理应用于化学领域则产生了化学热力学。化学热力学主要是从宏观方面来研究物质在化学变化及其相关的物理化学变化过程中伴随发生的能量变化、化学反应的方向及反应进行限度等基本问题。下面首先介绍有关的基础知识。

4.1　基　本　概　念

4.1.1　体系和环境

　　应用热力学理论研究、分析问题时首先要准确划分体系和环境。研究的对象可人为地分成两部分:被研究的部分称为体系或系统(system);体系以外与体系密切相关的部分称为环境(surrounding)或外界。例如,$0.1000\text{mol} \cdot \text{L}^{-1}$ NaOH 溶液滴定 $0.1000\text{mol} \cdot \text{L}^{-1}$ HCl 溶液,NaOH 和 HCl 是研究的对象,是体系,而与此相关的溶剂水、反应器锥形瓶和溶液上方的空气都是环境。NaOH 和 HCl 与溶剂水是不可分割的,但为了研究需要人为地将其分割开来。需要指出的是,体系和环境的划分虽是人为的,但并非是随心所欲的,这要看研究问题的方便程度。

　　按照体系和环境之间物质和能量的交换情况不同,又可将体系分成:

　　(1) 敞开体系(open system):体系和环境之间,既有物质的交换,又有能量的交换。例如,一杯盛在敞口烧杯中放在电炉上正在加热的水,水为体系,可以从电炉这部分环境获得能量,体系和环境之间发生了能量交换。受热后蒸发的水进入上方的空气这部分环境,体系和环境之间发生物质交换。

　　(2) 封闭体系(closed system):体系和环境之间,没有物质交换,只有能量交换。例如,上述加热的烧杯换成加盖子的锥形瓶,就不会有体系的水蒸气蒸发,体系和环境之间没有物质交换,只有水吸收电炉的热,体系和环境之间发生能量交换。

　　(3) 孤立体系(isolated system):体系和环境之间,既没有物质交换,也没有能量交换。如果将上述水杯改为杜瓦瓶,瓶内外既没有物质交换,也无能量交换,瓶内即为孤立体系。注意:因为体系与环境之间的能量交换是不可避免的,所以真正的孤立体系并不存在。在实验中,可以尽量使这种能量交换减少到可以忽略的程度。

4.1.2　化学计量系数

　　某化学反应方程式:

$$\nu_C C + \nu_D D \Longrightarrow \nu_Y Y + \nu_Z Z$$

若移项可表示为

$$0 = -\nu_C C - \nu_D D + \nu_Y Y + \nu_Z Z$$

因此任一化学反应的通式可表示为

$$0 = \sum_B \nu_B B \tag{4-1}$$

通式中 B 表示包含在反应中的分子、原子或离子，而 ν_B 为数字或简分数，称为物质 B 的化学计量系数。规定反应物的化学计量系数为负，而产物的化学计量系数为正。这样，ν_C、ν_D、ν_Y 和 ν_Z 分别为物质 C、D、Y 和 Z 的化学计量数。这是化学反应方程式的标准缩写法。

化学计量系数不宜简单看作是原子或分子的个数，事实上我们能够观察到的反应现象，绝不是几个原子和分子间反应的结果，而是大量质点聚集所显示的宏观现象，表示反应物、生成物各物质彼此之间的物质的量之比。例如，氧和氢生成水的反应：

$$2H_2(g) + O_2(g) \Longrightarrow 2H_2O(g)$$

$\nu_{H_2} = -2$、$\nu_{O_2} = -1$、$\nu_{H_2O} = 2$ 分别为该反应方程式中物质 $H_2(g)$、$O_2(g)$ 和 $H_2O(g)$ 的化学计量系数，表明反应中每消耗 2mol $H_2(g)$ 和 1mol $O_2(g)$ 生成 2mol $H_2O(g)$。

4.1.3 平衡态

孤立体系与外界既无能量交换也无物质交换，经过足够长的时间后，系统宏观性质不随时间而变化的状态称为平衡态。平衡态下，平均来说朝各方向运动的分子数相同。在不同方向上，分子的速度的各种平均值相同，即具有统计性规律。例如，气体的压力是大量气体分子对器壁碰撞的统计平均结果，温度是气体分子平均平动能的量度，也具有统计的意义。

4.1.4 反应进度

反应进度是用于量化反映化学反应进行程度的化学量，用"ξ"表示，单位为"mol"。

对于化学计量方程式：

$$0 = \sum_B \nu_B B$$

反应进度可表示为

$$\xi = \frac{n_B - n_B^0}{\nu_B} = \frac{\Delta n_B}{\nu_B} \quad 或 \quad d\xi = \frac{dn_B}{\nu_B} \tag{4-2}$$

式中：n_B^0 为反应起始时物质 B 的物质的量；n_B 为反应进行到 t 时 B 的物质的量；Δn_B 为物质 B 的物质的量变化；ν_B 为 B 的化学计量系数。例如，氧和氢生成水的反应，假设反应开始前体系内有足够的 H_2 和 O_2，则反应进度情况见表 4-1。一个进行中或已完成的化学反应，无论计算哪一个反应物或生成物的反应程度，都会得到相同的结果，因为反应进度代表整个反应的进度，而不是单一物质的反应进度。反应进度是计算化学反应中质量和能量变化及反应速率时常用到的物理量，由表 4-1 可见，反应进度与化学反应的计量方程式相关，应用时必须指明相应的化学反应计量方程式。

表 4-1 氧和氢生成水的反应进度

化学反应方程式	ξ /mol	反应时间	Δn_{H_2} /mol	Δn_{O_2} /mol	Δn_{H_2O} /mol
未反应	0	t_0	0	0	0
$2H_2(g) + O_2(g) = 2H_2O(g)$	$\dfrac{1}{2}$	t_1	1	$\dfrac{1}{2}$	1
$H_2(g) + \dfrac{1}{2}O_2(g) = H_2O(g)$	1				
$2H_2(g) + O_2(g) = 2H_2O(g)$	1	t_2	2	1	2
$H_2(g) + \dfrac{1}{2}O_2(g) = H_2O(g)$	2				

4.1.5 分散系和相

通常把物理性质和化学性质完全相同的均匀的部分称为相(phase)。一种或数种物质分散在另一种物质中所形成的系统称为分散系(dispersed system)。被分散的物质称为分散相(dispersed phase)，容纳分散相的连续介质称为分散介质(dispersed medium)。分散系又可分为均相分散系(homogeneous dipersed system)和非均相分散系(heterogeneous dipersed system)两大类。非均相分散系的分散相和分散介质为不同的相。

按照分散相粒子的大小，可以把分散系分为真溶液(molecular solution)、胶体分散系(colloidal dispersion)和粗分散系(coarse dispersion)。真溶液的分散粒子小于 1nm，是由两种或两种以上不同物质所组成的均匀、稳定的液相体系，称为溶液，是均相分散系。因此，NaCl 的水溶液是一相。粗分散系分散粒子大于 100nm，是非均相系统。例如，云雾中的水滴(液相)和空气(气相)，冰分散在水中，油分散在水中等，所构成的体系都是两相。介于溶液和粗分散系两者之间的是胶体分散系，如聚苯乙烯分散在水中形成乳胶，显然胶体分散系也不是均相体系。

4.1.6 状态、状态函数、过程与途径

体系中所有物理性质和化学性质的总和即为状态(state)。为了表征和确定体系的状态，必须确定体系的一系列宏观性质，描述这些宏观性质的物理量，就是体系的状态函数(state function)。例如，体积(V)、质量(m)、压力(p)、温度(T)、密度(d)等都是状态函数，当这些物理量都有确定值时，体系就处于一定状态；当这些物理量发生变化时，体系的状态也发生了变化。例如，气体的状态可由 p、V、n、T 等物理量来决定；如果其中一个或多个物理量发生改变时，体系便由一种状态转变为另一种状态。某一处于(p、V、n、T)状态的理想气体，压力增加一倍，那么体积必然变成原来的二分之一，体系由(p、V、n、T)状态变为($2p$、$\dfrac{1}{2}V$、n、T)状态。状态函数只对平衡态的体系有确定值，对于非平衡态的体系则无确定值。

体系的状态发生变化时，状态变化的经过称为过程(process)。体系从一个状态(始态)变成

另一个状态(终态)可以有不同的方式，变化所经历的不同具体方式称为途径(path)。如果体系的状态变化是在温度恒定的条件下发生的，称为恒温过程(isothermal process)；同理，在压力或体积恒定的条件下发生的状态变化，分别称为恒压过程(isobaric process)或恒容过程(isochoric process)；状态发生变化时，体系和环境若没有热交换发生，称为绝热过程(adiabatic process)。过程和途径是不同的，但又是密切相关的。如图 4-1 所示，一体系由始态(298K，100kPa)变到终态(273K，500kPa)可采用两种途径：途径 I 是先 100kPa 恒压过程，再 273K 恒温过程；途径 II 是先 298K 恒温过程，再 500kPa 恒压过程。尽管两种途径是不同的，体系状态函数变化的数值却是相同的。

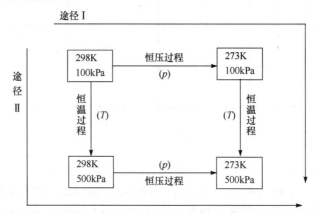

图 4-1　体系的状态、状态函数、过程和途径的关系示意图

状态函数的变化只取决于始态和终态，而与变化途径无关，体系一旦恢复原来的状态，状态函数恢复原值。

4.1.7　内能

体系内部的分子和原子都在不停地运动，粒子平动产生平动能，粒子间相互作用产生势能，分子还有转动能和振动能；原子间的作用称为键能，以及电子与原子核之间的吸引能量等，这些能量的总和称为内能(internal energy)，即物质内部所具有的动能和势能的总和，以 U 表示，也称为热力学能。但到目前为止，内能的绝对值还是无法确定。

由于体系内部质点运动及相互作用很复杂，因而热力学能的绝对值难以确定。不过既然它是体系本身的属性，体系在一定状态下，其内能应有一定的数值，因此内能是一个状态函数，其改变量(ΔU)只取决于体系的始、终态，而与体系变化过程的具体途径无关。

4.1.8　热力学标准状态

为了便于比较不同状态时热力学函数的相对值，IUPAC 规定了物质的热力学标准状态(standard state of thermodynamics)，简称标准态。物质的标准态是指在标准压力和某一指定温度下物质的物理状态。一般指的标准压力为 $p^{\ominus}$=100kPa，上标"$\ominus$"代表"标准态"。对具体体系而言：①纯理想气体的标准态是该气体处于标准压力 $p^{\ominus}$ 下的状态；混合理想气体的标准态是指任一气体组分的分压为 $p^{\ominus}$ 的状态；②纯液体或纯固体物质的标准态是标准压力 $p^{\ominus}$ 下的纯液体或纯固体；③溶液中溶质的标准态，是在指定温度 T 和标准压力 $p^{\ominus}$ 下，溶质的质量摩尔浓度为 1mol·kg^{-1}，即 $b^{\ominus}$=1mol·kg^{-1} 时的状态。

为了便于比较，IUPAC 推荐选择 298.15K 作为参考标准温度。从手册或专著查阅热力学数据时，应注意其规定的标准状态，以免造成数据误用。另外，在基础化学的计算中涉及的溶液多为稀的水溶液，用体积摩尔浓度 c 代替质量摩尔浓度 b 带来的误差在允许范围内，为方便计算，溶液的标准态近似地采用 $c^{\ominus}=1\mathrm{mol}\cdot\mathrm{L}^{-1}$。

4.1.9　可逆过程

体系由某一状态出发，经过某一过程到达另一状态后，如果存在另一过程，它能使体系和外界完全复原，则原来的过程称为可逆过程(reversible process)。反之，如果无论采用何种办法都不能使系统和外界完全复原，则原来的过程称为不可逆过程。例如，准静态膨胀过程：气缸与活塞间无摩擦，把活塞上承受的外压用一堆颗粒无限小的沙粒代替，一粒一粒依次取走或加上这些沙粒。这种气体在准静态膨胀过程所经历的每一个平衡态，外界压力等于体系压力；而对于反向的准静态压缩过程所经历的每一个平衡态，外界压力也必然等于体系压力。这样，体系与外界在逆过程中的每一个状态都是原过程相应状态的重复，因而是可逆过程。

可逆过程具有如下几个特点：①状态变化时推动力与阻力相差无限小，体系与环境始终无限接近于平衡态；②过程中的任何一个中间态都可以从正、逆两个方向到达；③体系变化一个循环后，体系和环境均恢复原态，变化过程中无任何耗散效应。

自然界中与热现象有关的一切实际宏观过程，如热传导、气体的自由膨胀、扩散等都是不可逆过程。实际的热力学过程既不可能完全无摩擦，又不可能是严格的准静态过程，所以可逆过程是一种热力的、理想化的自发过程，实际上并不存在。但有些实际过程可以被近似地认为是可逆的。例如，物质在其沸点温度下发生的气化或蒸发，或在其熔点温度下发生的熔化或凝固。

4.2　热和功——热力学第一定律

由于体系与环境之间存在温度差而在体系与环境间发生的能量交换，称为热(heat)，常用符号 Q 表示。体系吸热：$Q>0$；体系放热：$Q<0$。由于能量交换是在界面上进行的，因而热不是体系的性质，它不是状态函数；不能说体系含有多少热，而只能说体系在状态变化的某一过程中放出或吸收多少热。热是与过程和途径相关的；不同的过程，不同的途径，体系与环境交换的热量可以不一样。

当体系发生变化时，在体系与环境间除热以外的其他各种形式的能量传递都称为功(work)。与热一样，功也不是体系的状态函数，是与状态变化的过程和途径有关的量。功可以有机械功、电功、膨胀功等。在化学变化过程中，具有特殊意义的是膨胀功(expansion work)，又称体积功。膨胀功是由于体系体积变化造成的体系对环境所做的功或环境对体系所做的功。大多数化学反应是在敞口容器中进行的，反应时体系若有体积变化就会对抗外界压力做功。如果体系只做膨胀，则体系向环境做的功为

$$W = p(V_2-V_1) = p \cdot \Delta V \tag{4-3}$$

式中：W 为功；p 为外压；ΔV 为反应过程中的体积变化。膨胀功是非有用功，在热力学中，人为地规定功以环境的得失来考虑，因此必须使用外压计算，即体系做膨胀功时，反抗外压

是先决条件。若外压 $p = 0$，则体系不做功，$W = 0$；体系体积膨胀时，$W > 0$，表示体系对环境做功；体系体积收缩时，$W < 0$，表示环境对体系做功。

化学反应过程中体系与环境传递的能量表现为热和功，在整个变化过程中，净的结果是体系的内能发生了变化。根据能量守恒与转化定律有：$U_2 = U_1 + Q - W$。Q、W 和 ΔU 三者之间的关系可表示为

$$\Delta U = Q - W \tag{4-4}$$

这是能量守恒定律的一种数学表示式，也称为热力学第一定律(the first law of thermodynamics)：体系在过程中内能(热力学能的增量 ΔU)的改变量等于体系在过程中吸收的热量(Q)减去对环境所做的功(W)。

【例 4-1】 某一气体体系由状态 1：$p_1 = 1000\text{kPa}$，$V_1 = 0.010\text{m}^3$，$T = 273\text{K}$，变化到状态 2：$p_2 = 100\text{kPa}$，$V_2 = 0.100\text{m}^3$，$T = 273\text{K}$，计算下列途径所做的功：(1) 自由膨胀；(2) 抵抗 100kPa 外压一次膨胀；(3) 先抵抗 500kPa 外压膨胀到平衡，再抵抗 100kPa 外压膨胀到状态 2；(4) 经可逆膨胀过程到状态 2。

解 (1) 自由膨胀：因为 $p_1 = 0$，所以

$$W_1 = p_1 \cdot \Delta V = 0$$

(2) 一次膨胀：$p_2 = 100\text{kPa}$，则

$$W_2 = p_2 \cdot \Delta V = 100 \times (0.100 - 0.010) = 9.0(\text{kJ})$$

(3) 二次膨胀：$p_3 = 500\text{kPa}$，$p_4 = 100\text{kPa}$，因为 $pV = nRT$，500kPa 外压膨胀到平衡时：

$$V = \frac{nRT}{p_3} = \frac{p_1 \cdot V_1}{p_3} = \frac{1000 \times 0.01}{500} = 0.02(\text{m}^3)$$

$$W_3 = p_3 \cdot (V - V_1) + p_4 \cdot (V_2 - V) = 500 \times (0.02 - 0.01) + 100(0.10 - 0.02) = 13.0(\text{kJ})$$

(4) 可逆膨胀：

$$W = \int_{V_1}^{V_2} p\mathrm{d}V = \int_{V_1}^{V_2} \frac{nRT}{V}\mathrm{d}V = nRT\ln\frac{V_2}{V_1} = p_1 V_1 \ln\frac{V_2}{V_1} = 1000 \times 0.01 \times \ln\frac{0.1}{0.01} = 23(\text{kJ})$$

可见，在可逆膨胀过程中，体系对环境做功最大，而在可逆压缩过程中，环境对体系做最小功。

4.2.1 化学反应的热效应

把热力学第一定律应用到化学反应上，研究化学反应中热与其他能量变化的定量关系的学科称为热化学(thermochemistry)。当体系发生物理或化学变化后，并使产物的温度恢复到反应前反应物的温度，且只做体积功，而不做其他功时，放出或吸收的热量称为该反应的反应热，也称为反应的热效应(thermal effect)，常用 Q 表示。内能的变化是反应热产生的主要原因。在实际生产中化学反应的反应热有非常重要的意义。如根据反应本身是放热还是吸热来设计生产工艺，吸热反应需供给能量，而放热过程需释放能量，以确保反应的正常进行。根据反应性质的不同，分为燃烧热、生成热、中和热、溶解热等。根据体系变化过程不同，又可分为恒容热效应和恒压热效应。

1. 恒容热效应

当化学反应在一封闭容器中进行时，由于体积不变，没有膨胀与收缩，故不做体积膨胀功，则根据能量守恒定律：$W = p_{外}\Delta V = 0$，$\Delta U = Q - W = Q_V - 0$，所以

$$\Delta U = Q_V \tag{4-5}$$

式中：Q_V 为恒容过程中体系吸入的热量，称为恒容热效应(isochoric heat effect)，也称恒容热容。由式(4-5)可看出，恒容过程中体系吸收的热量等于体系内能的增加。虽然热不是状态函数，但在确定了恒容过程的条件下，热效应的值也被体系始态和终态确定了。

2. 恒压热效应——焓变

当化学反应在恒压过程中进行时，如果体系只做反抗大气压的膨胀功：$W = p_{外} \cdot \Delta V$，则热力学第一定律表达式变为

$$\Delta U = U_2 - U_1 = Q_p - p_{外} \cdot \Delta V$$

式中：Q_p 为恒压过程吸入或放出的热量，称为恒压热效应(isobaric heat effect)，也称恒压热容。

因为
$$p_2 = p_1 = p_{外} = p$$

所以
$$U_2 - U_1 = Q_p - p_{外}(V_2 - V_1)$$

$$Q_p = (U_2 + p_2 V_2) - (U_1 + p_1 V_1)$$

令
$$H = U + pV \tag{4-6}$$

则
$$Q_p = H_2 - H_1 = \Delta H \tag{4-7}$$

H 称为焓(enthalpy)，ΔH 称为焓变(enthalpy changes)。U、p、V 都是状态函数，所以 H 也是状态函数。式(4-7)说明：当体系除膨胀功外，不做其他功时，在恒压过程中体系所吸收或放出的热等于其焓变。所以在确定了恒压过程的条件下，并且体系仅做膨胀功时，体系吸收或放出的热量也被状态函数 H 的改变值确定了。

4.2.2 热化学方程式

热化学方程式是一个配平的且注明反应热效应的化学反应方程式，它不仅遵循质量守恒定律，而且遵循能量守恒定律。对于放热反应，Q 是生成物，加在产物一方；对于吸热反应，Q 是反应物，在生成物一侧减去。例如：

$$H_2(g) + \frac{1}{2} O_2(g) \Longrightarrow H_2O(g) + 241.83 kJ \cdot mol^{-1}$$

$$H_2O(g) \Longrightarrow H_2(g) + \frac{1}{2} O_2(g) - 241.83 kJ \cdot mol^{-1}$$

书写热化学方程式时应注意：
(1) 把方程式中各物质的计量系数写清楚，使之与反应热效应一致。例如：

$$H_2(g) + \frac{1}{2} O_2(g) \Longrightarrow H_2O(g) + 241.83 kJ \cdot mol^{-1}$$

$$2H_2(g) + O_2(g) === 2H_2O(g) + 483.66kJ \cdot mol^{-1}$$

(2) 注明反应物和生成物聚集状态。若物质为气态，用"g"表示；若物质为液态，用"l"表示；若物质是固态，用"s"表示；假如固体的晶形不同，也应加以注明。例如：

$$H_2(g) + \frac{1}{2} O_2(g) === H_2O(g) + 241.83kJ \cdot mol^{-1}$$

$$H_2(g) + \frac{1}{2} O_2(g) === H_2O(l) + 285.83kJ \cdot mol^{-1}$$

(3) 注明反应时的条件，如温度和压力等。化学反应的热效应与反应的条件有关，如在恒压条件下进行热效应也可用 ΔH 表示，若在封闭容器中进行则用 ΔU 表示。例如，常温常压下氢气的燃烧和水的分解可表示为

$$H_2(g) + \frac{1}{2} O_2(g) === H_2O(g) \qquad \Delta H = -241.83kJ \cdot mol^{-1}$$

$$H_2O(g) === H_2(g) + \frac{1}{2} O_2(g) \qquad \Delta H = +241.83kJ \cdot mol^{-1}$$

4.2.3　焓变的计算

1. 赫斯定律

1830 年，赫斯(Hess，1802—1850，俄籍瑞士化学家)专门从事化学热效应测定方法的改进，曾改进拉瓦锡(Antoine-Laurent de Lavoisier，1743—1794，法国化学家)和拉普拉斯(Pierre Simon Laplace，1749—1827，法国数学家、分析学家、概率论学家和物理学家)的冰热量计，从而较准确地测定了化学反应中的热量。1836 年经过许多次实验，赫斯总结出一条规律：在条件不变的情况下，化学反应的热效应只与始态和终态有关，与变化途径无关。1840 年以热的加和性守恒定律形式发表。这就是举世闻名的赫斯定律(Hess's law)。使用该定律时要注意：①赫斯定律只适用于等温等压或等温等容过程，各步反应的温度应相同。②热效应与参与反应的各物质的本性、聚集状态、完成反应的物质数量，反应进行的方式、温度、压力等因素均有关，这就要求涉及的各个反应式必须是严格完整的热化学方程式。③各步反应均不做非体积功。④各步涉及的同一物质应具有相同的聚集状态。可见，赫斯定律的实质是：由于内能和焓都是状态函数，所以 ΔU 和 ΔH 只与体系变化的始态、终态有关，而与变化的"历程"，即过程和途径无关。根据赫斯定律可计算一些很难直接用实验方法测定的反应热。

【例 4-2】　已知 298.15K 时：

$$C(s) + O_2(g) \longrightarrow CO_2(g) \qquad \Delta H_1^{\ominus} = -393.51kJ \cdot mol^{-1}$$

$$CO(g) + \frac{1}{2} O_2(g) \longrightarrow CO_2(g) \qquad \Delta H_2^{\ominus} = -282.98kJ \cdot mol^{-1}$$

求反应 $C(s) + \frac{1}{2} O_2(g) \longrightarrow CO(g)$ 的焓变 $\Delta H_3^{\ominus}$。

解　生成 CO_2 有两种途径：

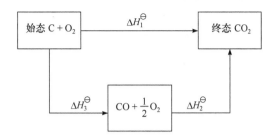

根据赫斯定律：

$$\Delta H_1^{\ominus} = \Delta H_2^{\ominus} + \Delta H_3^{\ominus}$$

$$\Delta H_3^{\ominus} = \Delta H_1^{\ominus} - \Delta H_2^{\ominus} = (-393.51) - (-282.98) = -110.53(\text{kJ}\cdot\text{mol}^{-1})$$

2. 用标准摩尔生成焓求反应的标准摩尔焓变

与内能相似，各物质的焓的绝对值也是不可以确定的。为此人们采用了相对值的办法，即规定了物质的相对焓值。在标准状态，即压力为 100kPa 和一定温度下，由元素指定的单质生成 1mol 纯化合物时反应的焓变称为该化合物的标准摩尔生成焓(standard molar enthalpy of formation)，通常温度选定为 298.15K，以 $\Delta_f H_m^{\ominus}(298.15K)$ 表示，上标"$\ominus$"表示标准态；下标"f"代表"生成"；"m"表示 1mol 某物质，也可简写为 $\Delta_f H^{\ominus}$。而任何指定的单质的标准生成焓为零。一般指定的单质为该元素最稳定的单质，如在 C 的同素异形体中，石墨是最稳定的，C 的指定单质是石墨。但有少数例外，如磷的最稳定单质是黑磷，其次是红磷，最不稳定的是白磷，但是磷的指定单质是白磷。因为白磷比较常见，结构简单，易制得纯净物。

对于水来说：

$$\text{H}_2(\text{g}) + \frac{1}{2}\text{O}_2(\text{g}) == \text{H}_2\text{O}(\text{l}) \qquad \Delta H_1 = \Delta_f H_m^{\ominus}(\text{H}_2\text{O}, \text{l}, 298.15K)$$

而

$$2\text{H}_2(\text{g}) + \text{O}_2(\text{g}) == 2\text{H}_2\text{O}(\text{g}) \qquad \Delta H_2 \neq \Delta_f H_m^{\ominus}(\text{H}_2\text{O}, \text{l}, 298.15K)$$

即生成物在化学反应中，化学式的计量系数为 1 时，这个反应的反应热才是其生成热。又如，

$$\text{C(石墨, s)} + \frac{1}{2}\text{O}_2(\text{g}) + 2\text{H}_2(\text{g}) == \text{CH}_3\text{OH}(\text{g}) \quad \Delta_f H_m^{\ominus}(\text{CH}_3\text{OH}, \text{g}, 298.15K) = -201.0\text{kJ}\cdot\text{mol}^{-1}$$

表 4-2 给出了常用单质和化合物的标准摩尔生成焓。

表 4-2　一些物质的热力学函数

物质	状态	$\Delta_f H_m^{\ominus}/(\text{kJ}\cdot\text{mol}^{-1})$	$\Delta_f G_m^{\ominus}/(\text{kJ}\cdot\text{mol}^{-1})$	$S_m^{\ominus}/(\text{J}\cdot\text{mol}^{-1}\cdot\text{K}^{-1})$
Ag	c	0	0	42.55
Ag	g	284.9	—	172.997
Ag^+	标准态水溶液	105.79	77.12	73.45
Ag_2O	c	−31.1	−11.21	121.3
AgF	c	−204.6	—	83.7
AgCl	c	−127.01	−109.8	96.25

续表

物质	状态	$\Delta_f H_m^\ominus/(\text{kJ} \cdot \text{mol}^{-1})$	$\Delta_f G_m^\ominus/(\text{kJ} \cdot \text{mol}^{-1})$	$S_m^\ominus/(\text{J} \cdot \text{mol}^{-1} \cdot \text{K}^{-1})$
AgBr	c	−100.37	−96.90	107.11
AgI	c	−61.84	−66.19	115.5
Al	c	0	0	28.3
Al	g	330.0	289.4	164.554
Al^{3+}	标准态水溶液	−538.4(15)	−485.3	−325.10
Al_2O_3	刚玉	−1675.13	−1582.3	50.92
$Al(OH)_3$	c	−1284	−1306	71
$[Al(OH)_4]^-$	标准态水溶液	−1502.5	−1305.3	102.9
H_3BO_3	未解离的水溶液	−1072.8	—	162.4
$[B(OH)_4]^-$	标准态水溶液	−1344.03	−1153.32	102.5
$BaCl_2$	c	−855.0	−806.7	123.67
$BaCO_3$	c	−1213.0	−1134.4	112.1
$BaCrO_4$	c	−1446.0	−1345.3	158.6
$BaSO_4$	c	−1473.19	−1362.2	132.2
Br_2	l	0	0	152.21
Br_2	g	30.91	—	245.468
HBr	g	−36.29	−53.4	198.700
HBr	标准态水溶液	−121.55	−103.97	82.4
C	石墨	0	0	5.74
C	金刚石	1.897	2.900	2.377
CO	g	−110.53	−137.16	197.660
CO_2	g	−393.51	−394.39	213.785
HCO_3^-	标准态水溶液	−689.93	−586.85	98.4
H_2CO_3	标准态水溶液	−699.65	−623.16	187.4
CO_3^{2-}	aq	−675.23	−527.9	−50.0
Ca	c	0	0	41.59
Ca	g	177.8	—	154.887
Ca^{2+}	标准态水溶液	−543.0	−553.54	−56.2
$CaCO_3$	方解石	−1207.6	−1129.1	91.7
$CaCO_3$	霰石	−1207.8	−1128.2	88.0
$CaCO_3$	霰石, aq	−1220.8	−1081.4	−110.0
CaC_2O_4	c	−1360.6	—	—
$CaC_2O_4 \cdot H_2O$	c	−1374.9	−1514.0	156.5
$CaCrO_4$	c	−1379.1	−1277.4	134
CaO	c	−634.92	−603.3	38.1
$Ca(OH)_2$	c	−985.2	−897.5	83.4

续表

物质	状态	$\Delta_f H_m^{\ominus}/(kJ \cdot mol^{-1})$	$\Delta_f G_m^{\ominus}/(kJ \cdot mol^{-1})$	$S_m^{\ominus}/(J \cdot mol^{-1} \cdot K^{-1})$
$Ca_3(PO_4)_2$	c	−4120.8	−3884.8	236.0
$CaSO_4$	c	−1425.2	−1309.1	108.4
$CaSO_4$	aq	−1451.1	−1298.1	−33.1
$CaSO_4 \cdot 1/2H_2O$	c	−1576.7	−1436.8	130.5
$CaSO_4 \cdot 2H_2O$	c	−2022.6	−1797.5	194.1
$CuSO_4$	c	−771.4	−662.2	109.2
$CuSO_4 \cdot 5H_2O$	c	−2279.65	−1880.04	300.4
Cl_2	g	0	0	233.08
HCl	g	−92.31	−95.30	186.902
HCl	标准态水溶液	−167.15	−131.25	56.5
F_2	g	0	0	202.791
HF	g	−273.30	−275.4	173.779
HF	l	−299.78	75.4	51.67
HF	未解离的标准态水溶液	−320.08	−296.86	88.7
Fe	α	0	0	27.32
Fe^{2+}	aq	−89.1	−78.87	−137.7
Fe^{3+}	aq	−48.5	−4.7	−315.9
FeO	c	−272.0	−251.4	60.75
Fe_2O_3	赤铁矿	−824.2	−742.2	87.40
Fe_3O_4	磁铁矿	−1118.4	−1015.4	145.27
$Fe(OH)_3$	c	−833.0	−705	104.6
H	气态原子	217.998	203.3	114.717
H_2	g	0	0	130.68
H^+	标准态水溶液	0	0	0
H_2O	c	−292.72	—	—
H_2O	l	−285.830	−237.14	69.95
H_2O	g	−241.826	−228.61	188.835
H_2O_2	l	−187.78	−120.42	109.6
H_2O_2	g	−136.3	−105.6	232.7
H_2O_2	未解离的标准态溶液	−191.17	−134.10	143.9
OH^-	aq	−230.015	−157.28	−10.90
Hg	l	0	0	75.90
Hg	g	61.38	31.8	174.971
Hg^{2+}	aq	170.21	—	−36.19
Hg^+	aq	166.87	—	65.74
I	气态原子	106.76	70.2	180.787
I_2	c	0	0	116.14
I_2	g	62.42	19.37	260.687

物质	状态	$\Delta_f H_m^\ominus / (kJ \cdot mol^{-1})$	$\Delta_f G_m^\ominus / (kJ \cdot mol^{-1})$	$S_m^\ominus / (J \cdot mol^{-1} \cdot K^{-1})$
I_2	标准态水溶液	22.6	16.40	137.2
I^-	标准态水溶液	−56.78	−51.59	106.45
I^{3-}	标准态水溶液	−51.5	−51.5	239.3
HI	g	26.50	1.7	206.59
HI	标准态水溶液	−55.19	−51.59	111.3
K	c	0	0	64.68
K	l	2.284	0.264	71.46
K	g	89.0	—	160.341
K	标准态水溶液	−252.14	−283.26	101.20
Mg	c	0	0	32.67
Mg^{2+}	标准态水溶液	−467.0	−454.8	−137
MgO	微晶	−601.6	−569.3	26.95
N	气态原子	472.68	—	153.301
N_2	g	0	0	191.609
NH_3	g	−45.94	−16.4	192.776
NH_3	未解离的标准态水溶液	−80.29	−26.57	111.3
NH_4^+	标准态水溶液	−133.26	−79.37	111.17
NH_4OH	未解离的标准态水溶液	−361.2	−254.0	165.5
NH_4OH	解离的标准态水溶液	−362.50	−236.65	102.5
NO	g	91.29	87.60	210.76
HNO_2	g	−79.5	−46.0	254.1
HNO_3	l	−174.1	−80.7	155.6
HNO_3	g	−133.9	−73.54	266.9
HNO_3	标准态水溶液	−207.36	−111.34	146.4
O	气态原子	249.18	231.7	161.059
O_2	g	0	0	205.152
O_3	g	—	142.7	163.2
Na	c	0	0	51.30
Na^+	标准态水溶液	−240.34	−261.88	58.45
Na_2CO_3	c	−1130.7	−1044.4	135.0
Na_2CO_3	aq	−1157.4	−1051.6	61.6
$NaHCO_3$	c	−950.81	−851.0	101.7
$NaHCO_3$	aq	−932.11	−848.72	150.2
Na_2O	c	−414.2	−375.5	75.04
Na_2O_2	c	−510.9	−449.6	94.8
NaOH	c	−425.6	−379.4	64.4

续表

物质	状态	$\Delta_f H_m^{\ominus} / (kJ \cdot mol^{-1})$	$\Delta_f G_m^{\ominus} / (kJ \cdot mol^{-1})$	$S_m^{\ominus} / (J \cdot mol^{-1} \cdot K^{-1})$
NaOH	标准态水溶液	−469.15	−419.20	48.1
P(白磷)	c	0	0	41.09
P(白磷)	g	316.5	280.1	163.1199
P(红磷)	c	−17.46	−12.46	22.85
P_2	c	144.0	—	218.123
P_4	g	58.9	24.4	280.01
PCl_3	l	−319.7	−272.4	217.2
PCl_3	g	−227.1	−267.8	311.8
PCl_5	c	−443.5	—	—
PCl_5	g	−374.9	−305.0	364.6
S(斜方)	c	0	0	32.054
S(单斜)	c	0.360	0.070	33.03
S	g	277.17	—	167.829
H_2S	g	−20.6	−33.4	205.81
SO_2	g	−296.81	−300.13	248.223
SO_3	g	−395.7	−371.02	256.77
Sn(白色)	c	0	0	51.08
Sn(白色)	aq	301.2	—	168.492
Sn(灰色)	c	−2.09	0.13	44.14
SnO	四方晶形	−280.71	−251.9	57.17
SnO_2	四方晶形	−577.63	−515.8	52.59
Ti	c	0	0	30.72
Ti	g	473.3	—	180.298
TiO_2	c	−944.0	−888.8	50.62
Zn	c	0	0	41.63
Zn	g	130.40	—	160.990
ZnO	c	−350.46	−320.52	43.65
ZnS	闪锌矿	−205.98	−201.29	57.7
ZnS	纤锌矿	192.6	—	—
CH_4(甲烷)	g	−74.6	−50.5	186.3
C_2H_2(乙炔)	g	227.4	209.0	201.0
C_2H_4(乙烯)	g	52.5	68.4	219.3
C_2H_6(乙烷)	g	−84.0	−32.0	229.1
C_6H_6(苯)	l	49.0	124.4	173.4
C_6H_6(苯)	g	82.6	129.7	269.2

物质	状态	$\Delta_f H_m^{\ominus} / (kJ \cdot mol^{-1})$	$\Delta_f G_m^{\ominus} / (kJ \cdot mol^{-1})$	$S_m^{\ominus} / (J \cdot mol^{-1} \cdot K^{-1})$
CH₃OH(甲醇)	l	−239.1	−166.6	126.8
CH₃OH(甲醇)	g	−201.0	−162.3	239.9
CH₃CH₂OH(乙醇)	l	−277.6	−174.8	161.0
CH₃CH₂OH(乙醇)	g	−234.8	−167.9	281.6
CH₃OCH₃(二甲醚)	g	−184.1	−112.6	266.4
CH₃COOH(乙酸)	l	−484.4	−390.2	159.9
CH₃COOH(乙酸)	g	−432.2	−374.2	283.5
CH₃COOH(乙酸)	解离的标准态水溶液	−486.34	−369.65	86.7
NH₂CONH₂(尿素)	c	−333.1	−196.8	104.6
NH₂CONH₂(尿素)	g	−245.8	—	—
CCl₄(四氯甲烷)	l	−128.2	−62.6	216.2
CCl₄(四氯甲烷)	g	−95.7	−53.6	309.9

注：表中所列都是 298.15K 及第二列所标明的状态时的数据；对于水合离子是指单位活度($a=1$)时的数据；这些数据是由浓度外推到无限稀释时所求得的。这种标准状态，可以设想为溶液处于 $b=1$ 时的理想状态。

赫斯定律的重要用途就是利用化合物的标准摩尔生成焓，来计算各种化学反应的热效应。因为在任何反应中，反应物和生成物所含有的原子的种类和个数总是相同的，用相同种类和数量的单质即可组成全部反应物，也可组成全部生成物，如果分别知道了反应物和生成物的标准摩尔生成焓，即可求出反应的标准摩尔焓变。

【例 4-3】　计算常压下 298.15K 时氨的氧化反应 $4NH_3(g) + 5O_2(g) = 4NO(g) + 6H_2O(g)$ 的热效应 $\Delta H^{\ominus}$。

解　由表 4-2 查得：$\Delta_f H_m^{\ominus}(NH_3, g, 298.15K) = -45.94 kJ \cdot mol^{-1}$，$\Delta_f H_m^{\ominus}(NO, g, 298.15K) = 91.29 kJ \cdot mol^{-1}$，$\Delta_f H_m^{\ominus}(H_2O, g, 298.15K) = -241.826 kJ \cdot mol^{-1}$。根据赫斯定律：

$$\Delta H_1^{\ominus} + \Delta H^{\ominus} = \Delta H_2^{\ominus}$$

$$\Delta H_1^{\ominus} = 4 \Delta_f H_m^{\ominus}(NH_3, g) + 5 \Delta_f H_m^{\ominus}(O_2, g) = \sum_i \nu \Delta_f H_m^{\ominus}(反应物)$$

$$\Delta H_2^{\ominus} = 4 \Delta_f H_m^{\ominus}(NO, g) + 6 \Delta_f H_m^{\ominus}(H_2O, g) = \sum_i \nu \Delta_f H_m^{\ominus}(生成物)$$

所以

$$\Delta H^{\ominus} = \Delta H_2^{\ominus} - \Delta H_1^{\ominus} = 4 \times 91.29 + 6 \times (-241.826) - 4 \times (-45.94) - 5 \times 0 = -902.036(kJ \cdot mol^{-1})$$

将上面的例题推广到一般反应：

$$\nu_C C + \nu_D D \Longrightarrow \nu_Y Y + \nu_Z Z$$

$$\Delta H^{\ominus} = \nu_Y \Delta_f H^{\ominus}(Y) + \nu_Z \Delta_f H^{\ominus}(Z) - \nu_C \Delta_f H^{\ominus}(C) - \nu_D \Delta_f H^{\ominus}(D)$$

$$\Delta H^{\ominus} = \sum_i \nu \Delta_f H_m^{\ominus}(生成物) - \sum_i \nu \Delta_f H_m^{\ominus}(反应物) \tag{4-8}$$

可以看出：在相同条件下，反应热效应等于生成物的标准摩尔生成焓总和减去反应物的标准摩尔生成焓总和。

3. 用标准摩尔燃烧焓求反应的标准摩尔焓变

某些无机化合物的生成焓可通过实验测定，但有机化合物通常是不能由单质直接合成的，因此生成焓的数据难以得到。可是有机化合物大多可以燃烧，燃烧热可以测定，所以用燃烧焓计算有机反应的热效应是常用的方法。在标准状态和指定温度下，1mol 物质完全燃烧，并生成指定产物的焓变，称为该物质的标准燃烧焓或标准燃烧热，简称燃烧焓(enthalpy of combustion)或燃烧热(heat of combustion)，用符号 $\Delta_c H_m^{\ominus}(T)$ 表示，其中下标"c"是 combustion 的首字母，若指定温度为 298.15K 时通常写作 $\Delta_c H_m^{\ominus}$，单位为 kJ·mol^{-1}。一些常见化合物的燃烧焓值列于表 4-3 中。

表 4-3　一些物质的燃烧焓

物质	$\Delta_c H_m^{\ominus}(298.15\text{K})/(\text{kJ}\cdot\text{mol}^{-1})$	物质	$\Delta_c H_m^{\ominus}(298.15\text{K})/(\text{kJ}\cdot\text{mol}^{-1})$
$CH_4(g)$	−890.31	$HCOOH(l)$	−254.6
$C_2H_2(g)$	−1299.6	$CH_3COOH(l)$	−874.54
$C_2H_4(g)$	−1419.3	$HCHO(l)$	−570.78
$C_2H_6(g)$	−1559.8	$CH_3CHO(l)$	−1166.4
$C_3H_8(g)$	−2219.9	$(C_2H_5)_2O(l)$	−2751.1
$C_6H_6(l)$	−3267.5	$CH_3COCH_3(l)$	−1790.4
$C_6H_5OH(s)$	−3053.5	$H_2C_2O_4(s)$	−246
$C_6H_5COOH(s)$	−3226.9	$CH_3COOC_2H_5(l)$	−2311
$C_6H_5NH_2(l)$	−3396	$C_{10}H_8(s)$	−5153.9
$CH_3OH(l)$	−726.51	$CO(NH_2)_2(s)$	−631.66
$CH_3CH_2OH(l)$	−1366.8	$CS_2(l)$	−1032

对标准燃烧焓的数据作如下说明：有机化合物一般由碳、氢、氮、氧、硫和卤素组成，燃烧后生成的指定产物是指化合物中的碳生成 $CO_2(g)$，氢生成 $H_2O(l)$，氮生成 $N_2(g)$，硫生成 $SO_2(g)$，卤素生成 $HX(aq)$，由于这些物质不再燃烧或在一般情况下燃烧时，产物仍是这些物质，故规定它们的燃烧焓为零。关于燃烧的最终产物，有时所指不同，与其对应的 $\Delta_c H_m^{\ominus}(T)$ 值也就不同，在使用 $\Delta_c H_m^{\ominus}(T)$ 数据时应注意：燃烧反应都是放热反应，所以燃烧焓均为负值。应用赫斯定律，可由标准燃烧焓得到计算反应热效应的计算式：

$$\Delta H^{\ominus} = \sum_i \nu \Delta_c H_m^{\ominus} (反应物) - \sum_i \nu \Delta_c H_m^{\ominus} (生成物) \tag{4-9}$$

【例 4-4】　利用燃烧焓计算反应 $C_2H_2(g) + H_2(g) \Longrightarrow C_2H_4(g)$ 的 $\Delta H^{\ominus}$。

解　由表 4-3 查得：$\Delta_c H_m^{\ominus}(C_2H_2, g, 298.15K) = -1299.6kJ \cdot mol^{-1}$，$\Delta_c H_m^{\ominus}(C_2H_4, g, 298.15K) = -1419.3kJ \cdot mol^{-1}$，但手册中没有给出 $\Delta_c H_m^{\ominus}(H_2, g, 298.15K)$ 的数据。由燃烧焓的定义可知：$H_2(g)$ 的燃烧焓 $\Delta_c H_m^{\ominus}(H_2, g, T)$ 为标准状态和指定温度 T 时，1mol $H_2(g)$ 完全燃烧生成 $H_2O(l)$ 的焓变，因此可表达为：$H_2(g) + \frac{1}{2}O_2(g) \Longrightarrow H_2O(l)$，仔细观察发现 $H_2(g)$ 燃烧焓即为 $H_2O(l)$ 的生成焓，该反应的焓变为

$$\Delta_c H_m^{\ominus}(H_2, g, 298.15K) = \Delta_f H_m^{\ominus}(H_2O, l, 298.15K) = -285.83kJ \cdot mol^{-1}$$

根据上述数据：

$$\Delta H^{\ominus} = \Delta_c H_m^{\ominus}(C_2H_2, g, 298.15K) + \Delta_c H_m^{\ominus}(H_2, g, 298.15K) - \Delta_c H_m^{\ominus}(C_2H_4, g, 298.15K)$$
$$= [(-1299.6) + (-285.83)] - (-1419.3) = -166.13(kJ \cdot mol^{-1})$$

一些化合物的燃烧焓可以由生成焓来计算，同样也可以由燃烧焓来计算一些化合物的生成焓。

【例 4-5】　用标准燃烧焓数据计算乙醇的标准生成焓。

解　乙醇的生成反应：

$$2C(石墨) + 3H_2(g) + \frac{1}{2}O_2(g) \Longrightarrow C_2H_5OH(l)$$

$$\Delta_f H_m^{\ominus}(C_2H_5OH, l, 298.15K)$$

$$= [2 \times \Delta_c H_m^{\ominus}(石墨, 298.15K) + 3 \times \Delta_c H_m^{\ominus}(H_2, g, 298.15K) + \frac{1}{2} \times \Delta_c H_m^{\ominus}(O_2, g, 298.15K)]$$

$$- \Delta_c H_m^{\ominus}(C_2H_5OH, l, 298.15K)$$

由表 4-3 查得

$$\Delta_c H_m^{\ominus}(C_2H_5OH, l, 298.15K) = -1366.8kJ \cdot mol^{-1}$$

由例 4-4 可知：

$$\Delta_c H_m^{\ominus}(H_2, g, 298.15K) = -285.83kJ \cdot mol^{-1}$$

同理

$$\Delta_c H_m^{\ominus}(石墨, 298.15K) = \Delta_f H_m^{\ominus}(CO_2, g, 298.15K) = -393.51kJ \cdot mol^{-1}$$

而

$$\Delta_c H_m^{\ominus}(O_2, g, 298.15K) = 0$$

根据上述数据：

$$\Delta_f H_m^{\ominus}(C_2H_5OH, l, 298.15K) = [2 \times (-393.51) + 3 \times (-285.83) + 0] - (-1366.8) = -277.71(kJ \cdot mol^{-1})$$

4. 用键焓求反应的标准摩尔焓变

在标准状态(100kPa、298.15K)下，将 1mol 气态分子中的化学键断开，使之解离成气态原

子时，断裂每个键需要的能量称为该化学键的键焓(bond enthalpy)，用符号 $\Delta_b H_m^\ominus(T)$ 表示，简写为 $\Delta_b H^\ominus$，单位为 $kJ \cdot mol^{-1}$。键焓和键能虽然都是表示断开 1mol 气态物质化学键时所需要的能量，键焓是在恒温、恒压条件下的能量变化(ΔH)；而键能是在恒温、恒容条件下的能量变化(ΔU)。在恒压只做膨胀功的条件下：

$$Q = Q_p = \Delta H, \qquad W = p\Delta V$$

根据热力学第一定律：

$$\Delta U = \Delta H - p\Delta V = \Delta H - p(V_2 - V_1) = \Delta H - (pV_2 - pV_1) \tag{4-10}$$

所以

$$\Delta U = \Delta H - \Delta nRT \tag{4-11}$$

式中：Δn 为反应前后气体的物质的量的变化。

例如：

$$H\!-\!H(g) \longrightarrow 2H(g) \quad \Delta n = 1$$

$$\Delta nRT = 1mol \times 8.314J \cdot mol^{-1} \cdot K^{-1} \times 298.15K \approx 2.48kJ$$

因此，键能和键焓在数值上差别并不大，在一般情况下可以不加以区别。

化学反应的实质是断开旧化学键，形成新化学键。断开化学键消耗的能量大于形成化学键释放的能量时，反应是吸热的，反之为放热。例如：

$$H\!-\!H(g) + Cl\!-\!Cl(g) =\!=\! 2H\!-\!Cl(g) \quad \Delta H^\ominus = -184.60kJ \cdot mol^{-1}$$

该反应的 $\Delta H^\ominus$ 为负值，说明形成两个 H—Cl 键释放出的能量大于断开 H—H 键和 Cl—Cl 键所吸收的能量。根据赫斯定律得到的由键焓估算反应热效应的公式为

$$\Delta H^\ominus = \sum_i \nu \Delta_b H_m^\ominus (反应物) - \sum_i \nu \Delta_b H_m^\ominus (生成物) \tag{4-12}$$

【例 4-6】 用键焓估算下列反应的 $\Delta H^\ominus$，并与 $\Delta_f H_m^\ominus$ (H$_2$S, g, 298.15K)比较。已知：$\Delta_b H_m^\ominus$ (H—H) = 436kJ $\cdot$ mol^{-1}，$\Delta_b H_m^\ominus$ (H—S) = 344kJ $\cdot$ mol^{-1}。

解

$$H_2(g) + S(g) =\!=\! H_2S(g)$$

$$\Delta H^\ominus = \Delta_b H_m^\ominus (H\!-\!H) - 2\Delta_b H_m^\ominus (H\!-\!S) = 436 - 2 \times 344 = -252(kJ \cdot mol^{-1})$$

而由表 4-2 查得的 $\Delta_f H_m^\ominus$(H$_2$S, g, 298.15K) = -20.6kJ $\cdot$ mol^{-1}；与计算值不一致的原因是反应物中的 S(g)并不是硫的稳定态单质(S$_8$，斜方硫)，因此上述反应中的焓变 $\Delta H^\ominus$ 并不等于 H$_2$S(g)的 $\Delta_f H_m^\ominus$(H$_2$S, g, 298.15K)。键焓是解离能的平均值，用键焓求算反应的热效应只能是估算，得到的是近似值。

4.3 化学反应的熵变

4.3.1 化学反应的方向和自发过程

Zn 与 Cu^{2+}可发生反应，而其逆过程 Cu 与 Zn^{2+}就不发生反应，这个实例说明化学反应是有方向性的。同样，自然界中许多过程也有一定方向性，如水向低处流、高温物体能量自动传到低温物体等。这种在一定条件下，不需要外力作用，一经引发就能自动进行的过程，称

为自发过程(spontaneous process)；对化学反应称为自发反应(spontaneous reaction)，反应的这种特性称为自发性(spontaneity)。要使非自发过程得以进行，外界必须做功。例如，欲使水从低处送到高处，可借助水泵做机械功来实现。通过许多实例可总结出如下结论：①自发过程的逆过程是非自发的，因此自发过程在热力学中又称为不可逆过程(irreversible process)。②自发变化和非自发变化都是可能进行的，但是只有自发变化能自动发生，而非自发变化必须借助一定方式的外部作用才能发生。③自发过程一定有一个限度：一定条件下的自发变化能继续进行至达到平衡，或者说自发变化的最大限度是体系的平衡状态。④对每一种自发过程都可以找到一个相应的物理量，以此作为自发变化过程方向和限度的判断依据(judgment basis)，简称判据，如热传递自发性的判据是温度、水流动自发性的判据是水位等。那么，化学反应自发性的判据呢？

在研究各种体系的变化过程时，人们发现自然界的自发过程一般都朝着能量降低的方向进行。显然能量越低，体系的状态越稳定。鉴于许多能自发进行的反应是放热的，早在19世纪70年代，贝特洛(Bethelot，1827—1907，法国化学家)等就提出：自发变化的方向是体系焓减少，即$\Delta H < 0$的方向，这种以反应焓变作为判断反应方向的依据，简称焓变判据。例如，下面一些反应：

反应	$\Delta H_m^{\ominus}/(kJ \cdot mol^{-1})$
$3Fe\,(\alpha) + 2O_2(g) \!=\!\!= Fe_3O_4(磁铁矿)$	-1118.4
$H_2(g) + \frac{1}{2}O_2(g) \!=\!\!= H_2O(l)$	-285.83
$\frac{1}{2}H_2(g) + \frac{1}{2}Cl_2(g) \!=\!\!= HCl(g)$	-92.31
$Mg(c) + \frac{1}{2}O_2(g) \!=\!\!= MgO(微晶)$	-601.63
$Na(c) + H_2O(l) \!=\!\!= Na^+(标准态,aq) + OH^-(aq) + \frac{1}{2}H_2(g)$	-184
$OH^-(aq) + H^+(标准态, aq) \!=\!\!= H_2O(l)$	-55.82

但有些反应或过程却是向吸热方向进行的。例如，在高于273K时，冰可以自发地变成水，但 $H_2O(s) \!=\!\!= H_2O(l)$，$\Delta H > 0$，是一吸热过程。又如，工业上将石灰石煅烧分解为生石灰：$CaCO_3(s) \!=\!\!= CaO(s) + CO_2(g)$，$\Delta H > 0$，是一吸热过程；但在1183K(910℃)时，$CaCO_3$能自发且剧烈地进行热分解生成 CaO 和 CO_2。这表明把焓变作为化学反应自发性的普遍判据是不准确、不全面的；在给定条件下要判断一个反应或过程能否自发进行，除了焓变这一重要因素外还有其他因素。

为什么冰变成水是吸热过程，也能自发进行呢？液态水中的水分子无论排列还是运动都较固态冰中更加无序，更加混乱。再如，$CaCO_3$分解后生成 CaO 和 CO_2，不但物质的种类和物质的量增多了，更重要的是产生了热运动自由度很大的气体，整个体系混乱程度增大了。由此可见，自然界中的物理和化学的自发过程一般朝着混乱度增大的方向进行，即体系倾向于取得最大混乱度。

4.3.2 化学反应自发性的熵判据——热力学第二定律

1850 年克劳修斯(Rudolf Julius Emanuel Clausius, 1822—1888, 德国物理学家和数学家)提出:热量不可能从低温物体传到高温物体而不引起其他变化;1851 年开尔文(Lord Kelvin, 1824—1907, 英国物理学家)提出:不可能从单一热源取出热量使之全部转化为功而不发生其他影响。因此,第二类永动机是不可能造成的。这两种说法实际上是热力学第二定律(the second law of thermodynamics)的两种不同表达方式。热力学第二定律是判断自发过程进行的方向和限度的定律。同热力学第一定律一样,它也是大量经验事实的总结,至今还没有发现违反热力学第二定律的事实,因此被普遍接受,并得到了广泛应用,它是基本的自然法则之一。由于一切热力学变化的方向和限度都可归结为热和功之间的相互转化及其转化限度的问题,那么就一定能找到一个普遍的热力学函数来判别自发过程的方向和限度。可以设想,这种函数是一种状态函数,又是一个判别性函数,有符号差异;它能定量说明自发过程的趋势大小,这种状态函数就是熵函数。

1855 年克劳修斯引进了熵(entropy)的概念,用来表示任何一种能量在空间中分布的均匀程度,能量分布得越均匀,熵就越大。一个体系的能量完全均匀分布时,这个系统的熵就达到最大值。但当时对这一概念缺乏物理意义的解释。1877 年,玻尔兹曼(Ludwig Edward Boltzmann, 1844—1906, 奥地利物理学家)在研究分子运动统计现象的过程中发现了熵和微观状态的概率分布的对数关系,并提出著名的玻尔兹曼熵公式:

$$S = k \cdot \ln\Omega \tag{4-13}$$

式中:熵以符号"S"表示;$k = 1.3806 \times 10^{-23} \text{J} \cdot \text{K}^{-1}$ 称为玻尔兹曼常量;Ω 为热力学概率,即某一宏观状态所对应的微观状态数。这一关系式为熵这一宏观物理量做出了微观的解释,明确了熵是体系内微观粒子可能达到的微观状态数的定量量度,揭示了热现象的本质,赋予了熵明确的物理意义。可见,熵也是状态函数,体系的状态一定时,就有确定的值。体系的混乱度越大,熵值就越大。但是在实际应用中,主要无法从 Ω 来计算熵,而是从实验中的可测定的物理量,如热量、热容等来得到熵的定量数值。在反应或过程中体系混乱度的改变用体系熵值的变化——熵变(entropy change)来表达。

用熵函数表述热力学第二定律的方法是:在孤立体系中的任何自发过程熵总是增大的,即

$$\Delta S(\text{孤立}) > 0 \tag{4-14}$$

由于体系与环境之间的能量交换不能完全避免,真正的孤立体系是不存在的。但是若将与体系有能量交换的那一部分环境也包括进去而组成另一个体系,这个新体系可看作孤立体系。此时,式(4-14)可表示为

$$\Delta S(\text{体系}) + \Delta S(\text{环境}) > 0 \tag{4-15}$$

如果某一变化过程中,体系的熵变 ΔS(体系)和环境的熵变 ΔS(环境)都已知,则可用式(4-15)来判断该过程是否自发,即

$$\Delta S(\text{体系}) + \Delta S(\text{环境}) > 0 \quad \text{自发过程}$$

$$\Delta S(\text{体系}) + \Delta S(\text{环境}) < 0 \quad \text{不可能发生的过程}$$

4.3.3 热力学第三定律

热力学第三定律(the third law of thermodynamics)规定：温度为 0K 时，任何纯物质的完整晶体的熵值为零($S_0=0$)。因为在绝对零度时，理想晶体内分子的热运动(平动、转动和振动等)可认为完全停止，此时纯物质晶体的微观粒子处于完全整齐有序的情况，微观状态数只有一种，即 $\Omega=1$，故有 $S_0=0$。以此为基准可以确定其他温度下物质的熵值。如果将某纯物质从 0K 升高温度至 T，该过程的熵变化为 ΔS：

$$\Delta S = S_T - S_0 = S_T \tag{4-16}$$

S_T 表示温度为 T(K)时的熵值，称为这一物质的绝对熵或规定熵。单位物质的量的纯物质在标准状态下的规定熵称为该物质的标准摩尔熵(standard molar entropy)，以符号 $S_m^{\ominus}(T)$ 表示，温度为 298.15K 时简写为 $S_m^{\ominus}$。表 4-2 中列出了一些单质和化合物的 $S_m^{\ominus}$ 数据，熵的 SI 单位为 $J \cdot mol^{-1} \cdot K^{-1}$。根据上面的讨论并比较物质的 $S_m^{\ominus}$ 值，可得出以下一些变化规律：

(1) 熵与物质的聚集状态有关。同一种物质的气态熵值最大，液态次之，固态的熵值最小。例如，298.15K 时，$S_m^{\ominus}(H_2O,l)=69.95J \cdot mol^{-1} \cdot K^{-1} < S_m^{\ominus}(H_2O,g)=188.835J \cdot mol^{-1} \cdot K^{-1}$。

(2) 同一物质在相同的聚集状态时，其标准熵值随温度的升高而增大。这是因为随温度升高，物质内部粒子运动加剧，从而使熵值增加。例如，$S_m^{\ominus}(Fe,s,500K)=41.2J \cdot mol^{-1} \cdot K^{-1} > S_m^{\ominus}(Fe,s,298.15K)=27.32J \cdot mol^{-1} \cdot K^{-1}$。但一般情况下，温度升高，熵值增加不多。

(3) 分子结构相似且相对分子质量又相近的物质的熵值相近。例如，$S_m^{\ominus}(CO,g,298.15K)=197.660J \cdot mol^{-1} \cdot K^{-1}$，而 $S_m^{\ominus}(N_2,g,298.15K)=191.609J \cdot mol^{-1} \cdot K^{-1}$。

(4) 分子结构相似而相对分子质量不同的物质，其标准摩尔熵随相对分子质量增大而增大。例如，298.15K 时，$S_m^{\ominus}(HF,g)=173.779J \cdot mol^{-1} \cdot K^{-1} < S_m^{\ominus}(HCl,g)=186.902J \cdot mol^{-1} \cdot K^{-1} < S_m^{\ominus}(HBr,g)=198.700J \cdot mol^{-1} \cdot K^{-1} < S_m^{\ominus}(HI,g)=206.59J \cdot mol^{-1} \cdot K^{-1}$。对不同物质的同一物态而言，分子中原子数、电子数越多，熵值越大。

(5) 物质的相对分子质量相近时，分子构型复杂的，其标准摩尔熵值大。例如，$S_m^{\ominus}(C_2H_5OH,g)=281.6J \cdot mol^{-1} \cdot K^{-1} > S_m^{\ominus}(CH_3OCH_3,g)=266.4J \cdot mol^{-1} \cdot K^{-1}$。二者分子式相同，相对分子质量相等，但二甲醚分子中各原子的排布是对称的，而乙醇分子的对称性较差。

(6) 混合物的熵值比相应纯物质的熵值大。

(7) 压力增大，使物质熵值减小，对于固体和液体影响较小，对气体影响较大。在有气体参与的化学反应中，$\Delta n_g > 0$，则为熵增反应；反之亦然。在不涉及气体参与的化学反应中，由于液体分子或溶质粒子总数增加，使得熵增；在只涉及固体参与的反应中，一般来说，只有物质分子总数增加很多的情况下，才有熵增。

4.3.4 熵变的计算

化学反应的标准摩尔熵变，以符号 $\Delta_r S_m^{\ominus}(T)$ 表示，或简写为 $\Delta S^{\ominus}$。$\Delta S^{\ominus}$ 的计算和熵变的计算相似，只取决于体系的始态和终态，有了 $S_m^{\ominus}$ 值，运用式(4-17)就可计算反应的 $\Delta S^{\ominus}$：

$$\Delta S^{\ominus} = \sum_i \nu S_m^{\ominus}(\text{生成物}) - \sum_i \nu S_m^{\ominus}(\text{反应物}) \tag{4-17}$$

【例 4-7】 计算 1.0mol $CaCO_3(s)$ 在 298.15K、101.325kPa 条件下分解成 $CaO(s)$ 和 $CO_2(g)$

的标准熵变。

　　解　由表 4-2 查得：

$$CaCO_3(方解石) = CaO(s) + CO_2(g)$$

$$S_m^\ominus /(J \cdot mol^{-1} \cdot K^{-1}) \qquad 91.7 \qquad\qquad 38.1 \qquad 213.785$$

$$\Delta S^\ominus = 1 \times 38.1 + 1 \times 213.785 - 1 \times 91.7 = 160.185(J \cdot mol^{-1} \cdot K^{-1})$$

计算说明，$CaCO_3$ 分解为熵增反应。

　　克劳修斯把热源的热效应与其温度的比值称为热温商，即

$$\Delta S = \frac{Q_r}{T} \tag{4-18}$$

式中：Q_r 为可逆过程的热效应。

　　【例 4-8】　1mol NaCl 在其熔点 804℃下熔融，已知 NaCl 的熔化热为 34.4kJ $\cdot$ mol^{-1}，求该过程的熵变。

　　解
$$\Delta S = \frac{Q_r}{T} = \frac{34.4kJ \cdot mol^{-1} \times 10^3}{(804 + 273)K} = 31.94J \cdot mol^{-1} \cdot K^{-1}$$

4.4　化学反应的吉布斯函数变

　　热力学第二定律用 ΔS(孤立)>0 判断体系的发展方向，不易实际操作。从以上的讨论可知 ΔH 和 ΔS 均对体系的发展方向有影响，那么如何找出一种综合二者的影响，适合一般情况的判据呢？

4.4.1　吉布斯函数

　　由式(4-15)，对于任意封闭体系，若 ΔS(孤立) $= \Delta S$(体系) $+ \Delta S$(环境)>0，可判断为自发过程。无论体系实际变化如何进行，环境提供或吸收的热量可以看作是可逆的，因为总可以把环境当作一个很大的热源，根据热温商计算：

$$\Delta S(环境) = \frac{Q(环境)}{T(环境)}$$

而体系与环境之间的热交换必为

$$Q(环境) = -Q(体系)$$

所以

$$\Delta S(环境) = \frac{Q(环境)}{T(环境)} = -\frac{Q(体系)}{T(环境)} \tag{4-19}$$

　　将式(4-19)代入式(4-15)得

$$\Delta S(孤立) = \Delta S(体系) - \frac{Q(体系)}{T(环境)} \geqslant 0$$

进一步变换：

$$T(环境)\Delta S(体系) - Q(体系) \geqslant 0 \tag{4-20}$$

若体系进行的是一个由始态 1 到终态 2 的等温过程，则有：$T_1=T_2=T$(环境)=T；又因为 $\Delta U=Q-W$，Q(体系)=$\Delta U+W$，则

$$T\Delta S(\text{体系})-(\Delta U+W)\geqslant 0$$

所以

$$T\Delta S(\text{体系})-\Delta U\geqslant W \tag{4-21}$$

化学反应通常情况是在等压条件下进行的，此时：

$$p_1=p_2=p(\text{环境})=p(\text{常数})$$

若用 W(非)表示非体积功，W(体积)表示体积功，则

$$W(\text{体积})=p\Delta V=p_2V_2-p_1V_1$$

$$W=W(\text{体积})+W(\text{非})=p_2V_2-p_1V_1+W(\text{非})$$

将 $T\Delta S(\text{体系})=T_2S_2-T_1S_1$，$\Delta U=U_2-U_1$ 代入式(4-21)后有

$$(U_1+p_1V_1-T_1S_1)-(U_2+p_2V_2-T_2S_2)\geqslant W(\text{非})$$

或写成

$$(H_1-T_1S_1)-(H_2-T_2S_2)\geqslant W(\text{非}) \tag{4-22}$$

1876 年，吉布斯(Josiah Willard Gibbs，1839—1903，美国物理化学家)提出一个新的热力学函数——吉布斯自由能 G，定义：

$$G=U-TS+pV=H-TS \tag{4-23}$$

把 H 和 S 联系在一起，合并能和熵，引入吉布斯自由能(Gibbs free energy)概念，又称吉布斯函数(Gibbs function)，简称"自由能"或"吉布斯能"，单位为 $kJ\cdot mol^{-1}$。它是由体系的状态函数 H、T 和 S 组合所得，当然也是状态函数，而 H 绝对值不可测定，所以 G 的绝对值也不可测。

如果一个封闭体系经历一个等温等压过程，则有

$$G_1-G_2=-\Delta G\geqslant W(\text{非}) \tag{4-24}$$

式中：ΔG 为此过程体系的吉布斯函数的变化值；W(非)为该过程中的非体积功；不等号表示该过程为不可逆过程，等号表示该过程为可逆过程。式(4-24)表明，在等温等压过程中，一个封闭体系吉布斯函数的减少值等于该体系在此过程中所能做的最大非体积功。如果一个封闭体系经历一个等温等压且无非体积功的过程，则根据式(4-24)可得

$$\Delta G\leqslant 0 \tag{4-25}$$

式(4-25)表明，在封闭体系中，等温等压且不做非体积功的过程总是自动地向着体系的吉布斯函数减小的方向进行，直到体系的吉布斯函数达到一个最小值为止。因此，在上述条件下，体系吉布斯函数的变化可以作为过程方向和限度的判断依据。即对等温等压仅做体积功的化学反应来说：

$$\Delta G<0 \qquad\qquad \text{向正向进行}$$
$$\Delta G>0 \qquad\qquad \text{向逆向进行}$$
$$\Delta G=0 \qquad\qquad \text{处于平衡状态}$$

因此，通过计算化学反应的吉布斯函数变，进而可判断化学反应进行的方向。

4.4.2　吉布斯-亥姆霍兹方程

按照吉布斯函数的定义,可以推出当体系从状态 1 变化到状态 2 时,体系的吉布斯函数变为

$$\Delta G = G_2 - G_1 = \Delta H - \Delta(TS)$$

对于等温条件下的反应而言,因为 $T_1=T_2=T$,所以

$$\Delta G = \Delta H - T\Delta S \tag{4-26}$$

式(4-26)称为吉布斯-亥姆霍兹(Gibbs-Helmholtz)公式,也称吉布斯等温方程或自由能方程。亥姆霍兹(Helmholtz,1821—1894,德国物理学家)。

【例 4-9】　已知 298.15K 时,反应 $2NO(g,0.01MPa) + O_2(g,0.01MPa)\!=\!=\!2NO_2(g,0.01MPa)$ 的 $\Delta H = -114.0kJ \cdot mol^{-1}$, $\Delta S=-159J \cdot mol^{-1}$,计算该状态时反应的吉布斯函数变,并判断反应向何方进行。

解　　　$\Delta G = \Delta H - T\Delta S=-114.0-298.15\times(-159\times10^{-3})= -66.6(kJ \cdot mol^{-1})<0$

可以判断该反应可向正反应方向自发进行。

ΔG 作为反应或过程自发性的判据,包含 ΔH 和 ΔS 两个因素,ΔH 和 ΔS 均可为正,也均可为负。①放热反应 $\Delta H<0$,且结果为熵增 $\Delta S>0$,在现有实验条件下,T 只能为正值,则必有 $\Delta G<0$,这种反应在任何温度下都可向正反应方向自发进行,如 $2N_2O\!=\!=\!2N_2(g) + O_2(g)$。②吸热反应 $\Delta H>0$,反应结果为熵减 $\Delta S<0$,则必有 $\Delta G>0$,所以在任何温度下,此反应不能向正反应方向自发进行,如 $CO(g)\!=\!=\!C(s) + \dfrac{1}{2} O_2(g)$。③吸热反应 $\Delta H>0$,反应结果熵增 $\Delta S>0$。例如,$CaCO_3(s)\!=\!=\!CaO(s) + CO_2(g)$,$\Delta G$ 的正负取决于 ΔH 与 $T\Delta S$ 的相对大小。$\Delta H>T\Delta S$,$\Delta G>0$,反应不能向正反应方向自发进行;$\Delta H<T\Delta S$,$\Delta G<0$,反应向正反应方向自发进行。因为 ΔH 和 ΔS 变化很小,所以主要取决于温度 T,温度升高,$T\Delta S$ 值增大,当大到 $T\Delta S>\Delta H$ 时,有利于反应向正反应方向自发进行。这类反应,低温不能自发发生,只有在高于某一温度时才能发生。④放热反应 $\Delta H<0$,反应结果熵减 $\Delta S<0$。例如,$N_2(g) + 3H_2(g)\!=\!=\!2NH_3(g)$。随温度升高,$-T\Delta S$ 值增大,当温度升到某温度 T 时,ΔG 由负值变为正值,$\Delta G>0$,反应不能自发进行,而随温度降低,$-T\Delta S$ 减小,低于某一温度时,$\Delta G = \Delta H - T\Delta S<0$。所以这类反应在高温下不自发发生,只有在低于某一温度 T 时才能发生。

当 $\Delta H=T\Delta S$ 时,$\Delta G=0$,系统处于平衡状态,温度稍有改变,反应方向发生逆转,这一温度称为转变温度,可表示为

$$T(转)= \frac{\Delta H}{\Delta S} \tag{4-27}$$

4.4.3　标准摩尔生成吉布斯函数

因为吉布斯函数的绝对值无法求得,所以可依照焓的方法来处理。IUPAC 规定:①在指定的反应温度和标准态下,稳定单质的吉布斯函数为零;②在指定温度和标准态下,由稳定单质生成 1mol 某物质的吉布斯函数变称为该物质的标准摩尔生成吉布斯函数,简称标准生成吉布斯函数,用符号 "$\Delta_f G_m^{\ominus}$" 表示,或简写为 $\Delta_f G^{\ominus}$。一些物质在 298.15K 时的标准生成吉布斯函数列于表 4-2。利用标准生成吉布斯函数可求出标准状态下化学反应的标准吉布斯函数

变 "$\Delta_r G_m^{\ominus}$"，或简写为 "$\Delta G^{\ominus}$"。

$$\Delta G^{\ominus} = \sum_i \nu \Delta_f G_m^{\ominus}(生成物) - \sum_i \nu \Delta_f G_m^{\ominus}(反应物) \tag{4-28}$$

即化学反应的标准吉布斯函数变等于生成物的标准生成吉布斯函数之和减去反应物的标准生成吉布斯函数之和。

【例 4-10】　根据表 4-2 所提供的有关数据，计算在 298.15K 时，标准态下反应

$$H_2(g) + Cl_2(g) = 2HCl(g)$$

的标准吉布斯函数变。

解　查表 4-2 可知：$\Delta_f G_m^{\ominus}(HCl, g) = -95.30 kJ \cdot mol^{-1}$，$\Delta_f G_m^{\ominus}(H_2, g) = 0$，$\Delta_f G_m^{\ominus}(Cl_2, g) = 0$，所以

$\Delta G^{\ominus} = 2 \times \Delta_f G_m^{\ominus}(HCl, g) - [1 \times \Delta_f G_m^{\ominus}(H_2, g) + 1 \times \Delta_f G_m^{\ominus}(Cl_2, g)] = -95.30 \times 2 = -190.60(kJ \cdot mol^{-1})$

$\Delta G^{\ominus}$ 为负值，表明上述反应在标准态下能自发进行。

4.4.4　标准吉布斯函数变与温度的关系

能查到的标准生成吉布斯函数一般都是 298.15K 时的数据，由此可计算 298.15K 时的 $\Delta G^{\ominus}$，用来判断反应在标准态下 298.15K 时能否自发进行。但是在其他温度，如人的体温 37℃ 时，某一生化反应能否自发进行？为此需要了解温度对吉布斯函数变的影响。

一般来说温度变化时，ΔH、ΔS 变化不大，因此当温度变化不太大时，可近似地把 ΔH、ΔS 看作不随温度而变的常数。这样，只要求得 298.15K 时的 $\Delta H^{\ominus}(298.15K)$ 和 $\Delta S^{\ominus}(298.15K)$，利用吉布斯-亥姆霍兹公式就可求算温度 T 时的 $\Delta G^{\ominus}(T)$。

$$\Delta G^{\ominus}(T) \approx \Delta H^{\ominus}(298.15K) - T\Delta S^{\ominus}(298.15K) \tag{4-29}$$

【例 4-11】　已知对于反应：

$$C_2H_5OH(l) = C_2H_5OH(g)$$

	$C_2H_5OH(l)$	$C_2H_5OH(g)$
$\Delta_f H_m^{\ominus}(298.15K)/(kJ \cdot mol^{-1})$	−277.6	−234.8
$S_m^{\ominus}(298.15K)/(J \cdot mol^{-1} \cdot K^{-1})$	161.0	281.6

求：(1) 在 298.15K 和标准态下，$C_2H_5OH(l)$ 能否自发地变成 $C_2H_5OH(g)$？

(2) 在 373K 和标准态下，$C_2H_5OH(l)$ 能否自发地变成 $C_2H_5OH(g)$？

(3) 估算乙醇的沸点。

解　(1)　　　　　$C_2H_5OH(l) = C_2H_5OH(g)$

$\Delta H^{\ominus}(298.15K) = \Delta_f H_m^{\ominus}(C_2H_5OH, g) - \Delta_f H_m^{\ominus}(C_2H_5OH, l) = (-234.8) - (-277.6) = 42.8(kJ \cdot mol^{-1})$

$\Delta S^{\ominus}(298.15K) = S_m^{\ominus}(C_2H_5OH, g) - S_m^{\ominus}(C_2H_5OH, l) = 281.6 - 161.0 = 120.6(J \cdot mol^{-1} \cdot K^{-1})$

$\Delta G^{\ominus}(298.15K) = \Delta H^{\ominus}(298.15K) - T\Delta S^{\ominus}(298.15K) = 42.8 - 298.15 \times 120.6 \times 10^{-3} = 6.9(kJ \cdot mol^{-1}) > 0$

所以 298.15K 和标准状态下，C_2H_5OH 不能自发气化。

(2) $\Delta G^{\ominus}(373K) = \Delta H^{\ominus}(298.15K) - T\Delta S^{\ominus}(298.15K) = 42.8 - 373 \times 120.6 \times 10^{-3} = -2.2(kJ \cdot mol^{-1}) < 0$

所以在 373K 和标准状态下，C_2H_5OH 可自发气化。

(3) 如果讨论限于标准状态，且忽略温度对 $\Delta H^{\ominus}$ 和 $\Delta S^{\ominus}$ 的影响，则

$$\Delta G^{\ominus}(T)=\Delta H^{\ominus}(298.15K)-T\Delta S^{\ominus}(298.15K)$$

在某一温度时，若$\Delta G^{\ominus}(T)=0$，则

$$\Delta H^{\ominus}(298.15K) \approx T\Delta S^{\ominus}(298.15K)$$

此时

$$T(\text{转}) \approx -\frac{\Delta H^{\ominus}(298.15K)}{\Delta S^{\ominus}(298.15K)}=\frac{42.8}{120.6\times10^{-3}}=354.9(K)$$

所以该温度就是气液平衡温度，即乙醇的沸点，实验值为 351.5K。

4.5　化　学　平　衡

4.5.1　可逆反应与化学平衡

各种化学反应中，反应物转化为生成物的程度各有不同，或者说反应程度不同。有些反应几乎能进行到底，即使在密闭容器中，这类反应的反应物实际上全部转化为生成物。例如，氯酸钾的分解反应：

$$2KClO_3 \xrightarrow[\triangle]{MnO_2} 2KCl + 3O_2$$

反应逆向进行的趋势很小。通常认为，KCl 不能与 O_2 反应生成 $KClO_3$。像这种实际上只能向一个方向进行"到底"的反应，称为不可逆反应。

但是，大多数化学反应都是可逆的。例如，在密闭容器中，一定温度下，氢气和碘蒸气的反应生成气态碘化氢：

$$H_2(g) + I_2(g) \longrightarrow 2HI(g)$$

在这样的条件下，气态碘化氢也能分解成碘蒸气和氢气：

$$H_2(g) + I_2(g) \longleftarrow 2HI(g)$$

上述两个反应同时发生且方向相反，合并后可以写成：

$$H_2(g) + I_2(g) \rightleftharpoons 2HI(g) \tag{4-30}$$

习惯上，把从左向右进行的反应称为正反应，从右向左进行的反应称为逆反应。这种在同一条件下，既可以正向进行又可以逆向进行的反应，称为可逆反应。一般来说，反应的可逆性是化学反应的普遍特征。由于正逆反应共处于同一系统内，在密闭容器中可逆反应不能进行到底，即反应物不能全部转化为产物。现以上述反应为例，实验测定数据见表 4-4。

表 4-4　718K 时 $H_2(g) + I_2(g) \longrightarrow 2HI(g)$ 反应系统的组成

实验序号	开始浓度/(mol · L^{-1})			平衡浓度/(mol · L^{-1})			$\dfrac{[c(HI)]^2}{c(H_2)\cdot c(I_2)}$
	$c(H_2)$	$c(I_2)$	$c(HI)$	$c(H_2)$	$c(I_2)$	$c(HI)$	
1	0.0200	0.0200	0	0.00435	0.00435	0.0313	51.8
2	0	0	0.0400	0.00435	0.00435	0.0313	51.8
3	0.00205	0.0133	0.0524	0.00335	0.0146	0.0498	50.7
4	0.0206	0.0145	0	0.00775	0.00165	0.0257	51.7
5	0.0079	0.0192	0.0257	0.00205	0.0133	0.0374	51.3

表 4-4 中实验 1 和实验 2，分别起始于反应的两端，虽然起点不同，但 $c(HI)$、$c(H_2)$ 和 $c(I_2)$ 保持不变时的数值相等；实验 3～实验 5 反应系统都能达到各物质浓度保持不变的状态，即平衡状态。此时，反应并未停止，正、逆反应仍在进行，正、逆反应速率相等，但不为零。化学平衡与相平衡一样都是动态平衡。

表 4-4 的数据表明：不管怎样改变反应系统的开始组成，当在一定温度下达到平衡时，这一比值总是常数。人们从大量实验事实总结出：对任何可逆反应，在一定温度下，达到平衡时各生成物浓度的乘积与各反应物浓度乘积的比值是一常数。这个常数称为化学反应浓度平衡常数，用符号 K_c 表示。例如，对于一般的化学反应：

$$\nu_C C + \nu_D D \Longrightarrow \nu_Y Y + \nu_Z Z$$

$$K_c = \frac{[c(Y)]^{\nu_Y}[c(Z)]^{\nu_Z}}{[c(C)]^{\nu_C}[c(D)]^{\nu_D}} \tag{4-31}$$

式中：$c(C)$、$c(D)$、$c(Y)$、$c(Z)$ 为平衡时相应各物质的浓度，单位为 $mol \cdot L^{-1}$。定量讨论溶液中的化学平衡时，通常可用浓度平衡常数。

对于气相反应，在恒温恒容下，气体的分压与浓度成正比，因此在平衡常数表达式中，可以用平衡时气体的分压来代替浓度。例如，SO_2 转化为 SO_3 的反应：

$$2SO_2(g) + O_2(g) \Longrightarrow 2SO_3(g)$$

表 4-5 中 $\dfrac{[p(SO_3)]^2}{[p(SO_2)]^2\, p(O_2)}$ 的实验测定结果表明：在一定温度下，平衡时生成物气体分压的乘积与反应物气体分压的乘积之比也是常数。其中 $p(SO_3)$、$p(SO_2)$、$p(O_2)$ 分别表示 SO_3、SO_2、O_2 的平衡分压。用气体分压表示的平衡常数称为压力平衡常数，用符号 K_p 表示。推广到一般的气体反应通式为

$$\nu_C C(g) + \nu_D D(g) \Longrightarrow \nu_Y Y(g) + \nu_Z Z(g)$$

$$K_p = \frac{[p(Y)]^{\nu_Y}[p(Z)]^{\nu_Z}}{[p(C)]^{\nu_C}[p(D)]^{\nu_D}} \tag{4-32}$$

式中：$p(C)$、$p(D)$、$p(Y)$、$p(Z)$ 分别为 C、D、Y、Z 各物质的平衡分压，以 Pa 或 kPa 为单位，更早期的文献中也有以 atm 为单位的，应用时要特别注意这一点。

表 4-5　1000K 时 $2SO_2(g) + O_2(g) \Longrightarrow 2SO_3(g)$ 的平衡常数测定 *

气流速度 /(cm³ · min⁻¹)	最初的摩尔比			平衡时分压/kPa			$\dfrac{[p(SO_3)]^2}{[p(SO_2)]^2\, p(O_2)}$ /kPa⁻¹
	SO_2	O_2	N_2	SO_3	SO_2	O_2	
5.4	1.24	1	0	34.25	31.31	35.77	0.0335
25.3	2.28	1	0	36.88	46.31	18.24	0.0347
27.4	2.44	1	0	36.17	49.04	16.72	0.0325
22.4	3.36	1	0	33.54	56.64	10.23	0.0343
53.4	3.62	1	3.74	12.97	25.13	8.11	0.0329

*表示反应可在铂催化剂存在的条件下进行，气体流速足够慢以保证反应达到平衡；反应总压为 101.325kPa。

上述的浓度平衡常数 K_c 和压力平衡常数 K_p 都是从考察实验数据得到的，因此常称为实验平衡常数。实验平衡常数的单位取决于生成物与反应物的计量系数之差，即

$$(\nu_Y + \nu_Z) - (\nu_C + \nu_D) = \Delta n$$

4.5.2　标准平衡常数

等温、等压仅做体积功的化学反应可用ΔG判断反应的方向和限度。在标准状态下化学反应可用$\Delta G^{\ominus}$来判断能否自发进行，但是通常所遇到的处于标准状态的反应体系是极其罕见的，绝大多数是非标准状态。在等温、等压及非标准态下，对于一个一般反应中的任一物质，根据热力学推导，其对应的生成吉布斯函数与标准生成吉布斯函数间存在如下关系式：

$$\Delta_f G(i) = \Delta_f G^{\ominus}(i) + RT \ln a(i) \tag{4-33}$$

对于一个等温、等压及非标准态下的一般反应：

$$\nu_C C(g) + \nu_D D(g) =\!=\!= \nu_Y Y(g) + \nu_Z Z(g)$$

反应任意状态时的吉布斯函数变为

$$\Delta G = \sum_i \nu \Delta_f G_m (\text{生成物}) - \sum_i \nu \Delta_f G_m (\text{反应物}) \tag{4-34}$$

由式(4-28)、式(4-33)和式(4-34)可得

$$\Delta G = \Delta G^{\ominus} + RT \ln \frac{[a(Y)]^{\nu_Y}[a(Z)]^{\nu_Z}}{[a(C)]^{\nu_C}[a(D)]^{\nu_D}} \tag{4-35}$$

式(4-35)称为范特霍夫(Jacobus Henricus van' t Hoff, 1852—1911, 荷兰化学家)化学反应等温方程式。式(4-35)中，$a(C)$、$a(D)$、$a(Y)$、$a(Z)$分别代表反应物和生成物在对应状态下的活度。当反应达平衡时，$\Delta G = 0$，则

$$\Delta G^{\ominus} + RT \ln \frac{[a(Y)]^{\nu_Y}[a(Z)]^{\nu_Z}}{[a(C)]^{\nu_C}[a(D)]^{\nu_D}} = 0 \tag{4-36}$$

式中：$a(C)$、$a(D)$、$a(Y)$、$a(Z)$分别代表反应物和生成物在平衡状态下的活度。

此时令

$$K^{\ominus} = \frac{[a(Y)]^{\nu_Y}[a(Z)]^{\nu_Z}}{[a(C)]^{\nu_C}[a(D)]^{\nu_D}} \tag{4-37}$$

则

$$\Delta G^{\ominus} = -RT \ln K^{\ominus} \tag{4-38}$$

因为在一定温度下，指定反应的$\Delta G^{\ominus}$为一固定值，所以$K^{\ominus}$也是一个不变的数值。式(4-37)表明：在一定温度下，反应处于平衡状态时，生成物的活度以方程式中化学计量数为乘幂的乘积，除以反应物的活度以方程式中化学计量数为乘幂的乘积等于一个常数，并称为标准平衡常数(standard equilibrium constant)。标准平衡常数又称为热力学平衡常数。

活度可粗略地看作"有效浓度"，但它是一个量纲为一的量。它是将物质所处的状态与标准态相比后所得的数值，故标准态本身为单位活度，即$a=1$。由于物质所处的状态不同，故活度的表达式不同。所以对不同类型的反应，$K^{\ominus}$的表达式也有所不同。

对气体反应，如$2SO_2(g) + O_2(g) \rightleftharpoons 2SO_3(g)$，可表达为

$$K^{\ominus} = \frac{\left[\dfrac{p(SO_3)}{p^{\ominus}}\right]^2}{\dfrac{p(O_2)}{p^{\ominus}} \cdot \left[\dfrac{p(SO_2)}{p^{\ominus}}\right]^2}$$

对溶液中的反应，如 $Sn^{2+}(aq) + 2Fe^{3+}(aq) \rightleftharpoons Sn^{4+}(aq) + 2Fe^{2+}(aq)$，可表达为

$$K^{\ominus} = \frac{\dfrac{c(Sn^{4+})}{c^{\ominus}} \cdot \left[\dfrac{c(Fe^{2+})}{c^{\ominus}}\right]^2}{\dfrac{c(Sn^{2+})}{c^{\ominus}} \cdot \left[\dfrac{c(Fe^{3+})}{c^{\ominus}}\right]^2}$$

而对于反应 $Zn(s) + 2H^+(aq) \rightleftharpoons H_2(g) + Zn^{2+}(aq)$，则可表达为

$$K^{\ominus} = \frac{\dfrac{c(Zn^{2+})}{c^{\ominus}} \cdot \dfrac{p(H_2)}{p^{\ominus}}}{\left[\dfrac{c(H^+)}{c^{\ominus}}\right]^2}$$

总之，在化学反应标准平衡常数表达式中，如果某组分是以气态存在，则以相对压力表示；如以溶质形式存在就以相对浓度表示；若是纯固体或纯液体，因其标准态就是其本身，活度为 1，它们就在平衡常数表达式中"不出现"。不难理解，热力学中不再把平衡常数区分为压力平衡常数和浓度平衡常数。标准平衡常数有时简称为平衡常数。实际平衡组成计算时，多用标准平衡常数。平衡常数的大小代表了平衡混合物中产物所占的相对比例。平衡常数越大，意味着到达平衡时，产物所占的相对比例越大，则反应进行的程度越大。一般来说，若 $K^{\ominus} > 10^5$，则反应就可认为基本进行完全。

书写平衡常数表达式时应注意：

(1) 化学平衡常数表达式的书写形式应与化学方程式相对应。例如，合成氨的反应：

若方程式写为 $N_2(g) + 3H_2(g) \rightleftharpoons 2NH_3(g)$，则

$$K_1^{\ominus} = \frac{\left[\dfrac{p(NH_3)}{p^{\ominus}}\right]^2}{\left[\dfrac{p(H_2)}{p^{\ominus}}\right]^3 \cdot \dfrac{p(N_2)}{p^{\ominus}}}$$

若方程式写为 $\dfrac{1}{2}N_2(g) + \dfrac{3}{2}H_2(g) \rightleftharpoons NH_3(g)$，则

$$K_2^{\ominus} = \frac{\dfrac{p(NH_3)}{p^{\ominus}}}{\left[\dfrac{p(H_2)}{p^{\ominus}}\right]^{3/2} \cdot \left[\dfrac{p(N_2)}{p^{\ominus}}\right]^{1/2}}$$

(2) 在平衡常数表达式中，准确认识纯液体非常重要。例如，H_2O 的表示方法：若在稀水溶液中进行的反应，水是纯液体，其浓度不必写入平衡关系式中；例如，反应：

$$NH_3 + H_2O \Longrightarrow NH_4^+ + OH^- \qquad K^\ominus = \frac{\dfrac{c(NH_4^+)}{c^\ominus} \cdot \dfrac{c(OH^-)}{c^\ominus}}{\dfrac{c(NH_3)}{c^\ominus}}$$

但若在非水溶液中的反应，则水不再是纯液体，它的浓度就要写入平衡关系式中。例如，反应：

$$C_2H_5OH + CH_3COOH \Longrightarrow CH_3COOC_2H_5 + H_2O$$

当 C_2H_5OH 和 CH_3COOH 比例接近 1：1 时：

$$K^\ominus = \frac{\dfrac{c(CH_3COOC_2H_5)}{b^\ominus} \cdot \dfrac{c(H_2O)}{b^\ominus}}{\dfrac{c(C_2H_5OH)}{b^\ominus} \cdot \dfrac{c(CH_3COOH)}{b^\ominus}}$$

当 C_2H_5OH 过量到可以作溶剂时，$a(C_2H_5OH)=1$：

$$K^\ominus = \frac{\dfrac{c(CH_3COOC_2H_5)}{b^\ominus} \cdot \dfrac{c(H_2O)}{b^\ominus}}{\dfrac{c(CH_3COOH)}{b^\ominus}}$$

当 CH_3COOH 过量到可以作溶剂时，$a(CH_3COOH)=1$：

$$K^\ominus = \frac{\dfrac{c(CH_3COOC_2H_5)}{b^\ominus} \cdot \dfrac{c(H_2O)}{b^\ominus}}{\dfrac{c(C_2H_5OH)}{b^\ominus}}$$

4.5.3　平衡常数的确定及应用

1. 由热力学函数求平衡常数

【例 4-12】　求 298.15K 时反应 $2SO_2(g) + O_2(g) \Longrightarrow 2SO_3(g)$ 的 $K^\ominus$。已知：$\Delta_f G_m^\ominus (SO_2, g)=$ $-300.13 kJ \cdot mol^{-1}$，$\Delta_f G_m^\ominus (SO_3, g) = -371.02 kJ \cdot mol^{-1}$。

解　　　　　　$\Delta G^\ominus = 2 \Delta_f G_m^\ominus (SO_3, g) - 2 \Delta_f G_m^\ominus (SO_2, g) - \Delta_f G_m^\ominus (O_2, g)$

$$= 2 \times (-371.02) - 2 \times (-300.13) = -141.78 (kJ \cdot mol^{-1})$$

因为　　　　　　　　　　　　$\Delta G^\ominus = -RT \ln K^\ominus$

所以　　　　$\ln K^\ominus = \dfrac{-\Delta G^\ominus}{RT} = \dfrac{141.78 kJ \cdot mol^{-1} \times 1000}{8.314 J \cdot mol^{-1} \cdot K^{-1} \times 298.15K} = 57.20$

$$K^\ominus = 6.9 \times 10^{24}$$

2. 利用平衡常数预测反应进行的限度

平衡常数的大小可表征反应进行的程度，但在实际应用时，常用"转化率"这个概念来说明反应进行的程度。

$$转化率 = \frac{反应物的起始浓度 - 反应物的平衡浓度}{反应物的起始浓度}$$

【例 4-13】 已知反应 $CO(g) + H_2O(g) \rightleftharpoons CO_2(g) + H_2(g)$，在 1123K 时，$K^\ominus = 1.0$，现将 2.0mol CO 和 3.0mol H_2O 混合，并在该温度下达平衡，试计算 CO 的转化率。

解 设平衡时体系内 H_2 为 x mol，则

$$CO(g) + H_2O(g) \rightleftharpoons CO_2(g) + H_2(g)$$

起始时物质的量/mol　　2.0　　3.0　　0　　0

平衡时物质的量/mol　　$2.0-x$　　$3.0-x$　　x　　x

平衡常数表达式为

$$K^\ominus = \frac{\dfrac{p(CO_2)}{p^\ominus} \cdot \dfrac{p(H_2)}{p^\ominus}}{\dfrac{p(CO)}{p^\ominus} \cdot \dfrac{p(H_2O)}{p^\ominus}}$$

设反应体积为 V，利用公式 $p = nRT/V$，将平衡时各物质的分压代入：

$$K^\ominus = \frac{\dfrac{n(CO_2)RT}{V} \cdot \dfrac{n(H_2)RT}{V}}{\dfrac{n(CO)RT}{V} \cdot \dfrac{n(H_2O)RT}{V}} = \frac{n(CO_2) \cdot n(H_2)}{n(CO) \cdot n(H_2O)}$$

将数值代入上式：

$$1.0 = \frac{x^2}{(2.0-x)(3.0-x)}$$

解得

$$x = 1.2$$

因此

$$CO\ 的转化率 = \frac{1.2mol}{2.0mol} \times 100\% = 60\%$$

3. 利用反应物、生成物起始及平衡浓度求平衡常数及标准吉布斯函数变

【例 4-14】 为测定 445℃时反应 $H_2(g) + I_2(g) \rightleftharpoons 2HI(g)$ 的平衡常数，把 915mg I_2 和 19.7mg H_2 放入 10L 容器中，在 445℃时反应直至平衡建立，经分析，平衡体系中剩余 12.8g H_2 没有反应。计算此反应的平衡常数 $K^\ominus$ 及标准吉布斯函数变。

解 根据 HI 与 H_2 和 I_2 的化学计量关系，可求出平衡时各物质的物质的量：

	$H_2(g)$ +	$I_2(g) \rightleftharpoons$	2HI
起始时物质的量/mmol	$\dfrac{19.7}{2} = 9.85$	$\dfrac{915}{127 \times 2} = 3.60$	0
反应中物质的变化量/mmol	$-\dfrac{19.7-12.8}{2} = -3.45$	-3.45	$2 \times 3.45 = 6.90$
平衡时物质的量/mmol	$\dfrac{12.8}{2} = 6.40$	$3.60 - 3.45 = 0.15$	6.90

$$K^{\ominus} = \frac{\left[\dfrac{p(\text{HI})}{p^{\ominus}}\right]^2}{\dfrac{p(\text{I}_2)}{p^{\ominus}} \cdot \dfrac{p(\text{H}_2)}{p^{\ominus}}} = \frac{\left[p(\text{HI})\right]^2}{p(\text{I}_2) \cdot p(\text{H}_2)}$$

将 $p = \dfrac{nRT}{V}$ 代入得

$$K^{\ominus} = \frac{\left[\dfrac{n(\text{HI})RT}{V}\right]^2}{\dfrac{n(\text{I}_2)RT}{V} \cdot \dfrac{n(\text{H}_2)RT}{V}} = \frac{\left[n(\text{HI})\right]^2}{n(\text{I}_2) \cdot n(\text{H}_2)} = \frac{6.90^2}{0.15 \times 6.40} = 49.6$$

$$\Delta G^{\ominus} = -RT\ln K^{\ominus} = -8.314 \times (445 + 273.15) \times \ln 49.6 = -2.33 \times 10^4 (\text{kJ} \cdot \text{mol}^{-1})$$

4. 利用多重平衡规则求平衡常数

如果某个反应可以表示为两个或多个反应的相加(或相减),则总反应的平衡常数等于各反应平衡常数之积(或商),这一规律称为多重平衡规则(multiple equilibrium rules)。值得提醒的是,在使用多重平衡规则时,要求所有化学反应都是在同一温度下进行。

【例 4-15】　已知在 298.15K 时:

$$\text{C(石墨)} + \frac{1}{2}\text{O}_2(\text{g}) \Longleftrightarrow \text{CO(g)} \qquad K_1^{\ominus} = 1.0 \times 10^{-3} \tag{1}$$

$$\text{CO(g)} + \frac{1}{2}\text{O}_2(\text{g}) \Longleftrightarrow \text{CO}_2(\text{g}) \qquad K_2^{\ominus} = 5.0 \times 10^6 \tag{2}$$

求反应 C(石墨) + O$_2$(g) $\Longleftrightarrow$ CO$_2$(g)在该温度下的 $K^{\ominus}$。

解　式(1) + 式(2)得

$$\text{C(石墨)} + \text{O}_2(\text{g}) \Longleftrightarrow \text{CO}_2(\text{g})$$

所以

$$K^{\ominus} = K_1^{\ominus} \times K_2^{\ominus} = (1.0 \times 10^{-3}) \times (5.0 \times 10^6) = 5.0 \times 10^3$$

5. 利用平衡常数判断反应进行的方向

在式(4-35)中,令

$$Q_a = \frac{\left[a(\text{Y})\right]^{\nu_Y} \left[a(\text{Z})\right]^{\nu_Z}}{\left[a(\text{C})\right]^{\nu_C} \left[a(\text{D})\right]^{\nu_D}} \tag{4-39}$$

在可逆反应未达到化学平衡时,生成物的活度以方程式中化学计量数为幂的乘积,除以反应物的活度以方程式中化学计量数为幂的乘积称之为活度商(Q_a)。将式(4-39)代入式(4-35)得

$$\Delta G = \Delta G^{\ominus} + RT\ln Q_a \tag{4-40}$$

再将式(4-38)代入式(4-40)则有

$$\Delta G = -RT\ln K^{\ominus} + RT\ln Q_a = RT\ln\frac{Q_a}{K^{\ominus}} \tag{4-41}$$

由式(4-41)可以看出：ΔG 的正负号仅取决于 Q_a 和 $K^{\ominus}$ 的比值。为此，在任意态进行的反应，可以直接根据 Q_a 和 $K^{\ominus}$ 的比值来判断反应的方向。$Q_a < K^{\ominus}$ 时，$\Delta G < 0$，反应可向正向自发发生；$Q_a > K^{\ominus}$ 时，$\Delta G > 0$，反应可向逆向自发发生；当 $Q_a = K^{\ominus}$，$\Delta G = 0$，反应处于平衡状态。这样，既简单又方便。因为对某一化学反应来说，平衡常数是在一定温度下，一个化学反应的特征常数，所以平衡常数只随温度变化而变化，而与浓度(或压力)无关。当温度一定时，$K^{\ominus}$ 必为一定值。而 Q_a 可以通过确定了体系的各物质的状态来计算。

4.6　化学平衡的移动

一切平衡都只是相对的、暂时的。化学平衡是在一定条件下，可逆反应达到 $v^+ = v^-$ 时的一种动态平衡，此时 $Q_a = K^{\ominus}$。当外界条件改变时，就有可能使 $v^+ \neq v^-$，$Q_a \neq K^{\ominus}$，平衡被破坏，然后建立适应新条件下的新的平衡状态，体系由一个平衡点转变到另一个新的平衡点。把可逆反应因外界条件变化而从一种旧的平衡状态变化到另一种新的平衡状态的过程称为化学平衡的移动(shift of chemical equilibrium)。

1884 年，勒夏特列(Le Chatelier, 1850—1936, 法国化学家)研究鼓风炉中的反应时，仿照电磁学中的楞次定律有关感应电流的效果总是反抗引起感应电流的原因，总结出了外界条件改变对化学反应方向的影响:任何一个稳定的化学平衡体系，当受到一种迫使它变更的外力(如温度、压力和浓度)时，它的整体或局部能够进行某种内部调节；如果这些调节是出于体系自身的话，则它所引起的将是与外力所引起的变化有着相反的符号。后人称其为勒夏特列原理。然而从原理开始提出至今的 100 多年来，对勒夏特列原理的争议不断，甚至被称为多余的原理，其原因在于勒夏特列原理只是一个经验性的定性叙述，含义也不十分清楚，更未指明其成立的条件。

影响化学平衡移动的因素是浓度、压力和温度。这些因素对化学平衡的影响，可以用范特霍夫化学反应等温方程式 $\Delta G = RT\ln\dfrac{Q_a}{K^{\ominus}}$ 来判断。平衡时$\Delta G = 0$，$Q_a = K^{\ominus}$。

4.6.1　浓度(或分压)的影响

对于一个等温等压下的一般反应，$K^{\ominus}$ 为一常数。若增大生成物浓度(或分压)或减小反应物浓度(或分压)均可使 Q_a 增大，导致 $Q_a > K^{\ominus}$，逆向反应自发进行，平衡向逆反应方向移动；而减小生成物浓度(或分压)或增大反应物浓度(或分压)均可使 Q_a 减小，导致 $Q_a < K^{\ominus}$，正向反应自发进行，平衡向正反应方向移动。

【例 4-16】 在 773K 时，反应：$C_2H_4(g) + H_2O(g) \rightleftharpoons C_2H_5OH(g)$，$K^{\ominus}=0.015$，试分别计算该温度和 1000kPa 时，下面两种情况下 C_2H_4 的平衡转化率: (1) C_2H_4 与 H_2O 物质的量之比为 1:1；(2) C_2H_4 与 H_2O 物质的量之比为 1:10。

解　(1) 设 C_2H_4 的平衡转化率为 α_1，则

$$C_2H_4(g) + H_2O(g) \rightleftharpoons C_2H_5OH(g)$$

起始时物质的量/mol　　　　　1　　　　1　　　　　　0

平衡时物质的量/mol　　　　$1-\alpha_1$　　$1-\alpha_1$　　　　α_1

平衡时体系总物质的量$= (1-\alpha_1) + (1-\alpha_1) + \alpha_1 = 2-\alpha_1$，若以 p 代表体系的总压力，则平衡时：

$$p(C_2H_4) = \frac{1-\alpha_1}{2-\alpha_1}p, \qquad p(H_2O) = \frac{1-\alpha_1}{2-\alpha_1}p, \qquad p(C_2H_5OH) = \frac{\alpha_1}{2-\alpha_1}p$$

$$K^{\ominus} = \frac{\dfrac{p(C_2H_5OH)}{p^{\ominus}}}{\dfrac{p(C_2H_4)}{p^{\ominus}}\dfrac{p(H_2O)}{p^{\ominus}}} = \frac{\dfrac{\alpha_1}{2-\alpha_1}p}{\left(\dfrac{1-\alpha_1}{2-\alpha_1}p\right)^2}\left(\frac{1}{p^{\ominus}}\right)^{-1} = \frac{\alpha_1(2-\alpha_1)}{1-\alpha_1}\cdot\frac{p^{\ominus}}{p}$$

将有关数据代入：

$$0.015 = \frac{\alpha_1(2-\alpha_1)}{1-\alpha_1}\cdot\frac{100kPa}{1000kPa}$$

解得 $\alpha_1 = 0.067$，C_2H_4 的平衡转化率为 6.7%。

(2) 设 C_2H_4 的平衡转化率为 α_2，则

$$C_2H_4(g) + H_2O(g) \rightleftharpoons C_2H_5OH(g)$$

起始时物质的量/mol　　　　　1　　　　10　　　　　　0

平衡时物质的量/mol　　　　$1-\alpha_2$　　$10-\alpha_2$　　　α_2

平衡时体系总物质的量$= (1-\alpha_2) + (10-\alpha_2) + \alpha_2 = 11-\alpha_2$，若以 p 代表体系的总压力，则平衡时：

$$p(C_2H_4) = \frac{1-\alpha_2}{11-\alpha_2}p, \qquad p(H_2O) = \frac{10-\alpha_2}{11-\alpha_2}p, \qquad p(C_2H_5OH) = \frac{\alpha_2}{11-\alpha_2}p$$

$$K^{\ominus} = \frac{\dfrac{p(C_2H_5OH)}{p^{\ominus}}}{\dfrac{p(C_2H_4)}{p^{\ominus}}\dfrac{p(H_2O)}{p^{\ominus}}} = \frac{\dfrac{\alpha_2}{11-\alpha_2}p}{\left(\dfrac{1-\alpha_2}{11-\alpha_2}p\right)\left(\dfrac{10-\alpha_2}{11-\alpha_2}p\right)}\left(\frac{1}{p^{\ominus}}\right)^{-1} = \frac{\alpha_2\cdot(11-\alpha_2)}{(1-\alpha_2)(10-\alpha_2)}\cdot\frac{p^{\ominus}}{p}$$

将有关数据代入：

$$0.15 = \frac{\alpha_2\cdot(11-\alpha_2)}{(1-\alpha_2)(10-\alpha_2)}\cdot\frac{100}{1000}$$

解得 $\alpha_2 = 0.12$，C_2H_4 的平衡转化率为 12%。

以上计算表明，C_2H_4 与 H_2O 物质的量的比例从 1∶1 变到 1∶10 时，C_2H_4 的转化率从 6.7% 提高到 12%。因此，几种物质参加反应时，为了使价格昂贵的物质得到充分利用，常加大价格低廉物质的投料比，以降低成本，提高经济效益。

【例 4-17】　反应 $PCl_5(g) \rightleftharpoons PCl_3(g) + Cl_2(g)$，在 523K 时，将 0.700mol 的 PCl_5 注入容积为 2.00L 的密闭容器内，平衡时有 0.500mol 的 PCl_5 被分解了。若再向该容器中加入 0.100mol Cl_2，PCl_5 的分解百分数将如何改变？

解　第一次达平衡时 PCl_5 的分解百分数

$$\alpha_1 = \frac{0.500}{0.700}\times100\% = 71.4\%$$

第二次达平衡时 PCl_5 的分解百分数的计算，应先计算该温度下此反应的平衡常数：

$$PCl_5(g) \rightleftharpoons PCl_3(g) + Cl_2(g)$$

起始时各物质的量/mol	0.700	0	0
平衡时各物质的量/mol	0.200	0.500	0.500
平衡时各物质的分压/kPa	434.8	1087	1087

$$K^{\ominus} = \frac{\dfrac{p(PCl_3)}{p^{\ominus}} \dfrac{p(Cl_2)}{p^{\ominus}}}{\dfrac{p(PCl_5)}{p^{\ominus}}} = \frac{\left(\dfrac{1087}{100}\right)^2}{\dfrac{434.8}{100}} = 27.2$$

加入 0.100mol Cl_2，达到新平衡时

$$PCl_5(g) \rightleftharpoons PCl_3(g) + Cl_2(g)$$

各物质的量/mol	$0.700 - x$	x	$0.100 + x$
相应的各物质的分压/kPa	$\dfrac{(0.700-x)RT}{2.00}$	$\dfrac{xRT}{2.00}$	$\dfrac{(0.100+x)RT}{2.00}$

$$K^{\ominus} = \frac{\dfrac{p(PCl_3)}{p^{\ominus}} \dfrac{p(Cl_2)}{p^{\ominus}}}{\dfrac{p(PCl_5)}{p^{\ominus}}} = \frac{\dfrac{(0.100+x)RT}{2.00} \cdot \left(\dfrac{xRT}{2.00}\right)}{\dfrac{(0.700-x)RT}{2.00}} \cdot \frac{1}{p^{\ominus}} = 27.2$$

将 R=8.314J·mol^{-1}·K^{-1}，T=523K 代入，解得

$$x = 0.479(\text{mol})$$

$$\alpha_2 = \frac{0.479}{0.700} \times 100\% = 68.4\%$$

加入 Cl_2 后使 PCl_5 分解百分数降低了。

4.6.2 体系总压力的影响

若体系的总压发生变化，对液体和固体影响不大，对于气相反应：

$$v_C C(g) + v_D D(g) \Longrightarrow v_Y Y(g) + v_Z Z(g)$$

$$p_i = X_i \cdot p_{\text{总}}$$

$$\frac{[a(Y)]^{v_Y}[a(Z)]^{v_Z}}{[a(C)]^{v_C}[a(D)]^{v_D}} = \frac{\left[\dfrac{p(Y)}{p^{\ominus}}\right]^{v_Y}\left[\dfrac{p(Z)}{p^{\ominus}}\right]^{v_Z}}{\left[\dfrac{p(C)}{p^{\ominus}}\right]^{v_C}\left[\dfrac{p(D)}{p^{\ominus}}\right]^{v_D}} = \frac{\left[\dfrac{X(Y)p_{\text{总}}}{p^{\ominus}}\right]^{v_Y}\left[\dfrac{X(Z)p_{\text{总}}}{p^{\ominus}}\right]^{v_Z}}{\left[\dfrac{X(C)p_{\text{总}}}{p^{\ominus}}\right]^{v_C}\left[\dfrac{X(D)p_{\text{总}}}{p^{\ominus}}\right]^{v_D}}$$

$$= \frac{[X(Y)]^{v_Y}[X(Z)]^{v_Z}}{[X(C)]^{v_C}[X(D)]^{v_D}}\left(\frac{p_{\text{总}}}{p^{\ominus}}\right)^{\sum v}$$

等温条件下：当 $\sum v = 0$ 时，$p_{\text{总}}$ 增大或减小都不会改变 Q_a 和 $K^{\ominus}$ 中的任何一个，所以对化学平衡无影响。当 $\sum v \neq 0$，分压变，平衡移动；分压不变，平衡不动。

(1) 保持体积不变时，增加总压：如加入惰性气体增加总压，$p_{\text{总}}$ 增大，X_i 减小，而 $p_i = X_i \cdot p_{\text{总}}$

并未改变, $Q_a = K^\ominus$ 不变, 平衡不受影响。

(2) 缩小体积、增加总压力: X_i 不变, 若 $\sum v > 0$, $p_\text{总}$ 增大, $\left(\dfrac{p_\text{总}}{p^\ominus}\right)^{\sum v}$ 增大, 导致 $Q_a > K^\ominus$, 即平衡向逆反应方向进行; 所以平衡向物质的量减少的方向移动, 使 X_i 减少, 以达到 $p_i = X_i\, p_\text{总}$ 不变的目的。若 $\sum v < 0$, $p_\text{总}$ 增大, $\left(\dfrac{p_\text{总}}{p^\ominus}\right)^{\sum v}$ 减小, 导致 $Q_a < K^\ominus$, 即反应向正向进行。同理, 增大体积、减小总压力, 平衡向物质的量增大的方向移动。例如, 对于合成氨反应, $\sum v < 0$, 若保持总压不变, 充入惰性气体, 则产率降低; 但充入惰性气体时, 保持体积不变, 增加总压, 产率不降低。

4.6.3　温度的影响

浓度和压力是由于改变了 Q_a, $Q_a \neq K^\ominus$, 导致化学平衡移动。由于平衡常数是温度的函数, 温度变化, $K^\ominus$ 改变, 从而 $Q_a \neq K^\ominus$, 引起化学平衡移动。

因为 $\Delta G^\ominus = \Delta H^\ominus - T\Delta S^\ominus$, 又因为 $\Delta G^\ominus = -RT\ln K^\ominus$, 所以

$$\ln K^\ominus = -\frac{\Delta H^\ominus}{RT} + \frac{\Delta S^\ominus}{R} \tag{4-42}$$

因为 $\Delta H^\ominus$ 和 $\Delta S^\ominus$ 随温度变化很小, 所以在温度变化不太的范围内可近似认为是常数。设在温度 T_1 和 T_2 时的平衡常数分别为 $K_1^\ominus$ 和 $K_2^\ominus$, 则

$$\ln K_1^\ominus = -\frac{\Delta H^\ominus}{RT_1} + \frac{\Delta S^\ominus}{R} \tag{1}$$

$$\ln K_2^\ominus = -\frac{\Delta H^\ominus}{RT_2} + \frac{\Delta S^\ominus}{R} \tag{2}$$

式(2) -式 (1)得

$$\ln \frac{K_2^\ominus}{K_1^\ominus} = -\frac{\Delta H^\ominus}{R}\left(\frac{1}{T_2} - \frac{1}{T_1}\right) \tag{4-43}$$

对于在温度 T_1 已达平衡的化学反应, $Q_a = K_1^\ominus$, 温度升高到 T_2 时, Q_a 不变。若为吸热反应, 因为 $\Delta H^\ominus > 0$, 且 $T_2 > T_1$, 则 $K_2^\ominus > Q_a = K_1^\ominus$, 反应向正反应方向自发进行。若为放热反应, 因为 $\Delta H^\ominus < 0$, 且 $T_2 > T_1$, 则 $K_2^\ominus < Q_a = K_1^\ominus$, 反应向逆反应方向自发进行。即升高温度平衡向吸热反应方向移动。

式(4-43)是表述 $K^\ominus$ 与 T 关系的重要方程式。当已知化学反应的热效应 $\Delta H^\ominus$ 时, 只要已知某温度 T_1 下的 $K_1^\ominus$, 即可利用式(4-43)求另一温度 T_2 下的 $K_2^\ominus$。此外, 也可从已知两温度下的平衡常数, 求反应的热效应。

【例 4-18】 试计算反应 $CO_2(g) + 4H_2(g) \rightleftharpoons CH_4(g) + 2H_2O(g)$, 在 800K 时的 $K^\ominus$。

解　欲利用式(4-43)计算 800K 时的 $K^\ominus$, 必须先知道另一温度时的 $K^\ominus$。为此, 可利用表 4-2 的数据求 298.15K 时的 $K^\ominus$(298.15K) 和 $\Delta H^\ominus$。由表 4-2 查得

$$CO_2(g) \quad + \quad 4H_2(g) \rightleftharpoons CH_4(g) \quad + \quad 2H_2O(g)$$

$\Delta_f H^\ominus /(kJ \cdot mol^{-1})$	-393.51	0	-74.6	-241.826
$\Delta_f G^\ominus /(kJ \cdot mol^{-1})$	-394.39	0	-50.5	-228.61

$$\Delta H^\ominus = [(-74.6) + 2 \times (-241.826) - (-393.51)] kJ \cdot mol^{-1} = -164.7 kJ \cdot mol^{-1}$$

$$\Delta G^\ominus = [(-50.5) + 2 \times (-228.61) - (-394.39)] kJ \cdot mol^{-1} = -113.3 kJ \cdot mol^{-1}$$

$$\ln K^\ominus (298.15K) = -\frac{\Delta G^\ominus}{RT} = \frac{113.3 \times 10^3 J \cdot mol^{-1}}{8.314 J \cdot mol^{-1} \cdot K^{-1} \times 298.15K} = 45.7$$

将上述数据代入式(4-43)：

$$\ln K^\ominus (800K) - 45.7 = -\frac{-164.7 \times 10^3 J \cdot mol^{-1}}{8.314 J \cdot mol^{-1} \cdot K^{-1}} \left(\frac{1}{800} - \frac{1}{298.15} \right) = -41.7$$

$$\ln K^\ominus (800K) = 45.7 - 41.7 = 4.0$$

$$K^\ominus (800K) = 55$$

习　　题

1. 某封闭系统经一系列变化，从环境中吸热 100J，对环境做功 50J，请计算系统的热力学内能变 ΔU。

2. 对于封闭系统，请判断下列描述哪种正确，并做出解释。

(1) 不做非体积功条件下，Q_V 与途径无关，故 Q_V 是状态函数。

(2) 不做非体积功条件下，Q_p 与途径无关，故 Q_p 是状态函数。

(3) 系统发生一确定变化，不同途径中，热肯定不相等。

(4) 系统发生一确定变化，$Q + W$ 与途径无关。

3. 1L 气体在绝热箱中抵抗 101325Pa 的外压膨胀到 20L。计算：(1)此气体所做的功；(2)内能的变化量；(3) 环境的内能变化量。

4. 在 500K 时 2mol 的理想气体恒温膨胀，它的内压为 800kPa，抵抗 200kPa 的恒压做功，体积增加到 4 倍，试求 W、Q、ΔU 和 ΔH。

5. 在 100kPa 下，2mol H_2 和 1mol O_2 反应，在 100℃和 100kPa 下生成 2mol 水蒸气，总共放出了 115.8 kJ·mol^{-1} 热量。求生成 1mol $H_2O(g)$ 的 ΔH 和 ΔU。

6. 利用表 4-3 中生成焓的数据，计算下列反应的反应热 $\Delta H^\ominus (298K)$：

(1) $C_2H_4(g) + H_2(g) == C_2H_6(g)$

(2) $3C_2H_2(g) == C_6H_6(l)$

(3) $C_2H_5OH(l) == C_2H_4(g) + H_2O(l)$

7. 从下列热反应方程式求出 $PCl_5(s)$ 的标准摩尔生成热(温度为 298.15K)：

$$2P(s) + 3Cl_2(g) == 2PCl_3(l) \qquad \Delta H^\ominus = -634.5 kJ \cdot mol^{-1}$$

$$PCl_3(l) + Cl_2(g) == PCl_5(s) \qquad \Delta H^\ominus = -137.1 kJ \cdot mol^{-1}$$

8. 已知某温度下，下列反应的焓变：

(1) $3H_2(g) + N_2(g) == 2NH_3(g) \qquad \Delta H = -92.4 kJ \cdot mol^{-1}$

(2) $2H_2(g) + O_2(g) == 2H_2O(g) \qquad \Delta H = -483.7 kJ \cdot mol^{-1}$

计算：该温度下反应 $4NH_3(g) + 3O_2(g) \longrightarrow 2N_2(g) + 6H_2O(g)$ 的焓变，并说明正反应是吸热反应还是放热反应。

9. 一定温度下，下列哪个过程的标准摩尔焓变等于 $CaCO_3(s)$ 的标准摩尔生成焓？请给出理由。

(1) $Ca^{2+}(aq) + CO_3^{2-}(aq) == CaCO_3(s)$

(2) $2Ca(s) + 2C(石墨) + 3O_2(g) == 2CaCO_3(s)$

(3) $CaO(s) + CO_2(g) = CaCO_3(s)$

(4) $Ca(s) + C(石墨) + 3/2O_2(g) = CaCO_3(s)$

10. 单斜硫和正交硫是硫单质的两种不同的晶形。标准状态下，温度低于 362K 时，正交硫较稳定，反之，单斜硫较稳定，则反应 S(单斜) == S(正交)为哪种反应？请给出解释。

A. 放热，熵增　　B. 吸热，熵增　　C. 放热，熵减　　D. 放热，熵减

11. 苯在正常沸点 (378.25K) 气化，$C_6H_6(l) = C_6H_6(g)$，$\Delta_r H_m^{\ominus} = 33.9 kJ \cdot mol^{-1}$，$S_m^{\ominus}(C_6H_6,l) = 172 J \cdot mol^{-1} \cdot K^{-1}$，求 $S_m^{\ominus}(C_6H_6,g)$。

12. 不用查表，将下列物质按标准熵 $S_m^{\ominus}$ (298.15K)值由大到小的顺序排列，并简单说明理由。

(1) $Ca(s)$　　　(2) $Mg(s)$　　　(3) $I_2(l)$　　　(4) $Cl_2(g)$　　　(5) $CaCl_2(s)$

13. 预测下列从左到右的过程，是熵增加还是熵减少。

(1) $CO_2(g) \longrightarrow CO_2(s)$

(2) $2Cu(s) + O_2(g) \longrightarrow 2CuO(g)$

(3) $2CO_2(g) \longrightarrow 2CO(g) + O_2(g)$

(4) $H_2(g,100kPa) \longrightarrow H_2(g,200kPa)$

(5) $MgCO_3(s) + 2H^+(aq) \longrightarrow Mg^{2+}(aq) + CO_2(g) + H_2O(l)$

(6) $KNO_3(s) \longrightarrow K^+(aq) + NO_3^-(aq)$

14. 室温下硝酸铵溶于水是吸热过程，为什么能自发进行？石墨能自发变成金刚石吗？

15. CO 和 NO 是汽车尾气中排出的有毒气体，已知 298.15K 时相关物质的热力学数据如下所示：

物质	CO(g)	CO₂(g)	NO(g)	N₂(g)
$\Delta_f H_m^{\ominus}$ /(kJ · mol⁻¹)	−110.5	−393.5	90.4	
$S_m^{\ominus}$ /(J · mol⁻¹ · K⁻¹)	197.6	213.6	210.7	192.3

试用热力学原理评估标准状态下、298.15K 时利用反应 $2CO(g) + 2NO(g) = 2CO_2(g) + N_2(g)$ 减少汽车尾气污染的可能性。

16. 请解释标准状态下，能自发进行的聚合反应为放热反应。

17. 灰锡和白锡是单质锡的两种不同晶体，标准状态下，低于 18℃时白锡转化为灰锡，试推测反应 Sn(灰)=Sn(白)的 $\Delta_r H_m^{\ominus}$ 和 $\Delta_r S_m^{\ominus}$ 可能取值的正负，并解释原因。

18. 写出下列各可逆反应的标准平衡常数的表达式。

(1) $2NaHCO_3(s) \rightleftharpoons Na_2CO_3(s) + CO_2(g) + H_2O(g)$

(2) $CO_2(s) \rightleftharpoons CO_2(g)$

(3) $(CH_3)_2CO(l) \rightleftharpoons (CH_3)_2CO(g)$

(4) $CS_2(l) + 3Cl_2(g) \rightleftharpoons CCl_4(l) + S_2Cl_2(l)$

(5) $2Na_2CO_3(s) + 5C(s) + 2N_2(g) \rightleftharpoons 4NaCN(s) + 3CO_2(g)$

19. 对于生命起源的问题，有人提出最初植物或动物内的复杂分子是由简单分子自发形成的。例如，尿素(NH_2CONH_2)的生成可以用如下反应方程式表示：

$$CO_2(g) + 2NH_3(g) = NH_2CONH_2(s) + H_2O(l)$$

(1) 利用下表中的热力学数据计算上述反应在 298.15K 时的 $\Delta_r G_m^{\ominus}$，说明该反应在 298.15K，标准状态下能否自发进行。

(2) 计算在标准状态下，该反应不能自发进行的最低温度。

物质	CO₂(g)	NH₃(g)	NH₂CONH₂(s)	H₂O(l)
$\Delta_f G_m^{\ominus}$/(kJ · mol⁻¹)	−394.36	−16.45	−196.7	−237.13
$S_m^{\ominus}$/(J · mol⁻¹ · K⁻¹)	213.7	192.4	104.6	69.91

20. 煤燃烧时，其中的杂质硫部分转化为 $SO_3(g)$，造成大气污染。

(1) 计算 298K 时反应 $CaO(s) + SO_3(g) =\!=\!= CaSO_4(s)$ 的标准常数。

(2) 试用热力学数据说明在 298K 时可否用 $CaO(s)$ 吸收有害气体 $SO_3(g)$。

(3) 判断 298K，空气中 $p(SO_3)=10kPa$ 时，反应进行的方向。

物质	CaO (s)	SO_3 (g)	$CaSO_4$ (s)
$\Delta_f H_m^\ominus/(kJ \cdot mol^{-1})$	−635.09	−395.09	−1434.18
$S_m^\ominus/(J \cdot mol^{-1} \cdot K^{-1})$	39.60	256.60	107.20

21. 根据以下 298.15K 的数据，计算反应：$CH_3OH(g) + CO(g) =\!=\!= CH_3COOH(g)$，在 423K 时的平衡常数，并判断 $p(CH_3OH,g)=60kPa$，$p(CO,g)=90kPa$，$p(CH_3COOH,g)=80kPa$ 时，该反应自发进行的方向。

物质	$CH_3OH(g)$	$CO(g)$	$CH_3COOH(g)$
$\Delta_f H_m^\ominus/(kJ \cdot mol^{-1})$	−200.8	−110	−435
$S_m^\ominus/(J \cdot mol^{-1} \cdot K^{-1})$	238	198	293

22. 某一体系中 SO_2 和 O_2 的物质的量比为 2：3，在 500K 和 10atm 下平衡时，可产生 5.66% 的 SO_3(体积分数)。求：

(1) 此反应 $2SO_2 + O_2 \rightleftharpoons 2SO_3$ 的标准平衡常数 $K^\ominus$。

(2) 如果要得到 25% 的 SO_3，总压需要多少？

(3) 如果将混合物的总压增加到 3000kPa，平衡时 SO_3 的体积分数为多少？

23. 固体碳酸氢钠按如下的方程式分解：

$$2NaHCO_3(s) \rightleftharpoons Na_2CO_3(s) + CO_2(g) + H_2O(g)$$

在某一高温下，CO_2 和 H_2O 气体的总压是由纯的固体碳酸氢钠分解产生。在平衡时，其总压为 50kPa。(1) 计算此反应的平衡常数。(2) 如果 $p(H_2O)$ 通过外界手段调到 30kPa。在 $NaHCO_3(s)$ 还有留存的情况下 $p(H_2O)$ 和 $p(CO_2)$ 的压力为多少？

24. 在一定温度下，一定量的 NH_3 的气体体积为 10L，此时 NH_3 有 20% 解离为 N_2 和 H_2，$2NH_3 \rightleftharpoons N_2 + 3H_2$，用化学平衡原理说明在下列情况下，解离度是增加还是减少(此时压力为 100kPa)？

(1) 降低压力，使体积变为 20L。

(2) 保持体积不变，加入氩气，使压力变为 300kPa。

(3) 保持压力不变，加入 N_2 使体积变为 20L。

(4) 保持压力不变，加入 H_2 使体积变为 20L。

(5) 保持压力不变，加入 NH_3 使体积变为 20L。

25. 在 298.15K 时 $CuSO_4 \cdot 5H_2O(s)$、$CuSO_4(s)$、$H_2O(l)$ 的标准生成吉布斯函数分别为：−1880.04、−662.2、−237.14 $(kJ \cdot mol^{-1})$，水的饱和蒸气压为 3575Pa。

(1) 判断在 298.15K 时，$CuSO_4 \cdot 5H_2O(s)$ 是否可以自动分解？

(2) 将 $CuSO_4 \cdot 5H_2O(s)$ 放入饱和水蒸气的空气中是否会分解？

(3) 求 298.15K 时 $CuSO_4 \cdot 5H_2O(s)$ 的分解压力。

26. 已知反应 $A(g) + B(g) =\!=\!= 2C(g)$ 在 548K 和 686K 下平衡常数 K 分别为 45.8 和 32.9，问正反应是吸热反应还是放热反应，并解释原因。

第 5 章　化学动力学基础

生产中人们总希望在最短的时间内生产出最多的产品，这就要求化学反应以尽可能快的速率进行；在日常生活中，肠胃不舒服、消化不良时常吃些助消化的药物，以使消化反应加快进行；钢铁生锈、橡胶老化等一些不利于人们的反应要想方设法地抑制；这些都是有关化学反应速率的问题。化学反应速率是近代化学的中心问题之一，相关知识极为丰富，迄今仍有许多基本问题没有解决。化学反应进行的快慢，以及反应从始态到终态所经历的过程，属于化学动力学研究的范畴。本章将介绍化学动力学的基本知识，重点讨论浓度、温度和催化剂对反应速率的影响，并给予简单的理论解释。

5.1　化学反应速率

化学反应有些进行得很快，一瞬间就能完成，如酸碱中和反应、爆炸反应等。有的反应进行得很慢，甚至几乎不进行，如氢和氧的混合气体在室温下可以长久保存，不发生显著的化学反应。为了定量地比较反应进行的快慢，必须明确化学反应速率的概念。

5.1.1　经验表示法

按照传统的说法，反应速率是在一定条件下单位时间内某化学反应的反应物转变为生成物的速率。对于均相体系的恒容反应，通常比较习惯以单位时间内反应物的减少或生成物浓度的增加来表示。如果实验测定的是某一段时间间隔内浓度的变化，这样可以得到该时间间隔内的平均速率。

$$反应速率 = \frac{浓度变化(\Delta c)}{变化所需时间(\Delta t)} \qquad (5-1)$$

【例 5-1】　在测定 $K_2S_2O_8$ 与 KI 反应速率的实验中，所得数据如下：

$$S_2O_8^{2-}(aq) + 3I^-(aq) \Longleftrightarrow 2SO_4^{2-}(aq) + I_3^-(aq)$$

开始浓度/(mmol·L⁻¹)	98	98	0	0
100s 末浓度/(mmol·L⁻¹)	80	44	36	18

计算反应开始后 100s 内的平均速率。

解　分别以 $S_2O_8^{2-}$、I^-、$S_2O_4^{2-}$、I_3^- 的浓度变化来表示反应速率：

$$\overline{v}(S_2O_8^{2-}) = -\frac{\Delta c(S_2O_8^{2-})}{\Delta t} = -\frac{80-98}{100} = 0.18(\text{mmol}\cdot\text{L}^{-1}\cdot\text{s}^{-1})$$

$$\overline{v}(I^-) = -\frac{\Delta c(I^-)}{\Delta t} = -\frac{44-98}{100} = 0.54(\text{mmol}\cdot\text{L}^{-1}\cdot\text{s}^{-1})$$

$$\overline{v}(SO_4^{2-}) = \frac{\Delta c(SO_4^{2-})}{\Delta t} = \frac{36-0}{100} = 0.36(\text{mmol}\cdot\text{L}^{-1}\cdot\text{s}^{-1})$$

$$\bar{v}(I_3^-) = \frac{\Delta c(I_3^-)}{\Delta t} = \frac{18-0}{100} = 0.18(\text{mmol} \cdot L^{-1} \cdot s^{-1})$$

推广到一般的化学反应：

$$\nu_C C + \nu_D D \rightleftharpoons \nu_Y Y + \nu_Z Z$$

平均速率可表示为

$$\bar{v}(C) = -\frac{\Delta c(C)}{\Delta t}, \quad \bar{v}(D) = -\frac{\Delta c(D)}{\Delta t}, \quad \bar{v}(Y) = \frac{\Delta c(Y)}{\Delta t}, \quad \bar{v}(Z) = \frac{\Delta c(Z)}{\Delta t}$$

式中：浓度的单位一般用 $\text{mol} \cdot L^{-1}$ 或 $\text{mmol} \cdot L^{-1}$，时间的单位可根据反应速率的快慢用秒(s)、分(min)、小时(h)或天(d)等。这样，反应速率的单位为 $\text{mol} \cdot L^{-1} \cdot s^{-1}$ 或 $\text{mol} \cdot L^{-1} \cdot \text{min}^{-1}$ 等。

对大多数化学反应来说，反应开始后，各物质的浓度每时每刻都在发生变化，化学反应速率是随时间不断变化的。在某一时间间隔内的平均速率并不能真实地反映这样的变化，而要用瞬时速率才能表示化学反应在某一时刻的真实速率。瞬时速率等于时间间隔 Δt 趋于无限小时的平均速率的极限值。

对一般反应：

$$\nu_C C + \nu_D D \rightleftharpoons \nu_Y Y + \nu_Z Z$$

$$v(C) = \lim \frac{-\Delta c(C)}{\Delta t} = -\frac{dc(C)}{dt}$$

同理有

$$v(D) = -\frac{dc(D)}{dt}, \quad v(Y) = \frac{dc(Y)}{dt}, \quad v(Z) = \frac{dc(Z)}{dt}$$

反应速率可由实验测得。实验中，只能测出不同时刻的浓度，然后通过作图法或代数法，求得不同时刻的瞬时速率。例 5-1 的计算说明，由于反应式中物质的化学计量数往往不同，因此用不同物质来表示反应速率时，其数值就可能不一致，但它们所表示的是同一反应的速率。事实上，同一反应在同一条件下只有一种反应速率。

5.1.2 用反应进度表示反应速率

反应进度是一个衡量化学反应进行程度的物理量，反应进度变化 $\Delta \xi$ 与反应式中物质的选择无关，若将反应速率定义为反应进度随时间的变化率，则不会产生以上麻烦。根据 IUPAC 推荐，单位体积内反应进程随时间的变化率即为反应速率：

$$v = \frac{1}{V} \left(\frac{d\xi}{dt} \right) \tag{5-2}$$

式中：V 为体系的体积。将式(4-2)代入式(5-2)得

$$v = \frac{1}{V} \left(\frac{dn_i}{\nu_i dt} \right) = \frac{1}{\nu_i} \left(\frac{dn_i}{V dt} \right)$$

对于恒容反应器，V 不变，所以 $\dfrac{dn_i}{V} = dc_i$，则得

$$v = \frac{1}{\nu_i} \left(\frac{dc_i}{dt} \right)$$

对于一般反应

$$\nu_C C + \nu_D D \Longleftrightarrow \nu_Y Y + \nu_Z Z$$

$$v = -\frac{1}{\nu_C}\frac{dc(C)}{dt} = -\frac{1}{\nu_D}\frac{dc(D)}{dt} = \frac{1}{\nu_Y}\frac{dc(Y)}{dt} = \frac{1}{\nu_Z}\frac{dc(Z)}{dt} \tag{5-3}$$

如例 5-1 中:

$$\overline{v} = \frac{1}{\nu_i}\left(\frac{\Delta c_i}{dt}\right) = \frac{\overline{v}(S_2O_8^{2-})}{1} = \frac{\overline{v}(I^-)}{3} = \frac{\overline{v}(SO_4^{2-})}{2} = \frac{\overline{v}(I_3^-)}{1}$$

显然,用反应进度定义的反应速率的量值与表示速率物质的选择无关,即一个反应就只有一个反应速率值,但与化学计量数有关,所以在表示反应速率时,必须写明相应的化学反应计量方程式。

5.2　反应速率理论简介

以反应 $2H_2 + O_2 = 2H_2O$ 为例,该反应在 283K 时 100 亿年只能生成 0.15% 的水,但若 H_2 体积占 4.65%～93.9% 的 H_2 和 O_2 混合物中,873K 以上用铂绒催化,即可以爆炸的形式完成。由此可见,反应速率除了与反应物性质有关外,还与外界条件有关。在长期实践的基础上,人们逐步做了一些有关反应速率方面的理论研究工作。虽然这些工作目前尚欠成熟,但无疑使人们从感性认识朝着理性认识的方向迈进了一大步。下面介绍反应速率理论中的碰撞理论和过渡态理论。

5.2.1　碰撞理论

早在 1918 年,路易斯就运用气体分子运动理论的成果,提出了反应速率的碰撞理论 (collision theory),又称简单碰撞理论、硬球碰撞理论、有效碰撞理论或化学动力学中的双分子基元反应速率理论。其基本要点是:①假定发生反应的分子、离子或原子是没有内部结构且没有内部运动的刚性球体;②反应物分子间的碰撞是反应进行的先决条件,相互反应的分子之间必须碰撞才有可能发生化学反应;③只有那些能量超过普通分子的平均能量且空间方位适宜的活化分子的碰撞,即"有效碰撞"(effective collision)才能发生反应。

反应物分子碰撞的频率越高,反应速率越大。设反应物分子之间在单位时间内单位体积中所发生的碰撞总次数是 Z,则有 $v \propto Z$。但只有极少数碰撞可以发生化学反应。例如,对于碘化氢气体的分解反应: $2HI(g) = H_2(g) + I_2(g)$,理论计算表明,在 973K 时,浓度为 $0.001 mol \cdot L^{-1}$ 的 HI 气体,分子碰撞次数为 $3.5 \times 10^{28} L^{-1} \cdot s^{-1}$。如果每次碰撞都发生反应,反应速率应约为 $5.8 \times 10^4 mol \cdot L^{-1} \cdot s^{-1}$。但实验测得,在这种条件下实际反应速率约为 $1.2 \times 10^{-8} mol \cdot L^{-1} \cdot s^{-1}$。这个数据告诉我们,在众多的碰撞中,大多数碰撞并不引起反应,是无效的弹性碰撞。

相互碰撞的分子,具备足够的能量是有效碰撞的必要条件。因为只有具有足够高能量的分子,才能克服相互碰撞时无限接近的电子云间的排斥作用和破坏旧的化学键所需的能量,从而使分子中原子有可能发生重排,即发生化学反应。能发生有效碰撞的分子称为活化分子

(activated molecule)；1mol 活化分子具有的最低能量为 E_m^*，体系 1mol 反应物分子的平均能量为 E_m。具有平均能量的 1mol 反应物分子变成活化分子所需吸收的最低能量称为活化能 (activation energy)，通常用 E_a 表示，单位为 $kJ \cdot mol^{-1}$。

$$E_a = E_m^* - E_m \tag{5-4}$$

图 5-1 表示在某一温度 T，气体分子能量分布情况，即麦克斯韦-玻尔兹曼分布(Maxwell-Boltzmann distribution)。图中能量分布曲线上的任一点其横坐标表示分子所具有能量的数值，纵坐标表示具有横坐标能量的气体分子数占气体分子总数的百分数。从图 5-1 可见，具有比平均能量稍低的分子较多，能量很小或很高的分子都很少。曲线和横坐标所包括的面积是全部具有不同能量的分子百分数之和，等于 100%。活化分子在全部分子中所占有的比例，以及活化分子所完成的碰撞次数占总碰撞次数的比例，都是符合麦克斯韦-玻尔兹曼分布的，故有

$$\frac{Ni}{N} = f = e^{-E_a/RT} \tag{5-5}$$

式中：f 称为能量因子，其意义是能量满足要求的碰撞占总碰撞次数的分数；e 为自然对数的底；R 为摩尔气体常量；T 为热力学温度。每个分子的能量因碰撞而不断改变，因此活化分子并不是固定不变的，但是由于当温度一定时，分子的能量分布是不变的，故活化分子的比例在一定温度下是固定的。

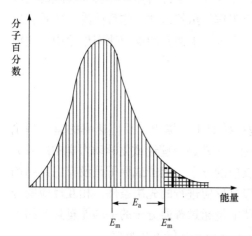

图 5-1 中画有横线的面积和画有垂线的面积之比(百分比)，表示全部具有不同能量的活化分子的百分数。这是一个很小的百分数，但是，反应体系中反应物分子的数目是巨大时，因此活化分子的数目也是巨大的。显然，反应速率与活化分子所占的百分数 f 成正比：$v \propto f$。能量是有效碰撞的一个必要条件，但不是充分条件。

互相碰撞的分子在空间彼此间的取向必须适当。只有具有较高能量的分子，在合适的碰撞方向上，反应才能发生。以图 5-2 中反应 $NO_2(g) + CO(g) \rightleftharpoons NO(g) + CO_2(g)$ 来说明这个问题：只有当 CO 分子中的碳原子与 NO_2 中的氧原子相互碰撞时[图 5-2(a)]，才能发生重排反应；而 CO 的氧原子

图 5-1 分子能量分布示意图

与 NO_2 的氧原子[图 5-2(b)]，或 CO 的碳原子与 NO_2 的氮原子相互碰撞[图 5-2(c)]的取向，都不会发生反应。

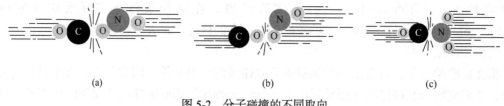

(a)　　　　　　　　　　　　　(b)　　　　　　　　　　　　　(c)

图 5-2 分子碰撞的不同取向

因此，真正的有效碰撞次数，应该在碰撞次数之上再乘以一个校正因子，即取向因子 P。显然，反应速率与碰撞分子有利于反应取向的概率(即取向因子 P)成正比：$v \propto P$。

综上，反应速率 v 以在单位时间内单位体积中所发生的有效碰撞次数来表示：

$$v = ZPf = ZPe^{-E_a/RT} \tag{5-6}$$

从式(5-6)可以看出，活化能 E_a 越高，活化分子所占比例越少，有效碰撞所占的比例也越少，故反应速率 v 越小。每一个反应都有其特定的 E_a 值。E_a 可以通过实验测出，称为经验活化能。大多数化学反应的活化能为 $60 \sim 250 kJ \cdot mol^{-1}$。活化能小于 $40 kJ \cdot mol^{-1}$ 的反应，活化分子百分数大，有效碰撞次数较多，反应可瞬间完成，如酸碱中和反应等。活化能大于 $400 kJ \cdot mol^{-1}$ 的反应，反应速率很小。

5.2.2　过渡态理论

碰撞理论比较直观，较好地解释了有效碰撞，用于简单的双分子反应比较成功。而对分子结构比较复杂的反应，如相对分子质量较大的有机物发生的反应，这个理论通常不能解释。这是由于碰撞理论简单地把分子看成没有内部结构和内部运动的刚性球，特别是它不能说明反应过程及其能量的变化。随着原子结构和分子结构理论的发展，1935 年艾林(Henry Eyring，1901—1981，美国物理化学家)和波兰尼(Michael Polanyi，1891—1976，英国犹太裔物理化学家)在量子力学和统计力学的基础上提出了化学反应速率的过渡态理论(transition state theory)。过渡态理论认为：化学反应从本质上看是原子之间重新排列组合；由反应物到生成物的过程中，一定要经过动能转变为分子间相互作用的势能(它包含了所有电子与电子之间、核与核之间、电子与核之间的相互作用势能)形成一个能量较高的过渡态；在形成过渡态的过程中，反应物部分断键，产物部分成键，过渡态的物质被称为活化络合物，故过渡态理论又称为活化络合物理论。

应用过渡态理论讨论化学反应时，可将反应过程中体系势能变化情况表示在反应历程-势能图上。以反应 $NO_2 + CO \rightleftharpoons NO + CO_2$ 为例，其反应历程-势能图如图 5-3 所示。图中 A 点表示反应物 NO_2 和 CO 分子的平均势能；B 点表示活化络合物的势能；C 点表示生成物 NO 和 CO_2 分子的平均势能。在反应历程中，当具有较高能量的 CO 和 NO_2 分子彼此以适当的取向相互靠近到一定程度时，NO_2 中氧的电子云便可以和 CO 中碳的电子云相互重叠而形成一种活化络合物；在活化络合物中，原有的 N—O 键部分地断裂，新的 C—O 键部分地形成，在这个过程中反应物分子的动能暂时转变为活化络合物的势能。这种过渡态物质一方面能迅速地与反应物达成平衡，另一方面又可分解为产物。

过渡态理论认为，化学反应的速率与下列三个因素有关：①活化络合物的浓度——$c(络)$；②活化络合物分解的概率；③活化络合物的分解速率——$v = k_{络} \cdot c(络)$。而对于基元反应 $A + B \rightleftharpoons C$，当过渡态物质与反应物达成平衡时有：$c(络) = K \cdot c(A) \cdot c(B)$，所以

$$v = k_{络} \cdot K \cdot c(A) \cdot c(B) = k \cdot c(A) \cdot c(B)$$

图 5-3 中反应物分子的平均势能与活化络合物的势能之差，即为正反应的活化能 E_a；生成物分子的平均势能与活化络合物的势能之差为逆反应的活化能，可表示为 E_a'。可见在过渡态理论中，活化能体现着一种能量差，即反应物与活化络合物之间的能量差。而正反应的活

化能 E_a 与逆反应的活化能 E_a' 之差即为化学反应的摩尔反应热 ΔH，即

$$\Delta H = E_a - E_a' \tag{5-7}$$

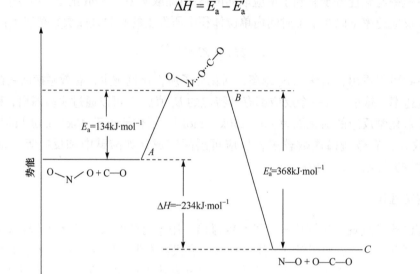

图 5-3　反应历程-势能图

当 $E_a > E_a'$ 时，$\Delta H > 0$，反应吸热；当 $E_a < E_a'$ 时，$\Delta H < 0$，反应放热。若正反应是放热反应，其逆反应必定吸热。所以，不论是放热反应还是吸热反应，反应物分子必须先爬过一个势垒反应才能进行。由图 5-3 可知，如果正反应是经过一步即可完成的反应，则其逆反应也可经过一步完成，而且正逆两个反应经过同一个活化络合物中间体，这就是微观可逆性原理。因此，活化能 E_a 的物理意义即是反应物变成产物过程中的能量障碍——势能垒。

由此可见，过渡态理论和分子碰撞理论分别从势能垒与碰撞动能两个不同角度来描述化学反应的活化能含义，两者数值差别很小。而过渡态理论将反应中涉及的物质的微观结构与反应速率结合起来，这是比碰撞理论先进的一面。然而由于许多反应的活化络合物的结构还无法从实验上加以确定，加上计算方法过于复杂，这一理论的应用受到限制。直到 21 世纪初，随着分子轨道理论逐渐成熟，计算机广泛应用，描述性化学逐渐发展为计算化学，过渡态理论的发展势不可挡，特别是催化有机合成和催化环境修复成为 21 世纪的研究热点。

5.3　影响化学反应速率的因素

化学反应速率的大小，首先取决于反应物的本性。例如，$4Na + O_2 \longrightarrow 2Na_2O$ 反应很快，而 $S + O_2 \longrightarrow SO_2$ 反应极慢，几乎观察不到。分析反应速率理论可得，改变实验条件来增大反应速率的途径有：①增大单位时间、单位体积内分子的碰撞次数——改变反应物浓度；②提高活化分子百分数——改变温度；③增加有利于反应取向的概率，或降低反应的活化能——催化剂。

5.3.1　浓度对化学反应速率的影响——基元反应的质量作用定律

1. 基元反应与质量作用定律

把反应发生的具体步骤(途径)或微观进行的过程称为反应机理或反应历程。讨论反应物浓度与反应速率的关系,要先从基元反应谈起。反应物活化分子在有效碰撞中一步直接转化为生成物分子的反应称为基元反应(elementary reaction)或简单反应。例如:

基元反应(1):$SO_2Cl_2 \longrightarrow SO_2 + Cl_2$,增大反应物 SO_2Cl_2 的浓度,反应速率加快。反应速率与反应物浓度成正比,其数学表示式为

$$v \propto c(SO_2Cl_2) \quad 或 \quad v = k_1 c(SO_2Cl_2) \tag{5-8}$$

式中:$c(SO_2Cl_2)$代表 SO_2Cl_2 的浓度;k 称为速率常数,是指在给定温度下,单位浓度时的反应速率。式(5-8)表达了反应物浓度与反应速率的关系,称为反应的速率方程。

基元反应(2):$NO_2 + CO \longrightarrow NO + CO_2$,实验测得 $c(NO_2)$扩大某倍时,NO_2 与 CO 相碰撞的频率将扩大相同的倍数,因此有效碰撞频率及反应速率也将扩大相同的倍数,即反应速率与 $c(NO_2)$成正比;同理,反应速率与 $c(CO)$成正比。故有反应(2)的速率方程:

$$v = k_2 c(NO_2) c(CO) \tag{5-9}$$

基元反应(3):$2NO_2 \longrightarrow 2NO + O_2$,反应速率由 2 个 NO_2 相碰撞的频率来决定。设某单位体积中有 n 个 NO_2分子,它们相互间的碰撞方式有 $n(n-1)/2$ 种。当 n 很大时,$n \approx (n-1)$,故碰撞方式有 $n^2/2$ 种。若 NO_2分子个数扩大 2 倍,变成 $2n$ 个,碰撞方式将有 $2n(2n-1)/2 \approx 2n^2$ 种。可见当 NO_2 分子数扩大 2 倍时,碰撞的方式将扩大 2^2 倍。因为各种方式的碰撞是机会相同的,故碰撞的总频率也将扩大 2^2 倍。单位体积内,NO_2 分子个数扩大 2 倍,等于说 NO_2 浓度扩大 2 倍。总之,总碰撞频率及有效碰撞频率与 $c(NO_2)$的平方成正比。故有基元反应(3)的速率方程:

$$v = k_3 \left[c(NO_2) \right]^2 \tag{5-10}$$

根据以上三个典型基元反应的速率与浓度间的关系,可以给一般基元反应的速率方程作如下归纳:

若有基元反应:　　　　　　　　　　$a\text{A} + b\text{B} \longrightarrow y\text{Y} + z\text{Z}$

则该反应的速率方程为

$$v = k c_A^a c_B^b \tag{5-11}$$

式(5-11)表明:基元反应的反应速率与反应物的浓度以反应式中的化学计量数为乘幂的乘积成正比,这就是质量作用定律。它反映了反应物浓度与反应速率的定量关系。

2. 非基元反应的速率方程

许多化学反应不是基元反应,而是由两个或多个基元步骤完成的复杂反应,称为非基元反应(nonelementary reaction)或复杂反应。假设反应 $A_2 + B \longrightarrow A_2B$ 是分两个基元步骤完成的:

第一步　　　　　　　　　　$A_2 \longrightarrow 2A$　　　　　　　　　慢反应

第二步　　　　　　　　　　$2A + B \longrightarrow A_2B$　　　　　　　快反应

很明显，决定总反应速率的肯定是第一个基元步骤。即这种前一步的产物作为后一步反应物的连串反应的决定速率的步骤是最慢的一个基元步骤，称为定速步骤。故速率方程是 $v = kc(A_2)$，而不会是 $v = kc(A_2)c(B)$。对于这种复杂反应，其反应速率方程只有通过实验来确定。

【例 5-2】 表 5-1 中给出了测定反应 $2H_2 + 2NO \longrightarrow 2H_2O + N_2$ 速率的实验数据，据此确定该反应的速率方程。

表 5-1　H₂ 和 NO 的反应速率(1073K)

| 实验序号 | 起始浓度/(mmol · L⁻¹) | | 形成 N₂(g)的起始速率 |
	$c(NO)$	$c(H_2)$	$v /(mmol · L^{-1} · s^{-1})$
1	6.00	1.00	3.19
2	6.00	2.00	6.36
3	6.00	3.00	9.56
4	1.00	6.00	0.48
5	2.00	6.00	1.92
6	3.00	6.00	4.30

解 对比实验 1、2、3，$c(NO)$ 保持一定，$c(H_2)$ 扩大 2 倍或 3 倍，则反应速率相应扩大 2 倍或 3 倍。这表明反应速率和 $c(H_2)$ 成正比：$v \propto c(H_2)$。对比实验 4、5、6，$c(H_2)$ 保持一定，$c(NO)$ 扩大 2 倍或 3 倍，则反应速率相应扩大 4 倍或 9 倍。反应速率和 $[c(NO)]^2$ 成正比：$v \propto [c(NO)]^2$。一并考虑 $c(H_2)$ 和 $c(NO)$ 对反应速率的影响，得

$$v \propto c(H_2)[c(NO)]^2 \quad 或 \quad v = kc(H_2)[c(NO)]^2$$

而不是

$$v = k[c(H_2)]^2[c(NO)]^2$$

可见，一个复杂反应的速率方程是不能按反应物的计量数随意写出的。

利用表 5-1 的数据，也可以求出反应速率常数 k。将实验 1 的数据代入速率方程中：

$$k = \frac{v}{c(H_2)[c(NO)]^2} = \frac{3.19}{1.00 \times 6.00^2} = 8.86 \times 10^{-2} (L^{-2} \cdot mmol^{-2} \cdot s^{-1})$$

在恒温下，反应速率常数 k 不因反应物浓度的改变而变化，因此应用速率方程可以求出在该温度下的任何浓度时的反应速率。

3. 反应级数

反应级数(reaction order)是反应速率方程中各反应物浓度的指数之和。而在速率方程式中，各反应物浓度的指数分别称为反应对该物质的级数。根据反应速率与浓度的关系按反应级数来对化学反应分类，即使不知道反应历程，不知道是否为基元反应，也是可行的。表 5-2 列出了上面涉及的几个反应和它们的速率方程及级数。其中反应(1)、(2)、(3)是基元反应，反应级数等于反应方程式中各反应物计量系数之和；反应(4)是一个复杂反应，对 H₂ 是一级反应，对 NO 是二级反应，整个反应是三级反应。

表 5-2 反应的级数

	反应	反应速率方程	反应级数
(1)	$SO_2Cl_2 \longrightarrow SO_2 + Cl_2$	$v_1 = k_1 c(SO_2Cl_2)$	1
(2)	$NO_2 + CO \longrightarrow NO + CO_2$	$v_2 = k_2 c(NO_2) c(CO)$	2
(3)	$2NO_2 \longrightarrow 2NO + O_2$	$v_3 = k_3 \left[c(NO_2) \right]^2$	2
(4)	$2H_2 + 2NO \longrightarrow 2H_2O + N_2$	$v_4 = k c(H_2) \left[c(NO) \right]^2$	3

反应的分子数(molecular number of reactions)是指基元反应或复杂反应的基元步骤中发生反应所需要的微粒(分子、原子、离子或自由基)的数目。它只能对基元反应或复杂反应的基元步骤而言,非基元反应不能谈反应分子数,不能认为反应分子式中反应的计量数之和就是反应的分子数。基元反应有单分子反应,如 SO_2Cl_2 的分解反应;有需要两个微粒碰撞而发生反应的双分子反应,如 NO_2 和 CO 的反应;也有三个微粒碰撞才发生的三分子反应,如 $H_2 + 2I \longrightarrow 2HI$。三分子反应为数不多,四分子或更多分子碰撞而发生的反应尚未发现。可以想象,多个微粒要同一时间同一位置,并各自具备适当的取向和足够的能量是相当困难的。

反应的分子数只能为整数,因为分子是参加化学反应的最小单元。但反应级数却可以为零,也可以为分数。例如,反应 $2Na(s) + 2H_2O(l) \longrightarrow 2NaOH(aq) + H_2(g)$,其速率方程为 $v = k$,这是一个零级反应。零级反应的反应速率与反应物浓度无关。又如,反应 $H_2(g) + Cl_2(g) \longrightarrow 2HCl(g)$,其速率方程为 $v = k c(H_2) \left[c(Cl_2) \right]^{1/2}$,这是一个 1.5 级反应。也有速率方程较复杂,不属于 $v = k \left[c(A) \right]^m \left[c(B) \right]^n$ 形式的反应,如 $H_2(g) + Br_2(g) \longrightarrow 2HBr(g)$ 的速率方程为

$$v = \frac{k c(H_2) \left[c(Br_2) \right]^{1/2}}{1 + k' \dfrac{c(HBr)}{c(Br_2)}}$$,不能谈反应级数。

4. 速率常数

反应速率与反应物浓度成正比,而速率常数是其比例常数,所以速率常数又称为比速常数。速率常数在速率方程中不随反应物浓度变化而改变。但速率常数是温度的函数,同一反应,温度不同,速率常数将有不同的值。在相同的浓度条件下,可用速率常数的大小来比较化学反应的反应速率。对于不同反应,k 值一般不同。由于反应速率是以 $mol \cdot L^{-1} \cdot s^{-1}$ 为单位的,故速率方程中速率常数与各反应物浓度(或浓度的某次幂)的乘积的单位必须是 $mol \cdot L^{-1} \cdot s^{-1}$。于是速率常数的单位与反应级数有关,一级反应的速率常数的单位为 s^{-1};二级反应的速率常数的单位为 $L \cdot mol^{-1} \cdot s^{-1}$;而 n 级反应的速率常数的单位为 $L^{(n-1)} \cdot mol^{-(n-1)} \cdot s^{-1}$。由给出的反应速率的单位,可以判断反应的级数。

特别注意:即使由实验测得的反应级数与反应式中反应物计量数之和相等,该反应也不一定就是基元反应。例如,反应 $H_2(g) + I_2(g) \longrightarrow 2HI(g)$,实验测得,该反应的速率方程为:$v = k c(H_2) c(I_2)$。长期以来人们一直认为这个反应是基元反应,反应分子数为 2。近年来,无

论从实验上还是从理论上都证明，它并不是一步完成的基元反应，它的反应历程可能是如下两个基元步骤：

$$I_2 \longrightarrow I + I(快) \tag{1}$$

$$H_2 + 2I \longrightarrow 2HI(慢) \tag{2}$$

因为步骤(2)是慢反应，所以它是总反应的定速步骤，这一步反应的速率即为总反应的速率，这一基元反应的速率方程为

$$v = k_2 c(H_2)\left[c(I)\right]^2 \tag{5-12}$$

因为反应(2)的速率慢，所以可逆反应(1)这个快反应始终保持着正、逆反应速率相等的平衡状态，故有 $v_+ = v_-$，而 $v_+ = k_+ c(I_2)$，$v_- = k_-\left[c(I)\right]^2$。即 $k_+ c(I_2) = k_-\left[c(I)\right]^2$，据此有

$$\left[c(I)\right]^2 = \frac{k_+}{k_-}c(I_2) \tag{5-13}$$

将式(5-13)代入式(5-12)中可得到：

$$v = k_2 c(H_2)\frac{k_+}{k_-}c(I_2)$$

令 $k = k_2 \dfrac{k_+}{k_-}$，可得到总反应的速率方程：

$$v = kc(H_2)c(I_2) \tag{5-14}$$

这与上述实验结果是完全一致的。所以尽管有时由实验测的速率方程与按基元反应的质量作用定律写出的速率方程完全一致，也不能就认为这种反应肯定是基元反应。

5.3.2　温度对化学反应速率的影响

温度对化学反应速率的影响比较复杂，但对大多数化学反应来说，温度升高，反应速率加大。以氢气和氧气化合成水的反应为例。在常温下氢气和氧气作用十分缓慢，以致几年都观察不到有水生成。如果温度升高到873K，它们立即发生反应，并发生猛烈的爆炸。依照过渡态理论，化学反应的反应热是由反应前反应物的能量与反应后生成物能量之差来决定的；若反应物的能量高于产物的能量，反应放热，反之则反应吸热。所以，不论反应吸热还是放热，在反应过程中反应物必须爬过一个势能垒，反应才能进行。而升高温度，有利于反应物能量的提高，可加快反应的进行。一般来说，化学反应都随着温度升高而反应速率增大。

范特霍夫归纳了许多实验结果，于1884年总结出一条经验规则：反应物浓度恒定，温度每升高10K，反应速率为原来的2~4倍，称为范特霍夫近似规则。

$$\frac{v_{(T+10)K}}{v_{TK}} = 2\sim 4 \tag{5-15}$$

1889年阿伦尼乌斯(Svante August Arrhenius，1895—1927，瑞典物理化学家)总结了大量实验事实提出：温度 T 对 v 的影响就是集中在对速率方程式中 k 值的影响上。他将许多反应的 $\ln k$ 对 $1/T$ 作图，发现在温度区间不太大的情况下，都可得到一条直线(图5-4)，即

$$\ln k = -\frac{C}{T} + B \tag{5-16}$$

将式(5-6)两边取对数可得

$$\ln v = -\frac{E_a}{RT} + \ln(PZ) \tag{5-17}$$

对比式(5-16)和式(5-17)不难看出其对应关系：k-v，C-E_a/R，B-$\ln(PZ)$。

令 $A=PZ$，并将 k 代替 v，E_a/R 代替 C 代入后得

$$\ln k = -\frac{E_a}{RT} + \ln A \tag{5-18}$$

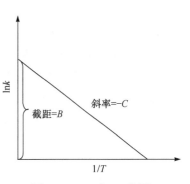

图 5-4　$\ln k$ 对 $1/T$ 作图

或

$$\lg k = -\frac{E_a}{2.303RT} + \lg A \tag{5-19}$$

或

$$k = Ae^{-E_a/RT} \tag{5-20}$$

以上三个式子均称为阿伦尼乌斯公式。式中：k 为反应速率常数；E_a 为活化能；R 为摩尔气体常量；T 为热力学温度；A 为常数，称为"指前因子"；e 为自然对数的底。在浓度相同的情况下，可以用速率常数来衡量反应速率。从式(5-20)可以看出：①因 E_a 的单位为 $kJ \cdot mol^{-1}$，与 RT 之积的单位一致，故指数因子无单位，因此 k 的单位取决于 A；②k 与 T 呈指数关系，温度的微小变化，将导致 k 较大的变化；③E_a 和 A 均不随温度的改变而变化。

利用阿伦尼乌斯公式，求反应的活化能。①可用作图法：$\ln k$ 对 $1/T$ 作图，斜率=$-E_a/R$，即 E_a = -斜率×R。②可用代入法：若某反应在温度 T_1 时速率常数为 k_1，在温度 T_2 时速率常数为 k_2，则

$$\ln \frac{k_2}{k_1} = -\frac{E_a}{R}\left(\frac{1}{T_2} - \frac{1}{T_1}\right) \quad \text{或} \quad \lg \frac{k_2}{k_1} = -\frac{E_a}{2.303R}\left(\frac{1}{T_2} - \frac{1}{T_1}\right) \tag{5-21}$$

$$E_a = \frac{RT_1T_2}{T_2 - T_1}\ln \frac{k_2}{k_1} \quad \text{或} \quad E_a = \frac{2.303RT_1T_2}{T_2 - T_1}\lg \frac{k_2}{k_1} \tag{5-22}$$

将求得的 E_a 数据代入阿伦尼乌斯公式中，又可以求得指前因子 A 的数值；若已知 E_a 和 T_1 下的 k_1，求 T_2 下的 k_2；也可求给定温度下的反应速率或所需反应速率下的温度。

阿伦尼乌斯公式不仅说明了反应速率与温度的关系，还可以说明活化能对反应速率的影响。图 5-5 中两条斜率不同的直线，分别代表活化能不同的两个化学反应。斜率的绝对值较小的直线 I 代表 E_a 较小的反应，斜率的绝对值较大的直线 II 代表 E_a 较大的反应。图 5-5 可以说明，E_a 较大的反应，其反应速率随温度升高较快，所以升高温度更有利于 E_a 较大的反应的进行。例如，当温度从 1000K 升高到 2000K 时(图 5-5 中横坐标 1.0 到 0.5)，E_a 较小的反应 I，k 值从 1000 增

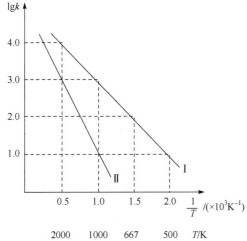

图 5-5　温度与反应速率常数的关系

大到 10000，扩大 10 倍；而 E_a 较大的反应 II，k 值从 10 增大到 1000，扩大 100 倍。对一给定反应如反应 I，如果要将反应速率扩大 10 倍，在低温区使 k 值从 10 增加到 100，只需升温 167K；而在高温区使 k 值从 1000 增加到 10000，则需升温 1000K。这说明一个反应在低温时速率随温度变化比在高温时显著得多。

【例 5-3】 反应 $2N_2O_5(g) \longrightarrow 2N_2O_4(g) + O_2(g)$，在 298K 时速率常数 $k_1=3.4\times10^{-5}s^{-1}$，在 328K 时速率常数 $k_2=1.5\times10^{-3}s^{-1}$，求此反应的活化能和指前因子 A。

解 将上述数据代入式(5-22)中，得

$$E_a = \frac{2.303RT_1T_2}{T_2 - T_1}\lg\frac{k_2}{k_1} = \frac{2.303\times8.314\times298\times328}{328-298}\lg\frac{1.5\times10^{-3}}{3.4\times10^{-5}} = 103(kJ\cdot mol^{-1})$$

由式(5-19)可得

$$\lg A = \lg k + \frac{E_a}{2.303RT}$$

将 $T=298K$，$k_1=3.4\times10^{-5}s^{-1}$，$E_a=103kJ\cdot mol^{-1}$ 代入式中得

$$\lg A = \lg(3.4\times10^{-5}) + \frac{103\times1000}{2.303\times8.314\times298} = 13.6$$

$$A = 3.98\times10^{13}s^{-1}$$

【例 5-4】 对于反应 $C_2H_5Cl(g) \longrightarrow C_2H_4(g) + HCl(g)$，其指前因子 $A=1.6\times10^{14}s^{-1}$，$E_a=246.9kJ\cdot mol^{-1}$，求其 700K 时的速率常数 k。

解 将数据代入式(5-19)中得

$$\lg k = -\frac{246.9\times10^3 J\cdot mol^{-1}}{2.303\times8.314 J\cdot mol^{-1}\cdot K^{-1}\times700K} + \lg(1.6\times10^{14}) = -4.22$$

$$k = 6.0\times10^{-5}s^{-1}$$

例 5-4 中 A 的单位为 s^{-1}，k 的单位也为 s^{-1}，因此可以看出该反应为一级反应。用同样的方法可以算出 710K 和 800K 时的速率常数分别为 $1.1\times10^{-4}s^{-1}$ 和 $1.2\times10^{-2}s^{-1}$。可以看出当温度升高 10K 时，k 变成原来的 2 倍左右；升高 100K 时，k 变成原来的 200 倍左右，与范特霍夫近似规则相一致。

5.3.3 催化剂对化学反应速率的影响

催化剂(catalyst)是一种能改变化学反应速率，其本身在反应前后质量和化学组成均不改变的物质。例如，加热氯酸钾固体制备氧气时，放入少量二氧化锰，反应即可大大加速。这里的二氧化锰就是该反应的催化剂。凡能加快反应速率的催化剂称为正催化剂；凡能减慢反应速率的催化剂称为负催化剂。在人们的印象中提到催化剂都是加快反应速率的作用，是不是负催化剂罕见呢？事实上负催化剂也很常见，只是人们给它改了名字，如抗老化剂、抗氧化剂、防锈剂、缓蚀剂等。

对于反应 $\nu_C C + \nu_D D \rightleftharpoons \nu_Y Y + \nu_Z Z$，若其速率方程为 $v = k[c(C)^x c(D)^y]$，催化剂不影响浓度 c，加快反应速率的原因必定是影响了速率常数 k。而 $\ln k = -\dfrac{E_a}{RT} + \ln A$ 中，催化剂不影响 T 和 A，因此催化剂必会通过影响 E_a 来改变反应速率。进一步研究表明，催化剂之所以能

显著地加快反应速率，是由于加入的催化剂与反应物之间形成了一种势能较低的活化络合物，使反应途径发生了改变。如图 5-6 所示，图中 E_a 是原反应的活化能，E_{ac} 是加催化剂后反应的活化能，$E_a > E_{ac}$。有催化剂参加的新反应和无催化剂时的原反应历程相比，所需的活化能显著地降低了，从而使活化分子百分数和有效碰撞次数增多，导致反应速率增大。表 5-3 列举了某些催化剂对若干化学反应活化能的影响。

表 5-3　催化剂对若干化学反应活化能的影响

化学反应式	E_a(非催化) / (kJ·mol^{-1})	E_{ac}(催化) / (kJ·mol^{-1})
$2SO_2 + O_2 \longrightarrow 2SO_3$	251	63(Pt)
$2N_2O \longrightarrow 2N_2 + O_2$	245	136(Pt)
$2HI \longrightarrow H_2 + I_2$	183.1	58(Pt)
$N_2 + 3H_2 \longrightarrow 2NH_3$	326.4	176(Fe)
$CH_3CHO \longrightarrow CH_4 + CO$	190.4	136.0(碘蒸气，791K)
$C_{12}H_{22}O_{11}$(蔗糖)$+ H_2O \longrightarrow C_6H_{12}O_6$(果糖)$+ C_6H_{12}O_6$(葡萄糖)	1340	109(H$^+$)，48.1(转化酶)

由图 5-6 还可以看到，催化剂使正、逆反应活化能降低量相等，对正、逆反应具有同样的加速作用。因此，催化剂不仅加快正反应速率，同时也加快逆反应速率。催化剂虽能改变反应途径和 E_a，但催化剂的存在并不改变反应物和生成物的相对能量。也就是说一个反应有无催化剂，反应体系的始态和终态、ΔH 和 ΔG 都不发生改变，所不同的只是具体途径。催化剂只能缩短达到平衡所需的时间，不能改变化学平衡的位置；对那些热力学上不能进行的反应，使用任何催化剂都是徒劳的。

催化剂具有特殊的选择性，这表现在不同的反应要用不同的催化剂，即使这些不同的反应属于同一类型也是如此。例如，SO_2 的氧化用 Pt 或 V_2O_5 作催化剂；而乙烯的氧化则要用 Ag 作催化剂：

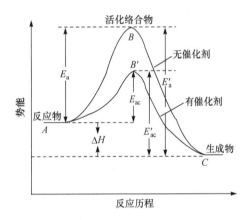

图 5-6　催化反应与原非催化反应能量关系示意图

$$C_2H_4 + \frac{1}{2}O_2 \xrightarrow{\text{Ag}} \begin{array}{c} CH_2 \!-\! CH_2 \\ \diagdown\;\diagup \\ O \end{array}$$

催化剂的选择性还表现在同样的反应物可能有许多平行反应，如果选用不同的催化剂，可以增大所需要的某个反应速率的同时，抑制其他不需要的反应。例如，工业上以水煤气为原料，使用不同的催化剂可以得到不同的主产物：

$$CO(g) + H_2(g) \begin{cases} (1) \xrightarrow[\text{Cu催化, 573K}]{300\times10^5\,Pa} CH_3OH \\[2mm] (2) \xrightarrow[\text{活化Fe-Co催化, 473K}]{20\times10^5\,Pa} \text{烷烃和烯烃的混合物} + H_2O \\[2mm] (3) \xrightarrow[\text{Ni催化, 523K}]{\text{常压}} CH_4 + H_2O \\[2mm] (4) \xrightarrow[\text{Ru催化, 423K}]{150\times10^5\,Pa} \text{固体石蜡} \end{cases}$$

5.3.4　其他因素对化学反应速率的影响

根据体系和相的概念，可以把化学反应分为均相反应和多相反应两类。均相反应体系中只存在一个相的反应。例如，气相反应、某些液相反应均属均相反应。多相反应体系中同时存在两个或两个以上相的反应。例如，气-固相反应(如煤的燃烧、金属表面的氧化等)、固-液相反应(如钠与水的反应)、固-固相反应(如水泥生产中的若干主反应等)、某些液-液相反应(如油脂与 NaOH 水溶液的反应等)均属多相反应。在多相反应中，由于反应在相与相间的界面上进行，因此多相反应的反应速率除了上述的几种因素外，还可能与反应物接触面大小和接触机会多少有关。为此，化工生产上往往把固态反应物先进行粉碎、拌匀，再进行反应；将液态反应物喷淋、雾化，使其与气态反应物充分混合、接触；对于溶液中进行的多相反应则普遍采用搅拌、振荡的方法，强化扩散作用，增加反应物的碰撞频率并使生成物及时脱离反应界面。

此外，反应介质、光、电、超声波等的作用，也可能影响某些化学反应的反应速率。

习　　题

1. 在体积为 3L 的密闭容器中充入 0.60mol 氮气与 2.1mol 氢气，一定条件下反应 5min 后，测得容器内氨气为 0.36mol：(1) 分别用 H_2、N_2、NH_3 的浓度变化和反应进度表示反应速率。(2) 若反应前后温度不变，则 5min 时容器内的总压是反应前的多少倍？

2. 对于反应 A + 3B === 2C + 2D，下列数据表示不同条件的反应速率，请指出其中反应进行得最快的是哪一个，并通过计算进行解释。

(1)　$v(A)= 0.15 mol \cdot L^{-1} \cdot s^{-1}$　　　　(2)　$v(B)= 0.6 mol \cdot L^{-1} \cdot s^{-1}$

(3)　$v(C)= 1 mol \cdot L^{-1} \cdot s^{-1}$　　　　(4)　$v(D)= 2 mol \cdot L^{-1} \cdot s^{-1}$

3. 在恒温的密闭容器中，反应 $A(g) \rightleftharpoons B(g) + C(g)$ 的 $\Delta H < 0$，若反应物的浓度由 $2 mol \cdot L^{-1}$ 降到 $0.8 mol \cdot L^{-1}$ 需要 20s，那么反应物的浓度从 $0.8 mol \cdot L^{-1}$ 降到 $0.2 mol \cdot L^{-1}$ 所需的时间范围是什么？

4. 一定温度下，向一个容积为 2L 的真空密闭容器中(事先装入催化剂)通入 1mol N_2 和 3mol H_2，3min 后测得密闭容器内的压力是起始时的 90%，在此时间内 H_2 的平均反应速率 $v(H_2)$ 是多少？

5. 区别概念：化学反应速率和反应速率常数；反应级数和反应分子数。

6. 用碰撞理论解释：(1)增大反应物浓度可使反应速率增大；(2)采用何种方法可以增加反应物分子中活化分子的百分数，并解释原因。

7. 在某一容器中，A 与 B 反应，实验测得的数据如下所示：

$c(A)/(mol \cdot L^{-1})$	$c(B)/(mol \cdot L^{-1})$	$v/(mol \cdot L^{-1} \cdot s^{-1})$	$c(A)/(mol \cdot L^{-1})$	$c(B)/(mol \cdot L^{-1})$	$v/(mol \cdot L^{-1} \cdot s^{-1})$
1.0	1.0	1.3×10^{-2}	1.0	1.0	1.3×10^{-2}
2.0	1.0	2.7×10^{-2}	1.0	2.0	5.2×10^{-2}
4.0	1.0	5.4×10^{-2}	1.0	4.0	2.1×10^{-1}
8.0	1.0	1.1×10^{-1}	1.0	8.0	8.4×10^{-1}

求：(1) 该反应级数，写出反应速率方程。

(2) 计算速率常数 k。

8. 针对某反应 $aA + bB === cC + dD$，其反应速率方程可以表达为

$$v = k \left[c(A) \right]^m \left[c(B) \right]^n$$

(1) 该反应的反应级数是多少？分别对于 A 和 B 是几级反应？

(2) 求反应速率常数 k 的单位。

(3) 若已知反应速率常数 k 的单位为 $mol^{-2} \cdot L^2$，推断该反应的反应级数。

9. 对于反应 $A(g) + 2B(g) \longrightarrow C(g)$ 的速率方程为

$$v = kc(A)\big[c(B)\big]^2$$

(1) 请判断此反应是否为基元反应，反应级数是多少？

(2) 当 B 的浓度增加 2 倍时，反应速率将增大几倍？请解释原因。

(3) 当反应容器的体积增大到原来体积的 3 倍时，反应速率将如何变化？请解释原因。

10. 已知：反应 A 的 $\Delta_r G_m^{\ominus}(A) < 0$，反应 B 的 $\Delta_r G_m^{\ominus}(B) < 0$，$\Delta_r G_m^{\ominus}(A) = \dfrac{1}{2}\Delta_r G_m^{\ominus}(B)$。

(1) 请判断两反应的标准平衡常数 $K^{\ominus}(A)$ 和 $K^{\ominus}(B)$ 的关系。

(2) 能否据此判断两反应的反应速率常数 $k(A)$ 和 $k(B)$ 的关系？请解释原因。

11. 某一个化学反应，当温度由 500K 升高到 520K 时，反应速率增加了 3 倍，试求这个反应的活化能。

12. 某可逆反应，$E_a(正) = 3E_a(逆)$：

(1) 当温度从 250K 升高到 260K 时，$k(正)$ 增大的倍数是 $k(逆)$ 增大倍数的多少倍？

(2) $k(正)$ 从 250K 升高到 260K 增大的倍数是从 580K 升高到 590K 增大倍数的多少倍？

(3) 在 370K 时加入催化剂，正、逆反应的活化能都减少了 $30kJ \cdot mol^{-1}$，那么 $k(正)$ 和 $k(逆)$ 分别增大了多少倍？

第6章 化学计量与测定基础

6.1 化 学 计 量

化学计量(stoichiometry)主要包括测量(measurement)及计算(calculation)两个方面。在测量过程中，即使用最可靠的分析方法，最精密的仪器，由很熟练的分析人员进行测定，也不可能得到绝对准确的结果；而在计算的过程中还经常碰到近似处理，近似处理所得到的结果与精确计算所得结果必然存在一定误差。所以，化学计量中的误差是客观存在的。另外，化学计量的最终结果不仅表示了具体数值的大小，而且表示了计量本身的精确程度。因此，了解实验过程中误差产生的原因及误差出现的规律，对于采取相应的措施，设计合理的测定方法和过程，减少误差，提高测量的精确度是必要的。

6.1.1 误差与准确度

计量或测定的准确度(accuracy)是指在一定的条件下测定结果与真值(true value)之间接近的程度，或称为测量的正确性，可用误差(error)来衡量。误差越小，说明测定的准确度越高。误差可以用绝对误差(absolute error)和相对误差(relative error)来表示。绝对误差 E 是指测定结果 x_i 与真实结果(真值)T 之间的差值：

$$E = x_i - T \tag{6-1}$$

当测定值＞真值时，E 为正值，表明测定结果偏高；反之，E 为负值，测定结果偏低。相对误差 E_r 表示误差在真值中所占的比例，通常用百分数来表示：

$$E_r = \frac{x_i - T}{T} \times 100\% \tag{6-2}$$

【例 6-1】 使用分析天平称量 A、B 物体的质量分别为 0.1526g 和 1.5268g，它们的真值则分别为 0.1525g 和 1.5269g，求它们的绝对误差和相对误差。

解 $E_A = 0.1526 - 0.1525 = +0.0001(g)$，$E_{rA} = \frac{+0.0001}{0.1525} \times 100\% = +0.066\%$

$E_B = 1.5268 - 1.5269 = -0.0001(g)$，$E_{rB} = \frac{-0.0001}{1.5269} \times 100\% = -0.0065\%$

由例 6-1 可见，A、B 物体质量的计量的绝对误差相等，均为 0.0001g；但相对误差却差了 10 倍。由于相对误差反映误差在真值中所占的比例，因而它更有实际意义。

真值是客观存在的，又是难以得到的。因此，准确度和误差也就无法求得。通常所说的真值是指人们设法采用各种可靠的分析方法，经过不同的实验室，不同的分析人员进行反复多次的平行测定，再通过数理统计的方法处理而得到的相对意义上的真实值。例如，被 IUPAC 承认或国际上公认的一些量值，如相对原子质量，以及国家标准样品的标准值等，都可以认为是真值。

6.1.2 偏差与精密度

精密度(precision)是在同一条件下，对同一样品进行多次重复测定时各测定值相互接近的程度。可用偏差(deviation)来衡量。在几次测量中，单次测定结果与几次测定结果的平均值之差称为绝对偏差 d_i，又称表观误差：

$$d_i = x_i - \overline{x} \tag{6-3}$$

绝对偏差在平均值中所占的百分数称为相对偏差：

$$d_r = \frac{x_i - \overline{x}}{\overline{x}} \times 100\% \tag{6-4}$$

偏差越小，说明测定结果的精密度越高。

6.1.3 准确度和精密度的关系

在物质组成的测定中，可以用重复性(repeatability)和再现性(reproducibility)来表示不同情况下测定结果的精密度。重复性是表示同一分析人员在同一条件下所得到的测定结果的精密度；而再现性则表示不同实验室或不同分析人员之间在各自条件下所得到的测定结果的精密度。

精密度是保证准确度的先决条件。精密度差表明测定结果的重复性和再现性差，所得结果不可取；但是精密度高却不一定准确度高。如图 6-1 所示，某射击者连发十发子弹，目的是要射中靶心，若均射中 B 点，说明精密度高，但准确度差；若均射中 A 点，才是准确度高。

图 6-2 表示甲、乙、丙、丁四人测定同一试样的结果。由图 6-2 可以看到：甲所得结果准确度与精密度均好，结果可靠；乙的精密度虽很高，但准确度太低；丙所得结果准确度与精密度均很差；丁的平均值虽也接近真值，但几个数值彼此相差甚远，而仅是由于大的正负误差相互抵消才使平均结果接近真值，如果只取两次或三次来平均，结果就会与真值相差很大，这个平均结果是凑巧得来的，也是不可靠的。因此，应从准确度与精密度两个方面来衡量测定结果的好坏，只有精密度高、准确度也高的测定数据才是可信的。首先要求做到精密度达到规定的标准。

图 6-1 精密度和准确度示意图

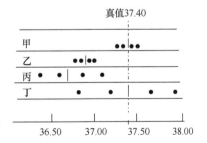

图 6-2 不同人员分析同一样品的结果

● 表示个别测量值；| 表示平均值

6.1.4 误差的分类、产生的原因、规律及减免

根据误差产生的原因与性质，误差可以分为系统误差、随机误差及过失误差三类。

1. 系统误差

系统误差(systematic error)是指在一定的实验条件下，由于某些固定因素按某一确定的规律起作用而产生的误差。例如，用零点不正确的天平称量物体可造成系统误差。系统误差的大小、正负在同一个实验室中是固定的，会使得测定结果系统偏高或系统偏低。重复测定时，它会重复出现；在实验条件改变时，会按照某一确定的规律变化；在改变实验条件时可以找到产生系统误差的具体原因。找出了原因以后可以设法减小或校正，所以系统误差又称可测误差。但增加测定次数是不能减小测定误差的。产生系统误差的主要原因如下：

(1) 方法误差：这是由测试方法本身不够完善而引起的误差。例如，质量分析中由于沉淀溶解损失、共沉淀或吸附某些杂质而产生的误差；在滴定分析中由于指示剂选择不恰当而造成的误差等都属于方法误差。

(2) 仪器误差：仪器本身的缺陷或没有调整到最佳状态所造成的误差，如天平、滴定管、容量瓶、移液管等未经校正，在使用过程中就会引起误差。

(3) 试剂误差：如果试剂不纯或使用的蒸馏水不符合规格，引入微量的待测组分或对测定有干扰的杂质，就会造成误差。

(4) 主观误差或称操作误差：由操作人员主观原因造成的误差。例如，对终点颜色的辨别不同，有人偏深，有人偏浅；读取刻度偏高或偏低等。但需注意：主观误差绝非指操作失误或错误。

系统误差影响分析结果的准确度。为了减少系统误差，可采取以下措施：

(1) 对照实验：为了减免方法误差，可以采用一些校正和制定标准规程的办法。例如，用已知准确含量的标准试样，按所选用的测定方法，以同样条件、同样试剂进行测定，检验测试结果与标准值是否一致，如果有差异，找出校正数据或直接在实验中纠正可能引起的误差，称为标样-试样对照法。对照实验也可以用不同的分析方法，或由不同的分析人员测试同一试样，互相对照。对照实验是检查分析过程中有无系统误差的最有效方法。

(2) 空白实验：在不加试样的情况下，按照试样测定步骤和条件进行分析实验，所得结果称为空白值。从试样的测定结果中扣除空白值，就可以消除由试剂、蒸馏水及器皿引入的杂质造成的系统误差。

(3) 校准仪器：在实验前对使用的天平、容量瓶、滴定管、移液管等仪器进行校准，求出校正值，并在计算结果时使用。

(4) 减小测量误差：如在滴定分析中为提高分析结果的准确度，分析天平称量试样质量和滴定时所消耗滴定剂的体积应大于：

$$\text{分析天平称量试样质量} = \frac{\text{绝对误差}}{\text{相对误差}} = \frac{0.0001 \times 2}{0.1\%} = 0.2(\text{g})$$

$$\text{滴定时所消耗滴定剂的体积} = \frac{\text{绝对误差}}{\text{相对误差}} = \frac{0.01 \times 2}{0.1\%} = 20(\text{mL})$$

2. 随机误差

随机误差(random error)：是由测定过程中某些难以控制、无法避免的偶然因素引起的。例如，在测量过程中由于温度、湿度及灰尘等的影响都可能引起数据的波动。又如，在读取滴定管数据时，估计的小数点后第二位的数值，几次读数不一致，以及分析人员操作的微小差异等，都将使测定结果在一定范围内波动，从而造成误差。由于随机误差的产生取决于测定过程中一系列偶然因素，又称为偶然误差和不定误差；其特点是误差的大小和方向都不固定，因此无法测量，也不可能校正。从表面上看，随机误差的出现似乎没有任何规律性。但在同样条件下进行多次测定，则可发现随机误差具有统计性，符合正态分布(normal distribution)规律。该规律如下：①绝对值相等的正误差和负误差出现的概率相同；②绝对值小的误差出现的概率大，绝对值大的误差出现的概率小，绝对值很大的误差出现的概率非常小。所以，随机误差的性质是：随着测定次数的增加，正负误差可以相互抵消，误差的平均值将逐渐趋向于零。因此，通过增加平行测定次数，取平均值的方法可以减少随机误差对测量结果的影响。

在物质组成的测定中，系统误差是主要的误差来源，它决定了测定结果的准确度；而随机误差决定了测定结果的精密度。如果测量过程中没有消除系统误差，那么即使测定结果的精密度再高，也不能说明测定结果是准确的，只有消除了系统误差以后，精密度高的测定结果才是可靠的。而且，系统误差与随机误差的划分也不是绝对的，有时很难区分某种误差是系统误差还是随机误差。例如，判断滴定终点、观察颜色总有一定的随机性。而有些因素在短时间内引起的误差可能属于随机误差，但在一个较长的时期内就可能转化为系统误差。例如，温度的影响，在某一天或某几天时间内进行测量时，它的波动所引起的误差应属于随机误差，可是在不同季节测量，它的影响所造成的误差就可以划为系统误差。除此之外，不同的操作方法，误差的性质也有所不同。例如，对于具有分刻度的吸量管，不同的吸量管误差可能是各不相同的。如果用几支吸量管吸取相同体积同一溶液，所产生的误差属于随机误差；如果只用一只吸量管，几次吸取相同体积的同一溶液，造成的误差则应属于系统误差；但是，如果每次吸取溶液时使用不同的刻度区，由于不同刻度区的误差可能有大有小，有正有负，这时产生的误差就转化为随机误差。

3. 过失误差

除了系统误差和随机误差外，在测定过程中还会遇到由于过失或差错造成的过失误差(gross error)。例如，测定过程中溶液的溅失、加错试剂、看错刻度、记录错误，以及仪器测量参数设置错误等，都属于过失误差，会给计量或测定结果带来严重影响，必须注意避免。为此，必须严格遵守操作规程，一丝不苟、耐心细致地进行实验，在学习过程中养成良好的实验习惯。

6.2　有效数字及其应用

数据处理是要对计量所得到的结果进行正确地表示和评价，清楚地认识和理解有效数字，并学会应用，这是计量的基础。

在测量科学中，所用数字分为两类。一类是非测量值，如对于化学计量系数，以及化学计算中常遇到的一些分数和倍数关系、测定的次数、常数π、常数 e 等，它们都为非测量值，没有不确定数字，有效数字的位数可视为无限多位，不受有效数字规则约束，按计算过程中需要而定。另一类是测量值或与测量值有关的计算值。它们的位数多少，反映了测量的精确程度，这类数字称为有效数字(significant figures)。有效数字指一个数据中，保留的最后一位数字是不确定的，称为可疑数字，其余各位数字都是准确的。例如，使用 50mL 滴定管滴定，最小刻度为 0.1mL，所得到的体积读数 25.87mL，表示前三位数是准确的，只有第四位是估读出来的，属于可疑数字，那么这四位数字都是有效数字，它不仅表示了滴定体积为 25.87mL，而且说明计量精度为 ± 0.01mL。

6.2.1 有效数字的意义和位数

在确定有效数字的位数时，首先应注意数字"0"的意义。"0"按位置可分为：

(1) 非零数字之前的"0"，不是有效数字。例如，某标准物质的质量为 0.0569g 这一数据中，数字前面的"0"不是有效数字，只起定位作用，与所取的单位有关，若以毫克为单位，则应为 56.9mg。

(2) 非零数字之间的"0"，必为有效数字。例如，0.8014 中的"0"是有效数字。

(3) 非零数字后的"0"视具体情况而定。例如，$c(NaOH) = 0.2180mol \cdot L^{-1}$，后面的一个"0"就是有效数字，表明该浓度有 ± 0.0001 的误差。而对于 3600 这样的数据，属于有效数字的位数不确定的情况；如果要将它表示为有效数字，最好是以指数形式表示，如 3.6×10^3 或 3.60×10^3 等。

有效数字的位数应与测量仪器的精度相对应。例如，滴定管读数可精确至 25.00mL，而量筒读数只能精确至 25.0mL。又如，用分析天平称量物质的质量可精确至 2.3000g，而用台秤称量只能精确至 2.3g。再如，计量要求使用 50mL 滴定管，由于可以读到 ±0.01mL，数据的记录就必须而且只能计到小数点后第二位。

在对数计算中，所取对数的位数应与真数的有效数字位数相等。所以常遇到的 pH、pM、pK 等对数值，它们的有效数字的位数仅取决于小数部分的位数，整数部分为定位数字，不是有效数字。例如，pH = 11.02 对应着 $c(H^+) = 9.5 \times 10^{-12}$，其有效数字是"02"，对应着 9.5，只有两位有效数字，11 是定位数字。

有效数字的意义可用相对误差的大小来说明。例如，0.2010g 和 0.201g 的相对误差分别为

$$\frac{0.0001}{0.2010} \times 100\% = 0.05\%$$

$$\frac{0.001}{0.201} \times 100\% = 0.5\%$$

即 4 位有效数字的相对误差＜0.1%。因为滴定分析法和重量分析法要求分析结果的相对误差≤0.1%，所以各单次测量的数据记录都应保留 4 位有效数字。

定量分析结果的有效数字位数通常根据含量来确定。对于高含量组分(如＞10%)的测定，一般要求分析结果有 4 位有效数字；对于中等含量组分(如 1%～10%)，一般要求 3 位有效数字；对于微量组分(＜1%)，一般只要求 2 位有效数字。表示误差大小时有效数字常取 1 位，最多取 2 位。另外若某一个数据第一位有效数字大于或等于 8，则有效数字的位数可以多算一位。例如，8.37 虽然只有三位，但可以看作四位有效数字的意义。

6.2.2 有效数字的运算规则

实验中测量所得到的数据被用来计算实验结果时，每种测量值的误差都要传递到结果中。因此，必须运用有效数字的运算规则，做到合理取舍。既不无原则地保留过多位数使计算复杂化，也不舍弃任何尾数而使准确度受到损失。计算时应遵循先修约后运算的原则。

1. 数字修约

在进行具体的数字运算前，舍去多余数字，使最后所得到的值最接近原数值的过程称为数值修约(rounding)。指导数字修约的具体规则称为数值修约规则。在科学技术与生产活动中，为了避免四舍五入规则造成的结果偏高，误差偏大的现象出现，一般采用四舍六入五留双的"进舍规则"(GB/T 8170—2008，《数值修约规则与极限数值的表示和判定》)。数值修约时应首先确定"修约间隔"(rounding interval)。修约间隔是修约值的最小数值单位，一经确定，修约值即应为该数值的整数倍。

【例 6-2】 将 3.1424、3.2156、5.6235、4.6245 分别修约为修约间隔为 0.1、0.01 和 0.001 的数字。

解 修约间隔为 0.1：3.1、3.2、5.6、4.6；
修约间隔为 0.01：3.14、3.22、5.62、4.62；
修约间隔为 0.001：3.142、3.216、5.624、4.624。

对数据勿进行二次修约，如 15.4546 修约间隔为 1，正确答案为 15；16 为错误答案。对误差处理只进不舍，如误差为 0.123 修约为两位时则为 0.13。

2. 运算规则

当测定结果是几个测量值相加或相减时，保留有效数字的位数取决于小数点后位数最少(绝对误差最大)的一个。例如，将 0.0121、25.64 及 1.05782 三数相加，由于 25.64 小数点后第二位"4"不准确，即从小数点第二位开始即使与准确的有效数字相加，得出的数据也不会准确，因此数据先以 0.01 为修约间隔修约后计算，结果应为 0.01 + 25.64 + 1.06 = 26.71。

在几个数据的乘除运算中，保留有效数字的位数取决于有效数字位数最少(相对误差最大)的一个。例如，计算式 $\dfrac{0.0325 \times 5.103 \times 60.06}{139.8}$，计算得到的答数为 0.0712504。

各数的相对误差分别为

$$0.0325: \quad \frac{\pm 0.0001}{0.0325} = \pm 0.3\%$$

$$5.103: \quad \frac{\pm 0.001}{5.103} = \pm 0.02\%$$

$$60.06: \quad \frac{\pm 0.01}{60.06} = \pm 0.02\%$$

$$139.8: \quad \frac{\pm 0.1}{139.8} = \pm 0.07\%$$

可见，四个数中相对误差最大的即准确度最差的是 0.0325，它是三位有效数字，因此计算结果也应取三位有效数字 0.0712。因为 0.0712504 的相对误差为 ± 0.001%，而在测量中没有达到如此高的准确程度。

6.3 分析测定方法的分类

由于分析测定和鉴别的对象很多、要求各异，因此分析测定方法的分类也多种多样。按分析任务可分为鉴定物质所含组分的定性分析、测定物质中有关组分的含量的定量分析和研究物质分子结构或晶体结构的结构分析。按分析对象属性可分为无机物分析、有机物分析、药物分析、生物材料分析等。按物质状态分可分为气体分析、液体分析、固体分析等。也可分为一般化验室日常生产中的例行分析和不同单位对分析结果有争议时请权威单位进行裁判的仲裁分析。又可分为化学分析和仪器分析。按试样量大小和被测组分含量有如表 6-1 所示的分类方式。常量分析一般采用化学分析法测定，微量分析一般采用仪器分析法测定。

表 6-1　分析测定方法按试样量大小和被测组分含量的分类

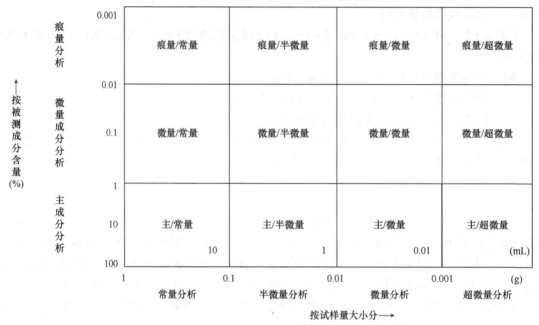

6.4　定量分析测定的一般过程

定量分析的任务是测定物质中有关组分的含量。要完成一项定量分析工作，通常包括以下几个步骤。

6.4.1　取样

试样的采取必须保证所取试样具有代表性，即试样的组成能代表被测物料的平均组成。否则，即使测定结果再准确也是毫无意义的，甚至可能导致错误的结论，给科学研究或生产造成巨大的损失。因此，正确的取样方法十分重要。

怎样能使不到 1g 的样品的组分含量代表多至数吨的物料的含量呢？要根据实际情况设计抽样方案，采用随机取样原则。取有代表性的样品通常使用的方法是：从大批物料中的不同部位和深度，选取多个取样点取样，所得的样品经多次粉碎、过筛、混匀、缩分以制得少量的分析试样。缩分的目的是使粉碎后的试样量逐步减少。一般采用四分法，即将过筛后的试样混匀，堆为锥形后压为圆饼状，通过中心分为四等份，弃去对角的两份。

6.4.2　试样的干燥与储存

应根据试样性质的不同、分析方法的要求、分析目的的差异等来选择合适的保存方法。

经粉碎的试样具有较大的表面积，容易自空气中吸收水分，此吸附水称为湿存水。为了使试样与原样品含水量一致，可根据样品的性质采用在不同温度烘干的方法除去湿存水，然后用此干燥的样品进行分析测定。有些样品烘干时易分解或干燥后在空气中更易吸水，则宜采用"风干"法干燥。有些物质遇热易爆炸，则只能在室温下，在干燥器中除去水分。生物样品在存放阶段常因基体的代谢作用、降解作用或细菌造成的化学变质等引起分析物在样品各部分之间的转移，也可因与容器材料间的交换、器壁的吸附、分析物或基体中水分的挥发等使某些元素的浓度发生变化。因此，血液样品及尿样的储存方法就必须作为分析计划的一部分加以考虑。一般来说，生物样品取样后原则上应马上进行分析。保存容器根据不同样品和测定要求可选用硬质玻璃、聚氯乙烯、聚乙烯、聚苯乙烯、聚四氟乙烯或硅烷化的容器等。例如，当需要保存血液样品时应根据待测元素的种类加入合适的抗凝剂，如肝磷脂的铵盐、锂盐或抗凝剂 ET 等，并将其保存于 4℃的冷暗处，已分离出的血浆和血清可置于干净容器内用石蜡封存。

6.4.3　试样分解、制备

大多数分析采用湿法分析，即先将试样分解制成溶液再进行分析。正确的分解试样方法应使试样分解完全；分解过程中待测组分不应挥发损失；应尽量避免引入干扰组分。若能在分解试样时与干扰组分分离，则能简化测定手续。

最常用的分解方法有溶解法和熔融法。溶解法是将试样溶解在水、酸或其他溶剂中。熔融法是将试样与固体熔剂混匀后置于特定材料制成的坩埚中，在高温下熔融，分解试样，再用水或酸浸取熔块。熔剂可分为酸性熔剂和碱性熔剂。酸性熔剂使用石英或铂坩埚熔融。当使用 NaOH 或 Na_2O_2 为熔剂时，只能使用铁、银或刚玉坩埚熔融。有机试样的分解，通常采用干式灰化法和湿式消化法。前者是将试样置于马弗炉中高温(400～700℃)分解，有机物燃烧后留下的无机残渣以酸提取后制备成分析试液。湿式消化法使用硝酸和硫酸混合物作为溶剂与试样一同加热煮解，对于含有易形成挥发性化合物(如氮、砷、汞等)的试样，一般采用蒸馏法分解。湿式消化的优点是简便、快速，但应注意分解溶剂的纯度，不可因溶剂不纯而引入杂质。有关取样和试样分解的方法可参阅其他分析化学教材或专著。

6.4.4　消除干扰

复杂物质中常含有多种组分，在测定其中某一组分时，当试样共存组分对待测组分的测定有干扰时，应设法消除。采用掩蔽剂来消除干扰是一种比较简单、有效的方法。而寻找不到合适的掩蔽方法时，就需要将被测组分与干扰组分进行分离。沉淀分离法是一种经典的分离方法，若沉淀分离不能满足要求，还可视样品条件采取萃取分离、离子交换和色谱法分离等。

6.4.5　分析测定方法的选择和测定

应根据待测组分的性质、含量和对分析结果准确度的要求，选择合适的分析方法进行测定。一般来说，对标准物和成品的分析，准确度要求高，应选用国家标准、部颁标准等标准方法；对生产过程的中间控制分析则要求快速简便，宜采用过程在线分析；对常量组分的测定，常采用化学分析法；而对于微量组分的测定，则应选择灵敏度高的仪器分析法。总之，选择适宜的分析方法，确定最佳分析方案，根据实验室的仪器设备条件，在能满足测试要求的前提下，尽量采用较简便的方法，能较快地提供可信赖的定量测定结果，还要考虑操作安全和环境污染等问题。

6.4.6 测定结果的计算、评价与报告

根据试样质量、分析测量所得数据和测定过程中有关反应的计量关系，计算试样中有关组分的含量及其误差分布情况。正确表达分析结果，并对分析结果的可靠程度进行评价。

6.5　实验结果的表示

化学中的计量或测定所得到的数据往往是有限的。例如，在物质组成测定中，不可能也没必要对所要分析研究的对象全部进行测定，只可能随机抽取一部分样品，所得到的测定值也只能是有限的。在统计学中，把所要分析研究的对象的全体称为总体或母体(totality)。从总体中随机抽取一部分样品进行测定所得到的一组测定值称为样本或子样(sample)。每个测定值称为个体(individual)。样本中所含个体的数目则称为样本容量或样本大小(sample size)。例如，要测定某批工业纯碱产品的总碱量，首先按照分析的要求进行采样、制备，得到 200g 样品，这些样品就是供分析用的总体。如果称取 6 份样品进行测定，得到 6 个测定值，那么这组测定值就是被测样品的一个随机样本，样本容量为 6。那么如何用这些有限的测定值来正确地表示测定结果，对这种表示的可靠性有多大的把握，这就是化学统计学要解决的基本问题。

一般在表示测定结果之前，首先要对所测得的一组数据进行整理，排除有明显过失的测定值，然后对有怀疑但没有确凿证据的与大多数测定值差距较大的测定值采取数理统计的方法判断能否剔除，最后进行统计处理报告出测定结果。通常报告的测定结果中应包括测定的次数、数据的集中趋势及数据的分散程度几个部分。

6.5.1 数据集中趋势的表示

对于无限次测定来说，可以用总体平均值"μ"来衡量数据的集中趋势。对有限次测定一般有两种方法。算术平均值(arithmetic mean)：算术平均值简称为平均值，以 $\bar{x}$ 表示：

$$\bar{x} = \frac{1}{n}\sum_{i=1}^{n}x_i = \frac{x_1+x_2+x_3\cdots+x_n}{n} \tag{6-5}$$

在消除系统误差的前提下，对于有限次测定值来说，测定值通常是围绕 $\bar{x}$ 集中的，当 $n\to\infty$ 时，$\bar{x}\to\mu$，因此 $\bar{x}$ 是 μ 的最佳估计值。将数据按大小顺序排列，位于正中的数据称为中位数(median)。当 n 为奇数时，居中者即是，而当 n 为偶数时，正中两个数的平均值为中位数。在一般情况下，数据的集中趋势以第一种方法表示较好。只有在测定次数较少，又有大误差出现，或是数据的取舍难以确定时，才以中位数表示。

6.5.2 数据分散程度的表示

数据分散程度即为测定数据的精密度，表示的方法有如下几种，可以根据情况选用。

均差(divided difference)：即绝对平均偏差，有时又称为算术平均偏差，常用来衡量多次测量结果总的精密度。

$$\overline{d} = \frac{1}{n}\sum_{i=1}^{n}\left|d_i\right| = \frac{1}{n}\sum_{i=1}^{n}\left|x_i - \overline{x}\right| \tag{6-6}$$

式中：n 为测量次数。

标准(偏)差(standard deviation)：标准差又称均方根偏差。在一般分析工作中，有限测定 n 次时的标准差以 s 表示：

$$s = \sqrt{\frac{\sum_{i=1}^{n}\left(x_i - \overline{x}\right)^2}{n-1}} = \sqrt{\frac{\sum_{i=1}^{n}d_i^2}{n-1}} \tag{6-7}$$

当测定次数趋于无穷大时，可以采用总体标准偏差(population standard deviation)σ 表示：

$$\sigma = \sqrt{\frac{\sum_{i=1}^{n}\left(x_i - T\right)^2}{n}} \tag{6-8}$$

显然当 $n \rightarrow \infty$ 时，$\overline{x} \rightarrow \mu$，$n-1$ 与 n 的区别可以忽略，$s \rightarrow \sigma$。

【例 6-3】　有 A、B 两组数据，其各次测定的偏差分别为

A 组：$+0.11$、-0.73^*、$+0.24$、$+0.51^*$、-0.14、0.00、$+0.30$、-0.21

B 组：$+0.18$、$+0.26$、-0.25、-0.37、$+0.32$、-0.28、$+0.31$、-0.27

求它们的算术平均偏差和标准偏差。

解　　$\overline{d}_A = \dfrac{0.11+0.73+0.24+0.51+0.14+0.00+0.30+0.21}{8} = 0.28$

$$s_A = \sqrt{\frac{(0.11)^2+(-0.73)^2+(0.24)^2+(0.51)^2+(-0.14)^2+(0.00)^2+(0.30)^2+(-0.21)^2}{8-1}} = 0.38$$

$$\overline{d}_B = \frac{0.18+0.26+0.25+0.37+0.32+0.28+0.31+0.27}{8} = 0.28$$

$$s_B = \sqrt{\frac{(0.18)^2+(0.26)^2+(-0.25)^2+(-0.37)^2+(0.32)^2+(-0.28)^2+(0.31)^2+(-0.27)^2}{8-1}} = 0.30$$

两组数据的算术平均偏差相同，但可以明显地看出甲组数据较为分散，因其中有两个较大的偏差(标有*号者)，因此用算术平均偏差反映不出这两组数据的优劣。但是，如果用标准偏差表示时，甲组数据的标准偏差明显偏大，因而精密度较低。可见，用标准偏差表示精密度比用算术平均偏差更合理，因为将单次测定值的偏差平方之后，较大的偏差能显著地反映出来。

式(6-7)中，$n-1$ 称为偏差的自由度，以 f 表示。它是指能用于计算一组测定值分散程度的独立偏差数目。例如，在不知道真值的场合，如果只进行一次测定，$n=1$，那么 $f=0$，表示不可能计算测定值的分散程度，只有进行 2 次以上的测定，才有可能计算数据的分散程度。可以看出，增加测定次数可以提高测定结果的精密度，但实际上增加测定次数所取得的效果是有限的。测定次数较少时，随 n 的增加 s 很快减小，但在 $n>5$ 后变化就变慢了，而当 $n>10$ 时变化已很小。这说明实际工作中测定次数无需过多，4~6 次已足够了。

变异系数(coefficient of variation，CV)：标准偏差与算术平均值之比，又称为相对标准偏

差(relative standard deviation，RSD)。

$$CV = \frac{s}{\bar{x}} \times 100\% \tag{6-9}$$

以上表示法应用较广，特别是样本较大的场合。如果测定次数较少，还可采用以下两种方法。

极差(range)与相对极差：极差即测定值的最大值 x_{max} 与测定值中的最小值 x_{min} 之差，又称为全距，以 R 表示：

$$R = x_{max} - x_{min} \tag{6-10}$$

$$相对极差 = \frac{R}{\bar{x}} \tag{6-11}$$

【例 6-4】 分析铁矿中铁含量得如下数据：37.45%、37.20%、37.50%、37.30%、37.25%，计算此结果的平均值、中位数、极差、算术平均偏差、标准偏差、变异系数和平均值的标准偏差。

解 平均值：
$$\bar{x} = \frac{37.45\% + 37.20\% + 37.50\% + 37.30\% + 37.25\%}{5} = 37.34\%$$

中位数：
$$M = 37.30\%$$

极差：
$$R = 37.50\% - 37.20\% = 0.30\%$$

各次测量偏差分别是：$d_1 = +0.11\%$，$d_2 = -0.14\%$，$d_3 = +0.16\%$，$d_4 = -0.04\%$，$d_5 = -0.09\%$

算术平均偏差：
$$\bar{d} = \frac{\sum |d_i|}{n} = \frac{0.11\% + 0.14\% + 0.16\% + 0.04\% + 0.09\%}{5} = 0.11\%$$

标准偏差：
$$s = \sqrt{\frac{\sum d_i^2}{n-1}} = \sqrt{\frac{0.11\%^2 + 0.14\%^2 + 0.16\%^2 + 0.04\%^2 + 0.09\%^2}{5-1}} = 0.13\%$$

变异系数：
$$CV = \frac{s}{\bar{x}} \times 100\% = 0.35\%$$

平均值的标准偏差：
$$s_{\bar{x}} = \frac{s}{\sqrt{n}} = \frac{0.13\%}{\sqrt{5}} = 0.058\% \approx 0.06\%$$

分析结果只需报告出 $\bar{x}$、s、n，即可表示出集中趋势与分散情况，勿需将数据一一列出。例 6-4 结果可表示为：$\bar{x} = 37.34\%$，$s = 0.13\%$，$n = 5$。在有限次测定中，合理地得到真值的方法应该是估计出测定的平均值与真值的接近程度，即在平均值附近估计出真值可能存在的范围。统计学上给出了置信度和平均值的置信区间的概念。

6.5.3 置信度和置信区间

随机误差可以按正态分布规律进行处理。根据统计学原理，可推导出正态分布曲线的数学表达式：

$$y = \frac{1}{\sigma\sqrt{2\pi}} \exp\left[-\frac{(x-\mu)^2}{2\sigma^2}\right] \tag{6-12}$$

式中：y 为概率密度；x 为单次测定值；μ 为总体平均值，在没有系统误差时，它就是真值；σ 为总体标准偏差；$x - \mu$ 为随机误差。随机误差的正态分布曲线如图 6-3 所示。图中横轴代表随机误差值的大小，纵轴表示误差出现的概率密度。可见，σ 越小，数据分布越集中，测量的精密度越好；反之，σ 越大，数据分布越分散，测量的精密度越差。根据式(6-12)可以算出某一测定值落在($\mu \pm \sigma$)区间的概率为 68.3%；落在($\mu \pm 2\sigma$)区间的概率为 95.5%；落在 $\mu \pm 3\sigma$ 区间的概率为 99.7%，即 1000 次测定中，只有 3 次测定值是落在 $\mu \pm 3\sigma$ 范围之外。这样大偏差的测定值出现的可能性很小。所以一旦出现偏差超过 ±3σ 的测定值，可以认为它不是随机误差造成的，应将它剔除。这种测定值在一定范围内出现的概率就称为置信度(confidence)或置信概率，以 P 表示；把测定值落在一定误差范围以外的概率(1 - P)称为显著性水准，以 α 表示。

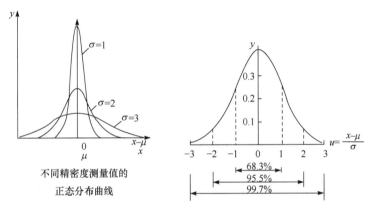

图 6-3　标准正态分布曲线

　　由有限次测定所得到的算术平均值总带有一定的不确定性，因此在实际工作中如何确知用算术平均值来估计总体平均值的近似程度是很有意义的。这一问题就是我们要讨论的平均值的置信区间(confidence interval)，简称置信区间或置信界限。

　　对无限次测定的随机误差是服从正态分布规律的，在 μ 值和 σ 值恒定时，可以求出测定值以 μ 为中心的某一区间出现的概率，但在实际工作中测定次数是有限的，一般平行测定 3～5 次，无法计算总体平均值 μ 和总体标准偏差 σ，因此有限次测定的随机误差并不完全服从正态分布，而是服从类似于正态分布的 t 分布。t 分布是戈塞特(Gosset，1876—1937，英国统计学家与化学家)于 1908 年以 "Student" 的笔名发表的。t 值被定义为

$$\pm t = (\overline{x} - \mu)\frac{\sqrt{n}}{s} \qquad (6\text{-}13)$$

　　t 分布曲线(图 6-4)下的面积就是某测定值出现的概率，很明显，测定次数少的 t 分布曲线呈重尾分布(heavy-tailed distribution)。因此，t 分布曲线是随自由度 f 变化而变化的，与置信度也有关，所以统计量 t 一般要加脚注，表示为 $t_{\alpha, f}$。当 $f \to \infty$ 时，t 分布也就趋近于正态分布。表 6-2 列出了不同测定次数及不同置信度的 t 值，称为 t 分布值表。

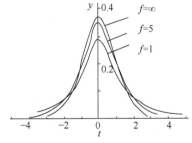

图 6-4　t 分布曲线

表 6-2　　t 分布值表

自由度 f	置信度 P		
	0.90	0.95	0.99
1	6.31	12.71	63.66
2	2.92	4.30	9.93
3	2.35	3.18	5.84
4	2.13	2.78	4.60
5	2.02	2.57	4.03
6	1.94	2.45	3.71
7	1.90	2.37	3.50
8	1.86	2.31	3.36
9	1.83	2.26	3.25
10	1.81	2.23	3.17
20	1.73	2.09	2.85
∞	1.65	1.96	2.58

根据 t 值的定义式(6-13)可以得到：

$$\mu = \bar{x} \pm \frac{t_{\alpha,f} \cdot s}{\sqrt{n}} = \bar{x} \pm t_{\alpha,f} \cdot s_{\bar{x}} \tag{6-14}$$

$t_{\alpha,f} \cdot s_{\bar{x}}$ 称为误差限或估计精度。式(6-14)具有明确的概率意义，可以估算出在选定的置信度下，总体平均值 μ 在以测定平均值 $\bar{x}$ 为中心的什么范围内出现。这个范围就是平均值的置信区间。

【例 6-5】　某水样总硬度测定的结果为：$n = 5$，$\bar{\rho}(CaO) = 19.87 \text{mg} \cdot L^{-1}$，$s = 0.085$，求 P 分别为 0.90 或 0.95 时的置信区间。

解　因为 $n = 5$，所以 $f = 4$。查表 6-2，$P = 0.90$ 时，$\alpha = 0.1$，$t_{0.1,4} = 2.13$，则

$$\mu = \bar{\rho} \pm t_{\alpha,f} \frac{s}{\sqrt{n}} = 19.87 \pm 2.13 \times \frac{0.085}{\sqrt{5}} = 19.87 \pm 0.08 (\text{mg} \cdot L^{-1})$$

$P = 0.95$ 时，查得 $\alpha = 0.05$，$t_{0.05,4} = 2.78$，则

$$\mu = 19.87 \pm 2.78 \times \frac{0.085}{\sqrt{5}} = 19.87 \pm 0.11 (\text{mg} \cdot L^{-1})$$

上述结果说明：$P = 0.90$ 时，有 90% 的把握认为此水样的总硬度是 19.79～19.95 (19.87 ± 0.08)mol · L^{-1}；$P = 0.95$ 时，有 95% 的把握认为此水样的总硬度是 19.77～19.97 (19.87 ± 0.10)mol · L^{-1}。显然，置信区间的大小受到所定置信度的影响，由 t 值表可知，相同的测定次数，置信度 P 越大，置信系数 t 值越大，则同一体系的置信区间就越宽；反之，置信度 P 越小，t 值越小，则同一体系的置信区间就越窄。在实际工作中，置信度不能定得过高或过低。置信度定得过高，如置信度为 100%，这样的判断因置信区间为无穷大而毫无实际意义。置信度定得过低，尽管置信区间很窄，但其可靠性得不到保证。因此在作统计推断时，应将置信度定得合适，既要使置信区间的范围足够小，又要使置信度很高。一般是取 $P = 0.95$ 的 t 值，当然有时也可用 $P = 0.90$ 或 $P = 0.99$ 等。

6.5.4 可疑数据的取舍

在一组测定值中，人们往往发现其中某个或某几个测定值明显比其他测定值大得多或小得多。这些数据又没有明显的过失原因。这种偏离的数据就称为可疑值(doubtable value)或离群值。对于可疑数据的处理一般分以下几步：①尽可能从各方面查找原因，如是过失造成自然不必保留；②如没有明显的过失原因，必须采用一定的方法加以判断。常用的方法为 Q 检验法和格鲁布斯(Grubbs)检验法等。

1. Q 检验法

Q 检验法的基本步骤为：先将测定值(包括可疑值)由小到大排列，即 $x_1 < x_2 < \cdots < x_n$；再求舍弃商值：

$$Q(\text{计算}) = \left| \frac{\text{可疑值} - \text{邻近值}}{\text{最大值} - \text{最小值}} \right| \tag{6-15}$$

然后查 Q(表)。表 6-3 为两种置信度下的 Q(表)值。如果 Q(计算) $> Q$(表)，则舍去可疑值，若 Q(计算) $\leq Q$(表)，则可疑值应保留。

表 6-3 两种置信度下舍弃可疑数据的 Q 表

P	测定次数							
	3	4	5	6	7	8	9	10
$P = 0.90$	0.94	0.76	0.64	0.56	0.51	0.47	0.44	0.41
$P = 0.95$	1.53	1.05	0.86	0.76	0.69	0.64	0.60	0.58

【例 6-6】 用邻苯二甲酸氢钾标定 NaOH 溶液浓度，四次结果分别为 $0.1955\text{mol} \cdot \text{L}^{-1}$、$0.1958\text{mol} \cdot \text{L}^{-1}$、$0.1952\text{mol} \cdot \text{L}^{-1}$、$0.1982\text{mol} \cdot \text{L}^{-1}$。0.1982 这一测定值能否舍去(置信度 90%)？

解 数值按大小顺序排列：0.1952、0.1955、0.1958、0.1982。

$n = 4$，x_n 为可疑值，则

$$Q(\text{计算}) = \frac{x_n - x_{n-1}}{x_n - x_1} = \frac{0.1982 - 0.1958}{0.1982 - 0.1952} = 0.80$$

查表 6-3 可知，Q(计算) $> Q$(表)，说明 0.1982 这一测定值可以舍去，不参加数据处理。

置信水平的选择必须恰当，太低，会使舍弃标准过宽，即该保留的值被舍弃；太高，则使舍弃标准过严，即该舍弃的值被保留。当测定次数太少时，应用 Q 检验法易将错误结果保留下来。因此，测定次数太少时，不要盲目使用 Q 检验法，最好增加测定次数，可减少离群值在平均值中的影响，一般情况下可选择 Q(0.90)。如果一组数据中不止一个可疑值，仍然可以参照以上步骤逐一处理。但这种情况下最好采用格鲁布斯检验法。

2. 格鲁布斯检验法

采用格鲁布斯检验法判断可疑值时，要将测定的平均值 $\bar{x}$ 和标准偏差 s 引入算式，由于利用了所有的测量数据作为判断依据，故判断的准确性要比 Q 检验法高，但计算量较大。其方法步骤如下：

(1) 排序：将各数据按递增顺序排列：x_1，x_2，$\cdots$，x_n。

(2) 计算平均值 $\bar{x}$(包括可疑值在内)及标准偏差 s。

(3) 计算统计量 G 值：若最小值 x_1 为可疑值，则按式(6-16)计算 G 值。

$$G(计算) = \frac{\overline{x} - x_1}{s} \tag{6-16}$$

若最大值 x_n 为可疑值，则

$$G(计算) = \frac{x_n - \overline{x}}{s} \tag{6-17}$$

(4) 比较判断：将计算所得的 G 值与表 6-4 查得的 G(表)相比较。若 G(计算)$>G$(表)，则此可疑值应舍去，否则应保留。

表 6-4　G 值表

n	G		n	G	
	置信度 95%	置信度 99%		置信度 95%	置信度 99%
3	1.15	1.15	12	2.29	2.55
4	1.46	1.49	13	2.33	2.61
5	1.67	1.75	14	2.37	2.66
6	1.82	1.94	15	2.41	2.71
7	1.94	2.10	16	2.44	2.75
8	2.03	2.22	17	2.47	2.79
9	2.11	2.32	18	2.50	2.82
10	2.18	2.41	19	2.53	2.85
11	2.23	2.48	20	2.56	2.88

【例 6-7】　测定某样品中钙的质量分数，6 次平行测定所得的数据为：40.02%、40.15%、40.20%、40.12%、40.18%、40.35%，试用格鲁布斯检验法检验这组数据(置信度为 95%)的可疑值。

解　将数据排列为 40.02%、40.12%、40.15%、40.18%、40.20%、40.35%，则

$$\overline{x} = \frac{1}{n}\sum_{i=1}^{n} x_i = \frac{40.02\% + 40.12\% + 40.15\% + 40.18\% + 40.20\% + 40.35\%}{6} = 40.17\%$$

$$s = \sqrt{\frac{\sum_{i=1}^{n}(x_i - \overline{x})^2}{n-1}} = 0.11\%$$

因为(40.35% − 40.17%)＞(40.17% − 40.02%)，所以 40.35%需检验。

$$G(计算) = \frac{40.35\% - 40.17\%}{0.11\%} = 1.64$$

查表 6-4，当 $n = 6$ 时，$G(0.95) = 1.82$，G(计算)＜G(表)，故 40.35 应保留。

6.5.5　平均值与标准值的比较

为了检验一个分析方法是否可靠，是否有足够的准确度，常用该方法测定已知含量的标准试样，然后用 t 检验法将测定结果的平均值 μ 进行比较，按下式计算 t 值：

$$t(计算)=\frac{|\bar{x}-\mu|}{s}\sqrt{n}$$

若 t(计算)$>t$(表),则 $\bar{x}$ 与 μ 有显著差异,表明该分析方法存在系统误差;若 t(计算)$<t$(表),则 $\bar{x}$ 与 μ 之间的差异可认为是由随机误差引起的正常差异。

【例 6-8】　采用一种新方法测定标准试样中的钙含量,钙的标准值为 54.46%, 5 次测定结果的平均值 $\bar{x}$ =54.26%, 标准偏差 s =0.05%, 置信度为 95%时, 该分析方法是否存在系统误差?

解　　　　　　$$t(计算)=\frac{|\bar{x}-\mu|}{s}\sqrt{n}=\frac{|54.26\%-54.46\%|}{0.05\%}\sqrt{5}=8.94$$

查表 6-2 的 t(表) = 2.78。因为 t(计算)$>t$(表), 说明该分析方法存在系统误差, 结果偏低。

6.5.6　测定结果的表示

1. 待测组分的化学表示形式

分析结果通常以待测组分实际存在形式的含量表示。例如,测得试样中氮的含量以后,根据实际情况,以 NH_3、NO_3^-、NO_2^- 等形式的含量表示分析结果。如果待测组分的实际存在形式不清楚,则分析结果最好以氧化物或元素形式的含量表示。例如,在矿石分析中,各种元素的含量常以其氧化物形式(如 Na_2O、CaO、Fe_2O_3、SO_3、P_2O_5 等)的含量表示;在金属材料和有机分析中,常以元素形式(如 Fe、Cu、Mo、W 和 C、H、O、N、S 等)的含量表示。电解质溶液的分析结果,常以所存在离子的含量表示,如以 K^+、Ca^{2+}、Cl^- 等的含量表示。

2. 待测组分含量的表示方法

固体试样:固体试样中待测组分的含量,通常以质量分数 $w(A)$ 表示。在实际工作中通常使用的百分比符号 "%" 是质量分数的一种表示方法。例如,某铁矿中含铁的质量分数 $w(Fe)$ = 0.5643 时,可以表示为 $w(Fe)$ = 56.43%。当待测组分含量非常低时,可采用 $\mu g \cdot g^{-1}$(或 10^{-6})、$ng \cdot g^{-1}$(或 10^{-9})和 $pg \cdot g^{-1}$(或 10^{-12})来表示。

液体试样:液体试样中待测组分的含量可用下列方式表示:①物质的量浓度 c, 常用单位为 $mol \cdot L^{-1}$。②质量摩尔浓度,表示待测组分的物质的量除以溶剂的质量,常用单位为 $mol \cdot kg^{-1}$。③质量分数 $w(A)$ 的量纲为一。④体积分数 φ, 表示待测组分的体积除以试液的体积,量纲为一。⑤摩尔分数,表示待测组分的物质的量除以试液的物质的量,量纲为一。⑥质量浓度 ρ, 以 $g \cdot L^{-1}$、$mg \cdot L^{-1}$、$\mu g \cdot L^{-1}$ 或 $\mu g \cdot mL^{-1}$、$ng \cdot mL^{-1}$、$pg \cdot mL^{-1}$ 等表示。

气体试样:气体试样中的常量或微量组分的含量,通常以体积分数表示。

6.6　滴定分析基本概念

若被测组分 A 与试剂 B 发生如下化学反应: $aA + bB \rightleftharpoons cC + dD$, 它表示 A 与 B 是按物质的量之比 $a:b$ 的关系反应的。这就是该反应的化学计量关系,是滴定分析定量测定的依据。滴定分析测定过程中所用的已知准确浓度的试剂溶液称为标准溶液(standard solution)。装到滴定管中的标准溶液称为滴定剂(titrant)。进行滴定分析时,将被测溶液置于锥形瓶中,然后将滴定剂通过滴定管逐滴加到锥形瓶中进行测定，这一过程称为滴定(titration)，滴定分析即因此得名。当加入的滴定剂的量与被测物的量之间，正好符合滴定反应所表示的化学计量关系时，称反应到达了化学计量点(stoichiometric point)，用 sp 表示。在化学计量点时往往没有任何外部特征为人们所觉察，必须借助于加入的另一种试剂颜色的改变来确定。这种能改变颜色的试剂称为指示剂(indicator)。在滴定时指示剂改变颜色的那一瞬间为滴定终点(titration end point)，用 ep 表示，滴定到此结束。滴定终点与化学计量点往往不一致，由此造成的误差称滴定终点误差，用 E_t 表示，简称终点误差(end point error)。终点误差是滴定分析误差的主要来源之一。它的大小取决于化学反应的完全程度和指示剂的选择是否恰当。在生产过程中，常用每毫升滴定剂相当于待测物的质量(如 g 或 mg)来表示标准溶液的浓度，称为滴定度(titer)，用 T 表示。例如，$T(Fe/K_2Cr_2O_7) = 0.005585g \cdot mL^{-1}$，表示与 1mL 该 $K_2Cr_2O_7$ 标准溶液反应的 Fe 为 0.005585g。若滴定中消耗 $K_2Cr_2O_7$ 标准溶液 y mL，则样品中铁的质量 $m(Fe)(g) = T \cdot y$。

根据滴定时化学反应类型的不同，其主要滴定分析方法分为四类：酸碱滴定法、沉淀滴定法、配位滴定法和氧化还原滴定法。各种方法都有其优点和局限性，同一种物质可以选用不同的方法来测定。应根据试样组成、被测物质的性质、含量和对分析结果准确度的要求加以选择。滴定分析方法的特点可概括为"多快简准"四个字。多：适用于多种类型的化学反应，可用于测定多种物质。快：滴定分析法与质量分析法相比速度较快。简：所用仪器设备比较简单，易于掌握和操作。准：在适当条件下，滴定分析具有足够的准确度，一般情况下，测定的相对误差可准至± 0.1%左右(一般小于±0.2%)。

6.7 滴定分析法对化学反应的要求和滴定方式

6.7.1 直接滴定法对化学反应的要求

滴定分析虽然能应用于各种类型的反应，但不是所有反应都可以用来做滴定分析测定。适合滴定分析测定的反应必须具备以下几个条件：①有确定的化学计量关系：反应必须按一定的化学反应式定量地进行，按测定的相对误差可准至± 0.1%左右的要求，反应完全度需达到 99.9%以上。②反应速率要快：对于速率较慢的反应，有时可通过加热或加入催化剂等方法来加快反应速率。③无干扰反应：共存物质不应与标准溶液发生反应。④必须有适当的方法确定终点。

凡是能满足上述要求的反应，都可用标准溶液直接滴定被测物质。例如，用 HCl 滴定 NaOH，用 $K_2Cr_2O_7$ 滴定 Fe^{2+} 等。这样的滴定方式称为直接滴定法(direct titration)，是滴定分析测定最常用和最基本的方式。如果反应不能完全符合上述要求时，不可用直接滴定法进行测定，但可以采用下述几种方式进行滴定。

6.7.2 返滴定法

先加入一定量过量的标准溶液 A 与待测物反应，待反应完成后，再用另一种标准溶液 B 作滴定剂滴定剩余的标准溶液 A。这种滴定方式称为返滴定法(back titration)或回滴法。例如，配位滴定法测定铝时，因 Al^{3+} 与 EDTA 络合反应速率太慢，不符合直接滴定法的要求；所以采用先加入一定量过量的 EDTA 标准溶液，并加热促使反应完全，待溶液冷却后，再用与 EDTA

反应很快的 Zn^{2+} 标准溶液滴定过剩的 EDTA，然后依据计量关系计算铝的量。

6.7.3　置换滴定法

用适当的试剂与待测物 A 反应，使待测物 A 被定量地置换成另一物质 B，再用标准溶液滴定物质 B，可依据计量关系确定待测物 A 的量，这种方式称为置换滴定法(replacement titration)。若某试液中被测物质所参加的测定反应有副反应发生，不能按确定的反应式进行，即没有确定的计量关系，不能用直接滴定法测定，则可采用置换滴定法。例如，$Na_2S_2O_3$ 与 $K_2Cr_2O_7$ 发生反应时，由于 $K_2Cr_2O_7$ 氧化能力很强，$S_2O_3^{2-}$ 不仅被氧化为 $S_4O_6^{2-}$，还会部分地被氧化成 SO_4^{2-}，二者之间没有一定的计量关系，不能用 $K_2Cr_2O_7$ 标准溶液直接滴定 $Na_2S_2O_3$，也不能用 $Na_2S_2O_3$ 标准溶液直接滴定 $K_2Cr_2O_7$。若在酸性 $K_2Cr_2O_7$ 溶液中加入过量 KI，使 $K_2Cr_2O_7$ 被定量置换成弱氧化剂 I_2，可以用 $Na_2S_2O_3$ 标准溶液直接滴定 I_2，计量关系很好。

$$Cr_2O_7^{2-} + 6I^- + 14H^+ =\!\!= 3I_2 + 2Cr^{3+} + 7H_2O$$

$$I_2 + 2S_2O_3^{2-} =\!\!= 2I^- + S_4O_6^{2-}$$

6.7.4　间接滴定法

通过某些化学反应将待测物 A 与可用滴定法测定的物质 B 确定化学计量关系，用滴定剂滴定物质 B 达到确定待测物 A 的方式称为间接滴定法(indirect titration)，有时可以间接进行测定。例如，Ca^{2+} 在溶液中没有可变价态，不能直接用氧化还原法滴定。但若沉淀为 CaC_2O_4，过滤洗净后溶解于硫酸中，就可以用 $KMnO_4$ 标准溶液滴定草酸，从而间接测定 Ca^{2+} 的含量。

$$Ca^{2+} + C_2O_4^{2-} =\!\!= CaC_2O_4\downarrow$$

$$CaC_2O_4 + H_2SO_4 =\!\!= CaSO_4 + H_2C_2O_4$$

$$2MnO_4^- + 5C_2O_4^{2-} + 16H^+ =\!\!= 2Mn^{2+} + 10CO_2\uparrow + 8H_2O$$

由于返滴定法、置换法、间接法的应用，大大扩展了滴定分析的应用范围。

6.8　基准物质和标准溶液

6.8.1　基准物质

用以直接配制标准溶液或标定溶液浓度的物质称为基准物质(primary standard substance)。作为基准物质必须符合以下要求：①物质的组成与化学式相符。若含结晶水，如 $H_2C_2O_4 \cdot 2H_2O$、$Na_2B_4O_7 \cdot 10H_2O$ 等，其结晶水的含量也应与化学式相符。②试剂的纯度足够高(99.9%以上)，所含杂质量应少到不影响分析结果的准确度。③试剂稳定，如不易吸收空气中的水分和 CO_2，以及不易被空气氧化等。

常用的基准物质有 $KHC_8H_4O_4$(邻苯二甲酸氢钾)、$H_2C_2O_4 \cdot 2H_2O$、Na_2CO_3、$K_2Cr_2O_7$、NaCl、$CaCO_3$、金属锌等。基准物质必须以适宜方法进行干燥处理并妥善保存。基准物质主体含量高且准确可靠。应将基准试剂与高纯试剂、专用试剂区别开。

6.8.2　标准溶液的配制

直接法：若配制标准溶液所用试剂为基准物质，可以经过干燥处理后，准确称取一定质量溶解后，定量地转入容量瓶中，用符合要求的水，如蒸馏水或高纯水，稀释至刻度。根据称取物质的质量和容量瓶的体积，计算出该标准溶液的准确浓度。

标定法：很多试剂不符合基准物质的条件，不适合直接配制成标准溶液，就采用标定法(calibration method)。先称取计算量左右的物质，用计算量的水溶解后，得到约为所需浓度的溶液，再利用该物质与某一基准物质，或某一标准溶液的反应来确定其准确浓度。这一操作过程称为"标定"(calibration)。标定溶液常用的方法有两种：①用基准物质标定。例如，NaOH试剂的纯度不高，且易吸收空气中的 CO_2 和水分。配制成大致所需浓度的溶液后，用基准物质 $H_2C_2O_4 \cdot 2H_2O$ 标定其准确浓度。有的基准试剂价格太贵，也可采用纯度较低的试剂用标定法配制标准溶液。②用已知准确浓度的标准溶液标定。这种方法不及前法好，因为若标准溶液的浓度不准确，会直接影响待标定溶液浓度的准确性。因此，标定时应尽量采用基准物质。

标定时，无论采用何种方法，按照《化学试剂　标准滴定溶液的制备》(GB/T 601—2016)的要求，应由两人分别测定，每人测定 4 次，其相对误差应≤0.1%。配制和标定溶液时所用的量器(滴定管、移液管、容量瓶等)必要时要进行校正。标定好的标准溶液要妥善保存，使用前应注意充分摇匀，对不稳定的溶液要定期重新标定。标准溶液保存时间一般不得超过两个月。

6.9　滴定分析中的体积测量

6.9.1　仪器的准确度

滴定分析中溶液体积的测量是通过容量分析仪器得到的。这类仪器具有准确的体积，一般用玻璃制造。最常用的容量分析仪器有三种：容量瓶、移液管和滴定管，表 6-5 给出了这些常用仪器的规格和名称。

表 6-5　常用容量分析仪器(A 级)

名称	容量瓶	移液管	滴定管
测量方式	量入式	量出式	量出式
规格	(250 ± 0.15)mL (100 ± 0.10)mL (50 ± 0.05)mL	(50 ± 0.05)mL (25 ± 0.03)mL (10 ± 0.02)mL	(50 ± 0.05)mL (25 ± 0.04)mL

容量分析仪器的体积通常要进行校准，其方法有两种：

(1) 绝对校准：用称量的方法测量容量瓶量入，或移液管和滴定管量出的纯水的质量，再由质量换算成容积。换算时要考虑温度对水密度的影响、空气浮力对称量水的质量的影响和温度对玻璃的膨胀系数的影响。

(2) 相对校准：滴定分析中，有时不必知道容量分析仪器的准确体积，而仅需知道两种容量分析仪器的体积比。例如，进行 100mL 容量瓶与 25mL 移液管的体积相对校准时，可用一支 25mL 移液管向一只 100mL 容量瓶转移纯水 4 次，然后在液面处作一标记。若用该移液管从容量瓶中取出一份溶液，其体积即为容量瓶所盛溶液总体积的 1/4。若用该容量瓶配制溶液时，用相对校准过的移液管移取一份溶液，则此份溶液中所含溶质的量即准确地等于容量瓶中所含溶质的量的 1/4。

6.9.2 滴沥误差

在滴定时，从滴定管放出滴定剂的速度快慢不同，由于液体在管壁上的附壁效应，管壁上所附溶液的量也是不同的，由此引起的滴定剂体积的读数误差称为滴沥误差(drainage error)。为减小滴沥误差，滴定速度不要太快。放出溶液的体积 V 及所需时间 t 最好按表 6-6 的要求，并且滴定管注入或放出溶液后需静置 1min 左右再读数，移液管则应在溶液流尽后再停留 15s。在分析测定中，溶液的浓度和体积的准确度直接关系到结果的准确度，因此一定要在实验中进行严格的训练，以熟练掌握溶液的配制和体积测量技术。

表 6-6 放出溶液的体积及所需时间的要求

V/mL	30	40	50	60	70
t/s	60~105	80~135	100~165	120~195	140~225

习 题

1. 分析天平的称量误差为± 0.1mg，称样量分别为 0.02g、0.2g 和 2.0g 时可能引起的相对误差各为多少？这些结果说明什么问题？

2. 什么是误差？什么是偏差？二者有何区别？常用来表示两次平行测定结果精密度的是哪个？

3. 平行实验、对照实验和空白实验的目的和意义是什么？为什么空白值不宜太大？

4. 下列情况分别引起什么误差？若是系统误差，应如何消除？

(1) 以含量为 99%的邻苯二甲酸氢钾作基准物标定碱溶液。

(2) 天平称量时最后一位读数估计不准。

(3) 容量瓶移液管不配套。

5. 对一标准值为 0.3215 的样品进行 4 次平行测定，结果分别为 0.3255、0.3260、0.3258、0.3260。求测定结果的算术平均偏差、相对误差。由计算结果判定测定过程是否存在较大的系统误差。

6. 某矿石中含 Fe 39.16%，若甲分析结果为 38.12%、38.15%和 38.18%，乙分析结果为 38.19%、38.24%和 38.28%，试比较甲、乙两人分析结果的准确度和精密度。

7. 下列情况分别造成的是哪种误差？

(1) 将准确称量好的 $Na_2C_2O_4$ 加热分解为 Na_2CO_3 后用来标定盐酸时，部分 Na_2CO_3 分解为 Na_2O。

(2) 盛放被测液前锥形瓶未经干燥。

(3) 碱式滴定管下端胶管内气泡未赶尽，部分气泡随滴定剂一起排出。

(4) 用长期保存于玻璃试剂瓶中的 EDTA 测定水硬度。

8. 请举例说明系统误差和随机误差与准确度和精密度的关系。

9. 下列数据中各包含几位有效数字？

(1) 0.0376   (2) 1.2067   (3) 0.2180   (4) 1.8×10^{-5}

(5) 6.023×10^{23} (6) 1000   (7) pH = 5.2 时的[H^+]

10. 按有效数字运算规则，计算下列各式。

(1) $2.168 \times 0.954 + 9.6 \times 10^{-5} - 0.0326 \times 0.00814$

(2) $55.38/(8.709 \times 0.08460)$

(3) $\dfrac{9.727 \times 50.62}{0.005164 \times 136.6}$

(4) $\sqrt{\dfrac{1.5 \times 10^{-8} \times 5.1 \times 10^{-8}}{3.3 \times 10^{-5}}}$

(5) $\dfrac{0.0882 \times (20.00 - 14.39) \times 152.206 / 3}{1.4182 \times 1000}$

11. 什么是总体？什么是样本？为什么分析数据和统计量都是随机变量？

12. 标定 NaOH 溶液的浓度时，若采用(1)部分风化的 $H_2C_2O_4 \cdot 2H_2O$，(2)含有少量中性杂质的

$H_2C_2O_4 \cdot 2H_2O$，则标定所得的浓度偏高、偏低还是准确？为什么？

13. 表示样本精密度的统计量有哪些？和算术平均偏差相比较，标准偏差能更好地表示一组数据的离散程度，为什么？

14. 甲乙两人同时分析一矿物中的含硫量，每次取样 3.5g，分析结果分别报告为：甲 0.042%、0.041%；乙 0.04199%、0.04201%。哪一份报告是合理的？为什么？

15. 什么是 t 分布？它和正态分布有什么关系？

16. 用间接碘量法测定 $BaCl_2$ 的纯度时，先将 Ba^{2+} 沉淀为 $Ba(IO_3)_2$，洗涤后溶解并酸化，加入过量的 KI，然后用 $Na_2S_2O_3$ 标准溶液滴定，请表示 $BaCl_2$ 与 $Na_2S_2O_3$ 的计量关系[$n(BaCl_2)：n(Na_2S_2O_3)$]。

17. 某矿石中镍的质量分数的测定结果为 20.39、20.41、20.43。计算标准偏差及置信度为 95% 的置信区间。

18. 在不同温度下对某试样作分析，所得结果(%)为：20℃：95.5、94.8、96.1、95.0；37℃：93.2、93.5、94.0、93.7、94.5，试比较两组结果是否有显著差异(置信度为 95%)。

19. 为什么在滴定分析中所用标准溶液浓度不必过大，也不宜过小？

20. 下列物质中哪些可以用直接法配制标准溶液？哪些只能用间接法配制？

$$HCl \quad NaOH \quad KMnO_4 \quad K_2Cr_2O_7 \quad KBrO_3 \quad Na_2S_2O_3 \cdot 5H_2O$$

第7章 酸 和 碱

酸(acid)和碱(base)是两类重要的化学物质,酸碱平衡是水溶液中重要的平衡体系。本章以酸碱质子理论为基础,讨论影响物质酸碱性的因素,以及酸碱平衡体系中的有关计算。

7.1 酸碱理论的发展

最初人们将有酸味的物质称为酸,有涩味的物质称为碱。17世纪波义耳(Robert Boyle, 1627—1691,英国化学家)将提取出的植物汁液作为指示剂,对酸碱有了初步的认识。在大量实验的总结下,波义耳提出了最初的酸碱概念:凡物质的水溶液能溶解某些金属,与碱接触会失去原有特性,而且能使石蕊试液变红的物质称为酸;凡物质的水溶液有苦涩味,能腐蚀皮肤,与酸接触会失去原有特性,而且能使石蕊试液变蓝的物质称为碱。这种定义比以往的要科学许多,但仍有漏洞,如一些酸和碱反应后的产物仍带有酸或碱的性质。此后,拉瓦锡和李比希(Justus von Liebig, 1803—1873,德国化学家)等科学家对此观点进行进一步补充,逐渐触及酸碱的本质,但仍然没有给出一个完善的理论。酸碱的概念不断更新,逐渐完善,其中最重要的有:酸碱电离理论、酸碱质子理论、酸碱电子理论和软硬酸碱理论。

7.1.1 酸碱电离理论

1884年阿伦尼乌斯提出了酸碱电离理论:电解质在水溶液中解离生成的阳离子全部是H^+的化合物称为酸,如HCl、HNO_3等;生成的阴离子全部是OH^-的化合物称为碱,如$NaOH$、$Ca(OH)_2$等;除H^+和OH^-外还有其他阳离子和阴离子生成的化合物称为盐,如$NaCl$、Na_2CO_3、$NaHCO_3$等。该理论对化学科学的发展起到了积极的作用,但它把酸和碱局限在水溶液中,而实际上化学反应不仅可在水溶液中发生,还可在非水溶液中进行。例如,氯化氢和氨即可在苯溶液中生成氯化铵,也可在气相相遇时生成氯化铵固体,表现出酸和碱的性质,但它们不能解离出H^+和OH^-,这是酸碱电离理论无法解释的。因此,富兰克林(Franklin,美国科学家)于1905年提出了溶剂理论:溶剂可自偶解离,凡能解离出溶剂正离子的物质为酸;凡能解离出溶剂负离子的物质为碱。酸碱反应就是正离子与负离子化合而形成溶剂分子的反应。很显然,溶剂理论对水溶液中酸碱概念的解释与酸碱电离理论是一致的。即水溶液中的酸碱反应是H^+和OH^-化合而生成溶剂H_2O分子。然而,在非水溶液中就有许多不同的酸和碱。

例如,以液态NH_3为溶剂时,溶剂的自偶解离反应为

$$2NH_3 \Longrightarrow NH_4^+ + NH_2^-$$

(铵离子)(氨基离子)

氯化铵在液氨中表现为酸,它的解离反应为

$$NH_4Cl \longrightarrow NH_4^+ + Cl^-$$

氨基化钠在液氨中表现为碱，它的解离反应为

$$NaNH_2 \longrightarrow Na^+ + NH_2^-$$

氨基化钠与氯化铵的反应为酸碱反应：

$$NaNH_2 + NH_4Cl \longrightarrow NaCl + 2NH_3$$
$$\text{碱} \qquad \text{酸} \qquad\qquad \text{盐} \quad \text{溶剂（氨）}$$

又如，以液态二氧化硫为溶剂，液态 SO_2 解离为 SO^{2+} 和 SO_3^{2-}：

$$2SO_2 \rightleftharpoons SO^{2+} + SO_3^{2-}$$

在液态 SO_2 中，二氯亚硫酰 $SOCl_2$ 解离后可产生溶剂特征正离子 SO^{2+}，为酸；亚硫酸钠 Na_2SO_3 解离产生溶剂的特征负离子 SO_3^{2-}，为碱；酸碱反应是溶剂正离子 SO^{2+} 和溶剂负离子 SO_3^{2-} 化合而产生溶剂分子 SO_2：

$$Na_2SO_3 + SOCl_2 \longrightarrow NaCl + 2SO_2$$
$$\text{碱} \qquad\quad \text{酸} \qquad\qquad \text{盐} \quad \text{溶剂}$$

上述几例可以说明，水只是许多溶剂中的一种。各种溶剂解离的正、负离子不同，因而有不同的酸和碱。溶剂理论把酸碱的概念扩大了，在非水溶剂系统中应用较广泛，但它们仍有局限性。它只限于溶剂能解离成正、负离子的系统，对于不能解离的溶剂以及无溶剂的酸碱系统就不适用了。另外，酸碱电离理论认为酸和碱是两种绝对不同的物质，忽视了酸碱对立中的相互联系和统一。

7.1.2 酸碱质子理论

1923 年布朗斯台德(J. N. Brønsted，丹麦化学家)和劳里(T. M. Lowry，英国化学家)提出了酸碱质子理论(proton theory of acid)，又称布朗斯台德酸碱理论(Brønsted - Lowry theory of acids and bases)。该理论认为：凡是能释放质子(H^+)的任何物质都是酸，凡是能接受质子的物质都是碱。例如，HCl、NH_4^+、$H_2PO_4^-$ 等都是酸，它们都能给出质子；而 NH_3、HPO_4^{2-}、NaOH、Ac^-等都是碱，它们都能与质子结合。由此看出，酸和碱均可以是中性分子如 HCl、阳离子如 NH_4^+ 或阴离子如 HSO_4^- 等。若某物质既能给出质子，也能接受质子，那么它既可以是酸，又可以是碱，通常被称为"酸碱两性物质"。为了区别出酸碱质子理论定义的酸碱，有时会将该理论中的"酸"称为"质子酸"或"布朗斯台德酸"，该理论中的"碱"称为"质子碱"或"布朗斯台德碱"。

按照酸碱质子理论，酸(HA)和碱(A^-)不再是彼此孤立的，而是统一在对质子的关系上：

$$\text{酸} \rightleftharpoons \text{碱} + H^+ \quad \text{或} \quad HA = H^+ + A^-$$

酸碱的这种相互依存、相互转化关系称为共轭关系。通常将像 HA 和 A^-这种在组成上仅差一个质子的一对酸碱称为共轭酸碱对(conjugate acid-base pair)。碱是酸的共轭碱，酸是碱的共轭酸，如 Ac^-是 HAc 的共轭碱、HAc 是 Ac^-的共轭酸。

由于质子的半径特别小，电荷密度很大，不能单独存在。因而，单独的一对共轭酸碱无法发生酸碱反应。形如"酸 $\rightleftharpoons$ 碱 + H^+"的酸碱半反应不可发生。因此，当溶液中某一酸给出质子时，必定有另一种分子或离子接受质子起着碱的作用。例如，在 HCl 与水的混合液

中，HCl 给出 H^+ 得到其共轭碱 Cl^- 时，必然有另一个碱来接受这个 H^+，而该体系中只有 H_2O 这个碱才能接受这个 H^+，使体系稳定存在；H_2O 接受 H^+ 后生成其共轭酸 H_3O^+。于是该体系发生的变化可表示为

共轭酸碱对(1)的半反应：$\quad HCl(aq) == H^+(aq) + Cl^-(aq)$

$\qquad\qquad\qquad\qquad\qquad$ 酸(1) $\qquad\qquad\qquad$ 碱(1)

共轭酸碱对(2)的半反应：$\quad H_2O(l) + H^+(aq) \rightleftharpoons H_3O^+(aq)$

$\qquad\qquad\qquad\qquad\qquad$ 碱(2) $\qquad\qquad\qquad$ 酸(2)

总反应：$\qquad\qquad HCl(aq) + H_2O(l) == Cl^-(aq) + H_3O^+(aq)$

$\qquad\qquad\qquad\qquad$ 酸(1) $\quad$ 碱(2) $\qquad$ 碱(1) $\qquad$ 酸(2)

可见，酸(HCl)和碱(H_2O)的反应是质子传递(proton transfer)反应，或表达为 HCl 在水中的解离是质子传递反应。再如，

HAc 在水中的解离反应：

$$HAc(aq) + H_2O(l) \rightleftharpoons Ac^-(aq) + H_3O^+(aq)$$

NH_3 在水中的解离反应：

$$H_2O(l) + NH_3(aq) \rightleftharpoons OH^-(aq) + NH_4^+(aq)$$

HAc 与 $NH_3 \cdot H_2O$ 的反应：

$$HAc(aq) + NH_3(aq) \rightleftharpoons Ac^-(aq) + NH_4^+(aq)$$

因此，按酸碱质子理论，上述反应都是质子传递反应。水的自身解离反应也是质子传递反应：

$$H_2O(aq) + H_2O(l) \rightleftharpoons OH^-(aq) + H_3O^+(aq)$$

盐的水解：如 NaAc 的水解反应中，Na^+ 不参加质子传递反应，H_2O 与 Ac^- 之间发生了质子传递反应：

$$Ac^-(aq) + H_2O(l) \rightleftharpoons HAc + OH^-$$

NH_4Cl 的水解中，Cl^- 接受质子的能力很差，在稀的水溶液中，它实际上不参与质子传递反应。H_2O 与 NH_4^+ 之间发生了质子传递反应：

$$NH_4^+(aq) + H_2O(l) \rightleftharpoons H_3O(aq) + NH_3$$

质子理论不仅适用于水溶液，还适用于气相和非水溶液中的酸碱反应。例如，HCl 与 NH_3 的反应，无论在水溶液中，还是在气相或苯溶液中，其实质都是 HCl 将质子传递给 NH_3：

$$HCl(g) + NH_3(g) == Cl^-(s) + NH_4^+(s)$$

在液氨这类非水溶剂中，可发生同样的质子传递反应，液氨的自身解离反应为

$$NH_3(l) + NH_3(l) == NH_2^-(s) + NH_4^+(s)$$

总之，给出质子能力强的物质为较强的酸，接受质子能力强的物质为较强的碱，但酸碱质子理论仍有许多解释不了的问题。例如，在反应 $CaO + SO_3 == CaSO_4$ 中，SO_3 显然具有酸的性质，但它并未释放质子；CaO 显然具有碱的性质，但它并未接受质子。又如，实验证明

了许多不含氢的化合物，如 $AlCl_3$、BCl_3、$SnCl_4$ 等都可以与碱发生反应，但它们不能释放质子，酸碱质子理论不认为它们是酸。

7.1.3　酸碱电子理论

在与酸碱质子理论提出的同时，路易斯提出了共价键理论。该理论在研究化学反应的过程中，从电子对的给予和接受角度提出了新的酸碱概念，后来发展为路易斯酸碱理论(Lewis theory of acids and bases)，也称为酸碱电子理论。该理论定义酸为任何可以接受外来电子对的分子或离子，酸是电子对的接受体(electron pair acceptor)；碱则是可给出电子对的分子或离子，是电子对的给予体(electron pair donor)。酸碱之间以共价键相结合，并不发生电子转移。

$$酸　+　碱　\longrightarrow　酸碱加合物$$

$$H^+ + :OH \longrightarrow H:OH$$

$$
\begin{array}{ccc}
\quad\text{Cl} & \text{H} & \quad\text{Cl}\ \ \text{H} \\
| & | & \quad|\ \ \ | \\
\text{Cl—B} + & :\text{N—H} \longrightarrow & \text{Cl—B}\leftarrow\text{N—H} \\
| & | & \quad|\ \ \ | \\
\quad\text{Cl} & \text{H} & \quad\text{Cl}\ \ \text{H}
\end{array}
$$

$$
\begin{array}{ccc}
\quad\text{Cl} & \text{R} & \quad\text{Cl}\ \ \text{R} \\
| & | & \quad|\ \ \ | \\
\text{Cl—Al} + & :\text{O} \longrightarrow & \text{Cl—Al}\leftarrow:\text{O} \\
| & | & \quad|\ \ \ | \\
\quad\text{Cl} & \text{R} & \quad\text{Cl}\ \ \text{R}
\end{array}
$$

路易斯酸碱理论更加扩大了酸碱的范围。通常路易斯碱包括阴离子如 X^-、OH^-、CN^- 等，具有孤电子对的中性分子如氨、胺、水、:CO 等，具有碳碳双键的分子如 C_2H_4 等；路易斯碱包括全部布朗斯台德碱。路易斯酸包括含有用于成键空价轨道的金属阳离子如 Fe^{3+}、含有价壳层未充满原子的化合物如 BF_3、具有极性双键的分子如 $R_2C\!\!=\!\!O$ 和 CO_2、含有价壳层可扩展原子的化合物如 $SnCl_4$-$SnCl_6^{2-}(sp^3$-$sp^3d^2)$ 等几类物质；但路易斯酸则不一定包括全部的布朗斯台德酸。例如，在质子酸碱理论中，HCl 是一种质子酸，而在路易斯酸碱理论中，HCl 是路易斯酸 H^+ 与路易斯碱 Cl^- 结合而成的酸碱加合物。

路易斯酸碱不受某元素、某溶剂或某种离子的限制，路易斯酸碱反应包括除氧化还原反应和自由基反应以外的几乎所有化学反应，无论在固态、液态、气态还是在溶液中，大多数无机化合物都可看作是路易斯酸碱的加合物。路易斯酸碱理论是目前应用最广的酸碱理论，它不仅扩大了酸碱反应的范围，更深刻地指出了酸碱反应的实质。此理论最大的缺点是不易确定酸碱的相对强度，难以判断酸碱反应的方向与限度。

7.1.4　软硬酸碱理论

在路易斯酸碱理论的基础上，皮尔逊(Ralph G. Pearson)于 1963 年提出软硬酸碱(hard-soft-acid-base，HSAB)理论：体积小、正电荷数高、可极化性低的中心原子称为硬酸，如 Fe^{3+}；体积大、正电荷数低、可极化性高的中心原子称为软酸，如 Ag^+。将电负性高、极化性低、难被氧化的配位原子称为硬碱，如 F^-；反之为软碱，如 I^-、SCN^-；除此之外的酸碱为交界酸碱。皮尔逊提出的酸碱反应规律为：硬酸优先与硬碱结合，软酸优先与软碱结合，即"软亲软，硬亲硬，软硬结合不稳定"的原则，这虽然是一条经验规律，但实验证明配合物的稳定性规律与软硬酸碱理论完全吻合，可适用于：①讨论金属离子的配合物体系；②准确预言路易斯酸碱反应方向;③预言配合物稳定性;④合理解释戈尔德施米特(Goldschmidt)规则(地球化学)。但适用范围不能包括整个路易斯酸碱体系;其仅是一条定性的规律,不能定量计算反应的程度;1983 年又进一步提出了计算酸碱软硬度的方法,计算得到的软硬度称为化学硬度。但酸碱的软硬程度与酸碱强度是不同的概念,处理酸碱反应时需要综合考虑反应物的酸碱性与软硬度。在酸碱的软硬度与酸碱性相当时,酸碱的软硬度对反应的方向起主导作用。

7.1.5 不常见的酸碱理论

1. 乌萨诺维奇的定义

这一酸碱定义来自于俄罗斯化学家乌萨诺维奇(Mikhail Usanovich)。根据该定义,只要是可以接受负电荷或放出正电荷的物质就是酸,反之则是碱。因为这个定义与氧化还原的定义有些重合,所以化学家并不是很倾向于使用这个定义。这是因为氧化还原主要集中讨论物理上的电子转移过程,而并非键的形成与断裂过程,尽管要将两者完全区分是不可能的。

2. 卢克斯的氧负离子理论——Lux-Flood 的定义

这个定义由德国化学家卢克斯(Hermann Lux)在 1939 年时提出,约在 1947 年由弗勒德(H. kon Flood)做了进一步的修正,主要用于现代熔盐的地球化学和电化学研究中。根据此理论定义:能接受氧离子 O^{2-} 的物质是酸,能提供氧离子的物质是碱。酸碱存在如下共轭关系:

$$碱 \rightleftharpoons 酸 + O^{2-}$$

$$CaO(s) \rightleftharpoons Ca^{2+} + O^{2-}$$

$$SO_4^{2-} \rightleftharpoons SO_3 + O^{2-}$$

$$CaO(s) + SO_3(l或g) \rightleftharpoons CaSO_4(s)$$

该理论适用于高温氧化物反应,在冶金、玻璃陶瓷、硅酸盐工业、地球化学中有很重要的作用。缺点是适用面较小。

从酸碱理论的发展过程中可以看出,人们对酸碱的认识是逐步深化的。随着生产和科学技术的发展,人类的认识将进一步深化。

7.2 弱电解质的解离平衡

7.2.1 水的解离

水是一种极弱的电解质,既有弱酸性又有弱碱性。或者说,H_2O 分子既可给出质子,又可接受质子。即

$$H_2O(l) + H_2O(l) \rightleftharpoons H_3O^+(aq) + OH^-(aq)$$

这种发生在同种分子之间的质子传递反应称为质子自递反应。为了简化书写,在不引起混淆时,可以把质子传递反应中的 H_3O^+ 简写为 H^+,通常简化为

$$H_2O(l) \rightleftharpoons H^+(aq) + OH^-(aq)$$

根据热力学中对溶剂和溶质的标准态的规定,水的质子传递反应的标准平衡常数可用下

式表示:

$$K_w^\ominus = a(H^+) \cdot a(OH^-) = \frac{c(H^+)}{c^\ominus} \cdot \frac{c(OH^-)}{c^\ominus} \tag{7-1}$$

式中: $K_w^\ominus$ 表示在一定温度下,水中氢离子活度和氢氧根离子活度的乘积为一个常数,称为水的离子积常数(ionic product of water constant)。精确实验测得 298K 纯水中 $c(H^+)$ 和 $c(OH^-)$各为 $1.0 \times 10^{-7} mol \cdot L^{-1}$,由于 $c^\ominus = 1 mol \cdot L^{-1}$,则

$$K_w^\ominus = c(H^+) \cdot c(OH^-) = 1.0 \times 10^{-7} \times 1.0 \times 10^{-7} = 1.0 \times 10^{-14}$$

由于水的解离是吸热过程,因此温度升高,水的解离度增大,$K_w^\ominus$ 值也增大。不同温度下水的离子积常数列于表 7-1 中。

表 7-1　不同温度下水的离子积常数

温度/K	$K_w^\ominus$	$pK_w^\ominus$	温度/K	$K_w^\ominus$	$pK_w^\ominus$
273	1.15×10^{-15}	14.938	303	1.46×10^{-14}	13.836
283	2.96×10^{-15}	14.528	313	2.87×10^{-14}	13.542
291	5.85×10^{-15}	14.233	323	5.31×10^{-14}	13.275
293	6.87×10^{-15}	14.163	333	9.25×10^{-14}	13.034
298	1.01×10^{-14}	13.995	373	5.44×10^{-13}	12.264

从表 7-1 中可以看出,温度对 $K_w^\ominus$ 有显著的影响。例如,水在 373K 时的离子积是 298K 时的 54 倍。通常在室温下可以认为 $K_w^\ominus = 1.0 \times 10^{-14}$。

7.2.2　弱酸弱碱的解离平衡

在一元弱酸 HA 的水溶液中,存在下列解离反应:

$$HA \rightleftharpoons H^+ + A^-$$

平衡常数表达式可写成:

$$K_a^\ominus = \frac{a(H^+) \cdot a(A^-)}{a(HA)} = \frac{\dfrac{c(H^+)}{c^\ominus} \cdot \dfrac{c(A^-)}{c^\ominus}}{\dfrac{c(HA)}{c^\ominus}} \tag{7-2}$$

式中: $K_a^\ominus$ 称为酸的解离平衡常数,简称酸常数(acid constant)。

在水溶液中一个分子能解离出两个以上 H^+ 的弱酸称为多元弱酸,如 H_2CO_3 和 H_2S 等都是二元弱酸,H_3PO_4 和 H_3AsO_4 等都是三元弱酸。多元酸在水中的解离是分步进行的。以氢硫酸为例:

第一步解离　　　　　　　　　　$H_2S \rightleftharpoons H^+ + HS^-$

$$K_{a1}^\ominus = \frac{\dfrac{c(H^+)}{c^\ominus} \cdot \dfrac{c(HS^-)}{c^\ominus}}{\dfrac{c(H_2S)}{c^\ominus}} = 8.91 \times 10^{-8}$$

$K_{a1}^{\ominus}$ 称为一级解离常数，或一级酸常数。

HS⁻又可以解离，称为第二步解离。

$$HS^- \rightleftharpoons H^+ + S^{2-}$$

$$K_{a2}^{\ominus} = \frac{\dfrac{c(H^+)}{c^{\ominus}} \cdot \dfrac{c(S^{2-})}{c^{\ominus}}}{\dfrac{c(HS^-)}{c^{\ominus}}} = 1.20 \times 10^{-13}$$

$K_{a2}^{\ominus}$ 称为二级解离常数，或二级酸常数。

可以看出，多级解离的解离常数是逐级显著减小的，这是多级解离的一个规律。原因有二：①依据影响化学平衡移动的规律，第一步解离出的 H⁺会抑制第二步解离平衡的进行；②从带负电荷的离子如 HS⁻中，再解离出一个正离子 H⁺，要比从中性分子 H₂S 中解离出一个正离子 H⁺难得多。故实际上第二步解离出的 H⁺的浓度是远远小于第一步的，也就是说 HS⁻只有极少一部分发生第二步解离，故可以认为体系中的 $c(HS^-)$ 和 $c(H^+)$ 近似相等。

氨水是典型的一元弱碱，溶液中解离反应可表示为

$$NH_3 \cdot H_2O \rightleftharpoons NH_4^+ + OH^-$$

平衡常数表达式：

$$K_b^{\ominus} = \frac{a(NH_4^+) \cdot a(OH^-)}{a(NH_3)} = \frac{\dfrac{c(NH_4^+)}{c^{\ominus}} \cdot \dfrac{c(OH^-)}{c^{\ominus}}}{\dfrac{c(NH_3)}{c^{\ominus}}} \tag{7-3}$$

式中：$K_b^{\ominus}$ 称为碱的解离平衡常数，简称碱常数(base constant)。

$K_a^{\ominus}$ 和 $K_b^{\ominus}$ 都是平衡常数，值越大表示向解离方向进行的趋势越大；同时也表示弱酸给出质子、弱碱接受质子的能力越大。一般把 $K_a^{\ominus}$ 小于 10^{-2} 的酸称为弱酸；弱碱也可按着 $K_b^{\ominus}$ 值的大小分类。$K_a^{\ominus}$ 和 $K_b^{\ominus}$ 都是平衡常数，与温度有关，但由于弱电解质解离的热效应不大，所以温度变化对 $K_a^{\ominus}$ 和 $K_b^{\ominus}$ 值的影响较小。现将 298.15K 时某些一元弱酸、弱碱的解离常数列于表 7-2 和表 7-3 中，以便计算时查找。

表 7-2 弱酸解离常数(298.15K)

弱酸	离解常数 p$K_a^{\ominus}$				p$K_a^{\ominus}$			
	$K_{a1}^{\ominus}$	$K_{a2}^{\ominus}$	$K_{a3}^{\ominus}$	$K_{a4}^{\ominus}$	p$K_{a1}^{\ominus}$	p$K_{a2}^{\ominus}$	p$K_{a3}^{\ominus}$	p$K_{a4}^{\ominus}$
$[Al(H_2O)_6]^{3+}$	1.2×10^{-5}				4.9			
NH_4^+	5.6×10^{-10}				9.25			
H_3AlO_3	6.3×10^{-12}				11.2			
H_3AsO_4	5.01×10^{-3}	1.0×10^{-7}	3.2×10^{-12}		2.30	7.0	11.49	
H_3AsO_3	6.02×10^{-10}				9.22			
H_3BO_3	5.8×10^{-10}				9.24			
$H_2B_4O_7$	1×10^{-4}	1×10^{-9}			4	9		
HBrO	2.0×10^{-9}				8.70			

弱酸	离解常数 p$K_a^\ominus$				p$K_a^\ominus$			
	$K_{a1}^\ominus$	$K_{a2}^\ominus$	$K_{a3}^\ominus$	$K_{a4}^\ominus$	p$K_{a1}^\ominus$	p$K_{a2}^\ominus$	p$K_{a3}^\ominus$	p$K_{a4}^\ominus$
H_2CO_3	4.17×10^{-7}	4.79×10^{-11}			6.38	10.32		
HCN	6.17×10^{-10}				9.40			
NC—CH_2COOH，氰乙酸	3.47×10^{-3}				2.460			
H_2CrO_4	9.55	3.2×10^{-7}			0.98	6.49		
HClO	2.8×10^{-8}				7.6			
$HClO_2$	1×10^{-2}				2.0			
$\left[Cr(H_2O)_6\right]^{3+}$	1.2×10^{-4}				3.9			
$\left[Fe(H_2O)_6\right]^{3+}$	6.02×10^{-3}				2.22			
$\left[pb(H_2O)_n\right]^{3+}$	1.6×10^{-8}				7.8			
$N_2H_5^+$	1.17×10^{-8}				7.93			
NH_3OH^+	1.51×10^{-6}				5.82			
HF	5.62×10^{-4}				3.25			
HIO	3.02×10^{-11}				10.52			
HIO_3	6.3				0.80			
HNO_2	4.6×10^{-4}				3.34			
H_2O_2	2.40×10^{-12}	1.8×10^{-16}			11.62	15.74		
H_3PO_2	1.0×10^{-2}				2.0			
H_3PO_4	7.1×10^{-3}	6.3×10^{-8}	4.2×10^{-13}		2.15	7.21	12.36	
H_3PO_3	1.0×10^{-2}	2.6×10^{-7}			2.00	6.58		
H_2SiO_3	1.2×10^{-10}	1.2×10^{-12}			9.9	11.9		
H_2SO_4		1.0×10^{-2}				1.92		
H_2SO_3	1.3×10^{-2}	6.1×10^{-8}			1.92	7.21		
H_2S					7.05	12.92		
HCOOH，甲酸	1.77×10^{-4}				3.751			
CH_3COOH，乙酸	1.75×10^{-5}				4.756			
$CH_3CH_2CH_2COOH$，丁酸	1.52×10^{-5}				4.817			
$CH_2ClCOOH$，一氯乙酸	1.36×10^{-3}				2.867			
乙酰乙酸(291.15K)	2.6×10^{-4}				3.58			
二苯基羟乙酸	8.1×10^{-4}				3.09			
$^+NH_3CH_2COO^-$ 甘氨酸，氨基乙酸	4.56×10^{-3}	2.5×10^{-10}			2.341	9.60		
N,N-二乙基甘氨酸	9.1×10^{-3}	3.4×10^{-11}			2.04	10.47		
抗坏血酸	6.8×10^{-5}	2.7×10^{-12}			4.17	11.57		
D-天冬氨酸	1.3×10^{-2}	2.2×10^{-4}	2.5×10^{-10}		1.89	3.65	9.60	
C_6H_5COOH，苯甲酸	6.25×10^{-5}				4.204			
$H_2C_2O_4$	5.36×10^{-2}	5.34×10^{-5}			1.271	4.272		

弱酸	离解常数 $pK_a^\ominus$				$pK_a^\ominus$			
	$K_{a1}^\ominus$	$K_{a2}^\ominus$	$K_{a3}^\ominus$	$K_{a4}^\ominus$	$pK_{a1}^\ominus$	$pK_{a2}^\ominus$	$pK_{a3}^\ominus$	$pK_{a4}^\ominus$
CH(OH)COOH | , d-酒石酸 CH(OH)COOH	9.20×10^{-4}	4.30×10^{-5}			3.036	4.366		
邻苯二甲酸	1.12×10^{-3}	3.91×10^{-6}			2.950	5.408		
柠檬酸	7.45×10^{-4}	1.73×10^{-5}	4.0×10^{-7}		3.128	4.761	6.396	
C_6H_5OH，苯酚	1.0×10^{-10}				9.99			
邻甲酚	5.50×10^{-11}				10.26			
苯磺酸	0.2				0.7			
马来酸	1.23×10^{-2}	4.67×10^{-7}			1.910	6.33		
乙二胺四乙酸	1.0×10^{-2}	2.13×10^{-3}	6.91×10^{-7}	5.50×10^{-11}	1.99	2.67	6.16	10.26

表 7-3　弱碱解离常数(298.15K)

弱碱	离解常数 $K_b^\ominus$			$pK_a^\ominus$		
	$K_{b1}^\ominus$	$K_{b2}^\ominus$	$K_{b3}^\ominus$	$pK_{a1}^\ominus$	$pK_{a2}^\ominus$	$pK_{a3}^\ominus$
NH_3，氨水	1.8×10^{-5}			9.25		
CH_3NH_2，甲胺	4.2×10^{-4}			10.62		
C_6H_7N，苯胺	4.0×10^{-10}			4.60		
$(CH_3)_2NH_2$，二甲胺	5.8×10^{-4}			10.77		
$C_2H_5NH_2$，乙胺	4.3×10^{-4}			10.63		
$(C_2H_5)_2NH_2$，二乙胺	6.3×10^{-4}			10.8		
$(C_2H_5)N$，三乙胺	5.2×10^{-4}			10.72		
$(HOCH_2CH_2)_3NH_2$，三乙醇胺	5.8×10^{-7}			7.76		
$(CH_2)_6N_4$，六次甲基四胺	1.4×10^{-9}			5.14		
$H_2NCH_2CH_2NH_2$，乙二胺	2.8×10^{-5}	2.6×10^{-8}		6.42	9.46	
C_5H_5N，吡啶	1.5×10^{-9}			5.17		
$C_4H_{13}N_3$，二乙烯三胺	1.0×10^{-3}	1.6×10^{-5}	2.6×10^{-10}	4.42	9.21	10.02

7.2.3　水溶液中的酸碱性标度

1. pH 标度

严格地说，pH 定义为氢离子活度的负对数：

$$pH = -\lg a(H^+) = -\lg[c(H^+)/c^\ominus]　　　　　　(7-4)$$

与 pH 相对应的还有 pOH，即 pOH 定义为氢氧根离子活度的负对数：

$$pOH = -\lg a(OH^-) = -\lg[c(OH^-)/c^\ominus] \tag{7-5}$$

常温下在水溶液中，令 $pK_w^\ominus = -\lg K_w^\ominus$，则 $pK_w^\ominus = 14.00(25℃)$，所以

$$pH + pOH = pK_w^\ominus = 14.00 \tag{7-6}$$

pH 是用来表示水溶液酸碱性的一种标度。pH 越小，溶液的酸性越强，碱性越弱；pH 越大，溶液的酸性越弱，碱性越强。值得注意的是，我们一定要认清溶液酸碱性的根本标志。当某一温度下，水的离子积常数 $K_w^\ominus$ 不等于 $1.0×10^{-14}$，$pK_w^\ominus$ 不等于 14.00 时，中性溶液中 pH = pOH，但不等于 7。但在一般情况下，提到 pH = 7 时，总是认为溶液是中性的，这是因为一般情况下认为 $K_w^\ominus = 1.0×10^{-14}$。溶液的酸碱性的根本标志为：酸性溶液 $c(H^+) > c(OH^-)$；中性溶液 $c(H^+) = c(OH^-)$；碱性溶液 $c(H^+) < c(OH^-)$。pH 一般仅适用于 $c(H^+)$ 或 $c(OH^-)$ 为 $1 mol \cdot L^{-1}$ 以下的溶液；如果 $c(H^+) > 1 mol \cdot L^{-1}$，则 pH<0；如果 $c(OH^-) > 1 mol \cdot L^{-1}$，则 pH>14，直接写出 $c(H^+)$ 或 $c(OH^-)$ 比用 pH 来表示酸碱性更加便利。只要确定溶液的 $c(H^+)$，就能很容易地计算 pH。

2. AG 标度

由于 $K_w^\ominus$ 随温度变化，对于非常强的酸，pH 变为负值。因此，有人提出一个新的酸度概念 AG(acidity grade)：$AG = \lg \dfrac{c(H^+)}{c(OH^-)}$，酸性溶液 AG>0，碱性溶液 AG<0，中性溶液 AG = 0。

7.3 影响酸碱强度的因素

按照酸碱质子理论，给出质子能力强的物质是强酸，接受质子能力强的物质是强碱。反之，便是弱酸或弱碱。一种物质是酸还是碱，以及酸碱的相对强弱(relative acidity)首先取决于物质的本性，其次与溶剂的性质等因素有关。例如，硝酸在水中是一种酸，而溶解在纯硫酸中时却是一种碱；再如，HCO_3^- 与 NaOH 反应时放出质子，此时它是一种酸，而与 HCl 反应时，它又接受质子，是一种碱。

7.3.1　物质的本性决定酸碱的强弱

对于酸 HA 来说，酸根离子 A^- 的稳定性与酸的强度密切相关。由共轭酸碱的概念得知，作为阴离子碱的酸根离子 A^- 越稳定，结合 H^+ 生成共轭酸的趋势越小，它的共轭酸 HA 是较强的酸。而 A^- 的稳定性与负电荷的分布情况有关，负电荷越分散，A^- 越稳定。电荷的分布情况通常用离子势 Φ 表示：

$$\Phi = \frac{Z}{r} \tag{7-7}$$

式中：r 和 Z 分别代表 A 的半径和所带电荷数。Φ 越大，A^- 中电荷分布得越集中，电荷密度越大；Φ 越小，电荷分布越广，A^- 中电荷密度越小。

对于 p 区的氢化物 H—X，同族元素自上而下，X 的负电荷数相同，半径依次增大，Φ 递

减，电荷分布得越来越广。例如，按从 F⁻、Cl⁻、Br⁻到 I⁻的顺序，离子的半径逐渐增大，而离子所带电荷相同，电荷密度减小，于是 X⁻对 H⁺的吸引能力逐渐降低。结果导致水溶液中的解离度：HF<HCl<HBr<HI，酸性逐渐增强。同理：H_2S 酸性较 H_2O 强；PH_3 的碱性较 NH_3 弱。同一周期元素自左至右，X 的负电荷数减小，半径基本不变，Φ 递减，电荷密度减小，氢化物的酸度增强，如 $NH_3<H_2O<HF$、$PH_3<H_2S<HCl$。

通式为 HOX 的无机含氧酸或碱的酸碱性取决于它的解离方式：

$$XOH \longrightarrow X^+ + OH^- \qquad (碱式解离)$$

$$XOH \longrightarrow XO^- + H^+ \qquad (酸式解离)$$

而解离方式又与 X 的离子势 Φ 有关：若 X 离子的电荷数高，离子半径小，即 Φ 值越大，则 X 的电荷密度大，极化力大，氧原子的电子云偏向于 X，则 X—O 键的共价性增强，相对的 O—H 键极性增强，所以 XOH 易作酸式解离，表现为酸性。反之，Φ 值越小，则 X—O 键的共价性减弱，相对的 O—H 键极性较弱，所以 XOH 易作碱式解离，表现为碱性。有人提出判断金属氢氧化物酸碱性的经验公式为：$\sqrt{\Phi}<0.22$ 时，呈碱性；$0.22<\sqrt{\Phi}<0.32$ 时，呈两性；$\sqrt{\Phi}>0.32$ 时，呈酸性。表 7-4 是碱金属和碱土金属氢氧化物的碱性递变规律，碱金属和碱土金属的氢氧化物除 $Be(OH)_2$ 是两性、$Mg(OH)_2$ 是中强碱外，其余均为强碱。

表 7-4 碱金属和碱土金属氢氧化物的碱性

MOH	LiOH	NaOH	KOH	RbOH	CsOH
$\sqrt{\Phi}$	0.129	0.102	0.087	0.082	0.077
碱性递变规律			→碱性增强		
$M(OH)_2$	$Be(OH)_2$	$Mg(OH)_2$	$Ca(OH)_2$	$Sr(OH)_2$	$Ba(OH)_2$
$\sqrt{\Phi}$	0.254	0.176	0.142	0.133	0.122
碱性递变规律			→碱性增强		

对于含氧酸 HOX 来说，同一主族元素自上而下，X 的电荷数相同，半径依次增大，$\sqrt{\Phi}$ 递减，电荷在酸根中密度减小，极化力减弱，O—X 键的强度减弱，使得 O—H 键结合力增强，因此 HOX 的酸强度将随 X 原子序数的增大而减小，如 $HOCl>HOBr>HOI$、$HOClO_2>HOBrO_2>HOIO_2$、$HNO_3>H_3PO_4>H_3AsO_4>HSb(OH)_6>HBiO_3$。同一周期自左至右，元素最高价态的电荷增大，半径基本不变，$\sqrt{\Phi}$ 增大，最高价含氧酸酸性增强，如 $H_2SiO_4<H_3PO_4<H_2SO_4<HClO_4$。

含有非羟基氧原子的含氧酸可用通式 $(HO)_mXO_n$ 表示，含氧酸中氧原子分成两种：一种为非羟基上的氧共 n 个，另一种为羟基上的氧共 m 个。决定含氧酸强度的主要因素是非羟基氧原子的数目。与 X 相连的非羟基氧原子数目越多，酸性越强。这是因为除氟外，氧的电负性最高，X 原子连接的非羟基氧原子越多，其电子密度向氧分散，使 X 原子带的正电荷越多，X 的极化力增强，$(HO)_mX$ 中 O—X 键的强度增强，O—H 键结合力减弱，在水中更易解离，酸强度增大(表 7-5)，而同一元素不同价态的含氧酸随价态的升高，n 增多，酸强度增大，如 $HClO<HClO_2<HClO_3<HClO_4$。

表 7-5 含氧酸的酸强度分类

很弱的酸 (n=0)	$pK_{a1}^{\ominus}$	弱酸 (n=1)	$pK_{a1}^{\ominus}$	强酸 (n=2)	$pK_{a1}^{\ominus}$	很强酸 (n=3)	$pK_{a1}^{\ominus}$
(HO)Cl	7.4	(HO)$_2$CO	3.9	(HO)NO$_2$	−1.4	(HO)ClO$_3$	−7
(HO)Br	8.7	(HO)NO	3.3	(HO)ClO$_2$	−2.7		
(HO)Si	10.0	(HO)$_2$SO	1.9	(HO)$_2$SO$_2$	−2.0		
		(HO)$_3$PO	2.1				

通式 XNH_2 表示氨的衍生物，碱性与 HOX 相似，其碱性大于氨。碱性：$NH_3>H_2O$；$NH_2^->OH^-$，如 $NaNH_2>NaOH$；$ClOH<ClNH_2<NH_3$；$NH_2OH<NH_2{-}NH_2<NH_3$。

7.3.2 酸碱质子理论确定影响酸碱相对强度的外因

酸碱的强弱是相对的，是相互比较而言的，要比较就要有一个标准，而溶剂是比较酸碱强弱最方便的标准。例如，比较 HAc 和 HCN 在水溶液中的酸性：HAc 给出 H^+，或者水夺取了 HAc 中的 H^+，生成了 H_3O^+ 和 Ac^-；同样，HCN 给出 H^+，或者水夺取了 HCN 中的 H^+，生成了 H_3O^+ 和 CN^-，它们的反应为

$$HAc(aq) + H_2O(l) \rightleftharpoons Ac^-(aq) + H_3O^+(aq) \qquad K_a^{\ominus}(HAc)=1.8\times10^{-5}$$

$$HCN(aq) + H_2O(l) \rightleftharpoons CN^-(aq) + H_3O^+(aq) \qquad K_a^{\ominus}(HCN)=6.3\times10^{-10}$$

通过比较 HAc 和 HCN 在水溶液中的解离常数 $K_a^{\ominus}$，可以确定 HAc 是比 HCN 更强的酸。只有 HAc 和 HCN 这些比 H_3O^+ 弱的酸才能以分子形式在水溶液中存在；以 H_2O 这种碱作为比较的标准，可以区分 HAc 和 HCN 给出质子能力的差别，这就是溶剂水的"区分效应"(differentiating effect)。

然而，强酸与水之间的质子传递反应几乎是不可逆的。例如，

$$HCl(aq) + H_2O(l) \longrightarrow Cl^-(aq) + H_3O^+(aq)$$

$$HNO_3(aq) + H_2O(l) \longrightarrow NO_3^-(aq) + H_3O^+(aq)$$

$$HClO_4(aq) + H_2O(l) \longrightarrow ClO_4^-(aq) + H_3O^+(aq)$$

HCl、HNO_3、$HClO_4$ 中的 H^+ 全部被水夺去了，水中并不存在这些酸的分子，在水溶液中它们的 $K_a^{\ominus}$ 值均为无穷大。因此，水中能够稳定存在的最强酸是 H_3O^+，比 H_3O^+ 强的酸，如 HCl、$HClO_4$ 等，都把 H^+ 全部传递给了水，不能以分子形式存在；或者说水能够同等程度地将 HCl、HNO_3、$HClO_4$ 等这些强酸的质子夺取过来。这时，以 H_2O 这种碱来区分它们之间的强弱差别就不可能了；或者说，水对这些强酸起不到区分作用，水把它们间的强弱差别拉平了。这种作用称为溶剂水的"拉平效应"(leveling effect)。如要区分强酸的强弱，必须选取比水的碱性更弱的碱作为溶剂。例如，在 100% 的 HAc 中，$HClO_4$ 与 HAc 发生如下反应：

$$H_3C{-}\overset{O}{\overset{\|}{C}}{-}OH + HClO_4 \rightleftharpoons [H_3C{-}\overset{OH}{\overset{|}{C}}{-}OH]^+ + ClO_4^-$$

其他强酸也能发生类似的反应。以冰醋酸为溶剂区分通常所说的各种强酸的强弱顺序为：$HClO_4 > H_2SO_4 > HI > HBr > HCl > HNO_3$，也体现了溶剂的"区分效应"。在水中 $HClO_4$ 完全解离，是"强酸"；在冰醋酸中它只能部分解离，是"弱酸"。不难看出，溶剂的碱性越强时溶质表现出的酸性就越强。所以，区分强酸要选用弱碱作溶剂，弱碱对强酸有区分效应。同样，强碱对弱酸也有区分效应。例如，乙炔是极弱的酸，由于酸性太弱，它不能把 H^+ 转移给 OH^-，而能在液氨中把 H^+ 转移给比 OH^- 更强的碱 NH_2^-：

$$H—C \equiv C—H + NH_2^- \rightleftharpoons H—C \equiv C^- + NH_3$$

如果用乙烯来重复这一实验，并无反应发生，说明乙烯比乙炔的酸性更弱。

同样，对碱来说，也存在着溶剂的"区分效应"和"拉平效应"。例如，水作为溶剂对 NaOH、$NaNH_2$、NaH 和甲基负离子 CH_3^- 等也具有"拉平效应"；NH_2^-、H^- 和 H_3C^- 都是比 OH^- 更强的碱，它们与水完全反应，生成相应的共轭酸和 OH^-：

$$NaNH_2 + H_2O \longrightarrow Na^+ + NH_3 + OH^-$$

$$NaH + H_2O \longrightarrow Na^+ + H_2 + OH^-$$

$$H_3C^- + H_2O \longrightarrow CH_4 + OH^-$$

OH^- 是水中能够存在的最强碱。要区分 NH_2^-、H^-、H_3C^- 的碱性强弱，应选取比 H_2O 的酸性更弱的酸作为溶剂。极弱的碱也有类似情形。很多化合物在水中并不显碱性，可以说其碱性是很弱的。但是，在与比水的酸性更强的溶剂作用时，就显现出碱性。这种溶剂常常是 100% 的 H_2SO_4。在 H_2SO_4 作为溶剂的溶液中，乙醚表现为碱：

$$C_2H_5OC_2H_5 + HOSO_2OH \longrightarrow [C_2H_5—\overset{\overset{\displaystyle H}{|}}{O}—C_2H_5]^+ + [OSO_2OH]^-$$

在水溶液中，强酸 $K_a^\ominus > 0$，$pK_a^\ominus < 0$，被水拉平；强碱 $pK_a^\ominus > 14$，同样被水拉平。不被水拉平的酸碱 $pK_a^\ominus$ 范围为 0～14，即区间为 14，我们通常把这个区间称为水的酸碱"区分域"。对于 HAc，区分域为 -8～4.7，区间为 12.7。

综上所述，酸碱的质子理论告诉我们，酸与碱既是相互对立的，又是统一的。它们间的强弱有一定的依赖关系，强酸的共轭碱是弱的，强碱的共轭酸是弱的；反之，弱酸的共轭碱是强碱，弱碱的共轭酸是强酸。因此，通常可以比较酸的强弱，再由此确定其共轭碱的相对强弱。

在一定条件下，酸碱又可以相互转化。一个典型的例子是硝酸。人们都认为它是一种强酸，然而在不同条件下，它可以表现为碱。例如，在纯硫酸中，硝酸发生如下反应：

$$HONO_2 + H_2SO_4 \rightleftharpoons [H_2O \cdot NO_2]^+ + HSO_4^-$$

在这里 HNO_3 是碱，它的共轭酸是 $[H_2O \cdot NO_2]^+$，再进一步反应，生成硝基正离子 NO_2^+。总反应是

$$HONO_2 + 2H_2SO_4 \rightleftharpoons H_3O^+ + NO_2^+ + 2HSO_4^-$$

拉曼光谱已经证实了 NO_2^+ 的存在。

确定了酸碱的相对强弱之后，可以判断酸碱反应的方向。酸碱反应是争夺质子的过程，争夺质子的结果总是强碱夺取了强酸给出的质子而转化为它的共轭酸——弱酸；强酸则给出质子转化为它的共轭碱——弱碱。总之，酸碱反应主要是由强酸与强碱向生成相应的弱碱和弱酸的方向进行。例如，

$$H_3PO_4 \quad + \quad NH_3 \longrightarrow \quad H_2PO_4^- \quad + \quad NH_4^+$$

较强的酸　　　　较强的碱　　　　较弱的碱　　　　较弱的酸

同时，易证得：在水溶液中，$pK_a(HA) + pK_b(A^-) = 14$，因此，共轭酸的酸性越强，共轭碱的碱性越弱，反之，共轭酸的酸性越弱，共轭碱的碱性越强。

7.4 酸碱溶液中氢离子浓度的计算及型体分布

溶液中氢离子浓度的大小对很多化学反应都有重要的影响。计算 H^+ 浓度可采用代数法和图解法。代数法是从精确的数量关系出发，根据具体条件，分清主次，合理取舍，使其成为易于计算的简化形式。具体计算的依据有：物料平衡式(mass or material balance equation)：溶液中某组分的总浓度等于该组分各种型体的平衡浓度的总和，这种关系称为物料平衡。其数学表达式称为物料平衡式，以 MBE 表示；电荷平衡式(charge balance equation)：中性溶液中阳离子的正电荷总浓度等于阴离子的负电荷总浓度，其数学表达式称为电荷平衡式，以 CBE 表示；质子条件式(proton balance equation)：当反应达到平衡时，得到质子后的产物所获得的质子的总物质的量与失质子后的产物所失质子的总物质的量相等，这一原则称为质子条件，它的数学表达式称质子条件式，以 PBE 表示。其中较简便且常用的是质子条件式。

7.4.1 质子条件式的确定

酸碱反应的实质是质子的传递。任何酸碱溶液中，要确定质子的得失，先要在体系选择适当的质子基准态物质作为参考，以它作为考虑质子转移的起点，并称之为参考水准或零水准(zero level)。通常选择大量存在于溶液中并参与质子转移的物质作为零水准。然后将体系中其他酸或碱与之比较，以确定质子的得失，再根据质子转移数相等的数量关系，将所有得到质子后的产物写在等式的一端，所有失去质子后的产物写在另一端，即可得到质子条件式。

例如，在一元弱酸 HA 的水溶液中，大量存在并参与质子转移反应的物质是 HA 和 H_2O，因此选它们作为零水准，其质子转移情况为

零水准

$$HA \xrightarrow{\ -H^+\ } A^-$$

$$H_3O^+ \xleftarrow{\ +H^+\ } H_2O \xrightarrow{\ -H^+\ } OH^-$$

上式中 H_3O^+ 是溶液中 H_2O 获质子后的产物，将它写在零水准的一边；而 A^- 和 OH^- 分别为 HA 和 H_2O 失去质子后的产物，写在零水准的另一边，即可写出质子条件式为

$$c(H_3O^+) = c(A^-) + c(OH^-)$$

该质子条件式的意义是：当 HA 的水溶液处于平衡状态时，溶液中 H^+(即 H_3O^+)分别来源于 HA 和 H_2O 的解离。显然，质子条件式中不出现零水准物质，仅出现参与质子得失的物质。

在处理多元酸溶液的质子条件时，要注意平衡物种前的系数。

例如，H_2S 水溶液中，以 H_2S 和 H_2O 为零水准，其质子转移反应为

零水准

$$H_2S \xrightarrow{\ -H^+\ } HS^-$$

$$H_2S \xrightarrow{\ -2H^+\ } S^{2-}$$

$$H_3O^+ \xleftarrow{\ +H^+\ } H_2O \xrightarrow{\ -H^+\ } OH^-$$

其质子条件式为

$$c(H_3O^+) = c(HS^-) + 2c(S^{2-}) + c(OH^-)$$

【例 7-1】 写出 $NaHCO_3$ 水溶液的质子条件式。

解 溶液中大量存在的是 Na^+、HCO_3^- 和 H_2O，Na^+ 既不能给出质子，也不能接受质子，不参与质子转移反应，因此选 HCO_3^- 和 H_2O 为零水准，溶液中质子转移反应为

零水准

$$H_2CO_3 \xleftarrow{\ +H^+\ } HCO_3^- \xrightarrow{\ -H^+\ } CO_3^{2-}$$

$$H_3O^+ \xleftarrow{\ +H^+\ } H_2O \xrightarrow{\ -H^+\ } OH^-$$

质子条件式为

$$c(H_3O^+) + c(H_2CO_3) = c(CO_3^{2-}) + c(OH^-)$$

【例 7-2】 写出 $NaNH_4HPO_4$ 水溶液的质子条件式。

解 选 NH_4^+、HPO_4^{2-}、H_2O 为零水准，溶液中质子转移反应为

零水准

$$NH_4^+ \xrightarrow{\ -H^+\ } NH_3$$

$$H_2PO_4^- \xleftarrow{\ +H^+\ } HPO_4^{2-} \xrightarrow{\ -H^+\ } PO_4^{3-}$$

$$H_3PO_4 \xleftarrow{\ +2H^+\ } HPO_4^{2-}$$

$$H_3O^+ \xleftarrow{\ +H^+\ } H_2O \xrightarrow{\ -H^+\ } OH^-$$

质子条件式为

$$c(H_3O^+) + c(H_2PO_4^-) + 2c(H_3PO_4) = c(NH_3) + c(PO_4^{3-}) + c(OH^-)$$

【例 7-3】 写出含有浓度为 c_1 的 HAc 和浓度为 c_2 的 NaAc 水溶液的质子条件式。

解 在这一体系中参与质子转移的反应并大量存在的物质有 H_2O、HAc 和 Ac^-，但 HAc 和 Ac^- 为共轭酸碱对，互为得失质子后的产物，只能选择其中的一种作零水准。

若选择 HAc 和 H_2O 为零水准，溶液中质子转移反应为

零水准

$$HAc \xrightarrow{\ -H^+\ } Ac^- \quad (参与质子转移的\ Ac^-)$$

$$H_3O^+ \xleftarrow{\ +H^+\ } H_2O \xrightarrow{\ -H^+\ } OH^-$$

质子条件式为

$$c(H_3O^+) = [c(Ac^-) - c_2] + c(OH^-)$$

式中：$c(Ac^-)$为溶液中 Ac^- 的总量。

若选择 Ac^- 和 H_2O 为零水准，溶液中质子转移反应为

零水准

$$HAc(参与质子转移的 HAc) \xleftarrow{+H^+} Ac^-$$

$$H_3O^+ \xleftarrow{+H^+} H_2O \xrightarrow{-H^+} OH^-$$

质子条件式为

$$c(H_3O^+) + [c(HAc) - c_1] = c(OH^-)$$

式中：$c(HAc)$为溶液中 Ac^- 的总量。

但是，无论选择 HAc 还是选择 Ac^- 作为零水准，所得到的质子条件式只是同一平衡式的不同表达式，通过物料平衡式 $c(HAc) + c(Ac^-) = c_1 + c_2$ 可以得出它们是一致的，是可以相互变换成另一表达式的。

7.4.2 强酸或强碱溶液

设浓度为 c 的强酸 HB，其在水溶液中质子的转移反应为

零水准

$$HB \xrightarrow{-H^+} B^-$$

$$H_3O^+ \xleftarrow{+H^+} H_2O \xrightarrow{-H^+} OH^-$$

质子条件式为

$$c(H_3O^+) = c(B^-) + c(OH^-)$$

质子条件式的意义是：强酸溶液中 H^+分别来源于 H_2O 和 HB 的解离。因为 $c(B^-)=c$，$K_w^\ominus = c(H^+) \cdot c(OH^-)$，所以

$$c(H^+) = c + \frac{K_w^\ominus}{c(H^+)}$$

$$\left[c\left(H^+\right)\right]^2 - c \cdot c\left(H^+\right) - K_w^\ominus = 0 \qquad (精确式) \tag{7-8}$$

按式(7-8)解一元二次方程，便可计算强酸溶液 H^+浓度的精确解。

如果 $\left[c\left(H^+\right)\right]^2 \gg 20 K_w^\ominus$，可忽略水的解离，即忽略 $c(OH^-)$，则

$$c(H^+) \approx c \qquad (最简式) \tag{7-9}$$

对于浓度为 c 的强碱溶液，其 $c(OH^-)$的计算与强酸情况类似，即

$$c(OH^-) = c + c(H^+)$$

$$\left[c\left(OH^-\right)\right]^2 - c \cdot c\left(OH^-\right) - K_w^\ominus = 0 \qquad (精确式) \tag{7-10}$$

如果 $\left[c\left(OH^-\right)\right]^2 \gg 20 K_w^\ominus$，则

$$c(OH^-) \approx c \quad (最简式) \tag{7-11}$$

7.4.3 一元弱酸、弱碱溶液

1. 一元弱酸、弱碱溶液中各物质的分布

在弱酸、弱碱平衡体系中，常常同时存在多种型体。随溶液 H_3O^+ 浓度的变化，各型体之间相互转化，它们的浓度发生变化。因此了解酸度对弱酸、弱碱型体分布的影响，对于掌握与控制反应条件有重要的指导意义。

溶液中某物种的总浓度为各种型体的平衡浓度的总和，也称分析浓度(analytical concentration)。某型体浓度在总浓度中占有的分数称为该型体的分布分数(distribution fraction)，或称摩尔分数，用符号 δ 表示。分布分数的大小与该酸或碱的性质有关。

一元弱酸 HA，在水溶液中有 HA 和 A^- 两种型体。设它们的总浓度为 c，HA 的平衡浓度为 $c(HA)$，A^- 的平衡浓度为 $c(A^-)$；$\delta(HA)$ 和 $\delta(A^-)$ 分别代表 HA 和 A^- 的分布系数(distribution coefficient)，则

$$c = c(HA) + c(A^-)$$

$$\delta(HA) = \frac{c(HA)}{c} = \frac{c(HA)}{c(HA)+c(A^-)} = \frac{1}{1+\dfrac{K_a^\ominus}{c(H^+)}} = \frac{c(H^+)}{c(H^+)+K_a^\ominus} \tag{7-12}$$

$$\delta(A^-) = \frac{c(A^-)}{c} = \frac{c(A^-)}{c(HA)+c(A^-)} = \frac{\dfrac{K_a^\ominus}{c(H^+)}}{1+\dfrac{K_a^\ominus}{c(H^+)}} = \frac{K_a^\ominus}{c(H^+)+K_a^\ominus} \tag{7-13}$$

已知分布分数和分析浓度，便可求算各型体的平衡浓度。并且各型体的分布分数之和等于 1，即

$$\delta(HA) + \delta(A^-) = 1$$

【例 7-4】 计算 pH=4.00 时，浓度为 0.10mol·L^{-1} 的 HAc 溶液中，HAc 和 Ac$^-$ 的分布分数和平衡浓度。已知 $K_a^\ominus(HAc) = 1.8 \times 10^{-5}$。

解
$$\delta(HAc) = \frac{c(H^+)}{c(H^+)+K_a^\ominus} = \frac{1.0 \times 10^{-4}}{1.0 \times 10^{-4}+1.8 \times 10^{-5}} = 0.85$$

$$\delta(Ac^-) = \frac{1.8 \times 10^{-5}}{1.0 \times 10^{-4}+1.8 \times 10^{-5}} = 0.15$$

$$c(HAc) = \delta(HAc) \times c = 0.85 \times 0.10 \text{mol} \cdot \text{L}^{-1} = 0.085 \text{mol} \cdot \text{L}^{-1}$$

$$c(Ac^-) = \delta(Ac^-) \times c = 0.15 \times 0.10 \text{mol} \cdot \text{L}^{-1} = 0.015 \text{mol} \cdot \text{L}^{-1}$$

计算出不同 pH 时的 $\delta(HAc)$ 和 $\delta(Ac^-)$ 值，以 pH 为横坐标，δ 为纵坐标，作 δ-pH 曲线图。分布分数与溶液 pH 的关系称为分布曲线(distribution curve)，又称酸碱型体分布图(distribution diagram)。由图 7-1 可见，当 pH = p$K_a^\ominus$ 时，溶液中 HAc 和 Ac$^-$ 两种型体各占 50%；当 pH < p$K_a^\ominus$ 时，HAc 为主要型体；当 pH > p$K_a^\ominus$ 时，Ac$^-$ 为主要型体。

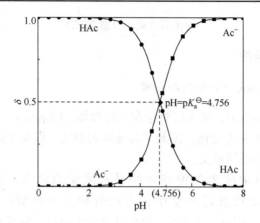

图 7-1　HAc 的型体分布图

2. 一元弱酸溶液中氢离子浓度的计算

浓度为 c 的一元弱酸 HA，其 PBE 为 $c(H_3O^+) = c(A^-) + c(OH^-)$，由于

$$K_w^{\ominus} = c(H^+)\,c(OH^-), \quad K_a^{\ominus} = \frac{c(H^+) \cdot c(A^-)}{c(HA)}$$

$$c(H^+) = \frac{K_a^{\ominus} \cdot c(HA)}{c(H^+)} + \frac{K_w}{c(H^+)}$$

$$c(H^+) = \sqrt{K_a^{\ominus} \cdot c(HA) + K_w^{\ominus}} \qquad \text{（精确式）} \tag{7-14}$$

将 $\delta(HA) = \dfrac{c(HA)}{c}$ 代入式中，可求得溶液中 $c(H^+)$ 的精确解，但解方程比较麻烦，有时也没必要。实际上，可根据具体情况进行合理的取舍，采用近似法进行简便计算。式(7-14)中，当 $c(HA) \cdot K_a^{\ominus} \geqslant 20K_w^{\ominus}$ 时，可忽略 $K_w^{\ominus}$，即忽略水解离提供的 H^+。此时，式(7-14)简化为

$$c(H^+) = \sqrt{K_a^{\ominus} \cdot c(HA)} = \sqrt{K_a^{\ominus}[c - c(H^+)]} \tag{7-15}$$

其展开式为

$$\left[c(H^+)\right]^2 + K_a^{\ominus} \cdot c(H^+) - cK_a^{\ominus} = 0$$

解方程：

$$c(H^+) = \frac{-K_a^{\ominus} + \sqrt{\left(K_a^{\ominus}\right)^2 + 4cK_a^{\ominus}}}{2} \qquad \text{（近似式）} \tag{7-16}$$

当 $c(H^+) \ll c$，即 HA 的解离度很小时，式(7-15)可进一步简化为

$$c(H^+) = \sqrt{K_a^{\ominus} \cdot c} \qquad \text{（最简式）} \tag{7-17}$$

一般在 $\dfrac{c}{K_a^{\ominus}} \geqslant 500$，且 $c \cdot K_a^{\ominus} \geqslant 20K_w^{\ominus}$ 时，才能用最简式计算 H^+ 浓度。当 $c \cdot K_a^{\ominus} \leqslant 20K_w^{\ominus}$ 时，不可忽略 $K_w^{\ominus}$；当 $c(H^+) \ll c$，即 HA 的解离度很小时，式(7-15)可简化为

$$c(H^+) = \sqrt{K_a^{\ominus} \cdot c + K_w^{\ominus}} \tag{7-18}$$

【例 7-5】　计算 $0.010\,\text{mol} \cdot \text{L}^{-1}$ 的 HAc 溶液的 $c(H^+)$ 和 pH。

解 由表 7-2 中查得 $K_a^\ominus(\text{HAc}) = 1.75 \times 10^{-5}$，由于

$$c \cdot K_a^\ominus = 0.01 \times 1.75 \times 10^{-5} = 1.75 \times 10^{-7} \gg 20 K_w^\ominus$$

故可忽略水的影响，又由于 $\dfrac{c}{K_a^\ominus} = \dfrac{0.01}{1.75 \times 10^{-5}} = 571 > 500$，故可用最简式进行计算：

$$c(\text{H}^+) = \sqrt{K_a \cdot c} = \sqrt{1.75 \times 10^{-5} \times 0.01} = 4.2 \times 10^{-4}(\text{mol} \cdot \text{L}^{-1})$$

$$\text{pH} = -\lg(4.2 \times 10^{-4}) = 3.4$$

【例 7-6】 计算 $1.0 \times 10^{-4}\text{mol} \cdot \text{L}^{-1}$ 氢氰酸溶液的 pH。

解 已知 $K_a^\ominus(\text{HCN}) = 6.17 \times 10^{-10}$，$c \cdot K_a^\ominus = 1.0 \times 10^{-4} \times 6.17 \times 10^{-10} = 6.17 \times 10^{-14} < 20 K_w^\ominus$，故不可忽略水的解离，由于 $\dfrac{c}{K_a^\ominus} = \dfrac{1.0 \times 10^{-4}}{6.17 \times 10^{-10}} > 500$，故可忽略酸的解离对 $c(\text{HCN})$ 的影响，

$$c(\text{H}^+) = \sqrt{K_a^\ominus \cdot c + K_w^\ominus}$$
$$= \sqrt{6.17 \times 10^{-10} \times 1.0 \times 10^{-4} + 1.0 \times 10^{-14}}$$
$$= 2.7 \times 10^{-7}(\text{mol} \cdot \text{L}^{-1})$$

$$\text{pH} = 6.6$$

【例 7-7】 计算 $0.1\text{mol} \cdot \text{L}^{-1}$ 一氯乙酸(CH_2ClCOOH)溶液的 pH。已知 $K_a^\ominus = 1.36 \times 10^{-3}$。

解 $c \cdot K_a^\ominus = 0.1 \times 1.36 \times 10^{-3} = 1.36 \times 10^{-4} > 20 K_w^\ominus$，$\dfrac{c}{K_a^\ominus} = \dfrac{0.1}{1.36 \times 10^{-3}} = 73.5 < 500$

故采用近似式计算：

$$c(\text{H}^+) = \frac{-K_a^\ominus + \sqrt{(K_a^\ominus)^2 + 4cK_a^\ominus}}{2}$$
$$= \frac{-1.36 \times 10^{-3} + \sqrt{(1.36 \times 10^{-3})^2 + 4 \times 0.1 \times 1.36 \times 10^{-3}}}{2}$$
$$= 1.1 \times 10^{-2}(\text{mol} \cdot \text{L}^{-1})$$

$$\text{pH} = 1.96$$

3. 一元弱碱溶液中氢离子浓度的计算

浓度为 c 的一元弱碱 B^-，其在水溶液中质子的转移反应为

零水准

$$\text{HB} \xleftarrow{+\text{H}^+} \text{B}^-$$

$$\text{H}_3\text{O}^+ \xleftarrow{+\text{H}^+} \text{H}_2\text{O} \xrightarrow{-\text{H}^+} \text{OH}^-$$

质子条件式为

$$c(\text{OH}^-) = c(\text{HB}) + c(\text{H}^+)$$

因为　　　　　　　　$K_w^\ominus = c(H^+) \cdot c(OH^-)$,　　$K_b^\ominus = \dfrac{c(HB) \cdot c(OH^-)}{c(B^-)}$

$$c(OH^-) = \frac{K_b^\ominus \cdot c(B^-)}{c(OH^-)} + \frac{K_w^\ominus}{c(OH^-)}$$

$$c(OH^-) = \sqrt{K_b^\ominus \cdot c(B^-) + K_w^\ominus} \qquad \text{(精确式)} \qquad (7\text{-}19)$$

式(7-19)中，当 $c \cdot K_b^\ominus > 20 K_w^\ominus$ 时可忽略 $K_w^\ominus$，即忽略水解离提供的 OH^-。此时式(7-19)简化为

$$c(OH^-) = \sqrt{K_b^\ominus \cdot c(B^-)} = \sqrt{K_b^\ominus [c - c(OH^-)]}$$

$$c(OH^-) = \frac{-K_b^\ominus + \sqrt{\left(K_b^\ominus\right)^2 + 4c K_b^\ominus}}{2} \qquad \text{(近似式)} \qquad (7\text{-}20)$$

当 $c(OH^-) \ll c$，即 B^- 的解离度很小时，式(7-19)可进一步简化为

$$c(OH^-) = \sqrt{K_b^\ominus \cdot c} \qquad \text{(最简式)} \qquad (7\text{-}21)$$

一般在 $\dfrac{c}{K_b^\ominus} \geqslant 500$，且 $c \cdot K_b^\ominus \geqslant 20 K_w^\ominus$ 时，才能用最简式计算 OH^- 浓度。

【例 7-8】　计算 $0.10 \text{mol} \cdot L^{-1}$ 氨水溶液的 $c(H^+)$ 和 pH。

解　由表 7-3 查得 $K_b^\ominus = 1.8 \times 10^{-5}$，因 $c \cdot K_b^\ominus > 20 K_w^\ominus$，故可忽略水的影响；又因 $\dfrac{c_0}{K_b^\ominus} = \dfrac{0.1}{1.8 \times 10^{-5}} = 5.6 \times 10^3 > 500$，故可用最简式进行计算：

$$c(OH^-) = \sqrt{K_b^\ominus \cdot c} = \sqrt{1.8 \times 10^{-5} \times 0.10} = 1.3 \times 10^{-3} (\text{mol} \cdot L^{-1})$$

$$pOH = 2.9, \quad pH = 14 - 2.9 = 11.1$$

4. 解离度

弱酸、弱碱在溶液中解离的百分数可以用解离度(ionization degree)α 表示。

HAc 的解离度：　　　　　　　$\alpha = \dfrac{c(H^+)}{c_0} = \dfrac{\sqrt{K_a^\ominus c_0}}{c_0} = \sqrt{\dfrac{K_a^\ominus}{c_0}}$　　　　　　　(7-22)

而 $NH_3 \cdot H_2O$ 的解离度为　　　　　　$\alpha = \sqrt{\dfrac{K_b^\ominus}{c_0}}$　　　　　　　(7-23)

虽然平衡常数 $K_a^\ominus$ 和 $K_b^\ominus$ 不随浓度变化，但作为转化百分数的解离度 α，却随起始浓度 c_0 的变化而变化。式(7-22)和式(7-23)表示了 AB 型弱电解质溶液的浓度、解离度和解离常数间的关系，称为稀释定律(dilution law)。它表明在一定温度下，解离常数保持不变，溶液被稀释时，解离度 α 将增大。

【例 7-9】　计算下列各浓度的甲酸溶液的 $c(H^+)$ 和解离度：(1)$0.10 \text{mol} \cdot L^{-1}$；(2)$1.0 \times 10^{-5} \text{mol} \cdot L^{-1}$。

解　(1) 由表 7-2 中查得 $K_a^\ominus = 1.774 \times 10^{-4}$，因 $c \cdot K_a^\ominus \geqslant 20 K_w^\ominus$，故可忽略水的影响，又因

$\dfrac{c_0}{K_a^{\ominus}} = \dfrac{0.1}{1.774 \times 10^{-4}} = 563.7 > 500$，故可用最简式进行计算：

$$c(H^+) = \sqrt{K_a^{\ominus} \cdot c} = \sqrt{1.774 \times 10^{-4} \times 0.10} = 4.212 \times 10^{-3}(mol \cdot L^{-1})$$

解离度：
$$\alpha = \dfrac{c(H^+)}{c_0} = \dfrac{4.212 \times 10^{-3}}{0.10} = 4.2\%$$

(2) 因 $c \cdot K_a^{\ominus} \geqslant 20K_w^{\ominus}$，故可忽略水的影响，但 $\dfrac{c_0}{K_a^{\ominus}} = \dfrac{1 \times 10^{-5}}{1.774 \times 10^{-4}} = 0.056 < 500$，应用近似式计算：

$$c(H^+) = \dfrac{-K_a^{\ominus} + \sqrt{(K_a^{\ominus})^2 + 4cK_a^{\ominus}}}{2}$$

$$= \dfrac{-1.774 \times 10^{-4} + \sqrt{(1.774 \times 10^{-4})^2 + 4 \times 1.0 \times 10^{-5} \times 1.774 \times 10^{-4}}}{2}$$

$$= 9.492 \times 10^{-6}(mol \cdot L^{-1})$$

解离度：
$$\alpha = \dfrac{c(H^+)}{c_0} = \dfrac{9.492 \times 10^{-6}}{1.0 \times 10^{-5}} = 95\%$$

5. 同离子效应

$0.10 mol \cdot L^{-1}$ 的 10mL HAc 中加甲基橙指示剂 2 滴，溶液呈红色，逐渐加入少量固体 NaAc，随着振荡红色渐褪，最后变成黄色，说明酸度逐渐降低了。这是因为 NaAc 溶解后完全解离为 Na^+ 和 Ac^-，使溶液中 Ac^- 的总浓度增加，HAc 的解离平衡向生成 HAc 的方向移动，结果 HAc 的浓度增大，H^+ 的浓度减小，即 HAc 的解离度 α 降低了。

$$HAc \rightleftharpoons H^+ + Ac^-$$

这种由于在弱电解质中加入一种含有相同离子(阳离子或阴离子)的电解质后，使解离平衡发生移动，降低弱电解质解离度的作用，称为同离子效应(common ion effect)。

【例 7-10】 比较在 1.0L $0.10 mol \cdot L^{-1}$ HAc 中和加入 0.10mol 固体 NaAc 后 1.0L $0.10 mol \cdot L^{-1}$ HAc 中 $c(H^+)$ 及解离度 α。

解 由表 7-2 查得 $K_a^{\ominus} = 1.754 \times 10^{-5}$，$0.10 mol \cdot L^{-1}$ HAc 中因 $c \cdot K_a^{\ominus} \geqslant 20K_w^{\ominus}$，故可忽略水的影响，又因 $\dfrac{c_0}{K_a^{\ominus}} = \dfrac{0.1}{1.754 \times 10^{-5}} = 5701 > 500$，故可用最简式进行计算：

$$c(H^+) = \sqrt{K_a^{\ominus} \cdot c} = \sqrt{1.754 \times 10^{-5} \times 0.10} = 1.324 \times 10^{-3}(mol \cdot L^{-1})$$

解离度：
$$\alpha = \dfrac{c(H^+)}{c_0} = \dfrac{1.324 \times 10^{-3}}{0.10} \times 100\% = 1.3\%$$

另设 1.0L $0.10 mol \cdot L^{-1}$ HAc 中加入 0.10mol 固体 NaAc 以后的 $c(H^+)$ 为 $x\, mol \cdot L^{-1}$，则

$$HAc \rightleftharpoons H^+ + Ac^-$$

加入固体 NaAc 后浓度/(mol·L⁻¹)：　　0.10　　　0　　0.10

达平衡时浓度/(mol·L⁻¹)：　　0.10−x　　x　　0.10+x

因为 $K_a^{\ominus}=\dfrac{c(\mathrm{H^+})\cdot c(\mathrm{Ac^-})}{c(\mathrm{HAc})}$，则

$$1.8\times10^{-5}=\frac{x\cdot(0.10+x)}{0.10-x}$$

解得
$$c(\mathrm{H^+})=x=1.754\times10^{-5}(\mathrm{mol}\cdot\mathrm{L^{-1}})$$

$$\alpha=\frac{c(\mathrm{H^+})}{c_0}=\frac{1.754\times10^{-5}}{0.10}\times100\%=0.018\%$$

由以上计算说明，在 HAc 溶液中加入少量 NaAc 后，其 $c(\mathrm{H^+})$比不加入 NaAc 时降低 76 倍，α 也降低相同的倍数。

6. 盐效应——强电解质溶液中的离子强度和活度

实验证明，对于许多化学反应，如果以有关物质的浓度代入质量作用定律或化学平衡常数基本表达式中计算时，其所得的结果是有偏差的，特别是强电解质偏差更甚。究其原因，主要是在推导这些基本公式时都假设溶液是处在理想状态，即溶液中各物种(离子或分子)都是孤立存在的，没有考虑它们之间的相互作用。而实际溶液都是非理想溶液，这种假设对于弱电解质而言，由于其解离程度不大，忽略它们之间的相互作用引起的偏差较小，这还是允许的。但是对于强电解质来说，忽略离子之间较强的吸引力显然是不合适的。实验测定了某些强电解质的解离度，与 100%解离也有较大的偏差，见表 7-6。

表 7-6　某些强电解质的实测解离度($0.1\mathrm{mol}\cdot\mathrm{L^{-1}}$)

电解质	HCl	HNO₃	H₂SO₄	KOH	NaOH	KCl	NH₄Cl	CuSO₄
解离度 α/%	92	92	58	89	84	86	88	40

为了解决上述实验事实的偏差，1923 年德拜(Debye，Peter Joseph Wilhelm，1884—1962，荷兰物理学家和化学家)和休克尔(Erich Armand Arthur Joseph Hückel，1896—1980，联邦德国物理学家和物理化学家)提出了强电解质在溶液中状况的基本理论。该理论的主要论点是：强电解质在溶液中(至少在不太浓的溶液中)是完全解离的，但溶液中离子都处在异性离子的包围之中，这种包围称为离子氛。因此，每一个正离子周围有一个带负电荷的离子氛，同样在每一个负离子周围也有一个带正电荷的离子氛。离子氛的形成，使溶液中离子的行动受到限制。倘若给电解质溶液通电，这时正离子应该向负极移动，但它的"离子氛"却向正极移动。这样，正离子向负极迁移的速度显然比没有"离子氛"的离子慢些，因此溶液的导电性就比理论上要低一些，这也是相当于溶液中离子数目的减少，所以我们将实测的解离度称为"表观解离度"。

离子间的相互牵制作用使离子的一些与浓度有关的性质受到影响，其结果相当于溶液中离子浓度的减少。为了准确地描述强电解质溶液中离子间的相互作用，引入了离子的活度和活度系数的概念。活度(a)就是离子的有效浓度，它等于溶液中离子的实际浓度(b)乘以一个校正系数(γ)，这个校正系数称为活度系数(activity coefficient)。

$$a=\gamma\frac{b}{b^{\ominus}} \tag{7-24}$$

式中：b 为质量摩尔浓度；γ 为活度系数。a 和 γ 是量纲为一的数，$b^{\ominus}=1mol \cdot kg^{-1}$。由于在稀水溶液中质量摩尔浓度与物质的量浓度数值上近似相等，因此也可表示为 $a = \gamma \dfrac{c}{c^{\ominus}}$，其中，$c^{\ominus}=1mol \cdot L^{-1}$。活度系数直接反映电解质溶液中离子活动的自由程度。可以预测，当溶液中离子浓度越大，离子所带的电荷越多，离子间相互牵制作用越强，则活度系数 γ 值越小，活度与浓度之间的差距越大。实验测得不同浓度的 NaCl 溶液的活度和活度系数列于表 7-7 中。

表 7-7　不同浓度 NaCl 溶液的活度(298K)

浓度 $c/(mol \cdot L^{-1})$	0.1	0.01	0.001	0.0001
活度系数 γ	0.792	0.906	0.963	0.985
活度 a	0.0792	0.00906	0.000963	0.0000985

从表 7-7 可见，溶液的浓度越大，单位体积内离子数目越多，离子间的牵制作用越强，离子活动的自由度(γ)越小，活度与浓度之间的差距越大。相反，浓度 c 越小，γ 值越大，活度与浓度之间的差距越小。当溶液无限稀释时，离子间的牵制作用降低到极弱的程度，γ 趋近于 1，活度与浓度也趋于相等。

由此可见，强电解质溶液的性质中，凡与离子浓度有关时均由活度决定而不是浓度。因此离子活度是比浓度更本质、更重要的溶液性质的决定因素。但对于弱电解质溶液和难溶性强电解质溶液等，由于溶液中离子浓度很小，通常就以浓度计算，不必考虑用活度修正。

当多种离子同时存在于溶液中时，它们之间的相互作用非常复杂，与溶液中总体的离子浓度及电荷数(Z)有关。路易斯于 1921 年提出离子强度(ionic strength，I)的概念：

$$I = \frac{1}{2}\sum_{i}(b_i/b^{\ominus})Z_i^2 \tag{7-25}$$

有了离子强度，对于浓度较稀($b<0.1mol \cdot kg^{-1}$)的电解质溶液可用下面的公式计算单个离子的活度系数。

$$\lg\gamma = -0.50Z^2\left(\frac{\sqrt{I}}{1+\sqrt{I}} - 0.30I\right) \tag{7-26}$$

活度系数也可从有关物理化学手册中查得。

若在 HAc 溶液中加入不含相同离子的强电解质(如 NaCl)，由于溶液中离子间相互牵制作用增强，Ac^- 和 H^+ 结合成分子的机会减小，分子化的速率减小，故表现为 HAc 解离度 α 略有增大，这种效应称为盐效应(salt effect)。例如，在 1.0L 0.10mol $\cdot L^{-1}$ HAc 溶液中加入 0.10mol $\cdot L^{-1}$ NaCl 时，能使 α 从 1.3×10^{-2} 增加为 1.7×10^{-2}，溶液中 $c(H^+)$ 从 1.3×10^{-3}mol $\cdot L^{-1}$ 增加为 1.7×10^{-3}mol $\cdot L^{-1}$。与例 7-10 相比可见，同离子效应比盐效应的影响小很多。在发生同离子效应的同时，必伴随着盐效应的发生。但在一般情况下，若不考虑盐效应，也不会发生太大误差。

7.4.4　多元弱酸溶液

1. 多元弱酸溶液中各型体的分布

多元弱酸 H_2A 在水溶液中有 H_2A、HA^- 和 A^{2-} 三种型体。设它们的总浓度为 c，即 $c = c(H_2A) + c(HA^-) + c(A^{2-})$，则有

$$\delta(H_2A)=\frac{c(H_2A)}{c}=\frac{c(H_2A)}{c(H_2A)+c(HA)+c(A^{2-})}=\frac{1}{1+\dfrac{c(HA^-)}{c(H_2A)}+\dfrac{c(A^{2-})}{c(H_2A)}}$$

由于 $K_{a1}^{\ominus}=\dfrac{c(H^+)c(HA^-)}{c(H_2A)}$，所以 $\dfrac{K_{a1}^{\ominus}}{c(H^+)}=\dfrac{c(HA^-)}{c(H_2A)}$；

由于 $K_{a1}^{\ominus}\cdot K_{a2}^{\ominus}=\dfrac{[c(H^+)]^2 c(A^{2-})}{c(H_2A)}$，所以 $\dfrac{K_{a1}^{\ominus}\cdot K_{a2}^{\ominus}}{[c(H^+)]^2}=\dfrac{c(A^{2-})}{c(H_2A)}$，则

$$\delta(H_2A)=\frac{1}{1+\dfrac{K_{a1}^{\ominus}}{c(H^+)}+\dfrac{K_{a1}^{\ominus}\cdot K_{a2}^{\ominus}}{[c(H^+)]^2}}=\frac{[c(H^+)]^2}{[c(H^+)]^2+c(H^+)K_{a1}^{\ominus}+K_{a1}^{\ominus}\cdot K_{a2}^{\ominus}}\tag{7-27}$$

同理可推得
$$\delta(HA^-)=\frac{c(HA^-)}{c}=\frac{c(H^+)\cdot K_{a1}^{\ominus}}{[c(H^+)]^2+c(H^+)K_{a1}^{\ominus}+K_{a1}^{\ominus}\cdot K_{a2}^{\ominus}}\tag{7-28}$$

$$\delta(A^{2-})=\frac{c(A^{2-})}{c}=\frac{K_{a1}^{\ominus}\cdot K_{a2}^{\ominus}}{[c(H^+)]^2+c(H^+)K_{a1}^{\ominus}+K_{a1}^{\ominus}\cdot K_{a2}^{\ominus}}\tag{7-29}$$

图 7-2 为二元酸溶液中三种型体的分布图。可以观察到该图的特点：① pH=p$K_{a1}^{\ominus}$，δ_{H_2A}=δ_{HA^-}=0.5；② pH=p$K_{a2}^{\ominus}$，δ_{HA^-}=$\delta_{A^{2-}}$=0.5；③ pH<p$K_{a1}^{\ominus}$-1，δ_{H_2A}≥0.9；④ p$K_{a1}^{\ominus}$+1<pH<p$K_{a2}^{\ominus}$-1，δ_{HA^-}≥0.9；⑤ pH>p$K_{a2}^{\ominus}$+1，$\delta_{A^{2-}}$≥0.9。

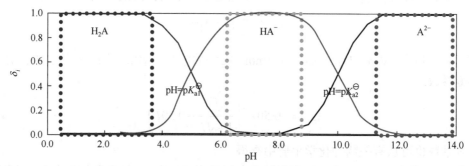

图 7-2　二元酸的型体分布图

图 7-3 给出不同 p$K_{a1}^{\ominus}$ 和 p$K_{a2}^{\ominus}$ 差值的 H_2A 分布分数图。由图 7-3 可见，p$K_{a1}^{\ominus}$-p$K_{a2}^{\ominus}$ 较小时，HA$^-$分布区域很窄，随 p$K_{a1}^{\ominus}$-p$K_{a2}^{\ominus}$ 增大，HA$^-$的优势区域增宽，当 p$K_{a1}^{\ominus}$-p$K_{a2}^{\ominus}$>5 时，HA$^-$出现 $\delta(HA^-)\approx1$ 的区域。

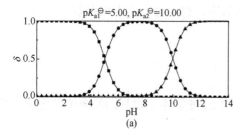

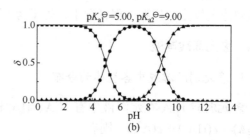

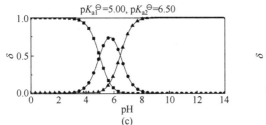
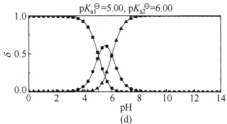

图 7-3　解离常数对分布分数图的影响

对于三元酸 H_3A，同理可推导出各型体的分布分数：

$$c = c(H_3A) + c(H_2A^-) + c(HA^{2-}) + c(A^{3-})$$

$$\delta(H_3A) = \frac{c(H_3A)}{c} = \frac{\left[c(H^+)\right]^3}{\left[c(H^+)\right]^3 + \left[c(H^+)\right]^2 K_{a1}^{\ominus} + c(H^+)K_{a1}^{\ominus}\cdot K_{a2}^{\ominus} + K_{a1}^{\ominus}\cdot K_{a2}^{\ominus}\cdot K_{a3}^{\ominus}} \tag{7-30}$$

$$\delta(H_2A^-) = \frac{c(H_2A^-)}{c} = \frac{\left[c(H^+)\right]^2 K_{a1}^{\ominus}}{\left[c(H^+)\right]^3 + \left[c(H^+)\right]^2 K_{a1}^{\ominus} + c(H^+)K_{a1}^{\ominus}\cdot K_{a2}^{\ominus} + K_{a1}^{\ominus}\cdot K_{a2}^{\ominus}\cdot K_{a3}^{\ominus}} \tag{7-31}$$

$$\delta(HA^{2-}) = \frac{c(HA^{2-})}{c} = \frac{c(H^+)K_{a1}^{\ominus}\cdot K_{a2}^{\ominus}}{\left[c(H^+)\right]^3 + \left[c(H^+)\right]^2 K_{a1}^{\ominus} + c(H^+)K_{a1}^{\ominus}\cdot K_{a2}^{\ominus} + K_{a1}^{\ominus}\cdot K_{a2}^{\ominus}\cdot K_{a3}^{\ominus}} \tag{7-32}$$

$$\delta(A^{3-}) = \frac{c(A^{3-})}{c} = \frac{K_{a1}^{\ominus}\cdot K_{a2}^{\ominus}\cdot K_{a3}^{\ominus}}{\left[c(H^+)\right]^3 + \left[c(H^+)\right]^2 K_{a1}^{\ominus} + c(H^+)K_{a1}^{\ominus}\cdot K_{a2}^{\ominus} + K_{a1}^{\ominus}\cdot K_{a2}^{\ominus}\cdot K_{a3}^{\ominus}} \tag{7-33}$$

H_3PO_4 的 $pK_{a1} = 2.16$，$pK_{a2} = 7.12$，$pK_{a3} = 12.32$。H_3PO_4 的型体分布见图 7-4。

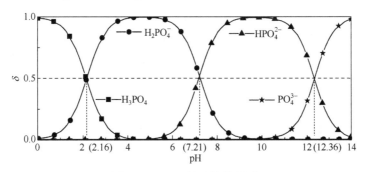

图 7-4　H_3PO_4 的型体分布图

2. 多元弱酸溶液中氢离子浓度的计算

以二元酸 H_2A 为例，设其浓度为 c，溶液的质子条件式为 $c(H^+) = c(HA^-) + 2c(A^{2-}) + c(OH^-)$。首先，若溶液具有明显的酸性，说明 $c(H^+) \gg c(OH^-)$，即忽略水的解离。

由于 $K_{a1}^{\ominus} = \dfrac{c(H^+)c(HA^-)}{c(H_2A)}$，得 $c(HA^-) = \dfrac{K_{a1}^{\ominus}\cdot c(H_2A)}{c(H^+)}$；

又因 $K_{a1}^{\ominus}\cdot K_{a2}^{\ominus} = \dfrac{\left[c(H^+)\right]^2 c(A^{2-})}{c(H_2A)}$，所以 $c(A^{2-}) = \dfrac{K_{a1}^{\ominus}\cdot K_{a2}^{\ominus}\cdot c(H_2A)}{\left[c(H^+)\right]^2}$，则有

$$c(\mathrm{H^+}) = \frac{K_{a1}^{\ominus} \cdot c(\mathrm{H_2A})}{c(\mathrm{H^+})} + 2\frac{K_{a1}^{\ominus} \cdot K_{a2}^{\ominus} \cdot c(\mathrm{H_2A})}{\left[c(\mathrm{H^+})\right]^2}$$

整理得
$$c(\mathrm{H^+}) = \frac{K_{a1}^{\ominus} \cdot c(\mathrm{H_2A})}{c(\mathrm{H^+})}\left[1 + \frac{2K_{a2}^{\ominus}}{c(\mathrm{H^+})}\right] \tag{7-34}$$

若 $K_{a2}^{\ominus}$ 很小，则 $\dfrac{2K_{a2}^{\ominus}}{c(\mathrm{H^+})} \ll 1$，$1 + \dfrac{2K_{a2}^{\ominus}}{c(\mathrm{H^+})} \approx 1$，这实际上是忽略第二步解离，作为一元酸处理。此时上式可简化为

$$c(\mathrm{H^+}) = \sqrt{K_{a1}^{\ominus} \cdot c(\mathrm{H_2A})} = \sqrt{K_{a1}^{\ominus}[c - c(\mathrm{H^+})]}$$

$$c(\mathrm{H^+}) = \frac{-K_{a1}^{\ominus} + \sqrt{(K_{a1}^{\ominus})^2 + 4cK_{a1}^{\ominus}}}{2} \tag{7-35}$$

如果 $\dfrac{c}{K_{a1}^{\ominus}} > 500$，则可进一步简化为

$$c(\mathrm{H^+}) = \sqrt{K_{a1}^{\ominus} \cdot c} \tag{7-36}$$

【例 7-11】 计算 $0.010\mathrm{mol \cdot L^{-1}}$ 酒石酸溶液的 pH。

解 由表 7-2 查得酒石酸的 $K_{a1}^{\ominus} = 9.204 \times 10^{-4}$，$K_{a2}^{\ominus} = 4.305 \times 10^{-5}$，先按一元酸处理，$\dfrac{c}{K_{a1}^{\ominus}} = \dfrac{0.01}{9.204 \times 10^{-4}} = 10.86 < 500$，故采用近似式(7-35)计算：

$$\begin{aligned} c\left(\mathrm{H^+}\right) &= \frac{-K_{a1}^{\ominus} + \sqrt{(K_{a1}^{\ominus})^2 + 4cK_{a1}^{\ominus}}}{2} \\ &= \frac{-9.204 \times 10^{-4} + \sqrt{\left(9.204 \times 10^{-4}\right)^2 + 4 \times 9.204 \times 10^{-4} \times 0.01}}{2} = 2.6 \times 10^{-3}\,(\mathrm{mol \cdot L^{-1}}) \end{aligned}$$

此时，$\dfrac{2K_{a2}^{\ominus}}{c(\mathrm{H^+})} = \dfrac{2 \times 4.3 \times 10^{-5}}{2.6 \times 10^{-3}} \ll 1$，所以按一元酸处理是合理的，进一步求得 pH = 2.59。

【例 7-12】 $\mathrm{H_2S}$ 气体在水中的饱和浓度为 $0.10\mathrm{mol \cdot L^{-1}}$，$K_{a1}^{\ominus} = 8.9 \times 10^{-8}$，$K_{a2}^{\ominus} = 1.2 \times 10^{-13}$，据此可以计算出 $\mathrm{H_2S}$ 饱和溶液中的 $c(\mathrm{H^+})$、$c(\mathrm{HS^-})$ 和 $c(\mathrm{S^{2-}})$。

解 $c \cdot K_{a1}^{\ominus} > 20K_w^{\ominus}$，$\dfrac{c}{K_{a1}^{\ominus}} = \dfrac{0.10}{8.9 \times 10^{-8}} = 1.1 \times 10^6 > 500$，故采用最简式(7-36)计算：

$$c(\mathrm{H^+}) = \sqrt{K_{a1}^{\ominus} \cdot c} = \sqrt{8.9 \times 10^{-8} \times 0.10} = 9.4 \times 10^{-5}(\mathrm{mol \cdot L^{-1}})$$

此时 $\dfrac{2K_{a2}^{\ominus}}{c(\mathrm{H^+})} = \dfrac{2 \times 1.2 \times 10^{-13}}{9.4 \times 10^{-5}} \ll 1$，所以按一元酸处理是合理的，求得 pH = 4.03。

在一种溶液中各离子间的平衡是同时建立的，涉及多种平衡的离子时，其浓度必须同时满足该溶液中的所有平衡，这是求解多重平衡问题的一条重要原则。对第二步解离：

$$\mathrm{HS^-} \Longrightarrow \mathrm{H^+} + \mathrm{S^{2-}}$$

$$K_{a2}^{\ominus}=\frac{c(H^+)c(S^{2-})}{c(HS^-)}=\frac{1.2\times10^{-4}c(S^{2-})}{1.2\times10^{-4}}=c(S^{2-})$$

故　　　　　　　　　　$$c(S^{2-})=K_{a2}^{\ominus}=1.2\times10^{-13}\ mol\cdot L^{-1}$$

对二元酸 H_2A 来说，溶液的 $c(H^+)$ 由第一级解离来决定，可以认为 $c(HA^-)=c(H^+)$，即 HA^- 的第二步解离极小，被忽略；而 $c(A^{2-})$ 的数值近似等于 $K_{a2}^{\ominus}$。比较二元弱酸的强弱，只需比较其第一级解离常数 $K_{a1}^{\ominus}$ 即可。

三元酸解离的情况和二元酸相似。例如，磷酸就是分三步解离的，由于 $K_{a1}^{\ominus}$、$K_{a2}^{\ominus}$ 和 $K_{a3}^{\ominus}$ 相差很大，故磷酸的 $c(H^+)$ 也可看成是由第一步解离决定的，求出 $c(H^+)$ 后，根据各级平衡常数的表达式求各步酸根的浓度。

7.4.5　混合酸溶液

1. 强酸和弱酸的混合液

设有总浓度为 c_1 的 HCl 和总浓度为 c_2 的弱酸 HA 的混合液。

零水准

$$HCl \xrightarrow{-H^+} Cl^-$$

$$HA \xrightarrow{-H^+} A^-$$

$$H_3O^+ \xleftarrow{+H^+} H_2O \xrightarrow{-H^+} OH^-$$

其质子条件式为　　　　$$c(H^+)=c(A^-)+c(OH^-)+c(Cl^-)$$

因为 HCl 是强酸，$c(Cl^-)=c_1$；又因为 $\delta(A^-)=\dfrac{c(A^-)}{c_2}=\dfrac{K_a^{\ominus}}{c(H^+)+K_a^{\ominus}}$，所以 $c(A^-)=\dfrac{c_2K_a^{\ominus}}{c(H^+)+K_a^{\ominus}}$，在酸性溶液中 $c(OH^-)$ 很小，可忽略，则得

$$c(H^+)=\frac{K_a\cdot c_2}{c(H^+)+K_a}+c_1 \tag{7-37}$$

此式须解一元二次方程式求得 $c(H^+)$。当 $c_1\gg c(A^-)$ 时，可忽略弱酸的解离，简化为

$$c(H^+)\approx c_1 \tag{7-38}$$

2. 两种弱酸的混合液

总浓度分别为 c_1 和 c_2 的两种弱酸 HA 和 HB 的混合液，其质子条件式为

$$c(H^+)=c(A^-)+c(B^-)+c(OH^-)$$

因 $K_a^{\ominus}(HA)=\dfrac{c(H^+)\cdot c(A^-)}{c(HA)}$，有 $c(A^-)=\dfrac{c(HA)\cdot K_a^{\ominus}(HA)}{c(H^+)}$；同理，$c(B^-)=\dfrac{c(HB)\cdot K_a^{\ominus}(HB)}{c(H^+)}$；因为是酸性溶液，可忽略 $c(OH^-)$ 项，则得

$$c(H^+)=\frac{c(HA)\cdot K_a^{\ominus}(HA)}{c(H^+)}+\frac{c(HB)\cdot K_a^{\ominus}(HB)}{c(H^+)}$$

$$c(\text{H}^+) = \sqrt{c(\text{HA}) \cdot K_a^{\ominus}(\text{HA}) + c(\text{HB}) \cdot K_a^{\ominus}(\text{HB})}$$

当两种酸的解离度都比较小时，$c(\text{HA}) \approx c_1$，$c(\text{HB}) \approx c_2$，则上式可简化为

$$c(\text{H}^+) = \sqrt{K_{\text{HA}} \cdot c_1 + K_{\text{HB}} \cdot c_2} \qquad (7\text{-}39)$$

7.5　盐溶液中的水解平衡及氢离子浓度的计算

无机化合物的水解性是一类常见且十分重要的化学性质。在实际应用中有时需要利用它的水解性，如制备氢氧化铁溶胶等；有时却又必须避免它的水解性，如配制 SnCl_2 溶液等。除强酸强碱盐外，一般都存在水解的可能性。一般典型的盐类溶于水可发生如下解离过程：

$$\text{M}^+\text{A}^- + (x + y)\,\text{H}_2\text{O} \Longrightarrow [\text{M}(\text{H}_2\text{O})_x]^+ + [\text{A}(\text{H}_2\text{O})_y]^-$$

式中的 $[\text{M}(\text{H}_2\text{O})_x]^+$ 和 $[\text{A}(\text{H}_2\text{O})_y]^-$ 表示相应的水合离子，这个过程显然是可逆的。如果 M^+ 夺取水分子中的 OH^- 而释出 H^+，或者 A^- 夺取水分子中的 H^+ 而释出 OH^-，将破坏水的解离平衡，从而产生一种弱酸或弱碱，这个过程即盐的水解过程：

$$\text{M}^+(\text{aq}) + \text{H}_2\text{O}(\text{l}) \Longrightarrow \text{MOH}(\text{aq}) + \text{H}^+(\text{aq})$$

$$K_h^{\ominus} = \frac{\dfrac{c(\text{MOH})}{c^{\ominus}} \cdot \dfrac{c(\text{H}^+)}{c^{\ominus}}}{\dfrac{c(\text{M}^+)}{c^{\ominus}}} = \frac{K_w^{\ominus}}{K_b^{\ominus}(\text{MOH})} \qquad (7\text{-}40)$$

$$\text{A}^- + \text{H}_2\text{O} \Longrightarrow \text{HA} + \text{OH}^-$$

$$K_h^{\ominus} = \frac{\dfrac{c(\text{HA})}{c^{\ominus}} \cdot \dfrac{c(\text{OH}^-)}{c^{\ominus}}}{\dfrac{c(\text{A}^-)}{c^{\ominus}}} = \frac{K_w^{\ominus}}{K_a^{\ominus}(\text{HA})} \qquad (7\text{-}41)$$

可见，盐溶解在水中得到的溶液可能是中性、酸性或碱性，主要取决于盐的本身特性，即组成盐的离子的 $K_a^{\ominus}$ 和 $K_b^{\ominus}$ 值的大小。盐类的水解程度除用 $K_h^{\ominus}$ 表示外，还可用水解度 h 表示。水解度是指盐溶液达到平衡时已水解的盐浓度在原始浓度中所占的百分数。

$$h = \frac{\text{已水解的盐的浓度}}{\text{盐的起始浓度}} \times 100\% \qquad (7\text{-}42)$$

由表 7-8 可见，一般盐的水解度并不大。

表 7-8　一些水解盐($0.10\text{mol} \cdot \text{L}^{-1}$)的水解度

盐类	NaAc	NH₄Cl	NaHCO₃	NaCN	NH₄Ac	Na₂CO₃	Na₂S
$K_h^{\ominus}$	5.7×10^{-10}	5.7×10^{-10}	2.3×10^{-8}	2.0×10^{-5}	3.1×10^{-5}	1.8×10^{-4}	1.0
水解度/ %	0.0075	0.0075	0.054	1.4	1.8	4.2	92

7.5.1 影响盐水解程度的因素

1. 盐的本性对水解性的影响

从水解的本质可见：MA 溶于水后是否能发生水解作用，主要取决于 M^+ 或 A^- 对配位水分子极化作用的大小。显然金属离子或阴离子具有高电荷和较小的半径时，它们对水分子有较强的极化作用，因此容易发生水解，反之低电荷和较大离子半径的离子在水中不易水解。例如，$NaCl$、$BaCl_2$ 在水中基本不发生水解；相反，$AlCl_3$、$SiCl_4$ 遇水都极易水解：

$$AlCl_3 + 3H_2O \rightleftharpoons Al(OH)_3 + 3HCl$$

$$SiCl_4 + 4H_2O \rightleftharpoons H_4SiO_4 + 4HCl$$

我们知道 Ca^{2+}、Sr^{2+} 和 Ba^{2+} 等盐一般不发生水解，但是电荷相同的 Zn^{2+}、Cd^{2+} 和 Hg^{2+} 等离子在水中却会水解，这种差异主要是由电子层结构不同引起的。Zn^{2+}、Cd^{2+} 和 Hg^{2+} 等离子是 18 电子构型，它们有较大的离子势 Φ 值，因而极化作用较强，容易使配位水发生分解。Ca^{2+}、Sr^{2+} 和 Ba^{2+} 等离子是 8 电子构型，它们具有较低的有效电荷和较大的离子半径，Φ 值小，极化作用较弱，不易使配位水发生分解作用，即不易水解。总之，离子的极化作用越强，该离子在水中就越容易水解。

另外，有人找到了水解常数的负对数 $pK_h^{\ominus}$ 同表示离子极化能力的 Z^2/r 之间的关系，见表 7-9。从表 7-9 中可见，Na^+ 的 $Z^2/r=2.2\times10^{28}C^2 \cdot m^{-1}$，$pK_h^{\ominus}=14.48$，它基本上不水解，$Al^{3+}$ 的 $Z^2/r=43.6\times10^{28} C^2 \cdot m^{-1}$，$pK_h^{\ominus}=5.14$，它显著地水解，其水解反应式如下：

$$Al^{3+} + 6H_2O \longrightarrow [Al(H_2O)_6]^{3+} \xrightarrow{H_2O} H_3O^+ + [Al(H_2O)_5OH]^{2+}$$

生成的配离子 $[Al(H_2O)_5OH]^{2+}$ 还可以逐级水解。此外还可以看到 18 电子、8～18 电子和 18+2 电子构型的金属离子，它们的盐都容易发生水解。

我们知道碳的卤化物，如 CF_4 和 CCl_4，遇水并不发生水解，但是比碳的原子半径大的硅的卤化物却容易水解，如：

$$SiX_4 + 4H_2O \longrightarrow H_4SiO_4 + 4HX$$

对于四氟化硅来讲，水解后所产生的 HF 与部分四氟化硅生成氟硅酸：

$$3SiF_4 + 4H_2O \rightleftharpoons H_4SiO_4 + 4H^+ + 2SiF_6^{2-}$$

这种区别是因为碳原子只能利用 2s 和 2p 轨道成键，这就使其最大共价键数限制在 4，并阻碍了水分子中氧原子将电子对给予碳原子，所以碳的卤化物不水解。然而硅不仅有可利用的 3s 和 3p 轨道形成共价键，而且还有空的 3d 轨道，这样，当遇到水分子时，具有空的 3d 轨道的 Si^{4+} 接受了水分子中氧原子的孤电子对，而形成配位键，同时使原有的键削弱、断裂。这就是卤化硅水解的实质。由于相同的理由，硅也容易形成包含 sp^3d^2 杂化轨道的 SiF_6^{2-} 配离子。NF_3 不易水解，PF_3 却易水解也可用同样的理由解释。在第 3 章中可以看到，硼原子虽然也利用 2s 和 2p 轨道成键，但是因为成键后在 2p 轨道中仍有空轨道存在，所以硼原子还有接受电子对形成配位键的可能，这就是硼的卤化物为什么会强烈水解的原因。例如，BCl_3 的水解反应可认为是从氧原子的孤电子对给予硼原子开始的：

$$H_2O + BCl_3 \longrightarrow [H_2O \rightarrow BCl_3] \longrightarrow HOBCl_2 + HCl$$

$$\downarrow 2H_2O$$

$$B(OH)_3 + 2HCl$$

表 7-9　水解常数与离子的电荷半径比的关系

Z^2/r		$pK_h^{\ominus}$			
$\times 10^{28} C^2 \cdot m^{-1}$	$e^2 \cdot Å^{-1}$	8 电子构型的金属离子及 La 系离子	9～17 电子构型金属离子	18 电子构型和 18+2 电子构型金属离子	
2.2*	0.87**	Na^+ =14.48		Ag^+ =6.9	
3.5	1.35	Li^+ =13.82			
7.6	2.94	Ba^{2+} =13.82			
8.4	3.28				
8.7	3.39				
8.8	3.45	Sr^{2+} =13.18			
10.1	3.92				
10.3	4.00	Ca^{2+} =12.70			
10.8	4.21		Cd^{2+} =11.70		
12.5	4.89		Mn^{2+} =10.70		
13.3	5.19		Fe^{2+} =10.1		
13.7	5.33			Zn^{2+} =9.60	
13.9	5.40		Co^{2+} =9.6		
14.1	5.49		Cu^{2+} =7.53		
14.3	5.56	Mg^{2+} =11.42			
14.7	5.71		Ni^{2+} =9.40		
21.8	8.49	La^{3+} =10.70		Pu^{3+} =6.95 Bi^{3+} =1.58	水解能力随 Z^2/r 的增大而增加
22.6	8.82	镧系		Tl^{3+} =1.15	
26.3	10.23				
27.2	10.59	Lu^{3+} =6.6			
29.2	11.39			In^{3+} =3.70	
31.6	12.33		Sc^{3+} =4.6		
33.1	12.90	Be^{2+} =6.50			
35.5	13.85		Fe^{3+} =2.22		
36.1	14.06		V^{3+} =2.92 Cr^{3+} =3.9		
37.3	14.52		Ga^{3+} =3.40		
38.7	15.09			Th^{3+} =3.89	
41.1	16.00			U^{3+} =1.50	
43.6	16.98	Al^{3+} =4.9			
51.3	20.00			Pu^{4+} =1.6	
57.0	22.22			Zr^{4+} =0.22	
57.8	22.54			Hf^{4+} =0.12	
		⟶ 水解能力因电子层结构的变化而增加			

2. 外界因素对盐水解程度的影响

1) 盐的浓度

对指定的盐，当温度一定时，水的离子积 $K_w^\ominus$ 和 $K_a^\ominus$ 与 $K_b^\ominus$ 都是常数，盐的水解度与盐的浓度 c 的平方根成反比，即盐的浓度越小，它的水解度越大，见表 7-10。

表 7-10　不同浓度 Na_2CO_3 溶液的水解度

浓度/(mol · L⁻¹)	0.2	0.1	0.05	0.01	0.005	0.001
水解度/%	2.9	4.2	5.78	12.5	17.2	34.2

2) 温度

除结构因素影响水解反应外，升高温度往往使水解加强，因为水解是吸热反应，升高温度，水解平衡向增大水解度的方向移动，见表 7-11。

表 7-11　$CrCl_3$ 溶液在不同温度下的水解度

温度/K	273	298	323	348	373
水解度/%	4.6	9.4	17	28	40

例如，$MgCl_2$ 在水中很少水解，但加热其水合物，则发生水解，其反应为

$$MgCl_2 \cdot 6H_2O \xrightarrow{\triangle} Mg(OH)Cl + HCl\uparrow + 5H_2O$$

$$Mg(OH)Cl \longrightarrow MgO + HCl\uparrow$$

再如，$FeCl_3$ 在水中会有部分水解，可以写成：

$$\left[Fe(H_2O)_6\right]^{3+} + H_2O \longrightarrow \left[Fe(OH)(H_2O)_5\right]^{2+} + H_2O^+$$

或简写为

$$Fe^{3+} + H_2O \longrightarrow [Fe(OH)]^{2+} + H^+$$

但加热后，会进一步水解，最后得到红棕色凝胶状的 $Fe(OH)_3 \cdot (H_2O)_3$。

3) 溶液的酸度

盐类水解能改变溶液的酸度，由于水解反应是一可逆平衡，所以溶液的酸度也会影响水解反应的进行。根据平衡移动原理，可通过调节溶液酸度来控制水解平衡。例如，当氯化亚锡溶于水时，由于水解生成碱式氯化亚锡沉淀：

$$SnCl_2 + H_2O \rightleftharpoons Sn(OH)Cl\downarrow + HCl$$

若要配制澄清的 $SnCl_2$ 溶液，可用浓 HCl 溶解抑制水解，然后再稀释至所需浓度。

3. 水解产物的类型

一种化合物的水解情况主要取决于正负两种离子水解情况。负离子的水解一般比较简单，一般生成相应的弱酸，正离子水解的情况比较复杂，水解产物的类型大致可分为以下几种。

1) 碱式盐

多数无机盐水解后生成碱式盐，这是一种最常见的水解类型，如：

$$SnCl_2 + H_2O = Sn(OH)Cl\downarrow + HCl$$

$$BiCl_3 + H_2O = BiOCl\downarrow + 2HCl$$

2) 氢氧化物

有些金属盐类水解后最终产物是氢氧化物，这些水解反应常需加热以促进水解的完成，如：

$$AlCl_3 + 3H_2O = Al(OH)_3\downarrow + 3HCl$$

$$FeCl_3 + 3H_2O = Fe(OH)_3\downarrow + 3HCl$$

3) 含氧酸

许多非金属卤化物和高价金属盐类水解后生成相应的含氧酸，如：

$$BCl_3 + 3H_2O = H_3BO_3 + 3HCl$$

$$PCl_5 + 4H_2O = H_3PO_4 + 5HCl$$

$$SnCl_4 + 3H_2O = H_2SnO_3 + 4HCl$$

水解后所产生的含氧酸，有些可以认为是相应氧化物的水合物，如 H_2SnO_3 可以认为是 $SnO_2 \cdot H_2O$，$TiCl_4$ 的水解产物 H_2TiO_3 也可以认为是 $TiO_2 \cdot H_2O$。

无机物水解产物类型上的差别，主要是化合物中正离子和负离子对配位水分子的极化作用引起的。现将离子极化作用和水解作用的关系对比如下：

M^{2+} 极化作用增强 ↓	I	II	A^{2-} 极化作用增强 ↓
	(1) $[H_2O \cdot M \cdot OH_2]^{2+}$	(1) $[OH_2 \cdot A \cdot H_2O]^{2-}$	
	(2) $[H_2O \cdot M \cdot OH]^{+}$		
	(3) $[HO \cdot M \cdot OH]$	(2) $[OH_2 \cdot A \cdot H]^{-}$	
	(4) $[HO \cdot M \cdot O]^{-}$		
	(5) $[O \cdot M \cdot O]^{2-}$	(3) $[H \cdot A \cdot H]$	

水解反应有时伴有其他反应而使产物复杂化，这些反应有聚合、配合、脱水和氧化还原等。

4) 聚合和配合

有些盐发生水解时首先生成碱式盐，接着这些碱式盐聚合成多核离阳子，如：

$$Fe^{3+} + H_2O \rightleftharpoons [Fe(OH)]^{2+} + H^+$$

$$\Updownarrow Fe^{3+}+H_2O$$

$$[Fe_2(OH)_2]^{4+} + H^+$$

$[Fe_2(OH)_2]^{4+}$ 多聚配阳离子有如下结构：

当 Fe^{3+} 的水解作用再进一步进行时，将通过羟桥出现更高的聚合度，一直逐渐形成胶体溶液，并最后析出水合氧化铁沉淀(即氢氧化铁沉淀)。这类沉淀从溶液中析出时呈絮状，十分疏松，就是因为沉淀中包含大量的水分，其来源首先就是水合离子内部所含有的那些水分。

有时水解产物还可以同未水解的无机物发生配合作用,如:

$$SiF_4 + 4H_2O \xrightarrow{\text{水解}} H_4SiO_4 + 4HF$$

$$2SiF_4 + 4HF \xrightarrow{\text{配合}} 4H^{4+} + 2SiF_6^{2-}$$

$$3SiF_4 + 4H_2O \rightleftharpoons H_4SiO_4 + 4H^{4+} + 2SiF_6^{2-}$$

又如: $$3SnCl_4 + 3H_2O \rightleftharpoons SnO_2 \cdot H_2O + 2H_2SnCl_6$$

综上所述,就无机物的水解反应而言,可归纳出几条规律:

(1) 随正、负离子极化作用的增强,水解反应加剧,这包括水解度的增大和水解反应步骤的深化。离子电荷、电子层结构、离子半径是影响离子极化作用强弱的主要内在因素,电荷高、半径小的离子,其极化作用强。由 18 电子(如 Cu^+、Hg^{2+} 等),$18+2$ 电子(如 Sn^{2+}、Bi^{3+} 等)以及 2 电子(Li^+、Be^{2+})构型过渡到 9~17 电子(如 Fe^{3+}、Co^{2+} 等)构型、8 电子构型时,离子极化作用依次减弱。共价型化合物水解的必要条件是电正性原子要有空轨道。

(2) 温度对水解反应的影响较大,是主要的外因,温度升高时水解加剧。

(3) 水解产物一般不外乎碱式盐、氢氧化物、含水氧化物和酸四种。这个产物顺序与正离子的极化作用增强顺序是一致的。低价金属离子水解的产物一般为碱式盐,高价金属离子水解的产物一般为氢氧化物或含水氧化物。在估计共价型化合物的水解产物时,首先要判断元素的正负氧化态,判断依据就是它们的电负性。负氧化态的非金属元素的水解产物一般为氢化物,正氧化态的非金属元素的水解产物一般为含氧酸。

(4) 水解反应常伴有其他反应,氧化还原反应和聚合反应是最常见的。氧化还原反应常发生在非金属元素间化合物水解的情况下,聚合反应则常发生在多价金属元素离子水解的情况下。

7.5.2 盐溶液中的酸碱平衡

1. 弱酸强碱盐

实验表明,弱酸强碱盐溶液显碱性,以 NaAc 溶液为例,NaAc 溶于水全部解离,Na^+ 不水解;Ac^- 和 H_2O 反应生成弱电解质 HAc,释放出 OH^- 显碱性。

$$Ac^- + H_2O \rightleftharpoons HAc + OH^-$$

所以 NaAc 溶液可以视为一元弱碱 Ac^- 的溶液,氢离子浓度的计算按一元弱碱的溶液处理。平衡常数可表达为

$$K_b^{\ominus}\left(Ac^-\right) = K_h^{\ominus} = \dfrac{\dfrac{c(HAc)}{c^{\ominus}} \cdot \dfrac{c(OH^-)}{c^{\ominus}}}{\dfrac{c(Ac^-)}{c^{\ominus}}} = \dfrac{K_w^{\ominus}}{K_a^{\ominus}(HAc)} \tag{7-43}$$

进一步可得 $$K_w^{\ominus} = K_a^{\ominus}(HAc) \cdot K_b^{\ominus}\left(Ac^-\right) \tag{7-44}$$

式(7-43)、式(7-44)表明,在共轭酸碱中,共轭酸的 $K_a^{\ominus}$ 与共轭碱的 $K_b^{\ominus}$ 的乘积等于水的离子积常数 $K_w^{\ominus}$,因此知道了共轭酸的 $K_a^{\ominus}$ 值可求得共轭碱的 $K_b^{\ominus}$ 值;反之亦然。

【例 7-13】　计算 NaF 溶液的 $K_h^\ominus$ 和 0.10mol · L^{-1} NaF 溶液的 pH 及水解度 h。

解　NaF 溶液的 $K_h^\ominus$ 值即为 F$^-$ 的 $K_b^\ominus$，由表 7-2 查得 HF 的 $K_a^\ominus$ = 5.6×10^{-4}，则

$$K_h^\ominus = K_b^\ominus = \frac{K_w^\ominus}{K_a^\ominus} = \frac{1.0\times10^{-14}}{5.6\times10^{-4}} = 1.8\times10^{-11}$$

依据一元弱碱 pH 的计算方法，首先判断 $c \cdot K_b^\ominus = 0.1\times1.8\times10^{-11} = 1.8\times10^{-12} > 20K_w$，再判断 $\frac{c}{K_b^\ominus} = \frac{0.1}{1.8\times10^{-11}} = 5.6\times10^9 > 500$，用最简式计算

$$c(OH^-) = \sqrt{K_b^\ominus c} = \sqrt{1.8\times10^{-11}\times0.10} = 1.3\times10^{-6}(mol \cdot L^{-1})$$

$$pH = 14 - pOH = 14 - [-\lg(1.3\times10^{-6})] = 8.13$$

$$h = \frac{已水解的盐的浓度}{盐的起始浓度}\times100\% = \frac{c(OH^-)}{c}\times100\% = \frac{\sqrt{\frac{K_w^\ominus}{K_a^\ominus}c}}{c}\times100\%$$

$$h = \sqrt{\frac{K_w^\ominus}{K_a^\ominus c}}\times100\% \tag{7-45}$$

式(7-45)说明：组成盐的酸的 $K_a^\ominus$ 越小，盐的水解度越大；盐的浓度越小，盐的水解度也越大。

$$h = \frac{c(OH^-)}{c}\times100\% = \frac{1.2\times10^{-6}}{0.10}\times100\% = 0.0012\%$$

多元弱酸强碱盐如 Na$_2$CO$_3$ 溶液，可以视为多元弱碱的溶液，CO$_3^{2-}$ 和 H$_2$O 的反应是分步进行的。

第一步：　　　　CO$_3^{2-}$ + H$_2$O ⇌ HCO$_3^-$ + OH$^-$

$$K_{b1}^\ominus(CO_3^{2-}) = K_{h1}^\ominus = \frac{\frac{c(HCO_3^-)}{c^\ominus}\cdot\frac{c(OH^-)}{c^\ominus}}{\frac{c(CO_3^{2-})}{c^\ominus}} = \frac{K_w^\ominus}{K_{a2}^\ominus(H_2CO_3)} = \frac{1.0\times10^{-14}}{4.79\times10^{-11}} = 2.09\times10^{-4}$$

第二步：　　　　HCO$_3^-$ + H$_2$O ⇌ H$_2$CO$_3$ + OH$^-$

$$K_{b2}^\ominus(CO_3^{2-}) = K_{h2}^\ominus = \frac{\frac{c(H_2CO_3)}{c^\ominus}\cdot\frac{c(OH^-)}{c^\ominus}}{\frac{c(HCO_3^-)}{c^\ominus}} = \frac{K_w^\ominus}{K_{a1}^\ominus(H_2CO_3)} = \frac{1.0\times10^{-14}}{4.17\times10^{-7}} = 2.4\times10^{-8}$$

因为多元酸的 $K_{a1}^\ominus \gg K_{a2}^\ominus$，所以多元弱酸根离子的 $K_{b1}^\ominus \gg K_{b2}^\ominus$，再加上第一步水解所产生的 OH$^-$ 对第二步水解有抑制作用，所以第二步水解程度极小，由此产生的 OH$^-$ 忽略不计。这样多元弱酸强碱盐溶液的 pH 计算可按一元弱酸强碱盐处理。

2. 强酸弱碱盐

强酸弱碱盐中，其阳离子(质子酸)与水作用生成弱碱，同时产生 H$^+$，使溶液显酸性。以 NH$_4$Cl 溶液为例，NH$_4$Cl 溶于水全部解离，Cl$^-$是极弱的碱，不参与质子传递反应；NH$_4^+$ 和 H$_2$O 反应生成弱电解质 NH$_3$，释放出 H$^+$显酸性。

$$NH_4^+ + H_2O \rightleftharpoons NH_3 + H_3O^+$$

所以 NH$_4$Cl 溶液可以视为一元弱酸 NH$_4^+$ 的溶液,氢离子浓度的计算按一元弱酸的溶液处理。

平衡常数可表达为

$$K_a^\ominus\left(NH_4^+\right)=K_h^\ominus=\frac{\frac{c(NH_3)}{c^\ominus}\cdot\frac{c(H^+)}{c^\ominus}}{\frac{c(NH_4^+)}{c^\ominus}}=\frac{K_w^\ominus}{K_b^\ominus(NH_3)} \tag{7-46}$$

$$h=\frac{已水解的盐的浓度}{盐的起始浓度}\times100\%=\frac{c(H^+)}{c}\times100\%=\frac{\sqrt{K_a^\ominus c}}{c}\times100\%=\sqrt{\frac{K_w^\ominus}{K_b^\ominus c}}\times100\% \tag{7-47}$$

【例 7-14】 计算 0.10mol·L^{-1} NH$_4$NO$_3$ 溶液的 pH。

解 因为 $K_b^\ominus(NH_3)=1.8\times10^{-5}$, 所以 $K_a^\ominus\left(NH_4^+\right)=\frac{K_w^\ominus}{K_b^\ominus(NH_3)}=5.6\times10^{-10}$, 则

$$c\cdot K_a^\ominus\left(NH_4^+\right)=0.10\times5.6\times10^{-10}=5.6\times10^{-11}>20K_w^\ominus$$

$$\frac{c}{K_a^\ominus\left(NH_4^+\right)}=\frac{0.10}{5.6\times10^{-10}}>500$$

故可用最简式

$$c(H^+)=\sqrt{K_a^\ominus\left(NH_4^+\right)\cdot c}=\sqrt{5.6\times10^{-10}\times0.10}=7.5\times10^{-6}(mol\cdot L^{-1})$$

$$pH=5.13$$

3. 弱酸弱碱盐

弱酸弱碱盐水解时，盐的阳离子和阴离子分别与水发生反应，生成弱酸和弱碱。例如，NH$_4$Ac 的水解包括下列平衡：

$$H_2O \rightleftharpoons H^+ + OH^- \qquad K_1^\ominus=K_w^\ominus$$

$$NH_4^+ + OH^- \rightleftharpoons NH_3 + H_2O \qquad K_2^\ominus=\frac{1}{K_b^\ominus(NH_3)}$$

$$Ac^- + H^+ \rightleftharpoons HAc \qquad K_3^\ominus=\frac{1}{K_a^\ominus(HAc)}$$

水解总反应式：$\qquad NH_4^+ + Ac^- \rightleftharpoons NH_3 + HAc$

根据多重平衡原理 $\qquad K_h^\ominus=\frac{K_w^\ominus}{K_a^\ominus K_b^\ominus} \tag{7-48}$

由式(7-48)可见：弱酸弱碱盐的水解常数与 $K_a^\ominus$、$K_b^\ominus$ 之积成反比，又因 $K_a^\ominus$、$K_b^\ominus$ 数值较小，所以 $K_h^\ominus$ 通常较大，即弱酸弱碱盐水解程度较大。弱酸弱碱盐的水溶液究竟显酸性、碱性还是显中性，由组成盐的酸和碱的相对强度，即 $K_a^\ominus$ 和 $K_b^\ominus$ 值的相对大小而定。$K_a^\ominus = K_b^\ominus$ 时，如 NH₄Ac 阴阳离子水解程度相当，所以溶液为中性；当 $K_a^\ominus > K_b^\ominus$ 时，如 NH₄F，因阳离子水解程度大于阴离子，则溶液为酸性；当 $K_a^\ominus < K_b^\ominus$ 时，如 NH₄CN，因阴离子水解程度大于阳离子，则溶液为碱性。我们也可以把弱酸弱碱盐看成两性物质，具体计算 $c(H^+)$。

7.6　两性物质溶液中氢离子浓度的计算

两性物质(amphoteric substance)在溶液中既起酸的作用，又起碱的作用。以浓度为 c 的酸式盐 NaHA 为例，

零水准

$$H_2A \xleftarrow{+H^+} HA \xrightarrow{-H^+} A^{2-}$$

$$H_3O^+ \xleftarrow{+H^+} H_2O \xrightarrow{-H^+} OH^-$$

溶液的质子条件式为

$$c(H^+) + c(H_2A) = c(A^{2-}) + c(OH^-)$$

由 $K_{a1}^\ominus = \dfrac{c(H^+)\cdot c(HA^-)}{c(H_2A)}$，得 $c(H_2A) = \dfrac{c(H^+)\cdot c(HA^-)}{K_{a1}^\ominus}$；

由 $K_{a2}^\ominus = \dfrac{c(H^+)\cdot c(A^{2-})}{c(HA)}$，得 $c(A^{2-}) = \dfrac{K_{a2}^\ominus \cdot c(HA^-)}{c(H^+)}$，则

$$c(H^+) + \frac{c(H^+)\cdot c(HA^-)}{K_{a1}^\ominus} = \frac{K_{a2}^\ominus \cdot c(HA^-)}{c(H^+)} + \frac{K_w^\ominus}{c(H^+)}$$

经整理得

$$c(H^+) = \sqrt{\frac{K_{a2}^\ominus \cdot c(HA) + K_w^\ominus}{1 + \dfrac{c(HA)}{K_{a1}^\ominus}}} = \sqrt{\frac{K_{a1}^\ominus[K_{a2}^\ominus \cdot c(HA) + K_w^\ominus]}{K_{a1}^\ominus + c(HA)}} \quad \text{（精确式）} \tag{7-49}$$

若 $K_{a1}^\ominus$ 较大，表明向生成 H₂A 方向的水解作用较弱，且 $K_{a2}^\ominus$ 较小，向生成 A²⁻方向的解离作用较弱，即 $K_{a1}^\ominus$ 与 $K_{a2}^\ominus$ 相差较大时，可认为 $c(HA^-) \approx c$：

$$c(H^+) = \sqrt{\frac{K_{a2}^\ominus \cdot c + K_w^\ominus}{1 + \dfrac{c}{K_{a1}^\ominus}}} = \sqrt{\frac{K_{a1}^\ominus(K_{a2}^\ominus \cdot c + K_w^\ominus)}{K_{a1}^\ominus + c}} \tag{7-50}$$

又若 $cK_{a2}^\ominus \geqslant 20 K_w^\ominus$，可略去 $K_w^\ominus$ 项(即忽略水的解离)，上式简化为

$$c(H^+) = \sqrt{\frac{K_{a1}^\ominus \cdot K_{a2}^\ominus \cdot c}{K_{a1}^\ominus + c}} \quad \text{（近似式）} \tag{7-51}$$

再若 $\dfrac{c}{K_{a1}^{\ominus}} \geqslant 20$，则进一步简化为

$$c(H^+) = \sqrt{K_{a1}^{\ominus} K_{a2}^{\ominus}} \qquad \text{（最简式）} \qquad (7\text{-}52)$$

【例 7-15】 计算 $0.10 \text{mol} \cdot L^{-1}$ 氨基乙酸溶液的 pH。

解 氨基乙酸(NH_2CH_2COOH)在水溶液中以双极离子($^+NH_3CH_2COO^-$)形式存在，它既能得到质子起碱的作用，又能失去质子起酸的作用，是两性物质。由表 7-2 查得

$$^+NH_3CH_2COOH \xleftarrow{\ +H^+,\ K_{a1}^{\ominus}=4.5\times10^{-3}\ } {}^+NH_3CH_2COO^- \text{（氨基乙酸）} \xrightarrow{\ -H^+,\ K_{a2}^{\ominus}=2.5\times10^{-10}\ } A^{2-}$$

因为 $c K_{a2}^{\ominus} = 0.1 \times 2.5 \times 10^{-10} = 2.5 \times 10^{-11} > 20 K_w^{\ominus} = 10^{-13.62}$，$\dfrac{c}{K_{a1}^{\ominus}} = \dfrac{0.1}{4.5 \times 10^{-3}} = 22.22 > 20$，

所以可用最简式

$$c(H^+) = \sqrt{K_{a1}^{\ominus} K_{a2}^{\ominus}} = \sqrt{10^{-2.35} \times 10^{-9.78}} = 10^{-6.06} (\text{mol} \cdot L^{-1})$$

$$pH = 6.06$$

【例 7-16】 试计算 $0.1 \text{mol} \cdot L^{-1}$ 的 NH_4NO_2 溶液的 pH。$[K_a^{\ominus}(HNO_2) = 4.6 \times 10^{-4}, K_b^{\ominus}(NH_3) = 1.8 \times 10^{-5}]$

解 可以把 NH_4NO_2 看成两性物质：

$$NH_4^+ \cdot HNO_2 \xleftarrow{\ +H^+\ } NH_4^+ \cdot NO_2^- \xrightarrow{\ -H^+\ } NH_3 \cdot NO_2^-$$

$$K_{a1}^{\ominus} = K_a^{\ominus}(HNO_2) = 4.6 \times 10^{-4}, \quad K_{a2}^{\ominus} = \frac{K_w^{\ominus}}{K_b^{\ominus}(NH_3)} = 5.6 \times 10^{-10}$$

$$c K_{a2}^{\ominus} = 0.1 \times 5.6 \times 10^{-10} = 5.6 \times 10^{-11} > 20 K_w^{\ominus}, \quad \frac{c}{K_{a1}^{\ominus}} = \frac{0.1}{4.5 \times 10^{-4}} = 222.2 > 20$$

因此，可用最简式

$$c(H^+) = \sqrt{K_{a1}^{\ominus} K_{a2}^{\ominus}} = \sqrt{K_a^{\ominus}(HNO_2) \cdot \frac{K_w^{\ominus}}{K_b^{\ominus}(NH_3)}} = \sqrt{4.6 \times 10^{-4} \times \frac{1.0 \times 10^{-14}}{1.8 \times 10^{-5}}} = 5.05 \times 10^{-7}$$

$$pH = 6.3$$

7.7 缓冲溶液的性质及氢离子浓度的计算

缓冲溶液(buffer solution)是指具有能够维持 pH 相对稳定性能的溶液，其 pH 在一定的范围内不因稀释或外加少量的酸或碱而发生显著的变化。一般是由具有同离子效应的：①弱酸及其共轭碱，如 $HAc + NaAc$、$H_2CO_3 + NaHCO_3$、$H_3PO_4 + NaH_2PO_4$；②弱碱及其共轭酸，如 $NH_3 \cdot H_2O + NH_4Cl$；③有不同酸度的两性物质，如 $NaHCO_3$、NaH_2PO_4 等组成的。另外，高浓度的强酸、高浓度强碱也具有缓冲作用。以 HAc-NaAc 体系为例：

$$NaAc \longrightarrow Na^+ + Ac^-$$

$$HAc \rightleftharpoons H^+ + Ac^-$$

当加少量强酸时，H^+ 与大量 Ac^- 结合成 HAc 分子，平衡向左移动，溶液 pH 变化不大，Ac^- 称为抗酸成分。当加入少量强碱时，OH^- 与 H^+ 结合成 H_2O 分子，使大量 HAc 分子继续解离，平衡向右移动，溶液 pH 仍无显著变化，HAc 分子称为抗碱成分。若将溶液适量稀释，由于抗酸和抗碱成分浓度同时降低，该溶液的 $c(H^+)$ 不变，pH 也不变。

应用 pH 计测定溶液 pH 时，必须用标准缓冲溶液校正仪器。一些常用的标准缓冲溶液的 pH 及温度系数列于表 7-12。表中温度系数＞0，表示缓冲溶液的 pH 随温度的升高而增大；温度系数＜0，表示缓冲溶液的 pH 随温度升高而减小。例如，硼砂标准缓冲溶液温度系数为 −0.008，则表示温度每升高 1℃，其缓冲溶液的 pH 减小 0.008pH 单位。例如，在 37℃时，硼砂标准缓冲溶液的 pH 应为：9.180−0.008×12=9.084。配制标准缓冲溶液时，水的纯度要高，一般要用重蒸馏水，如配制碱性的标准缓冲溶液，还要除掉重蒸馏水中的 CO_2。

表 7-12　标准缓冲溶液

溶液	浓度/(mol·L⁻¹)	pH(25℃)	温度系数(ΔpH/℃)
酒石酸氢钾(KHC₄H₄O₆)	饱和(25℃)	3.557	−0.001
邻苯二甲酸氢钾(KHC₈H₄O₄)	0.05	4.008	+0.001
KH₂PO₄-Na₂HPO₄	0.025, 0.025	6.865	−0.003
硼砂(Na₂B₄O₇·10H₂O)	0.01	9.18	−0.008

7.7.1　缓冲溶液 pH 的计算

使用缓冲溶液时，需要计算缓冲溶液的 pH，以便控制酸碱反应。根据弱酸与其共轭碱之间的平衡，可以确定缓冲溶液的 pH。设弱酸 HA 及其共轭碱 A^- 的水溶液，其总浓度分别为 c_a 和 c_b。

当以 HA 和 H_2O 为零水准时，其质子条件式为

$$c(H^+) = c(OH^-) + [c(A^-) - c_b], \quad 即 \quad c(A^-) = c(H^+) - c(OH^-) + c_b \tag{7-53}$$

当以 A^- 和 H_2O 为零水准时，其质子条件式为

$$c(OH^-) = c(H^+) + [c(HA) - c_a], \quad 即 \quad c(HA) = c(OH^-) - c(H^+) + c_a \tag{7-54}$$

由弱酸的解离平衡常数表达式得

$$c(H^+) = \frac{c(HA)}{c(A^-)} \cdot K_a^\ominus \tag{7-55}$$

将式(7-53)的 $c(HA)$ 和式(7-54)的 $c(A^-)$ 的平衡浓度代入式(7-55)，得 $c(H^+)$ 的精确计算公式

$$c(H^+) = \frac{c_a + c(OH^-) - c(H^+)}{c_b + c(H^+) - c(OH^-)} K_a^\ominus \tag{7-56}$$

若溶液呈酸性时，$c(H^+) \gg c(OH^-)$，则式(7-56)简化为

$$c(H^+) = \frac{c_a - c(H^+)}{c_b + c(H^+)} K_a^\ominus \tag{7-57}$$

若溶液呈碱性时，$c(OH^-) \gg c(H^+)$，则式(7-56)简化为

$$c(H^+) = \frac{c_a + c(OH^-)}{c_b - c(OH^-)} K_a^\ominus \qquad (7\text{-}58)$$

当弱酸及其共轭碱的分析浓度都较大时，即

$$c_a \gg c(OH^-) - c(H^+), \quad c_b \gg c(OH^-) - c(H^+)$$

则式(7-57)和式(7-58)可进一步简化为最简式：

$$c(H^+) = K_a^\ominus \frac{c_a}{c_b} \qquad (7\text{-}59)$$

两边取负对数

$$pH = pK_a^\ominus - \lg \frac{c_a}{c_b} \qquad (7\text{-}60)$$

利用此式可计算常用缓冲溶液的 pH。

7.7.2 缓冲溶液的性质

1. 缓冲容量

任何缓冲溶液都具有缓冲能力，但其缓冲能力是有一定限度的。即当加入的酸或碱超过一定量时，抗酸、抗碱成分即将消耗殆尽时，其 pH 将发生较大的改变，缓冲溶液即失去缓冲作用。另外，适量稀释，共轭酸碱同等程度减小，pH 基本不变，但稀释过度时，pH 也将发生明显变化。不同的缓冲溶液，其缓冲能力是不同的，衡量缓冲能力大小的尺度是缓冲容量(buffer capacity)。

所谓缓冲容量，在数值上等于使单位体积(1L 或 1mL)缓冲溶液的 pH 改变 1 个单位时，所需加入的一元酸或一元碱的物质的量(mol 或 mmol)，可表示如下：

$$\beta = \frac{\Delta n}{V |\Delta pH|} \qquad (7\text{-}61)$$

式中：β 为缓冲容量，$mol \cdot L^{-1} \cdot pH^{-1}$；$\Delta n$ 为加入的一元酸或一元碱的物质的量，mol 或 mmol；$|\Delta pH|$ 为缓冲溶液 pH 改变的绝对值；V 为缓冲溶液的体积，L 或 mL。

由式(7-61)可知，β 值越大，缓冲溶液的缓冲能力越强；反之，β 值越小，缓冲溶液的缓冲能力越弱，必须指出，由式(7-61)计算出的缓冲容量，是在各自 pH 变化范围内的平均值。如若计算缓冲溶液在某一 pH 时的缓冲容量，要用微分形式，在此不做介绍。缓冲溶液依据共轭酸碱对及其物质的量不同而具有不同的 pH 和缓冲容量。

【例 7-17】 今有甲、乙、丙、丁四种不同浓度的缓冲溶液各 100mL，分别在四种缓冲溶液中加入 0.0010mol NaOH(体积不变)，$K_a^\ominus(HAc)=1.8\times10^{-5}$，试计算各缓冲溶液的 β 值。

甲液：$0.5mol \cdot L^{-1}$ HAc-$0.5mol \cdot L^{-1}$ NaAc 溶液；

乙液：$0.05mol \cdot L^{-1}$ HAc-$0.05mol \cdot L^{-1}$ NaAc 溶液；

丙液：$0.02mol \cdot L^{-1}$ HAc-$0.08mol \cdot L^{-1}$ NaAc 溶液；

丁液：$0.08mol \cdot L^{-1}$ HAc-$0.02mol \cdot L^{-1}$ NaAc 溶液。

解 甲液 β 值求算：未加入 NaOH 时缓冲溶液的 pH 为

$$pH = pK_a^{\ominus} - \lg\frac{c_a}{c_b} = -\lg(1.8\times10^{-5}) - \lg\frac{0.50}{0.50} = 4.75$$

加入 NaOH 后，体系发生了如下反应：

$$OH^- + HAc \longrightarrow Ac^- + H_2O$$

加入 NaOH 的浓度为 $\dfrac{0.0010}{0.10} = 0.010 \ (mol \cdot L^{-1})$，故

$$c(HAc) = 0.50 - 0.010 = 0.49 \ (mol \cdot L^{-1})$$

$$c(Ac^-) = 0.50 + 0.010 = 0.51 \ (mol \cdot L^{-1})$$

$$pH = pK_a^{\ominus} - \lg\frac{c(HAc)}{c(Ac^-)} = -\lg(1.8\times10^{-5}) - \lg\frac{0.49}{0.51} = 4.77$$

$$|\Delta pH| = 4.77 - 4.75 = 0.02$$

$$\beta = \frac{\Delta n}{V|\Delta pH|} = \frac{0.0010}{0.1\times0.02} = 0.5 \ (mol \cdot L^{-1} \cdot pH^{-1})$$

同理可计算乙液、丙液、丁液的 β 值，如下所示。

缓冲溶液	乙液	丙液	丁液
未加入 NaOH 时缓冲溶液的 pH	4.75	5.35	4.15
加入 NaOH 后缓冲溶液的 pH	4.93	5.70	4.38
$|\Delta pH|$	0.18	0.35	0.23
$\beta/(mol \cdot L^{-1} \cdot pH^{-1})$	0.056	0.029	0.043

　　由计算结果可见，尽管甲、乙两缓冲溶液都是 HAc-NaAc 缓冲系，但由于总浓度不同，其缓冲容量也不同，浓度较大的缓冲溶液的缓冲容量 β 值较大，而浓度较小的缓冲溶液的缓冲容量 β 值较小。可见，同一缓冲对组成的缓冲溶液，当缓冲比 $\dfrac{c_a}{c_b}$ 相同时，总浓度越大，其缓冲容量就越大；反之亦然。

　　进一步将上面的计算结果进行比较：乙、丙、丁三个缓冲溶液均为 HAc-NaAc 缓冲系，且总浓度相同（均为 0.10mol · L⁻¹），但缓冲比分别为 0.05/0.05=1、0.08/0.02=4、0.02/0.08=0.25，它们的 β 值分别为 0.056、0.029、0.043；即缓冲比不同，其缓冲容量也不同。因此，同一缓冲对组成的总浓度相同的缓冲溶液，缓冲能力还取决于共轭酸碱两者的比例，缓冲比越接近于 1，缓冲容量越大；当 $\dfrac{c_a}{c_b}=1$ 时，缓冲能力最大，此时 $pH = pK_a^{\ominus}$。反之，缓冲比 $\dfrac{c_a}{c_b}$ 越偏离 1，缓冲容量越小。

　　2. 缓冲范围

　　由上面的讨论可知，当缓冲溶液的总浓度一定时，共轭酸碱浓度相差越大，缓冲容量就越小，一般当缓冲比大于 10 或小于 0.1 时，即共轭酸碱浓度相差 10 倍以上时，可以认为缓冲溶液失去缓冲能力。因此，只有当缓冲比在 0.1～10 缓冲溶液才有缓冲能力，才能发挥缓

冲作用。所以一般缓冲溶液的 $\frac{c_a}{c_b}$ 总是取 0.1~10,此时缓冲溶液所对应的 pH 分别为 $pK_a^{\ominus}+1$ 和

$pK_a^{\ominus}-1$。故某一具有缓冲能力的缓冲溶液其缓冲 pH 范围应为

$$pH = pK_a^{\ominus} \pm 1 \tag{7-62}$$

式(7-62)称为缓冲溶液的缓冲范围。例如,HAc 的 $pK_a^{\ominus}$ 为 4.75,则 HAc-Ac⁻缓冲系的缓冲范围为 3.75~5.75,是指配制的 HAc-Ac⁻缓冲溶液 pH 在 3.75~5.75 时才有缓冲能力,超出此范围就不具有缓冲能力了。另外,根据式(7-62)计算出的值是理论缓冲范围,与实际缓冲范围略有差别。在实际工作中,常需配制一定 pH 的缓冲溶液,应选择适当的缓冲对,通过计算确定配制方法,必要时通过酸度计精确测定 pH。

例如,H₃PO₄ 的 $pK_{a2}^{\ominus}=7.23$,欲配制 pH 为 7 的缓冲溶液可选择 NaH₂PO₄-Na₂HPO₄ 缓冲对;NH₃ 的 $K_b^{\ominus}$ 值为 1.77×10^{-5},NH₄⁺ 的 K_a 为 5.6×10^{-10} 由 NH₃·H₂O-NH₄Cl 组成的缓冲溶液 pH 范围是 $pK_a^{\ominus} \pm 1 = 9.25 \pm 1$。

7.7.3 缓冲溶液的配制

为使所配缓冲溶液符合要求,应按下述原则和步骤进行。

1. 选择合适的缓冲对

选择缓冲对要考虑两个因素。①所配缓冲溶液的 pH 应在所选缓冲对的缓冲范围内,且 $pK_a^{\ominus}$ 尽量接近所需控制的 pH,这样配制的缓冲溶液具有较大的缓冲容量。实际工作中,选择缓冲溶液的情况如下:pH 0~2 时,用强酸控制酸度;pH 2~12 时,用一般缓冲溶液控制酸度;pH 12~14 时,用强碱控制酸度。如需要利用同一缓冲体系在较为广泛的 pH 范围内起缓冲作用,可选用多元酸和多元酸盐组成的缓冲体系。②所选缓冲对物质对反应无干扰,所选缓冲对物质不能与溶液中的主要作用物质发生作用。特别是药用缓冲溶液,缓冲对物质不能与主药发生配伍禁忌。另外在加温灭菌和储存期内要稳定,不能有毒性等。

2. 缓冲溶液要有足够的缓冲容量

缓冲容量主要由总浓度来调节。总浓度太低,缓冲容量就太小;总浓度太高,造成浪费,并且也没有必要。在实际工作中,总浓度一般为 0.050~0.5mol·L⁻¹。

3. 计算所需缓冲对的量、配制缓冲溶液

选定缓冲对并确定了其总浓度后,可根据缓冲溶液有关公式计算出所需酸和共轭碱的量。一般为方便计算和配制,常常使用相同浓度的共轭酸、碱溶液,分别取不同体积混合配制缓冲溶液。

4. 校正

按上述方法计算、配制的缓冲溶液,其 pH 的实际值与计算值之间具有一定的差异,因此必须校正。一般可用 pH 计或精密 pH 试纸对所配缓冲溶液进行校正。其原因是上述计算没有考虑离子强度的影响,如果考虑离子强度的影响,则计算结果与实验值就非常接近。

【例 7-18】 欲配制 pH=4.50 的缓冲溶液 100mL,需用 0.50mol·L⁻¹ NaAc 和 0.50mol·L⁻¹

HAc 溶液各多少毫升?(不另外加水)

解　设需 $0.50\text{mol} \cdot \text{L}^{-1}$ HAc V mL,按题意则需 $0.50\text{mol} \cdot \text{L}^{-1}$ NaAc $(100 - V)$mL,当两者混合后,浓度分别为

$$c_a = \frac{0.50V}{100} \qquad c_b = \frac{0.50(100 - V)}{100}$$

则

$$\text{pH} = \text{p}K_a^{\ominus} - \lg\frac{c_a}{c_b}$$

$$4.50 = 4.75 - \lg\frac{V}{100 - V}$$

解得 $V = 64$(mL),则需 $0.50\text{mol} \cdot \text{L}^{-1}$ NaAc 为 $(100 - 64)$mL $= 36$mL。

【例 7-19】　欲配制 pH $= 9.0$,$c(\text{NH}_3) = 0.20\text{mol} \cdot \text{L}^{-1}$ 的缓冲溶液 500mL,需用 $1.0\text{mol} \cdot \text{L}^{-1}$ 氨水多少毫升?固体 NH_4Cl 多少克?如何配制?

解　已知 pH $=9.0$,即 $c(\text{OH}^-) = 1 \times 10^{-5}\text{mol} \cdot \text{L}^{-1}$;$\text{NH}_3$ 的 $K_b^{\ominus}$ 值为 1.8×10^{-5}。

$$K_a^{\ominus} = \frac{K_w^{\ominus}}{K_b^{\ominus}} = \frac{1.0 \times 10^{-14}}{1.8 \times 10^{-5}} = 5.6 \times 10^{-10} , \quad c_b = c(\text{NH}_3) = 0.20\text{mol} \cdot \text{L}^{-1}$$

$$\text{pH} = \text{p}K_a^{\ominus} - \lg\frac{c_a}{c_b}$$

$$9.0 = -\lg(5.6 \times 10^{-10}) - \lg\frac{c_a}{0.20}$$

$$c_a = 0.36(\text{mol} \cdot \text{L}^{-1})$$

需固体 NH_4Cl 的质量 $= 0.36 \times M(\text{NH}_4\text{Cl}) \times \frac{500}{1000} = 0.36 \times 53.5 \times \frac{500}{1000} = 9.6$(g)

需 $1.0\text{mol} \cdot \text{L}^{-1}$ 氨水的体积　　　　$V = 0.20 \times 500 = 100$(mL)

配制方法:将 9.6g 固体 NH_4Cl 溶于少量水中,和 100mL $1.0\text{mol} \cdot \text{L}^{-1}$ 氨水混合于 500mL 容量瓶中,用蒸馏水稀释至刻度,摇匀后即得 pH $=9.0$ 的缓冲溶液。

【例 7-20】　考虑离子强度影响,计算 $0.025\text{mol} \cdot \text{L}^{-1}$ KH_2PO_4-$0.025\text{mol} \cdot \text{L}^{-1}$ Na_2HPO_4 缓冲溶液的 pH。

解　(1) 溶液的离子强度:由于各缓冲组分的浓度较大,故有 $c(\text{H}_2\text{PO}_4^-) \approx 0.025\text{mol} \cdot \text{L}^{-1}$;$c(\text{HPO}_4^{2-}) \approx 0.025\text{mol} \cdot \text{L}^{-1}$

$$I = \frac{1}{2}\sum_i (b_i / b^{\ominus})Z_i^2 = \frac{1}{2}\sum_i (c_i / c^{\ominus})Z_i^2$$

$$= \frac{1}{2}[0.025 \times (+1)^2 + 0.025 \times (-1)^2 + 2 \times 0.025 \times (+1)^2 + 0.025 \times (-2)^2] = 0.10$$

(2) 活度系数:

$$\lg\gamma(\text{H}_2\text{PO}_4^-) = -0.50Z^2\left(\frac{\sqrt{I}}{1 + \sqrt{I}} - 0.30I\right)$$

$$= -0.50 \times (-1)^2 \times \left(\frac{\sqrt{0.10}}{1 + \sqrt{0.10}} - 0.30 \times 0.10\right)$$

$$= -0.105$$

$$\gamma(H_2PO_4^-) = 0.785$$

$$\lg\gamma(HPO_4^{2-}) = -0.50Z^2\left(\frac{\sqrt{I}}{1+\sqrt{I}} - 0.30I\right)$$

$$= -0.50 \times (-2)^2 \times \left(\frac{\sqrt{0.10}}{1+\sqrt{0.10}} - 0.30 \times 0.10\right)$$

$$= -0.420$$

$$\gamma(HPO_4^{2-}) = 0.380$$

(3) 活度:

$$a(H_2PO_4^-) = \gamma(H_2PO_4^-) \cdot (c/c^\ominus) = 0.785 \times 0.025 = 0.020$$

$$a(HPO_4^{2-}) = \gamma(HPO_4^{2-}) \cdot (c/c^\ominus) = 0.380 \times 0.025 = 0.0095$$

(4) pH:

$$pH = pK_{a2} - \lg\frac{a(H_2PO_4^-)}{a(HPO_4^{2-})} = 7.21 - \lg\frac{0.020}{0.0095} = 6.89$$

该计算结果与实测值 6.86 非常接近，若不考虑离子强度的影响，则 $pH = pK_{a2}^\ominus = 7.21$。

7.7.4 血液中的缓冲系及缓冲作用

人体的各种体液都具有一定的较稳定的 pH 范围，这对于体内的生物化学反应，物质的存在状态都是非常重要的，关于体液的缓冲系、作用原理、功能等内容很丰富，在此仅简单介绍血液中的缓冲系及血液 pH 的维持。

血液是由多种缓冲系组成的缓冲溶液，存在的缓冲系主要有:

血浆中: H_2CO_3-HCO_3^-，$H_2PO_4^-$-HPO_4^{2-}；H_nP-$H_{n-1}P$(H_nP 代表蛋白质)。

红细胞中: H_2b-Hb^-(H_2b 代表蛋白质)；H_2bO_2-HbO_2^-(H_2bO_2 代表氧合血红蛋白)，H_2CO_3-HCO_3^-，$H_2PO_4^-$-HPO_4^{2-}。

在这些缓冲系中，H_2CO_3-HCO_3^- 缓冲系在血液中浓度最高，缓冲能力最大，在维持血液正常 pH 方面发挥的作用最重要。碳酸在溶液中主要以溶解状态的 CO_2 形式存在，在 37℃时经校正其 $pK_a = 6.10$，则溶液的 pH 可表示为

$$pH = pK_a + \lg\frac{c(HCO_3^-)}{c(CO_{2溶解})} = 6.10 + \lg\frac{c(HCO_3^-)}{c(CO_{2溶解})}$$

正常人血液中 HCO_3^- 和 CO_2 浓度分别为 0.024mol·L^{-1} 和 0.0012mol·L^{-1}，将其代入上式，可得到血液的正常 pH:

$$pH = 6.10 + \lg\frac{0.024}{0.0012} = 7.40$$

正常人血液中 $c(HCO_3^-)/c(CO_{2溶解})$ 比值为 20/1，远超出了上述有效缓冲范围，该缓冲系的缓冲能力应该很小。而事实上，在血液中它们的缓冲能力是很强的，为什么呢?这是因为体内缓冲作用与体外缓冲作用不同。体外缓冲系是一个"封闭系统"，当 HCO_3^--CO_2 发生缓冲作

用后，HCO_3^- 或 CO_2 浓度要发生改变。而在体内是一个"敞开系统"，当 HCO_3^--CO_2 发生缓冲作用后，HCO_3^- 或 CO_2 浓度改变可由呼吸作用和肾脏的生理功能获得补充或调节，使得血液中的 $c(HCO_3^-)$ 和 $c(CO_{2溶解})$ 保持相对稳定。

　　各种因素都能引起血液中酸度的增加，如充血性心力衰竭、支气管炎、糖尿病及食用低碳水化合物或高脂肪食物引起的代谢酸增加等，此时将消耗大量的抗酸成分(HCO_3^-)，并生成大量的 CO_2。机体首先通过加快呼吸速度来排除多余的 CO_2，其次通过肾脏调节(如延长 HCO_3^- 的停留时间)使 HCO_3^- 浓度回升，从而使两种组分恢复正常，维持血液 pH 基本不变。

　　再如，发高烧、气喘、严重呕吐及摄入过多碱性物质(如蔬菜、果类)时，都会引起血液的碱量增加。此时，通过降低肺部 CO_2 的排出量、增加肾脏 HCO_3^- 的排泄量来维持 HCO_3^- 和 CO_2 浓度不变，从而保持血液的 pH 正常。

　　总之，由于体内缓冲系的作用及配合人体呼吸作用和肾脏调节功能等，使正常人血液的 pH 维持在 7.35～7.45 这样一个狭小的范围内。因这一 pH 范围最适于细胞代谢及整个机体生存。若血液 pH 改变超过 0.4 个单位，就会有生命危险。

　　此外，缓冲溶液在工业、农业、医学、化学、生物学等方面都有很重要的应用。例如，土壤溶液是很好的缓冲溶液，它是由碳酸及其盐类、腐殖酸及其盐类组成的缓冲对，这有利于微生物的正常活动和农作物的生长发育。工业生产中，缓冲溶液在化学分离、测定中也有广泛的应用。

习　题

1. 写出下列各酸的共轭碱的化学式。

(1) H_3PO_4　　(2) HSO_4^-　　(3) HAc　　(4) $[Cr(H_2O)_6]^{3+}$　　(5) $H_2AsO_4^-$

2. 指出下列各分子或离子中哪些是路易斯酸，哪些是路易斯碱。

(1) $AlCl_3$　(2) OH^-　(3) Br^-　(4) H_2O　(5) NO^+　(6) CO_2　(7) NH_3　(8) Fe^{3+}　(9) $(CH_3)_2S$　(10) SbF_5

3. 试确定下列非水体系反应中何者反应物为酸，何者反应物为碱。

(1) $PCl_4^+ + ICl_2^- \rightleftharpoons PCl_5 + ICl$　　　　(2) $3Li^+ + 3NH_2^- \rightleftharpoons Li_3N + 2NH_3$

(3) $NO^+ + ClF_4^- \rightleftharpoons ClF_3 + NOF$

4. 用路易斯酸碱理论解释下列反应为什么会发生。

(1) $BF_3 + F^- \longrightarrow BF_4^-$　　　　　　　(2) $S + SO_3^{2-} \longrightarrow S_2O_3^{2-}$

(3) $AlCl_3 + Cl^- \longrightarrow AlCl_4^-$　　　　　　(4) $Co^{2+} + 6NH_3 \longrightarrow \left[Co(NH_3)_6\right]^{2+}$

5. 为什么 pH = 7 并不总是表明水溶液是中性的？

6. 请解释硫的各种氧化态含氧酸强度的变化规律。

7. 写出下列各酸碱水溶液的质子条件式。

(1) NH_4NO_3　　(2) NH_4Ac　　(3) H_3BO_3　　(4) $H_2SO_4 + HCOOH$　　(5) $NaH_2PO_4 + Na_2HPO_4$

8. 已知 $0.1mol \cdot L^{-1}$ 的 MOH 溶液在 25℃的解离度为 5%，求此碱的解离常数 $K_a^\ominus$。

9. 计算 $0.0010mol \cdot L^{-1}$ 的乙酸溶液的 H^+ 浓度。(已知乙酸的 $K_a^\ominus = 1.8 \times 10^{-5}$)

10. 计算下列各种情况的 pH。

(1) 200mL 溶液中含有 20mg NaOH。

(2) 10mL 溶液中含有 82mg NaAc。

(3) 1L 溶液中含有 12g NaHSO$_4$。(已知 H$_2$SO$_4$ 的 $K_{a2}^{\ominus}$ =1.26×10^{-2})

11. 将 0.2mol·L^{-1} 的氨水加水稀释至 0.05mol·L^{-1}，OH$^-$ 的浓度有什么变化？

12. 写出下列各种盐的水解反应的离子方程式，并判断溶液的酸碱性。

(1) NaCN　　(2)(NH$_4$)$_2$SO$_4$　　(3) Al$_2$(SO$_4$)$_3$　　(4) SnCl$_2$　　(5) NaNO$_2$　　(6) NH$_4$HCO$_3$

13. 将 50.0mL 4.20mol·L^{-1} 氨水与 50.0mL 4.00mol·L^{-1} HCl 混合，计算在此混合溶液中 OH$^-$ 的浓度和溶液的 pH。

14. 计算 0.20mol·L^{-1} Na$_2$S 溶液的 pH。

15. 计算 0.1mol·L^{-1} NH$_4$NO$_2$ 溶液的 pH。(提示：按两性物质计算)

16. 已知某乙酸钠溶液的 pH=8.52，500mL 该溶液中含 CH$_3$COONa 多少克？

17. 用 0.10mol·L^{-1} 的 NaOH 溶液滴定 50mL、0.20mol·L^{-1} 的 HF 溶液，试求下列情况下溶液的 pH。

(1) 当 NaOH 溶液加入 5mL 时；(2) 当 HF 已中和了一半；(3) 在等当量时。

18. 锥形瓶中盛放 20mL、0.1mol·L^{-1} 的 NH$_3$·H$_2$O 溶液，现用 0.1mol·L^{-1} 盐酸滴定。计算：

(1) 当滴入 10mL 盐酸后，混合溶液的 pH；

(2) 当滴入 20mL 盐酸后，混合溶液的 pH；

(3) 当滴入 30mL 盐酸后，混合溶液的 pH。

19. 对于 HAc-NaAc 缓冲体系：

(1) 决定体系 pH 的主要因素是_____；

(2) 影响上述体系 pH 变动 0.1～0.2 个单位的因素是_____；

(3) 影响缓冲容量的因素是_____；

(4) 影响对外加酸缓冲能力大小的因素是_____。

20. 在 1L 0.100mol·L^{-1} 甲胺水溶液中，加入多少毫升 2.00mol·L^{-1} HCl 溶液方能使制成的缓冲溶液的 pH 为 10.00？

21. 需要多少毫升的 6.0mol·L^{-1} 盐酸溶液加入 100mL、0.1mol·L^{-1} 乙酸钠溶液中，才能使此溶液的 pH = 4.25？

22. 要配成 pH = 5.00 的缓冲溶液，需 0.20mol·L^{-1} 的乙酸和 0.20mol·L^{-1} 的乙酸钠溶液的体积比为多少？

23. 动脉血液中溶解的 CO$_2$ 溶度为 2.6×10^{-2}mol·L^{-1}，此血液的 pH 为 7.43。假设此血液中 CO$_2$ 以 H$_2$CO$_3$ 的形式存在，试计算动脉血液中 HCO$_3^-$ 的浓度。

24. 欲制备 pH=5 的缓冲溶液，现选用下列三种一元弱酸和它们的盐，它们的解离平衡常数分别为：(1) $K_a^{\ominus}$ =2×10^{-5}；(2) $K_a^{\ominus}$ =5×10^{-5}；(3) $K_a^{\ominus}$ = 5×10^{-6}。通过计算说明为了制备这一缓冲溶液，应取的每种酸和它的盐的浓度比各为多少？

25. 已知某缓冲溶液是由 $K_a^{\ominus}$ = 5×10^{-5} 的弱酸 HA 和它的强碱盐组成，其中 HA 的浓度为 0.5mol·L^{-1}，100mL 此缓冲溶液中加入 10mmol 的 NaOH 后，溶液的 pH 变成 5.6，试求原来缓冲溶液的 pH。

26. 有 250mL 含 0.350mol·L^{-1} 的乙酸和 0.350mol·L^{-1} 的乙酸钠溶液的缓冲溶液。若加入 30.0mL 的 0.100mol·L^{-1} HCl 于此缓冲溶液中，试求溶液 pH 的变化。

27. 已知一标签上写着 0.0200mol·L^{-1} 的 HNO$_2$ 溶液，试求此溶液中 H$_3$O$^+$、NO$_2^-$ 和 HNO$_2$ 的浓度。

28. 有 1mL 的 6.0mol·L^{-1} NH$_3$ 溶液。必须加入多少毫升 1.0mol·L^{-1} NH$_4$Cl 溶液，才能得到 pH=9.00 的缓冲溶液？(体积可以加和)

29. 根据 HAc、NH$_3$·H$_2$O、H$_2$C$_2$O$_4$、H$_3$PO$_4$ 四种酸碱的解离常数，选取其中适当的酸及其共轭碱来配制 pH=7.51 的缓冲溶液，其共轭酸碱的浓度比应是多少？

第8章　酸碱滴定法

酸、碱物质或通过一定的化学反应能转化为酸或碱的物质，都有可能采用酸碱滴定法测定它们的含量。但不是所有酸碱反应都可以用来做滴定分析测定。一般来讲，酸碱反应速率很快，在消除干扰后，用于酸碱滴定分析测定的化学反应主要应考虑以下问题：①被测物质在选定的条件下能否被准确滴定；②怎样选择最合适的指示剂来确定滴定终点。

8.1　酸碱指示剂

8.1.1　酸碱指示剂的变色原理

酸碱指示剂(acid-base indicator)一般都是弱的有机酸或有机碱。若以 HIn 表示一种弱酸型指示剂，In⁻为其共轭碱，在水溶液中存在以下平衡：

$$HIn \rightleftharpoons H^+ + In^-$$

平衡常数为
$$K_a^\ominus(HIn) = \frac{c(H^+) \cdot c(In^-)}{c(HIn)} \tag{8-1}$$

则
$$\frac{c(In^-)}{c(HIn)} = \frac{K_a^\ominus(HIn)}{c(H^+)} \tag{8-2}$$

由式(8-2)可见，只要酸碱指示剂确定，$K_a^\ominus(HIn)$ 在一定条件下即为一常数。当溶液中的 $c(H^+)$ 发生改变时，$\frac{c(In^-)}{c(HIn)}$ 的比值也发生改变。若共轭酸碱的结构不同，颜色也不同，则随着溶液 pH 的变化，共轭酸碱的型体分布发生变化，可显示不同的颜色以指示溶液酸度。一般当溶液中 $\frac{c(In^-)}{c(HIn)} < \frac{1}{10}$ 主要显示 HIn 的颜色，$\frac{c(In^-)}{c(HIn)} > 10$ 主要显示 In⁻ 的颜色，而在 $\frac{1}{10} < \frac{c(In^-)}{c(HIn)} < 10$，溶液为共轭酸碱的混合色；当 $\frac{c(In^-)}{c(HIn)} = 1$ 时，$pH = pK_a^\ominus(HIn)$，为酸碱指示剂的理论变色点。因此，酸碱指示剂的变色范围是 $\frac{1}{10} < \frac{c(In^-)}{c(HIn)} < 10$，或根据式(8-2)可得

$$pH = pK_a^\ominus(HIn) \pm 1 \tag{8-3}$$

由此可见，不同的酸碱指示剂，$pK_a^\ominus$ 不同，它们的变色范围就不同，所以不同的酸碱指示剂可在不同的酸度变化范围内指示酸碱度。而在酸碱指示剂的变色范围内，指示剂所呈现的颜色是酸色和碱色的混合色。例如，酚酞指示剂在水溶液中有如图 8-1 所示的转换关系存在，由图可见这个转换关系是可逆的。当溶液 pH 在 9 左右时，酚式结构的无色离子和醌式结构的红色离子是溶液中存在的共轭酸碱对，二者具有不同的颜色，可作酸碱指示剂使用，对

应的 $pK_a^\ominus = 9.1$，因此理论上，酚酞在 pH<8.1 的溶液中呈酸式型体的无色，简称为酸色为无色；当 pH>10.1 呈碱式型体的红色；在 8.1<pH<10.1 范围呈二者的混合色，即浅红色；所以，酚酞的理论变色范围为：$pH = 8.1 \sim 10.1$。但浓强碱溶液中酚酞以无色羧酸盐式存在，所以某溶液中加入酚酞指示剂显示为无色就确定为酸性是不准确的。

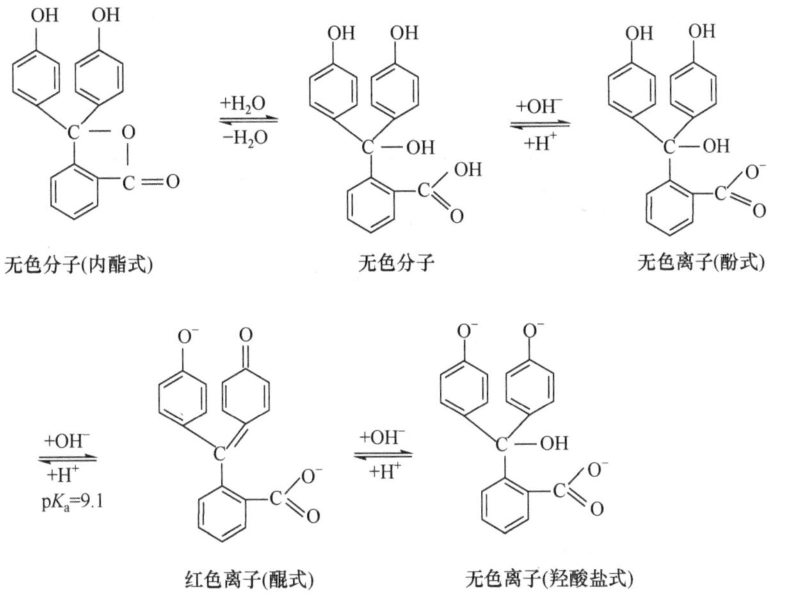

无色分子(内酯式)　　　　　无色分子　　　　　无色离子(酚式)

红色离子(醌式)　　　　　无色离子(羟酸盐式)

图 8-1　酚酞指示剂在水溶液中存在的转换关系

另一种常用的酸碱指示剂甲基橙则是一种弱的有机碱，在溶液中有如下平衡存在：

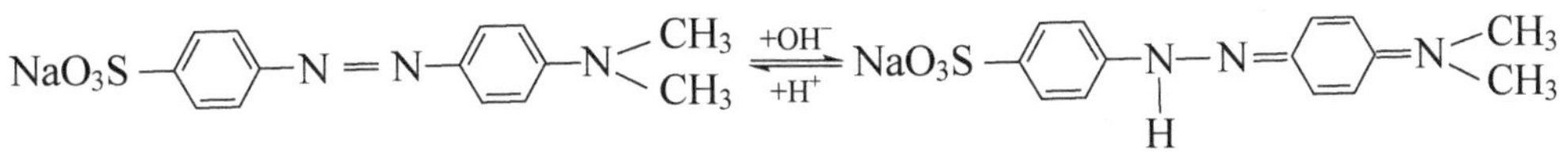

黄色分子(偶氮式)　　　　　　红色离子(醌式)

甲基橙的 $pK_a^\ominus = 3.4$。理论上，在 pH<2.4 的溶液中呈酸式型体的红色，当 pH>4.4 时呈碱式型体的黄色；在 2.4<pH<4.4 范围呈二者的混合色，pH 较低接近 2.4 时红色较重，显示为橙红色；pH 较高接近 4.4 时黄色较重，显示为橙黄色。表 8-1 列出了一些常用酸碱指示剂的变色范围。从表 8-1 中可以发现，许多酸碱指示剂的变色范围不是 $pH = pK_a^\ominus(HIn) \pm 1$，这是什么原因呢？

表 8-1　一些常用酸碱指示剂的变色范围

指示剂	变色范围 pH	颜色变化	$pK_a^\ominus(HIn)$	常用溶液	10mL 试液用量
百里酚蓝(第一步解离)	1.2~2.8	红~黄	1.7	0.1%的 20%乙醇溶液	1~2
甲基黄	2.9~4.0	红~黄	3.3	0.1%的 90%乙醇溶液	1
甲基橙	3.1~4.4	红~黄	3.4	0.05%的水溶液	1
溴酚蓝	3.0~4.6	黄~紫	4.1	0.1%的 20%乙醇溶液或其他钠盐水溶液	1
溴甲酚绿	4.0~5.6	黄~蓝	4.9	0.1%的 20%乙醇溶液或其他钠盐水溶液	1~3
甲基红	4.4~6.2	红~黄	5.2	0.1%的 60%乙醇溶液或其他钠盐水溶液	1

指示剂	变色范围 pH	颜色变化	$pK_a^{\ominus}$(HIn)	常用溶液	10mL 试液用量
溴百里酚蓝	6.2~7.6	黄~蓝	7.3	0.1%的 20%乙醇溶液或其他钠盐水溶液	1
中性红	6.8~8.0	红~黄橙	7.4	0.1%的 60%乙醇溶液	1
苯酚红	6.8~8.4	黄~红	8.0	0.1%的 60%乙醇溶液或其他钠盐水溶液	1
百里酚蓝(第二步解离)	8.0~9.6	黄~蓝	8.9	0.1%的 20%乙醇溶液	1~4
酚酞	8.0~10.0	无~红	9.1	0.5%的 90%乙醇溶液	1~3
百里酚酞	9.4~10.6	无~蓝	10.0	0.1%的 90%乙醇溶液	1~2

8.1.2 影响酸碱指示剂变色范围的因素

影响酸碱指示剂变色范围的因素主要有以下几方面:

(1) 人眼对不同颜色的敏感程度不同,以及酸碱指示剂两种颜色之间的相互掩盖作用,会导致变色范围的不同。例如,甲基橙的理论变色范围是 pH=2.4~4.4,可表 8-1 所列的变色范围 pH=3.1~4.4,这是由于人眼对红色比对黄色敏感,酸式一边的变色范围相对变窄。

(2) 温度、溶剂及一些强电解质的存在可影响指示剂的解离常数 $pK_a^{\ominus}$(HIn) 的大小,也会改变酸碱指示剂的变色范围。例如,甲基橙指示剂在 18℃时的变色范围为 pH=3.1~4.4,而 100℃时为 pH=2.5~3.7。另一方面由于盐类具有吸收不同波长光的性质,可影响指示剂颜色的深度,势必影响其变色的敏锐性。

(3) 指示剂用量的影响。人们能观察到指示剂颜色的浓度是一定的,指示剂用量过多,会改变这个浓度出现的 pH。例如,酚酞指示剂用量多,在 pH 较低的条件下就有可观察到浓度的红色型体生成,将会使变色范围向 pH 低的一方移动。例如,在 50~100mL 溶液中加入 2~3 滴 0.1%酚酞指示剂,pH≈9 时出现红色,而在 50~100mL 溶液中加入 10~15 滴 0.1%酚酞指示剂,pH≈8 时出现红色。设单色指示剂酚酞的总浓度为 c,人眼观察到红色(碱色)的最低浓度为 a(一个固定值),代入平衡式:

$$\frac{K_a^{\ominus}(\text{HIn})}{c(\text{H}^+)} = \frac{c(\text{In}^-)}{c(\text{HIn})} = \frac{a}{c-a} \tag{8-4}$$

式中:$K_a^{\ominus}$(HIn) 和 a 都是定值,如果 c 值增大了,要维持平衡就只有增大 $c(\text{H}^+)$,也就是说,指示剂要在较低的 pH 时显粉红色。可降低变色的敏锐性,且指示剂本身也会多消耗一些滴定剂,从而带来误差。另外,用量过多造成颜色太深,还会影响酸碱指示剂变色的敏锐程度。

(4) 滴定顺序也会影响酸碱指示剂变色的敏锐程度。如指示剂由无色变到红色变化明显,易于辨别,反之则不明显。

8.1.3 混合指示剂

对于需要将酸度控制在较窄区间的反应体系,可以采用混合指示剂来指示酸度的变化。混合指示剂利用颜色的互补来提高变色的敏锐性,可以分为以下两类。

(1) 由两种或两种以上的酸碱指示剂按一定的比例混合而成。例如,溴甲酚绿($pK_a^{\ominus}=4.9$)和甲基红($pK_a^{\ominus}=5.2$)两种指示剂,前者酸色为黄色,碱色为蓝色;后者酸色为红色,碱色为黄色。当它们按照一定比例混合后,由于共同作用,溶液在酸性条件下显橙红色,碱性条件下显绿色。在 pH≈5.1 时，溴甲酚绿的碱性成分较多，显绿色，而甲基红的酸性成分较多，显橙红色，两种颜色互补得到灰色，变色很敏锐。

常用的 pH 试纸就是将多种酸碱指示剂按一定比例混合浸制而成，能在不同的 pH 时显示不同的颜色，从而较为准确地确定溶液的酸度。pH 试纸可以分为广泛 pH 试纸和精密 pH 试纸两类，其中精密 pH 试纸就是利用混合指示剂的原理使酸度的确定能控制在较窄的范围内。

(2) 由某酸碱指示剂与一种惰性染料按一定比例配成。在指示溶液酸度的过程中，惰性染料本身并不发生颜色的改变，只起衬托作用，通过颜色的互补来提高变色敏锐性。几种常用的混合指示剂见表 8-2。

表 8-2　若干常见混合指示剂

指示剂溶液的组成	变色时 pH	颜色		备注
		酸色	碱色	
0.1%甲基黄乙醇溶液和 0.1%次甲基蓝乙醇溶液 1∶1 混合	3.25	蓝紫	绿	pH=3.2，蓝紫色；pH=3.4，绿色
0.1%甲基橙水溶液和 0.25%靛蓝二磺酸水溶液 1∶1 混合	4.1	紫	黄绿	pH=4.1，灰色
0.1%溴甲酚绿钠盐水溶液和 0.2%甲基橙水溶液 1∶1 混合	4.3	橙	蓝绿	pH=3.5，橙色；pH=4.05，绿色；pH=4.3，浅绿
0.1%溴甲酚绿钠盐乙醇溶液和 0.2%甲基红乙醇溶液 3∶1 混合	5.1	酒红	蓝绿	pH=5.1，灰色，颜色变化很显著
0.1%溴甲酚绿钠盐水溶液和 0.1%氯酚红钠盐水溶液 1∶1 混合	6.1	蓝绿	蓝紫	pH=5.4，蓝绿色；pH=5.8，蓝色；pH=6.0，蓝微带紫；pH=6.2，蓝紫
0.1%中性红乙醇溶液和 0.1%次甲基蓝乙醇溶液 1∶1 混合	7.0	蓝紫	绿	pH=7.0，蓝紫
0.1%甲酚红钠盐水溶液和 0.1%百里酚蓝钠盐水溶液 1∶3 混合	8.3	黄	紫	pH=8.2，玫瑰红；pH=8.4，清晰的紫色
0.1%酚酞乙醇溶液和 0.1%甲基绿乙醇溶液 1∶2 混合	8.9	绿	紫	pH=8.8，浅蓝；pH=9.0，紫
0.1%百里酚蓝 50%乙醇溶液和 0.1%酚酞 50%乙醇溶液 1∶3 混合	9.0	黄	紫	从黄到绿，再到紫
0.1%酚酞乙醇溶液和 0.1%百里酚酞乙醇溶液 1∶1 混合	9.9	无	紫	pH=9.6，玫瑰红；pH=10，紫色
0.1%百里酚酞乙醇溶液和 0.1%茜素黄 R 乙醇溶液 2∶1 混合	10.2	黄	紫	—

无论哪种混合指示剂都是使酸色和碱色之间成为互补色或接近互补色，这样当指示剂颜色由酸色变化到碱色(或反过来)时在变色点附近均使溶液呈无色或接近无色，由此可明显地分辨出颜色的变化。为了得到较好效果的混合指示剂，应当注意混合物的比例要恰当，否则将适得其反。

8.2　酸碱滴定法的基本原理

能否准确滴定可以通过研究滴定过程中溶液 pH 的变化规律，特别是化学计量点附近 pH

的改变与滴定完成程度的关系，得到清楚的答案。若以溶液的 pH 对滴定分数(T)作图，则可得到一条曲线，这条曲线称为酸碱滴定曲线(titration curve)，它能很好地展示滴定过程中 pH 的变化规律。

8.2.1　强碱滴定强酸或强酸滴定强碱

强酸强碱的滴定所依据的滴定反应：$H^+ + OH^- \rightleftharpoons H_2O$，则

$$K_t^\ominus = \frac{1}{K_w^\ominus} = 10^{14.00} \tag{8-5}$$

$K_t^\ominus$ 称为滴定反应常数(titration reaction constant)。$K_t^\ominus$ 值越大，反应进行得越完全。$K_t^\ominus = 10^{14.00}$ 是酸碱滴定中反应完全程度最高的。

1. 滴定曲线与滴定突跃

滴定曲线可以借助酸度计或其他分析仪器测得，也可以通过计算的方式得到。以 $0.1000 \text{mol} \cdot L^{-1}$ NaOH 溶液滴定 20.00mL 同浓度的 HCl 溶液为例，讨论强碱滴定强酸的滴定曲线，并根据滴定过程的情况分成几个阶段进行计算。

滴定前：体系的酸度取决于酸的原始浓度。因为 $c(H^+) = 0.1000 \text{mol} \cdot L^{-1}$，所以 pH = 1，T = 0。

滴定开始至化学计量点前：溶液的酸度主要取决于剩余酸的浓度。例如，当 NaOH 加入 19.80mL 时，剩余原始 0.20mL HCl 未被作用，因此 $c(H^+) = \dfrac{0.1000 \times 0.20}{19.80 + 20.00} = 5.0 \times 10^{-4} (\text{mol} \cdot L^{-1})$，pH = 3.30，$T = \dfrac{19.80}{20.00} = 0.990$，此时终止滴定，误差为–1%。

当 NaOH 加入 19.98mL 时，尚剩余原始 0.02mL HCl 未被滴定，因此 $c(H^+) = \dfrac{0.1000 \times 0.02}{19.98 + 20.00} = 5.0 \times 10^{-5} (\text{mol} \cdot L^{-1})$，pH = 4.30，$T = \dfrac{19.98}{20.00} = 0.999$。此时终止滴定，误差为–0.1%。

化学计量点：由于是强碱滴定强酸，当两者作用完全时生成 NaCl 和 H_2O，$c(H^+) = 1.0 \times 10^{-7} \text{mol} \cdot L^{-1}$。若以 pH_{sp} 表示化学计量点 pH。则 $pH_{sp} = 7$，T = 1.000。此时终止滴定，误差为 0。

化学计量点后：若理论终点后继续滴加 NaOH，这时形成了 NaCl + NaOH 体系，溶液的酸度主要取决于过量 NaOH 的浓度。例如，当加入 20.02mL，即过量 0.02mL NaOH 溶液，$c(OH^-) = \dfrac{0.1000 \times 0.02}{20.02 + 20.00} = 5.0 \times 10^{-5} (\text{mol} \cdot L^{-1})$，pOH = 4.30，因此 pH = 14.0 – pOH = 14.0 – 4.30 = 9.70，$T = \dfrac{20.02}{20.00} = 1.001$。此时终止滴定，误差为+0.1%。

若按以上方式进行较为详细的计算，就可以得到不同 NaOH 加入量时相应溶液的 pH (表 8-3)。以 NaOH 溶液的加入量为横坐标，对应的溶液 pH 为纵坐标作图，就得到图 8-2 所示的滴定曲线。从计算结果和滴定曲线可以看出滴定过程中 $c(H^+)$ 随滴定剂加入量的变化情况，特别是从 A 点到 B 点这个区间很重要。在 A 点还剩 0.02mL HCl 溶液未被滴定，而 B 点 NaOH 则仅过量 0.02mL，两点间 NaOH 溶液加入量只相差 0.04mL，可溶液的 pH 却从 4.30 突然上升至 9.70，增加了 5.4 个 pH 单位，曲线呈现出几乎垂直的一段(图 8-2)。这一区间，即化学计量点前后±0.1%范围内 pH 的急剧变化就称为滴定突跃(titration jump)，这一突跃使得溶

液由酸性突变为碱性,溶液的性质由量变引起了质变。突跃过程所对应的 pH 范围称为突跃范围。0.04mL 约为 50mL 滴定管一滴的体积,所以突跃范围的大小具有重要的实际意义,它是判断酸碱能否准确滴定和正确选择指示剂的依据。

表 8-3　用 0.1000mol · L⁻¹ NaOH 溶液滴定 20.00mL 同浓度的 HCl 溶液

加入 NaOH 的体积 V/mL	剩余 HCl 的体积 V/mL	过量 NaOH 的体积 V/mL	HCl 被滴定分数 T	溶液的 pH
0.00	20.00		0	1.00
10.00	10.00		0.5000	1.48
18.00	2.00		0.900	2.28
19.80	0.20		0.990	3.30
19.98	0.02		0.999	4.30(A)
20.00	0.00	0.00	1.000	7.00
20.02		0.02	1.001	9.70(B)
20.20		0.20	1.010	10.70
22.00		2.00	1.100	11.68
40.00		20.00	2.000	12.52

（突跃范围：从 4.30(A) 到 9.70(B)）

2. 指示剂的选择及影响滴定突跃的因素

根据以上讨论,用 0.1000mol · L⁻¹ NaOH 溶液滴定 20.00mL 同浓度 HCl 溶液的化学计量点 $pH_{sp}=7$,滴定突跃范围 pH = 4.30～9.70。显然,只要指示剂在突跃范围之内变色,就可在±0.1%误差范围内指示终点。如溴百里酚蓝(6.2～7.6)、酚酞(8.0～10.0)、苯酚红(6.8～8.4)、甲基橙(3.1～4.4)等,都能正确指示滴定终点。例如,酚酞若滴定至溶液由无色刚变粉红色时停止,溶液 pH 略大于 8.0,由表 8-3 可以看出,此时 NaOH 溶液过量还不到 0.02mL,终点误差不大于+0.1%。因此,酸碱滴定中所选择的指示剂一般应使其变色范围处于或部分处于滴定突跃范围之内。然而一些能在滴定突跃范围内变色的指示剂使

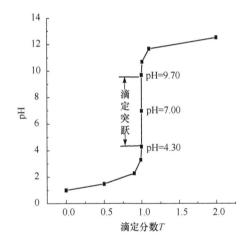

图 8-2　0.1000mol · L⁻¹ NaOH 溶液和 0.1000mol · L⁻¹ HCl 溶液的滴定曲线

用时还要考虑一些其他影响。例如,在用 0.1000mol · L⁻¹ NaOH 溶液滴定 20.00mL 同浓度 HCl 溶液过程中,甲基橙的变色范围部分处于滴定突跃范围内,可是若用甲基橙作指示剂,颜色变化由红完全变黄时,溶液 pH 为 4.4,由表 8-3 可知,滴定误差不会超过 0.1%。但由于人眼对红色中略带黄色不易察觉,若滴定到橙色时便停止滴定,此时溶液 pH 约为 4.0,将有-0.2%的误差,因而一般甲基橙并不常用于碱滴酸,而是常用于酸滴碱。所以,指示剂的选择还应考虑所选择指示剂在滴定体系中的变色是否易于判断。

对于强酸滴定强碱,可以参照以上处理办法,首先了解滴定曲线的情况,特别是其中化学计量点、滴定突跃,然后根据滴定突跃选择一种合适的指示剂。对于强酸滴定强碱,若选用甲基橙指示剂,此时颜色变化是由黄色变到橙色,溶液 pH 约为 4.0,将有+0.2%的误差。

　　以上讨论的是用 $0.1000\mathrm{mol \cdot L^{-1}}$ NaOH 溶液与同浓度的 HCl 溶液相互滴定的情况。如果溶液浓度改变，化学计量点溶液的 pH 依然不变，但滴定突跃却发生了变化。由图 8-3 可见，滴定体系的浓度越小，滴定突跃就越小，这样就使指示剂的选择受到限制。因此，浓度的大小是影响滴定突跃的因素之一。当用 $0.0100\mathrm{mol \cdot L^{-1}}$ 强碱滴定同浓度的强酸时，即浓度各降低

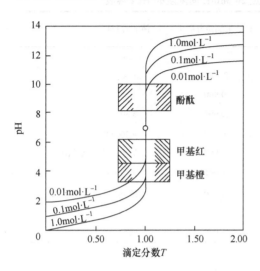

为 1/10，滴定突跃范围也相应地减小 2 个单位，突跃范围为 5.3～8.7。要使滴定误差小于 0.1%，甲基红(4.4～6.2)最合适，酚酞尚可(8.0～10.0)，而用甲基橙(3.1～4.4)作指示剂则误差可高达 1%。当用 $0.0010\mathrm{mol \cdot L^{-1}}$ 强碱滴定同浓度的强酸时，突跃范围为 6.3～7.7，指示剂的选择范围更小，此时可选用溴百里酚蓝(6.2～7.6)或中性红(6.8～8.0)；也可选用适当的混合指示剂。

3. 强酸强碱准确滴定的判据

　　当以指示剂确定终点时，人眼对指示剂变色的判断至少要有±0.2 个 pH 单位的不确定性。这种由终点观察的不确定性引起的误差称为终点观察误差(endpoint observation error)。为使滴定终点与化学计量点只相差±0.2 个 pH 单位，即要求滴定突跃范围至少要有 0.4 个 pH 单位。当酸碱浓度低至一定限度时，就会没有明显的滴定突跃，浓度为 $0.0005\mathrm{mol \cdot L^{-1}}$ 时，滴定突跃为 6.8～7.2，仅相差 0.4；如浓度小至 $10^{-4}\mathrm{mol \cdot L^{-1}}$，则已没有明显突跃，当然也就无法进行滴定了。

图 8-3　不同浓度 NaOH 溶液滴定不同浓度 HCl 溶液的滴定曲线

8.2.2　强碱滴定一元弱酸或强酸滴定一元弱碱

　　当用 NaOH 标准溶液滴定一元弱酸 HA 溶液时，滴定反应为

$$\mathrm{HA + OH^- \rightleftharpoons A^- + H_2O}$$

$$K_t^\ominus = \frac{c(\mathrm{A^-})}{c(\mathrm{HA}) \cdot c(\mathrm{OH^-})} = \frac{c(\mathrm{A^-})}{c(\mathrm{HA}) \cdot c(\mathrm{OH^-})} \cdot \frac{c(\mathrm{H^+})}{c(\mathrm{H^+})} = \frac{K_a^\ominus(\mathrm{HA})}{K_w^\ominus} \tag{8-6}$$

当用 HCl 标准溶液滴定一元弱碱 B 溶液时，滴定反应为

$$\mathrm{B + H^+ \rightleftharpoons HB^+}$$

$$K_t^\ominus = \frac{c(\mathrm{HB^+})}{c(\mathrm{B}) \cdot c(\mathrm{H^+})} = \frac{c(\mathrm{HB^+})}{c(\mathrm{B}) \cdot c(\mathrm{H^+})} \cdot \frac{c(\mathrm{OH^-})}{c(\mathrm{OH^-})} = \frac{K_b^\ominus(\mathrm{B})}{K_w^\ominus} \tag{8-7}$$

　　可见，酸碱滴定反应能否进行完全，或者说，酸或碱物质能否被准确滴定实际上主要取决于被滴定的酸和碱的解离常数 $K_a^\ominus$ 和 $K_b^\ominus$ 的大小。那么，需要满足什么条件，被测酸或碱才能被准确滴定？例如：

$$\mathrm{HAc + OH^- \rightleftharpoons Ac^- + H_2O}$$

$$K_t^{\ominus} = \frac{K_a^{\ominus}(\text{HAc})}{K_w^{\ominus}} = \frac{1.76\times10^{-5}}{1.0\times10^{-14}} = 1.8\times10^9$$

滴定平衡常数很大,说明 NaOH 和 HAc 之间具有很好的计量关系,如何控制条件选好指示剂控制终点就成了关键。下面先以 $0.1000\text{mol}\cdot\text{L}^{-1}$ 的 NaOH 溶液滴定 20.00mL 同浓度 HAc 溶液为例,讨论强碱滴定一元弱酸的滴定曲线及指示剂的选择。

滴定前:溶液为 $0.1000\text{mol}\cdot\text{L}^{-1}$ 的 HAc,因 $c\cdot K_a^{\ominus}>20K_w$,$\dfrac{c}{K_a^{\ominus}}>500$,则用最简式计算:

$$c(\text{H}^+) = \sqrt{c\cdot K_a^{\ominus}} = \sqrt{0.1000\times10^{-4.75}} = 10^{-2.88}(\text{mol}\cdot\text{L}^{-1}),\quad \text{pH} = 2.88,\ \text{此时 } T=0\text{。}$$

滴定开始至化学计量点前:这个阶段由于 Ac^- 的产生,溶液为 HAc-Ac^- 缓冲体系;例如,当加入 NaOH 溶液 19.98mL 时,

$$c(\text{HAc}) = \frac{0.02\times0.1000}{20.00+19.98} = 5.0\times10^{-5}(\text{mol}\cdot\text{L}^{-1}),\quad c(\text{Ac}^-) = \frac{19.98\times0.1000}{20.00+19.98} = 5.0\times10^{-2}(\text{mol}\cdot\text{L}^{-1})$$

$$\text{pH} = \text{p}K_a^{\ominus} + \lg\frac{c(\text{Ac}^-)}{c(\text{HAc})} = 4.75 + \lg\frac{5.0\times10^{-2}}{5.0\times10^{-5}} = 7.75$$

$T=0.999$,此时终止滴定,误差为 -0.1%。

化学计量点:体系为 $\text{NaAc} + \text{H}_2\text{O}$,$c(\text{NaAc}) = 0.0500\text{mol}\cdot\text{L}^{-1}$;按 Ac^- 一元弱碱计算 pH。

$$K_b^{\ominus} = \frac{K_w^{\ominus}}{K_a^{\ominus}} = \frac{1.0\times10^{-14}}{10^{-4.75}} = 10^{-9.25},\quad c\cdot K_b^{\ominus}>20K_w^{\ominus},\quad \frac{c}{K_b^{\ominus}}>500,\ \text{用最简式计算 } c(\text{OH}^-):$$

$$c(\text{OH}^-)_{sp} = \sqrt{c\cdot K_b^{\ominus}} = \sqrt{0.1000\times10^{-9.25}} = 10^{-5.28}(\text{mol}\cdot\text{L}^{-1})$$

$\text{pOH}_{sp} = 5.28$,$\text{pH}_{sp} = 8.72$,$T=1.000$,此时终止滴定,误差为 0。

化学计量点后:溶液为 $\text{NaOH} + \text{Ac}^-$ 的混合碱溶液,共轭碱 Ac^- 所提供的 OH^- 可以忽略,pH 主要由过量碱的浓度所决定。例如,当过量 0.02mL NaOH 溶液时,pH = 9.70,$T=1.001$,若此时再终止滴定,误差为 $+0.1\%$。

表 8-4　用 $0.1000\text{mol}\cdot\text{L}^{-1}$ NaOH 溶液滴定 20.00mL 同浓度的 HAc 溶液

加入 NaOH 的体积 V/mL	剩余 HAc 的体积 V/mL	过量 NaOH 的体积 V/mL	HAc 被滴定分数 T	溶液的 pH
0.00	20.00		0	2.88
10.00	10.00		0.5000	4.75
18.00	2.00		0.900	5.70
19.80	0.20		0.990	6.75
19.98	0.02		0.999	7.75(A)
20.00	0.00		1.000	8.72
20.02		0.02	1.001	9.70(B)
20.20		0.20	1.010	10.70
22.00		2.00	1.100	11.68
40.00		20.00	2.000	12.52

(突跃范围：7.75(A) ~ 9.70(B))

若对整个滴定过程逐一计算(表 8-4)并作图,就能得到如图 8-4 所示的滴定曲线。与 $0.1000\text{mol}\cdot\text{L}^{-1}$ NaOH 溶液滴定 HCl 溶液相比,有以下几点不同:①滴定突跃明显小多了。同

样的滴定浓度，可这一滴定突跃只有约 2 个 pH 单位，即 pH = 7.75～9.70。②化学计量点前曲线的转折不如前一种类型的明显。原因主要是缓冲体系的形成，在滴定刚开始，以及接近理论终点时，缓冲体系的作用较弱，pH 均上升较快，而在中间一段区域，由于较强的缓冲作用，pH 上升较为缓慢。③化学计量点不是中性，而是弱碱性。这主要是终点产物 Ac⁻ 的解离所造成的。④化学计量点后滴定曲线与同浓度强酸碱滴定曲线形状基本重合。根据滴定突跃范围以及 pH_{sp}，显然只能选择那些在弱碱性区域内变色的指示剂，如酚酞、百里酚蓝等。例如，酚酞变色范围 pH = 8.0～10.0，滴定由无色到粉红色。

从图 8-5 还可以看出：①滴定突跃范围起点的 pH 随 $K_a^{\ominus}$ 的减小而增大，但与被滴酸的浓度基本无关。因为在化学计量点前，$c(H^+) = \dfrac{c(HA)}{c(A^-)} \cdot K_a^{\ominus}$，$c(H^+)$ 仅取决于 $\dfrac{c(HA)}{c(A^-)}$ 的比值，而与其总浓度无关；在化学计量点前 0.1% 时，溶液中 $\dfrac{c(HA)}{c(A^-)} = \dfrac{0.001}{0.999}$，$pH = pK_a^{\ominus} + lg\dfrac{c(A^-)}{c(HA)} \approx pK_a^{\ominus} - 3$，故不同浓度的 HA 的滴定曲线合而为一。②滴定范围终点的 pH 随被滴酸的浓度减小而减小，但与被滴酸的 $K_a^{\ominus}$ 基本无关。因为化学计量点后，与强酸滴定相似，溶液的 pH 取决于过量强碱的浓度，当被滴酸的浓度减小为 1/10 时，pH 减小 1 个单位。所以，弱酸滴定中其浓度对滴定突跃的影响比强酸要小。

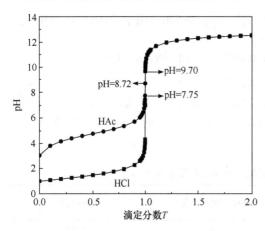

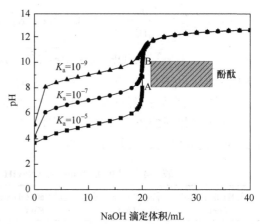

图 8-4　0.1000mol·L⁻¹ NaOH 溶液滴定 HAc 溶液的　　图 8-5　0.1000mol·L⁻¹ NaOH 溶液滴定不同弱酸溶
　　　　滴定曲线　　　　　　　　　　　　　　　　　　　液的滴定曲线

鉴于上述原因，强碱滴定弱酸的突跃范围较同浓度的强碱滴定强酸要小得多。被滴定的酸越弱，滴定突跃就越小，有些甚至没有明显的突跃。其突跃范围的大小主要取决于两个因素：$K_a^{\ominus}$ 和 c。强碱滴定弱酸的滴定突跃范围与弱酸的强度和浓度的关系见表 8-5。

从表 8-5 还可以看出：要满足终点观察误差±0.2 个 pH 单位，突跃范围至少要有 0.4 个 pH单位，这就必须满足 $c \cdot K_a^{\ominus} \geqslant 10^{-8}$ 这一限制条件。此条件被称为判断某一弱酸能否被强碱直接准确滴定的判据。该判据是在规定终点观察的不确定性为±0.2 个 pH 单位、允许终点观察误差为±0.1% 的前提下确定的。若终点观察的不确定性为±0.3 个 pH 单位(滴定突跃为 0.6 个pH 单位)，当仍采用 $c \cdot K_a^{\ominus} \geqslant 10^{-8}$ 作为直接准确滴定的判据时，其终点观察误差≤±0.2%。如果允许误差可以放宽，相应判据条件也可降低。

表 8-5　强碱滴定弱酸的滴定突跃范围与弱酸的强度和浓度的关系

突跃	$c/(mol \cdot L^{-1})$					
	1.0		0.10		0.010	
pK_a	范围	ΔpH	范围	ΔpH	范围	ΔpH
5	8.00~11.00	3.00	8.00~10.00	2.00	8.00~9.04	1.04
6	9.00~11.00	2.00	8.96~10.04	1.08	8.79~9.21	0.42
7	9.96~11.02	1.06	9.79~10.21	0.42	8.43~9.57	0.14
8	10.79~11.21	0.42	10.43~10.57	0.14		
9	11.43~11.57	0.14				

显然，某一元弱碱能否被强酸直接准确滴定的判据为 $c \cdot K_b^{\ominus} \geqslant 10^{-8}$。特别要强调的是：从反应的完全程度考虑，返滴定法并不能使不能用直接法滴定的弱酸通过加入过量强碱后再用强酸进行返滴定成为可能。

8.2.3　极弱的酸或碱的强化

对于某些极弱的酸或碱，虽不能直接准确滴定，但可以采用置换滴定方式进行测定。

(1) 利用某些化学反应使弱酸强化。例如，H_3BO_3 是极弱的酸($pK_a^{\ominus}$ =9.24)，不能用 NaOH 溶液直接准确滴定，但 H_3BO_3 能与甘露醇形成解离常数较大的甘露醇配位酸，它的 $pK_a^{\ominus}$ = 4.26，可以用 NaOH 溶液直接滴定，选用酚酞或百里酚酞作指示剂。

甘露醇　　　　　　　　　　　　　　　　甘露醇酸

(2) 利用沉淀反应也可使某些弱酸强化。例如，H_3PO_4 的 $pK_{a3}^{\ominus}$ 很小，通常只能按二元弱酸滴定，如在 HPO_4^{2-} 的溶液中加入过量的钙盐，使生成 $Ca_3(PO_4)_2$ 沉淀而定量置换出 H^+：

$$3CaCl_2 + 2HPO_4^{2-} = Ca_3(PO_4)_2(s) + 2HCl$$

用 NaOH 溶液滴定。为了不使 $Ca_3(PO_4)_2$ 溶解，滴定时应选用酚酞作指示剂。

(3) 使弱酸(碱)转变成共轭碱(酸)后再滴定。例如，利用离子交换剂与溶液中离子的交换作用滴定极弱酸 NH_4Cl、极弱碱 NaF 等。如将 NaF 溶液流经强酸型阳离子交换柱，磺酸基上的 H^+ 与溶液中的 Na^+ 进行交换反应：

$$R—SO_3H^+ + NaF = R—SO_3Na^+ + HF$$

置换出的 HF 就可以用 NaOH 标准溶液直接滴定。

8.2.4 多元酸(碱)和混合酸(碱)的滴定

多元酸和混合酸的滴定与一元酸的滴定相比具有不同的特点：①由于是多元体系，滴定过程的情况较为复杂，涉及能否分步滴定或分别滴定；②滴定曲线的计算也较复杂，一般均通过实验测得；③滴定突跃相对来说也较小，因而一般允许误差也较大。

1. 多元酸的滴定

对于多元酸，由于它们含有多个质子，而且在水中又是逐级解离的，因而首先应根据 $c \cdot K_a^\ominus \geqslant 10^{-8}$ 判断各级解离出的质子能否被准确滴定，然后根据 $\dfrac{K_{a1}^\ominus}{K_{a2}^\ominus} \geqslant 10^4$(允许误差±1%，$\Delta pH = \pm 0.2$)，$\dfrac{K_{a1}^\ominus}{K_{a2}^\ominus} \geqslant 10^5$(允许误差 0.5%，$\Delta pH = \pm 0.3$)，来判断能否实现分步滴定，再由终点 pH 选择合适的指示剂。

以 0.1000mol · L⁻¹ NaOH 溶液滴定同浓度的 H₃PO₄ 溶液为例，来说明多元酸的滴定。H₃PO₄ 在水中分三级解离：$pK_{a1}^\ominus = 2.12$，$pK_{a2}^\ominus = 7.21$，$pK_{a3}^\ominus = 12.66$。显然，$cK_{a3}^\ominus \ll 10^{-8}$，所以直接滴定 H₃PO₄ 只能进行到 HPO₄²⁻。其次，$\dfrac{K_{a1}^\ominus}{K_{a2}^\ominus} \geqslant 10^4$，$\dfrac{K_{a2}^\ominus}{K_{a3}^\ominus} \geqslant 10^4$，表明可以实现分步确定。如图 8-6 所示，H₃PO₄ 的滴定曲线有两个较为明显的滴定突跃。第一化学计量点为 0.0500mol · L⁻¹ NaH₂PO₄ 溶液，NaH₂PO₄ 为两性物质，$K_{a2}^\ominus \cdot c > 20K_w^\ominus$，可以忽略水解离生成的 H⁺，$\dfrac{c}{K_{a1}^\ominus} = \dfrac{0.05}{10^{2.12}} < 20$，1 不能舍去，

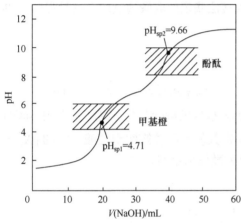

图 8-6　0.1000mol · L⁻¹ NaOH 溶液滴定同浓度 H₃PO₄ 溶液的滴定曲线

因此

$$c(H^+) = \sqrt{\dfrac{K_{a2}^\ominus \cdot c}{1 + \dfrac{c}{K_{a1}^\ominus}}} = 10^{-4.71}, \quad pH_{sp1} = 4.71$$

根据分布系数计算或 H₃PO₄ 分布曲线图，可知这时 $\delta(H_2PO_4^-) = 0.994$，$\delta(HPO_4^{2-}) = \delta(H_3PO_4) = 0.003$，这表明当 0.3% 左右的 H₃PO₄ 还没被作用时，已有 0.3% 左右的 H₂PO₄⁻ 已经被作用为 HPO₄²⁻，显然两步反应有所交叉，这一化学计量点并不是真正的化学计量点。对于这一终点，一般可以选择甲基橙为指示剂。采用同浓度的 NaH₂PO₄ 溶液作参比，误差不大于 0.5%。

第二化学计量点为 0.03300mol · L⁻¹ Na₂HPO₄ 溶液，Na₂HPO₄ 也是两性物质，$K_{a3}^\ominus \cdot c < 20K_w^\ominus$，水解离生成的 H⁺ 不能忽略，$\dfrac{c}{K_{a2}^\ominus} = \dfrac{0.03300}{10^{7.21}} > 20$，1 可以舍去，因此

$$c(H^+) = \sqrt{\dfrac{K_{a2}^\ominus \cdot c + K_w^\ominus}{\dfrac{c}{K_{a1}^\ominus}}} = 10^{-9.66}, \quad pH_{sp2} = 9.66$$

这一终点同样不是太理想，$\delta\left(HPO_4^{2-}\right) = 0.995$，反应也有所交叉，也不是真正的化学计量点。如果要求不高，可以选择酚酞(变色点 pH≈9)为指示剂，但终点将出现过早。最好用百里酚酞指示剂(变色点 pH≈10)，终点由无色变为浅蓝色，误差为+0.5%。

以上两个终点若采用混合指示剂可适当减小终点误差，但应注意，由于反应的交叉，指示的终点准确度不高。第三化学计量点，无法直接滴定，可加入 $CaCl_2$，使弱酸强化，就可以用 NaOH 滴定第三个 H^+。为使 $Ca_3(PO_4)_2$ 沉淀完全，应选酚酞作指示剂。

2. 混合酸的滴定

对于混合酸，强酸与弱酸混合的情况较为复杂，而两种弱酸(HA + HB)混合的体系，同样先应分别判断它们能否被准确滴定，再根据 $\dfrac{c(HA) \cdot K_a^\ominus(HA)}{c(HB) \cdot K_a^\ominus(HB)} \geqslant 10^4$ 判断能否实现分别滴定。

3. 多元碱和混合碱的滴定

多元碱滴定的处理方法、有关判据与多元酸相似，只需将相应计算公式、判别式中的 $K_a^\ominus$ 换成 $K_b^\ominus$ 即可。例如，用 $0.1000 mol \cdot L^{-1}$ HCl 溶液滴定 $0.1000 mol \cdot L^{-1}$ Na_3PO_4 溶液时，Na_3PO_4 三元碱的 $K_{b1}^\ominus = \dfrac{K_w^\ominus}{K_{a3}^\ominus} = \dfrac{1 \times 10^{-14}}{4.2 \times 10^{-13}} = 2.4 \times 10^{-2}$，$pK_{b1}^\ominus = 1.62$；$K_{b2}^\ominus = \dfrac{K_w^\ominus}{K_{a2}^\ominus} = \dfrac{1 \times 10^{-14}}{6.3 \times 10^{-8}} = 1.6 \times 10^{-7}$，$pK_{b2}^\ominus = 6.80$；$K_{b3}^\ominus = \dfrac{K_w^\ominus}{K_{a1}^\ominus} = \dfrac{1 \times 10^{-14}}{7.1 \times 10^{-3}} = 1.4 \times 10^{-12}$，$pK_{b3}^\ominus = 11.85$。$c \cdot K_{b1}^\ominus$ 及 $c \cdot K_{b2}^\ominus$ 均满足准确滴定的要求，且 $\dfrac{pK_{b1}^\ominus}{pK_{b2}^\ominus} \approx 10^5$，能实现分步滴定。$c \cdot K_{b3}^\ominus < 10^{-8}$ 不满足准确滴定的要求，但是 $\dfrac{pK_{b2}^\ominus}{pK_{b3}^\ominus} \approx 10^5$，也能实现分步滴定。如图 8-7 所示，第一化学计量点时形成 $0.0500 mol \cdot L^{-1}$ Na_2HPO_4，Na_2HPO_4 是两性物质，$K_{b2}^\ominus \cdot c = 1.6 \times 10^{-7} \times 0.05 > 20 K_w^\ominus$，水解离生成的 OH^- 可以忽略，$\dfrac{c}{K_{b1}^\ominus} = \dfrac{0.05}{2.4 \times 10^{-2}} \approx 2 < 20$，自身的解离不能忽略。因此，可以用近似式计算 $c(OH^-)$：

$$c(OH^-) = \sqrt{\dfrac{K_{b1}^\ominus K_{b2}^\ominus \cdot c}{K_{b1}^\ominus + c}} = \sqrt{\dfrac{2.4 \times 10^{-2} \times 1.6 \times 10^{-7} \times 0.05}{2.4 \times 10^{-2} + 0.033}}$$

$$= 5.8 \times 10^{-5}$$

$$pOH_{sp1} = 4.24, \quad pH_{sp1} = 9.76$$

可选用百里酚酞为指示剂。

第二化学计量点为 $0.03300 mol \cdot L^{-1}$ NaH_2PO_4 溶液，

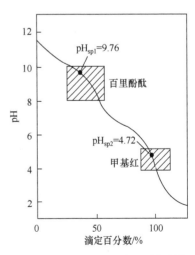

图 8-7　$0.1000 mol \cdot L^{-1}$ HCl 溶液滴定 $0.1000 mol \cdot L^{-1}$ Na_3PO_4 溶液的滴定曲线

NaH$_2$PO$_4$ 也是两性物质，因其显酸性，所以将其看成两性弱酸处理比两性弱碱处理更合适。

$K_{a2}^{\ominus} \cdot c = 6.3 \times 10^{-8} \times 0.033 = 2.1 \times 10^{-9} > 20 K_w^{\ominus}$ ，水解离生成的 H$^+$ 可以忽略，$\dfrac{c}{K_{a1}^{\ominus}} =$

$\dfrac{0.033}{7.1 \times 10^{-3}} = 4.65 < 20$ ，1 不可以忽略。可以用近似式计算 $c(H^+)$：

$$c(H^+) = \sqrt{\frac{K_{a2}^{\ominus} \cdot c}{1 + \dfrac{c}{K_{a1}^{\ominus}}}} = \sqrt{\frac{6.3 \times 10^{-8} \times 0.033}{1 + \dfrac{0.033}{7.1 \times 10^{-3}}}} = 1.9 \times 10^{-5}$$

$$pH_{sp2} = 4.72$$

可选用甲基红为指示剂。

混合碱通常是指碱与强碱弱酸盐的混合物，如 NaOH 和 Na$_2$CO$_3$ 的混合物、NaOH 和 Na$_3$PO$_4$ 的混合物；多元强碱弱酸盐与其酸式盐的混合物，如 NaHCO$_3$ 和 Na$_2$CO$_3$ 的混合物、Na$_2$HPO$_4$ 和 Na$_3$PO$_4$ 的混合物等。

日常由于 NaOH 强烈吸收空气中的 CO$_2$，因此在 NaOH 溶液中常含有少量的 Na$_2$CO$_3$。用该 NaOH 溶液作标准溶液，若滴定时用甲基橙或甲基红作指示剂，则其中的 Na$_2$CO$_3$ 被中和至 CO$_2$ + H$_2$O；若用酚酞作指示剂时，则其中的 Na$_2$CO$_3$ 仅被中和为 NaHCO$_3$，这样就使滴定引入误差。此外，在蒸馏水中也含有 CO$_2$，因 CO$_2$ + H$_2$O ══ H$_2$CO$_3$，能与 NaOH 反应，但反应速率不太快。在用酚酞作指示剂时，常使滴定终点不稳定，稍放置，粉红色褪去，这是由于 CO$_2$ 不断转变为 H$_2$CO$_3$，直至溶液中 CO$_2$ 转化完毕为止，因此当选用酚酞作指示剂，需煮沸蒸馏水以消除 CO$_2$ 的影响。配制不含 CO$_3^{2-}$ 的 NaOH 溶液的最常用方法是：先配制 NaOH 的饱和溶液(约 50%)，此时 Na$_2$CO$_3$ 因溶解度小，作为不溶物下沉于溶液底部，取上层清液，用经煮沸而除去 CO$_2$ 的蒸馏水稀释至所需浓度。配制成的 NaOH 标准溶液在使用和保存时，应装在配有虹吸管及碱石棉管[含 Ca(OH)$_2$]的瓶中，以防止吸收空气中的 CO$_2$。放置过久，NaOH 溶液的浓度会发生改变，应重新标定。所以混合碱的测定是常见的问题。

下面以烧碱 NaOH 和纯碱 Na$_2$CO$_3$ 的混合物中含量的测定为例，介绍两种测定方法。

双指示剂法：准确称取一定量试样，溶解后先以酚酞为指示剂，用 HCl 标准溶液滴定至粉红色消失，消耗 HCl 溶液的体积为 V_1，这时 NaOH 全部被中和，而 Na$_2$CO$_3$ 则被中和到 NaHCO$_3$，利用 V_1 可计算混合物的总碱量。对应反应为

$$H^+ + CO_3^{2-} ══ HCO_3^- \qquad H^+ + OH^- ══ H_2O$$

$$w(Na_2O) = \frac{c(HCl) \cdot V_1 \cdot M(Na_2O)}{m(s)} \tag{8-8}$$

然后加入甲基橙，继续用 HCl 标准溶液滴定至溶液由黄色变为橙红色，此时用去 HCl 溶液体积为 V_2，这是滴定 NaHCO$_3$ 所消耗的体积，利用 V_2 可计算混合物中的 Na$_2$CO$_3$ 含量。对应反应为

$$H^+ + HCO_3^- ══ H_2CO_3$$

$$w(Na_2CO_3) = \frac{c(HCl) \cdot V_2 \cdot M(Na_2CO_3)}{m(s)} \tag{8-9}$$

Na$_2$CO$_3$ 被中和到 NaHCO$_3$ 以及 NaHCO$_3$ 继续被中和到 H$_2$CO$_3$ 所消耗的 HCl 标准溶液的体积是相等的，所以利用($V_2 - V_1$)可计算混合物中的 NaOH 含量。对应反应为

$$H^+ + OH^- \Longrightarrow H_2O$$

$$w(\text{NaOH}) = \frac{c(\text{HCl}) \cdot (V_1 - V_2) \cdot M(\text{NaOH})}{m(\text{s})} \tag{8-10}$$

优点：操作简单。缺点：第一计量点终点不明显；第二计量点滴定较为勉强，只应滴定至橙色；误差常达 1%。

氯化钡法(等份分别测定法)：准确称取一定量试样 m，溶解后稀释至一定体积，然后准确吸取两等份试液 $m(\text{s})$ 分别做如下测定：第一份试液以甲基橙作指示剂，消耗 HCl 溶液体积为 V_1，NaOH 和 Na$_2$CO$_3$ 全都被完全中和。利用 V_1 可计算混合物的总碱量，对应反应为

$$H^+ + CO_3^{2-} \Longrightarrow HCO_3^- \qquad H^+ + OH^- \Longrightarrow H_2O$$

与双指示剂法总碱量计算不同的是，Na$_2$CO$_3$ 与 HCl 的计量关系为 1∶2。

第二份试液中先加 BaCl$_2$，使 Na$_2$CO$_3$ 生成 BaCO$_3$ 沉淀，然后在沉淀存在的情况下以酚酞为指示剂(此处为什么不可以用甲基橙？)，用 HCl 标准溶液滴定，消耗 HCl 溶液体积为 V_2。显然，V_2 是中和 NaOH 所消耗的 HCl 溶液体积，对应反应为

$$H^+ + OH^- \Longrightarrow H_2O$$

$$w(\text{NaOH}) = \frac{c(\text{HCl}) \cdot V_2 \cdot M(\text{NaOH})}{m(\text{s})} \tag{8-11}$$

则 Na$_2$CO$_3$ 所消耗的溶液体积是 $(V_1 - V_2)$，则

$$w(\text{Na}_2\text{CO}_3) = \frac{\frac{1}{2} c(\text{HCl}) \cdot (V_1 - V_2) \cdot M(\text{Na}_2\text{CO}_3)}{m(\text{s})} \tag{8-12}$$

8.3 酸碱滴定法的应用

8.3.1 常用酸碱标准溶液的配制和标定

酸碱滴定法中最常用的标准溶液是 0.1mol·L^{-1} HCl 和 NaOH 溶液。若太浓，消耗试剂太多，造成不必要的浪费；若太稀，则滴定突跃范围小，得不到准确的结果。

1. 盐酸标准溶液

由于盐酸易挥发，因此不符合基准物质的要求，采用标定法配制盐酸标准溶液。通常是先配制成近似于所需浓度的溶液，然后用基准物质进行标定。常用标定盐酸的基准物质有无水碳酸钠和硼砂。

1) 无水碳酸钠

碳酸钠容易制得纯品，价格便宜，可作为基准物质，但有强烈吸湿性，因此使用前需在 270～300℃加热约 1h，并保存于干燥器中冷却备用。Na$_2$CO$_3$ 是二元碱，其 $K_{\text{b1}}^{\ominus} = 2.1 \times 10^{-4}$，$\text{p}K_{\text{b1}}^{\ominus} = 3.75$；$K_{\text{b2}}^{\ominus} = 2.3 \times 10^{-8}$，$\text{p}K_{\text{b2}}^{\ominus} = 7.63$。例如，按用 0.10mol·L^{-1} HCl 溶液滴定同浓度溶液 Na$_2$CO$_3$，$c \cdot K_{\text{b1}}^{\ominus}$ 及 $c \cdot K_{\text{b2}}^{\ominus}$ 均满足准确滴定的要求，且 $\frac{\text{p}K_{\text{b1}}^{\ominus}}{\text{p}K_{\text{b2}}^{\ominus}} \approx 10^4$，基本上也能实现分步滴定。

从 Na$_2$CO$_3$ 的滴定曲线图 8-8 看出，第一个滴定突跃不太理想，原因与多元酸情况相同，

而第二个滴定突跃较为明显。第一化学计量点时形成 NaHCO₃，NaHCO₃ 也是两性物质，$K_{b2}^{\ominus} \cdot c = 0.05 \times 10^{-7.63} > 20 K_w^{\ominus}$，$c / K_{b1}^{\ominus} = 0.05 / 10^{-3.75} > 1$，水解离生成的 OH⁻可以忽略，1 可以舍去，因此，可以用最简式计算 pOH：

$$\text{pOH}_{sp1} = \frac{1}{2}(\text{p}K_{b1}^{\ominus} + \text{p}K_{b2}^{\ominus}) = \frac{1}{2}(3.75 + 7.63) = 5.69, \quad \text{pH}_{sp1} = 8.31$$

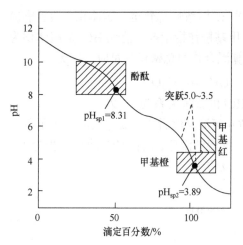

图 8-8　0.1000mol · L⁻¹ HCl 溶液滴定 0.05000mol · L⁻¹ Na₂CO₃ 溶液的滴定曲线

如果要求不高，可以选用酚酞为指示剂，但终点颜色较难判断，误差可高达 1%。若希望终点变色明显，可采用甲酚红和百里酚蓝混合指示剂，并用同浓度的 NaHCO₃ 作参比，结果误差约为 0.5%。第二化学计量点时形成 H₂CO₃ 的饱和溶液，pH$_{sp2}$=3.89，一般可以选用甲基橙为指示剂。但在室温下滴定，因终点时 pH 突跃范围较小，终点变化不敏锐，终点误差较大。也可选用甲基红指示剂，滴定至指示剂变红时，煮沸溶液，除去 CO₂，冷至室温，再继续用 HCl 溶液滴定至橙红色即为终点。

用 Na₂CO₃ 标定 HCl 溶液浓度的主要缺点是摩尔质量较小(106.0g · mol⁻¹)，因此称量误差较大。

2) 硼砂(Na₂B₄O₇ · 10H₂O)

硼砂水溶液实际上是同浓度的 H₃BO₃ 和[H₄BO₄]⁻的混合液：

$$B_4O_7^{2-} + 7H_2O \Longrightarrow 2H_3BO_3 + 2[H_4BO_4]^-$$

H₃BO₃ 是很弱的酸($K_a^{\ominus}$=5.8×10⁻¹⁰)，其共轭碱[H₄BO₄]⁻具有较强的碱性($K_b^{\ominus}$=1.7×10⁻⁵)。用 0.1mol · L⁻¹ HCl 溶液滴定 0.05mol · L⁻¹ Na₂B₄O₇ · 10H₂O 溶液的反应为

$$B_4O_7^{2-} + 2H^+ + 5H_2O \Longrightarrow 4H_3BO_3$$

在化学计量点时，H₃BO₃ 浓度为 0.1mol · L⁻¹，溶液 pH 可由式 $c(H^+) = \sqrt{K_a^{\ominus} \cdot c}$ 计算得 $c(H^+)$ = 7.6×10⁻⁶mol · L⁻¹，则 pH 为 5.1。可选用甲基红作指示剂。硼砂作为基准物质的主要优点是摩尔质量大(381.4g · mol⁻¹)，称量误差小，且稳定，易制得纯品。其缺点是在空气中易风化失去部分结晶水，因此需保存在相对湿度为 60%(糖和食盐的饱和溶液)的恒湿器中。

2. 氢氧化钠标准溶液

NaOH 具有很强的吸湿性，也易吸收空气中的 CO₂，因此不能用直接法配制标准溶液，而是先配制成近似所需浓度的溶液，然后进行标定。常用来标定 NaOH 溶液的基准物质有草酸、邻苯二甲酸氢钾等。

1) 草酸(H₂C₂O₄)

草酸是二元弱酸，$K_{a1}^{\ominus}$=5.36×10⁻²，$K_{a2}^{\ominus}$= 5.34×10⁻⁵，而 $K_{a1}^{\ominus}/K_{a2}^{\ominus} < 10^4$。因此只能一次滴定到 C₂O₄²⁻。用 NaOH 溶液滴定 H₂C₂O₄ 溶液，可用酚酞作指示剂。草酸稳定性高，相对湿度在 50%～95%时不风化也不吸水，可保存于密闭容器中。主要缺点是摩尔质量较小，因此称量误差较大。

2) 邻苯二甲酸氢钾(KHC₈H₄O₄)

邻苯二甲酸氢钾易溶于水，不含结晶水，不易吸收空气中的水分，易保存，且摩尔质量大(204.2 g · mol⁻¹)，因此它是标定碱液的良好基准物质。它与 NaOH 溶液的反应为

$$HC_8H_4O_4^- + OH^- \Longrightarrow C_8H_4O_4^{2-} + H_2O$$

由于它的 $K_{a2}^{\ominus}=3.9\times10^{-6}$，滴定产物邻苯二酸钾钠呈弱碱性，因此用 NaOH 溶液滴定时，用酚酞作指示剂。

8.3.2　酸碱滴定法应用示例

1. 凯氏定氮法

用酸碱滴定法可测定蛋白质、生物碱、土壤及肥料等含氮化合物中氮的含量。测定时，通常将试样经适当处理，将各种含氮化合物分解并转化为简单的 NH_4^+ 后进行测定。所以说，氮的测定实际上是测定 NH_4^+。NH_4^+ 是弱酸，其 $K_a^{\ominus}\left(NH_4^+\right)=5.6\times10^{-10}$。显然，不能用直接滴定法测定。

最常用的测定方法是凯氏定氮法(Kjeldahl determination)：首先将含氮有机物与浓硫酸共热，经一系列的分解、碳化和氧化还原反应等复杂过程，最后有机氮转变为无机氮硫酸铵，这一过程称为有机物的消化。为了加速和完成有机物质的分解，缩短消化时间，在消化时通常加入硫酸钾、硫酸铜、氧化汞、过氧化氢等试剂，加入硫酸钾可以提高消化液的沸点而加快有机物分解。除硫酸钾外，也可以加入硫酸钠、氯化钾等盐类提高沸点，但效果不如硫酸钾。硫酸铜起催化剂的作用。凯氏定氮法中可用的催化剂种类很多，除硫酸铜外，还有氧化汞、汞、硒粉、钼酸钠等，但考虑效果、价格及环境污染等多种因素，应用最广泛的是硫酸铜。使用时常加入少量过氧化氢、次氯酸钾等作为氧化剂以加速有机物氧化。消化完成后，将消化液转入凯氏定氮仪反应室，加入过量的浓氢氧化钠将 NH_4^+ 转变成 NH_3，通过蒸馏把 NH_3 驱入过量的硼酸溶液接收瓶内，用过量的 H_3BO_3 溶液吸收：

$$NH_3 + H_3BO_3 + H_2O \Longrightarrow NH_4^+ + [H_4BO_4]^-$$

再用 HCl 标准溶液滴定置换生成的[H₄BO₄]⁻($K_b^{\ominus}=1.7\times10^{-5}$)，直到硼酸溶液恢复原来的氢离子浓度。滴定反应为

$$[H_4BO_4]^- + H^+ \Longrightarrow H_3BO_3 + H_2O$$

滴定消耗的标准盐酸物质的量即为 NH_3 的物质的量，通过计算即可得出总氮量。在滴定过程中，选用甲基红(6.2～5.0～4.4)作指示剂，滴定终点出现橙色时停止滴定，或通过甲基红-次甲基蓝混合指示剂颜色变化来判定。测定出的含氮量是样品的总氮量，其中包括有机氮和无机氮。此法的优点是用 H_3BO_3 作吸收剂，在整个过程中不被滴定，其浓度和体积不需要很准确，只需保证过量即可，且只需一种标准溶液。

2. Boehm 滴定法

Boehm 滴定法作为一种简便的活性炭表面化学分析技术，广泛应用于测定活性炭表面含氧官能团含量。该方法最早在 1962 年提出，最初的方法是用氢氧化钠、碳酸钠、碳酸氢钠、

乙醇钠的稀溶液中和活性炭的表面酸性氧基团。以 $NaHCO_3$ 溶液中和值表示羧基，以 Na_2CO_3 溶液中和值表示羧基和内酯基，以 NaOH 溶液中和值表示羧基、内酯基和酚羟基，以 C_2H_5ONa 溶液中和值表示羧基、内酯基和羰基。单个基团的数量分别用上述碱中和值的差值表示。例如，分别将 25.00mL 0.01mol·L^{-1} $NaHCO_3$、Na_2CO_3、NaOH、C_2H_5ONa 溶液与 0.2g 准确质量的活性炭样品混合振荡一定时间后过滤，滤液用标准 HCl 溶液滴定或加入过量 HCl 溶液后再用 NaOH 溶液返滴定至终点。利用 4 种试剂中和用量差值就可以得出各种含氧官能团的含量。

传统的测定中，在直接滴定过程中很难保证能充分脱除 CO_2，因此采用返滴定方法为宜。然而 HCl 与 $NaHCO_3$ 和 Na_2CO_3 的反应存在如下平衡式：

$$CO_3^{2-} + H^+ \Longrightarrow HCO_3^-$$

$$HCO_3^- + H^+ \Longrightarrow H_2CO_3$$

标准 NaOH 溶液返滴定过量盐酸用酚酞作指示剂，变色点是 9.0，此时 H_2CO_3 也会与 NaOH 有反应，会引起滴定终点的误差。因此，在 Na_2CO_3 与 $NaHCO_3$ 溶液的滤液中加入标准盐酸溶液后，需去除其中的 CO_2 后再用 NaOH 溶液滴定。采用低温加热、鼓吹惰性气体可去除溶液中的 CO_2，并且在滴定过程中保持连续通气的吹脱方法。采用返滴定时，碱的消耗量用下式计算：

$$m(\text{碱}) = \frac{V(\text{NaOH}) \cdot c(\text{NaOH}) + 25c_0 - V(\text{HCl}) \cdot c(\text{HCl})}{m(\text{样品})} \tag{8-13}$$

式中：$m(\text{碱})$ 为耗碱量，mmol·g^{-1}；$V(\text{NaOH})$ 为用来滴定过量盐酸所消耗的 NaOH 标准溶液体积，mL；$c(\text{NaOH})$ 为用来滴定过量盐酸所用 NaOH 标准溶液的浓度；25 为所用碱液的体积，mL；c_0 为所用碱液的浓度；$V(\text{HCl})$ 为所加入过量盐酸的体积，mL；$c(\text{HCl})$ 为所用盐酸溶液的浓度；$m(\text{样品})$ 为活性炭样品的质量，g。需要注意 Na_2CO_3 是双质子碱，如果所配制溶液均以摩尔浓度表示，则在计算碳酸钠的耗碱量时，其中 c_0 需要将碳酸钠溶液的摩尔浓度乘以 "2" 之后再代入。

随着物理技术的发展，通过电极电势变化来测量离子浓度的自动电位滴定仪的开发，使电位滴定法得到广泛应用，Boehm 滴定法的准确度和可操作性都有了极大的改进。自动电位滴定仪的基本原理是：首先选用适当的指示电极和参比电极，与被测溶液组成一个工作电池，然后加入滴定剂。在滴定过程中，由于发生化学反应，被测离子的浓度不断发生变化，因而指示电极的电位随之变化。在滴定终点附近，被测离子的浓度发生突变，引起电极电势的突跃，因此根据电极电势的突跃可确定滴定终点，并给出测定结果。自动电位滴定化学反应类型分为酸碱滴定、氧化还原滴定、络合滴定和沉淀滴定等；按滴定溶剂的不同又分为水溶液滴定和非水滴定。自动电势滴定仪测定活性炭酸值的实例：准确称取 1.0g 左右的活性炭样品，加入 50.00mL 0.1mol·L^{-1} 的标准 NaOH 溶液，振荡 24h 平衡后过滤。量取 10.00mL 滤液，用 0.1mol·L^{-1} 的标准盐酸溶液滴定至 pH=7.0，表面酸性基团的数量计算如下：

$$\text{酸性基团数量(mmol/g)} = \frac{\left[10 - V(\text{HCl}) \cdot c(\text{HCl}) / c(\text{NaOH})\right] \cdot c(\text{NaOH})}{m(\text{样品}) \times 0.2} \tag{8-14}$$

3. 酸式磷酸酯组分的测定

以烷基磷酸酯盐类为基础的表面活性剂耐热性能好、抗静电、润滑性能优良；并具有易乳化、易清洗、耐酸、耐碱等特性，除适于作纺织染整助剂外，近年来在金属润滑剂、合成树脂、纸浆、农药、化妆品、洗涤剂等领域也得到了广泛应用。烷基磷酸酯是脂肪醇与五氧化二磷、聚磷酸、三氯化磷等磷酸化试剂反应的产物，含有磷酸单酯、磷酸双酯及少量磷酸，在烷基磷酸酯的制备及产品应用过程中，需要较准确地掌握产物中所含的各组分及比例，因为在碳数相同时，单酯具有良好的抗静电性，而双酯则具有良好的平滑性。传统的测定方法是基于溶解性的差异，采用柱上层析法来分析烷基磷酸酯中的单、双酯含量，但由于展开分离的重现性不好，单、双酯分析结果的准确性很差。电位滴定法测定单、双酯含量是一种准确快速、较简便的测定方法。

正磷酸的解离常数 $pK_{a1}^{\ominus} = 2.1$，$pK_{a2}^{\ominus} = 7.1$，$pK_{a3}^{\ominus} = 12.3$。烷基磷酸酯主要是利用磷酸的三步解离常数不同，它的中和滴定曲线中有明显的两次突跃，同样用碱中和滴定磷酸酯时，可得到如图 8-9 所示的滴定曲线。图 8-9 中滴定量 V_a 是磷酸单酯、双酯及正磷酸一级解离所消耗的 NaOH 的体积；滴定量 V_b 是磷酸单酯、正磷酸二级解离所消耗的 NaOH 的体积。完成第二步滴定后，加入 10%氯化钙溶液强化 HPO_4^{2-} 后滴定，并以饱和氯化钠溶液抑制体系中磷酸钙的水解。滴定量 V_c 是正磷酸第三次解离所消耗的 NaOH 的体积。其中 V_a、V_b、V_c 与烷基磷酸酯混合物中各组分的量值存在以下关系(c 是 NaOH 溶液的浓度)：

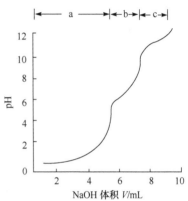

图 8-9　烷基磷酸酯滴定曲线示意图

$$c \cdot V_c = n(H_3PO_4) \tag{8-15}$$

$$c \cdot V_b = n(H_3PO_4) + n(ROPO_3H_2) \tag{8-16}$$

$$c \cdot V_a = n(H_3PO_4) + n(ROPO_3H_2) + n(RO)_2PO_2H \tag{8-17}$$

例如，准确称取 0.4~0.8g 磷酸酯样品于 100mL 小烧杯中。以 30mL 1∶1 甲醇水溶液溶解试样，加入甲基红指示剂 2~4 滴，放入电极及磁芯搅拌棒，开动磁力搅拌器，用 0.1mol·L^{-1} NaOH 标准溶液滴定测量，并记录 NaOH 标准溶液消耗体积及相应的 pH。在 pH 为 4.2~6.5 时有第一次突跃，并伴有样品溶液颜色由红色变为黄色，NaOH 标准溶液读数记为 V_1，然后加入 2~4 滴酚酞指示剂，继续滴定，在 pH 为 9.0~10.5 时有第二次突跃，至样品溶液颜色由黄色变为橙色，NaOH 标准溶液读数记为 V_2，加入 2~3mL 饱和氯化钠溶液，使溶液的 pH 稳定，再加入 10mL 10% $CaCl_2$ 溶液，使烷基磷酸酯钾盐变成钙盐，溶液 pH 由 9~9.5 下降到 7 以下，继续滴定到 pH 为 7，NaOH 标准溶液读数记为 V_3，滴定完毕。参照图 8-9 并结合各组分关系式可知：

$$V_a = V_1 \qquad V_b = V_2 - V_1 \qquad V_c = V_3 - V_2$$

烷基磷酸酯中各组分含量为

$$w(单酯)=(V_b-V_c)/V_a\times100\%$$
$$=(V_2-V_1-V_3+V_2)/V_1\times100\% \tag{8-18}$$
$$=(2V_2-V_1-V_3)/V_1\times100\%$$

$$w(双酯)=(V_a-V_b)/V_a$$
$$=(V_1-V_2+V_1)/V_1\times100\% \tag{8-19}$$
$$=(2V_1-V_2)/V_1\times100\%$$

$$w(磷酸)=V_c/V_a=(V_3-V_2)/V_1\times100\% \tag{8-20}$$

习　　题

1. 已知甲基橙 $pK_a(HIn)=3.4$，依通常计算指示剂变色范围应为 $pH=pK(HIn)\pm1$，但实际变色范围与此不符，请给出解释，并说明变色的根源。

2. 向 $0.10mol\cdot L^{-1}$ NaAc 溶液中加入一滴酚酞试液，溶液呈现哪种颜色？当溶液加热至沸腾时，其颜色将怎样变化？请做出解释。

3. 以 c_{sp} 表示化学计量点时被滴定物质的浓度，若希望 $\Delta pH=0.3$，$E_t\leqslant0.2\%$，请给出一元弱酸碱能被准确滴定的条件。

4. 标定 HCl 溶液常用的基准物有哪些？

5. 测定 $CaCO_3$ 的含量时，加入一定量过量的 HCl 标准溶液与其完全反应，过量部分 HCl 用 NaOH 溶液滴定，这属于哪种滴定方式？一般什么情况下采用这种滴定方式？

6. 用 $0.10mol\cdot L^{-1}$ NaOH 溶液滴定 $0.10mol\cdot L^{-1}$ HCl + $0.05mol\cdot L^{-1}$ NH_4Cl 混合溶液，在下列物质中选择合适的指示剂，并给出理由。

A. 甲基橙($pK_a=3.4$)　　B. 溴甲酚蓝($pK_a=4.1$)　　C. 甲基红($pK_a=5.0$)　　D. 酚酞($pK_a=9.1$)

7. 下列哪种酸或碱不能在水溶液中直接进行滴定？请做出解释。

A. HCl($0.001mol\cdot L^{-1}$)　　　　　　　　B. HF($0.1mol\cdot L^{-1}$；$K_a=3.5\times10^{-4}$)

C. $NH_3\cdot H_2O$($0.1mol\cdot L^{-1}$；$K_b=1.8\times10^{-5}$)　　D. NH_4Cl($0.1mol\cdot L^{-1}$)

8. 下列弱酸能否用酸碱滴定法直接测定？如果可以，应选用哪种指示剂？为什么？(设初始浓度 $c=0.1mol\cdot L^{-1}$)

HF　　苯酚　　$CH_2ClCOOH$　　苯甲酸

9. 丙二酸(H_2A)的 $pK_{a1}=2.65$，$pK_{a2}=5.28$，假设 $c(H_2A)=0.1mol\cdot L^{-1}$，判断是否可以准确滴定和分级滴定。选用哪种指示剂？

10. 标定 NaOH 溶液可用的基准物质有哪些？

11. 选用邻苯二甲酸氢钾作基准物，标定 $0.1mol\cdot L^{-1}$ NaOH 溶液的准确浓度。今欲把用去的 NaOH 溶液体积控制在 25mL 左右，应称取基准物多少克？如改用草酸($H_2C_2O_4\cdot2H_2O$)作基准物，应称取多少克？并比较两种基准物质的优缺点。

12. 一含有 H_2SO_4 和 H_3PO_4 的混合液 50.00mL 两份，分别用 $0.1000mol\cdot L^{-1}$ 的 NaOH 溶液滴定，第一份用甲基红作指示剂需 26.15mL 滴至终点；第二份用酚酞作指示剂需 36.03mL 到达终点；求每升混合液中含每种酸多少克。[$K_{a2}(H_3PO_4)=6.23\times10^{-8}$，$K_{a3}(H_3PO_4)=2.2\times10^{-13}$]

13. 吸取 10mL 食醋样品，置于锥形瓶中，加 2 滴酚酞指示剂，用 $0.1014 mol\cdot L^{-1}$ NaOH 溶液滴定食醋中的 HAc，如需要 44.86mL，则试样中 HAc 的浓度是多少？若吸取的食醋样品溶液 $d=1.004g\cdot mL^{-1}$，食醋样品中 HAc 的含量为多少？

14. 称取混合碱(Na_2CO_3 和 NaOH 或 Na_2CO_3 和 $NaHCO_3$ 的混合物)试样 1.200g，溶于水，用 $0.5000mol\cdot L^{-1}$ HCl 溶液滴定至酚酞褪色，用去 30.00mL(V_1)。然后加入甲基橙，继续滴加溶液至呈现橙色，又用去 5.00mL(V_2)。试样中含有哪种组分？其质量分数各为多少？($M_{NaOH}=40.01$，$M_{Na_2CO_3}=106.0$)

15. 以双指示剂法进行混合碱的分析时(Na_2CO_3 和 $NaHCO_3$)，设滴定至酚酞变色时，消耗 HCl 标准溶液的体积为 V_1，继续滴定至甲基橙变色时，又消耗 HCl 溶液的体积为 V_2，试根据 HCl 溶液的体积判断混合碱的组成，填入下表。

体积	组成
$V_1 = 0$	
$V_2 = 0$	
$V_1 = V_2$	
$V_1 > V_2$	
$V_1 < V_2$	

16. 有一份 Na_3PO_4 试样，其中含有 Na_2HPO_4，称取 0.9947g，以酚酞为指示剂，用 $0.2881mol \cdot L^{-1}$ HCl 溶液滴定至终点，用去 17.56mL。再加入甲基橙指示剂，继续用 $0.2881mol \cdot L^{-1}$ HCl 溶液滴定至终点时，又用去 20.18mL，求试样中 Na_3PO_4 和 Na_2HPO_4 的质量分数。

17. 称取混合碱试样 0.8983g(Na_2CO_3 和 NaOH 或 Na_2CO_3 和 $NaHCO_3$ 的混合物)，加酚酞指示剂，用 $0.2896mol \cdot L^{-1}$ HCl 溶液滴定至终点，计耗去酸溶液 31.45mL，再加入甲基橙指示剂，滴定至终点，又耗去酸 24.10mL。求试样中各组分的质量分数。

第9章 配位化合物

配位化合物是一类组成较为复杂、应用较广的化合物。例如，金属离子在水溶液中都是以水合配位离子形式存在，在人体内许多金属离子与生物大分子形成配位化合物。随着人们日常生活需求的提高，配位化学发展非常迅速，从 20 世纪 40～50 年代的高纯物制备和稀土分离技术的发展，60 年代的金属有机化合物的合成，到 70 年代分子生物学的兴起，再到 21 世纪分子自组装及超分子化学，都与配合物化学有着密切的关系。配位化学家可以设计出许多高选择性的配位反应来合成有特殊性能的配合物，应用于工业、农业、科技等领域，促进各领域的发展。本章介绍一些配位化合物中最基本的知识和基础理论。

9.1 配位化合物的基本概念

人们对于配位化合物的认识，可以追溯到明亮的红色茜素染料，它是羟基蒽醌的钙铝螯合物，最早在印度使用。对完全无机配位化合物的首次科学记录观察是安德烈(Andreas Libavius, 1560—1616, 德国化学家)在 1597 年描述的由含有 NH_4Cl 的石灰水接触到黄铜产生的蓝色物质，1693 年被确定为铜氨配合物$[Cu(NH_3)_4]^{2+}$。另一个配位化合物的例子是 1704 年发现的普鲁士蓝(Prussian blue)，其分子式为 $KCN[Fe(CN)_2] \cdot [Fe(CN)_3]$，自 18 世纪初以来一直被艺术家用作颜料。制备配位化合物的另一个早期示例是 1760 年使用少量可溶化合物六氯铂酸钾 $K_2[PtCl_6]$ 来精炼铂元素。然而，现代配位化学的持续而系统的发展，通常被认为是从 1798 年塔萨特(Tassaert，法国分析化学家)发现 $CoCl_2$ 的氨溶液形成橙黄色晶体物质开始的，但是他没有跟进他的发现。后人进一步的工作证明橙色晶体组分为 $CoCl_3 \cdot 6NH_3$，其正确分子式被认为是$[Co(NH_3)_6]Cl_3$；这表明六个氨分子与钴(III)离子有关，正电荷由三个氯离子平衡。这一发现的重要性在于认识到$[Co(NH_3)_6]^{3+}$的第一个特点是稳定的难解离的复杂离子；其次，两种独立稳定的化合物(即氯化钴和氨)可以结合形成一种新的化合物，在结合的过程中，既没有如形成离子键的电子传递发生，也没有典型的共价键的新电子对形成，且新的化合物的性质与原组成化合物的性质大不相同，即$[Co(NH_3)_6]^{3+}$的第二个特点不符合经典的化合价理论。

配位化学理论的近代研究始于维尔纳(Alfred Werner, 1866—1919, 瑞士籍化学家)的贡献。为了解释钴氨配合物中氯的不同行为，维尔纳提出将配合物分为"内界"和"外界"的理论。配合物内界是由中心离子与周围紧密结合的配位体组成的，如内界中的氯离子和氨分子与钴紧密结合，不易解离，因而其中的氯离子不被硝酸银沉淀，在加热时也不易释放；而外界的氯离子则容易解离，所以可被硝酸银沉淀。这一理论不仅正确地解释了实验事实，扩展了化学键的概念，还提出了配位体的异构现象，为立体化学的发展开辟了新的领域。维尔纳因此荣获 1913 年诺贝尔化学奖。维尔纳被誉为第一个认识到金属离子可以通过不止一种"原子价"同其他分子或离子相结合以生成相当稳定的复杂物类，同时给出与配位化合物性质相符的结构概念的人。

9.1.1　配合物的组成

纵观配合物发现，它们都是由一个金属离子和一定数目的中性分子或酸根离子组成的复杂离子，我们把这些复杂离子称为配位离子(coordination ions)，简称"配离子"。配离子中的金属离子称为中心离子(central ion)，参与复杂离子内部的中性分子或酸根离子称为配位体(ligands)，中心离子与配位体之间是通过配位键结合的，由配离子组成的化合物称为配位化合物(coordination compound)，简称"配合物"。因此，可以定义配位化合物是由一个中心离子和几个配位体以配位键相结合形成的复杂离子或分子。此定义仅符合一般常见的经典的配位化合物。由于配位化合物种类繁多，新颖的、特殊的配位化合物层出不穷，还不能给出一个适合所有种类的配位化合物的定义。下面以$[Cu(NH_3)_4]SO_4$ 和 $K_3[Fe(CN)_6]$为例，剖析配合物的组成，如图 9-1 所示。

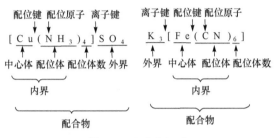

图 9-1　配合物组成

1. 中心体

因占据中心离子位置的除金属离子外还可以是中性原子或阴离子，所以又称其为中心体(central body)。配合物的中心体必须具有能量相近的价层空轨道，如$(n-1)d$、ns、np 或 ns、np、nd 等，它们易于组合形成各种类型的杂化轨道，接受配体提供的电子对。因此，周期表上元素的原子几乎都可以作为中心体，但最常见的是过渡元素的金属原子或离子，如$[Ti(H_2O)_6]^{4+}$中的 Ti^{4+}，$Ni(CO)_4$、$Fe(CO)_5$ 中的 Ni 和 Fe，多碘化物 I_3^-、I_5^- 中的 I^-，以及 BF_4^- 和 SiF_6^{2-} 中的 B(Ⅲ)和 Si(Ⅳ)等。

2. 配位体

配位体可以是中性分子，如 NH_3、H_2O、CO 等；也可以是阴离子，如 Cl^-、OH^-、CN^-、$C_2O_4^{2-}$等。配位体中直接给中心体提供孤电子对的原子称为配位原子，如 NH_3 中的 N、H_2O 中的 O、CN^-中的 C 等。作为配位原子应当具有孤电子对，p 区非金属元素的原子 C、N、P、O、S、F、Cl、Br、I 等都是常见的配位原子。配位体若只能提供一个配位原子称为单齿配体(monodentate ligand)，X^-、NH_3、H_2O、NO_2^-、ONO^-、NCS^-、CN^-、CO、吡啶等都是单齿配体。若一个配位体中有两个以上配位原子和中心体键合的统称多齿配体(polydentate ligand)，能提供 n 个配原子的配体称为 n 齿体。例如，乙二胺 $H_2N—CH_2—CH_2—NH_2$(简称 en)中的两个 N，草酸根 $C_2O_4^{2-}$ 中的两个羧基 O，均可同时与中心体键合，是二齿配体。多齿配体形成的配合物具有环状结构，称为螯合物(chelating ligand)。在螯合物中配体与中心体所构成的多原子环称为螯合环(chelate ring)。螯合物中每一环上有几个原子就称为几元环，如图 9-2 所示的螯合环均为五元环。

SO_4^{2-}、$S_2O_3^{2-}$、$C_2O_4^{2-}$ 等既可以作单齿配体又可以作为双齿配体，如图 9-3 所示。

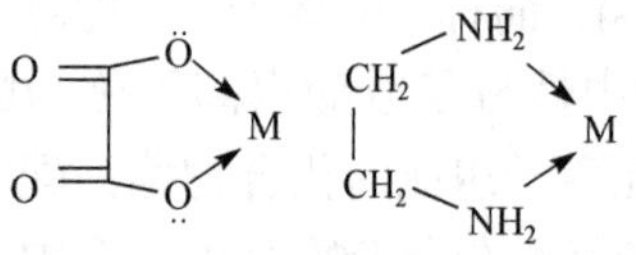

图 9-2　螯合环示意图 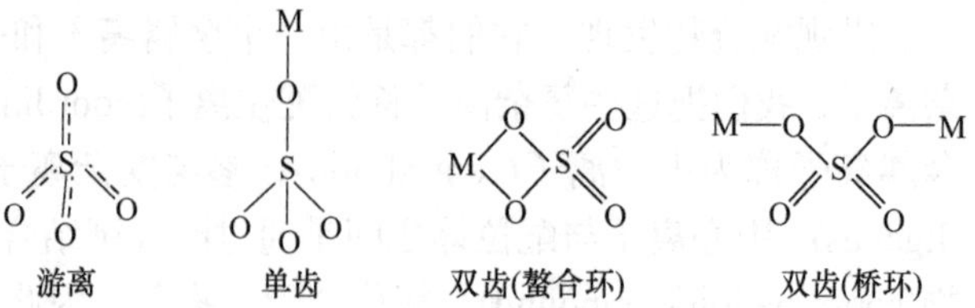　　　　　　　　图 9-3　SO_4^{2-} 不同配位状态示意图

多齿配体的典型代表是乙二胺四乙酸根离子(EDTA)，其配位原子数可以是 4、5 或 6，结构如图 9-4 所示。

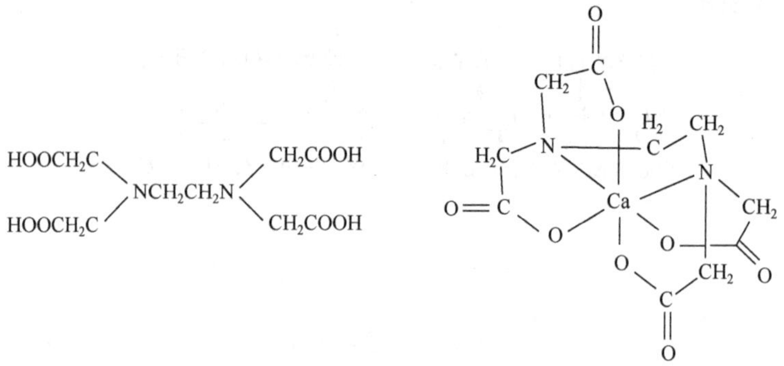

图 9-4　EDTA 及其与 Ca^{2+} 配合物的结构图

还有一类配体，虽然也含有两个配位原子，但它们不能同时和中心体进行配位，称之为双基配体(bibasic ligand)。例如，SCN^- 是双基配体，当它以 S 为配原子时称为"硫氰合某"，如 $[Ag(SCN)_2]^-$ 称为二硫氰合银(Ⅰ)；当它以 N 为配原子时称为"异硫氰合某"，如 $[Fe(NCS)_6]^{3-}$ 称为六异硫氰合铁(Ⅲ)。

3. 配位数

中心体键合的配位原子的数目称为该中心体的配位数(coordination number)。若配体均为单齿，则配位数即是内界配位体的总数；若有多齿配体，则配位体数目显然不等于中心体的配位数。例如，在 $[Co(en)_3]Cl_3$ 中，乙二胺是双齿配体，$Co(Ⅲ)$ 的配位体数是 3，配位原子总数为 $2×3 = 6$，$Co(Ⅲ)$ 的配位数是 6。

配位数的大小主要取决于中心体和配位体的性质，它们的电荷、体积、电子层结构以及它们之间的相互影响，还与配合物形成时的条件如浓度和温度等有关。见表 9-1，B 为第二周期元素，只有 2s 和 2p 轨道可用于形成配位键，最高配位数为 4；而 Al、Fe 和 Mo 除 s 和 p 轨道外还有 d 轨道可用，配位数可为 6 或 8；显然某一中心体的最高配位数与其所在的周期具有密切关系。中心体和配体的电荷多少对配位数有着明显的影响；表 9-2 中 $Pt(Ⅱ)$ 和 $Pt(Ⅳ)$ 的常见配位数分别为 4 或 6，中心体电荷增加与配体间引力增加，有利于形成高配位；配位体若是阴离子，固然可增加中心体对配体的吸引力，但是另一方面又增加了配体之间的排斥力，往往会使配位数减小，如 $[Zn(CN)_4]^{2-}$ 和 $[Zn(NH_3)_6]^{2+}$。中心体的半径越大，其周围可容纳的配体数目越多，配位数越大；但中心体半径太大反而削弱它和配位体的结合使配位数降低，如 $[CdCl_6]^{4-}$ 和 $[HgCl_4]^{2-}$；配体的半径越大，也会使中心离子的配位数减小，如 $[AlF_6]^{3-}$ 和

$[AlCl_4]^-$、$[AlBr_4]^-$。另外，当外界条件变化时也可影响配位数的高低。配体浓度增加，有利于形成高配位，温度升高趋向于低配位。

表 9-1　周期与最高配位数的关系

周期	最高配位数	空轨道	示例
2	4	$2s2p^3$	$H[BF_4]$
3	6	$3s3p^33d^2$	$[AlF_6]^{3-}$
4	6	$3d^24s4p^3$ 或 $4s4p^34d^2$	$[Fe(CN)_6]^{3-}$
5	8	$4d^45s5p^3$	$[Mo(CN)_8]^{4-}$

表 9-2　中心体电荷与常见配位数的关系

中心体电荷	+1	+2	+3	+4
常见配位数	2	4(或 6)	6(或 4)	6(或 8)
示例	$[Ag(CN)_2]^-$	$[PtCl_4]^{2-}$ $[Zn(CN)_4]^{2-}$ $[Zn(NH_3)_6]^{2+}$	$[AlF_6]^{3-}$ $[AlCl_4]^-$ $[BF_4]^-$	$[PtCl_6]^{2-}$ $[Mo(CN)_8]^{4-}$

综上所述，影响配位数的因素是复杂的，但通常在一定范围的外界条件下，某一中心体常有一个特征的配位数。例如，Ag^+ 为 2，Cu^{2+} 为 4，Co^{3+}、Fe^{3+}、Fe^{2+} 为 6 等。

4. 配离子的电荷数

配离子的电荷数等于中心体和配位体总电荷的代数和。例如，中心体 Co^{2+} 与一个 NH_3 分子和五个 Cl^- 结合，则此配离子的电荷：$+2+5\times(-1)=-3$，所以为 $[Co(NH_3)Cl_5]^{3-}$。

配离子电荷数也可由外界离子的电荷总数来推算。例如，在 $K_4[Fe(CN)_6]$ 中，有 4 个 K^+ 可知为 $[Fe(CN)_6]^{4-}$，则可进一步推算出 Fe 的价态为 $-4-6\times(-1)=+2$。同理可推出 $K_3[Fe(CN)_6]$ 中 Fe 的价态为 $-3-6\times(-1)=+3$。而如 $[Pt(NH_3)Cl_2]$、$[Co(NH_3)_3Cl_3]$ 等，其中心体和配位体结合形成电中性化合物，这种配合物只有内界，没有外界。

5. 配合物的内界和外界

在配合物中，通常外界距离中心体较远，在溶液中易解离，而显示其固有的特性；内界离子仅少量解离，不足以显示其中心体和配体的特性。根据这些性质上的差异，可应用特征的化学反应予以鉴定及区分内界和外界。

【例 9-1】　无水 $CrCl_3$ 和 NH_3 化合时能生成两种配合物，第 I 种组成是 $CrCl_3 \cdot 6NH_3$，第 II 种组成是 $CrCl_3 \cdot 5NH_3$。$AgNO_3$ 能从 I 的水溶液中将所有的 Cl^- 沉淀为 $AgCl$，而从 II 中仅能沉淀出组成 2/3 的 Cl^-。试推测这两种配合物的化学式。

解　在 I 中 $AgNO_3$ 能将所有的 Cl^- 沉淀出来，表示这三个 Cl^- 都列入外界，所以 I 的化学式为 $[Cr(NH_3)_6]Cl_3$。而在 II 中，2/3 的 Cl^- 被 $AgNO_3$ 沉淀，说明其中两个 Cl^- 是自由的，应列入外界，还有一个 Cl^- 肯定在内界，故其化学式是 $[Cr(NH_3)_5Cl]Cl_2$。

9.1.2　配合物的命名

配合物内界和外界之间的命名与一般无机二元化合物酸、碱、盐的命名相同，命名从后面到前面。外界是简单阴离子，读作某化某，如[Cr(H₂O)₄Cl₂]Cl，读作氯化二氯·四氨合铬(Ⅲ)。外界是酸根离子，读作某酸某，如[Co(NH₃)₅Br]SO₄，读作硫酸溴·五氨合钴(Ⅲ)。配离子内界可按下列顺序依次命名：

(1) 内界的命名顺序。首先是用中文数字一、二、三等标明各种配体的个数；其次读出配位体名称；再读出"合"字；最后是中心体名称，用 0 和罗马数字Ⅰ、Ⅱ等在中心体后圆括号内标明中心体的价态。例如，[PtCl₂(NH₃)(C₂H₄)]，读作二氯·一氨·(一乙烯)合铂(Ⅱ)。

(2) 配体的命名顺序。若有多种配位体，配体列出的顺序如下：①既有无机配体又有有机配体时，则先无机配体后有机配体，有机配体名称一般加括号，以避免混淆；②如同是无机配体或有机配体，则先命名阴离子配体，再命名中性分子配体，不同配体之间以圆点分开，较复杂配体可加括号，以免混淆；③若配体均为阴离子或均为中性分子时，先命名配体中配位原子排在英文字母顺序前面的配体，如 NH₃ 和 H₂O，应先命名 NH₃；④若配位原子数相同，则先命名原子数少的配体，如 NH₃ 和 NH₂OH，先命名 NH₃。

(3) 配体的名称。①英文的数字前缀：$mono$(一)，di(二)，tri(三)，$tetra$(四)，$penta$(五)，$hexa$(六)，$hepta$(七)，$octa$(八)，$nona$(九)，$deca$(十)；②对于配体：M←NO，亚硝酰基(nitrosyl)；M←CO(carbonyl)，羰基；③对于双基配体：M←SCN，读作硫氰酸根(thiocyano)，表示为(—SCN)；M←NCS，读作异硫氰酸根(isothiocyano)，表示为(—NCS)；M←NO₂，读作硝基(nitro)，表示为(—NO₂)；M←ONO，读作亚硝酸根(nitrito)，表示为(—ONO)；M←CN，读作氰根(cyano)；M←NC，读作异氰根(isocyano)。

示例如下：

配酸：读作某某酸。例如，H[BF₄]，四氟合硼(Ⅲ)酸。

配碱：读作氢氧化某。例如，[Cu(NH₃)₄](OH)₂，氢氧化四氨合铜(Ⅱ)。

配盐：读作某化某或某酸某。例如，[Co(NH₃)₃(H₂O)Cl₂]Cl，氯化二氯·三氨·一水合钴(Ⅲ)；[Pt(NH₃)(NH₂OH)py(NO₂)]Cl，氯化·氨·羟氨硝基·吡啶合铂(Ⅱ)；[Cu(NH₃)₄]SO₄，硫酸四氨合铜(Ⅱ)；[Co(en)₂(ONO)₂]NO₂，亚硝酸二亚硝酸根·二(乙二胺)合钴(Ⅲ)；(NH₄) [Cr(NH₃)₂(SCN)₄]，四硫氰·二氨合铬(Ⅲ)酸铵；Na₂[Zn(OH)₄]，四羟合锌(Ⅱ)酸钠；Na [Co (CO)₄]，四羰基合钴(–Ⅰ)酸钠。

配分子：读作某合某。例如，[Ni(CO)₄]，四羰基合镍(0)。

9.2　配合物的稳定性表示

9.2.1　配合物的稳定常数和不稳定常数

一般认为配合物在水溶液中，由于配离子与外界离子是以离子键相结合的，可完全解离为配离子和外界离子；而在配离子内部，配位体与中心体之间是以配位键结合的，仅有很少的解离。因此，配合物的稳定性实际上探究的是内界配离子的稳定性。

当向 ZnSO₄ 水溶液中加入 NH₃ 水溶液时，首先是 Zn^{2+} 与 NH₃ 分子发生配位反应生成 [Zn(NH₃)₄]²⁺，当溶液中有足量的[Zn(NH₃)₄]²⁺时，[Zn(NH₃)₄]²⁺也会发生解离反应，最终建立动态的配位-解离平衡：

$$Zn^{2+} + 4NH_3 \rightleftharpoons [Zn(NH_3)_4]^{2+}$$

标准平衡常数可表达为

$$K_{稳}^{\ominus}=K_{f}^{\ominus}=\frac{c\left[\mathrm{Zn(NH_3)_4^{2+}}\right]\big/c^{\ominus}}{\left[c(\mathrm{Zn^{2+}})\big/c^{\ominus}\right]\cdot\left[c(\mathrm{NH_3})\big/c^{\ominus}\right]^{4}}=2.88\times10^{9}\quad 或\quad \lg K_{f}^{\ominus}=9.46$$

该平衡常数称为$[\mathrm{Zn(NH_3)_4}]^{2+}$的标准生成常数(formation constant)。$K_{f}^{\ominus}$值越大,说明平衡向生成配离子方向进行的倾向越大,即配离子越稳定,所以又称为$[\mathrm{Zn(NH_3)_4}]^{2+}$的稳定常数(stability constant)$K_{稳}^{\ominus}$。

配合物的稳定性除可用生成常数$K_{f}^{\ominus}$表示其配位能力以外,也可用配离子的解离常数(dissociation constant)表示。例如:

$$[\mathrm{Zn(NH_3)_4}]^{2+}\rightleftharpoons \mathrm{Zn^{2+}}+4\mathrm{NH_3}$$

$$K_{不稳}^{\ominus}=K_{d}^{\ominus}=\frac{\left[c(\mathrm{Zn^{2+}})\big/c^{\ominus}\right]\cdot\left[c(\mathrm{NH_3})\big/c^{\ominus}\right]^{4}}{c\left[\mathrm{Zn(NH_3)_4^{2+}}\right]\big/c^{\ominus}}=\frac{1}{K_{f}^{\ominus}}=3.47\times10^{-10}$$

$K_{d}^{\ominus}$数值越大,表示配离子越易解离,即稳定性越差,所以又称为配合物的不稳定常数(instability constant)$K_{不稳}^{\ominus}$。实质上,$K_{稳}^{\ominus}$和$K_{不稳}^{\ominus}$是表示同一事物的两个方面,两者互为倒数,$K_{d}^{\ominus}=\dfrac{1}{K_{f}^{\ominus}}$。

9.2.2　配合物的逐级稳定常数和逐级不稳定常数

配合物在溶液中生成与解离的配位平衡与多元酸碱的解离平衡相似,也是分级进行的。中心体 M 与配位体 L 生成 ML_n 型配合物,相应的逐级反应一般表示为

$$\mathrm{M+L}\rightleftharpoons \mathrm{ML}\qquad\qquad K_{f1}^{\ominus}=\frac{c(\mathrm{ML})\big/c^{\ominus}}{\left[c(\mathrm{M})\big/c^{\ominus}\right]\cdot\left[c(\mathrm{L})\big/c^{\ominus}\right]}$$

$$\mathrm{ML+L}\rightleftharpoons \mathrm{ML_2}\qquad\qquad K_{f2}^{\ominus}=\frac{c(\mathrm{ML_2})\big/c^{\ominus}}{\left[c(\mathrm{ML})\big/c^{\ominus}\right]\cdot\left[c(\mathrm{L})\big/c^{\ominus}\right]}$$

$$\vdots\qquad\qquad\qquad\qquad\qquad\vdots$$

$$\mathrm{ML}_{n-1}+\mathrm{L}\rightleftharpoons \mathrm{ML}_n\qquad\qquad K_{fn}^{\ominus}=\frac{c(\mathrm{ML}_n)\big/c^{\ominus}}{\left[c(\mathrm{ML}_{n-1})\big/c^{\ominus}\right]\cdot\left[c(\mathrm{L})\big/c^{\ominus}\right]}$$

因此,对于 $\mathrm{ML}_{i-1}+\mathrm{L}\rightleftharpoons \mathrm{ML}_i$,有

$$K_{fi}^{\ominus}=\frac{c(\mathrm{ML}_i)\big/c^{\ominus}}{\left[c(\mathrm{ML}_{i-1})\big/c^{\ominus}\right]\cdot\left[c(\mathrm{L})\big/c^{\ominus}\right]}$$

或简写为

$$K_{fi}^{\ominus}=\frac{c(\mathrm{ML}_i)}{c(\mathrm{ML}_{i-1})\cdot c(\mathrm{L})}\tag{9-1}$$

通常配合物的逐级稳定常数(stepwise stability constant)随着配位数的增加而下降,但不显著。一般认为配位体数目增多时,配体间的排斥作用增大,故其稳定性下降。例如,$[\mathrm{Zn(NH_3)_4}]^{2+}$

的 $\lg K_{f1}^{\ominus}$、$\lg K_{f2}^{\ominus}$、$\lg K_{f3}^{\ominus}$ 和 $\lg K_{f4}^{\ominus}$ 分别为 2.37、2.44、2.50 和 2.15。

若式(9-1)两边同时取对数，可得

$$pL = \lg K_{fi}^{\ominus} + \lg \frac{c(ML_{i-1})}{c(ML_i)} \qquad (9-2)$$

式(9-1)和式(9-2)表明，第 i 级稳定常数 $K_{fi}^{\ominus}$ 将配位体 L 的平衡浓度 $c(L)$ 与相邻两级配合物的平衡浓度 $c(ML_i)$ 和 $c(ML_{i-1})$ 的比值联系在一起。当 $pL = \lg K_{fi}^{\ominus}$ 时，$\dfrac{c(ML_{i-1})}{c(ML_i)}=1$。例如，$pL = \lg K_{f1}^{\ominus}$ 时，$c(ML) = c(M)$；$pL = \lg K_{f2}^{\ominus}$ 时，$c(ML_2) = c(ML)$；$\cdots$；$pL = \lg K_{fn}^{\ominus}$ 时，$c(ML_n) = c(ML_{n-1})$。利用这一关系，可以通过调控溶液中配体浓度得到所需配位数的配合物。

ML_n 配合物的解离也是逐级完成的：

$$ML_n \rightleftharpoons ML_{n-1} + L \qquad K_{d1}^{\ominus} = \frac{\left[c(ML_{n-1})/c^{\ominus}\right] \cdot \left[c(L)/c^{\ominus}\right]}{c(ML_n)/c^{\ominus}}$$

$$ML_{n-1} \rightleftharpoons ML_{n-2} + L \qquad K_{d2}^{\ominus} = \frac{\left[c(ML_{n-2})/c^{\ominus}\right] \cdot \left[c(L)/c^{\ominus}\right]}{c(ML_{n-1})/c^{\ominus}}$$

$$\vdots \qquad\qquad\qquad \vdots$$

$$ML \rightleftharpoons M + L \qquad K_{dn}^{\ominus} = \frac{\left[c(M)/c^{\ominus}\right] \cdot \left[c(L)/c^{\ominus}\right]}{c(ML)/c^{\ominus}}$$

ML_n 逐级稳定常数与相应的逐级不稳定常数(the dissociation or instability constant)的关系：

$$K_{f1}^{\ominus} = \frac{1}{K_{dn}^{\ominus}}, \quad K_{f2}^{\ominus} = \frac{1}{K_{d(n-1)}^{\ominus}}, \quad \cdots, \quad K_{fn}^{\ominus} = \frac{1}{K_{d1}^{\ominus}}$$

即第一级稳定常数是第 n 级不稳定常数的倒数；第 n 级稳定常数是第一级不稳定常数的倒数。

9.2.3 配合物的累积稳定常数

若将逐级稳定常数渐次相乘，就得到各级累积(稳定)常数[cumulative (stability) constant]，即

$$\beta_i^{\ominus} = K_{f1}^{\ominus} \cdot K_{f2}^{\ominus} \cdots K_{fi}^{\ominus} = \frac{c(ML_i)}{c(M) \cdot \left[c(L)\right]^i} \qquad (9-3)$$

例如

$$\beta_1^{\ominus} = K_{f1}^{\ominus} = \frac{c(ML)}{c(M) \cdot c(L)}, \quad \beta_2^{\ominus} = K_{f1}^{\ominus} \cdot K_{f2}^{\ominus} = \frac{c(ML_2)}{c(M) \cdot \left[c(L)\right]^2}, \quad \beta_n^{\ominus} = K_{f1}^{\ominus} \cdot K_{f2}^{\ominus} \cdots K_{fn}^{\ominus} = \frac{c(ML_n)}{c(M) \cdot \left[c(L)\right]^n}$$

可见，标准积累稳定常数 $\beta_n^{\ominus}$ 就是总稳定常数 $K_{稳}^{\ominus}$。而通过式(9-3)，第 i 级累积稳定常数 $\beta_i^{\ominus}$ 将配位体 L 的平衡浓度 $c(L)$ 和未形成配合物的中心体平衡浓度 $c(M)$ 与配位数为 i 的配合物的浓度联系在一起，有

$$c(ML_i) = \beta_i^{\ominus} \cdot c(M) \cdot \left[c(L)\right]^i \qquad (9-4)$$

如 $c(ML) = \beta_1^{\ominus} \cdot c(M) \cdot c(L)$，$c(ML_2) = \beta_2^{\ominus} \cdot c(M) \cdot \left[c(L)\right]^2$，$\cdots$，$c(ML_n) = \beta_n^{\ominus} \cdot c(M) \cdot \left[c(L)\right]^n$。

表 9-3 中给出部分配合物的逐级累积稳定常数的对数值。依据表 9-3 中的常数 $\beta_i^\ominus$，可以计算出逐级稳定常数。

表 9-3　一些配合物的累积稳定常数

配体	中心体	$\lg\beta_1^\ominus$	$\lg\beta_2^\ominus$	$\lg\beta_3^\ominus$	$\lg\beta_4^\ominus$	$\lg\beta_5^\ominus$	$\lg\beta_6^\ominus$
	Cd(Ⅱ)	2.65	4.75	6.19	7.12	6.80	5.14
	Co(Ⅱ)	2.11	3.74	4.79	5.55	5.73	5.11
	Co(Ⅲ)	6.7	14.0	20.1	25.7	30.8	35.2
	Cu(Ⅰ)	5.93	10.86				
	Cu(Ⅱ)	4.31	7.98	11.02	13.32	12.86	
NH₃	Hg(Ⅱ)	8.8	17.5	18.5	19.28		
	Ni(Ⅱ)	2.80	5.04	6.77	7.96	8.71	8.74
	Pt(Ⅱ)					35.3	
	Ag(Ⅰ)	3.24	7.05				
	Zn(Ⅱ)	2.37	4.81	7.31	9.46		
	Cu(Ⅰ)		5.89				
Br⁻	Au(Ⅰ)		12.46				
	Hg(Ⅱ)	9.05	17.32	19.74	21.00		
	Ag(Ⅰ)	4.38	7.33	8.00	8.73		
	Sb(Ⅲ)	2.26	3.49	4.18	4.72		
	Bi(Ⅲ)	2.44	4.7	5.0	5.6		
	Cd(Ⅱ)	1.95	2.50	2.60	2.80		
	Cu(Ⅰ)		5.5	5.7			
	Fe(Ⅲ)	1.48	2.13	1.99	0.01		
	Pb(Ⅱ)	1.62	2.44	1.70	1.60		
Cl⁻	Hg(Ⅱ)	6.74	13.22	14.07	15.07		
	Ag(Ⅰ)	3.04	5.04		5.30		
	Sn(Ⅱ)	1.51	2.24	2.03	1.48		
	Sn(Ⅳ)					4	
	Zn(Ⅱ)	0.43	0.61	0.53	0.20		
	ZrO(Ⅱ)	0.9	1.3	1.5	1.2		
	Cd(Ⅱ)	5.48	10.60	15.23	18.78		
	Cu(Ⅰ)		24.0	28.59	30.30		
	Au(Ⅰ)		38.3				
	Fe(Ⅱ)						35
CN⁻	Fe(Ⅲ)						42
	Hg(Ⅱ)				41.4		
	Ni(Ⅱ)				31.3		
	Ag(Ⅰ)		21.1	21.7	20.6		
	Zn(Ⅱ)				16.7		

配体	中心体	$\lg\beta_1^{\ominus}$	$\lg\beta_2^{\ominus}$	$\lg\beta_3^{\ominus}$	$\lg\beta_4^{\ominus}$	$\lg\beta_5^{\ominus}$	$\lg\beta_6^{\ominus}$
F$^-$	Al(Ⅲ)	6.10	11.15	15.00	17.75	19.37	19.84
	Be(Ⅱ)	5.1	8.8	12.6			
	Cr(Ⅲ)	4.41	7.81	10.29			
	Fe(Ⅲ)	5.28	9.30	12.06			
	TiO(Ⅱ)	5.4	9.8	13.7	18.0		
	ZrO(Ⅱ)	8.80	16.12	21.94			
OH$^-$	Al(Ⅲ)	9.27			33.03		
	Sb(Ⅲ)		24.3	36.7	38.3		
	Bi(Ⅲ)	12.7	15.8		35.2		
	Cd(Ⅱ)	4.17	8.33	9.02	8.62		
	Ce(Ⅲ)	14.6					
	Ce(Ⅳ)	13.28	26.46				
	Cr(Ⅲ)	10.1	17.8		29.9		
	Cu(Ⅱ)	7.0	13.68	17.00	18.5		
	Fe(Ⅱ)	5.56	9.77	9.67	8.58		
	Fe(Ⅲ)	11.87	21.17	29.67			
	Pb(Ⅱ)	7.82	10.85	14.58			61.0
	Mn(Ⅱ)	3.90		8.3			
	Ni(Ⅱ)	4.97	8.55	11.33			
	Zn(Ⅱ)	4.40	11.30	14.14	17.66		
	ZrO(Ⅱ)	14.3	28.3	41.9	55.3		
I$^-$	Bi(Ⅲ)	3.63			14.95	16.80	18.80
	Cd(Ⅱ)	2.10	3.43	4.49	5.41		
	Cu(Ⅰ)		8.85				
	I$_2$	2.89	5.79				
	Fe(Ⅲ)	1.88					
	Pb(Ⅱ)	2.00	3.15	3.92	4.47		
	Hg(Ⅱ)	12.87	23.82	27.60	29.83		
	Ag(Ⅰ)	6.58	11.74	13.68			
SCN$^-$	Co(Ⅱ)	-0.04	-0.70	0	3.00		
	Cu(Ⅰ)	12.11	5.18				
	Au(Ⅰ)		23		42		
	Fe(Ⅲ)	2.95	3.36				
	Hg(Ⅱ)		17.47		21.23		
	Ag(Ⅰ)		7.57	9.08	10.08		

续表

配体	中心体	$\lg\beta_1^{\ominus}$	$\lg\beta_2^{\ominus}$	$\lg\beta_3^{\ominus}$	$\lg\beta_4^{\ominus}$	$\lg\beta_5^{\ominus}$	$\lg\beta_6^{\ominus}$
$S_2O_3^{2-}$	Cu(Ⅰ)	10.27	12.22	13.84			
	Hg(Ⅱ)		29.44	31.90	33.24		
	Ag(Ⅰ)	8.82	13.46				
Ac$^-$	Fe(Ⅱ)^c	3.2	6.1	8.3			
	In(Ⅲ)	3.50	5.95	7.90	9.08		
	Hg(Ⅱ)		8.43				
	Mn(Ⅱ)	9.84	2.06				
	Pb(Ⅱ)	2.52	4.0	6.4	8.5		
	Zn(Ⅱ)	1.5					
$C_5H_8O_2$，乙酰丙酮	Al(Ⅲ)^b	8.6	15.5				
	Be(Ⅱ)	7.8	14.5				
	Cd(Ⅱ)	3.84	6.66				
	Ce(Ⅲ)	5.3	9.27	12.65			
	Cr(Ⅱ)	5.9	11.7				
	Co(Ⅱ)	5.40	9.54				
	Cu(Ⅱ)	8.27	16.34				
	Fe(Ⅱ)	5.07	8.67				
	Fe(Ⅲ)	11.4	22.1	26.7			
	Ni(Ⅱ)^a	6.06	10.77	13.09			
	Pd(Ⅱ)^b	16.2	27.1				
	Zn(Ⅱ)^b	4.98	8.81				
	Zr(Ⅳ)	8.4	16.0	23.2	30.1		

配体	中心体	与 HL^{2-}的配合物		与 L^{3-}的配合物		与 H$_2$L$^-$的配合物
		$\lg\beta_1^{\ominus}$	$\lg\beta_2^{\ominus}$	$\lg\beta_1^{\ominus}$	$\lg\beta_2^{\ominus}$	$\lg\beta_3^{\ominus}$
$C_6H_8O_7$，柠檬酸	Ag(Ⅰ)	7.1				
	Al(Ⅲ)	7.0		20.0		
	Cd(Ⅱ)	3.98		11.3		
	Cu(Ⅱ)	4.35		14.2		
	Co(Ⅱ)	4.8		12.5		
	Fe(Ⅱ)	3.08		15.5		
	Fe(Ⅲ)	12.5		25.0		
	Ni(Ⅱ)	5.11		14.3		
	Pb(Ⅱ)	6.50				

续表

配体	中心体	与 HL²⁻的配合物		与 L³⁻的配合物		与 H₂L⁻的配合物
		$\lg\beta_1^{\ominus}$	$\lg\beta_2^{\ominus}$	$\lg\beta_1^{\ominus}$	$\lg\beta_2^{\ominus}$	$\lg\beta_3^{\ominus}$
$C_4H_8N_2O_2$，丁二酮肟 (50%的二氧杂环乙烷)	Cd(II)	5.7	10.7			
	Co(II)	9.80	18.94			
	Cu(II)	12.00	33.44			
	Fe(II)		7.25			
	La(III)	6.6	12.5			
	Ni(II)	11.16				
	Pb(II)	7.3				
	Zn(II)	7.7	13.9			
$C_{20}H_{12}N_3NaO_7S$，铬黑 T	Ca(II)	5.4				
	Mg(II)	7.0				
	Zn(II)	13.5	20.6			
$C_6H_{15}NO_3$，三乙醇胺	Ag(I)	2.30	3.64			
	Co(II)	1.73				
	Cu(II)	4.30				
	Hg(II)	6.90	13.08			
$C_2H_8N_2$，乙二胺	Ag	4.70	7.70			
	Cd(II)ᵃ	5.47	10.09	12.09		
	Co(II)	5.91	10.64	13.94		
	Co(III)	18.7	34.9	48.69		
	Cr(II)	5.15	9.19			
	Cu(I)		10.8			
	Cu(II)	10.67	20.00	21.0		
	Fe(II)	4.34	7.65	9.70		
	Hg(II)	14.3	23.3			
	Mg(II)	0.37				
	Mn(II)	2.73	4.79	5.67		
	Ni(II)	7.52	13.84	18.33		
	Pd(II)		26.90			
	V(II)	4.6	7.5	8.8		
	Zn(II)	5.77	10.83	14.11		

续表

配体	中心体	与 HL^{2-} 的配合物		与 L^{3-} 的配合物		与 H_2L^- 的配合物
		$\lg\beta_1^{\ominus}$	$\lg\beta_2^{\ominus}$	$\lg\beta_1^{\ominus}$	$\lg\beta_2^{\ominus}$	$\lg\beta_3^{\ominus}$
$C_{16}H_{18}N_4$，三乙烯四胺	Ag(Ⅰ)	7.7				
	Cd(Ⅱ)	10.75	13.9			
	Co(Ⅱ)	11.0				
	Cu(Ⅱ)	20.4				
	Fe(Ⅱ)	7.8				
	Fe(Ⅲ)	21.9				
	Hg(Ⅱ)	25.26				
	Mn(Ⅱ)	4.9				
	Ni(Ⅱ)	14.0				
	Pb(Ⅱ)	10.4				
	Zn(Ⅱ)	11.9				

注：本表中的实验结果非特别说明，指的是 25℃且离子强度接近零的情况。a. 代表 20℃实验条件下测得的结果；b. 30℃；c. 0.1mol·L^{-1}单一的非共价盐。

【例 9-2】 已知$[Zn(NH_3)_4]^{2+}$的$\lg\beta_1^{\ominus}$、$\lg\beta_2^{\ominus}$、$\lg\beta_3^{\ominus}$和$\lg\beta_4^{\ominus}$分别为 2.37、4.81、7.31 和 9.46，求其二级和三级生成常数$K_{f2}^{\ominus}$和$K_{f3}^{\ominus}$。

解 因为 $\beta_1^{\ominus}=K_{f1}^{\ominus}$，$\beta_2^{\ominus}=K_{f1}^{\ominus}\cdot K_{f2}^{\ominus}$，$\beta_3^{\ominus}=K_{f1}^{\ominus}\cdot K_{f2}^{\ominus}\cdot K_{f3}^{\ominus}$

所以 $\lg\beta_2^{\ominus}=\lg K_{f1}^{\ominus}+\lg K_{f2}^{\ominus}$，$\lg K_{f2}^{\ominus}=\lg\beta_2^{\ominus}-\lg K_{f1}^{\ominus}=4.81-2.37=2.44$，$K_{f2}^{\ominus}=2.75\times10^2$

同理可得 $\lg K_{f3}^{\ominus}=\lg\beta_3^{\ominus}-\lg\beta_2^{\ominus}=7.31-4.81=2.50$，$K_{f2}^{\ominus}=3.16\times10^2$

9.2.4 配合物的型体分布

若 ML_n 型配合物在溶液中各级配合物浓度所占的分数用摩尔分数δ表示，中心体的分析浓度为 $c'(M)$，按中心体的物料平衡关系则有

$$c'(M) = c(M) + c(ML) + c(ML_2) + \cdots + c(ML_n)$$

各级配合物的摩尔分数分别是 $\delta_0=\dfrac{c(M)}{c'(M)}=\dfrac{c(M)}{c(M)+c(ML)+c(ML_2)+\cdots+c(ML_n)}$ (9-5)

将式(9-4)代入式(9-5)得

$$\delta_0=\frac{c(M)}{c(M)+c(M)c(L)\beta_1^{\ominus}+c(M)[c(L)]^2\beta_2^{\ominus}+\cdots+c(M)[c(L)]^n\beta_n^{\ominus}}$$

进一步约化可得 $\delta_0=\dfrac{1}{1+c(L)\beta_1^{\ominus}+[c(L)]^2\beta_2^{\ominus}+\cdots+[c(L)]^n\beta_n^{\ominus}}$ (9-6)

同理可得 $\delta_i=\dfrac{c(ML_i)}{c'(M)}=\dfrac{[c(L)]^i\beta_i^{\ominus}}{1+c(L)\beta_1^{\ominus}+[c(L)]^2\beta_2^{\ominus}+\cdots+[c(L)]^n\beta_n^{\ominus}}$ (9-7)

例如
$$\delta_1 = \frac{c(\mathrm{ML})}{c'(\mathrm{M})} = \frac{c(\mathrm{L})\beta_1^{\ominus}}{1 + c(\mathrm{L})\beta_1^{\ominus} + [c(\mathrm{L})]^2 \beta_2^{\ominus} + \cdots + [c(\mathrm{L})]^n \beta_n^{\ominus}}$$

$$\delta_n = \frac{c(\mathrm{ML}_n)}{c'(\mathrm{M})} = \frac{[c(\mathrm{L})]^n \beta_n}{1 + c(\mathrm{L})\beta_1 + [c(\mathrm{L})]^2 \beta_2 + \cdots + [c(\mathrm{L})]^n \beta_n}$$

可见各级配合物的摩尔分数 δ_1 仅是游离配位体浓度 $c(\mathrm{L})$ 的函数。根据铜氨配合物的各级累积常数，按上式计算出 $p(\mathrm{NH_3})$ 为 $0\sim6$ 各级配合物的摩尔分数，绘出铜氨配合物的各种型体分布系数曲线如图 9-5 所示。

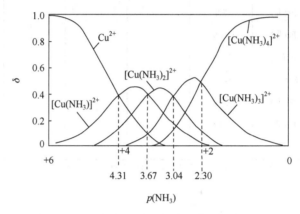

图 9-5　铜氨配合物各种型体的分布

各级铜氨配合物的分布与多元酸各种型体的分布趋势非常相似。随着 $p(\mathrm{NH_3})$ 减小，即 $c(\mathrm{NH_3})$ 增大，形成配位数更高的配合物。相邻两级配合物分布系数曲线的交点所对应的 $p(\mathrm{NH_3})$ 值即为此两级配合物相关的 $\lg K_{\mathrm{f}}^{\ominus}$ 值。例如，$[\mathrm{Cu(NH_3)_4}]^{2+}$ 的 $\lg K_{\mathrm{f1}}^{\ominus}$、$\lg K_{\mathrm{f2}}^{\ominus}$、$\lg K_{\mathrm{f3}}^{\ominus}$ 和 $\lg K_{\mathrm{f4}}^{\ominus}$ 分别为 4.31、3.67、3.04 和 2.30；当 $p(\mathrm{NH_3}) = 3.67$ 时，溶液中 $\dfrac{c[\mathrm{Cu(NH_3)}^{2+}]}{c[\mathrm{Cu(NH_3)_2^{2+}}]} = 1$。由于铜氨配合物的各相邻的逐级稳定常数相近，当 $c(\mathrm{NH_3})$ 在相当大的范围变化时，都是几种配合物同时存在，只有在 $p(\mathrm{NH_3}) < 0$ 或 $p(\mathrm{NH_3}) > 6$ 时，才能分别主要以 $[\mathrm{Cu(NH_3)_4}]^{2+}$ 和 $\mathrm{Cu^{2+}}$ 存在。

9.2.5　依据配合物稳定常数的计算

对很多配合物来说，根据配合物的标准平衡常数 $K_{\mathrm{f}}^{\ominus}$ 可以进行一系列的计算。

【例 9-3】　在 1.0mL 0.040mol · L^{-1} AgNO$_3$ 溶液中，加入 1.0mL 2.0mol · L^{-1} 氨水，计算在平衡后溶液中的 Ag$^+$ 浓度？

解　由表 9-3 可知 $[\mathrm{Ag(NH_3)_2}]^+$ 的 $K_{\mathrm{f}}^{\ominus} = \beta_2^{\ominus} = 10^{7.05}$，溶液混合后 $c(\mathrm{AgNO_3}) = 0.020\mathrm{mol \cdot L^{-1}}$，$c(\mathrm{NH_3}) = 1\mathrm{mol \cdot L^{-1}}$。由于 $c(\mathrm{NH_3}) \gg c(\mathrm{AgNO_3})$，且 $K_{\mathrm{f}}^{\ominus}$ 数值较大，可认为全部 Ag$^+$ 都生成 $[\mathrm{Ag(NH_3)_2}]^+$，设达到平衡时由 $[\mathrm{Ag(NH_3)_2}]^+$ 解离出的 Ag$^+$ 为 x，即

	Ag$^+$	+	2NH$_3$	$\rightleftharpoons$	[Ag(NH$_3$)$_2$]$^+$
起始浓度/(mol · L^{-1}):	0.020		1.0		0
平衡浓度/(mol · L^{-1}):	x		$(1.0 - 2 \times 0.020) + 2x$		$0.020 - x$

则
$$K_f^{\ominus} = \frac{c[Ag(NH_3)_2^+]}{c(Ag^+) \cdot [c(NH_3)]^2} = \frac{0.020 - x}{x \cdot (0.96 + 2x)^2} = 10^{7.05}$$

由于 $K_f^{\ominus}$ 较大，x 较小，因此 $0.020 - x \approx 0.020$，$0.96 + x \approx 0.96$，即

$$x = \frac{0.020}{0.96^2 \times 10^{7.05}} = 2.0 \times 10^{-9} (\text{mol} \cdot \text{L}^{-1})$$

计算结果表明，在 $AgNO_3$ 溶液中，由于加入了氨水，溶液中 Ag^+ 浓度大大降低。

【例 9-4】 比较 $0.20 \text{mol} \cdot \text{L}^{-1}$ 的氨水溶液中的 $[Ag(NH_3)_2]^+$ 和在 $0.20 \text{mol} \cdot \text{L}^{-1}$ CN^- 溶液中的 $[Ag(CN)_2]^-$，哪个更稳定？

解 首先由表 9-3 查得：$K_f^{\ominus}[Ag(NH_3)_2^+] = 10^{7.05}$，$K_f^{\ominus}[Ag(CN)_2^-] = 10^{21.1}$，设在两个溶液中加入的 $c(Ag^+)$ 均为 $0.05 \text{mol} \cdot \text{L}^{-1}$，由于 $K_f^{\ominus}$ 数值较大，可认为 Ag^+ 全部生成配合物；同时设 $[Ag(NH_3)_2]^+$ 和 NH_3 的混合溶液中，$c(Ag^+) = x$，则

$$Ag^+ \quad + \quad 2NH_3 \quad \rightleftharpoons \quad [Ag(NH_3)_2]^+$$

平衡浓度/$(\text{mol} \cdot \text{L}^{-1})$:　 x 　　　$0.20 - 0.05 \times 2 + 2x \approx 0.10$ 　　　$0.05 - x \approx 0.05$

则
$$K_f^{\ominus}[Ag(NH_3)_2^+] = \frac{c[Ag(NH_3)_2^+]}{c(Ag^+) \cdot [c(NH_3)]^2} = \frac{0.05}{x \cdot 0.10^2} = 10^{7.05}$$

解得
$$x = 1.6 \times 10^{-7} \text{mol} \cdot \text{L}^{-1}$$

同理：设 $[Ag(CN)_2]^-$ 和 CN^- 混合液中，$c(Ag^+) = y$，则

$$Ag^+ \quad + \quad 2CN^- \quad \rightleftharpoons \quad [Ag(CN)_2]^-$$

平衡浓度/$(\text{mol} \cdot \text{L}^{-1})$:　 y 　　　$0.2 - 0.05 \times 2 + 2y \approx 0.1$ 　　　$0.05 - y \approx 0.05$

则
$$K_f^{\ominus}[Ag(CN)_2^-] = \frac{c[Ag(CN)_2^+]}{c(Ag^+) \cdot [c(CN^-)]^2} = \frac{0.05}{y \cdot 0.10^2} = 10^{21.1}$$

$$y = 4.0 \times 10^{-21} (\text{mol} \cdot \text{L}^{-1})$$

通过计算说明，在 $[Ag(CN)_2]^-$ 溶液中解离出的 Ag^+ 更少，所以 $[Ag(CN)_2]^-$ 比 $[Ag(NH_3)_2]^+$ 更稳定，因此配位数相同的同类型配离子，可以根据 $K_f^{\ominus}$ 的数值直接比较配离子稳定性的大小。另外，若通过实验能测出溶液中各离子组分浓度，便可通过计算求出 $K_f^{\ominus}$ 的数值。

【例 9-5】 在含有 Zn^{2+} 的氨水溶液中，有一半金属离子已经形成了氨配离子，平衡时，自由氨浓度为 $6.7 \times 10^{-3} (\text{mol} \cdot \text{L}^{-1})$，求 $[Zn(NH_3)_4]^{2+}$ 配离子的稳定常数。

解 根据题意可知，溶液中 $c(Zn^{2+}) = c[Zn(NH_3)_4^{2+}]$，则

$$Zn^{2+} + 4NH_3 \rightleftharpoons [Zn(NH_3)_4]^{2+}$$

$$K_f^{\ominus}[Zn(NH_3)_4^{2+}] = \frac{c[Zn(NH_3)_4^{2+}]}{c(Zn^{2+}) \cdot [c(NH_3)]^4} = \frac{1}{(6.7 \times 10^{-3})^4} = 5.0 \times 10^8$$

9.3　配合物的化学键理论

配合物的化学键理论用于阐明中心体与配体之间的键合本质、中心体的配位数、配位化

合物的立体结构，以及配合物的热力学性质、动力学性质、光谱性质和磁性质等。截至目前，有关配合物的化学键理论主要有：静电理论(electrostatic theory，EST)、价键理论(valence bond theory，VBT)、晶体场理论(crystal-field theory，CFT)、分子轨道理论(molecular orbital theory，MOT)和角重叠模型(angular overlap model，AOM)。本章仅介绍价键理论和晶体场理论。

9.3.1　配位化合物价键理论

鲍林把化学键的杂化轨道理论应用于研究配合物的结构，较好地说明了配合物的空间构型和其他性质，形成了配位化合物价键理论(valence bond theory of coordination compound)。这一理论对配合物的形成过程、中心体的配位数及配合物的空间构型都能较好地做出解释，从20世纪30年代到50年代主要用这个理论来讨论配合物中的化学键。该理论的基本要点：①配合物的配位体单方面提供电子对与中心体共用而形成配位键，配位键的本质是共价键。②形成配位键的条件：配位体至少含有一对孤电子对，中心体必须有空的价电子轨道。③在形成配合物时，中心体所提供的空轨道必须首先杂化，以形成数目相等、能量相同、具有一定方向性的杂化轨道；这些杂化轨道分别与配位原子的孤电子对在一定方向上彼此接近，发生最大重叠形成σ配位键，从而形成稳定的具有一定空间构型的配合物。④形成杂化轨道时，中心体若用 ns、np 和 nd 轨道杂化，生成的是外轨型配合物；若用 $(n-1)d$、ns 和 np 轨道杂化，生成的是内轨型配合物。

1. 配位化合物价键理论对配合物形成过程的解释

以 $[FeF_6]^{3-}$ 和 $[Fe(CN)_6]^{3-}$ 为例，价键理论对它们形成过程的解释如图 9-6 所示：Fe^{3+} 是 $3d^5$ 构型，在形成 $[FeF_6]^{3-}$ 时首先价层的 4s、4p 和 4d 电子轨道进行 sp^3d^2 杂化，然后六个 F^- 将各自一对孤电子对分别送入杂化轨道，形成一个具有八面体结构的配离子，生成的是外轨型配合物；而在形成 $[Fe(CN)_6]^{3-}$ 时，由于 CN^- 中 C 的电负性较小，易给出孤电子对，配位能力强，对中心体的电子构型影响较大，迫使 Fe^{3+} 中的 5 个 d 电子首先配对，空出两个 3d 轨道与 4s 和 4p 进行 d^2sp^3 杂化，形成 $[Fe(CN)_6]^{3-}$ 内轨型配合物。

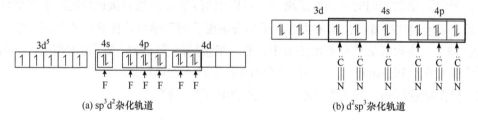

(a) sp^3d^2 杂化轨道　　　　　　　　(b) d^2sp^3 杂化轨道

图 9-6　$[FeF_6]^{3-}$ 和 $[Fe(CN)_6]^{3-}$ 的形成过程示意图

究竟是生成内轨型配合物还是生成外轨型配合物，既与形成体的电子层结构和电荷有关，又与配位体的性质有关。

(1) 中心体电子构型影响：d^{10} 电子构型的离子只能形成外轨型配合物，如 $[Zn(NH_3)_4]^{2+}$ 中 Zn^{2+} 有 10 个 d 电子，3d 轨道全满不能参与杂化，Zn^{2+} 只能采用最外层的 4s 和 4p 以 sp^3 外轨型杂化轨道杂化形成外轨型配合物。d^8 电子构型的离子大多数情况下形成内轨型配合物，如 $[Ni(CN)_4]^{2-}$ 中 Ni^{2+} 有 8 个 d 电子，在 CN^- 影响下，强行配对进入 4 个 3d 轨道，空出一个空的 3d 轨道与 4s、4p 进行 dsp^2 杂化，与 CN^- 形成内轨型配合物。d^6、d^4 构型的第一过渡系金属离子大多数倾向于形成内轨型配合物，但 H_2O 和 F^- 往往形成外轨型配合物。d^5 构型为半充满结构，倾向于保持电子的平行自旋，易于形成外轨型配合物，如上所述的 $[FeF_6]^{3-}$。但也有例外，如 $[Fe(CN)_6]^{3-}$ 是内轨型配合物，这是由 CN^- 配体影响所致。特别注意：形成内轨型配合物，往往要违反洪德规则，迫使成单电子配对。所以只有采用内轨型杂化轨道形成配位键放出的总能量在克服成对能后，仍比采用外轨型杂化轨道形成配位键总键能大时，方能形成内轨型配合物。

(2) 中心体电荷的影响：同种元素呈现高价态时易形成内轨型配合物，低价态时易形成外轨型配合物，即增加中心体电荷有利于形成内轨型配合物。例如，$[Co(NH_3)_6]^{3+}$ 为内轨型配合物，而 $[Co(NH_3)_6]^{2+}$ 为外轨型配合物。

(3) 中心体和配位原子电负性的影响：中心体与配位原子的电负性差很大时易形成外轨型配合物。反之，电负性差值较小时易形成内轨型配合物。配位原子电负性越大，则其越不易给出电子，对中心体影响越小，越易形成外轨型配合物。因此，当配体为 F^-、OH^-、H_2O 时常生成外轨型配合物；当配体为 CN^-、CO、NO_2^- 时常生成内轨型配合物；当配体为 NH_3、RNH_2、Cl^- 时有时形成内轨型配合物，有时形成外轨型配合物。这种情况也可以从配位原子变形性大小的角度来考虑，配位原子变形性大，易提供电子"挤入"内层轨道，形成内轨型配合物。随着 C、N、O、F 电负性增大，吸引电子能力增大，变形性减弱，更易形成外轨型配合物。通常可以运用物质的磁性来判断中心体和配位体的结合是形成内轨型配合物还是外轨型配合物。

根据磁学理论，中心体如果没有成单电子则表现反磁性；如有成单电子，由于电子自旋产生的自旋磁矩不能抵消，就表现出顺磁性；物质的磁矩 (μ) 与分子中的未成对电子数 (n) 有如下近似关系：$\mu = \sqrt{n(n+2)}$；根据此式，可以由未成对电子数目 n 估算磁矩 μ (表 9-4)。

表 9-4　未成对电子数与磁矩的关系

未成对电子数 n	0	1	2	3	4	5
磁矩 μ_B/B.M.	0.00	1.73	2.83	3.87	4.90	5.92

注：B.M.为玻尔磁子，是磁矩的单位。

可见，单电子数越多，磁矩越大。所以根据测出的配合物磁矩，就能确定中心体的未成对电子数，并由此区别出内轨型配合物和外轨型配合物。

【例 9-6】　经实验测得 $[FeF_6]^{3-}$ 和 $[Fe(CN)_6]^{3-}$ 的磁矩分别为 5.88B.M. 和 2.3B.M.，由此判断二者是内轨型配合物，还是外轨型配合物。

解　根据式 $\mu = \sqrt{n(n+2)}$，可计算出 $[FeF_6]^{3-}$ 和 $[Fe(CN)_6]^{3-}$ 的未成对电子数分别为 5 和 1。由此可推测，$[FeF_6]^{3-}$ 是外轨型配合物，而 $[Fe(CN)_6]^{3-}$ 是内轨型配合物。

在内轨型配合物中，配位体所提供的孤电子对深入形成体的 $(n-1)d$ 轨道，由于 $(n-1)d$ 轨道的能量比 nd 低，因此内轨型配合物的能量较低，比较稳定。例如，$[Fe(CN)_6]^{3-}$ 的 $\lg\beta_6^\ominus = 42$，而 Fe^{3+} 与 F^- 形成配合物的 $\lg\beta_3^\ominus = 12.06$，$[FeF_6]^{3-}$ 不能稳定存在。$[Ni(CN)_4]^{2-}$ 的 $\lg\beta_4^\ominus = 31.3$，比 $[Ni(NH_3)_4]^{2+}$ 的 $\lg\beta_4^\ominus = 7.96$ 大，$[Ni(CN)_4]^{2-}$ 更稳定。但个别外轨型配合物也很稳定，如 $[HgI_4]^{2-}$ 的 $\lg\beta_4^\ominus = 29.83$，$[Hg(CN)_4]^{2-}$ 的 $\lg\beta_4^\ominus = 41.4$。

2. 配位化合物价键理论对配合单元空间结构的解释

配位化合物价键理论认为，不同的杂化轨道类型，形成的配合物的空间构型也不一样，杂化轨道类型与配合单元空间结构的关系见表 9-5。

表 9-5　杂化轨道类型与配合单元空间结构的关系

配位数	杂化轨道	空间结构	示例
2	sp	直线形	$[Ag(NH_3)_2]^+$、$[CuCl_2]^-$
3	sp^2	平面三角形	$[HgI_3]^-$、$[AgCl_3]^{2-}$
4	sp^3	四面体	$[ZnCl_4]^{2-}$、$[Cd(CN)_4]^{2-}$、$[Cu(CN)_4]^{3-}$
4	dsp^2	正方形	$[AuCl_4]^-$、$[Ni(CN)_4]^{2-}$、$[Pt(NH_3)_2Cl_2]$
5	dsp^3	三角双锥	$[Fe(CO)_5]$、$[Cu(dipy)_2I]^+$
5	d^4s 或 d^2sp^2	正方锥	$[TiF_5]^{2-}$、$[SbF_5]^{2-}$
6	d^2sp^3 或 sp^3d^2	正八面体	$[Co(NH_3)_6]^{3+}$、$[Mn(CN)_6]^{4-}$、$[PtCl_6]^{2-}$

配位数为 2 的配合物：ⅠB 族的 M^+ 通常可形成稳定的二配位化合物。ⅠB 族的 M^+ 的电子构型为 $(n-1)s^2(n-1)p^6(n-1)d^{10}$，为 18 电子构型，外层具有空的 ns 和 np 轨道，它们可以进行杂化形成两个 sp 杂化轨道，与配体 NH_3、X^-、CN^- 所形成的配离子的空间构型均为直线形。

配位数为 4 的配合物：电荷数为 +2 的中心离子 M^{2+} 通常形成配位数为 4 的配离子，但由于中心体成键时采用的杂化态不同，可形成两种空间构型不同的配离子。ⅡB 族 M^{2+} 也为 18 电子构型，当形成配位数 4 的配合物时，只能采用 sp^3 杂化态成键，故该族配离子几乎都是四面体形，如 $[M(NH_3)_4]^{2+}$、$[M(X)_4]^{2-}$、$[M(CN)_4]^{2-}$ 都为四面体形。第Ⅷ族最后一列元素的 M^{2+} 离子 Ni^{2+}、Pd^{2+} 和 Pt^{2+} 的电子构型为 $(n-1)s^2(n-1)p^6(n-1)d^8$，d 轨道上有两个未成对电子，在形成配离子时可能将这两个电子"挤压"成对而腾出一条空的 $(n-1)d_{x^2-y^2}$ 轨道，中心体就可采用成键能力比 sp^3 更强的 dsp^2 杂化轨道成键，由此得到的配离子的空间构型为正方平面型。图 9-7 说明了 dsp^2 杂化是正方平面型的原因。

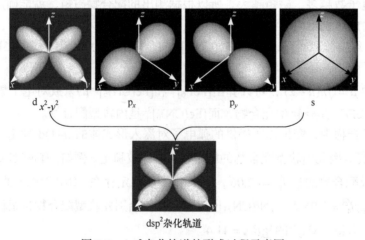

图 9-7　dsp^2 杂化轨道的形成过程示意图

配位数为 6 的配合物为数最多，其中心体有两种杂化态，d^2sp^3 和 sp^3d^2，参与杂化的两条 d 轨道都为 $d_{x^2-y^2}$ 和 d_{z^2}，所形成的配离子空间构型均为八面体形，如 $[Cr(H_2O)_6]^{3+}$、$[FeF_6]^{3-}$ 均为 sp^3d^2 杂化态，而 $[Fe(CN)_6]^{3-}$ 则为 d^2sp^3 杂化。图 9-8 解释了 d^2sp^3 或 sp^3d^2 杂化是八面体的原因。

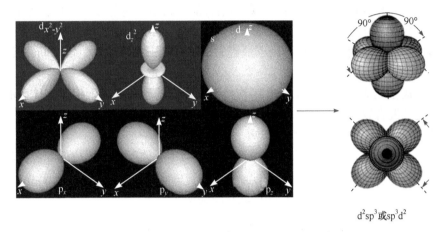

d^2sp^3 或 sp^3d^2

图 9-8　d^2sp^3 或 sp^3d^2 杂化轨道的形成过程示意图

3. 配位化合物价键理论对配合物稳定性的解释

1) 中心体性质对配合物稳定性的影响

中心体与配位体之间结合的强弱，与中心体的价电子构型、电荷、离子半径等有关，根据中心体电子构型不同，可将中心体分为如下三类：①稀有气体型的金属离子：属于这一类型的有ⅠA、ⅡA、ⅢA、稀土离子以及 Si(Ⅳ)、Ti(Ⅳ)、Zr(Ⅳ)、Hf(Ⅳ)等。由于 8 电子外层的阳离子极化能力小，本身也难变形，与配体之间的结合，基本上是靠静电引力，结合能力的大小可用 Z^2/r 来衡量。若中心体电荷越高，半径越小，则 Z^2/r 越大，对配位体上的孤电子对引力越大，形成的配合物越稳定。若中心体固定，则要求配位体带负电荷，体积小。例如，与稀有气体型金属离子配合阴离子强度为：$F^- \gg Cl^- > Br^- > I^-$，$OH^- > H_2O$，$O^{2-} > S^{2-}$。因此，高价金属离子的氟配合物较多，较稳定。②次外层 d 电子全充满的 18 电子或 18+2 电子构型：如ⅠB、ⅡB中(Cu^+、Ag^+、Zn^{2+}、Hg^{2+})属 18 电子构型，Sn^{2+}、Pb^{2+}、Bi^{3+}属 18+2 电子构型。通常它们能形成较稳定的配合物。由于 d 电子对核电荷屏蔽较小，有效核电荷较大，因此对配体上的孤电子对的引力较大，即对配体有较强的极化能力。另一方面，又因 d 电子云较分散，所以这类离子本身又有较大的变形性，容易和配位体(如 CN^-、I^-等阴离子)相互极化，使核间距离缩短，增强了键的共价性，因而也增强了配离子的稳定性。由此可知，适合与此类离子结合的配体应是电负性较小、体积大、容易变形的阴离子，如 $S^{2-} > N^{3-} > O^{2-} > F^-$、$I^- > Br^- > Cl^- > F^-$。例如，$[HgI_4]^{2-}$很稳定，而 $[HgF_4]^{2-}$却并不存在。另外，CN^-含有电负性小的配位原子 C，CN^-的变形性又很大，因此配合能力比 NH_3 强，而 NH_3 的配合能力则比 H_2O 及 OH^-强。③d 电子亚层未充满的过渡金属离子具有 $d^{1\sim9}$ 构型的过渡金属离子较多，研究得最多的是第一过渡系的二价金属离子配合物。这些离子与很多种配体形成的配离子其稳定性顺序都是：$Mn^{2+} < Fe^{2+} < Co^{2+} < Ni^{2+} < Cu^{2+}$。

同一金属具有两种常见的氧化态，一般高价配合物比低价配合物更稳定。由表 9-3 可见，

$[Fe(CN)_6]^{3-}$较$[Fe(CN)_6]^{4-}$稳定，$[Co(NH_3)_6]^{3+}$较$[Co(NH_3)_6]^{2+}$稳定。但有例外，如 Cu^+ 配合物往往比 Cu^{2+} 相应配合物更稳定些，这是由于 Cu^+ 的变形性较大，配位键的共价性较强，因此形成的配合物比较稳定。对这类中心体来说，静电引力和离子极化对它们的配合能力都有影响。一般说来，电荷较高，而 d 电子数较少的离子，如 V^{4+}、Nb^{5+}、Mo^{6+} 等静电引力占优势，配位能力与稀有气体型相类似。它们与 F^-、O^{2-} 的结合能力较强，而与 S^{2-}、CN^- 的结合能力差些。反之，电荷较低而 d 电子数较多的离子，如 V^{3+}、Fe^{2+}、Co^{2+}、Ni^{2+} 等离子极化作用占优势，结合能力与 18 电子离子相似。当然，由于成键时以静电吸引或形成共价键之间并无明显界限，可能会有例外。

总之，过渡金属离子(包括ⅠB、ⅡB)均易形成稳定的配合物，而稀有气体型的金属离子不易生成稳定的配合物。

2) 配位体性质对配合物稳定性的影响

多齿配位剂分子中含有 2 个以上可键合原子，与中心体配位时形成低配位比的具有环状结构的螯合物，比同种配位原子所形成的简单配合物稳定得多。比较表 9-6 中 Cu^{2+} 分别与氨、乙二胺和三乙撑四胺所形成的配合物的情况，就能明了。

表 9-6　Cu^{2+}与氨、乙二胺和三乙撑四胺所形成的配合物的比较

配合物			
形成常数	$\lg\beta_1^\ominus =4.31$ $\lg\beta_2^\ominus =7.98$ $\lg\beta_3^\ominus =11.02$ $\lg\beta_4^\ominus =13.32$	$\lg\beta_1^\ominus =10.6$ $\lg\beta_2^\ominus =20.0$	$\lg\beta_1^\ominus = 20.4$
螯合环数	0	2	3

当配体为多齿体与中心配位形成具有环状结构的螯合物时，由于螯合环的形成，螯合物比组成和结构类似的非螯合物具有特殊的稳定性，称为螯合效应(chelating effect)。例如，Cd^{2+} 与甲胺或乙二胺结合形成的配离子，其配位原子相同，其组成和结构类似，但配合物的稳定性却相差很大。

$$\begin{bmatrix}CH_3H_2N & NH_2CH_3 \\ & Cd & \\ CH_3H_2N & NH_2CH_3\end{bmatrix}^{2+} +2en \rightleftharpoons \begin{bmatrix}CH_2H_2N & NH_2CH_2 \\ | & Cd & | \\ CH_2H_2N & NH_2CH_2\end{bmatrix}^{2+} + 4CH_3NH_2$$

非螯合物　$K_f^\ominus =3.55\times10^6$　　　　　螯合物　$K_f^\ominus =1.66\times10^{10}$

螯合物具有较高的稳定性，可从热力学观点来分析，反应的平衡常数和标准吉布斯自由能有如下关系：

$$\Delta_r G^\ominus =-RT\ln K^\ominus$$

$\Delta_r G^\ominus$ 与标准焓变$\Delta_r H^\ominus$ 和标准熵变$\Delta_r S^\ominus$ 之间的关系为

$$\Delta_r G^\ominus = \Delta_r H^\ominus - T\Delta_r S^\ominus$$

因此

$$\ln K^\ominus = \frac{1}{R}\left(\Delta_r S^\ominus - \frac{\Delta_r H^\ominus}{T}\right)$$

显然，当温度一定时，$K^\ominus$ 的大小取决于 $\Delta_r S^\ominus$ 和 $\Delta_r H^\ominus$。其中 $\Delta_r H^\ominus$ 主要是破坏旧键及产生新键的焓变，在上述甲胺和乙二胺配合物中的配位键都是 Cd—N 相结合，故生成相应的配合物时的焓变 $\Delta_r H^\ominus$ 相差不大，可见螯合物 $K_稳$ 较大的原因主要是由于其 $\Delta_r S^\ominus$ 比一般配合物要大。简单地说，这是因为 M^{2+} 当用乙二胺取代甲胺进行配位时，为"进一出二"，反应后溶液中微粒总数增加，体系的混乱度增加，即熵效应是造成螯合物比一般配合物稳定性要高的主要原因。因此螯合效应的实质是一种熵效应。

另外，螯合物的稳定性还与组成螯合环的原子数目有关，上述 Cd^{2+} 与乙二胺组成的螯合环为五元环。饱和的五元环最稳定，这是因为在饱和的五元环中，C 原子采取 sp^3 杂化，其键角为 109°28′，与正五边形的键角 108°很接近，所以张力最小，最稳定。饱和的六元环一般不如五元环稳定，环越大越不稳定，七元环、八元环在水溶液中不稳定，在乙醇溶液中可以形成。但是具有双键体系的六元环螯合物也很稳定。例如，由水杨醛或乙酰丙酮形成的螯合物都很稳定。

三水杨醛合铁(Ⅲ)　　　　　　二乙酰丙酮合铜(Ⅱ)

这是因为在双键体系中，C 原子采取 sp^2 杂化，其键角为 120°，与正六边形的键角相等，张力较小，所以其螯合物的稳定性大。当螯环中双键增加时，螯合物的稳定性一般随之增加。常见的无机二齿体是含氧酸根，如 CO_3^{2-}、NO_3^-、PO_4^{3-}、$S_2O_3^{2-}$ 等，它们常与某些金属离子形成具有四元环的螯合物，但稳定性较差，这主要是因为四元环的张力较大。SO_3^{2-}、SO_4^{2-} 也可作为二齿体，但作为单齿配体更常见。三元环则因张力太大，一般难以形成。

螯合物的稳定性还与配合物中螯合环数目有密切关系。实验证明，配合物中形成的螯合环数目越多，稳定性越好。如图 9-4 所示，乙二胺四乙酸阴离子能与 Ca^{2+} 形成具有五个五元环的螯合物 CaY^{2-}，$\lg K_f^\ominus = 10.96$，是所有 Ca^{2+} 配合物中最稳定的一种。配位体性质对配合物稳定性的影响还与配位原子的电负性大小以及配位体的碱性强弱等有关，这里不再赘述。

需要指出的是，配合物中的配位键并非都是用"→"来表示的。通常"→"用来表示形成体与不带电荷的配原子间的配位键，而形成体与带电荷的配原子间的配位键则用"—"来连接，如二(氨基乙酸)合铜(Ⅱ)中：

$$2H_2N-CH_2-\overset{\overset{\textstyle O}{\|}}{C}H-OH + Cu^{2+} === \quad + 2H^+$$

从上面的讨论可以了解，价键理论能解释某些配合单元的空间结构、配位数、稳定性及某些配离子的磁性。但它的缺点是只能定性解释，不能用定量计算说明配合物的性质，特别是不能解释配合物的颜色，即不能解释配合物的紫外光谱和可见吸收光谱，对配合物的磁性解释也有局限性。目前配合物价键理论已逐渐为晶体场理论所取代。

9.3.2　配位化合物晶体场理论

1928 年，贝特(Hans Albrecht Bethe，1906—2005，法国美籍物理学家)首先提出了配合物晶体场理论。他在静电理论的基础上，结合量子力学和群论的一些观点，揭示了过渡金属元素配合物晶体的一些性质。此理论当时提出后并没有引起人们足够的重视。直到 1953 年，晶体场理论成功地解释了$[Ti(H_2O)_6]^{3+}$是紫红色的，才使理论得到迅速发展。配合物晶体场理论着重研究配位体对过渡元素和镧系元素的 d 轨道和 f 轨道的影响，解释配合物的物理和化学性质。基本要点：①把配位键设想为完全带正电荷的阳离子与配体之间的静电引力。即中心体 M 是带正电的点电荷，配位体 L 是带负电的点电荷；M 处于 L 围绕的晶体场中，M 与 L 之间的作用犹如离子晶体中正、负离子之间的离子键，是纯粹的静电吸引和排斥，并不形成共价键，不考虑配位体的轨道电子对中心体的作用。②M 的 5 个能量相同的简并 d 轨道在周围 L 所形成的负电场的作用下，分裂成两组或两组以上能级不同的轨道；有的比晶体场中 d 轨道的平均能量降低了，有的升高了。③d 电子在分裂的 d 轨道上按能量最低原理重新排布，进而获得额外的稳定化能量，称为晶体场稳定化能(crystal field stabilization energy，CFSE)。分裂的情况主要取决于 M 和 L 的本质及 L 的空间分布。

1. 中心体 d 轨道在不同配体场中的分裂情况

首先从图 9-9 中可以看出，d_{xy}、d_{xz}、d_{yz} 的角度分布图在空间取向是一致的，所以它们是等价的，而$d_{x^2-y^2}$、d_{z^2}看上去似乎是不等价的，实际上它们也是等价的，因为d_{z^2}可以看作是$d_{z^2-x^2}$和$d_{z^2-y^2}$的组合(图 9-10)。可以假想 M 在 L 的球形对称场(spherical field)中，每个 d 轨道上的电子受到 L 提供电子对的排斥作用相同，能量升高的值也相同(图 9-11)。

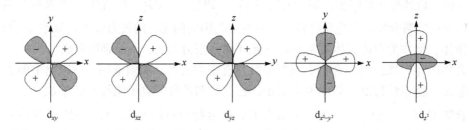

图 9-9　d 轨道的角度分布图

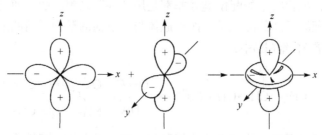

图 9-10　$d_{z^2-x^2}$ 和 $d_{z^2-y^2}$ 线性组合成 d_{z^2} 的示意图

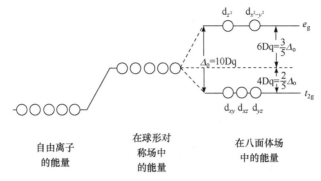

图 9-11　M 自由离子处于球形场中和八面体配位场中 d 轨道的能量变化示意图

对于正八面体配合物 ML_6，如图 9-12 所示，M 占据在正八面体场(octahedral field)中坐标原点位置，六个配体 L 分别在 $\pm x$、$\pm y$、$\pm z$ 轴上且离原点的距离为 a。相当于从球形场配体中拿掉许多配体，最后只剩下 $\pm x$、$\pm y$、$\pm z$ 轴上六个配体。对中心体 M 的 $(n-1)d$ 轨道而言：d_{z^2} 与 $d_{x^2-y^2}$ 两个轨道的电子云最大密度处，恰好对着 $\pm x$、$\pm y$、$\pm z$ 上的六个配体，受到配体电子云的排斥作用增大，所以 d_{z^2} 与 $d_{x^2-y^2}$ 轨道的能量升高；而 d_{xy}、d_{xz}、d_{yz} 三个轨道的电子云最大密度处，指向坐标轴的对角线处，离 $\pm x$、$\pm y$、$\pm z$ 上的配体的距离远，受到配体电子云的排斥作用小，所以 d_{xy}、d_{xz}、d_{yz} 轨道的能量降低。故在正八面体场中，中心体 M 的 $(n-1)d$ 轨道分裂成 e_g 与 t_{2g} 两组(图 9-11)，两组轨道能量差值称为晶体场分裂能(crystal field splitting energy)，用 Δ_o 表示，即

$$\Delta_o = E_{(e_g)} - E_{(t_{2g})} \tag{9-8}$$

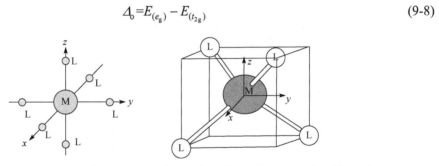

图 9-12　笛卡儿坐标下正八面体场和正四面体场中负电荷 L 围绕一个 M 中心排列示意图

2. 影响分裂能大小的因素和光谱化学序列

晶体场的类型直接决定了配体所占的空间几何构型，晶体场是影响分裂能大小的主要因素。如图 9-13 所示，在八面体场和四面体场中 d 轨道的分裂情况不同，且分裂能值也不同。一般来说，当中心体与配体一定时，配合物的几何构型，即晶体场与分裂能的关系为：平面正方形 Δ_s > 八面体 Δ_o > 四面体 Δ_t。另外，中心体和配位体的性质也是影响晶体场分裂能的主要因素。

1) 中心体性质的影响

相同配体时，中心离子的电荷越多，分裂能越大。例如，$[Fe(H_2O)_6]^{3+}$，$\Delta_o = 13700cm^{-1}$；而 $[Fe(H_2O)_6]^{2+}$，$\Delta_o = 10400cm^{-1}$。这是因为中心体的氧化值越高，中心体所带的正电荷越多，对配体的吸引力越大，中心体与配体之间的距离越近，中心体外层的 d 电子与配体之间的斥力越大，所以分裂能也就越大。一般三价水合离子要比二价水合离子大 40%～80%。同族同

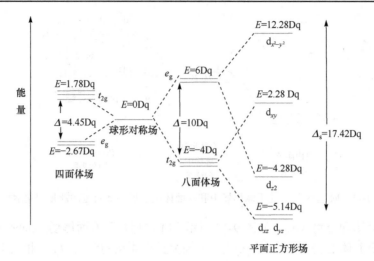

图 9-13   不同晶体场中晶体场分裂能的相对大小示意图

氧化态离子的分裂能, 随中心体的 d 轨道主量子数增大而增大。由于 3d 电子云所占有效空间小于 4d, 4d 电子云所占有效空间小于 5d; 所以相同配体、在相同距离上对 3d、4d、5d 电子云的相互作用不同, 则 3d、4d、5d 轨道分裂程度也不同, 有效空间大的 d 电子云, 变形性也大, 轨道分裂大, 分裂能就大。第五周期要比第四周期大 40%~50%; 第六周期要比第五周期大 20%~35%。例如, 在配体相同、配合物的几何构型也相同的情况下, 由 Cr 到 Mo、由 Co 到 Rh, Δ_o 增大约 50%, 由 Rh 到 Ir, Δ_o 增大约 25%。

2) 配体性质的影响

同种中心体与不同配体形成相同构型的配离子时, 其分裂能的大小与配体的场强有关,

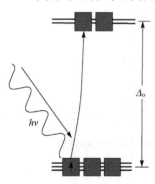

图 9-14   八面体场中电子受光激发 d-d 跃迁示意图

与配位原子种类有关。不同能量的 d 轨道之间的跃迁称为 d-d 跃迁。由于分裂能大小对应紫外和可见光能量范围, 因此 d-d 跃迁常使配合物产生颜色。图 9-14 为八面体场中电子受光激发 d-d 跃迁示意图, 电子吸收光的能量, 从低能级向高能级跃迁, 所以 $\Delta_o = h\nu = hc/\lambda$, $1/\lambda = \tilde{\nu} = \Delta_o/hc$。可以求出吸收光的波长, 物质显示的颜色是物质吸收光的互补色(表 2-4)。例如, 二价水合锰离子颜色很淡, 是因为五个电子分占五个 d 轨道, 如可见光激发电子跃迁需克服电子成对能, 所需能量高, 所以二价锰离子为浅粉红色。

配体场强越强, 分裂能越大, 吸收光的能量越高。因此, 配合物的吸收光谱可以表征配体对分裂能的影响。同为八面体场, 同一金属离子, 分裂能大的配位体为强场配位体, 分裂能小的配位体为弱场配位体。例如, $[Cr(en)_3]^{3+}$、$[Cr(ox)_3]^{3-}$ 和 $[CrF_6]^{3-}$ 的紫外-可见光谱吸收峰的频率逐渐减小, 所以配体的强度为 en>ox^{2-}>F^-, 可推测乙二胺(en)为强场配体, F 为弱场配体。按配体对同一金属离子的 d 轨道分裂能力大小排列, 可得到配体的强弱顺序, 称为光谱化学序列 (spectrochemical series): $I^- < Br^- < Cl^- < F^- < OH^- < C_2O_4^{2-} \sim H_2O < NCS^- < py \sim NH_3 < en < bipy < NO_2^- < CN^- < CO$。

碘离子称为弱场配体, CO 称为强场配体, 其他配体是强场还是弱场, 常因中心体不同而不同。一般情况下位于水以前的配体都是弱场配体; 位于氨以后的配体都是强场配体; 介于

水和氨之间的配体称为中等场配体。从上述光谱化学序列还可以看出，配位原子相同的列在一起。配位原子的影响分裂能大小顺序为 I＜Br＜Cl＜F＜O＜N＜C。当然，对于不同的金属离子，有时次序略有不同，用时需注意。

3. 晶体场理论对配合物磁性的解释

中心体$(n-1)$d 轨道上的电子在晶体场分裂轨道中排布时，消耗电子成对能(P)，可使电子自旋成对地占有同一轨道。当$\Delta＞P$时，即分裂能大于电子成对能，称为强场，电子首先排满低能量的 d 轨道，电子排布称为低自旋排布；当$\Delta＜P$时，即分裂能小于电子成对能，称为弱场，电子首先成单地占有所有的 d 轨道，电子排布称为高自旋排布。d^n在正八面体场中的排布如表 9-7 所示，对于d^1、d^2、d^3、d^8、d^9和d^{10}电子构型的正八面体配合物而言，高低自旋的电子排布是一样的，即无论弱场强场，只有 1 种排布，无高低自旋之分。只有$d^4 \sim d^7$电子构型的正八面体配合物才分高低自旋。若配合物中单电子数为零，为反磁性；若存在单电子则为顺磁性，且根据$\mu=\sqrt{n(n+2)}$，可以计算配合物的磁矩或成单电子数。正四面体配合物一般是高自旋。

表 9-7　d^n在正八面体场中的排布

d^n	d^1	d^2	d^3	d^4	d^5
低自旋($\Delta_o＞P$)	$(t_{2g})^1(e_g)^0$	$(t_{2g})^2(e_g)^0$	$(t_{2g})^3(e_g)^0$	$(t_{2g})^4(e_g)^0$	$(t_{2g})^5(e_g)^0$
高自旋($\Delta_o＜P$)	$(t_{2g})^1(e_g)^0$	$(t_{2g})^2(e_g)^0$	$(t_{2g})^3(e_g)^0$	$(t_{2g})^3(e_g)^1$	$(t_{2g})^3(e_g)^2$
d^n	d^6	d^7	d^8	d^9	d^{10}
低自旋($\Delta_o＞P$)	$(t_{2g})^6(e_g)^0$	$(t_{2g})^6(e_g)^1$	$(t_{2g})^6(e_g)^2$	$(t_{2g})^6(e_g)^3$	$(t_{2g})^6(e_g)^4$
高自旋($\Delta_o＜P$)	$(t_{2g})^4(e_g)^2$	$(t_{2g})^5(e_g)^2$	$(t_{2g})^6(e_g)^2$	$(t_{2g})^6(e_g)^3$	$(t_{2g})^6(e_g)^4$

4. 晶体场理论对配合物稳定性的解释

d 电子从未分裂的 d 轨道进入分裂后的 d 轨道，所产生的总能量下降值称为晶体场稳定化能。对于配合物 ML_6，M 占据在正八面体场中，若 5 个 d 轨道被 10 个电子填充，根据能量守恒定律：

$$4E(e_g)+6E(t_{2g})=0 \tag{9-9}$$

解式(9-8)和式(9-9)的联立方程得

$$E(e_g)=\frac{3}{5}\Delta_o, \qquad E(t_{2g})=-\frac{2}{5}\Delta_o$$

令$\Delta_o=10Dq$，则

$$E(e_g)=6Dq, \qquad E(t_{2g})=-4Dq$$

若有$n(t_{2g})$和$n(e_g)$个电子分别分布在t_{2g}和e_g上，m_1和m_2分别是八面体场和球形场中 d 轨道的成单电子数，则晶体场稳定化能(CFSE)为

$$(\text{CFSE})_o=(-4Dq)\times n_{t_{2g}}+6Dq\times n_{e_g}+(m_1-m_2)P \tag{9-10}$$

例如，正八面体场中$(t_{2g})^6(e_g)^0$组态对应的$(\text{CFSE})_o=(-4Dq)\times6+(0-4)P$，$(t_{2g})^4(e_g)^2$组态对应的$(\text{CFSE})_o=(-4Dq)\times4+(4-4)P$。

这就很好地解释了配合物的稳定性与 $(n-1)d^x$ 的关系。如第一过渡系列+2 氧化态水合配离子 $[M(H_2O)_6]^{2+}$ 稳定性与 $(n-1)d^x$ 在八面体弱场中的 CFSE 有如下关系：$d^0 < d^1 < d^2 < d^3 > d^4 > d^5 < d^6 < d^7 < d^8 > d^9 > d^{10}$，但有些特殊情况下也会出现 $d^3 < d^4$、$d^8 < d^9$ 的现象。

晶体场理论能较好地说明配位化合物中心体上的未成对电子数，并由此进一步说明配位化合物的光谱、磁性、颜色和稳定性等。但晶体场理论只能适用于离子晶体物质，如硅酸盐、氧化物等，且晶体场理论在解释配体对中心体的配合能力时不理想，此时应用分子轨道理论。

9.4　外界因素对配位化合物稳定性的影响

若在某一个配位平衡的体系中加入某种化学试剂，如酸、碱、另一种配位剂、沉淀剂或氧化还原剂等，都会因中心体或配位体浓度的变化，导致某配位化合物解离或生成。

9.4.1　配位体 L 的质子化常数

如果把酸(H_iL)看作氢配合物，就可以把酸碱平衡处理与配合平衡处理统一起来。此处用 $K_i^H(L)$ 表示 L 与 H^+ 反应形成 H_iL 的形成常数，也称逐级质子化常数，即

$$H_{i-1}L + H^+ \Longrightarrow H_iL \qquad K_i^H = \frac{\dfrac{c(H_iL)}{c^\ominus}}{\dfrac{c(H_{i-1}L)}{c^\ominus} \cdot \dfrac{c(H^+)}{c^\ominus}} \tag{9-11}$$

与配合物的累积稳定化常数相对应，有累积质子化常数：

$$\beta_i^H = K_1^H \cdot K_2^H \cdots K_i^H = \frac{\dfrac{c(H_iL)}{c^\ominus}}{\left[\dfrac{c(H^+)}{c^\ominus}\right]^i \cdot \dfrac{c(L)}{c^\ominus}} \tag{9-12}$$

故
$$\beta_i^H \cdot [c(H^+)]^i = \frac{c(H_iL)}{c(L)} \tag{9-13}$$

例如，对于六元酸 H_6L，L 的逐级质子化常数可表示为

$$L + H^+ \Longrightarrow HL, \qquad K_1^H = \frac{\dfrac{c(HL)}{c^\ominus}}{\dfrac{c(L)}{c^\ominus} \cdot \dfrac{c(H^+)}{c^\ominus}} = \frac{1}{K_{a6}^\ominus}, \qquad \beta_1^H = K_1^H = \frac{\dfrac{c(HL)}{c^\ominus}}{\dfrac{c(L)}{c^\ominus} \cdot \dfrac{c(H^+)}{c^\ominus}}$$

$$HL + H^+ \Longrightarrow H_2L, \qquad K_2^H = \frac{\dfrac{c(H_2L)}{c^\ominus}}{\dfrac{c(HL)}{c^\ominus} \cdot \dfrac{c(H^+)}{c^\ominus}} = \frac{1}{K_{a5}^\ominus}, \qquad \beta_2^H = K_1^H \cdot K_2^H = \frac{\dfrac{c(H_2L)}{c^\ominus}}{\dfrac{c(L)}{c^\ominus} \cdot \left[\dfrac{c(H^+)}{c^\ominus}\right]^2}$$

$$H_2L + H^+ \Longrightarrow H_3L, \qquad K_3^H = \frac{\dfrac{c(H_3L)}{c^\ominus}}{\dfrac{c(H_2L)}{c^\ominus} \cdot \dfrac{c(H^+)}{c^\ominus}} = \frac{1}{K_{a4}^\ominus}, \qquad \beta_3^H = K_1^H \cdot K_2^H \cdot K_3^H = \frac{\dfrac{c(H_3L)}{c^\ominus}}{\dfrac{c(L)}{c^\ominus} \cdot \left[\dfrac{c(H^+)}{c^\ominus}\right]^3}$$

$$H_3L + H^+ =\!=\!= H_4L \ , \quad K_4^H = \dfrac{\dfrac{c(H_4L)}{c^\ominus}}{\dfrac{c(H_3L)}{c^\ominus} \cdot \dfrac{c(H^+)}{c^\ominus}} = \dfrac{1}{K_{a3}^\ominus} \ , \quad \beta_4^H = K_1^H \cdot K_2^H \cdot K_3^H \cdot K_4^H = \dfrac{\dfrac{c(H_4L)}{c^\ominus}}{\dfrac{c(L)}{c^\ominus} \cdot \left[\dfrac{c(H^+)}{c^\ominus}\right]^4}$$

$$H_4L + H^+ =\!=\!= H_5L, \quad K_5^H = \dfrac{\dfrac{c(H_5L)}{c^\ominus}}{\dfrac{c(H_4L)}{c^\ominus} \cdot \dfrac{c(H^+)}{c^\ominus}} = \dfrac{1}{K_{a2}^\ominus} \ , \quad \beta_5^H = K_1^H \cdot K_2^H \cdot K_3^H \cdot K_4^H \cdot K_5^H = \dfrac{\dfrac{c(H_5L)}{c^\ominus}}{\dfrac{c(L)}{c^\ominus} \cdot \left[\dfrac{c(H^+)}{c^\ominus}\right]^5}$$

$$H_5L + H^+ =\!=\!= H_6L \ , \quad K_6^H = \dfrac{\dfrac{c(H_6L)}{c^\ominus}}{\dfrac{c(H_5L)}{c^\ominus} \cdot \dfrac{c(H^+)}{c^\ominus}} = \dfrac{1}{K_{a1}^\ominus} \ ,$$

$$\beta_6^H = K_1^H \cdot K_2^H \cdot K_3^H \cdot K_4^H \cdot K_5^H \cdot K_6^H = \dfrac{\dfrac{c(H_6L)}{c^\ominus}}{\dfrac{c(L)}{c^\ominus} \cdot \left[\dfrac{c(H^+)}{c^\ominus}\right]^6}$$

【例 9-7】　已知 NH_4^+ 的 $pK_a^\ominus = 9.246$，求 NH_3 的质子化常数。

解　　　　　　　　　　　　$NH_3 + H^+ \rightleftharpoons NH_4^+$

$$K^H(NH_4^+) = \dfrac{1}{K_a^\ominus} = 10^{9.246}$$

9.4.2　酸效应

配位剂是碱，易于接受质子形成其共轭酸，酸度对配位剂的副反应影响配合物的稳定性，或使配合物解离。为了定量地表示副反应进行的程度，引入副反应系数。若参与反应的某物种的浓度为 c，其分析浓度为 c'，则副反应系数 α 为 $\alpha = \dfrac{c'}{c}$，副反应系数越大，参与反应的某物种的浓度就越低。$c'(L)$ 表示溶液中未与 M 配位的 L 的各种型体的总浓度，$c(L)$ 为 L 型体的浓度，则

$$\alpha_L = \dfrac{c'(L)}{c(L)} \tag{9-14}$$

α_L 是 L 的副反应系数，α_L 值越大，表示 L 发生的副反应越严重，L 型体在溶液中占的比例越小，越不易形成 ML_n 配合物，即配合物的稳定性受到影响。当溶液中 L 除与 M 形成配合物外，仅与 H^+ 发生副反应时：

$$c'(L) = c(L) + c(HL) + c(H_2L) + \cdots + c(H_nL)$$

$$\alpha_L = \alpha_L(H) = \dfrac{c'(L)}{c(L)} = \dfrac{c(L) + c(HL) + c(H_2L) + \cdots + c(H_nL)}{c(L)} \tag{9-15}$$

此时副反应系数就称为酸效应系数(acid effect coefficient)。显然，$\alpha_L(H)$ 即多元酸 H_nL 中

L 的摩尔分数 δ_0 的倒数。

$$\alpha_L\left(H\right)=\frac{1}{\delta_0}=\frac{\left[c\left(H^+\right)\right]^n+\left[c\left(H^+\right)\right]^{n-1}K_{a1}+\cdots+K_{a1}K_{a2}K_{a3}\cdots K_{an}}{K_{a1}K_{a2}K_{a3}\cdots K_{an}}$$

依据配合物的累积质子化常数与各型体的关系可将式(9-13)代入式(9-15)，写为

$$\alpha_L\left(H\right)=1+c\left(H^+\right)\beta_1^H+[c\left(H^+\right)]^2\beta_2^H+\cdots+[c\left(H^+\right)]^n\beta_n^H \tag{9-16}$$

$\alpha_L\left(H\right)$ 仅是 $c\left(H^+\right)$ 的函数。酸度越高，$\alpha_L\left(H\right)$ 值越大。

【例 9-8】 计算 pH = 5.00 时 0.010mol·L^{-1} EDTA 的酸效应系数 $\alpha_{Y(H)}$ 和 $c(Y)$。

解 查得 EDTA 的各级酸的解离常数 $K_{a1}\sim K_{a6}$ 分别为 $10^{-0.9}$、$10^{-1.6}$、$10^{-2.07}$、$10^{-2.75}$、$10^{-6.24}$、$10^{-10.34}$。酸的各级质子化常数 $K_1^H\sim K_6^H$ 分别为 $10^{10.34}$、$10^{6.24}$、$10^{2.75}$、$10^{2.07}$、$10^{1.6}$、$10^{0.9}$。故各级累积质子化常数 $\beta_1^H\sim\beta_6^H$ 分别为 $10^{10.34}$、$10^{16.58}$、$10^{19.33}$、$10^{21.40}$、$10^{23.0}$、$10^{23.9}$。按照式(9-16)，有

$$\alpha_L\left(H\right)=1+c\left(H^+\right)\beta_1^H+\left[c\left(H^+\right)\right]^2\beta_2^H+\cdots+\left[c\left(H^+\right)\right]^6\beta_6^H$$

$$=1+10^{-5.00+10.34}+10^{-10.00+16.58}+10^{-15.00+19.33}+10^{-20.00+21.40}+10^{-25.00+23.0}+10^{-30.00+23.9}$$

$$=1+10^{5.34}+10^{6.58}+10^{4.33}+10^{1.40}+10^{-2.0}+10^{-6.1}=10^{6.6}$$

$$c(Y)=\frac{c'(Y)}{\alpha_{Y(H)}}=\frac{0.010\text{mol}\cdot\text{L}^{-1}}{10^{6.6}}=2.5\times10^{-9}\text{ mol}\cdot\text{L}^{-1}$$

副反应系数式中虽然包含许多项，但在一定条件下只有少数几项(一般是 2～3 项)是主要的，其他项均可略去。由上可见，pH = 5.00 时，EDTA 主要以 H_2Y(式中第三项)型体存在，其次是 HY(式中第二项)。

【例 9-9】 若将例 9-3 中溶液控制在 pH=9，计算在平衡后溶液中的 Ag^+ 浓度是多少？已知 $[Ag(NH_3)_2]^+$ 的 $K_f^{\ominus}=\beta_2^{\ominus}=10^{7.05}$。

解 1.0mL 0.040mol·L^{-1} AgNO$_3$ 与 1.0mL 2.0mol·L^{-1} 氨水混合后，浓度均减半，则 $c'(NH_3)=1.0$mol·L^{-1}，$c(AgNO_3)=0.020$mol·L^{-1}。

因为 $c(NH_3)\gg c(AgNO_3)$，且 $K_f^{\ominus}$ 数值较大，可认为全部 Ag^+ 都生成配离子 $[Ag(NH_3)_2]^+$，则达到平衡时：$c'(NH_3)=1-0.02\times2=0.96$mol·L^{-1}，计算 pH=9.0，NH$_3$ 总浓度 $c(NH_3)=0.96$mol·L^{-1} 时，游离 NH$_3$ 的浓度。

由例 9-7 可得，$K^H\left(NH_4^+\right)=9.246$，则

$$\alpha_{NH_3}(H)=1+c(H^+)K^H(NH_4^+)=1+10^{-9.0+9.246}=10^{0.44}$$

所以

$$c(NH_3)=\frac{c'(NH_3)}{\alpha_{NH_3}(H)}\approx\frac{0.96}{10^{0.44}}=10^{-0.44}=0.35\,(\text{mol}\cdot\text{L}^{-1})$$

设由 $[Ag(NH_3)_2]^+$ 解离出的 Ag^+ 为 x，即

	Ag^+	+	$2NH_3$	$\rightleftharpoons$	$[Ag(NH_3)_2]^+$
起始浓度/(mol·L^{-1}):	0.020		0.35		0
平衡浓度/(mol·L^{-1}):	x		$0.35+2x$		$0.020-x$

则
$$K_f^{\ominus} = \frac{c[\mathrm{Ag(NH_3)_2^+}]}{c(\mathrm{Ag^+}) \cdot [c(\mathrm{NH_3})]^2} = \frac{0.020 - x}{x \cdot (0.35 + 2x)^2} = 10^{7.05}$$

因为 $K_f^{\ominus}$ 值较大，x 值较小，所以 $0.020 - x \approx 0.020$，$0.35 + x \approx 0.35$，即

$$x = \frac{0.020}{0.35^2 \times 10^{7.05}} = 1.63 \times 10^{-8} \ (\mathrm{mol} \cdot \mathrm{L^{-1}})$$

计算结果表明，由于 pH 较低，虽然加入氨水总量不变，但由于受酸效应影响，溶液中 $\mathrm{Ag^+}$ 浓度大大增大。

9.4.3　配位效应

由于另一可与 M 形成更稳定配合物的配位体的加入，配离子之间相互转化，两种配离子的稳定常数相差越大，转化越完全。

【例 9-10】　向含有 $[\mathrm{Ag(NH_3)_2}]^+$ 的溶液中分别加入 KCN 和 $\mathrm{Na_2S_2O_3}$，此时发生下列反应：

$$[\mathrm{Ag(NH_3)_2}]^+ + 2\mathrm{CN^-} \rightleftharpoons [\mathrm{Ag(CN)_2}]^- + 2\mathrm{NH_3} \tag{1}$$

$$[\mathrm{Ag(NH_3)_2}]^+ + 2\mathrm{S_2O_3^{2-}} \rightleftharpoons [\mathrm{Ag(S_2O_3)_2}]^{3-} + 2\mathrm{NH_3} \tag{2}$$

在相同的情况下，判断哪个反应进行得更完全。

解　式(1)平衡常数表示为　　$K_1^{\ominus} = \dfrac{c[\mathrm{Ag(CN)_2^-}] \cdot [c(\mathrm{NH_3})]^2}{c[\mathrm{Ag(NH_3)_2^+}] \cdot [c(\mathrm{CN^-})]^2}$

分子分母同乘 $c(\mathrm{Ag^+})$ 后可得：　$K_1^{\ominus} = \dfrac{c[\mathrm{Ag(CN)_2^-}] \cdot [c(\mathrm{NH_3})]^2}{c[\mathrm{Ag(NH_3)_2^+}] \cdot [c(\mathrm{CN^-})]^2} \cdot \dfrac{c(\mathrm{Ag^+})}{c(\mathrm{Ag^+})}$

$$= \frac{K_{稳}^{\ominus}[\mathrm{Ag(CN)_2^-}]}{K_{稳}^{\ominus}[\mathrm{Ag(NH_3)_2^+}]} = \frac{10^{21.1}}{10^{7.4}} = 10^{13.7}$$

同理可求出式(2)的平衡常数 $K_2^{\ominus} = 10^{6.41}$。由计算得知，反应式(1)的平衡常数 $K_1^{\ominus}$ 值比反应式(2)的平衡常数 $K_2^{\ominus}$ 值大，说明反应(1)比反应(2)进行得更完全。

9.5　金属配合物——一类有前景的抗癌药物

众所周知，无论在发达国家还是在发展中国家，癌症的高致死率使其成为当前危害人类健康最主要的疾病之一，被称为人类的"头号杀手"。据悉，我国每年新发癌症病例约 200 万人，因癌症死亡人数为 140 万；我国居民每死亡 5 人中，就有 1 人死于癌症。因此，开展高效低毒的新型抗癌药物的研究对于癌症的治疗具有重要的意义，是关乎社会发展、人民生活的大事。

中心体是金属离子或原子的配合物，我们通常称之为金属配合物。金属配合物在日常生活中具有一个极其重要的用途：它们是一类非常有前景的抗癌药物。在此，我们主要以铂类和钌类金属配合物抗癌药物的发展为例，说明无机化合物在科学研究和实际生活中的应用，感悟国计民生与基础科学的关系。

9.5.1　铂类金属配合物抗癌药物

1969 年美国科学家 Rosenberg 首次报道了 Pt(Ⅱ)的金属配合物，也称为顺铂，结构见图 9-15(a)，具有抗肿瘤活性。20 世纪 70 年代，顺铂作为金属抗癌药物得到快速发展，如今

已成为临床上治疗睾丸癌、卵巢癌、头颈肿瘤和膀胱癌等广泛使用的药物之一。顺铂作为抗癌药物在临床上的应用开启了金属抗肿瘤药物研究的新领域。顺铂之所以能够对癌细胞产生毒性是因为它可以从细胞外部扩散至细胞核，通过水合作用和水解作用使配体氯离子在几小时内即可被 H_2O/OH^- 所取代，形成部分水解的产物，该物质极易与 DNA 共价键合并造成 DNA 双链结构的严重扭曲，破坏 DNA 的复制，最后引发细胞凋亡，从而造成细胞死亡，如图 9-15(b) 所示。继顺铂之后，各国科学家又相继合成出几千种类似的铂配合物，其中包括已经走向临床应用的第二代铂类配合物抗癌药物代表——卡铂，以及第三代铂类配合物抗癌药物代表——奥沙利铂[图 9-15(a)]。卡铂和奥沙利铂与顺铂的结构不同之处在于用羧酸酯代替了配体氯离子，这样做的目的是增加配合物的水溶性和配体交换反应速率。卡铂是广谱抗癌药，主要应用于睾丸肿瘤、卵巢癌、小细胞和非小细胞的肺癌、头颈部鳞癌和子宫颈癌。奥沙利铂对于转移性结肠癌、直肠癌和卵巢癌具有较好的治疗效果。

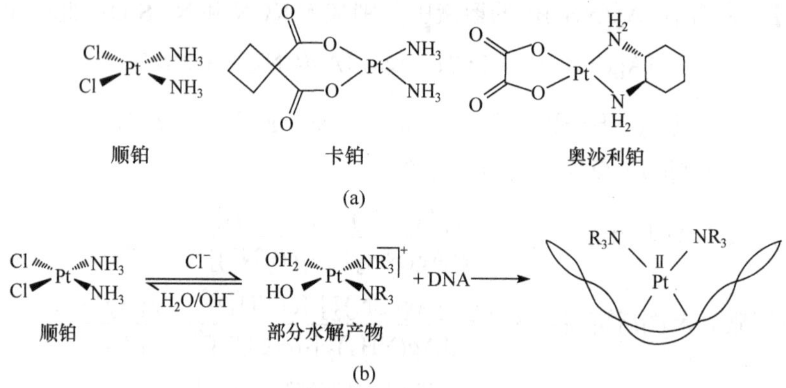

(a)

(b)

图 9-15 (a)顺铂、卡铂和奥沙利铂的结构；(b)顺铂的抗癌作用机理

虽然铂类抗癌药物在临床应用上极具成效，但它们的毒副作用也是十分明显的，如肾毒性、骨髓毒性、耳毒性、外周神经毒性、催吐性及长期使用产生的耐药性等；而且有关临床应用的铂类配合物具有相近的抗肿瘤谱，以及有不少肿瘤铂类药物并不起作用，使其应用受到限制。这促使研究者的眼光转向开发非铂类金属抗癌药物。

9.5.2 钌类金属配合物抗癌药物

大多数报道认为钌的配合物是低毒性的，易吸收且可很快排泄，更重要的是易于被肿瘤组织吸收。因此，国际上普遍认为，钌配合物是继铂类配合物之后最有前途的抗癌药物之一。根据人们的研究发现，具有抗癌活性的钌配合物总体上可以分成以下几类：氯-胺类、氯-二甲亚砜(DMSO)类、氯-吲哚类、芳烃类和多吡啶类等。

1. 氯-胺类钌配合物

20 世纪 80 年代，在铂类配合物的启发下，Clarke 发现了最早的一类具有抗癌活性的钌配合物，Ru(Ⅱ)-Ru(Ⅲ)的 Cl-NH₃ 配合物，如图 9-16 中的配合物 1 和配合物 2。有研究认为，配合物 1 主要通过与 DNA 键合发挥抗肿瘤作用，配合物 2 主要通过与钙离子运输蛋白选择性键合抑制钙离子传输至细胞而发生抗癌作用。与配合物 1 结构相似的 Ru(Ⅲ)配合物——顺式-[RuCl₂(NH₃)₄]Cl，也被发现具有抗肿瘤活性，其抑制人慢性髓原白血病细胞 K562 的 IC₅₀ 值(细胞增殖被抑制一半时抑制剂的浓度)只有 $10.74\mu mol \cdot L^{-1}$。

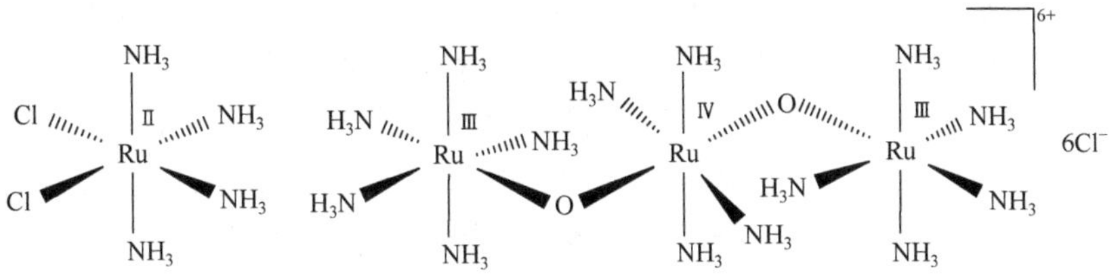

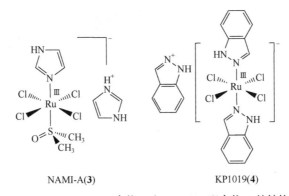

图 9-16　氯-胺类抗癌活性钌配合物(**1**, **2**)的结构

2. 氯-二甲亚砜类钌配合物

以二甲亚砜为配体的钌配合物的典型代表是 NAMI-A(配合物 **3**，图 9-17)，它是第一种进入临床的钌配合物，由 Alessio 等在 1994 年最先合成。该配合物在体外细胞实验中不显示活性，但体内实验显示其对肿瘤如肺癌、MCa 乳腺癌的转移表现出突出的活性。NAMI-A 与 DNA 的结合能力与顺铂相比要弱得多，但与蛋白的结合能力却很强。研究认为，NAMI-A 发挥作用的机理可能是它与癌细胞表面的肌动蛋白和细胞外部的胶原蛋白作用，减少了癌细胞的流动性。在 NAMI-A 之后，人们又合成了许多与 NAMI-A 结构相似的钌配合物，但迄今并没有发现比 NAMI-A 抗转移活性更好的氯-二甲亚砜类药物。

NAMI-A(**3**)　　　　　　　KP1019(**4**)

图 9-17　NAMI-A(配合物 **3**)和 KP1019(配合物 **4**)的结构

3. 氯-吲哚类钌配合物

KP1019 是以吲哚为主要配体的钌抗肿瘤活性配合物的典型代表(配合物 **4**，图 9-17)，也是继 NAMI-A 之后第二种进入临床实验的钌配合物，由 Sava 和 Keppler 合成。与 NAMI-A 相比，KP1019 更容易被细胞吸收，它对原发性直肠癌和路易斯肺癌显示出突出的活性，另外 KP1019 还对 B16 黑色素瘤、Scroma180 腹水癌、Ehrlich 腹水癌、MAC15A 直肠癌及鼠结肠癌都有很好的效果，尤其是鼠结肠癌和 B16 黑色素瘤，肿瘤的质量减轻率明显提高，但它们在体外活性试验中并不表现出较高的活性。这类钌配合物抗癌活性机理在于它进入细胞核后优先与鸟嘌呤残基的 N7 位共价键合，形成链间交联，使 DNA 复制功能受到阻碍。

4. 芳烃类钌配合物

芳烃类配合物是数量最多的一类钌抗癌药物。该类配合物存在四面体几何结构，以钌为中心原子，结构类似于具有三条腿的钢琴凳，上面的芳香性配体相当于座子，下面的其他三个配体相当于三条腿[图 9-18(a)]。以钌为中心原子的这种四面体构型能够限制其产生同分异构体的可能，具有芳香性质的π配体的存在能够起到稳定和保护中心原子的作用，可以防止钌(Ⅱ)被迅速氧化成钌(Ⅲ)。在配合物中，这些芳香性的π配体相对活性又比较弱，可以作为"旁观者"，不易发生取代反应。但这些以钌为中心原子的芳香性配体可以根据芳香性钌配合物的性质来改变，可以选择苯、对甲基异丙基苯、六甲基苯或联苯等，其他的三个配位点可以是 N、O、S 或 P 供电子基的配体。这类配合物除了在抗病毒抗生素和抗癌等方面有显著效果，其应用在催化、超分子组装、分子设计方面也取得了显著的成效。

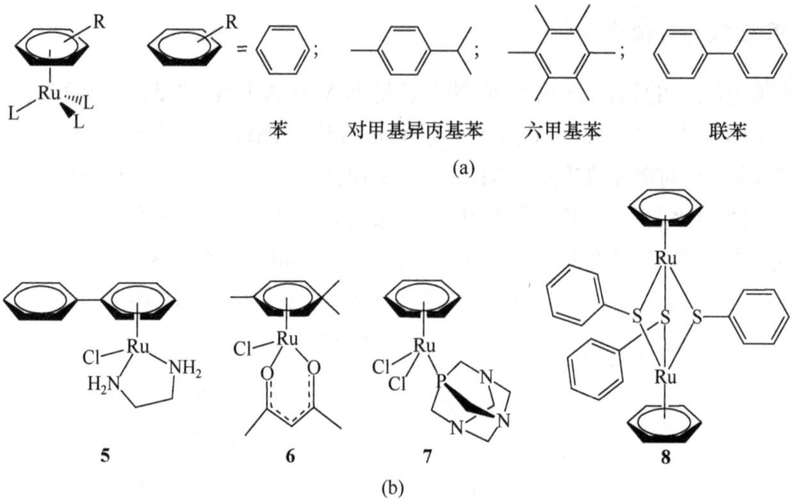

苯　　　对甲基异丙基苯　　　六甲基苯　　　联苯

(a)

(b)

图 9-18　(a)芳烃钌配合物的结构；(b)配合物 5～8 的结构

这类配合物主要是 Dyson 和 Sadler 等合成并研究的，其典型代表是图 9-18(b)中的配合物 **5**、**6**、**7** 和 **8**。配合物 **5** 是 n-配体类芳烃钌配合物的典型代表，其在体内/体外均显示出很高的抗肿瘤活性，抑制卵巢癌细胞 A2780 生长的 IC$_{50}$ 值只有 $6\mu mol \cdot L^{-1}$。研究发现，该配合物作用时的靶标为鸟嘌呤，乙二胺中氨基上的质子能与鸟嘌呤上羰基形成强的立体特异性分子内氢键。另外，它还能与磷酸基团形成强的氢键作用，配体与核酸间的氢键作用对配合物的活性至关重要。配合物 **6** 是 O-配体类芳烃钌配合物的典型代表，该中性配合物在水中溶解度不高，但水解速率较快，整体抗肿瘤活性不及配体，为乙二胺的芳烃钌配合物，其抑制 A2780 肿瘤细胞增殖的 IC$_{50}$ 值为 $19\mu mol \cdot L^{-1}$。配合物 **7** 是 p-配体类芳烃钌配合物的典型代表。研究发现，该配合物的水溶性较好，其中的 p-配体在较低的 pH 条件下能质子化，表现出 pH 依赖性损伤 DNA 的特点。它能够有效抑制 CBA 老鼠内肺转移瘤细胞的增长。配合物 **8** 是 s-配体类芳烃钌配合物的典型代表，由 Dyson 合成。该配合物是一个含有巯基苯的双核钌配合物，抗肿瘤效果比较显著，抑制 A2780 肿瘤细胞生长的 IC$_{50}$ 值只有 $0.38\mu mol \cdot L^{-1}$。

5. 多吡啶类钌配合物

多吡啶类钌配合物在合成方面研究较早，主要是为了研究其相应的光化学、光物理性质，而有关它们用于抗肿瘤方面的报道很少，直到 1995 年才见到如图 9-19 中所示 mer-[Ru(terpy)Cl$_3$](配合物 **9**)对 LS/BL 鼠腹水癌表现出活性的报道，但较差的水溶性限制了它在抗肿瘤方面的进一步研究。自 mer-[Ru(terpy)Cl$_3$]以后，一些多吡啶钌配合物被陆续发现具有抗肿瘤活性，国际上 Barton 课题组、国内计亮年院士课题组等在此方面做出了突出的贡献。例如，谭彩萍发现图 9-19 中$[Ru(bpy)_2(Nh)_2]^{2+}$(配合物 **10**)和$[Ru(phen)_2(Nh)_2]^{2+}$(配合物 **11**)对人肝癌细胞 HepG2、宫颈癌细胞 HeLa 和乳腺癌细胞 MCF-7 具有很好的抑制活性；$[Ru(bpy)_2(DBHIP)]^{2+}$(配合物 **12**)被发现对 Bel-7402 肿瘤细胞具有抑制活性，而结构相似的配合物$[Ru(phen)_2(DBHIP)]^{2+}$(配合物 **13**)被发现对肿瘤细胞 C-6(大鼠胶质瘤细胞)、Bel-7402(人肝癌细胞)及 MCF-7 均有抑制活性；$[Ru(bpy)_2(maip)]^{2+}$(配合物 **14**)被发现对 C-6、HepG 2 和 MCF-7 具有抑制活性，结构相似的配合物$[Ru(phen)_2(paip)]^{2+}$(配合物 **15**)被发现只对 C-6 和 MCF-7 具有抑制作用，而对 HepG 2 细胞瘤株没有抑制活性。

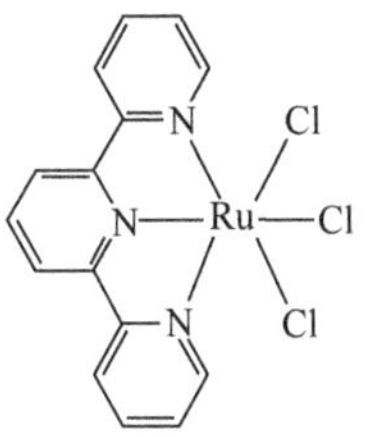

mer-$[Ru(terpy)Cl_3]$(**9**)

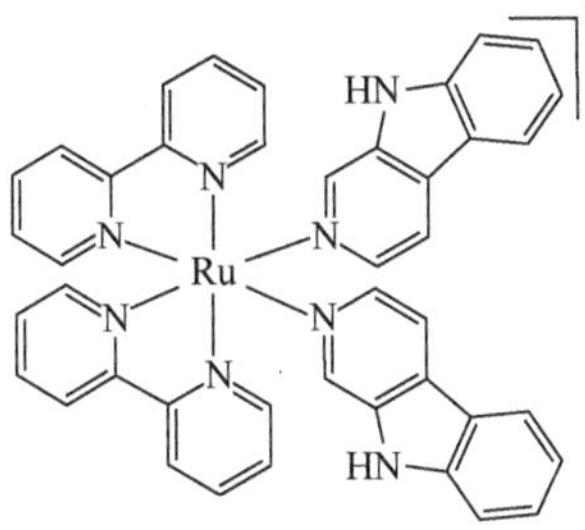

$[Ru(bpy)_2(Nh)_2]^{2+}$(**10**)

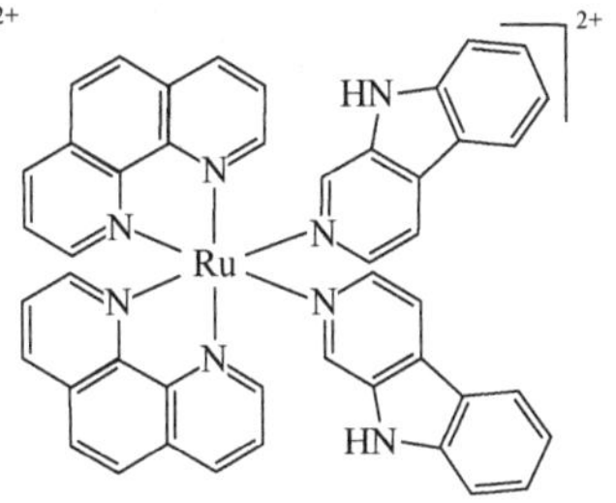

$[Ru(phen)_2(Nh)_2]^{2+}$(**11**)

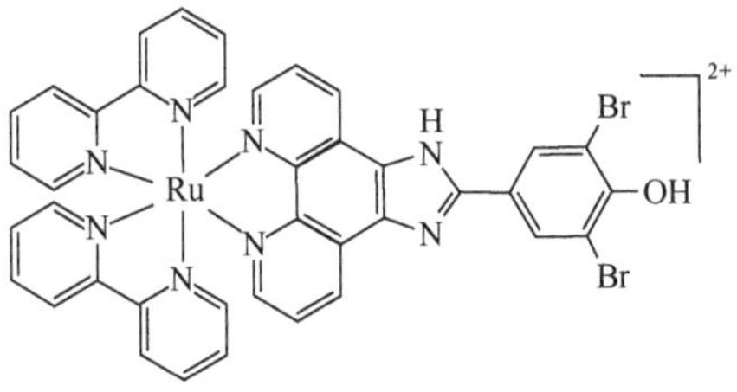

$[Ru(bpy)_2(DBHIP)]^{2+}$(**12**)

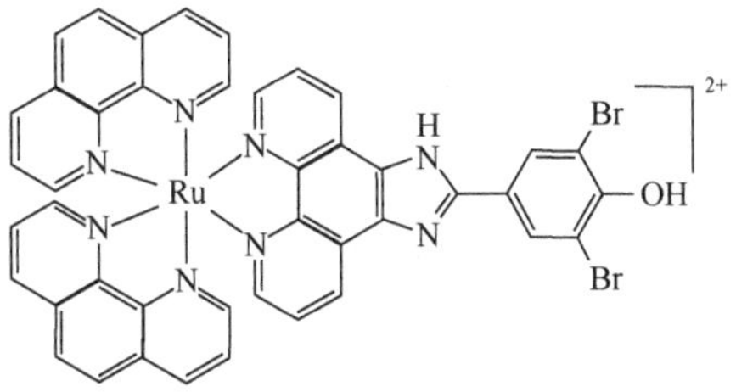

$[Ru(phen)_2(DBHIP)]^{2+}$(**13**)

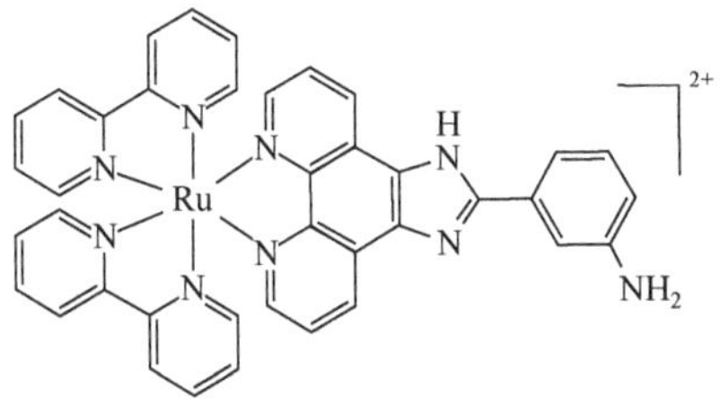

$[Ru(bpy)_2(maip)]^{2+}$(**14**)

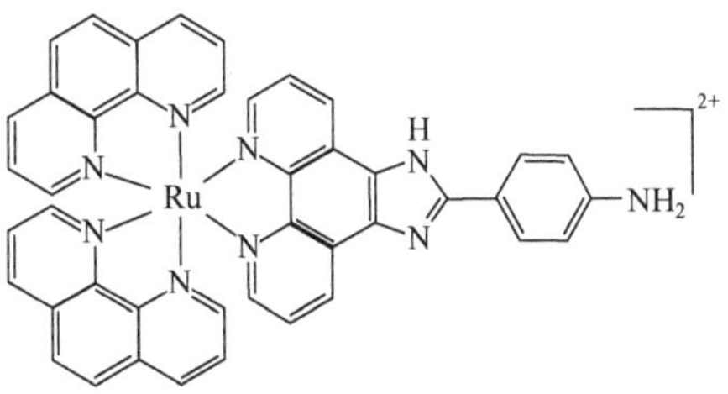

$[Ru(phen)_2(paip)]^{2+}$(**15**)

图 9-19　配合物(**9**～**15**)的结构

近年来，四链体 DNA 结构成为抗肿瘤药物研发的新靶点。因为在正常细胞中，端粒长度随着 DNA 的复制而相应缩短，当缩短到临界长度时细胞开始凋亡；而在癌细胞中存在一种特殊的 DNA 聚合酶即端粒酶，可以稳定端粒长度，使癌细胞永生化。研究发现，85%～95%的各类恶性肿瘤组织中都存在端粒酶的阳性表达，而正常组织中除干细胞和生殖细胞外，端粒酶几乎不表达。端粒酶对端粒 DNA 引物的识别是其链状结构而非特异序列，G-四链体的形成改变了其链状结构，从而抑制了端粒酶活性的表达，诱导癌细胞衰老甚至死亡。此外，研究者也发现，一些癌症基因启动子区域如 c-myc、c-kit、k-ras 等都存在富含鸟嘌呤的序列，且都能形成 G-四链体结构而控制某些癌基因的表达。因此，能够诱使 DNA 形成四链体结构以及能与四链体特异性结合并使之稳定的化合物有望成为有效的抗肿瘤药物，一些多吡啶钌配合物因能够诱导四链体 DNA 形成并具有稳定四链体 DNA 结构的作用，进而具有抗肿瘤活性。此类化合物典型的代表有图 9-20 中所示的[Ru(bpy)₂(tip)]²⁺(配合物 **17**)、[Ru(phen)₂(tip)]²⁺(配合物 **18**)、[Ru(bpy)₂(phenSe)]²⁺(配合物 **19**)和[Ru(phen)₂(phenSe)]²⁺(配合物 **20**)、[Ru(IP)₂(PIP)]²⁺(配合物 **21**)、[Ru(phen)₂(biim)]²⁺(配合物 **22**)等。但遗憾的是，迄今并未见到多吡啶钌配合物进入临床研究的报道。

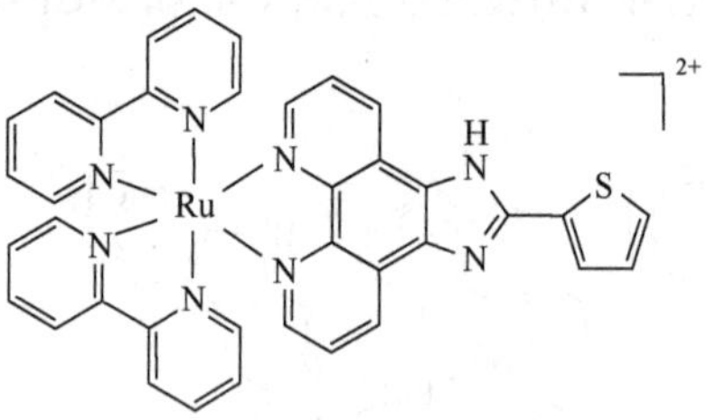

[Ru(bpy)₂(tip)]²⁺(**17**) 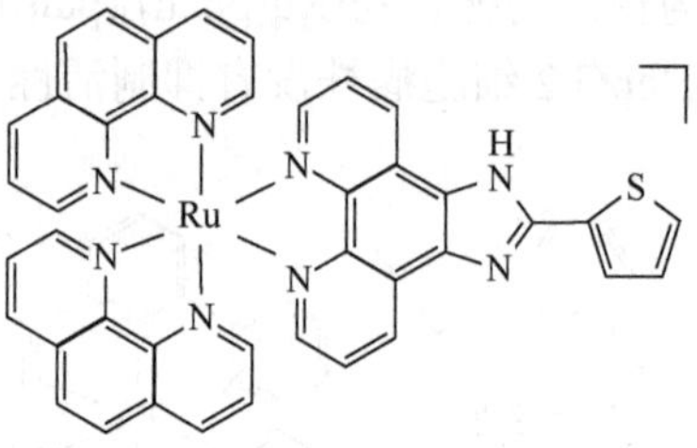　　　　　[Ru(phen)₂(tip)]²⁺(**18**)
[Ru(bpy)₂(phenSe)]²⁺(**19**) 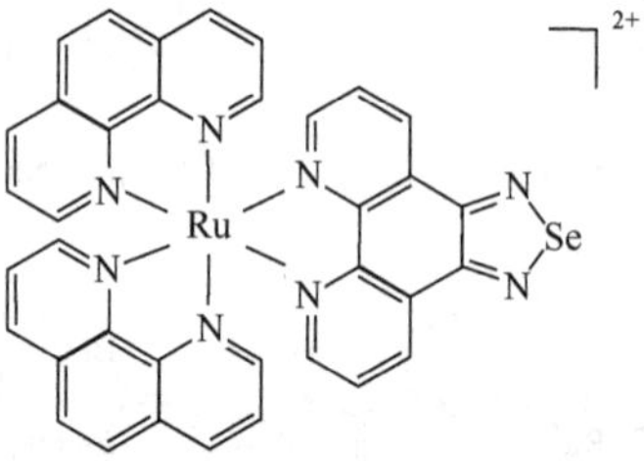　　　[Ru(phen)₂(phenSe)]²⁺(**20**) 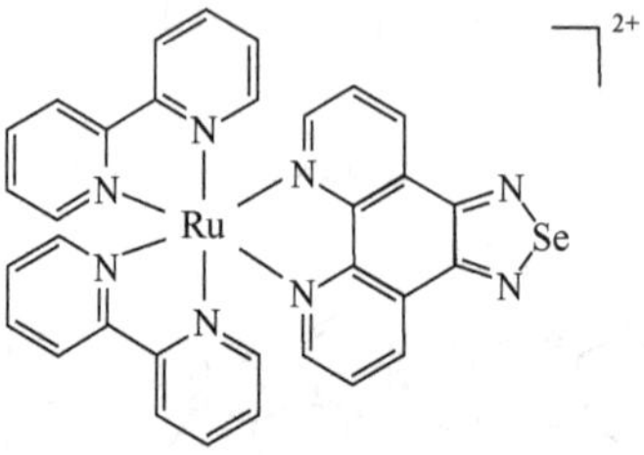
[Ru(IP)₂(PIP)]²⁺(**21**) 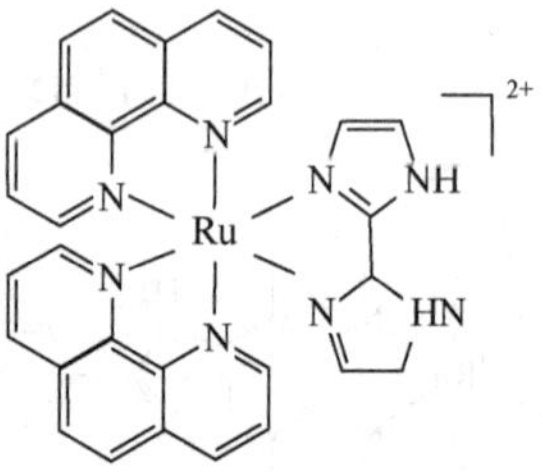　　　[Ru(phen)₂(biim)]²⁺(**22**) 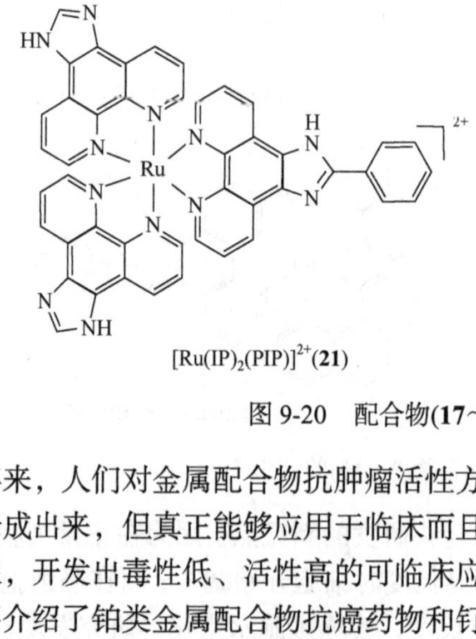

图 9-20　配合物(**17**～**22**)的结构

近几十年来，人们对金属配合物抗肿瘤活性方面的研究越来越关注，目前已经有众多金属配合物被合成出来，但真正能够应用于临床而且效果好、毒副作用小的金属配合物抗癌药物还十分有限，开发出毒性低、活性高的可临床应用的金属配合物抗癌药物是人们研究的目标。本节简要介绍了铂类金属配合物抗癌药物和钌类金属配合物抗癌药物的研究历史，希望对金属配合物抗癌药物的研究提供理论依据。

习　题

1. 命名下列各配合物或配离子。

(1) $[Co(NH_3)_5Br]SO_4$

(2) $[Fe(CO)_5]$

(3) $[Co(ONO)(NH_3)_5]Cl_2$

(4) $K[PtCl_3(C_2H_4)]$

(5) $K_3[Fe(NCS)_6]$

(6) $H_2[PtCl_6]$

(7) $[Zn(OH)(H_2O)_3]NO_3$

(8) $[Cr(NH_3)_6][Co(CN)_6]$

(9) $[PtNH_2NO_2(NH_3)_2]$

(10) $[FeBrCl(en)_2]Cl$

2. 写出下列各配合物或配离子的化学式。

(1) 氢氧化四氨合铜(Ⅱ)

(2) 三氯·氨合铂(Ⅱ)酸钾

(3) 四硫氰·二氨合铬(Ⅲ)酸铵

(4) 二羟基·四水合铝(Ⅲ)配离子

(5) 二氯·二(甲胺)合铜(Ⅱ)

(6) 四氰合锰(Ⅱ)酸六氨合铬(Ⅱ)

(7) 氯化五氨·水合钴(Ⅲ)

(8) 五氯·氨合铂(Ⅳ)酸钾

(9) 四羰基合镍

(10) 二硫代硫酸根合银(Ⅰ)配离子

3. Fe(Ⅲ)可形成多种配合物，其各种配合物的常数如下：

(1) Fe-EDTA 配合物，$\lg K_{稳}^{\ominus} =24.23$；

(2) Fe-草酸配合物，$K_{稳}^{\ominus}=3.2\times10^{18}$；

(3) Fe-氟配合物，$K_{f1}^{\ominus}=1.9\times10^5$，$K_{f2}^{\ominus}=1.0\times10^4$，$K_{f3}^{\ominus}=6.0\times10^2$；

(4) Fe-柠檬酸配合物，$K_{不稳}^{\ominus}=1.0\times10^{-25}$；

(5) Fe-乙酰丙酮配合物，$\beta_1=2.5\times10^{11}$，$\beta_2=1.3\times10^{22}$，$\beta_3=5.0\times10^{26}$。

请按总稳定常数($\lg K_{稳}^{\ominus}$)从小到大的顺序，将它们排列起来。

4. 25℃时，溶液中 $c(Al^{3+})=0.010mol \cdot L^{-1}$，向其中加入 NaF 固体，使溶液中 $c(F^-)=0.10mol \cdot L^{-1}$，试计算溶液中 Al^{3+}、$[AlF_4]^-$、$[AlF_5]^{2-}$和$[AlF_6]^{3-}$的浓度。(已知$[AlF_6]^{3-}$的 $\lg\beta_1\sim\lg\beta_6$ 分别为 6.10、11.15、15.00、17.75、19.37、19.84)

5. 25℃时，在 Cu^{2+}的氨水溶液中，平衡时 $c(NH_3)=6.7\times10^{-4}mol \cdot L^{-1}$，并且有 50%的 Cu^{2+}形成了配离子$[Cu(NH_3)_4]^{2+}$，其余以 Cu^{2+}形式存在，试计算$[Cu(NH_3)_4]^{2+}$的 $K_{不稳}^{\ominus}$。

6. 根据配合物的价键理论，指出下列配离子的中心离子的电子排布、杂化轨道类型、配离子的空间构型，以及配离子是属于内轨型还是外轨型。

$[Ni(NH_3)_4]^{2+}$，$[Cd(NH_3)_4]^{2+}$，$[Co(NH_3)_6]^{3+}$

$[Zn(CN)_4]^{2-}$，$[Ni(CN)_4]^{2-}$，$[Co(CN)_6]^{3-}$

$[AuCl_4]^-$，$[PtCl_4]^{2-}$

$[Fe(CN)_6]^{4-}$，$[FeF_6]^{3-}$

7. 画出在正八面体场中，下列各中心离子"高自旋"和"低自旋"时的电子排布。

(1) Cr(Ⅱ)　　(2) Fe(Ⅱ)　　(3) Fe(Ⅲ)　　(4) Mn(Ⅱ)　　(5) Ni(Ⅱ)

8. 25℃时，在 1.0L 乙二胺溶液中溶解了 0.010mol $CuSO_4$，主要生成$[Cu(en)_2]^{2+}$，测得平衡时乙二胺的浓度为 0.054mol $\cdot L^{-1}$，试计算溶液中 Cu^{2+}和$[Cu(en)_2]^{2+}$的浓度。(已知$[Cu(en)_2]^{2+}$的 $\lg\beta_2$ 为 20.00)

9. 室温时，将 0.0020mol $\cdot L^{-1}$ $[HgI_4]^{2-}$溶液与 0.200mol $\cdot L^{-1}$ KI 溶液等体积混合，求混合后溶液中 Hg^{2+}的浓度。(已知$[HgI_4]^{2-}$的 $\lg\beta_4$ 为 29.83)

10. 室温时，将 0.010mol 的 AgCl 溶解在 1.0L 氨水中，测得平衡时 $c(Ag^+)$为 $1.2\times10^{-10}mol \cdot L^{-1}$，试计算氨水的原始浓度。(已知$[Ag(NH_3)_2]^+$的 $\lg\beta_2$ 为 7.05)

11. 有三种铂的配合物，它们的化学组成分别为：A 为 $PtCl_4(NH_3)_6$、B 为 $PtCl_4(NH_3)_4$、C 为 $PtCl_4(NH_3)_2$。通过实验，这三种物质有下述结果：A 的水溶液能导电，1mol A 与 $AgNO_3$ 溶液反应会生成 4mol AgCl 沉淀；B 的水溶液能导电，1mol B 与 $AgNO_3$ 溶液反应可得到 2mol AgCl 沉淀；C 的水溶液基本不导电，与 $AgNO_3$ 溶液反应基本无 AgCl 沉淀生成。试回答下列问题：(1)写出 A、B、C 三种配合物的化学式和名称；(2)写出 A、B、C 中中心体的配位数及空间构型。

12. 根据表 9-3 所给数据，计算下列取代反应的标准平衡常数：

(1) $[Fe(SCN)]^{2+}(aq) + F^-(aq) \rightleftharpoons [FeF]^{2+}(aq) + SCN^-(aq)$

(2) $[Ni(NH_3)_6]^{2+}(aq) + 3en(aq) \rightleftharpoons [Ni(en)_3]^{2+}(aq) + 6NH_3(aq)$

(3) $[Ag(NH_3)_2]^+(aq) + 2S_2O_3^{2-}(aq) \rightleftharpoons [Ag(S_2O_3)_2]^{3-}(aq) + 2NH_3(aq)$

13. 试分析：用 KCN 溶液使$[Ag(SCN)_2]^-$转化为$[Ag(CN)_2]^-$和用 KSCN 溶液使$[Ag(NH_3)_2]^+$转化为$[Ag(SCN)_2]^-$，这两个反应哪一种进行得比较完全？为什么？(已知$[Ag(SCN)_2]^-$的 $lg\beta_2$ 为 7.57，$[Ag(CN)_2]^-$的 $lg\beta_2$ 为 21.1，$[Ag(NH_3)_2]^+$的 $lg\beta_2$ 为 7.05)

14. 室温时，在 pH=6 的缓冲溶液中，Cr^{3+}与NaH_2Y发生如下反应(忽略溶液中 pH 的微小改变)：

$$Cr^{3+}(aq) + H_2Y^{2-}(aq) \rightleftharpoons CrY^-(aq) + 2H^+(aq)$$

已知 Cr^{3+}和 NaH_2Y 的初始浓度分别为 $0.001mol \cdot L^{-1}$ 和 $0.050mol \cdot L^{-1}$，试计算平衡时 Cr^{3+}的浓度。(已知 CrY^-的 $lg\beta$ 为 23)

15. 有一样品重 83.5g，摩尔质量为 $303g \cdot mol^{-1}$，组成为 $CoCl_3(en)_2 \cdot H_2O$。现将其溶于水，通过氢型阳离子交换柱，会释放出 H^+。该化合物释放出来的 H^+ 需要 11.0mL、浓度为 $50.0mol \cdot L^{-1}$ 的 OH^-完全中和。据此写出此配合物的阳离子化学式和它可能有的结构式。

16. 顺铂能够杀死癌细胞的原理是什么？

17. 金属配合物抑制肿瘤细胞增殖的 IC_{50} 值是什么含义？

18. 可以对金属配合物抗癌活性进行初筛的实验技术是什么？原理是什么？

第 10 章 配位滴定法

配位滴定法是以配位反应为基础的滴定分析方法，其对化学反应的要求是：①形成的配合物要有足够的稳定性，以保证反应的完全程度；②为了满足确定的计量关系，在一定的条件下，配位数必须固定；③反应速率要快；④要有适当的方法确定反应终点。鉴于上述要求，能够用于配位滴定的反应并不多，主要是由于分步配位造成的配合物稳定性不够高。

10.1 配位滴定法所用配位剂

单齿配位剂分子中含 1 个可键合原子，与金属离子配位时是逐级地形成 ML_n 型简单配合物，配合物的逐级稳定常数比较接近，当配体浓度在相当大的范围变化时，都是几种配合物同时存在，因此不能作为滴定剂滴定中心体。单齿配位剂通常用作掩蔽剂、辅助配位剂和显色剂等，只有 Ag^+ 与 CN^-、Hg^{2+} 与 Cl^- 等少数反应可用于滴定分析。

汞(Ⅱ)的 Cl^- 配合物的 $lgK_{f1}^{\ominus}$、$lgK_{f2}^{\ominus}$、$lgK_{f3}^{\ominus}$ 和 $lgK_{f4}^{\ominus}$ 分别是 6.7、6.5、0.9 和 1.0。汞(Ⅱ)的 Cl^- 配合物的各种型体分布系数曲线如图 10-1 所示，由于 $lgK_{f2}^{\ominus}$ 和 $lgK_{f3}^{\ominus}$ 相差较大，Hg^{2+} 与 Cl^- 可生成稳定的 1∶2 配合物，以二苯卡巴腙等为指示剂，与 Hg^{2+} 形成有色配合物指示终点，可以定量滴定到 $HgCl_2$。

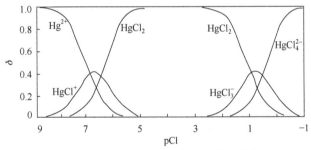

图 10-1 汞(Ⅱ)氯配合物各种型体的分布

以 $AgNO_3$ 为滴定剂滴定 CN^- 的反应为：$Ag^+ + 2CN^- \rightleftharpoons [Ag(CN)_2]^-$；化学计量点后，过量的 Ag^+ 与 $[Ag(CN)_2]^-$ 形成 $Ag[Ag(CN)_2]$（$K_{sp}^{\ominus} = 7.2 \times 10^{-11}$）沉淀，指示终点到达。

多齿配位剂分子与中心体配位时形成低配位比的具有环状结构的螯合物。由于减少甚至消除了分级配位现象，以及配合物稳定性的增加，这类配位反应有可能用于滴定。广泛用作配位滴定剂的是含有—$N(CH_2COOH)_2$ 基团的有机化合物，称为氨羧配位剂。其分子中含有氨氮和羧氧配位原子，其结构式为

$$\overset{\cdot\cdot}{\underset{氨氮}{N}} \qquad \underset{羧氧}{-\overset{\overset{O}{\|}}{C}-\overset{\cdot\cdot}{\underset{\cdot\cdot}{O}}-}$$

氨氮易与 Co、Ni、Zn、Cu、Hg 等金属离子配合，羧氧则几乎能与所有高价金属离子配

合。因此，氨羧配位剂兼有两者的配位能力，几乎能与所有金属离子配合。目前研究过的氨羧配位剂有几十种，其中应用最广的是乙二胺四乙酸及其二钠盐(EDTA)。EDTA 为四元弱酸 (H_4Y)，两个羧基上的 H^+ 转移到 N 原子上，形成双偶极离子。

室温下，每 100mL 水中能溶解 0.02g EDTA，溶解度太小，故常用的是它的二钠盐 $Na_2H_2Y \cdot 2H_2O$，也简称 EDTA，相对分子质量 372.26，室温下，每100mL 水中能溶解 11.2g，饱和水溶液的浓度约为 $0.3mol \cdot L^{-1}$，溶液的 pH 约为 4.5。当溶液的酸度很高时，双偶极离子的两个羧基可再接受 H^+ 而形成 H_6Y^{2+}，这样 EDTA 就相当于六元酸。因此，在水溶液中 EDTA 可有六级解离(省去电荷)：

$$H_6Y \rightleftharpoons H^+ + H_5Y \qquad K_1^\ominus = \frac{\left[c(H^+)/c^\ominus\right] \cdot \left[c(H_5Y)/c^\ominus\right]}{c(H_6Y)/c^\ominus} = 10^{-0.9}$$

$$H_5Y \rightleftharpoons H^+ + H_4Y \qquad K_2^\ominus = \frac{\left[c(H^+)/c^\ominus\right] \cdot \left[c(H_4Y)/c^\ominus\right]}{c(H_5Y)/c^\ominus} = 10^{-1.6}$$

$$H_4Y \rightleftharpoons H^+ + H_3Y \qquad K_3^\ominus = \frac{\left[c(H^+)/c^\ominus\right] \cdot \left[c(H_3Y)/c^\ominus\right]}{c(H_4Y)/c^\ominus} = 10^{-2.07}$$

$$H_3Y \rightleftharpoons H^+ + H_2Y \qquad K_4^\ominus = \frac{\left[c(H^+)/c^\ominus\right] \cdot \left[c(H_2Y)/c^\ominus\right]}{c(H_3Y)/c^\ominus} = 10^{-2.75}$$

$$H_2Y \rightleftharpoons H^+ + HY \qquad K_5^\ominus = \frac{\left[c(H^+)/c^\ominus\right] \cdot \left[c(HY)/c^\ominus\right]}{c(H_2Y)/c^\ominus} = 10^{-6.24}$$

$$HY \rightleftharpoons H^+ + Y \qquad K_6^\ominus = \frac{\left[c(H^+)/c^\ominus\right] \cdot \left[c(Y)/c^\ominus\right]}{c(HY)/c^\ominus} = 10^{-10.34}$$

由于逐级解离常数相近，EDTA 在水溶液中总是以 H_6Y、H_5Y、H_4Y、H_3Y、H_2Y、HY、Y 七种型体混合物形式存在。EDTA 在水溶液中型体分布随 pH 变化情况如图 10-2 所示。从图 10-2 中可以看出：酸度越高，$c(Y)$ 越小；在 pH＞10.3 的溶液中，主要存在形式是 Y；只有在 pH 很大(＞12)时才几乎完全以 Y 形式存在。

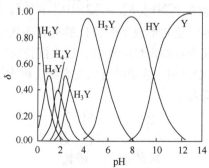

图 10-2　EDTA 各种存在形式在不同 pH 时的分配情况

若将 EDTA 的各种型体看作 Y 与 H^+ 逐级形成的配合物,各型体的质子化常数和积累质子化常数是

$$Y + H^+ \Longrightarrow HY, \qquad K_1^H = \frac{c(HY)}{c(H^+) \cdot c(Y)} = \frac{1}{K_{a6}}, \qquad \beta_1^H = K_1^H = \frac{c(HY)}{c(H^+) \cdot c(Y)}$$

$$HY + H^+ \Longrightarrow H_2Y, \qquad K_2^H = \frac{c(H_2Y)}{c(H^+) \cdot c(HY)} = \frac{1}{K_{a5}}, \qquad \beta_2^H = K_1^H \cdot K_2^H = \frac{c(H_2Y)}{[c(H^+)]^2 \cdot c(Y)}$$

$$\vdots \qquad\qquad \vdots \qquad\qquad \vdots$$

$$H_5Y + H^+ \Longrightarrow H_6Y, \qquad K_6^H = \frac{c(H_6Y)}{c(H^+) \cdot c(H_5Y)} = \frac{1}{K_{a1}}, \qquad \beta_6^H = K_1^H \cdot K_2^H \cdots K_6^H = \frac{c(H_6Y)}{[c(H^+)]^6 \cdot c(Y)}$$

10.2　金属离子与 EDTA 配合物的特点

EDTA 的配位能力很强,几乎能与所有金属离子形成很稳定的具有五个五元环的螯合物,如图 9-4 所示。这样就不存在分步配位现象,所以配位反应比较完全。表 10-1 列出了一些金属与 EDTA 配合物的稳定常数。由表可见,绝大多数 EDTA 配合物相当稳定。+3、+4 金属离子,以及大多数+2 金属离子所形成配合物的 $\lg K_f^{\ominus}$ 均大于 15。通常碱土金属形成配合物的倾向较小,但它们与 EDTA 配合物的 $\lg K_f^{\ominus}$ 也在 8~11。

表 10-1　金属离子与 EDTA 配合物稳定常数的对数值

金属离子	$\lg K^H(MHY)$	$\lg K_f(MY)$	$\lg K^{OH}(MOHY)$
Ag^+	6.0	7.32	
Al^{3+}	2.5	16.11	8.1
Ba^{2+}	4.6	7.78	
Bi^{3+}		27.9	
Ca^{2+}	3.1	11	
Ce^{3+}		16.8	
Cd^{2+}	2.9	16.4	
Co^{2+}	3.1	16.31	
Co^{3+}	1.3	36	
Cr^{3+}	2.3	23	6.6
Cu^{2+}	3.0	18.7	2.5
Fe^{2+}	2.8	14.33	
Fe^{3+}	1.4	24.23	6.5
Hg^{2+}	3.1	21.8	4.9
La^{3+}		16.34	
Mg^{2+}	3.9	8.64	
Mn^{2+}	3.1	13.8	
Ni^{2+}	3.2	18.56	
Pb^{2+}	2.8	18.3	

			续表
金属离子	$\lg K^{H}(MHY)$	$\lg K_f(MY)$	$\lg K^{OH}(MOHY)$
Sn^{2+}		22.1	
Sr^{2+}	3.9	8.8	
Th^{4+}		23.2	
Ti^{3+}		21.3	
Zn^{2+}	3.0	16.4	
Zr		19.4	

一般情况下，EDTA 与金属离子都能形成 1 : 1 的易溶于水的螯合物，如：

$$Zn^{2+} + Y^{4-} \rightleftharpoons [ZnY]^{2-}$$

$$Fe^{3+} + Y^{4-} \rightleftharpoons [FeY]^-$$

$$Ca^{2+} + Y^{4-} \rightleftharpoons [CaY]^{2-}$$

$$Sn^{4+} + Y^{4-} \rightleftharpoons [SnY]$$

个别离子，如 Mo(V) 与 EDTA 形成 2 : 1 的配合物 $[(MoO_2)_2Y]^{2-}$。因此，省去电荷，一般情况下反应通式为

$$M + Y \rightleftharpoons MY$$

由于配位比很简单，因而用作配位滴定反应，其分析结果的计算就十分方便。配合物大多带电荷，水溶性高，配位反应速率大多较快，这些都给配位滴定提供了有利条件。大多数 MY 无色，这有利于用指示剂确定终点。但有色金属离子与 Y 所形成的配合物的颜色更深，如 CuY(深蓝色)、NiY(蓝色)、CoY(紫色)、MnY(紫红色)、CrY(深紫色)、FeY(黄色)，因此滴定这些离子时，要控制其浓度不能过大，否则使用指示剂确定终点时会较为困难。

EDTA 广泛配位的性能给配位滴定的广泛应用提供了可能，但同时导致实际滴定中组分之间相互干扰。配位作用的普遍性与实际测定中要求的选择性成为配位滴定中的主要矛盾，因此设法提高选择性就成为配位滴定中一个很重要的问题。

10.3 M 与 Y 生成配合物的条件稳定常数

$$M + Y \rightleftharpoons MY \qquad K_f^{\ominus}(MY) = \frac{c(MY)/c^{\ominus}}{\left[c(M)/c^{\ominus}\right] \cdot \left[c(Y)/c^{\ominus}\right]} \qquad (10\text{-}1)$$

$K_f^{\ominus}(MY)$ 为无副反应发生时的平衡常数，也称绝对稳定常数。在配位滴定中溶液的离子强度较高，故采用浓度常数 $K_f(MY)$。

配位滴定反应所涉及的平衡关系比较复杂，除了被测金属离子 M 与滴定剂 Y 之间的主反应外，还存在不少副反应。平衡关系如图 10-3 所示，这些副反应的发生都将影响主要反

应进行的程度。反应物(M、Y)发生副反应不利于主反应的进行，而生成物(MY)发生副反应则有利于主反应的进行。当存在副反应时，$K_f(MY)$ 值的大小再也不能反映主反应进行的程度，因为这时未参与主反应的金属离子型体不仅有 M，还有 MA、MA_2、…、M(OH)、$M(OH)_2$、…，应当用这些型体的浓度总和 $c'(M)$ 表示。同时未参与主反应的滴定剂也应当用 $c'(Y)$ 表示。而所形成的配合物应当用总浓度 $c'(MY)$ 表示。为了定量地表示副反应进行的程度，引入副反应系数(α)。若参与反应的某物种的浓度为 c，其分析浓度为 c'，则副反应系数为：$\alpha = \dfrac{c'}{c}$，副反应系数 α 越大，参与反应的某物种的浓度就越低。下面讨论 M、Y 和 MY 的副反应系数。

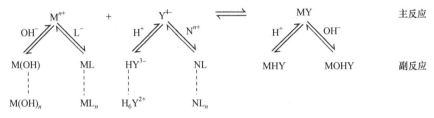

图 10-3　配位滴定体系中的平衡关系

10.3.1　滴定剂 Y 的副反应系数

$$\alpha_Y = \frac{c'(Y)}{c(Y)} = \frac{c(Y)+c(HY)+c(H_2Y)+\cdots+c(H_6Y)+c(NY)}{c(Y)} \tag{10-2}$$

滴定剂的副反应系数 α_Y 表示未与 M 配位的滴定剂的各种型体的总浓度 $c'(Y)$ 是游离滴定剂浓度 $c(Y)$ 的倍数。α_Y 值越大，表示滴定剂发生副反应越严重。$\alpha_Y = 1$ 时，$c'(Y) = c(Y)$，滴定剂没有发生副反应。

Y 与溶液中 H^+ 发生副反应的系数用 $\alpha_Y(H)$ 表示，与溶液中其他金属离子 N 发生副反应的系数用 $\alpha_Y(N)$ 表示。当溶液中不存在与 Y 可形成配合物的其他金属离子 N 时，Y 仅与 H^+ 发生副反应，此时

$$\alpha_Y = \alpha_Y(H) = \frac{c'(Y)}{c(Y)} = \frac{c(Y)+c(HY)+c(H_2Y)+\cdots+c(H_6Y)}{c(Y)} \tag{10-3}$$

依据 Y 的逐级累积质子化常数与各型体的关系式，可将式(10-3)改写为

$$\alpha_Y(H) = 1 + c(H^+)\beta_1^H + [c(H^+)]^2\beta_2^H + \cdots + [c(H^+)]^6\beta_6^H \tag{10-4}$$

配位滴定中 $\alpha_Y(H)$ 是常用的重要数值。为应用方便，常将不同 pH 时的 $\lg\alpha_Y(H)$ 值计算出来列成表(表 10-2)或绘成 $\lg\alpha_Y(H)$-pH 图(图 10-4)备用，表 10-2 和图 10-4 表明，酸度对 $\alpha_Y(H)$ 值影响极大。pH = 1 时，$\alpha_Y(H) = 10^{18.3}$，此时 Y 与 H^+ 的副反应很严重，溶液中游离 Y 的浓度 $c(Y)$ 仅为未与 M 配位的 Y 总浓度的 $10^{-18.3}$。仅当 pH>12 时，$\alpha_Y(H)$ 才等于 1，即此时 Y 才不与 H^+ 发生副反应。

表 10-2　EDTA 的 $\lg\alpha_Y(H)$ 值

pH	$\lg\alpha_Y(H)$	pH	$\lg\alpha_Y(H)$	pH	$\lg\alpha_Y(H)$	pH	$\lg\alpha_Y(H)$	pH	$\lg\alpha_Y(H)$
0.0	23.64	2.5	11.90	5.0	6.45	7.5	2.78	10.0	0.45
0.1	23.06	2.6	11.62	5.1	6.26	7.6	2.68	10.1	0.39
0.2	22.47	2.7	11.35	5.2	6.07	7.7	2.57	10.2	0.33
0.3	21.89	2.8	11.09	5.3	5.88	7.8	2.47	10.3	0.28
0.4	21.32	2.9	10.84	5.4	5.69	7.9	2.37	10.4	0.24
0.5	20.75	3.0	10.60	5.5	5.51	8.0	2.27	10.5	0.20
0.6	20.18	3.1	10.37	5.6	5.33	8.1	2.17	10.6	0.16
0.7	19.62	3.2	10.14	5.7	5.15	8.2	2.07	10.7	0.13
0.8	19.08	3.3	9.92	5.8	4.98	8.3	1.97	10.8	0.11
0.9	18.54	3.4	9.70	5.9	4.81	8.4	1.87	10.9	0.09
1.0	18.01	3.5	9.48	6.0	4.65	8.5	1.77	11.0	0.07
1.1	17.49	3.6	9.27	6.1	4.49	8.6	1.67	11.1	0.06
1.2	16.98	3.7	9.06	6.2	4.34	8.7	1.57	11.2	0.05
1.3	16.49	3.8	8.85	6.3	4.20	8.8	1.48	11.3	0.04
1.4	16.02	3.9	8.65	6.4	4.06	8.9	1.38	11.4	0.03
1.5	15.55	4.0	8.44	6.5	3.92	9.0	1.28	11.5	0.02
1.6	15.11	4.1	8.24	6.6	3.79	9.1	1.19	11.6	0.02
1.7	14.68	4.2	8.04	6.7	3.67	9.2	1.10	11.7	0.02
1.8	14.27	4.3	7.84	6.8	3.55	9.3	1.01	11.8	0.01
1.9	13.88	4.4	7.64	6.9	3.43	9.4	0.92	11.9	0.01
2.0	13.51	4.5	7.44	7.0	3.32	9.5	0.83	12.0	0.01
2.1	13.16	4.6	7.24	7.1	3.21	9.6	0.75	12.1	0.01
2.2	12.82	4.7	7.04	7.2	3.10	9.7	0.67	12.2	0.005
2.3	12.50	4.8	6.84	7.3	2.99	9.8	0.59	13.0	0.0008
2.4	12.19	4.9	6.65	7.4	2.88	9.9	0.52	13.9	0.0001

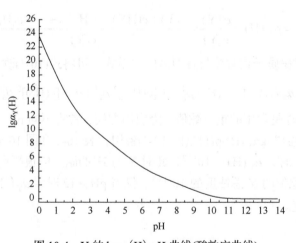

图 10-4　Y 的 $\lg\alpha_Y(H)$-pH 曲线(酸效应曲线)

关于 Y 与溶液中存在的其他金属离子 N 的副反应系数 $\alpha_Y(N)$，将在后面混合离子的滴定中再做讨论。

10.3.2　金属离子 M 的副反应系数

若金属离子 M 与其他配位剂 A 发生副反应，副反应系数即为 $\alpha_M(A)$：

$$\alpha_M(A) = \frac{c'(M)}{c(M)} = \frac{c(M) + c(MA) + c(MA_2) + \cdots + c(MA_n)}{c(M)} \qquad (10\text{-}5)$$

依据 MA_n 的逐级累积稳定常数与各型体的关系，可将式(10-5)改写为

$$\alpha_M(A) = 1 + c(A)\beta_1^{\ominus} + [c(A)]^2\beta_2^{\ominus} + \cdots + [c(A)]^n\beta_n^{\ominus} \qquad (10\text{-}6)$$

显然，$\alpha_M(A)$ 仅是 $c(A)$ 的函数。必须注意，式(10-6)中 $c(A)$ 是指配位剂 A 的平衡浓度，即游离的 A 的浓度。A 可能是滴定所需缓冲剂或为防止金属离子水解所加的辅助配位剂。A 也可能是为消除干扰而加的掩蔽剂。若溶液中 pH 高的情况下，OH$^-$ 与 M 形成金属羟基配合物，A 就代表 OH$^-$。一些金属离子在不同 pH 下的 $\lg\alpha_M(OH)$ 值列于表 10-3 中。

表 10-3　一些金属离子的 $\lg\alpha_M(OH)$ 值

金属离子	离子强度	pH													
		1	2	3	4	5	6	7	8	9	10	11	12	13	14
Al^{3+}	2					0.4	1.3	5.3	9.3	13.3	17.3	21.3	25.3	29.3	33.3
Bi^{3+}	3	0.1	0.5	1.4	2.4	3.4	4.4	5.4							
Ca^{2+}	0.1													0.3	1.0
Cd^{2+}	3									0.1	0.5	2.0	4.5	8.1	12.0
Co^{2+}	0.1								0.1	0.4	1.1	2.2	4.2	7.2	10.2
Cu^{2+}	0.1								0.2	0.8	1.7	2.7	3.7	4.7	5.7
Fe^{2+}	1									0.1	0.6	1.5	2.5	3.5	4.5
Fe^{3+}	3			0.4	1.8	3.7	5.7	7.7	9.7	11.7	13.7	17.7	17.7	19.7	21.7
Hg^{2+}	0.1			0.5	1.9	3.9	5.9	7.9	9.9	11.9	13.9	15.9	17.9	19.9	21.9
La^{3+}	3									0.3	1.0	1.9	2.9	3.9	
Mg^{2+}	0.1											0.1	0.5	1.3	2.3
Mn^{2+}	0.1										0.1	0.5	1.4	2.4	3.4
Ni^{2+}	0.1									0.1	0.7	1.6			
Pb^{2+}	0.1							0.1	0.5	1.4	2.7	4.7	7.4	10.4	13.4
Th^{4+}	1				0.2	0.8	1.7	2.7	3.7	4.7	5.7	6.7	7.7	8.7	9.7
Zn^{2+}	0.1									0.2	2.4	5.4	8.5	11.8	15.5

实际情况往往是体系中存在多种配位剂，M 同时发生多种副反应，这时应当用 M 的总的副反应系数 α_M 表示。若 M 既与 A 发生副反应，又与 B 发生副反应，则

$$\alpha_M = \frac{c'(M)}{c(M)} = \frac{c(M) + c(MA) + c(MA_2) + \cdots + c(MB) + c(MB_2) + \cdots}{c(M)}$$

$$= \frac{c(M) + c(MA) + c(MA_2) + \cdots}{c(M)} + \frac{c(M) + c(MB) + c(MB_2) + \cdots}{c(M)} - \frac{c(M)}{c(M)}$$

$$= \alpha_M(A) + \alpha_M(B) - 1$$

若有 p 个配位剂与 M 发生副反应，则

$$\alpha_M = \alpha_M(A) + \alpha_M(B) + \cdots + \alpha_M(p) + (1-p) \tag{10-7}$$

【例 10-1】　计算 pH = 11.00，游离 NH_3 的浓度 $c(NH_3) = 0.10 \text{mol} \cdot L^{-1}$ 时的 $\lg\alpha_{Zn}$ 值。

解　(1) $[Zn(NH_3)_4]^{2+}$ 的 $\lg\beta_1^{\ominus}$、$\lg\beta_2^{\ominus}$、$\lg\beta_3^{\ominus}$ 和 $\lg\beta_4^{\ominus}$ 分别为 2.37、4.81、7.31 和 9.46；按式(10-8)，有

$$\alpha_{Zn}(NH_3) = 1 + [c(NH_3)]\beta_1^{\ominus} + [c(NH_3)]^2\beta_2^{\ominus} + [c(NH_3)]^3\beta_3^{\ominus} + c(NH_3)^4\beta_4^{\ominus}$$

$$= 1 + 10^{-1.00+2.37} + 10^{-2.00+4.81} + 10^{-3.00+7.31} + 10^{-4.00+9.46}$$

$$= 1 + 10^{1.37} + 10^{2.81} + 10^{4.31} + 10^{5.46} = 10^{5.5}$$

(2) 由表 10-3 查得，pH = 11.00 时，$\lg\alpha_{Zn}(OH) = 5.4$，故

$$\alpha_{Zn} = \alpha_{Zn}(NH_3) + \alpha_{Zn}(OH) - 1 = 10^{5.5} + 10^{5.4} - 1 = 10^{5.7}$$

$$\lg\alpha_{Zn} = 5.7$$

若溶液中 pH 低的情况下，A 易与 H^+ 结合，则 A 酸效应系数用 $\alpha_A(H)$ 表示：

$$\alpha_A(H) = \frac{c'(A)}{c(A)} = \frac{c(A) + c(HA) + c(H_2A) + \cdots + c(H_nA)}{c(A)}$$

$$= 1 + c(H^+)\beta_1^H + [c(H^+)]^2\beta_2^H + \cdots + [c(H^+)]^n\beta_n^H \tag{10-8}$$

式中：β_1^H、β_2^H、$\cdots$、β_n^H 为 A 的逐级累积质子化常数。

当主反应进行较完全时，未与 Y 配位的 M 很少。与 M 配位所消耗的 A 可忽略，$c'(A)$ 即配位剂加入的总浓度 $c_0(A)$。基于式(10-8)即可求出 $c(A)$，即

$$c(A) = \frac{c'(A)}{\alpha_A(H)} \approx \frac{c_0(A)}{\alpha_A(H)} \tag{10-9}$$

【例 10-2】　计算 pH= 9.0，NH_3 总浓度 $c(NH_3) = 0.10 \text{mol} \cdot L^{-1}$ 时的 $\alpha_{Zn}(NH_3)$ 值。(忽略与 Zn 配位消耗的 NH_3)

解　由例 9-7 可得，$K^H(NH_4^+) = 10^{9.246}$，则

$$\alpha_{NH_3}(H) = 1 + c(H^+)K^H(NH_4^+) = 1 + 10^{-9.0+9.246} = 10^{0.44}$$

所以

$$c(NH_3) = \frac{c'(NH_3)}{\alpha_{NH_3}(H)} \approx \frac{0.10}{10^{0.44}} = 10^{-1.44} \text{ mol} \cdot L^{-1}$$

由式(10-6)：

$$\alpha_{Zn}(NH_3) = 1 + c(NH_3)\beta_1^{\ominus} + [c(NH_3)]^2\beta_2^{\ominus} + [c(NH_3)]^3\beta_3^{\ominus} + [c(NH_3)]^4\beta_4^{\ominus}$$

$$= 1 + 10^{-1.44+2.37} + 10^{-1.44\times2+4.81} + 10^{-1.44\times3+7.31} + 10^{-1.44\times4+9.46}$$

$$= 1 + 10^{0.39} + 10^{1.93} + 10^{2.99} + 10^{3.70} = 10^{3.78}$$

与例 10-1 相比，由于酸度提高，$\alpha_{NH_3}(H)$ 增大，$c(NH_3)$ 降低，$\alpha_{Zn}(NH_3)$ 值减小。

10.3.3　配合物的副反应系数

在酸度较高的情况下，MY 会与 H^+ 发生副反应，形成酸式配合物 MHY，即

$$MY + H^+ \rightleftharpoons MHY \qquad K^H(MHY) = \frac{c(MHY)}{c(MY) \cdot c(H^+)}$$

副反应系数：$\alpha_{MY}(H) = \dfrac{c(MY) + c(MHY)}{c(MY)} = 1 + c(H^+)K^H(MHY)$　　　　　(10-10)

式中：$K^H(MHY)$ 表示 MY 与 H^+ 反应形成 MHY 配合物的稳定常数。

碱度较高时，会有碱式配合物生成，副反应系数 $\alpha_{MY}(OH)$ 则是

$$\alpha_{MY}(OH) = 1 + c(OH)K^{OH}(MHY)　　　　　(10-11)$$

部分 EDTA 的酸式配合物和碱式配合物的生成常数的对数值列于表 10-1 中。酸式配合物与碱式配合物大多不太稳定，一般计算中可忽略不计。

综上所述，M 与 Y 发生反应达到平衡时：

$$c(M) = \frac{c'(M)}{\alpha_M}, \quad c(Y) = \frac{c'(Y)}{\alpha_Y}, \quad c(MY) = \frac{c'(MY)}{\alpha_{MY}}$$

$$K_f(MY) = \frac{c(MY)}{c(M) \cdot c(Y)} = \frac{\dfrac{c'(MY)}{\alpha_{MY}}}{\dfrac{c'(M)}{\alpha_M} \cdot \dfrac{c'(Y)}{\alpha_Y}} = \frac{c'(MY)}{c'(M) \cdot c'(Y)} \cdot \frac{\alpha_M \cdot \alpha_Y}{\alpha_{MY}}$$

令　　　　　　　　　　$K'(MY) = \dfrac{c'(MY)}{c'(M) \cdot c'(Y)}$　　　　　(10-12)

则有　　　　　　$K'(MY) = \dfrac{\alpha_{MY} \cdot c(MY)}{\alpha_M \cdot c(M) \cdot \alpha_Y \cdot c(Y)} = \dfrac{\alpha_{MY}}{\alpha_M \cdot \alpha_Y} \cdot K_f(MY)$　　　　　(10-13)

$K'(MY)$ 表示有副反应发生时主反应进行的程度。若在溶液 pH 和试剂浓度等确定的条件下，α_M、α_Y 和 α_{MY} 均为定值，$K'(MY)$ 也是常数。为强调它是随条件而变的，称之为条件稳定常数(conditional stability constant)，简称条件常数；也有的称之为表观稳定常数或有效稳定常数。$K'(MY)$ 是条件常数的笼统表示。有时为明确表示哪些组分发生了副反应，可将 "'" 写在发生反应组分的右上方。例如，仅是滴定剂发生副反应，写作 $K(MY')$，而若金属离子与滴定剂皆发生副反应，则写作 $K'(MY)$ 等。条件常数 $K'(MY)$ 是用副反应系数校正后的实际稳定常数。只有当反应物和生成物均不发生副反应时，$K'(MY)$ 才等于 $K_f(MY)$。

若用对数形式表示式(10-13)，则有

$$\lg K'(MY) = \lg K_f(MY) - \lg \alpha_M - \lg \alpha_Y + \lg \alpha_{MY}　　　　　(10-14)$$

溶液酸、碱性不太强的情况下，不形成酸式或碱式配合物，式(10-14)简化成如下形式：

$$\lg K'(MY) = \lg K_f(MY) - \lg \alpha_M - \lg \alpha_Y　　　　　(10-15)$$

式(10-15)是常用的计算配合物条件常数的重要公式。

【例 10-3】　计算 pH=2.0 和 5.0 时的 $\lg K'(ZnY)$ 值。

解　由式(10-14)可得 $\lg K'(ZnY) = \lg K_f(ZnY) - \lg \alpha_{Zn}(OH) - \lg \alpha_Y(H) + \lg \alpha_{ZnY}(H)$。

(1) 由表 10-1 可查得 $\lg K_f(ZnY) = 16.4$，$\lg K^H(ZnHY) = 3.0$，按式(10-10)计算：

pH=2.0 时　　　　　$\alpha_{ZnY}(H) = 1 + c(H^+)K^H(ZnHY) = 1 + 10^{-2.0+3.0} = 10^{1.0}$

$$\lg \alpha_{ZnY}(H) = 1.0$$

pH=5.0 时　　　　　$\alpha_{ZnY}(H) = 1 + c(H^+)K^H(ZnHY) = 1 + 10^{-5.0+3.0} \approx 1$

$$\lg \alpha_{ZnY}(H) = 0$$

(2) 由表 10-3 可查得：pH=2.0 和 pH=5.0 时，$\lg \alpha_{Zn}(OH) = 0$。

(2) 由表 10-3 可查得：pH=2.0 和 pH=5.0 时，$\lg\alpha_{Zn}(OH)=0$。

(3) 表 10-2 可查得：pH=2.0 时，$\lg\alpha_Y(H)=13.51$；pH=5.0 时，$\lg\alpha_Y(H)=6.45$，所以 pH=2.0 时

$$\lg K'(ZnY)=\lg K_f(ZnY)-\lg\alpha_{Zn}(OH)-\lg\alpha_Y(H)+\lg\alpha_{ZnY}(H)$$

$$=16.4-0-13.51+1.0=3.9$$

当 pH=5.0 时 $\qquad \lg K'(ZnY)=16.4-0-6.45+0\approx10.0$

由上可见，尽管 $\lg K_f(ZnY)$ 值高达 16.4，但若在 pH=2.0 时滴定，由于 Y 与 H^+ 的副反应严重，$\lg\alpha_Y(H)$ 值为 13.51，此时 ZnY 配合物极不稳定，$\lg K'(ZnY)$ 仅 3.9；而在 pH=5.0 时，Y 的酸效应系数低得多，$\lg\alpha_Y(H)$ 为 6.45，此时 $\lg K'(ZnY)$ 达 10，配位反应进行得很完全。由此可见，在配位滴定中控制酸度的重要性。

酸度降低，$\lg\alpha_Y(H)$ 减小，有利于配合物形成。但酸度过低将使 $\lg\alpha_M(OH)$ 增大，这又不利于主反应。图 10-5 为一些金属-EDTA 配合物的 $\lg K'(MY)$-pH 曲线，它清楚地表明了酸度对 $\lg K'(MY)$ 的影响。

图 10-6 为不同氨浓度时的 $\lg K'(ZnY)$-pH 曲线。由图可见，当酸度较高(pH 较低)时，氨主要以 NH_4^+ 的形式存在，OH^- 浓度也小，副反应仅来自于 H^+ 对 Y 的影响，$\lg K'(ZnY)$ 值随 pH 升高而升高，此时不同浓度的曲线合二为一。当 pH 继续升高时，NH_3 和 OH^- 与 Zn^{2+} 的副反应，导致 $\lg K'(ZnY)$ 减小，从而出现最大值。显然 $c_0(NH_3)$ 越大，达最大值的 pH 越低，并且在同一 pH 下的 $\lg K'(ZnY)$ 越小。而当 pH>12 时，副反应主要来自 OH^- 对 Zn^{2+} 的影响，三条曲线又合为一条，$\lg K'(ZnY)$ 值随 pH 升高而降低。在弱碱性溶液中用 Zn^{2+} 标定 EDTA 时常加入碱性缓冲溶液控制溶液 pH，此时氨为 Zn^{2+} 的辅助配位剂。由图可见，氨的浓度不能过大，否则 $\lg K'(ZnY)$ 值太小，反应进行不完全。

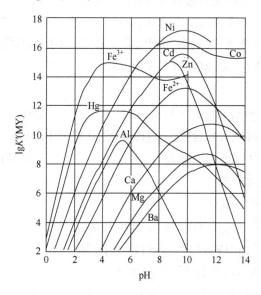

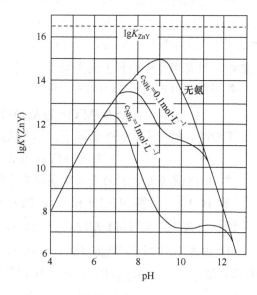

图 10-5　金属-EDTA 配合物的 $\lg K'(MY)$-pH 曲线　　图 10-6　不同氨浓度时的 $\lg K'(ZnY)$-pH 曲线

10.4　配位滴定基本原理

10.4.1　滴定曲线

在配位滴定中，随着滴定剂的加入，未生成配合物的金属离子浓度 $c'(M)$ 逐渐减小，在化学计量点附近，pM′ 发生急剧变化，有了条件常数，不难画出 pM′ 随滴定分数变化的 pM′-T 滴定曲线。滴定曲线对于选择适当的滴定条件和指示剂具有重要的指导意义。下面以 pH = 12 时，以 $c(Y) = 0.0200\,mol \cdot L^{-1}$ 溶液滴定 20.00mL 同浓度的 Ca^{2+} 为例，滴定反应：

$$Ca^{2+} + Y^{4-} \rightleftharpoons CaY^{2-} \qquad\qquad lgK_f(CaY) = 10.69$$

查表知：pH=12 时，$lg\alpha_Y(H) = 0.01$，无其他配位剂影响时，CaY 的条件稳定常数为

$$lg K'(CaY) = lgK_f(CaY) - lg\alpha_Y(H) = 10.68$$

溶液滴定过程 pM′ 的计算分为几个阶段进行：

(1) 滴定前。滴定前体系的 pM′ 取决于金属离子的原始浓度。即 $c'(M) = c_0(M)$，则 $pM' = -lgc_0(M)$，因为 $c(Ca^{2+}) = 0.0200\,mol \cdot L^{-1}$，所以 pM′ = 1.7，$T = 0$。

(2) 滴定开始至化学计量点前。该阶段溶液中一部分 Ca^{2+} 与加入的 Y 作用生成 CaY，溶液的组成为 M + MY，pM′ 按剩余 $c'(M)$ 计算。当 Y 加入 19.98mL 时，Ca^{2+} 尚剩余 0.02mL 未反应，因此

$$c'(Ca^{2+}) = \frac{0.02000 \times 0.02}{20.00 + 19.98} = 1 \times 10^{-5}(mol \cdot L^{-1})$$

$$pCa' = 5, \quad T = \frac{19.98}{20.00} = 0.999$$

此时结束滴定，误差为 -0.1%。

(3) 化学计量点时。由于 Ca^{2+} 与加入的 Y 正好作用全部生成 CaY，但 CaY 可以少部分解离，所以化学计量点时，未生成配合物的 M 的浓度 $c'(M_{sp})$ 与未生成配合物的 Y 的浓度 $c'(Y_{sp})$ 相等，即 $c'(M_{sp}) = c'(Y_{sp})$。若以 $c(M_{sp})$ 表示化学计量点时金属离子的分析浓度，则 $c(M_{sp}) = c(MY) + c'(M_{sp})$。若配合物比较稳定，$c'(M_{sp}) \ll c(M_{sp})$，则 $c(MY) = c(M_{sp}) - c'(M_{sp}) \approx c(M_{sp})$。按条件常数表达式：

$$K'(MY) = \frac{c(MY)}{c'(M_{sp}) \cdot c'(Y_{sp})} = \frac{c(M_{sp})}{c'(M_{sp})^2}$$

$$c'(M_{sp}) = \sqrt{\frac{c(M_{sp})}{K'(MY)}} \tag{10-16}$$

取对数形式，即

$$pM'_{sp} = \frac{1}{2}\left[lgK'(MY) + pM_{sp}\right] \tag{10-17}$$

这就是计算化学计量点时 pM'_{sp} 值的公式，它是选择指示剂的依据。若滴定剂浓度与被测

离子浓度相等，$c(M_{sp})$ 为金属离子原始浓度的一半，即 $c(M_{sp})=\frac{1}{2}c_0(M)$。

对于 $c(Y)=0.0200\,mol\cdot L^{-1}$ 溶液滴定 20.00mL 同浓度的 Ca^{2+} 来说，有

$$K'(CaY)=\frac{c(CaY)}{c'(Ca_{sp})\cdot c'(Y_{sp})}=10^{10.68}$$

$$c(CaY)=c(Ca_{sp})=\frac{0.02000\times20.00}{20.00+20.00}=0.0100(mol\cdot L^{-1})$$

$$c'(Ca_{sp})=c'(Y_{sp})\qquad c'(Ca_{sp})=\sqrt{\frac{0.0100}{10^{10.68}}}=10^{-6.34}(mol\cdot L^{-1})$$

$$pCa'_{sp}=6.34,\quad T=1.000$$

此时结束滴定，准确度 100%，误差为零。

(4) 化学计量点后。该阶段溶液中加入的 Y 过量，溶液的组成为 MY + Y，pM' 按过量 $c'(Y)$ 计。

$$K'(MY)=\frac{c(MY)}{c'(M)\cdot c'(Y)}=\frac{c(M_{sp})}{c'(M)\cdot c'(Y)}$$

$$c'(M)=\frac{c(MY)}{K'(MY)\cdot c'(Y)}$$

例如，当 Y 加入 20.02mL 时，Y 过量 0.02mL，有

$$c'(Y)=\frac{0.0200\times0.02}{20.02+20.00}=1.0\times10^{-5}(mol\cdot L^{-1}),\quad c(CaY)=\frac{20.00\times0.02000}{20.00+20.02}=1\times10^{-2}(mol\cdot L^{-1})$$

则

$$c'(Ca)=\frac{c(CaY)}{K'(CaY)\cdot c'(Y)}=\frac{1\times10^{-2}}{10^{10.68}\times1\times10^{-5}}=10^{-7.68}$$

$$pCa'\approx7.7,\quad T=\frac{20.02}{20.00}=1.001$$

此时结束滴定，误差为 +0.1%。

依据上述计算可画出滴定曲线如图 10-7 所示。突跃范围为 $pCa'=5.0\sim7.7$。

【例 10-4】 用 $2\times10^{-2}\,mol\cdot L^{-1}$ EDTA 滴定同浓度的 Zn^{2+}。若溶液 pH 为 9.0，$c(NH_3)$ 为 0.2mol·L⁻¹，计算化学计量点的 pZn'、pZn、pY'、pY，以及化学计量点前后 0.1% 时 pZn' 和 pY' 的值。

解 由表 10-1 知 $\lg K_f(ZnY)=16.4$，化学计量点时，$c(M_{sp})=10^{-2}mol\cdot L^{-1}$，pH 为 9.0，$\lg\alpha_{Zn}(OH)=0$，$\lg\alpha_Y(H)=1.4$，由例 10-2 已计算得

$$c(NH_3)=\frac{0.2}{2}=0.1(mol\cdot L^{-1})$$

$$\lg\alpha_{Zn}(NH_3)=3.78$$

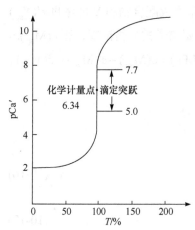

图 10-7　pH=12 时，以 $c(Y)=0.0200\,mol\cdot L^{-1}$ 溶液滴定 20.00mL 同浓度的 Ca^{2+} 的滴定曲线

$$\alpha_{Zn} = \alpha_{Zn}(NH_2) + \alpha_{Zn}(OH) - 1 = 10^{3.78} + 0 - 1 = 10^{3.78}$$

$$\lg K'(ZnY) = \lg K_f(ZnY) - \lg\alpha_{Zn} - \lg\alpha_Y(H) = 16.4 - 3.78 - 1.4 = 11.2$$

按式(10-17)，则

$$pZn'_{sp} = \frac{1}{2}\left[\lg K'(ZnY) + pZn_{sp}\right] = \frac{1}{2}(11.2 + 2.0) = 6.6$$

因为

$$c(Zn_{sp}) = \frac{c'(Zn_{sp})}{\alpha_{Zn}}$$

$$pZn = pZn'_{sp} + \lg\alpha_{Zn} = 6.6 + 3.78 = 10.4$$

又

$$pY'_{sp} = pZn'_{sp} = 6.6$$

$$pY = pY'_{sp} + \lg\alpha_{Y(H)} = 6.6 + 1.4 = 8.0$$

化学计量点前 0.1%时：$c'(Zn) = \dfrac{2\times10^{-2}}{2}\times0.1\% = 1\times10^{-5}(\text{mol}\cdot\text{L}^{-1})$，$pZn' = 5.0$

化学计量点后 0.1%时：$c'(Y) = \dfrac{2\times10^{-2}}{2}\times0.1\% = 1\times10^{-5}(\text{mol}\cdot\text{L}^{-1})$，$pY' = 5.0$

$$c'(Zn) = \frac{c(ZnY)}{c'(Y)\cdot K'(MY)}\,\text{mol}\cdot\text{L}^{-1} = \frac{1\times10^{-2}}{1\times10^{-5}\times10^{11.2}}\,\text{mol}\cdot\text{L}^{-1} = 10^{8.2}\text{mol}\cdot\text{L}^{-1}$$

$$pZn' = 8.2$$

化学计量点附近体积变化很小，$K'(ZnY)$值可以认为不变。化学计量点时未与 EDTA 配位的锌的总浓度 $c'(Zn_{sp}) = 10^{-7}\text{mol}\cdot\text{L}^{-1}$，故与锌配位所消耗的氨可忽略，一般若能准确滴定，这种忽略均是合理的。

10.4.2　定量反应的判据

滴定突跃的大小是决定配位滴定准确度的重要依据。根据式(10-12)可推出：

$$pM' = \lg K'(MY) - \lg\frac{c(MY)}{c'(Y)} \tag{10-18}$$

化学计量点前 pM' 按剩余 $c'(M)$ 计，若按滴定误差为±0.1%，突跃范围起点应为 $\dfrac{c(M_{sp})}{c'(M)} = 0.1\%$，近似为 $3-\lg c(M_{sp})$；可见，在条件常数 $K'(MY)$ 一定的条件下，浓度越大，突跃起点越低，$c_0(M)$ 增大 10 倍，pM' 则降低 1 个单位(图 10-8)。

化学计量点后，突跃范围终点应为：$\dfrac{c(M_{sp})}{c'(Y)} = 0.1\%$，$pM' = \lg K'(MY) - 3$，可见，$pM'$ 仅取决于 $\lg K'(MY)$，而与浓度无关，浓度不同的滴定曲线合为 1 条(图 10-9)。

当金属离子浓度 $c_0(M)$ 和条件稳定常数 $K'(MY)$ 都改变时，滴定突跃的大小就取决于 $c_0(M)\cdot K'(MY)$。$c_0(M)\cdot K'(MY)$ 越大，滴定突跃越大，反应进行得越完全。

用配位滴定法测定时所需的条件，也取决于允许的误差和检测终点的准确度。一般配位滴定目测终点有±(0.2−0.5)$\Delta pM'$ 的出入，即 $\Delta pM'$ 至少有±0.2。若允许 E_t 为±0.1%，则有

$$\lg c(M_{sp})K(MY) = \lg\frac{10^{\Delta pM} - 10^{-\Delta pM}}{E_t} = \lg\frac{10^{0.2} - 10^{-0.2}}{0.1\%} = 6 \tag{10-19}$$

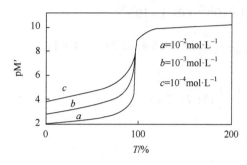
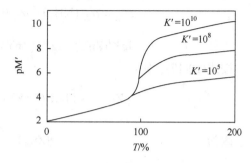

图 10-8　不同浓度溶液的滴定曲线($K'=10^{10}$)　　图 10-9　不同条件常数的滴定曲线($c=10^{-2} \text{mol} \cdot \text{L}^{-1}$)

故通常将 $\lg c(M_{sp})K'(MY) \geqslant 6$ 作为判断在配位滴定法中 M 离子能否与 EDTA 定量反应的判据。因为 $\lg K'(MY) = \lg K_f(MY) - \lg \alpha_M - \lg \alpha_Y$，所以 $K_f(MY)$、影响 α_M 的副配体及影响 α_Y 的溶液的酸度、缓冲溶液等都将影响滴定突跃大小。

10.4.3　金属指示剂

配位滴定确定终点的方法很多，如电化学法(电位滴定、电导滴定)、光化学法(光度滴定)，其中最重要的是使用金属指示剂指示终点。酸碱指示剂是以指示溶液中 H^+ 浓度的变化确定终点，金属指示剂则是以指示溶液中金属离子浓度的变化确定终点。

1. 金属指示剂作用原理

金属指示剂是具有配位作用的有机染料，它能与某些金属离子形成与其本身有显著不同颜色的配合物而指示滴定终点。例如，铬黑 T(eriohrome black T，EBT)和镁与铬黑 T 的配合物的结构如下所示：

$$\text{HIn}^{2-}(\text{蓝}) \qquad\qquad\qquad \text{MgIn}^-(\text{红})$$

开始滴定前向含 Mg^{2+} 的被测溶液中加入几滴指示剂，部分 Mg^{2+} 与指示剂配位，呈现 $MgIn^-$ 的红色；随着 EDTA 的加入，Y 逐渐与 Mg^{2+} 配位；在化学计量点附近，Mg^{2+} 浓度降至很低，加入的 EDTA 进而夺取 $MgIn^-$ 配合物中的 Mg^{2+}，使指示剂游离出来，即

$$\text{MgIn}^- + \text{HY}^{3-} \Longrightarrow \text{MgY}^{2-} + \text{HIn}^{2-}$$
$$\text{(红色)} \qquad\qquad\qquad\quad \text{(蓝色)}$$

此时溶液呈现指示剂的蓝色，表示到达滴定终点。

2. 金属指示剂必须具备的条件及使用中存在的问题

(1) 在滴定的 pH 范围内，指示剂本身的颜色与金属-指示剂配合物的颜色反衬度要大，显色反应要灵敏、迅速且具有良好的变色可逆性，才能用于滴定。金属指示剂往往是有机多元

弱酸或弱碱，兼具 pH 指示剂的功能，因此使用时必须注意选择合适的 pH 范围。以铬黑 T 为例，它在溶液中有如下平衡：

$$H_2In^- \underset{}{\overset{pK_{a2}=6.3}{\rightleftharpoons}} HIn^{2-} \underset{}{\overset{pK_{a3}=11.6}{\rightleftharpoons}} In^{3-}$$

(紫红色)　　　　　　(蓝色)　　　　　　(橙色)

当 pH<6.3 时，呈紫红色；pH>11.6 时，则呈橙色，均与金属-铬黑 T 配合物的红色相近。为使终点变化明显，使用铬黑 T 的最适宜酸度应在 pH=6.3～11.6。

(2) 指示剂的稳定性要适当，以具有一定的选择性。金属指示剂配合物(MIn)的稳定性应比金属-EDTA 配合物(MY)的稳定性低。否则 EDTA 不能夺取 MIn 中的 M，失去了指示剂的作用。但是金属指示剂配合物稳定性不能太低，否则终点变色不敏锐。因此，为使滴定的准确度高，MIn 的稳定性要适当，以免终点过早或过迟到达。例如，以铬黑 T 为指示剂滴定锌离子时：

在氨性溶液中(pH=9)：　　　　$Zn^{2+} + 4NH_3 == [Zn(NH_3)_4]^{2+}$

加入 EBT 时：　　$[Zn(NH_3)_4]^{2+} + EBT(蓝色) \rightleftharpoons Zn - EBT(酒红色) + 4NH_3$

滴定开始到计量点前：$[Zn(NH_3)_4]^{2+} + EDTA \rightleftharpoons Zn - EDTA + 4NH_3$

计量点时：　　$Zn - EBT(酒红色) + EDTA \rightleftharpoons Zn - EDTA + EBT(蓝色)$

上述各配合物的条件稳定常数大小顺序为：$K'(ZnY)>K'(ZnEBT)>K'[Zn(NH_3)_4^{2+}]$。

一般为确保滴定误差≤0.1%，金属指示剂配合物的稳定性：

$$\lg K'(MY) - 2 \geqslant \lg K'(MIn) \geqslant pM'_{sp} + 2$$

若 $K'(MIn)$ 与 $K'(MY)$ 差别太小，则终点时过渡色拖长，这种现象称为指示剂的僵化现象(fossilization)。若 $K'(MIn)>K'(MY)$，显然这种情况下指示剂不能作为滴定该金属的指示剂。但在滴定其他金属离子时，若溶液中存在某些金属离子，且 $K'(MIn)>K'(MY)$，则溶液一直呈现 MIn 的颜色，即使到了化学计量点也不变色，这种现象称为指示剂的封闭现象(closure phenomenon)。例如，在 pH=10 时以 EBT 为指示剂，滴定 Ca^{2+}、Mg^{2+} 总量时，Al^{3+}、Fe^{3+}、Cu^{2+}、Co^{2+}、Ni^{2+} 等会封闭 EBT，致使终点无法确定。由于试剂或蒸馏水的质量往往较差，含有微量的上述离子也使得指示剂失效。解决的办法是加入掩蔽剂，使干扰离子生成更稳定的配合物，从而不再与指示剂作用。Al^{3+}、Fe^{3+} 对 EBT 的封闭可加三乙醇胺予以消除；Cu^{2+}、Co^{2+}、Ni^{2+} 可用 KCN 掩蔽；Fe^{3+} 也可先用抗坏血酸还原为 Fe^{2+}，再加 KCN 以 $[Fe(CN)_4]^{2-}$ 的形式掩蔽。若干扰离子的量太大，则需预先分离除去。

(3) 指示剂和 MIn 应易溶于水。若生成胶体溶液或沉淀，使得滴定剂与 MIn 交换缓慢，则也易产生僵化现象。解决的办法是加入有机溶剂或加热，以增大其溶解度。例如，用 PAN 作指示剂时，经常加入乙醇或在加热下滴定。

(4) 指示剂应比较稳定，便于储存和使用。遗憾的是，金属指示剂大多为含双键的有色化合物，在接触日光、氧化剂、空气等时易被氧化而变质，特别是在水溶液中更不稳定或因分子聚合而失效。解决方法：少量配制；水溶液不稳定的指示剂，用具有还原性的溶液(如加入盐酸羟胺、抗坏血酸)来配制；配成固体混合物使用时较稳定，保存时间较长。例如，铬黑 T 和钙指示剂，常用固体 NaCl 或 KCl 作稀释剂配制。对易聚合变质的指示剂溶液，有时可加入三乙醇胺防止聚合变质。

3. 金属指示剂颜色转变点 pM_t 的计算

因为金属指示剂往往是有机多元弱碱，所以也可发生酸效应，因此，在忽略金属离子的副反应情况下，金属-指示剂配合物在溶液中有如下平衡关系：

$$M + In \rightleftharpoons MIn \qquad K(MIn') = \frac{c(MIn)}{c(M) \cdot c'(In)} = \frac{K_f(MIn)}{\alpha_{In}(H)}$$

采用对数形式：
$$pM + \lg\frac{c(MIn)}{c'(In)} = \lg K_f(MIn) - \lg\alpha_{In}(H)$$

$\frac{c(MIn)}{c'(In)} = 1$ 时，溶液呈现混合色，即可得出指示剂颜色转变点的 pM 值，以 pM_t 表示，其值是

$$pM_t = \lg K(MIn') = \lg K_f(MIn) - \lg\alpha_{In}(H) \qquad (10\text{-}20)$$

因此，只要知道金属-指示剂配合物的稳定常数 $K_f(MIn)$，并计算得一定 pH 时的指示剂的酸效应系数 $\alpha_{In}(H)$，就可求出 pM_t 值，其变色范围为：$\lg K'_{MIn} \pm 1$。

以上是指 M : In 为 1 : 1 的情况，实际上有时还会形成 1 : 2 或 1 : 3 以及酸式配合物，则 pM_t 的计算就很复杂。因此，很多指示剂变色点的 pM_t 值是由实验测得。图 10-10 为铬黑 T 的 pMg_t-pH 曲线和二甲酚橙的 pZn_t-pH 曲线、pPb_t-pH 曲线。由图可见，指示剂变色点的 pM_t 值随酸度而变，酸度越低(pH 越高)，指示剂的

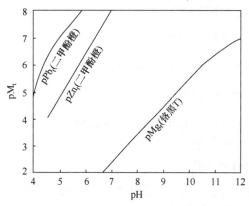

图 10-10　指示剂的 pM_t-pH 曲线

灵敏度越高，pM_t 越大。由图可查出不同 pH 时的 pM_t 值。

滴定终点的 pM 值用 pM_{ep} 表示。在金属离子未发生副反应时，pM_t 即为 pM_{ep}。若 M 发生副反应，终点时未与 EDTA 配位的金属离子总浓度是 $c'(M)$，它是游离金属离子浓度的 α_M 倍，此时

$$pM'_{ep} = pM_t - \lg\alpha_M \qquad (10\text{-}21)$$

4. 常用金属指示剂

(1) 铬黑 T(EBT)：$pK_{a1} = 3.9$、$pK_{a2} = 6.3$、$pK_{a3} = 11.5$，是在 pH=10 左右的弱碱性溶液中滴定 Mg^{2+}、Zn^{2+}、Cd^{2+}、Pb^{2+}、Hg^{2+} 和 In^{3+} 等离子的常用指示剂。Co(Ⅱ)、Ni(Ⅱ)、Cu(Ⅱ)、Fe(Ⅲ)、Al(Ⅲ) 和 Ti(Ⅳ) 有封闭作用。配制方法：①以 EBT 与 NaCl 的质量比为 1 : 100(~200)的固体混合，研细混匀，装入棕色瓶保存约一年有效；②0.5g EBT，加 4.5g 盐酸羟胺，溶于 100mL 乙醇内(约一周有效)；③0.5g EBT，加入 20mL 三乙醇胺，加水稀释至 100mL(约几日有效)。

(2) 二甲酚橙(XO)：$pK_{a1} = -1.2$，$pK_{a2} = 2.6$，$pK_{a3} = 3.2$，$pK_{a4} = 2.4$，$pK_{a5} = 10.4$，$pK_{a6} = 12.3$；在 pH=0~6，二甲酚橙为黄色，它与金属离子形成的配合物为红色。二甲酚橙与各种金属离子形成配合物的稳定性不同，产生明显颜色变化的最高酸度也就不同(表 10-4)；其是在酸性

溶液(pH<6.0)中许多金属离子配位滴定所使用的极好的指示剂。采用直接滴定法可在 pH<1 测定 ZrO^{2+}；pH=1~2 的硝酸溶液中测定 Bi^{3+}；pH=2~3.5 的硝酸溶液中测定 Th^{4+}；pH=5~6 的六次甲基四胺缓冲溶液中测定 Cd^{2+}、Co^{2+}、Cu^{2+}、Pb^{2+}； pH=5~6 的乙酸缓冲溶液中测定 La^{3+} 和 Zn^{2+}等。pH≤6 时使用 Al^{3+}、Fe^{3+}、Ni^{2+}、Cu^{2+}、Co^{2+}、Ga^{3+}、Ti^{4+}有封闭作用，可采用返滴定法测定。例如，于 pH=5.0~5.5 的六次甲基四胺缓冲溶液中，加入过量 EDTA 后，再用锌或铅返滴定。Fe^{3+}可在 pH=2~3 时，以硝酸铋返滴定法测定；配制方法：用分析天平准确称取 0.5g 左右的 XO，加入少量水(或无水乙醇)溶解，然后用蒸馏水(或无水乙醇)定容至 100mL。Th^{4+}在 pH=5~6 时也有封闭作用。

表 10-4 二甲酚橙显色的最高酸度

金属离子	酸度 $c(HNO_3)/(mol \cdot L^{-1})$	金属离子	pH
Zr^{4+}、Hf^{4+}	1.0	Pb^{2+}、Al^{3+}、In^{3+}、Ga^{3+}	3.0
Bi^{3+}	0.5	镧系元素离子、Y^{3+}	3.0~4.0
Fe^{3+}	0.2	Zn^{2+}、Co^{2+}、Tl^{3+}	4.0
Th^{4+}	0.1	Cu^{2+}	5.0
Sc^{3+}	0.05	Mn^{2+}、Ni^{2+}、Cd^{2+}、Hg^{2+}	5.0~5.5

(3) 钙指示剂：$pK_{a1}=1$~2，$pK_{a2}=3.8$，$pK_{a3}=9.4$，$pK_{a4}=13$~14。pH=12~13 的强碱溶液中，蓝色的钙指示剂与 Ca^{2+} 形成紫红色配合物，可用作滴定 Ca^{2+}的指示剂。Co(Ⅱ)、Ni(Ⅱ)、Cu(Ⅱ)、Fe(Ⅲ)、Al(Ⅲ)和 Ti(Ⅳ)有封闭作用。配制方法：以钙指示剂与 NaCl 固体的质量比为 1：100，混合研匀。

(4) 磺基水杨酸：$pK_{a1}=2.6$，$pK_{a2}=11.7$。pH=1.5~3 用 1%~2%的无色磺基水杨酸水溶液与 Fe^{3+}形成紫红色配合物，可用作滴定 Fe^{3+}的指示剂。

(5) 紫脲酸(PAN)：PAN 与 Cu^{2+}的显色反应非常灵敏，但很多其他金属离子如 Ni^{2+}、Co^{2+}、Zn^{2+}、Pb^{2+}、Bi^{3+}、Ca^{2+}与 PAN 反应慢或灵敏度低。若以 Cu-PAN 为间接金属指示剂，则可测定多种金属离子。Cu-PAN 指示剂是 CuY 和 PAN 的混合液。将此液加到含有被测金属离子 M 的试液中时，发生如下置换反应：

$$CuY + PAN + M \rightleftharpoons MY + Cu\text{-}PAN$$

(黄色) (紫红色)

溶液呈现紫红色。当加入 EDTA 定量配位 M 后，EDTA 将夺取 Cu-PAN 中的 Cu^{2+}，从而使 PAN 游离出来：

$$Cu\text{-}PAN + Y \rightleftharpoons CuY + PAN$$

(紫红色) (黄色)

溶液由紫红色变为黄色，指示终点到达。因滴定前加入的 CuY 与最后生成的 CuY 是相等的，故加入 CuY 并不影响测定结果。在几种离子的连续滴定中，若分别使用几种指示剂，往往发生颜色干扰。因 Cu-PAN 可在很宽的 pH 范围(pH=1.9~12.2)内使用，所以可以在同一溶液中连续指示终点。Ni^{2+}有封闭作用。配制方法：取 0.05mol · L^{-1} Cu^{2+}溶液，加入 HAc-NaAc 缓冲溶液至 pH=5~6，再加入 0.1% PAN 乙醇溶液数滴，加热至 60℃左右，以 EDTA 溶液滴至绿色，得到 CuY 溶液。使用时取 2~3mL 此溶液于待测试液中，再加入数滴 PAN 指示剂，即成为 Cu-PAN 指示剂。

类似 Cu-PAN 这样的间接指示剂，还有 Mg-EBT 指示剂。

10.5 单一离子滴定中酸度的控制

10.5.1 滴定的最高酸度与最低酸度

最高酸度的控制是为了保证一定的 $K'(MY)$ 值使之有可能准确滴定。由误差公式(10-19) 可见，在 $c(M_{sp})$ 与 ΔpM 一定的条件下，终点误差 E_t 仅取决于 $K'(MY)$ 值。欲准确滴定 M 离子，则必须满足：

$$\lg c(M_{sp})K'(MY) \geqslant 6 \quad 或 \quad \lg K'(MY) \geqslant 6 + pM_{sp} \tag{10-22}$$

将式(10-15)代入式(10-22)得

$$\lg K'(MY) = \lg K_f(MY) - \lg \alpha_M - \lg \alpha_Y \geqslant 6 + pM_{sp}$$

若金属离子没有发生副反应，即 M 离子不发生水解，也无辅助配位效应，且不存在干扰离子 N，则 $K'(MY)$ 仅取决于 $\alpha_Y(H)$，即仅由酸度决定。一般情况下可设 $c(M_{sp}) = 10^{-2} mol \cdot L^{-1}$，则

$$\lg K'(MY) = \lg K_f(MY) - \lg \alpha_Y(H) \geqslant 8 \quad 或 \quad \lg \alpha_Y(H) \leqslant \lg K_f(MY) - 8 \tag{10-23}$$

当 pH 下降时，$c(H^+)$ 升高，$\lg \alpha_Y(H)$ 升高，$\lg K'(MY)$ 下降；当 pH 降至使 $\lg K'(MY) = 8$ 时，若再降低，就不能准确滴定 M 离子，此界限所对应的 pH，称为滴定 M 离子的最小 pH。

不同金属-EDTA 配合物的 $\lg K_f(MY)$ 值不同。为使 $\lg K'(MY)$ 达到 8.0 的最低 pH 也不同。若以不同的 $\lg K_f(MY)$ 值或 $\lg \alpha_Y(H)$ 对相应的最低 pH 作图，得到酸效应曲线图 10-11。由酸效应曲线图可查得滴定各种金属离子的最低 pH，即最高酸度。酸效应曲线表明了 pH 对配合物形成的影响。对很稳定的配合物如 BiY[$\lg K_f(BiY) = 27.9$]，可以在高酸度(pH≈1)的条件下滴定；而对不稳定的配合物 MgY[$\lg K_f(MgY) = 8.64$]，则必须在弱碱性(pH≈10)的溶液中滴定。必须注意，图 10-11 中的最低 pH 是相应于 $\Delta pM = \pm 0.2$，$c(M_{sp}) = 10^{-2} mol \cdot L^{-1}$，$E_t = 0.1\%$，金属离子未发生副反应。

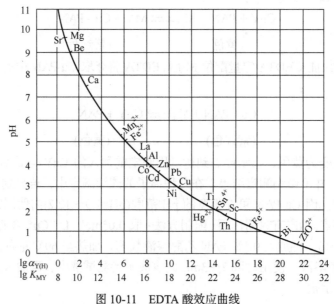

图 10-11 EDTA 酸效应曲线

但若酸度过低,金属离子将发生水解甚至形成 $M(OH)_n$ 沉淀。这不仅影响配位反应的速率使终点难以确定,而且影响配位反应的计量关系。此最低酸度可由 $M(OH)_n$ 的溶度积求得(沉淀反应章节讨论)。若加入如酒石酸或氨水等适当的辅助配位剂,防止金属离子水解沉淀,就可以在更低的酸度下滴定。但辅助配位剂与金属的副反应导致 $\lg K'(MY)$ 降低,必须控制其用量,否则 $\lg K'(MY)$ 太小,将无法准确滴定。

10.5.2　用指示剂确定终点时滴定的最佳酸度

上述酸度范围是从滴定反应考虑的,即为达到一定的 $\lg K'(MY)$ 值而又不致生成沉淀所需。如前所述,滴定的终点误差不仅取决于 $\lg c(M_{sp})K'(MY)$ 值,还与 ΔpM 值有关。酸度会影响指示剂的 pM_t 值,从而影响 ΔpM 值。因此,采用指示剂确定终点,在上述最高与最低酸度范围内还要考虑最佳酸度。为使滴定准确度高,选择最佳酸度应当使 pM_t 值与 pM_{sp} 值尽可能一致。

10.5.3　配位滴定中缓冲剂的作用

从配位滴定反应 $M + H_2Y \rightleftharpoons MY + 2H^+$ 可知,配位滴定过程中会不断释放出 H^+,使溶液酸度增高、$K(MY')$ 值降低,有可能影响到反应的完全程度;同时 $K(MIn')$ 值也会减小,使指示剂灵敏度降低。因此,配位滴定中常加入缓冲剂控制溶液的酸度。在弱酸性 pH=5~6 的溶液中滴定,常使用乙酸缓冲溶液或六次甲基四胺缓冲溶液;在弱碱性 pH=8~10 的溶液中滴定,常采用氨性缓冲溶液。在强酸中如 pH=1 时滴定 Bi^{3+},或强碱中如 pH=13 时滴定 Ca^{2+},强酸或强碱本身就是缓冲溶液,具有一定的缓冲作用。缓冲剂的选择不仅要考虑缓冲剂所能缓冲的 pH 范围,还要考虑缓冲剂是否会引起金属离子的副反应而影响反应的完全程度。例如,在 pH=5 时用 EDTA 滴定 Pb^{2+},通常不用乙酸缓冲溶液,因为 Ac^- 会与 Pb^{2+} 配位,降低 $K(PbY')$,使反应不再符合滴定要求。此外,缓冲溶液还必须有足够的缓冲容量才能控制溶液 pH 基本不变。

10.6　混合离子的选择性滴定

由于 EDTA 等氨羧配位剂具有广泛的配位作用,而实际的分析对象常常比较复杂,含有多种元素,它们在滴定时往往相互干扰。因此,在混合离子中进行选择性地滴定就成为配位滴定中需要解决的重要问题。

10.6.1　控制酸度进行分步滴定

若溶液中含有金属离子 M 和 N,它们均与 EDTA 形成配合物,且 $\lg K_f(MY) > \lg K_f(NY)$。当用 EDTA 滴定时,首先被滴定的是 M。若 $\lg K_f(MY)$ 与 $\lg K_f(NY)$ 相差足够大,就可控制条件在 N 存在下准确滴定 M,M 被定量滴定后再滴定 N,这就是分步滴定。至于 N 能否继续滴定,可按单一离子滴定进行处理。那么,$\lg K_f(MY)$ 与 $\lg K_f(NY)$ 相差多大才能分步滴定呢?我们把干扰离子 N 的影响作为对滴定剂 Y 的副反应来处理,求得在 N 存在下的条件常数

$K(MY')$值，则能否准确滴定 M 的问题得到解决。

设 M 不发生副反应，Y 的副反应系数为

$$\alpha_Y = \alpha_Y(H) + \alpha_Y(N) - 1 \tag{10-24}$$

$\alpha_Y(H)$ 对配位滴定的影响已在 10.5 节中做了讨论。溶液中除 M 外其他金属离子 N 发生的副反应，用 $\alpha_Y(N)$ 表示。

$$N + Y \Longrightarrow NY \qquad \alpha_Y(N) = \frac{c(Y) + c(NY)}{c(Y)} = 1 + c(N) \cdot K_f(NY)$$

为了能准确地分步滴定 M，化学计量点时 $c(NY)$ 应当很小。若又没有其他配合剂与 N 反应，则

$$c(N) = c_0(N) - c(NY) \approx c_0(N)$$

故

$$\alpha_Y(N) = 1 + c_0(N) \cdot K_f(NY) \approx c_0(N) \cdot K_f(NY) \tag{10-25}$$

可见 $\alpha_Y(N)$ 仅取决于 $c_0(N)$ 与 $K_f(NY)$。只要酸度不太低，N 不水解，$\alpha_Y(N)$ 即为定值。

若在较高的酸度下滴定：$\alpha_Y(H) \gg \alpha_Y(N)$，$\alpha_Y \approx \alpha_Y(H)$，则

$$\lg K(MY') = \lg K_f(MY) - \lg \alpha_Y(H)$$

此时 N 的影响可以忽略。与单独滴定 M 的情况相同，$K(MY')$ 值随酸度减小而增大。

若在较低的酸度下滴定：$\alpha_Y(N) \gg \alpha_Y(H)$，此时 $\alpha_Y \approx \alpha_Y(N)$，则

$$\lg K(MY') = \lg K_f(MY) - \lg \alpha_Y(N) = \lg K_f(MY) - \lg c(N) \cdot K_f(NY)$$

或写作

$$\lg K(MY') = \lg K_f(MY) - \lg K_f(NY) + pN = \Delta \lg K_f + pN \tag{10-26}$$

即

$$K(MY') = \frac{K_f(MY)}{c_0(N) \cdot K_f(NY)} \tag{10-27}$$

此时忽略的是 H^+ 的副反应。只要 M、N 不水解也不发生其他副反应，$K(MY')$ 值就不随酸度变化，并保持最大值。式(10-27)两边同乘以 $c_0(M)$，并取对数，得

$$\lg[c_0(M) \cdot K(MY')] = \lg K_f(MY) - \lg K_f(NY) + \lg \frac{c_0(M)}{c_0(N)} = \Delta \lg K_f + \lg \frac{c_0(M)}{c_0(N)} \tag{10-28}$$

即两种金属配合物的稳定常数相差越大，被测金属离子浓度 $c_0(M)$ 越大，干扰离子浓度 $c_0(N)$ 越小，$\lg[c_0(M) \cdot K(MY')]$ 值越大，滴定 M 反应的完全度就越高。

$\Delta \lg K_f$ 要相差多大才能分步滴定？这取决于所要求的准确度，即允许的 E_t 值、条件ΔpM 和 $\dfrac{c_0(M)}{c_0(N)}$ 值。若$\Delta pM = \pm 0.2$，$E_t = \pm 0.1\%$，$c_0(M) = c_0(N)$，则

$$\Delta \lg K_f = \lg c_0(M) \cdot K(MY') + \lg \frac{c_0(M)}{c_0(N)} = 6$$

故一般常以 $\Delta \lg K_f \geqslant 6$ 作为判断能否准确分步滴定的条件。若是 $c_0(M) = 10c_0(N)$，则 $\Delta \lg K_f \geqslant 5$；若要求准确度低一些，则 $\Delta \lg K_f$ 还可以小一些。

在大多数情况下，分步滴定在 $\lg K(MY')$ 达到最大时进行是有利的，此最低 pH 可认为是在 $\alpha_Y(H) = \alpha_Y(N)$ 时的 pH。由 $c_0(N)$ 和 $K(MY)$ 求出 $\alpha_Y(N)$ 值，查 $\alpha_Y(H)$ 等于此值时所相应的 pH

即为最低 pH。而 pH 的高限则与单独滴定 M 时相同，即防止 M(OH)$_n$ 沉淀的 pH。

为使终点误差小，pM$_{ep}$ 应当与 pM$_{sp}$ 尽可能一致。在上述酸度范围，lg$K$(MY′)恒定，故 pM$_{sp}$ 也为一定值，仅指示剂变色点 pM$_t$ 随酸度变化。因此，直接查指示剂的 pM$_t$-pH 曲线，找出 pM$_t$ = pM$_{sp}$ 时相应的 pH，即得最佳 pH。

【例 10-5】 某含 Pb^{2+}、Ca^{2+} 的溶液，浓度均为 0.02mol · L^{-1}，欲以同浓度的 EDTA 分步滴定 Pb^{2+}：(1)有无可能分步滴定？ (2)求滴定的酸度范围。(3)求二甲酚橙为指示剂的最佳 pH。[已知 lgK_f(CaY) = 11.0，　lgK_f(PbY) = 18.3]

解 (1) ΔlgK_f = 18.3 − 11.0 = 7.3 ≥ 6，有可能在 Ca^{2+} 存在下分步滴定。

(2) 可能滴定的酸度范围：

低限：$\qquad \alpha_Y(H) = \alpha_Y(Ca) \approx \lg c_0(Ca) \cdot K_f(CaY) = 10^{-2.0+11.0} = 10^9$

查 lgα_Y(H)-pH，lgα_Y(H) = 9 时相应的 pH 约为 3.5，此即 pH 最低限。

高限，由溶度积规则求得

$$c(OH^-) = \sqrt{\frac{K_{sp}[Pb(OH)_2]}{c(Pb^{2+})}} = \sqrt{\frac{10^{-15.7}}{2 \times 10^{-2}}} = 10^{-7.0}(mol \cdot L^{-1})$$

$$pH = 7.0$$

故可能滴定的 pH 范围是 3.5~7.0。在此酸度范围内，lg$K$(pbY′) 和 pPb$_{sp}$ 为定值。

$$\lg K(PbY') = \lg K_f(PbY) - \lg \alpha_Y(H) = 18.3 - 9 = 9.3$$

$$pPb_{sp} = \frac{1}{2}\left[\lg K(pbY') + pPb_{sp}\right] = \frac{1}{2}(9.3 + 2) = 5.6$$

(3) 采用二甲酚橙为指示剂的最佳 pH 应当在 pPb$_t$ = pPb$_{ep}$ = pPb$_{sp}$ 处。

少数高价离子极易水解，然而其配合物相当稳定，往往选在酸度稍高的情况下滴定。Bi^{3+}、Pb^{2+} 混合液中 Bi^{3+} 的滴定即为一例。若化学计量点 c_{sp}(Pb) = 10^{-2} mol · L^{-1} 时：

$$\alpha_Y(H) = \alpha_Y(Pb) \approx \lg c_0(Pb) \cdot K_f(PbY) = 10^{-2.0+18.3} = 10^{16.3}$$

相应的 pH 为 1.4。若从条件常数考虑，应当选择 pH > 1.4 时滴定，但 pH = 1.4 时，Bi^{3+} 已水解，会影响终点的确定。一般选择在 pH = 1 时滴定，尽管此时 lg$K$(BiY′)未到最大值，但也有 9.6，已经可以准确滴定。Pb^{2+} 可以在 pH = 4~6 时滴定。二甲酚橙既能与 Bi^{3+} 又能与 Pb^{2+} 生成红色配合物，前者更为稳定，可在 pH = 1 时指示 Bi^{3+} 的终点。在 pH = 5~6 时指示 Pb^{2+} 的终点。为此，在 pH = 1 滴定 Bi^{3+} 后，加入六次甲基四胺提高 pH 至 5~6，继续滴定 Pb^{2+}。这样，就在同一溶液中连续滴定了 Bi^{3+} 和 Pb^{2+}。

10.6.2　使用掩蔽剂的选择性滴定

若被测金属的配合物与干扰离子的配合物的稳定性相差不够大，甚至 lgK_f(MY) 比 lgK_f(NY) 还小，就不能用控制酸度的方法分步滴定 M。若加入一种试剂与干扰离子 N 发生反应，则溶液中的 c(N)降低，N 对 M 的干扰作用也就减小以至消除。这种方法称为掩蔽法 (masking method)。按所用反应类型的不同，可分为配位掩蔽法、沉淀掩蔽法和氧化还原掩蔽法，其中以配位掩蔽法用得最多。

使用配位掩蔽剂 A 时，溶液中 A 与 N 的反应实际上是 N 与 Y 反应的副反应。若掩蔽效果很好，$c(N)$ 已经降得很低，以致 $\alpha_Y(N) \ll \alpha_Y(H)$，此时 $\alpha_Y \approx \alpha_Y(H)$，则有 $\lg K(MY') = \lg K_f(MY) - \lg \alpha_Y(H)$。这时 N 已不构成干扰。若加入掩蔽剂后，$\alpha_Y \approx \alpha_Y(N)$，而 $\alpha_Y(N) = 1 + c(N) \cdot K_f(NY) \approx c(N) \cdot K_f(NY) = \dfrac{c'(N)}{\alpha_N(A)} = \dfrac{c_0(N)}{\alpha_N(A)} \cdot K_f(NY)$，故

$$\lg K(MY') = \lg K_f(MY) - \lg \alpha_Y(N) = \lg K_f(MY) - \lg\left[\dfrac{c_0(N)}{\alpha_N(A)} \cdot K_f(NY)\right] = \Delta\lg K_f + pN + \lg\alpha_N(A)$$

$$(10\text{-}29)$$

将式(10-29)与式(10-26)相比较，可见当 $\alpha_Y(N) \gg \alpha_Y(H)$ 时，掩蔽剂的作用是使得 $\lg K(MY')$ 增大了 $\lg\alpha_N(A)$ 个单位。$\lg\alpha_N(A)$ 值越大，掩蔽效率越高，故又称为掩蔽指数(masking index)。有了 $\lg K(MY')$ 值，就可以计算终点误差，判断能否准确滴定。

【例 10-6】 用 $0.02\,mol \cdot L^{-1}$ EDTA 滴定同浓度的 Zn^{2+}、Al^{3+} 混合液中的 Zn^{2+}，若以 KF 掩蔽 Al^{3+}，终点时未与 Al^{3+} 配位的 F 总浓度 $c'(F)$ 为 $0.01\,mol \cdot L^{-1}$，pH $=5.5$，采用二甲酚橙作指示剂能否准确滴定 Zn^{2+}?

解 查表得：$\lg K_f(AlY) = 16.11$，$\lg K_f(ZnY) = 16.4$；$[AlF_6]^{3-}$ 的 $\lg\beta_1^\ominus \sim \lg\beta_6^\ominus$ 分别是 6.10、11.15、15.00、17.75、19.37、19.84；$pK_a(HF) = 3.25$，pH $=5.5$ 时，$\alpha_F(H) = 1 + c(H^+)K_a(HF) = 1 + 10^{-5.5} \cdot 10^{-3.1} = 1$，所以 $c(F) = c'(F) = 0.01\,mol \cdot L^{-1}$。

$$\alpha_{Al}(F) = 1 + c(F)\beta_1^\ominus + [c(F)]^2\beta_2^\ominus + [c(F_3)]^3\beta_3^\ominus + [c(F)]^4\beta_4^\ominus + [c(F)]^5\beta_5^\ominus + [c(F)]^6\beta_6^\ominus$$

$$= 1 + 10^{-2.0+6.10} + 10^{-4.0+11.15} + 10^{-6.0+15.00} + 10^{-8.0+17.75} + 10^{-10.0+19.37} + 10^{-12.0+19.84}$$

$$= 10^{10.0}$$

$$c(Al) = \dfrac{c'(Al)}{\alpha_{Al}(F)} \approx \dfrac{c_0(Al)}{\alpha_{Al}(F)} = \dfrac{10^{-2.0}}{10^{10.0}} = 10^{-12.0}(mol \cdot L^{-1})$$

$$\alpha_Y(Al) = 1 + c_0(Al) \cdot K_f(AlY) = 1 + 10^{-12.0+16.11} = 10^{4.1}$$

pH $=5.5$ 时，$\alpha_Y(H) = 10^{5.5}$，此时 $\alpha_Y \approx \alpha_Y(H)$，则

$$\lg K(ZnY') = \lg K_f(ZnY) - \lg\alpha_Y(H) = 16.4 - 5.5 = 10.9 > 8$$

由此例可见，F^- 对 Al^{3+} 的掩蔽效果很好。$c(Al)$ 已降至 $10^{-12.0}\,mol \cdot L^{-1}$，它的影响可完全忽略，如同滴定纯 Zn^{2+} 一样。

为提高掩蔽效率，必须有较大的 $\lg\alpha_N(A)$ 值。选择能与干扰离子 N 生成稳定配合物的试剂为掩蔽剂，并注意控制溶液的 pH，可以得到好的效果。所加掩蔽剂的量要适当，既要充分掩蔽干扰离子 N，使 $\alpha_Y(N)$ 小到满足 $K(MY')$ 的需要，又不会因浓度过大引起其他副反应或造成浪费。表 10-5 列出了一些常用的掩蔽剂。

表 10-5 一些常用的掩蔽剂

掩蔽剂	被掩蔽的金属离子	pH
三乙醇胺*	Al^{3+}、Sn^{4+}、TiO_2^{2+}、Fe^{3+}	10
氟化物	Al^{3+}、Sn^{4+}、TiO_2^{2+}、Zr^{4+}	>4
乙酰丙酮	Al^{3+}、Fe^{3+}	5~6

掩蔽剂	被掩蔽的金属离子	pH
邻二氮菲	Zn^{2+}、Cd^{2+}、Hg^{2+}、Cu^{2+}、Co^{2+}、Ni^{2+}	5～6
氰化物**	Zn^{2+}、Cd^{2+}、Hg^{2+}、Cu^{2+}、Fe^{2+}、Co^{2+}、Ni^{2+}	10
2,3-二巯基丙酮	Zn^{2+}、Cd^{2+}、Pb^{2+}、Cu^{2+}、Bi^{3+}、Sb^{3+}、Sn^{4+}	10
硫脲	Hg^{2+}、Cu^{2+}	弱酸
碘化物	Hg^{2+}	

* 三乙醇胺作掩蔽剂时，应当在酸性溶液中加入，然后调节 pH 至 10。否则，金属离子易水解，掩蔽效果不好。

**KCN 必须在碱性溶液中使用，否则会生成剧毒 HCN 气体。滴定后的溶液，应当加入过量 $FeSO_4$，使之生成稳定的$[Fe(CN)_6]^{4-}$，以防止污染环境。

以上是掩蔽干扰离子 N 来滴定 M 离子。若同时还需要测定 N，可以在滴定 M 后，加入一种试剂破坏 N 与掩蔽剂的配合物，使 N 释放出来，继续滴定 N，这种方法称为解蔽法(demasking method)。例如，欲测定溶液中 Pb^{2+}、Zn^{2+}的含量，这两种离子的 EDTA 配合物的稳定常数相近，无法控制酸度分步滴定；可先在氨性酒石酸溶液中用 KCN 掩蔽 Zn^{2+}，以 EBT 为指示剂，用 EDTA 滴定 Pb^{2+}；然后加入甲醛，$[Zn(CN)_4]^{2-}$被破坏，释放出 Zn^{2+}，即

$$4HCHO + [Zn(CN)_4]^{2-} + 4H_2O == Zn^{2+} + 4CH_2{<}^{CN}_{OH} (乙醇氰) + 4OH^-$$

继续用 EDTA 滴定 Zn^{2+}。这里是利用两种试剂——掩蔽剂与解蔽剂进行连续滴定的。能被甲醛解蔽的还有$[Cd(CN)_4]^{2-}$。Cu^{2+}、Co^{2+}、Ni^{2+}、Hg^{2+}与 CN^-生成更稳定的配合物，不易被甲醛解蔽，但若甲醛浓度较大时会发生部分解蔽。

加入一种氧化还原剂，使之与干扰离子发生氧化还原反应以消除干扰，这样的方法就是氧化还原掩蔽法。例如，锆铁中锆的测定，由于锆和铁(Ⅲ)的 EDTA 配合物的 $\lg K_f(ZrOY) = 29.9$，$\lg K_f(FeY^-) = 24.23$，$\Delta \lg K_f$ 不够大，Fe^{3+}会干扰锆的测定；若加入抗坏血酸或盐酸羟胺将 Fe^{3+}还原为 Fe^{2+}；由于 FeY^{2-}的稳定性较 FeY^-差，$\lg K_f(FeY^{2-}) = 14.33$，不干扰锆的测定。其他如滴定 Th^{4+}、Bi^{3+}、In^{3+}、Hg^{2+}时，也可用同样方法消除 Fe^{3+}的干扰。

加入能与干扰离子生成沉淀的沉淀剂，并在沉淀存在下直接进行配位滴定，这种消除干扰的方法就是沉淀掩蔽法。例如，钙、镁的不能用控制酸度的方法分步滴定；Ca^{2+}、Mg^{2+}的其他性质也相似，找不到合适的配位掩蔽剂，在溶液中也无价态变化。但 $Ca(OH)_2$ 和 $Mg(OH)_2$ 的 $pK_{sp}^{\ominus}$ 分别是 5.26 和 11.25，若在 pH＞12 时滴定 Ca^{2+}，镁已形成 $Mg(OH)_2$ 沉淀，不干扰 Ca^{2+}的测定。由于一些沉淀反应不够完全，特别是过饱和现象使沉淀效率不高；沉淀会吸附被测离子而影响测定的准确度；一些沉淀颜色深、体积庞大妨碍终点观察，因此在实际工作中沉淀掩蔽法应用不多。

10.7　配位滴定的应用实例

配位滴定可以采用直接滴定、返滴定、置换滴定等方式进行。实际上周期表中大多数元素都能用配位滴定法测定。改变滴定方式，在一些情况下还能提高配位滴定的选择性。

10.7.1　各种滴定方式和应用

1. 直接滴定法

若金属与 EDTA 的反应满足滴定反应的要求可以直接进行滴定。直接滴定法具有方便、快速的优点，可能引入的误差也较少。因此，只要条件允许，应尽可能采用直接滴定法。实际上大多数金属离子都可以采用 EDTA 直接滴定。钙与镁经常共存，测定钙、镁的各种方法中以配位滴定最为简便。测定方法是：先在 pH=10 的 NH_3-NH_4Cl 缓冲溶液条件下，以 EBT 为指示剂，用 EDTA 滴定。由于 $K'(CaY)>K'(MgY)$，故先滴定的是 Ca^{2+}。但 $\lg K(CaEBT)=5.4$ $<\lg K(MgEBT)=7.0$，因此溶液由紫红色变为蓝色，表示 Mg^{2+} 已定量滴定，而此时 Ca^{2+} 早已定量反应，故由此测得的是 Ca^{2+}、Mg^{2+}的总量。另取同量试液，加入 NaOH 至 pH>12，此时镁以 $Mg(OH)_2$ 沉淀形式掩蔽，选用钙指示剂为指示剂，用 EDTA 滴定 Ca^{2+}。由前后两次之差，得到镁含量。

2. 返滴定法

在以下情况下采用返滴定法：①被测离子与 EDTA 反应缓慢；②被测离子在滴定的 pH 下会发生水解，又找不到合适的辅助配位剂；③被测离子对指示剂有封闭作用，又找不到合适的指示剂。

例如，用 EDTA 滴定 Al^{3+}，Al^{3+} 与 EDTA 配位缓慢，对二甲酚橙等指示剂也有封闭作用，又较易水解，因此不能用直接法滴定。采用返滴定法并控制溶液的 pH，即可解决上述问题。方法是先加入过量的 EDTA 标准溶液于试液中，调节 pH≈3.5，加热煮沸使 Al^{3+} 与 EDTA 的配位反应完全。冷却后调节 pH 为 5~6，以保证 Al^{3+} 与 EDTA 配位反应定量进行。最后再加入二甲酚橙指示剂，此时 Al^{3+} 已形成 AlY 配合物，就不封闭指示剂了。过量的 EDTA 用 Zn^{2+} 标准溶液进行返滴定。这样测定的准确度比较高。

作为返滴定的金属离子 N，它与 EDTA 配合物 NY 必须有足够的稳定性，以保证测定的准确度。但若 NY 比 MY 更稳定，则会发生以下置换反应：

$$N + MY = NY + M$$

对测定结果的影响有三种可能：①若 M、N 都与指示剂反应，溶液的颜色在终点得到突变。②M 不与指示剂反应，且置换反应进行得快，测定 M 的结果将偏低。③M 封闭指示剂，且置换反应进行快，终点将难以判断；若置换反应进行慢，则不影响结果。例如，$\lg K_f(ZnY)=16.4$，$\lg K_f(AlY)=16.1$，ZnY 比 AlY 稳定，但 Zn^{2+} 可作返滴定剂测定 Al^{3+}，这是反应速率在起作用。Al^{3+} 不仅与 EDTA 配位缓慢，一旦形成 AlY 配合物后解离也慢，尽管 ZnY 比 AlY 稳定，在滴定条件下，Zn^{2+} 并不能将 AlY 中的 Al^{3+} 置换出来。但是，如果返滴定时温度较高，AlY 活性增大，就有可能发生置换反应，使终点难以确定。表 10-6 列出一些常用作返滴定剂的金属离子。

表 10-6　常用作返滴定剂的金属离子

pH	返滴定剂	指示剂	测定金属离子
1~2	Bi^{3+}	二甲酚橙	ZrO^{2+}、Sn^{4+}
5~6	Zn^{2+}、Pb^{2+}	二甲酚橙	Al^{3+}、Cu^{2+}、Co^{2+}、Ni^{2+}

续表

pH	返滴定剂	指示剂	测定金属离子
5~6	Cu^{2+}	PAN	Al^{3+}
10	Mg^{2+}、Zn^{2+}	铬黑 T	Ni^{2+}、稀土离子
12~13	Ca^{2+}	钙指示剂	Co^{2+}、Ni^{2+}(H_2O_2 存在下)

3. 析出法

在有多种组分存在的试液中欲测定其中一种组分，采用析出法不仅选择性高而且简便。以复杂铝试样中测定 Al^{3+} 为例。若其中还有 Pb^{2+}、Zn^{2+}、Cd^{2+} 等金属离子，采用返滴定法测定的是 Al^{3+} 与这些离子的总量。若要掩蔽这些干扰离子，必须首先弄清楚含有哪些组分，并加入多种掩蔽剂，这不仅麻烦，且有时难以操作。而若在返滴定至终点后，再加入能与 Al^{3+} 形成更稳定配合物的选择性试剂 NaF，在加热情况下发生如下析出反应：

$$AlY^- + 6F^- + 2H^+ \Longrightarrow AlF_6^{3-} + H_2Y^{2-}$$

析出与铝等物质的量的 EDTA，溶液冷却后再以 Zn^{2+} 标准溶液滴定析出的 EDTA，即得 Al^{3+} 的含量。此法测 Al^{3+} 的选择性较高，仅 Zr^{4+}、Ti^{4+}、Sn^{4+} 干扰测定。实际上，也可用此法测定锡青铜(含 Sn^{4+}、Cu^{2+}、Pb^{2+}、Zn^{2+})中的锡。其他方法，如 KI 析出法测 Hg^{2+}，硫脲析出法测 Cu^{2+}，KCN 析出法(或邻二氮菲析出法)测定 Zn^{2+}、Cd^{2+}、Cu^{2+}、Co^{2+}、Ni^{2+}、Hg^{2+} 等。

析出法实质上是利用掩蔽剂，不过它所掩蔽的不是干扰离子而是被测离子，而且是在被测离子与干扰离子均定量地与 EDTA 配位后再加入的，其结果是析出与被测组分等物质的量的 EDTA。

4. 置换滴定法

Ag^+ 与 EDTA 的配合物不稳定[$\lg K(AgY) = 7.32$]，不能用 EDTA 直接滴定。若加过量的 $[Ni(CN)_4]^{2-}$ 于含 Ag^+ 试液中，则发生如下置换反应：

$$2Ag^+ + [Ni(CN)_4]^{2-} \Longrightarrow 2[Ag(CN)_2]^- + Ni^{2+}$$

此反应的平衡常数较大，则

$$K = \frac{\{K_f[Ag(CN)_2]^-\}^2}{K_f[Ni(CN)_4]} = \frac{(10^{21.1})^2}{10^{31.3}} = 10^{10.9}$$

反应进行较完全。置换出的 Ni^{2+} 可用 EDTA 滴定。例如，银币中 Ag 与 Cu 的测定。试样溶于硝酸后，加氨水调节 pH≈8，先以紫脲酸铵为指示剂，用 EDTA 滴定 Cu^{2+}；然后调节 pH≈10，加入过量 $[Ni(CN)_4]^{2-}$，再以 EDTA 滴定置换出的 Ni^{2+}，即得 Ag 的含量。

有时还将间接金属指示剂用作置换滴定，如前述 Cu-PAN 和 Mg-EBT 间接指示剂。

5. 间接滴定法

有些金属离子与 EDTA 配合物不稳定，而非金属离子则不与 EDTA 形成配合物，利用间接法可以对其进行测定。若被测离子能定量地沉淀为有固定组成的沉淀，而沉淀中另一种离子能用 EDTA 滴定，就可通过滴定后者间接求出被测离子的含量。

例如，K^+ 可沉淀为 $K_2NaCo(NO_2)_6 \cdot 6H_2O$，沉淀过滤溶解后，用 EDTA 滴定其中的 Co^{2+}，

以间接测定 K⁺含量。此法可用于测定血清、红细胞和尿中的 K⁺。又如，PO_4^{3-} 可沉淀为 $MgNH_4PO_4 \cdot 6H_2O$，沉淀过滤溶解于 HCl，加入过量的 EDTA 标准溶液，并调至 pH=9 左右，用 Mg^{2+}标准溶液返滴过量的 EDTA，通过测定 Mg^{2+}间接求得磷的含量。对于 SO_4^{2-} 的测定，则可定量地加入过量的 Ba^{2+}标准溶液，将其沉淀为 $BaSO_4$，而后以 MgY 和铬黑 T 为指示剂，用 EDTA 滴定过量的 Ba^{2+}，从而计算出 SO_4^{2-} 的含量。

10.7.2 标准溶液的配制和标定

常用 EDTA 标准溶液的浓度是 $0.01 \sim 0.05 mol \cdot L^{-1}$。一般采用 $Na_2H_2Y \cdot 2H_2O$ 配制。试剂中常含 0.3%吸附水，若要直接配制标准溶液，必须将试剂在 80℃干燥过夜，或在 120℃下烘至恒量。由于水与其他试剂中常含有金属离子，EDTA 标准溶液常采用标定法配制。

蒸馏水的质量是否符合要求，是配位滴定应用中十分重要的问题：①若配制溶液的水中含有 Al^{3+}、Cu^{2+}等，就会使指示剂受到封闭，致使终点难以判断。②若水中含有 Ca^{2+}、Mg^{2+}、Pb^{2+}、Sn^{2+}等，则会消耗 EDTA，在不同的情况下会对结果产生不同的影响。因此，在配位滴定中，必须对所用的蒸馏水的质量进行检查。为保证质量，经常采用二次蒸馏水或去离子水来配制溶液。

EDTA 溶液应当储存在聚乙烯塑料瓶或硬质玻璃瓶中。若储存于软质玻璃瓶中，会不断溶解玻璃中的 Ca^{2+}形成 CaY^{2-}，使 EDTA 的浓度不断降低。

标定 EDTA 溶液的基准物质很多，如金属锌、铜、铋及 ZnO、$CaCO_3$、$MgSO_4 \cdot 7H_2O$ 等。金属锌的纯度高(纯度可达 99.99%)，在空气中又稳定，Zn^{2+}与 ZnY^{2-}均无色，既能在 pH=5~6 时以二甲酚橙为指示剂标定，又可在 pH=9~10 的氨性溶液中以铬黑 T 为指示剂标定，终点均很敏锐，因此一般多采用金属锌为基准物质。

为使测定的准确度高，标定的条件应与测定条件尽可能接近。例如，由试剂或水中引入的杂质(假定为 Ca^{2+}、Pb^{2+})在不同条件下有不同的影响：①在碱性溶液中滴定时，两者均与 EDTA 配位；②在弱酸性溶液中滴定，只有 Pb^{2+}与 EDTA 配位；③在强酸性溶液中滴定，则两者均不与 EDTA 配位。因此若在相同酸度下标定和测定，这种影响就可以抵消。在可能的情况下，最好选用被测元素的纯金属或化合物为基准物质。

习　题

1. 为什么配位滴定剂多为有机物质？举例说明无机配位剂在配位滴定中的作用。

2. 写出 EDTA 的结构式，举例说明它与金属离子形成螯合物时的配位体是什么。为什么螯合比一般为 1：1？为什么配位滴定中一般不使用 EDTA 而用 EDTA 二钠盐(Na_2H_2Y)？在 pH<1 的强酸性溶液中 EDTA 的主要物种是哪种？

3. 有一标准 $CaCl_2$溶液，其浓度为 $0.01000 mol \cdot L^{-1}$。吸取 25.00mL，在 pH>12 时，用钙指示剂指示终点，用 EDTA 标准溶液滴定，用去 24.90mL。试计算 EDTA 溶液的浓度。

4. 假设 Ca^{2+}和 EDTA 的浓度皆为 $10^{-2} mol \cdot L^{-1}$，在 pH=6 时钙与 EDTA 配合物的条件稳定常数是多少？并说明在此 pH 下能否用 EDTA 标准溶液滴定 Ca^{2+}。若不能滴定，求其允许的最低 pH。

5. 10.00mL $0.040 mol \cdot L^{-1}$ EDTA 与同体积 $0.0200 mol \cdot L^{-1}$ Zn^{2+}混合，若 pH 为 5.0，求此时的 pZn 值。

6. 计算 pH=5.0 时的 $\lg K'(PbY)$ 值。

7. 在进行配位滴定时，为什么要加入缓冲溶液控制滴定体系保持一定的 pH？

8. 用 $0.02mol \cdot L^{-1}$ EDTA 滴定同浓度的 Pb^{2+} 和 Al^{3+} 混合液中的 Pb^{2+}，若以 KF 掩蔽 Al^{3+}，终点时未与 Al^{3+} 配位的 F 总浓度 $c'(F)$ 为 $0.01mol \cdot L^{-1}$，pH =5.0，采用二甲酚橙为指示剂，能否准确滴定 Pb^{2+}？

9. 用 $0.02mol \cdot L^{-1}$ 的 EDTA 标准溶液滴定 $0.02mol \cdot L^{-1}$ 的 Zn^{2+} 溶液，要求终点误差不超过±0.01%，计算最低 pH 和最高 pH。

10. 在氨性缓冲溶液中以 EDTA 滴定 Ni^{2+}，当氨性缓冲溶液总浓度一定时，计量点附近的 pNi 突跃大小与溶液 pH 有关，当 pH=9 时 pNi 突跃较大。请予以解释。

11. 当水样中 Mg^{2+} 含量低时，以铬黑 T 作指示剂测定水中 Ca^{2+}、Mg^{2+} 总量，终点不明晰，因此常在水样中先加入少量 MgY^{2-} 配合物，再用 EDTA 滴定，终点变色敏锐。这样做对测定结果有无影响？说明其原理。

12. 在配制 EDTA 溶液时所用的水中含有 Ca^{2+}，下列情况对测定结果有什么影响？

(1) 以 $CaCO_3$ 为基准物标定 EDTA 溶液，用所得 EDTA 标准滴定试液中的 Zn^{2+}，以二甲酚橙为指示剂；

(2) 以金属锌为基准物，以二甲酚橙为指示剂标定 EDTA 溶液。用所得 EDTA 标准溶液滴定试液中 Zn^{2+} 的含量。

13. 今欲不经分离用配位滴定法测定下列混合溶液中各组分的含量，试设计简要方案(包括滴定剂、酸度、指示剂、所需其他试剂及滴定方式)。

(1) Zn^{2+}、Mg^{2+} 混合液中两者含量的测定；

(2) 含有 Fe^{3+} 的试液中测定 Bi^{3+}；

(3) Fe^{3+}、Cu^{2+}、Ni^{2+} 混合液中各含量的测定；

(4) 水泥中 Fe^{3+}、Al^{3+}、Ca^{2+}、Mg^{2+} 的测定。

14. 分析铜、锌、镁合金时，欲取试样 0.5000g，溶解后用容量瓶配成 100mL 试液。吸取 25mL 调至 pH=6，用 PAN 作指示剂，用 $0.05000\ mol \cdot L^{-1}$ EDTA 标准溶液滴定铜和锌，用去 37.30mL。另外又吸取 25mL 试液，调至 pH=10，加 KCN 以掩蔽铜和锌。用同浓度 EDTA 溶液滴定镁，用去 4.10mL。然后再滴加甲醛以解蔽锌，又用同浓度 EDTA 溶液滴定，用去 13.40mL。计算试样中铜、锌、镁的质量分数。

15. 称取 1.032g 氧化铝试样，溶解后，移入 250 mL 容量瓶，稀释至刻度。吸取 25.00mL，加入 $T(Al_2O_3) = 1.505mg \cdot mL^{-1}$ 的 EDTA 标准溶液 10.00mL，以二甲酚橙为指示剂，用 $Zn(Ac)_2$ 标准溶液进行返滴定，至紫红色终点，消耗 $Zn(Ac)_2$ 标准溶液 12.20mL。已知 1mL $Zn(Ac)_2$ 溶液相当于 0.6812mL EDTA 溶液，求试样中 Al_2O_3 的质量分数。

第11章　固体难溶电解质

通常沉淀是指溶解度小于 $0.01g \cdot (100g \ H_2O)^{-1}$ 的化合物，大多是强电解质，又称固体难溶电解质。在科学实验和日常生产中，经常会遇到沉淀生成和溶解的问题。例如，制取难溶化合物，或者鉴定和分离某些离子等，就涉及如何合理地调控条件以达到目的要求。含有固体的难溶电解质的饱和溶液中，固体难溶电解质与溶液中各离子间的多相平衡原理是调控条件的理论基础。

11.1　溶度积规则

AgCl 是难溶性强电解质的典型代表，它是由 Ag^+ 和 Cl^- 构成的晶体。将 AgCl 晶体放入水中时，晶体表面的 Ag^+ 和 Cl^- 在水分子作用下，不断地进入溶液形成水合银离子 $Ag^+(aq)$ 和水合氯离子 $Cl^-(aq)$；这一过程称为溶解(dissolve)。但同时溶液中的 $Ag^+(aq)$ 和 $Cl^-(aq)$ 在运动中相互碰撞，或受到晶体中离子的吸引，又有可能沉积为晶体，称为沉淀(precipitate)。当溶解和沉淀速率相等时，便建立了固体难溶电解质与溶液中离子的沉淀溶解平衡(the equilibrium of precipitation and dissolution)：

$$AgCl(s) \underset{沉淀}{\overset{溶解}{\rightleftharpoons}} Ag^+(aq) + Cl^-(aq)$$

未溶解固体　　　　溶液中的离子

相应的平衡常数可表达为

$$K_{sp}^{\ominus} = a(Ag^+) \cdot a(Cl^-) \approx \frac{c(Ag^+)}{c^{\ominus}} \cdot \frac{c(Cl^-)}{c^{\ominus}} \tag{11-1}$$

对于某一 M_mX_n 型难溶电解质，在任意情况下的溶液中都可解离出 $M^{n+}(aq)$ 和 $X^{m-}(aq)$，对应溶液中该物质构晶离子浓度的乘积称为离子积，用 Q_i 表示：

$$Q_i = \left[\frac{c(M^{n+})}{c^{\ominus}} \right]^m \cdot \left[\frac{c(X^{m-})}{c^{\ominus}} \right]^n$$

在一定条件下，当溶解和沉淀速率相等时，便建立了沉淀和溶解平衡，

$$M_mX_n \rightleftharpoons mM^{n+}(aq) + nX^{m-}(aq) \qquad K_{sp}^{\ominus} = \left[\frac{c(M^{n+})}{c^{\ominus}} \right]^m \cdot \left[\frac{c(X^{m+})}{c^{\ominus}} \right]^n \tag{11-2}$$

式(11-2)表明：在给定的难溶电解质饱和溶液中，当温度一定时，溶液中构晶离子浓度的乘积为一常数，称为溶度积常数，或简称溶度积(solubility product)，用 $K_{sp}^{\ominus}$ 表示。沉淀溶解平衡为异相平衡(heterogeneous equilibrium)，是动态平衡。$K_{sp}^{\ominus}$ 具有化学平衡常数的所有特性，是温度的函数；但当温度变化不大时，数值的改变不大。因此，在实际工作中，室温 18～25℃ 的 $K_{sp}^{\ominus}$ 值为常数。一些固体难溶电解质的 $K_{sp}^{\ominus}$ 值列在表 11-1 中。

表 11-1　溶度积常数(298.15K)

化合物	$K_{sp}^{\ominus}$	化合物	$K_{sp}^{\ominus}$
AgAc	1.94×10^{-3}	CuCl	1.72×10^{-7}
AgBr	5.35×10^{-13}	CuCN	3.47×10^{-20}
AgCl	1.77×10^{-10}	CuI	1.27×10^{-12}
Ag_2CrO_4	1.12×10^{-12}	Cu_2S	2.5×10^{-48}
AgCN	5.97×10^{-17}	CuSCN	1.77×10^{-13}
AgOH	2.0×10^{-8}	$CuCO_3$	1.4×10^{-10}
AgI	8.52×10^{-17}	$Cu(OH)_2$	2.2×10^{-20}
Ag_2SO_4	1.20×10^{-5}	CuS	6.3×10^{-36}
Ag_2S	6.3×10^{-50}	$Fe(OH)_2$	4.87×10^{-17}
AgSCN	1.03×10^{-12}	$Fe(OH)_3$	2.79×10^{-39}
$Al(OH)_3$ (无定形)	1.3×10^{-33}	FeS	6.3×10^{-18}
$BaCO_3$	2.58×10^{-9}	Hg_2S	1.0×10^{-47}
BaC_2O_4	1.6×10^{-7}	HgS (红)	4.0×10^{-53}
$BaCrO_4$	1.17×10^{-10}	Hg_2Cl_2	1.43×10^{-18}
$Ba(OH)_2 \cdot 10H_2O$	2.55×10^{-4}	HgI_2	2.9×10^{-29}
$BaSO_4$	1.08×10^{-10}	$K_2Na[Co(NO_2)_6] \cdot H_2O$	2.2×10^{-11}
$BaSO_3$	5.0×10^{-10}	K_2PtCl_6	1.1×10^{-5}
BaS_2O_3	1.6×10^{-5}	K_2SiF_6	8.7×10^{-7}
$Bi(OH)_3$	6.0×10^{-31}	Li_2CO_3	2.5×10^{-2}
Bi_2S_3	1.0×10^{-97}	$MgCO_3$	6.82×10^{-6}
BiOBr	3.0×10^{-7}	$Mg(OH)_2$	5.61×10^{-12}
BiOCl	1.8×10^{-31}	$MgNH_4PO_4$	2.5×10^{-13}
$BiONO_3$	2.82×10^{-3}	$MnCO_3$	2.34×10^{-11}
$CaCO_3$	2.8×10^{-9}	$Mn(OH)_2$	1.9×10^{-13}
$CaC_2O_4 \cdot H_2O$	2.32×10^{-9}	MnS (无定形)	2.5×10^{-10}
$CaCrO_4$	7.1×10^{-4}	$Ni(OH)_2$ (新鲜)	5.48×10^{-16}
CaF_2	5.3×10^{-9}	α-NiS	3.2×10^{-19}
$Ca(OH)_2$	5.5×10^{-6}	β-NiS	1.0×10^{-24}
$Ca_3(PO_4)_2$	2.07×10^{-29}	$PbCO_3$	7.4×10^{-14}
$CaSiO_3$	2.5×10^{-8}	$PbCl_2$	1.70×10^{-5}
$CaSO_4$	4.93×10^{-5}	$PbCrO_4$	2.8×10^{-13}
$CdCO_3$	1.0×10^{-12}	PbC_2O_4	4.8×10^{-10}
$Cd(OH)_2$ (新鲜)	7.2×10^{-15}	PbI_2	9.8×10^{-9}
$CdC_2O_4 \cdot 3H_2O$	1.42×10^{-8}	$Pb(OH)_2$	1.43×10^{-15}
CdS	8.0×10^{-27}	$Pb(OH)_4$	3.2×10^{-66}
α-CoS	4.0×10^{-21}	$PbSO_4$	2.53×10^{-8}
β-CoS	2.0×10^{-25}	PbS	8.0×10^{-28}
$Co(OH)_2$ (新鲜)	5.92×10^{-15}	$Sn(OH)_2$	5.45×10^{-28}
$Co(OH)_3$	1.6×10^{-44}	$Sn(OH)_4$	1.0×10^{-56}
CuBr	6.27×10^{-9}	SnS	1.0×10^{-25}

化合物	$K_{sp}^{\ominus}$	化合物	$K_{sp}^{\ominus}$
SrCO$_3$	5.60×10^{-10}	ZnCO$_3$	1.46×10^{-10}
SrC$_2$O$_4$·H$_2$O	1.6×10^{-7}	Zn(OH)$_2$	3.0×10^{-17}
SrCrO$_4$	2.2×10^{-5}	α-ZnS	1.6×10^{-24}
SrSO$_4$	3.44×10^{-7}	β-ZnS	2.5×10^{-22}
SrF$_2$	4.33×10^{-9}		

在任何给定的溶液中，依据 Q_i 和 $K_{sp}^{\ominus}$ 的关系可以判断沉淀能否生成或溶解。①当 $Q_i = K_{sp}^{\ominus}$ 时，若溶液中有固体存在，则可以建立固相-液相间的沉淀溶解动态平衡，此时溶液处于饱和状态，称为饱和溶液；若溶液中没有固体存在，则不存在沉淀溶解，对应溶液严格来说并不是饱和溶液，可称之为准饱和溶液。②当 $Q_i < K_{sp}^{\ominus}$ 时，表示溶液未饱和，构晶离子不会生成沉淀；若溶液中有足量的固体存在(或加入固体)，固体将溶解，直至 $Q_i = K_{sp}^{\ominus}$，溶液成为饱和溶液为止。③当 $Q_i > K_{sp}^{\ominus}$ 时，溶液为过饱和溶液，构晶离子可相互结合生成沉淀，溶液中有沉淀析出直至 $Q_i = K_{sp}^{\ominus}$，溶液成为饱和溶液沉淀生成停止。这一规律称为溶度积规则(solubility product rule)，据此可以判断或控制溶液中沉淀的生成或溶解。

【例 11-1】 在 20mL 0.0025mol·L^{-1} AgNO$_3$ 溶液中，加入 5mL 0.01mol·L^{-1} K$_2$CrO$_4$ 溶液，是否有 Ag$_2$CrO$_4$ 沉淀析出？[$K_{sp}^{\ominus}$(Ag$_2$CrO$_4$) = 1.12×10^{-12}]

解 当沉淀剂加入后，溶液中各离子浓度分别为

$$c(\text{Ag}^+) = 0.0025 \times \frac{20}{20+5} = 0.002 (\text{mol} \cdot \text{L}^{-1}), \quad c(\text{CrO}_4^{2-}) = 0.01 \times \frac{5}{20+5} = 0.002 (\text{mol} \cdot \text{L}^{-1})$$

$$Q_i = \left[\frac{c(\text{Ag}^+)}{c^{\ominus}}\right]^2 \cdot \frac{c(\text{CrO}_4^{2-})}{c^{\ominus}} = (2 \times 10^{-3})^3 = 8 \times 10^{-9}$$

因此，$Q_i > K_{sp}^{\ominus}$(Ag$_2$CrO$_4$) = 1.12×10^{-12}，有 Ag$_2$CrO$_4$ 沉淀产生。

11.2 影响沉淀生成的因素

11.2.1 沉淀剂

当向 AgNO$_3$ 溶液中加入适量 NaCl 溶液时，按照溶度积规则，溶液中 $\frac{c(\text{Ag}^+)}{c^{\ominus}} \cdot \frac{c(\text{Cl}^-)}{c^{\ominus}} >$ $K_{sp}^{\ominus}$(AgCl)时，就会产生 AgCl 沉淀；这里 NaCl 是沉淀剂，更准确地说 Cl$^-$ 是沉淀剂。Ag$^+$ 的沉淀剂还可以是 Br$^-$、I$^-$ 和 CrO$_4^{2-}$ 等，究竟选哪种沉淀剂更合理，以哪种物理量为依据呢？

【例 11-2】 要使溶液中的 Pb^{2+} 以沉淀的形式除去，可用硫酸盐、碳酸盐、硫化物等作沉淀剂，Pb^{2+} 与这些离子形成的化合物的溶度积如表 11-1 所示，选用哪种沉淀剂？

解 依据溶度积规则，若溶液中沉淀剂浓度为 c_1，则溶液中剩余的 $c(\text{Pb}^{2+}) = \frac{K_{sp}^{\ominus}}{c_1}$，$K_{sp}^{\ominus}$ 越

小，溶液中剩余 Pb^{2+} 越少，去除效果越好。由表 11-1 中数据可知，PbS 的溶度积最小，用 S^{2-} 去沉淀 Pb^{2+} 最完全，因此可溶性的硫化物是 Pb^{2+} 的良好沉淀剂。

【例 11-3】　298.15K 时，AgCl 的溶解度为 $1.91 \times 10^{-3} g \cdot L^{-1}$，求该温度下 AgCl 的溶度积。

解　因为 AgCl 的摩尔质量为 $143.4 g \cdot mol^{-1}$，所以 AgCl 的溶解度为

$$\frac{1.91 \times 10^{-3}}{143.4} = 1.33 \times 10^{-5} (mol \cdot L^{-1})$$

则 AgCl 的饱和溶液中，$c(Ag^+) = c(Cl^-) = 1.33 \times 10^{-5} mol \cdot L^{-1}$，得

$$K_{sp}^{\ominus} = \frac{c(Ag^+)}{c^{\ominus}} \cdot \frac{c(Cl^-)}{c^{\ominus}} = (1.33 \times 10^{-5})^2 = 1.77 \times 10^{-10}$$

【例 11-4】　298.15K 时，Ag_2CrO_4 的 $K_{sp}^{\ominus}(Ag_2CrO_4) = 1.12 \times 10^{-12}$，求 Ag_2CrO_4 在水中的溶解度。

解　设 s 为该温度下 Ag_2CrO_4 的溶解度，则有

$$Ag_2CrO_4(s) \rightleftharpoons 2Ag^+(aq) + CrO_4^{2-}(aq)$$

饱和溶液中的浓度/$(mol \cdot L^{-1})$：　　　　　　　　　　　$2s$　　　　　　s

$$K_{sp}^{\ominus} = \left[\frac{c(Ag^+)}{c^{\ominus}}\right]^2 \cdot \frac{c(CrO_4^{2-})}{c^{\ominus}} = (2s)^2 \cdot s = 1.12 \times 10^{-12}$$

解得　　　　　　　　　　　　　　$s = 6.5 \times 10^{-5} mol \cdot L^{-1}$

由表 11-1 中数据还可以看出，物质的 $K_{sp}^{\ominus}$ 越小，溶解度越小。但例 11-3 和例 11-4 中的计算结果为什么 $K_{sp}^{\ominus}(AgCl)$ 比 $K_{sp}^{\ominus}(Ag_2CrO_4)$ 大，而 AgCl 的溶解度反而比 Ag_2CrO_4 的小呢？这是由于 AgCl 是 AB 型，而 Ag_2CrO_4 是 A_2B 型难溶电解质。可见，虽然 $K_{sp}^{\ominus}$ 也可表示难溶电解质的溶解能力大小，但只能用于相同类型的电解质比较，即阴离子和阳离子的总数要相同。例如，同是 AB 型或同是 A_2B(或 AB_2)型，此时溶度积越小，其溶解度也越小，而对不同类型的难溶电解质不能简单地直接比较。而且，上述简单换算关系只适用于少数在溶液中不发生副反应(不水解、不形成配合物)，或发生副反应但程度不大的情况。

溶度积和溶解度都可以用来表示物质的溶解能力，因此根据溶解度可以确定溶度积常数。但必须注意：物质的溶解度常用 $g \cdot L^{-1}$ 或 $g \cdot (100g\ H_2O)^{-1}$ 表示，而溶度积计算中，离子浓度只能用 $mol \cdot L^{-1}$ 表示。

11.2.2　酸效应

在选择沉淀剂或沉淀条件时，还要考虑溶液的酸度对沉淀剂型体分布的影响。

【例 11-5】　已知 $K_{sp}^{\ominus}(CaF_2) = 5.3 \times 10^{-9}$，$K_a^{\ominus}(HF) = 6.6 \times 10^{-4}$，分别计算 CaF_2 在纯水中和在 pH=2.0 时 HCl 溶液中的溶解度。

解　设 CaF_2 在纯水中的溶解度为 $x\ mol \cdot L^{-1}$，则

$$CaF_2 \rightleftharpoons Ca^{2+}(aq) + 2F^-(aq)$$

$$c(Ca^{2+}) = x\ mol \cdot L^{-1}, \quad c(F^-) = 2x\ mol \cdot L^{-1}$$

$$K_{sp}^{\ominus} = \left[\frac{c(F^-)}{c^{\ominus}}\right]^2 \cdot \frac{c(Ca^{2+})}{c^{\ominus}} = (2x)^2 \cdot x = 5.3 \times 10^{-9}$$

解得

$$x = \sqrt[3]{\frac{5.3}{4} \times 10^{-9}} = 1.10 \times 10^{-3}$$

又设 CaF_2 在 HCl 溶液中溶解度为 $y \ mol \cdot L^{-1}$，先求出酸效应系数 $\alpha_F(H)$，$\beta_1^H = \dfrac{1}{K_a^{\ominus}}$，则

$$\alpha_F(H) = 1 + \beta_1^H \cdot c(H^+) = 1 + \frac{1}{6.6 \times 10^{-4}} \times 1.0 \times 10^{-2} = 15$$

$$c(Ca^{2+}) = y \ mol \cdot L^{-1}, \qquad c(F^-) = \frac{2y}{\alpha_F(H)} = \frac{2y}{15} \ mol \cdot L^{-1}$$

$$K_{sp}^{\ominus} = \left[\frac{c(F^-)}{c^{\ominus}}\right]^2 \cdot \frac{c(Ca^{2+})}{c^{\ominus}} = \left(\frac{2y}{15}\right)^2 \cdot y = 5.3 \times 10^{-9}$$

$$y = \sqrt[3]{\frac{5.3 \times 15^2}{4} \times 10^{-9}} = 6.68 \times 10^{-3}$$

计算说明由于酸效应，CaF_2 在 HCl 溶液中的溶解度比在纯水中溶解度大。

在 $Pb(NO_3)_2$ 溶液中，若要以 $PbCO_3$ 形式沉淀，是加入 Na_2CO_3 还是通入 CO_2 气体沉淀更完全？虽然两者都有沉淀生成，但用 Na_2CO_3 使 Pb^{2+}沉淀更完全。这是因为通入 CO_2，溶液中主要型体是 H_2CO_3，其次是 HCO_3^-，沉淀剂 CO_3^{2-} 很少；且在生成 $PbCO_3$ 沉淀的同时，$Pb^{2+} + H_2CO_3 \Longrightarrow PbCO_3 + 2H^+$，又引起 $c(H^+)$增大，使 CO_3^{2-}浓度更小，因而沉淀不完全。另外，用相同浓度的 Na_2CO_3 和$(NH_4)_2CO_3$ 作沉淀剂，Na_2CO_3 比$(NH_4)_2CO_3$ 具有更大的沉淀效力，因为$(NH_4)_2CO_3$ 的水解度比 Na_2CO_3 大，降低了 CO_3^{2-}浓度，所以沉淀效果差。

11.2.3　同离子效应

实践证明，加入适当过量的沉淀剂，会使难溶电解质的溶解度减小，因而使沉淀更加完全。在难溶电解质的饱和溶液中，加入含有共同离子的强电解质，可使难溶电解质的溶解度降低，这种作用称为同离子效应。

【例 11-6】　求室温时，$Mg(OH)_2$ 在纯水中和在 $0.001 mol \cdot L^{-1}$ 的 NaOH 溶液中的溶解度。已知 $K_{sp}^{\ominus}[Mg(OH)_2] = 5.61 \times 10^{-12}$。

解　设在 $Mg(OH)_2$ 纯水中的溶解度为 $x \ mol \cdot L^{-1}$，则 $c(Mg^{2+}) = x \ mol \cdot L^{-1}$，$c(OH^-) = 2x \ mol \cdot L^{-1}$。

$$K_{sp}^{\ominus}[Mg(OH)]_2 = \left[\frac{c(OH^-)}{c^{\ominus}}\right]^2 \cdot \frac{c(Mg^{2+})}{c^{\ominus}} = 4x^3 = 5.61 \times 10^{-12}$$

$$x = 1.1 \times 10^{-4}$$

又设在 $0.001 mol \cdot L^{-1}$ 的 NaOH 溶液中的溶解度为 $y \ mol \cdot L^{-1}$，则

$$c(Mg^{2+}) = y \ mol \cdot L^{-1}, \qquad c(OH^-) = 0.001 + 2y \approx 0.001 mol \cdot L^{-1}$$

$$K_{sp}^{\ominus}[Mg(OH)_2] = \left[\frac{c(OH^-)}{c^{\ominus}}\right]^2 \cdot \frac{c(Mg^{2+})}{c^{\ominus}} = 0.001^2 \cdot y = 5.61 \times 10^{-12}$$

$$y = 5.61 \times 10^{-6}$$

计算结果表明，在相同温度下，$Mg(OH)_2$ 在 $0.001 mol \cdot L^{-1}$ NaOH 溶液中的溶解度比在纯水中降低。因此，在利用沉淀反应来分离和鉴定某些离子时，应适当加入过量的沉淀剂，使沉淀反应趋于完全。所谓完全并不是指溶液中被沉淀的离子毫不遗留。这在实际上是办不到的，因为普通分析天平只能称到 10^{-4}g，所以在分析中只要溶液中残留离子浓度小于 $1 \times 10^{-5} mol \cdot L^{-1}$，就可以认为沉淀已经完全。

11.2.4　盐效应

加入适当过量沉淀剂会使沉淀趋于完全，但是并非沉淀过量越多越好。实验结果指出，加入太过量的沉淀剂，由于增大了溶液中电解质的总浓度，反而使难溶电解质的溶解度稍有增大。这种因加入过多强电解质而使难溶电解质的溶解度增大的效应，称为盐效应。从表 11-2 中可以看出，用 Na_2SO_4 沉淀 Pb^{2+} 时，随 Na_2SO_4 浓度增大，同离子效应起主要作用，$PbSO_4$ 溶解度逐渐减小。但当 Na_2SO_4 超过 $0.04 mol \cdot L^{-1}$ 时，溶解度又随着 Na_2SO_4 浓度的增大而增大；这是盐效应影响的结果。因为随着溶液中阴、阳离子浓度的增加，带相反电荷的离子间相互吸引、相互牵制，减少了溶液中离子的有效浓度，降低了沉淀的生成速率，破坏了沉淀与溶解平衡。只有继续溶解，才能使沉淀和溶解的速率相等，达到平衡，这样就增加了沉淀的溶解度。所以，溶液中可溶性强电解质的浓度越大，盐效应也越显著，因此一般沉淀剂只能适当过量，通常以过量 20%～50%为宜。

表 11-2　$PbSO_4$ 在 Na_2SO_4 溶液中的溶解度$(mol \cdot L^{-1})$

Na_2SO_4	$PbSO_4$	Na_2SO_4	$PbSO_4$
0	1.5×10^{-4}	0.04	1.3×10^{-5}
0.001	2.4×10^{-5}	0.10	1.6×10^{-5}
0.01	1.6×10^{-5}	0.20	2.3×10^{-5}
0.02	1.4×10^{-5}		

11.2.5　配位效应

构晶离子因形成配合物给沉淀溶解度带来的影响称为配位效应。如表 11-3 所示，沉淀 Ag^+ 时，用 NaCl 作沉淀剂，当 $c(NaCl)=3.4 \times 10^{-3} mol \cdot L^{-1}$ 时，AgCl 溶解度最小，若再继续加入 NaCl，则将引起下列副反应使沉淀的溶解度增大。

$$AgCl + Cl^- \rightleftharpoons AgCl_2^-$$

$$AgCl_2^- + Cl^- \rightleftharpoons AgCl_3^{2-}$$

表 11-3　AgCl 在 NaCl 溶液中的溶解度

过量 NaCl/$(mol \cdot L^{-1})$	AgCl 溶解度/$(mol \cdot L^{-1})$	过量 NaCl/$(mol \cdot L^{-1})$	AgCl 溶解度/$(mol \cdot L^{-1})$
0	1.25×10^{-5}	3.6×10^{-2}	1.9×10^{-6}
3.4×10^{-3}	7.2×10^{-7}	3.5×10^{-1}	1.7×10^{-5}
9.2×10^{-3}	9.1×10^{-7}	5.0×10^{-1}	2.8×10^{-5}

【例 11-7】　已知 $K_{sp}^{\ominus}$ (AgCl) $= 1.77 \times 10^{-10}$；$[Ag(NH_3)_2]^+$ 的 $\lg \beta_1^{\ominus} = 3.24, \lg \beta_2^{\ominus} = 7.05$。求 AgCl 在 $0.10 \text{mol} \cdot \text{L}^{-1}$ 氨水中和在纯水中的溶解度。

解　(1) 设 AgCl 在 $0.10 \text{mol} \cdot \text{L}^{-1}$ 氨水中的溶解度为 $x \ \text{mol} \cdot \text{L}^{-1}$，则 $c(Ag^+) + c[Ag(NH_3)^+] + c[Ag(NH_3)_2^+] = x \ \text{mol} \cdot \text{L}^{-1}$，$c(Cl^-) = x \ \text{mol} \cdot \text{L}^{-1}$。$Ag^+$ 与 NH_3 发生副反应，副反应系数：

$$\alpha_{Ag}(NH_3) = 1 + \beta_1^{\ominus} c(NH_3) + \beta_2^{\ominus} c[(NH_3)]^2$$

$$= 1 + 10^{3.24} \times 10^{-1} + 10^{7.05} \times 10^{-2} = 1.12 \times 10^5$$

$$\alpha_{Ag}(NH_3) = \frac{x}{c(Ag^+)} \qquad c(Ag^+) = \frac{x}{\alpha_{Ag}(NH_3)}$$

$$K_{sp}^{\ominus}(AgCl) = \frac{c(Ag^+)}{c^{\ominus}} \times \frac{c(Cl^-)}{c^{\ominus}} = \frac{x}{\alpha_{Ag}(NH_3)} \cdot x$$

$$x = \sqrt{K_{sp}^{\ominus} \cdot \alpha_{Ag}(NH_3)} = \sqrt{1.77 \times 10^{-10} \times 1.12 \times 10^5} = 4.45 \times 10^{-3} (\text{mol} \cdot \text{L}^{-1})$$

(2) 设 AgCl 在纯水中的溶解度为 $y \ \text{mol} \cdot \text{L}^{-1}$，则

$$K_{sp}^{\ominus} = \frac{c(Ag^+)}{c^{\ominus}} \cdot \frac{c(Cl^-)}{c^{\ominus}} = y^2 = 1.77 \times 10^{-10}$$

$$y = 1.33 \times 10^{-5} \text{mol} \cdot \text{L}^{-1}$$

因此，AgCl 在 $0.10 \text{mol} \cdot \text{L}^{-1}$ 氨水中的溶解度为 $4.45 \times 10^{-3} \text{mol} \cdot \text{L}^{-1}$，比在纯水中的溶解度大了约 400 倍。

11.3　沉淀生成或溶解条件的调控

依据溶度积规则，沉淀溶解的原则就是设法使构晶离子的浓度减小，使之满足 $Q_i < K_{sp}^{\ominus}$ 直至沉淀完全溶解。常用的方法是：在难溶电解质饱和溶液中加入适当试剂使之与组成沉淀的一种构晶离子结合成另一类化合物，从而使之溶解。具体办法可采用酸碱溶解法、配位溶解法、氧化还原溶解法及沉淀转化溶解法等。例如，加入适当的酸、碱试剂使之与构晶离子反应形成可溶性弱电解质，如水、弱酸或弱碱等，从而减少构晶离子浓度，使 $Q_i < K_{sp}^{\ominus}$ 直至溶解完全。一般难溶酸常用强碱来溶解，难溶弱酸盐则常用强酸或较强酸来溶解，如：

$$H_2SiO_3(s) + 2NaOH \rightleftharpoons Na_2SiO_3 + 2H_2O$$

$$CaC_2O_4(s) + 2HCl \rightleftharpoons CaCl_2 + H_2C_2O_4$$

而使沉淀析出的原则就是设法使构晶离子的浓度增大，使之满足 $Q_i < K_{sp}^{\ominus}$ 直至被沉淀离子浓度沉淀完全。

11.3.1　控制溶液的酸度生成或溶解某一沉淀

控制溶液的 pH 就可以促使某些难溶电解质，如氢氧化物和硫化物等生成或溶解。

【例 11-8】　试计算欲使 $0.1 \text{mol} \cdot \text{L}^{-1} Fe^{3+}$ 开始沉淀和沉淀完全时的 pH。已知 $K_{sp}^{\ominus}[Fe(OH)_3] = 2.79 \times 10^{-39}$。

解

$$K_{sp}^{\ominus}[\text{Fe(OH)}_3] = \left[\frac{c(\text{OH}^-)}{c^{\ominus}}\right]^3 \cdot \frac{c(\text{Fe}^{3+})}{c^{\ominus}}$$

Fe^{3+} 开始沉淀时所需的 pH 为

$$c(\text{OH}^-) = \sqrt[3]{\frac{K_{sp}^{\ominus}}{c(\text{Fe}^{3+})}} = \sqrt[3]{\frac{2.79 \times 10^{-39}}{0.1}} = 3.03 \times 10^{-13}(\text{mol} \cdot \text{L}^{-1})$$

$$\text{pH} = 14 - [-\lg(3.03 \times 10^{-13})] = 1.48$$

Fe^{3+} 沉淀完全时所需的 pH 为

$$c(\text{OH}^-) = \sqrt[3]{\frac{2.79 \times 10^{-39}}{10^{-5}}} = 6.53 \times 10^{-12}(\text{mol} \cdot \text{L}^{-1})$$

$$\text{pH} = 14 - [-\lg(6.53 \times 10^{-12})] = 2.81$$

【例 11-9】 室温下，在 10mL 0.1mol · L^{-1} MgCl$_2$ 溶液中，加入 10mL 0.1mol · L^{-1} 的氨水溶液，若控制 Mg(OH)$_2$ 沉淀不析出，则需加入固体 NH$_4$Cl 多少克？（已知 $K_{sp}^{\ominus}[\text{Mg(OH)}_2]$ = 5.61×10^{-12}，NH$_3$ 的 $K_b^{\ominus} = 1.78 \times 10^{-5}$）

解 已知溶液中 $c(\text{Mg}^{2+}) = 0.05\text{mol} \cdot \text{L}^{-1}$，$c(\text{NH}_3) = 0.05\text{mol} \cdot \text{L}^{-1}$，欲使 Mg(OH)$_2$ 不析出，则应有

$$[c(\text{OH}^-)]^2 \cdot c(\text{Mg}^{2+}) < K_{sp}^{\ominus}[\text{Mg(OH)}_2]$$

$$c(\text{OH}^-) < \sqrt{\frac{K_{sp}^{\ominus}[\text{Mg(OH)}_2]}{c(\text{Mg}^{2+})}} = \sqrt{\frac{5.61 \times 10^{-12}}{0.05}} = 1.06 \times 10^{-5}(\text{mol} \cdot \text{L}^{-1})$$

可见，溶液中 $c(\text{OH}^-) < 1.06 \times 10^{-5}$ 才不会有 Mg(OH)$_2$ 沉淀。氨水中的 $c(\text{OH}^-)$ 又依赖于溶液中的 $c(\text{NH}_4^+)$，即

$$K_b^{\ominus} = \frac{c(\text{NH}_4^+) \cdot c(\text{OH})}{c(\text{NH}_3)} = 1.78 \times 10^{-5}$$

则

$$c(\text{NH}_4^+) > \frac{K_b^{\ominus} \cdot c(\text{NH}_3)}{c(\text{OH})} = \frac{1.78 \times 10^{-5} \times 0.05}{1.06 \times 10^{-5}} = 0.08 \ (\text{mol} \cdot \text{L}^{-1})$$

需加入固体氯化铵至少为

$$0.08 \times 53.5 \times \frac{20}{1000} = 0.0090(\text{g})$$

【例 11-10】 在含 0.10mol · L^{-1} ZnCl$_2$ 的溶液中，通入 H$_2$S 至饱和，此时 $c(\text{H}_2\text{S})$ = 0.10mol · L^{-1}，试计算 ZnS 开始沉淀和沉淀完全时的 pH。[已知：$\text{p}K_{sp}^{\ominus}(\text{ZnS}) = 21.60$，H$_2$S 的 $\text{p}K_{a1}^{\ominus} = 7.05$，$\text{p}K_{a2}^{\ominus} = 12.92$]

解 ZnS 开始沉淀时所需 $c(\text{S}^{2-})$ 为

$$c(S^{2-}) = \frac{K_{sp}^{\ominus}}{c(Zn^{2+})} = \frac{K_{sp}^{\ominus}(ZnS)}{c(Zn^{2+})} = \frac{10^{-21.60}}{0.1} = 10^{-20.60}(mol \cdot L^{-1})$$

H₂S 是二元弱酸，$c(S^{2-})$与$c(H^+)$的关系为

$$c(H^+) = \sqrt{\frac{K_{a1}^{\ominus}K_{a2}^{\ominus}c(H_2S)}{c(S^{2-})}} = \sqrt{\frac{10^{-7.05-12.92} \times 0.1}{10^{-20.60}}} = 1.53(mol \cdot L^{-1})$$

$$pH = 0.18$$

用同样方法计算 $c(Zn^{2+}) = 1.0 \times 10^{-5}mol \cdot L^{-1}$ 时，溶液的 pH 为 2.16，即沉淀完全时的条件。

11.3.2　利用配位反应生成或溶解某一沉淀

向沉淀体系中加入适当配位剂，使溶液中某离子生成稳定的配合物，减少其离子浓度，从而使沉淀溶解。此法对用酸碱法不能溶解的难溶电解质尤其具有重要作用。在一只烧杯中放入少量 AgNO₃ 溶液，加入数滴 KCl 溶液，立即产生白色 AgCl 沉淀。然后再向烧杯中滴加氨水，由于生成[Ag(NH₃)₂]⁺，AgCl 沉淀不断溶解。继续滴加氨水直至 AgCl 沉淀完全溶解。若再加入少量KBr溶液，则Br⁻可与银氨溶液中的Ag⁺生成乳黄色AgBr沉淀。若再滴加 Na₂S₂O₃ 溶液，则 AgBr 又将溶解于 Na₂S₂O₃ 溶液。此时若再向溶液中加入 KI 溶液，则又将析出溶解度更小的黄色 AgI 沉淀。若再向溶液中滴加 KCN 溶液，由于生成更稳定的[Ag(CN)₂]⁻，AgI 沉淀又复溶解。此时若再加入(NH₄)₂S 溶液，最终生成棕黑色的 Ag₂S 沉淀。由于 Ag₂S 溶解度极小，至今还未找到可以显著溶解 Ag₂S 的配位试剂。以上各步过程可由图 11-1 来表示。

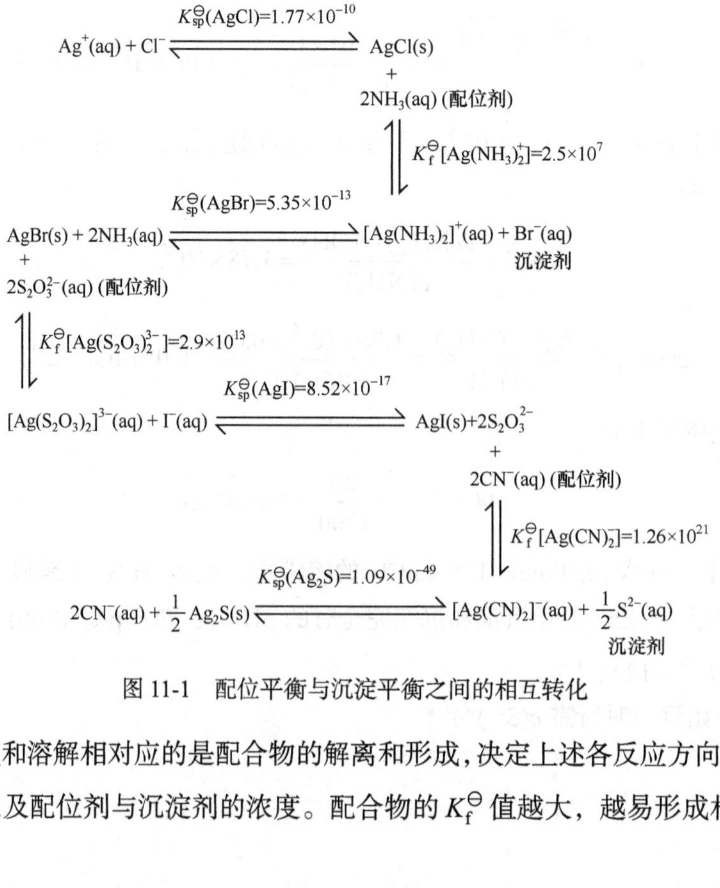

图 11-1　配位平衡与沉淀平衡之间的相互转化

与沉淀生成和溶解相对应的是配合物的解离和形成，决定上述各反应方向的是 $K_f^{\ominus}$ 和 $K_{sp}^{\ominus}$ 的相对大小，以及配位剂与沉淀剂的浓度。配合物的 $K_f^{\ominus}$ 值越大，越易形成相应配合物，沉

淀越易溶解；而沉淀的 $K_{sp}^{\ominus}$ 越小，则配合物越易解离生成沉淀。

【例 11-11 】 在室温下，向 100mL 0.1mol · L^{-1} AgNO$_3$ 的溶液中，加入等体积、同浓度的 NaCl，即有 AgCl 沉淀析出。要阻止沉淀析出或使它溶解，需加入氨水的最低浓度为多少？这时溶液中 $c(Ag^+)$ 为多少？（已知：$K_{sp}^{\ominus}(AgCl) = 1.77 \times 10^{-10}$，$[Ag(NH_3)_2]^+$ 的 $\lg\beta_2^{\ominus} = 7.05$）

解 可不考虑 NH$_3$ 与 H$_2$O 之间的质子转移反应，并认为由于大量 NH$_3$ 的存在，AgCl 溶于氨水后几乎全部生成 $[Ag(NH_3)_2]^+$；并设平衡时 NH$_3$ 的平衡浓度为 x mol · L^{-1}，则有

$$AgCl(s) + 2NH_3(aq) \rightleftharpoons [Ag(NH_3)_2]^+(aq) + Cl^-(aq)$$

平衡浓度/(mol · L^{-1})：　　　　　　x　　　$\dfrac{0.10\times100}{200} = 0.050$　　0.050

该反应的平衡常数为

$$K^{\ominus} = \frac{c[Ag(NH_3)_2^+] \cdot c(Cl^-)}{[c(NH_3)]^2} = \beta_2^{\ominus} \cdot K_{sp}^{\ominus} = 10^{7.05} \times 1.77 \times 10^{-10} = 1.98 \times 10^{-3}$$

$$\frac{0.050 \times 0.050}{x^2} = 1.98 \times 10^{-3}$$

$$x = 1.12$$

即 NH$_3$ 的平衡浓度为 1.12mol · L^{-1}。起始时 NH$_3$ 的浓度为

$$1.12\text{mol} \cdot \text{L}^{-1} + 2 \times 0.050\text{mol} \cdot \text{L}^{-1} = 1.22\text{mol} \cdot \text{L}^{-1}$$

又

$$\frac{c[Ag(NH_3)_2^+]}{[c(NH_3)]^2 c(Ag^+)} = 10^{7.05}$$

$$\frac{0.050}{c(Ag^+)1.12^2} = 10^{7.05}$$

$$c(Ag^+) = 3.55 \times 10^{-9}\text{mol} \cdot \text{L}^{-1}$$

如果溶液中加入 KBr，假定其浓度为 0.050mol · L^{-1}(体积不变)，则

$$c(Ag^+)c(Br^-) = 3.55 \times 10^{-9} \times 0.050 = 1.78 \times 10^{-10} > K_{sp}^{\ominus}(AgBr) = 7.7 \times 10^{-13}$$

故必然会有 AgBr 沉淀析出。

从上述沉淀平衡与配位平衡之间的关系可以看出：究竟是发生配位反应还是发生沉淀反应，这取决于配位剂和沉淀的能力大小及它们的浓度，它们的能力大小主要看稳定常数和溶度积，谁能把中心离子的浓度降得越低，谁的能力便越强。

11.3.3　控制条件分步沉淀或共沉淀

前面讨论的沉淀反应是对一种离子而言，如果溶液中同时含有几种离子，当加入沉淀剂时，都可能生成沉淀的情况下，是同时沉淀——共沉淀，还是分先后次序沉淀——分步沉淀。具体讨论如下。

【例 11-12 】 已知 $K_{sp}^{\ominus}(AgCl) = 1.77 \times 10^{-10}$，$K_{sp}^{\ominus}(AgI) = 8.52 \times 10^{-17}$；在含有 0.01mol · L^{-1} 的 I$^-$ 和 0.01mol · L^{-1} 的 Cl$^-$ 混合溶液中，逐滴加入 AgNO$_3$ 溶液，何者先析出沉淀？两者能否

进行有效的分离？试以计算说明。

解　根据溶度积规则，分别计算出生成 AgCl 和 AgI 沉淀时所需 Ag^+ 的最低浓度(假设加入的 $AgNO_3$ 浓度较大，所引起的体积变化忽略不计)。

AgI 沉淀需：　$c_1(Ag^+) = \dfrac{K_{sp}^{\ominus}}{c(I^-)} = \dfrac{8.52 \times 10^{-17}}{0.01} = 8.52 \times 10^{-15}(mol \cdot L^{-1})$

AgCl 沉淀需：　$c_2(Ag^+) = \dfrac{K_{sp}^{\ominus}}{c(Cl^-)} = \dfrac{1.77 \times 10^{-10}}{0.01} = 1.77 \times 10^{-8}(mol \cdot L^{-1})$

从计算看出，沉淀 I^- 所需的 Ag^+ 小得多，加入 $AgNO_3$ 首先达到 AgI 的 $K_{sp}^{\ominus}$ 而析出沉淀，然后才会析出 $K_{sp}^{\ominus}$ 较大的 AgCl 沉淀，这种先后析出沉淀的现象称为分步沉淀或分级沉淀。

当 AgCl 刚开始沉淀时，溶液中还残留的 I^- 为

$$c_2(I^-) = \frac{K_{sp}^{\ominus}}{c_2(Ag^+)} = \frac{8.52 \times 10^{-17}}{1.77 \times 10^{-8}} = 4.81 \times 10^{-9}(mol \cdot L^{-1})$$

这说明在 AgCl 刚开始沉淀时，I^- 已沉淀得相当完全，两者是能够进行有效分离的。

依据溶度积规则，分步沉淀的次序不仅与溶度积有关，而且与被沉淀离子的起始浓度有关。上例的计算是在 $c(I^-) = c(Cl^-)$ 的条件下，AgI 先析出沉淀。若在海水中由于 $c(Cl^-) \gg c(I^-)$，当加入 $AgNO_3$ 时，首先析出的是 AgCl 沉淀。因此，适当地改变被沉淀离子的浓度，可使分步沉淀的次序发生变化，具体情况必须通过计算说明。

【例 11-13】　在含有相同浓度 $0.01mol \cdot L^{-1}$ 的 Zn^{2+} 和 Fe^{3+} 的混合溶液中加碱，为使这两种离子分离，溶液的 pH 应控制在什么范围？(已知 $K_{sp}^{\ominus}[Fe(OH)_3] = 2.79 \times 10^{-39}$，$K_{sp}^{\ominus}[Zn(OH)_2] = 3 \times 10^{-17}$)

解　首先确定在此混合溶液中加碱时，哪种离子先沉淀。$Fe(OH)_3$ 沉淀所需的 $c(OH^-)$ 为

$$c_1(OH^-) = \sqrt[3]{\frac{K_{sp}^{\ominus}}{c_1(Fe^{3+})}} = \sqrt[3]{\frac{2.79 \times 10^{-38}}{0.01}} = 1.41 \times 10^{-12}(mol \cdot L^{-1})$$

$Zn(OH)_2$ 沉淀需：　$c_2(OH^-) = \sqrt{\dfrac{3 \times 10^{-17}}{0.01}} = 5.48 \times 10^{-8}(mol \cdot L^{-1})$

可见 $Fe(OH)_3$ 先沉淀。Fe^{3+} 沉淀完全时的 pH 为

$$c_3(OH^-) = \sqrt[3]{\frac{K_{sp}^{\ominus}}{c_2(Fe^{3+})}} = \sqrt[3]{\frac{2.79 \times 10^{-38}}{1 \times 10^{-5}}} = 1.41 \times 10^{-11}(mol \cdot L^{-1})$$

$$pH = 14 - [-lg(1.41 \times 10^{-11})] = 3.15$$

从 $Zn(OH)_2$ 沉淀所需 $c(OH^-)$，可以算出 Zn^{2+} 刚开始产生沉淀的 pH 为

$$pH = 14 - [-lg(5.48 \times 10^{-8})] = 6.74$$

通过计算可知：为使等浓度 $0.01mol \cdot L^{-1}$ 的 Fe^{3+} 和 Zn^{2+} 分离，溶液的 pH 必须控制在 3.15～6.74 范围，一般优选 5～6 的范围。

11.3.4　利用氧化还原反应使沉淀溶解

有些金属硫化物如 CuS、HgS 等，其溶度积特别小，在饱和溶液中 $c(S^{2-})$ 特别小，不能溶于非氧化性强酸，只能溶于氧化性酸，以减小 $c(S^{2-})$，达到沉淀溶解的目的。例如：

$$3CuS + 8HNO_3 = 3Cu(NO_3)_2 + 3S\downarrow + 2NO\uparrow + 4H_2O$$

而 HgS 的 $K_{sp}^{\ominus}$ 更小，仅用 HNO_3 不够，只能溶于王水，使 $c(S^{2-})$ 和 $c(Hg^{2+})$ 同时减小：

$$3HgS + 12HCl + 2HNO_3 = 3H_2[HgCl_4] + 3S\downarrow + 2NO\uparrow + 4H_2O$$

此法适用于溶解具有明显氧化性或还原性的难溶物。

11.4　沉淀的转化

在含有沉淀的溶液中，加入适当的沉淀剂，使其与溶液中某一离子结合成更难溶的物质，称为沉淀的转化。沉淀的转化在生产和科研中常有应用。例如，锅炉中的锅垢，其中含有 $CaSO_4$ 较难清除，可以用 Na_2CO_3 溶液处理，使 $CaSO_4$ 转化为疏松可溶于酸的 $CaCO_3$ 沉淀，这样锅垢容易清除。该反应方程式如下：

$$CaSO_4(s) \rightleftharpoons Ca^{2+} + SO_4^{2-}$$
$$+$$
$$Na_2CO_3 = CO_3^{2-} + 2Na^+$$
$$\Updownarrow$$
$$CaCO_3(s)$$

总反应式为
$$CaSO_4(s) + CO_3^{2-} \rightleftharpoons CaCO_3(s) + SO_4^{2-}$$

平衡常数：　$K^{\ominus} = \dfrac{c(SO_4^{2-})/c^{\ominus}}{c(CO_3^{2-})/c^{\ominus}} = \dfrac{K_{sp}^{\ominus}(CaSO_4)}{K_{sp}^{\ominus}(CaCO_3)} = \dfrac{4.93\times10^{-6}}{2.8\times10^{-9}} = 1.76\times10^3$

再如，油画中的白色颜料 $PbCO_3$ 长期在空气中受到 H_2S 的侵蚀变为黑色的 PbS，发生反应：

$$PbCO_3\downarrow(白) + S^{2-} \rightleftharpoons PbS\downarrow(黑) + CO_3^{2-}$$

$$K = K^{\ominus} = \frac{c(CO_3^{2-})}{c(S^{2-})} = \frac{K_{sp}^{\ominus}(PbCO_3)}{K_{sp}^{\ominus}(PbS)} = \frac{7.4\times10^{-14}}{8.0\times10^{-28}} = 9.25\times10^{13}$$

上述转化过程能实现，是因为溶度积较大的沉淀转化为溶度积较小的沉淀，反应的平衡常数较大。那么溶解度较小的物质能否转化为溶解度较大的沉淀呢？这种转化是要有条件的，即两种沉淀的溶解度不能相差太大，否则平衡常数太小，沉淀不能发生转化。

【例 11-14】　$BaSO_4$ 的 $K_{sp}^{\ominus} = 1.08\times10^{-10}$，而 $BaCO_3$ 的 $K_{sp}^{\ominus} = 2.58\times10^{-9}$，在一定条件下，能否将 $BaSO_4$ 转化为 $BaCO_3$ 呢？

解　设想在 $BaSO_4$ 溶液中，加入可溶性的碳酸盐时，体系中的平衡关系为

$$BaSO_4(s) \rightleftharpoons Ba^{2+} + SO_4^{2-}$$
$$+$$
$$Na_2CO_3 \rightleftharpoons CO_3^{2-} + 2Na^+$$
$$\Updownarrow$$
$$BaCO_3(s)$$

总反应式为　　　　　$BaSO_4(s) + CO_3^{2-} \rightleftharpoons BaCO_3(s) + SO_4^{2-}$

平衡常数：　　$K^{\ominus} = \dfrac{c(SO_4^{2-})/c^{\ominus}}{c(CO_3^{2-})/c^{\ominus}} = \dfrac{K_{sp}^{\ominus}(BaSO_4)}{K_{sp}^{\ominus}(BaCO_3)} = \dfrac{1.08 \times 10^{-10}}{2.58 \times 10^{-9}} = 0.042$

在这个体系中，$c(Ba^{2+})$涉及两个平衡，但浓度只有一个确定值，这意味着，在 $BaSO_4$ 饱和溶液中，加入 Na_2CO_3，使 $c(CO_3^{2-}) \gg 24 \times c(SO_4^{2-})$时，$BaSO_4$ 即可转化为 $BaCO_3$。再通过计算说明：25℃时 Na_2CO_3 的溶解度为 $1.6 mol \cdot L^{-1}$，沉淀转化一直进行到 $c(SO_4^{2-}) = 0.042 \times 1.6 mol \cdot L^{-1} = 0.067 mol \cdot L^{-1}$ 时为止，由此可见，这一沉淀转化是不难实现的。若两者溶解度相差太大，以至易溶的沉淀剂的浓度大得无法达到时，则难溶的沉淀就不能转化为易溶的沉淀，所以这一转化是有条件的。

11.5　沉淀形成过程

以 AgCl 生成为例，来剖析影响沉淀生成的因素，以调控生产过程或科学研究中为达到某一目的的工艺或实验条件。沉淀形成的一般过程可示意为：

构晶离子 $\xrightarrow{\text{聚集}}$ 晶种 $\longrightarrow$ 晶核 $\begin{cases} 构晶离子或晶种在晶核表面缓慢定向生长 \longrightarrow 晶形沉淀 \\ 晶种相互之间聚集成线度小于100nm的胶团 \longrightarrow 溶胶 \\ 构晶离子或晶种在晶核上快速生长 \longrightarrow 非晶形沉淀 \end{cases}$

11.5.1　形成晶核

在过饱和溶液中，满足 $Q_i > K_{sp}^{\ominus}$，首先发生的是构晶离子相互吸引生成离子对，然后离子对相互聚集形成晶种(crystal seed)；当4~5个以上的离子对聚合到一起，便可形成分散相粒子的核心，称为晶核(crystal nucleus)。构晶离子聚集、自发形成晶核称为均相成核(homogeneous nucleation)；如向 $AgNO_3$ 稀溶液中逐渐加入 NaCl 稀溶液并不断摇动混合时，Ag^+ 和 Cl^-相互吸引形成均相晶核，然后 Ag^+和 Cl^-或它们聚集成的晶种在晶核上沉积形成沉淀的过程即为均相成核结晶。另外，溶液中不可避免地混有不同数量的固体微粒(试剂、溶剂、灰尘都会引入杂质)，它们的存在也可起到"晶核"作用，"诱导"构晶离子或它们聚集成的晶种在晶核上沉积形成沉淀，这一过程称为非均相成核结晶(heterogeneous nucleation crystallization)。例如，微溶性钠盐的生成实验：向装有 $1 mol \cdot L^{-1}$ NaCl 溶液 0.2mL 的小试管中滴加 0.2mL 饱和 $K[Sb(OH)_6]$溶液，放置数分钟，如无晶体析出，可用玻璃棒摩擦试管内壁。观察 $Na[Sb(OH)_6]$晶体的生成现象，反应式：

$$\text{NaCl} + \text{K[Sb(OH)}_6\text{]} = \text{Na[Sb(OH)}_6\text{]} \downarrow + \text{KCl}$$

若向装有 $1\text{mol} \cdot \text{L}^{-1}$ KCl 溶液 0.5mL 的试管中加入 0.5mL 饱和酒石酸钠 $\text{NaHC}_4\text{H}_4\text{O}_5$ 溶液，放置数分钟，如无晶体析出，可用玻璃棒摩擦试管内壁，观察现象。反应式：

$$\text{KCl} + \text{NaHC}_4\text{H}_4\text{O}_6 = \text{KHC}_4\text{O}_6 \downarrow + \text{NaCl}$$

这里用玻璃棒摩擦试管内壁就是借助摩擦生成的玻璃毛起到异相成核作用，加速沉淀的生成。

11.5.2　形成沉淀

沉淀可按其颗粒大小分为晶形沉淀(crystalline precipitate)、凝乳状沉淀(curdy precipitates)和无定形沉淀(amorphous precipitation)。晶形沉淀颗粒直径为 $0.1\sim1\mu\text{m}$，内部排列有规则，结构紧密，体积小，易沉降于容器的底部，对杂质的吸附较少。无定形沉淀颗粒较小，直径一般小于 $0.02\mu\text{m}$，其内部离子的排列是无序的，其中又包含大量数目不定的水分子，结构疏松，体积庞大，对杂质的吸附能力较强。凝乳状沉淀颗粒直径介于 $0.02\sim0.1\mu\text{m}$，性质上也属于过渡态。凝乳状沉淀和无定形沉淀统称为非晶形沉淀。晶种或晶核聚集成晶格定向排列有序的晶形沉淀，也可形成无序聚集的无定形沉淀。这主要取决于晶种的供给速率。一般来说，晶种的供给速率较快时有利于形成无定形沉淀或胶体，晶种的供给速率较慢时有利于生成大颗粒晶形沉淀。而溶液的过饱和程度直接影响晶种的供给速率。溶液相对过饱和程度越大，晶种的供给速率越大，晶核浓度越大，沉淀的颗粒越小。

1. 溶胶的形成

晶核具有很大的比表面积，很容易吸附体系中的离子。例如，AgNO_3 和 NaCl 的混合溶液中有 Ag^+、Cl^-、Na^+、NO_3^- 等离子，依据"相似相溶原理"，粒子间作用力相近，相互易溶，一般规律是：①优先选择性地吸附与其组成有关的、浓度较大的构晶离子；②若无过量的构晶离子存在时，则优先吸附可与构晶离子形成溶解度小的化合物的离子，以及与构晶离子半径相近、电荷相等的离子。

用 NaCl 作沉淀剂沉淀 AgNO_3 溶液中的 Ag^+ 时，随着 NaCl 溶液逐滴加入，首先 m 个 AgCl 离子对聚集形成晶核；开始时溶液中 AgNO_3 过量，AgCl 晶核表面优先吸附了 $n(n \ll m)$ 个 Ag^+ 而带正电荷；体系中与晶核所带电荷电性相反的离子称为反离子，如 NO_3^-。反离子在体系中受到两种相反力的作用：①静电作用力，由于反离子带有与晶核表面电荷电性相反的电荷，所以反离子与晶核间将产生静电作用，使反离子尽量靠近晶核分布。②分子热运动，反离子处在不停的运动之中，这种运动驱使反离子趋向于均匀分布。静电作用力和分子热运动共同作用的结果是体系中的反离子按一定的浓度梯度分布，即自晶核表面向外，单位体积内反离子数目越来越少。靠近晶核表面的 $n-x$ 个 NO_3^- 反离子，由于受到较强的静电作用力，较紧密地束缚在晶核周围，与晶核表面吸附的离子共同组成吸附层。吸附层与晶核构成胶粒(colloidal particle)。较外层的 x 个 NO_3^- 反离子，由于受到的静电作用力很弱，很疏松地分布在胶粒周围，称为扩散层。胶粒和扩散层称为胶团。胶团的结构可用简式表示，如图 11-2 所示。

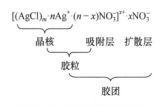

图 11-2　胶团结构示意图

反之，若用 $AgNO_3$ 作沉淀剂沉淀 NaCl 溶液中的 Cl^- 时，NaCl 过量，则在 AgCl 晶核的表面上吸附 n 个 Cl^- 而形成的带负电荷的晶核，胶团结构可示意为 $[(AgCl)_m \cdot nCl^- \cdot (n-x)Na^+]^{x-} \cdot xNa^+$。至此，所形成的分散粒子——胶团，粒径小于 100nm，分散系称为溶胶(collosol)。从胶团的结构可知，由于吸附层内 NO_3^- 或 Na^+ 数目少于 Ag^+ 或 Cl^-，因此胶粒是带电的，但整个胶团是电中性的。由于扩散层与胶粒间结合得很松散，扩散层并不与胶粒一起运动，因此在外电场作用下，胶粒作为一个整体而向某一电极移动，而扩散层的离子移向另一电极。因此，溶胶的特性之一是电泳(electrophooresis)现象。

2. 溶胶聚沉形成沉淀

从理论上讲，溶胶是热力学不稳定体系，胶粒有相互聚集成大颗粒而沉降析出的趋势。然而实际上经过纯化的溶胶往往可保持数月甚至更长时间也不会沉降析出。其原因主要有如下两点：①带有相同电性电荷的胶粒间的静电排斥，阻止了胶粒间的靠近、聚集，胶粒荷电量越多，胶粒间斥力越大，溶胶越稳定；②水化膜的保护作用，胶粒中的吸附离子和反离子都是水合离子，所以胶粒是带有水化膜的粒子。水化膜可防止运动中的胶粒在碰撞时互相合并聚集变大。但溶胶的稳定性是相对的、有条件的，只要减弱或消除使溶胶稳定的因素，就能使胶粒聚集成较大的颗粒而聚沉(coagulation)。聚沉的方式有：

(1) 加入电解质聚沉。少量电解质加入溶胶中，增加了体系中离子的浓度，导致较多的反离子"挤入"吸附层，可减少甚至完全中和胶粒所带电荷，消除胶粒之间的相互斥力，致使胶粒聚集变大，最终从溶胶中聚沉下来。不同电解质对溶胶的聚沉能力是不同的。通常用聚沉值(coagulation value)来比较各种电解质的聚沉能力。聚沉值是使一定量溶胶在一定时间内完全聚沉所需电解质溶液的最低浓度($mmol \cdot L^{-1}$)。显然，聚沉值越小的电解质，其聚沉能力就越强。表 11-4 列出几种电解质对不同类型溶胶的聚沉值。

表 11-4　电解质对不同类型溶胶的聚沉值($mmol \cdot L^{-1}$)

As_2S_3	聚沉值(负溶胶)	AgI	聚沉值(负溶胶)	Al_2O_3	聚沉值(正溶胶)
LiCl	58	$LiNO_3$	165	NaCl	43.5
NaCl	51	$NaNO_3$	140	KCl	46
KNO_3	50	KNO_3	136	KNO_3	60
$CaCl_2$	0.65	$Ca(NO_3)_2$	2.40	K_2SO_4	0.30
$MgCl_2$	0.72	$Mg(NO_3)_2$	2.60	$K_2Cr_2O_7$	0.63
$AlCl_3$	0.093	$Al(NO_3)_3$	0.067	$K_3[Fe(CN)_6]$	0.08
$Al(NO_3)_3$	0.095	$La(NO_3)_3$	0.069		

(2) 两种带相反电荷的溶胶以适当的比例混合相互聚沉。与电解质聚沉作用的不同之处在于只有两种溶胶的胶粒所带电荷完全中和时，才会完全聚沉，否则可能聚沉不完全，甚至不聚沉。

溶胶的聚沉在科学实验、工业生产环境修复中具有重大的实际意义。例如，天然水中的污染物常以胶粒悬浮，若在水中加入明矾 $KAl(SO_4)_2 \cdot 12H_2O$ 吸附带相反电荷的污染物以絮状物沉出，达到消除污物、净化水质的目的。再如，豆腐制作过程中所谓的"点卤"即为加入

MgCl₂溶液聚沉豆浆胶体。

3. 晶形沉淀生成条件的调控

晶形沉淀生成首先取决于构晶离子的性质。一般地讲，强极性无机盐，如 $BaSO_4$、CaC_2O_4 等，晶核对构晶离子有较强的吸引作用，使之具有较大的定向生长速率；而离子间不易相互聚集，有利于大颗粒晶形沉淀形成。

在进行晶形沉淀生成反应时，保持较小的过饱和度，避免离子间相互聚集，更有利于晶形沉淀的生长。为此，一般要在不断搅拌下，控制沉淀剂缓慢加入。为了避免在溶液中出现局部过浓，造成离子间相互聚集的现象，科学研究中常用均匀沉淀法，即不直接加入溶液中待沉淀离子的沉淀剂，而是加入的试剂可缓慢产生沉淀剂，使沉淀均匀而缓慢地形成。例如，硫酸二甲酯水解产生 SO_4^{2-}：

$$(CH_3)_2SO_4 + 2H_2O \Longrightarrow 2CH_3OH + 2H^+ + SO_4^{2-}$$

用硫酸二甲酯均匀沉淀剂沉淀 Ba^{2+}，生成的 $BaSO_4$ 沉淀颗粒更大，纯度更高。

再如，将金属离子以氢氧化物沉出时，若直接加入迅速生成 OH^- 的 NaOH 或氨水，会造成晶种供给速率过快，发生共沉淀或夹杂无定形沉淀。加入可水解生成 OH^- 的尿素可避免这一现象。均匀沉淀法是改变沉淀条件的较好方法之一。随着科学技术的发展，蠕动泵的使用为匀速控速加入沉淀剂提供了有利条件。

当某一沉淀过程结束后，将沉淀与母液放置一段时间的操作称为陈化。陈化作用可使溶液中某些原本难以沉淀出来的杂质逐渐析出在沉淀的表面，这种现象称为后沉淀。由于小颗粒表面能大于大颗粒，陈化作用也可以使沉淀颗粒增大，易于过滤和纯化。

4. 无定形沉淀生成条件的调控

高价金属离子的氢氧化物和硫化物等，由于离子键向共价键过渡，晶核对构晶离子的吸引作用较弱，而离子间更易相互聚集形成晶种，具有较大的晶种供给速率，易形成无定形沉淀。在进行生成非晶形沉淀反应时，为了使沉淀完全，避免溶胶生成，常常采用较浓的试样溶液和沉淀剂；且加沉淀剂的速度要快；沉淀作用在热溶液中进行，加快反应速率，以保证较大的晶种供给速率，使生成的沉淀比较紧密。也常加入适当电解质起聚沉作用，但这些都会增大溶液中杂质的浓度，使沉淀吸附的杂质增多。因此，常在无定形沉淀形成后，立即用大量热水稀释、洗涤；使一部分被吸附的杂质离子转入溶液中；加入的电解质一般则选用在高温灼烧时可挥发的铵盐。另外，为防止杂质的吸附，无定形沉淀沉淀完毕后不必陈化，立即过滤、洗涤。

沉淀的形成是一个复杂的过程，工艺条件的微小变化对其性质和质量具有重要影响。例如，在氯化亚铁盐溶液中加碱，控制溶液的过饱和度，即氧化铁晶种的供给速率成核，可以得到不同晶型的铁的氧化物。一般来说，体系 pH 较高、氧化铁晶种的供给速率较快时有利于水铁矿的生成；而 pH 较低、氧化铁晶种的供给速率较慢时有利于生成结晶铁氧化物，如针铁矿、纤铁矿、正方针铁矿或赤铁矿等多种矿物型的氧化铁。当氧化铁晶种的浓度超过上述晶型的过饱和度比时就以这种晶型沉出，故产物对反应条件的变化十分敏感，若不控制反应条件得到的常为混合的沉淀物。

11.6　溶度积规则应用实例——侯氏联合制碱法

11.6.1　技术背景和技术壁垒

1861 年，比利时人索尔维(Ernest Solvay，1832—1922)以食盐、石灰石和氨为原料，制得了碳酸钠，称为氨碱法(ammonia-soda process)，工艺要点如图 11-3 所示。1867 年，索尔维制造的 Na_2CO_3 产品在巴黎世界博览会上获得铜奖。消息传到英国，哈琴森公司买得了两年独占索尔维法的权利。随后法国、德国、美国等国相继建厂并发起组织了索尔维公会，技术只向会员国公开，对外绝对保守秘密。凡有改良或新发现，会员国之间彼此沟通，并相约不申请专利，以防泄密。除了设置技术壁垒之外，营业也有限制，他们采取分区售货的办法，如中国市场由英国卜内门公司独占。由于如此严密的组织方式，凡是得不到索尔维公会特许权者，根本无从问津氨碱法生产详情。因此在许多年间，氨碱法工艺秘密的探索者均以失败告终，索尔维工会垄断着纯碱行业。

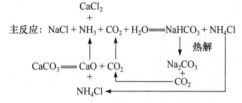

图 11-3　氨碱法工艺要点图

氨碱法的应用虽使得纯碱的价格大大下降，但也有其缺陷，如原料的利用率较低，只用了食盐中的钠和石灰中的碳酸根，且 $CaCl_2$ 作为副产物给环境造成了负担。

11.6.2　我国科学家侯德榜的艰苦努力与创新

1937 年，索尔维公会看中了侯德榜(1890—1974，我国杰出化学家)的南京硫酸铵厂，为此想收买侯德榜，但是遭到侯德榜的严正拒绝。为了不使工厂遭受破坏，侯德榜决定把工厂迁到四川，新建一个永利川西化工厂。他又带领技术人员，经过千百次实验，分析了几千个样品，成功地对氨碱法进行了重大改革，巧妙地将氨碱法和合成氨法两种工艺联合起来，创立了中国人自己的制碱工艺——侯氏联合制碱法。侯氏联合制碱法仍以 NaCl、NH_3 和 CO_2 为原料，只是 NH_3 和 CO_2 不再来源于 $CaCO_3$ 和 NH_4Cl，而是由水煤气反应($C + H_2O \rightleftharpoons H_2 + CO$)来提供。$H_2$ 用于合成氨，CO 用于提供 CO_2。

侯氏联合制碱法的原理是：当 NaCl、NH_3 和 CO_2 溶于水后，NH_4^+、HCO_3^-、Na^+、Cl^-同时存在于水溶液中，这四种离子的共存体系可生成 $NaHCO_3$、NH_4HCO_3、$NaCl$ 和 NH_4Cl 四种物质，根据溶度积规则，哪种物质满足 $Q > K$ 时，哪种物质就可以沉出。如图 11-4 所示，该体系中 $NaHCO_3$ 溶解度小于 NH_4HCO_3，而在较高温度时 NH_4Cl 溶解度大于 NaCl，较低温度时 NH_4Cl 溶解度小于 NaCl，控制体系温度使 NH_4Cl 副产物结晶移出体系。

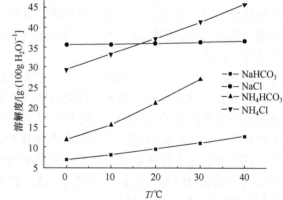

图 11-4　侯氏联合制碱法原理图

　　侯氏联合制碱法与氨碱法相比省去了庞大、耗能的石灰窑，使 NaCl 的利用率从原来的 70%提高到 96%，缩短了生产流程，消除了 $CaCl_2$ 对环境的污染，同时获得两种工农业需要的产品——纯碱和氯化铵，降低了纯碱的成本，打破了当时欧美对制碱业的垄断。

　　侯德榜是我国制碱业的先驱，他为我国的化学工业事业奋斗终生，并以独创的制碱工艺闻名于世界，他就像一块坚硬的基石，托起了中国现代化学工业的大厦，他为世界的制碱工业做出了重大贡献，被人们称为"国宝"。

习　题

1. 由下列物质的溶度积计算它们各自的溶解度。

(1) AgCl：$K_{sp}^{\ominus} = 1.77 \times 10^{-10}$　　(2) $PbCl_2$：$K_{sp}^{\ominus} = 1.0 \times 10^{-10}$　　(3) $BaSO_4$：$K_{sp}^{\ominus} = 1.08 \times 10^{-10}$

2. 已知 Bi_2S_3 的溶解度为 2.5×10^{-12} g·mL^{-1}，求 Bi_2S_3 的 $K_{sp}^{\ominus}$。

3. 已知 $BaCO_3$ 的溶解度为 0.0022g·(100mL H_2O)$^{-1}$，计算 $BaCO_3$ 的 K_{sp}(考虑 CO_3^{2-} 的水解)。(HCO_3^- 的 $K_a^{\ominus} = 4.84 \times 10^{-11}$)

4. 硫酸铅的溶度积为 2.53×10^{-8} mol·L^{-1}，计算：(1)在纯水中 $PbSO_4$ 的溶解度。(2)在 0.1mol·L^{-1} $Pb(NO_3)_2$ 溶液中的溶解度。(3)在 1.0×10^{-3} mol·L^{-1} Na_2SO_4 溶液中的溶解度。

5. 已知苯甲酸银 $AgOOCC_6H_5$ 饱和溶液的 pH = 8.63，苯甲酸的 $K_a^{\ominus} = 6 \times 10^{-6}$，试计算苯甲酸银的 $K_{sp}^{\ominus}$ 值。

6. 分别向 10.0mL 0.02mol·L^{-1} $CaCl_2$ 溶液和 10.0mL 0.02mol·L^{-1} $BaCl_2$ 溶液中加入 10.0mL 的 0.02mol·L^{-1} Na_2SO_4 溶液，计算说明是否都有沉淀产生。

7. 已知 $CaCO_3$ 在水中的溶解度约为 7mg·L^{-1}，当 Na_2CO_3 溶液缓慢加入含有等摩尔的 Ca^{2+}、Ba^{2+} 溶液时，$CaCO_3$ 的沉淀是直到 90% Ba^{2+} 生成 $BaCO_3$ 沉淀后才生成的，试计算 $BaCO_3$ 的溶度积。

8. 已知 $SrCO_3$ 的 $K_{sp}^{\ominus}$ 为 5.60×10^{-10}，SrF_2 的 $K_{sp}^{\ominus}$ 为 4.33×10^{-9}，(1)计算碳酸锶在氟离子浓度恒为 0.10mol·L^{-1} 溶液中的溶解度。(2)在平衡时 Sr^{2+} 浓度是否与 CO_3^{2-} 浓度相等？如果不等，为什么？

9. 在 25℃，CuS 在纯水中的溶解度为 3.3×10^{-4} g·L^{-1}，试计算 CuS 的表观 K_{sp}。而 25℃时 CuS 的实际 K_{sp} 为 6.3×10^{-36}，试解释为什么 CuS 比实际 K_{sp} 预期的溶解度更大。

10. 某 Pb^{2+} 溶液中，加入 1×10^{-4} mol·L^{-1} 的 SO_4^{2-} 溶液 2.0L，当沉淀生成后，Pb^{2+} 的浓度为 1×10^{-3} mol·L^{-1}，计算：(1)此时 SO_4^{2-} 浓度；(2)残存 SO_4^{2-} 的质量分数；(3)Pb^{2+} 溶液的原始浓度。

11. 已知 CaF_2 在 pH = 1.0 时的溶解度约为 5.4×10^{-3} mol·L^{-1}，用此数据和 CaF_2 的 $K_{sp}^{\ominus}$ 为 5.3×10^{-9} 来计算 HF 的解离常数。

12. 已知 $Zn(OH)_2 + 2OH^- \rightleftharpoons [Zn(OH)_4]^{2-}$，为了使 0.10mol $Zn(OH)_2$ 溶解，必须加多少摩尔固态 NaOH 到 1L 水中？(已知：$K_{sp}^{\ominus}$ [$Zn(OH)_2$] = 3×10^{-17}，$\lg K_f^{\ominus}$ ([$Zn(OH)_4$]$^{2-}$) = 17.66)。

13. 固体 $SrSO_4$ 和 $BaSO_4$ 的混合物与水振荡，直至建立饱和溶液的平衡。已知：$K_{sp}^{\ominus}$ ($SrSO_4$) = 3.44×10^{-7}，$K_{sp}^{\ominus}$ ($BaSO_4$) = 1.08×10^{-10}，计算平衡时 Sr^{2+}、Ba^{2+} 和 SO_4^{2-} 的浓度。

14. 若把 25.00mL 0.012 mol·L^{-1} $BaCl_2$ 溶液与 50mL 0.010mol·L^{-1} Ag_2SO_4 溶液混合，此溶液中最终的离子浓度各为多少？[已知：$K_{sp}^{\ominus}$ (AgCl) = 1.77×10^{-10}，$K_{sp}^{\ominus}$ ($BaSO_4$) = 1.08×10^{-10}(体积可以加和)]

15. 向 1L 0.10mol·L^{-1} 的 $NH_3 \cdot H_2O$ 和 0.1mol·L^{-1} 的 NH_4Cl 缓冲溶液中，加入 0.15mol 的[$Cu(NH_3)_4$]SO_4 固体，有无 $Cu(OH)_2$ 沉淀生成？(已知 $K_f^{\ominus}$ {[$Cu(NH_3)_4$]$^{2+}$} = 2.1×10^{13}，$K_{sp}^{\ominus}$ [$Cu(OH)_2$] = 2.2×10^{-20}，$K_b^{\ominus}$ ($NH_3 \cdot H_2O$) = 1.8×10^{-5})

16. 某溶液中 $c(Cd^{2+})$ = 1.0×10^{-4} mol·L^{-1}，用 H_2S 饱和此溶液，可使 CdS 完全沉淀。加入盐酸使 $c(Cl^-)$ = 0.90mol·L^{-1} 时由于[$CdCl_4$]$^{2-}$ 的生成，刚好 CdS 不生成沉淀，求[$CdCl_4$]$^{2-}$ 的 $K_f^{\ominus}$。[$K_{sp}^{\ominus}$ (CdS) = 8.0×10^{-27}]

17. 在含有 0.2mol·L^{-1}[$Ag(CN)_2$]$^-$ 和 0.2mol·L^{-1} CN^- 的溶液中，若分别加入与它们等体积的 0.2mol·L^{-1}

KCl、KBr 和 KI 溶液，计算说明卤化物沉淀形成的顺序。[已知：$K_{sp}^{\ominus}$ (AgI) = 8.52 × 10^{-17}，$K_{sp}^{\ominus}$ (AgBr) = 5.35 × 10^{-13}，$K_{sp}^{\ominus}$ (AgCl) = 1.77 × 10^{-10}]

18. 已知 H$_2$C$_2$O$_4$ 的 $K_{a1}^{\ominus}$ = 5.36 × 10^{-2}，$K_{a2}^{\ominus}$ = 5.36 × 10^{-5}；$K_{sp}^{\ominus}$ (CaC$_2$O$_4$ · H$_2$O) = 2.8 × 10^{-9}，$K_{sp}^{\ominus}$ (BaC$_2$O$_4$) = 1.6 × 10^{-7}。(1)计算 0.2mol · L^{-1} H$_2$C$_2$O$_4$ 的 pH；(2)将上述溶液 10.0mL 加水稀释到 30.0mL，再加入 20.0mL 的 CaCl$_2$ 和 BaCl$_2$ 的混合液[其金属离子浓度 c(Ca^{2+}) = c(Ba^{2+}) = 0.020mol · L^{-1}]，然后再稀释到 100mL，此溶液有无沉淀生成？第一种沉淀之后，有无第二种沉淀？

19. 将 AgNO$_3$ 溶液逐滴加到含有 Cl$^-$ 和 CrO$_4^{2-}$ 的溶液中，若 c(CrO$_4^{2-}$) = c(Cl$^-$) = 0.10mol · L^{-1}：(1)AgCl 与 Ag$_2$CrO$_4$ 哪一种先沉淀？(2)当 Ag$_2$CrO$_4$ 开始沉淀时，溶液中 Cl$^-$浓度为多少？(3)在 500mL 溶液中，尚有 Cl$^-$多少克？

20. 向含有 0.1mol · L^{-1} [Cd(CN)$_4$]$^{2-}$ 和 0.1mol · L^{-1} [Cu(CN)$_4$]$^{3-}$ 的溶液中通入 H$_2$S，使 c(S^{2-})达到 1 × 10^{-15}mol · L^{-1}，此时是否产生 Cu$_2$S 和 CdS 沉淀？$K_{sp}^{\ominus}$ (CdS) = 8.0 × 10^{-27}，$K_f^{\ominus}$ [Cd(CN)$_4^{2-}$] = 6.02 × 10^{18}，$K_{sp}^{\ominus}$ (Cu$_2$S) = 2.5 × 10^{-48}，$K_f^{\ominus}$ [Cu(CN)$_4^{3-}$] = 2.0 × 10^{30}。

21. 解释下列反应中沉淀的生成或溶解的原理：(1)Fe(OH)$_3$ 溶于盐酸；(2)AgCl 溶于氨水，加入硝酸沉淀又出现；(3)Mg(OH)$_2$ 溶于 NH$_4$Cl 溶液；(4)MnS 在硫酸和 HAc 中都能溶解，而 ZnS 溶于盐酸和硫酸，但不溶于 HAc，CuS 不溶于盐酸和硫酸，而溶于硝酸。

22. 某溶液中 c(H$^+$) = 0.3mol · L^{-1}，c(Cu^{2+}) = 0.01mol · L^{-1}，c(Zn^{2+}) = 0.01mol · L^{-1}，通入 H$_2$S 至饱和状态 (0.1mol · L^{-1})，计算 CuS、ZnS 能否发生沉淀。沉淀后 H$^+$、Cu^{2+} 和 Zn^{2+} 的浓度各为多少？[已知：H$_2$S 的 $K_{a1}^{\ominus}$ = 8.9 × 10^{-8}，$K_{a2}^{\ominus}$ = 1.2 × 10^{-13}，$K_{sp}^{\ominus}$ (CuS) = 6.3 × 10^{-36}，$K_{sp}^{\ominus}$ (ZnS) = 1.6 × 10^{-24}]

23. 已知 FeS 的 $K_{sp}^{\ominus}$ (FeS) = 6.3 × 10^{-18}，H$_2$S 的 $K_{a1}^{\ominus}$ = 8.9 × 10^{-8}，$K_{a2}^{\ominus}$ = 1.2 × 10^{-13}，水中饱和 H$_2$S 的浓度为 0.1mol · L^{-1}，FeS 能否溶于 1.00mol · L^{-1} HCl 溶液中？$K_{sp}^{\ominus}$ (HgS) = 1.6 × 10^{-52}，则 HgS 能否溶于 1.00mol · L^{-1} 的强酸溶液中？解释为什么 HgS 是汞的重要矿物，而 FeS 不是铁的矿物。

24. 在 25℃时，MgCO$_3$ 的 $K_{sp}^{\ominus}$ = 6.82 × 10^{-6}，BaCO$_3$ 的 $K_{sp}^{\ominus}$ = 2.58 × 10^{-9}。若某一溶液中，Mg^{2+} 和 Ba^{2+} 的浓度各为 1.0 × 10^{-3}mol · L^{-1}，则每升此溶液中加多少克 Na$_2$CO$_3$ 才能使 Ba^{2+} 成为 BaCO$_3$ 沉淀，而 Mg^{2+} 不沉淀？

25. 茶壶内壁覆盖 10.0g CaCO$_3$，如果以 1.00L 纯水洗涤此茶壶，能洗去多少沉淀？如果要除去一半 CaCO$_3$，需要多少体积的水？

26. 在 25℃时，水溶液中含有 0.10mol · L^{-1} Mg^{2+} 和 0.1mol · L^{-1} Pb^{2+}。利用 MgC$_2$O$_4$ 和 PbC$_2$O$_4$ 溶解度的不同分离这两种离子，(1) 试计算 C$_2$O$_4^{2-}$最大浓度为多少时，可以仅使一种离子存在于固体中。(2)试计算在(1)的条件下，难溶草酸盐在溶液中的离子摩尔分数。

27. 某溶液中含有 Fe^{3+} 和 Fe^{2+}，其浓度都是 0.040mol · L^{-1}，如果要使 Fe(OH)$_3$ 沉淀，而 Fe^{2+} 不生成 Fe(OH)$_2$ 沉淀，需控制 pH 为多少？

第12章 基于沉淀反应的分析方法

基于沉淀反应的分析方法主要有两类，一是滴定分析方法中的沉淀滴定法(precipitation titration)，二是直接用分析天平称量沉淀质量的重量分析法(gravimetric analysis)。依据定量分析对反应的要求，两种方法中的沉淀反应都应满足如下条件：①沉淀的溶解度小，以满足定量反应完全程度的需求；②沉淀的组成要固定，以满足被测离子与沉淀剂之间准确化学计量关系的要求；③反应速率快；④沉淀吸附的杂质少。形成沉淀的反应虽然很多，但要同时满足上述要求的反应并不多。

12.1 沉淀滴定法

沉淀滴定法对沉淀反应的要求，除满足前面的要求外，还要有适当的指示剂指示终点。比较常用的是利用生成难溶银盐的反应：$Ag^+ + X^- \rightleftharpoons AgX(s)$，因此又称银量法(argentimetry)，可以测定 Cl^-、Br^-、I^-、SCN^- 和 Ag^+ 的含量。

12.1.1 沉淀滴定的滴定曲线

$AgCl$、$AgBr$、AgI 的 $K_{sp}^{\ominus}$ 值分别为 1.77×10^{-10}、5.35×10^{-13}、8.52×10^{-17}。用 $AgNO_3$ 标准溶液滴定卤素离子的过程，就是随 $AgNO_3$ 溶液的滴入，卤素离子浓度不断变化。以滴入的 $AgNO_3$ 溶液体积或滴定分数为横坐标，卤素离子浓度 $c(X^-)$ 的负对数 pX，或 Ag^+ 浓度 $c(Ag^+)$ 的负对数 pAg 为纵坐标，就可绘得滴定曲线。

图 12-1 为 $0.1000mol \cdot L^{-1}$ $AgNO_3$ 溶液滴定 20.00mL $0.1000mol \cdot L^{-1}$ $NaCl$、$NaBr$ 和 NaI 溶液的滴定曲线。从滴定开始到化学计量点前，由溶液中剩余 $c(X^-)$ 计算 pX；显然滴定突跃的起点会随起始溶液浓度增大而降低；反之会增高。化学计量点时，假设 X^- 与 Ag^+ 全部反应生成沉淀，而沉淀又有部分溶解于水中，因此有：$c(X^-) = c(Ag^+) = \sqrt{K_{sp}^{\ominus}}$。计量点后，由过量的 $c(Ag^+)$ 和 $K_{sp}^{\ominus}$ 计算 pX，$c(X^-) = \dfrac{K_{sp}^{\ominus}}{c(Ag^+)}$；所以，化学计量点和滴定突跃的终点会随 $K_{sp}^{\ominus}$ 减小而增高；反之会降低。可见，滴定突跃的范围既与溶液的浓度有关，更取决于生成的沉淀的溶解度，即 $K_{sp}^{\ominus}$ 值。当被测离子浓度相同时，滴定突跃范围仅与沉淀溶解有关。显然溶解度越小，滴定突跃范围越大。

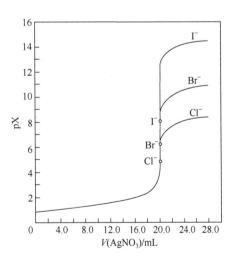

图 12-1　$0.1000mol \cdot L^{-1}$ $AgNO_3$ 溶液滴定 20.00mL $0.1000mol \cdot L^{-1}$ $NaCl$、$NaBr$ 和 NaI 溶液的滴定曲线

12.1.2　沉淀滴定法的终点检测

在银量法中有反应型指示剂和吸附型指示剂两类。使用反应型指示剂时，稍过量的滴定剂与指示剂形成与滴定沉淀颜色分明的化合物而显示终点；使用吸附型指示剂时，利用指示剂被沉淀吸附的性质，在化学计量点时的变化带来颜色的改变以指示滴定终点。

1. 莫尔法——铬酸钾作指示剂

方法原理：莫尔法(Mohr method)用的是反应型指示剂 K_2CrO_4。例如，在含有 Cl^- 的中性或弱碱性溶液中，加入 K_2CrO_4 作指示剂，被测液即为 Cl^- 和 CrO_4^{2-} 的混合物。用 $AgNO_3$ 溶液直接滴定时，由于 AgCl 的溶解度小于 Ag_2CrO_4 的溶解度，且 $c(Cl^-) \gg c(CrO_4^{2-})$，首先发生的反应是：$Ag^+ + Cl^- \xlongequal{\quad} AgCl(s)$，$K_{sp}^{\ominus}(AgCl) = 1.77 \times 10^{-10}$，AgCl 白色沉淀首先析出。当 Ag^+ 与 Cl^- 定量沉淀完全后，稍过量的 Ag^+ 与 CrO_4^{2-} 反应：$2Ag^+ + CrO_4^{2-} \xlongequal{\quad} Ag_2CrO_4$，$K_{sp}^{\ominus}(Ag_2CrO_4) = 1.12 \times 10^{-12}$，生成砖红色 Ag_2CrO_4 沉淀，以指示滴定终点。

滴定条件：莫尔法的滴定条件主要是控制溶液中 K_2CrO_4 的浓度和溶液的酸度。K_2CrO_4 浓度的大小，会使 Ag_2CrO_4 沉淀过早或过迟地出现，影响终点的判断。以滴定到化学计量点时出现 Ag_2CrO_4 沉淀最为适宜。根据溶度积原理，此时溶液中：

$$c(Ag^+) = c(Cl^-) = \sqrt{K_{sp}^{\ominus}(AgCl)}$$

$$c(CrO_4^{2-}) = \frac{K_{sp}^{\ominus}(Ag_2CrO_4)}{[c(Ag^+)]^2} = \frac{1.12 \times 10^{-12}}{1.77 \times 10^{-10}} = 0.006(mol \cdot L^{-1})$$

实验证明，滴定终点时，K_2CrO_4 的最低浓度为 0.005mol · L^{-1} 较为适宜。以 K_2CrO_4 作指示剂，用 $AgNO_3$ 溶液直接滴定 Cl^- 的反应需在中性或弱碱性介质(pH=6.5～8.5)中进行。若酸度过高，因 H_2CrO_4 的解离常数 $K_{a2}^{\ominus} = 3.2 \times 10^{-7}$，发生反应：$Ag_2CrO_4(s) + H^+ \xlongequal{\quad} 2Ag^+ + HCrO_4^-$；指示剂以 $HCrO_4^-$，而不是以 CrO_4^{2-} 的形式存在于溶液中，造成 $c(CrO_4^{2-})[c(Ag^+)]^2 < K_{sp}^{\ominus}(Ag_2CrO_4)$，不生成 Ag_2CrO_4 沉淀，失去指示效果。若在较强的碱性溶液或氨性溶液中，$AgNO_3$ 会被分解：$2Ag^+ + 2OH^- \xlongequal{\quad} Ag_2O(s) + H_2O$；或与氨形成配合物：$Ag^+ + 2NH_3 \xlongequal{\quad} [Ag(NH_3)_2]^+$，干扰滴定反应。因此，若试液显酸性，应先用 $Na_2B_4O_7 \cdot 10H_2O$ 或 $NaHCO_3$ 中和；若试液显强碱性，应先用 HNO_3 中和，然后进行滴定。另外，滴定时要充分振荡，因为化学计量点前，AgCl 沉淀会吸附 Cl^-，使 Ag_2CrO_4 沉淀过早出现，被误认为终点到达。滴定中充分摇荡可使被 AgCl 沉淀吸附的 Cl^- 释放出来，与 Ag^+ 反应完全。

应用范围：莫尔法主要用于测定氯化物中的 Cl^- 和溴化物中的 Br^-。当 Cl^- 和 Br^- 共存时，测得的是它们的总量。AgI 和 AgSCN 强烈的吸附性质，会使终点过早出现，故不适宜测定 I^- 和 SCN^-。凡能与 Ag^+ 生成沉淀的阴离子如 PO_4^{3-}、AsO_4^{3-}、S^{2-}、CO_3^{2-}、$C_2O_4^{2-}$ 等，以及能与 CrO_4^{2-} 生成沉淀的阳离子如 Ba^{2+}、Pb^{2+}、Hg^{2+} 等，与 Ag^+ 形成配合物的物质如 NH_3、EDTA、KCN、$S_2O_3^{2-}$ 等，都对测定有干扰。在中性或弱碱性溶液中能发生水解的金属离子也不应存在。莫尔法适宜于用 Ag^+ 溶液滴定 Cl^-，而不能用 NaCl 溶液滴定 Ag^+。因滴定前 Ag^+ 与 CrO_4^{2-} 生成 Ag_2CrO_4 沉淀，转化为 AgCl 沉淀的速率很慢。

2. 福尔哈德法——铁铵矾作指示剂

方法原理：福尔哈德法(Volhard method)用的是反应型指示剂铁铵矾[$FeNH_4(SO_4)_2 \cdot 12H_2O$]，按滴定方式的不同可分为直接滴定法和返滴定法。直接滴定法是在含有 Ag^+ 的硝酸溶液中，以铁铵矾作指示剂，用 NH_4SCN 作滴定剂，产生白色 AgSCN 沉淀：$Ag^+ + SCN^- = AgSCN(s)$，$K_{sp}^{\ominus} = 1.03 \times 10^{-12}$。在化学计量点后，稍过量的 SCN^- 与 Fe^{3+} 生成红色的[$Fe(SCN)$]$^{2+}$ 配合物：$Fe^{3+} + SCN^- = Fe[(SCN)]^{2+}$，$K_{稳}=200$，以指示终点。返滴定法则是在含有 Cl^-、Br^-、I^- 或 SCN^- 的试液中，加入过量的 $AgNO_3$ 标准溶液，以铁铵矾作指示剂，再用 NH_4SCN 标准溶液滴定剩余的 Ag^+。

滴定条件：需注意控制指示剂浓度和溶液的酸度。实验表明，[$Fe(SCN)$]$^{2+}$ 的最低浓度为 6×10^{-5} mol $\cdot$ L^{-1} 时，能观察到明显的红色；为避免 Fe^{3+} 和 Ag^+ 水解干扰测试，滴定反应要在 HNO_3 介质中进行。在酸性溶液中还可避免许多阴离子的干扰，因此溶液酸度一般大于 0.3mol $\cdot$ L^{-1}。另外，用 NH_4SCN 标准溶液直接滴定 Ag^+ 时要充分摇荡，避免 AgSCN 沉淀对 Ag^+ 的吸附，防止终点过早出现。当用返滴定法测定 Cl^- 时，溶液中有 AgCl 和 AgSCN 两种沉淀；化学计量点后，稍过量的 SCN^- 会与 Fe^{3+} 形成红色的[$Fe(SCN)$]$^{2+}$，也会使 AgCl 转化为溶解度更小的 AgSCN 沉淀。此时剧烈的摇荡会促使沉淀转化，而使溶液红色消失。要使红色不消失，需继续加 SCN^- 溶液，给测定带来误差。为避免这种误差，可在加入过量 $AgNO_3$ 后，将溶液煮沸，使 AgCl 沉淀凝聚，以减少 AgCl 沉淀对 Ag^+ 的吸附；过滤后再用 NH_4SCN 标准溶液滴定滤液中剩余的 Ag^+。也可以加入有机溶剂如硝基苯(有毒！)，用力摇荡使 AgCl 沉淀进入有机层，避免 AgCl 与 SCN^- 的接触，从而消除沉淀转化的影响。

应用范围：福尔哈德法可用于测定 Cl^-、Br^-、I^-、SCN^- 或 Ag^+ 含量等。由于在酸性介质中进行，许多弱酸根离子的存在不影响测定，因此选择性高于莫尔法。但强氧化剂、氮的氧化物、铜盐和汞盐等能与 SCN^- 反应，对测定有干扰，需预先除去。当用返滴定法测定 Br^- 和 I^- 时，由于 AgBr 和 AgI 的溶解度均小于 AgSCN 的溶解度，故不会发生沉淀的转化反应，不必采取煮沸或加入有机溶剂的措施。但在测定 I^- 时，应在加入过量的 $AgNO_3$ 溶液后，再加指示剂，否则 Fe^{3+} 将与 I^- 反应析出 I_2，影响测定结果的准确度。

3. 法扬斯法

方法原理：法扬斯法(Fajans method)用的是吸附型指示剂。吸附型指示剂是一类有色的有机化合物染料，在溶液中容易被带电荷的胶状沉淀所吸附，使分子结构发生变化而引起颜色的变化，以指示滴定终点。例如，荧光黄(HFI)是一种有机弱酸，在溶液中它的阴离子 FI^- 呈黄绿色。当用 $AgNO_3$ 溶液滴定 Cl^- 时，在化学计量点前，AgCl 沉淀吸附过剩的 Cl^- 而带负电荷，FI^- 不被吸附，溶液呈黄绿色；化学计量点后，AgCl 沉淀吸附稍过量的 Ag^+ 而带正电荷，就会再去吸附 FI^-，使溶液由黄绿色转变为粉红色：

$$(AgCl)Ag^+ + FI^- = (AgCl)Ag \cdot FI$$
$$\text{(黄绿色)} \qquad\qquad \text{(粉红色)}$$

滴定条件：为使终点颜色变化明显，使用吸附型指示剂时，应尽量使沉淀的比表面积大一些，有利于加强吸附，使发生在沉淀表面的颜色变化明显；还要阻止卤化银凝聚，保持其胶体状态，通常加入糊精作保护胶体。溶液浓度不宜太稀，否则沉淀很少，难以观察终点。

同时，溶液酸度要适当。常用的吸附型指示剂多为有机弱酸，其 $K_a^{\ominus}$ 值各不相同，为使指示剂呈阴离子状态，必须控制适当的酸度；如荧光黄 $pK_a^{\ominus} = 7$，只能在中性或弱碱性 pH = 7～10 的溶液中使用，若 pH<7，指示剂主要以 HFI 形式存在，就不会被沉淀吸附，无法指示终点。另外，卤化银对光敏感，见光会分解转化为灰黑色，影响终点观察，因此银量法滴定过程中应避开强光照射。

应用范围：各种吸附指示剂的吸附特性相差很大，因此滴定条件、酸度要求、适用范围等都不相同。选择指示剂时，吸附性能应适当，不能过大或过小，否则变色不敏锐。例如，卤化银对卤化物和几种吸附指示剂的吸附能力的次序为 $I^- >SCN^- >Br^- >$ 曙红 $>Cl^- >$ 荧光黄。因此，滴定 Cl^- 应选荧光黄而不能选曙红。表 12-1 列出了几种常用的吸附指示剂。

表 12-1 常用吸附指示剂

指示剂	被测离子	滴定剂	滴定条件(pH)
荧光黄	Cl^-、Br^-、I^-	$AgNO_3$	7～10
二氯荧光黄	Cl^-、Br^-、I^-	$AgNO_3$	4～10
曙红	Br^-、I^-、SCN^-	$AgNO_3$	2～10
甲基紫	Ag^+	NaCl	1.5～3.5

12.1.3 标准溶液的配制与标定

银量法中常用的标准溶液是 $AgNO_3$ 和 NH_4SCN 溶液。

$AgNO_3$ 标准溶液可以直接用干燥的基准物质 $AgNO_3$ 来配制，但 $AgNO_3$ 见光易分解，一般采用标定法。标定的方法应采取与测定相同的方法，以消除方法的系统误差，一般用莫尔法。配制 $AgNO_3$ 溶液的蒸馏水中应不含 Cl^-，配好的标准溶液应保存于棕色瓶中。NaCl 是标定 $AgNO_3$ 溶液常用的基准物质；NaCl 易吸潮，使用前应加热至 500～600℃ 干燥后，放入干燥器中冷却备用。

市售 NH_4SCN 不符合基准物质要求，不能直接称量配制，因此 NH_4SCN 标准溶液需采用标定法配制。常用已标定好的 $AgNO_3$ 溶液按福尔哈德法的直接滴定法进行标定。

12.1.4 应用示例——天然水中 Cl^- 含量的测定

天然水中几乎都含 Cl^-，其含量变化范围大，河水湖泊中 Cl^- 含量一般较低，海水、盐湖及地下水中 Cl^- 含量较高。一般用莫尔法测定 Cl^- 含量，若水中含有 PO_4^{3-}、AsO_4^{3-}、S^{2-}、CO_3^{2-}、$C_2O_4^{2-}$ 等，则采用福尔哈德法测定。

12.2 重量分析法

重量分析法就是将待测组分以难溶化合物形式从溶液中沉淀出来，沉淀经过陈化、过滤、洗涤、干燥或灼烧后，转化为称量形式进行称量，最后通过化学计量关系计算得出分析结果。重量分析法直接用分析天平称量沉淀的质量，是常量分析中准确度最好、精密度较高的方法之一，适用范围广，但操作较烦琐、费时。

12.2.1　影响重量分析法准确度的因素

在重量分析中，为满足定量分析的要求，必须考虑影响沉淀溶解度的各种因素，如酸效应、同离子效应、盐效应和配位效应等。为此，沉淀应满足如下要求才能用于重量分析法。

重量分析法对沉淀形式的要求：①由于分析天平的称量误差为 0.2mg，因此重量分析法要求沉淀的溶解度要小到由沉淀过程及洗涤引起的沉淀溶解损失的量不超过 0.2mg；②沉淀的纯度要高，且易于过滤和洗涤；③沉淀易于转化为适宜的称量形式。

重量分析法对称量形式的要求：①有确定的化学组成且与化学式相符；②性质稳定，不受空气中组分如 CO_2、H_2O 等的影响；③具有较大的摩尔质量，以减小称量的相对误差，提高分析的准确度。

对沉淀剂的要求是：选择性要好，过量的沉淀剂易挥发，则在沉淀干燥或灼烧时可被除去。

12.2.2　影响沉淀纯度的因素

沉淀从溶液中析出时，或多或少地夹杂着溶液中的其他组分，影响重量分析的结果。例如，当沉淀析出时，溶液中一些在该条件下本来是可溶的杂质一起沉淀出来的现象称为共沉淀。进一步可分为吸附共沉淀、包藏共沉淀和混晶共沉淀。吸附共沉淀是由沉淀表面的吸附作用引起的共沉淀现象。沉淀对不同杂质离子的吸附能力，主要取决于沉淀和杂质离子的性质，一般来说，沉淀优先吸附构晶离子；若无过量的构晶离子存在时，则优先吸附可与构晶离子形成溶解度小的化合物的离子，以及与构晶离子半径相近、电荷相等的离子。例如，用 NaCl 作沉淀剂沉淀 $AgNO_3$ 溶液中的 Ag^+ 时；从溶胶的形成过程可知，由 Cl^- 组成的胶粒的吸附层必然会在它的外面再吸附一层带相反电荷的 Na^+ 构成的扩散层；吸附层和扩散层共同组成了包围着晶核颗粒表面的双电层。而处于双电层中的正、负离子就构成了沉淀表面吸附的杂质化合物。例如，NaCl 就是 $AgNO_3$ 和 NaCl 制备 AgCl 晶体的杂质。

若沉淀过程中，沉淀的成长速度过快，开始时吸附在沉淀表面上的杂质来不及被构晶离子所置换离开沉淀表面，就会被随后沉积下来的沉淀覆盖，包藏在沉淀的内部，这种现象称为包藏共沉淀。被包藏在沉淀内部的杂质很难用洗涤的方法除去，但可以通过陈化或重结晶的方法减少杂质。当杂质离子与一种构晶离子的电荷相同、半径相近，特别是杂质离子与另一种构晶离子可以形成与沉淀具有同种晶型的晶体时，在沉淀过程中杂质离子可代替构晶离子于晶格上，就形成混晶共沉淀。定量分析中常见的混晶共沉淀有 $BaSO_4$ 和 $PbSO_4$、CaC_2O_4 和 SrC_2O_4、$MgNH_4PO_4$ 和 $MgNH_4AsO_4$ 等。混晶一旦形成，很难用洗涤、陈化，甚至重结晶等步骤改善沉淀的纯度，因此对可能形成混晶的杂质应该在反应前予以除去。

当某一过程结束后，将沉淀与母液放置一段时间的过程称为陈化，溶液中某些原本难以沉淀出来的杂质会逐渐析出附着在沉淀的表面，这种现象称为后沉淀。

共沉淀和后沉淀都会使沉淀受到不同程度的沾污，在重量分析中它们对分析结果的影响程度与所沾污的杂质及被测组分的具体情况有关。例如，用 $BaCl_2$ 作沉淀剂，使生成 $BaSO_4$ 以测定试样中 SO_4^{2-} 的含量，$BaCl_2$ 可能作为杂质与 $BaSO_4$ 共沉淀，这会使沉淀的质量增加而引入正误差；若用稀 H_2SO_4 作沉淀剂测定 $BaCl_2$ 含量，因 $BaCl_2$ 的摩尔质量小于 $BaSO_4$，引入负误差；若在 $BaSO_4$ 沉淀中包藏了 H_2SO_4，灼烧后对 Ba^{2+} 的测定无影响。

12.2.3　沉淀条件的选择

由于不同类型沉淀的形成过程不同，因此对晶形沉淀和非晶形沉淀应采用不同的沉淀条件。

1. 晶形沉淀

(1) 沉淀反应应当在适当稀的溶液中进行，以控制较小的过饱和度。

(2) 在不断搅拌下，缓缓加入沉淀剂，以避免局部过浓而产生大量的细小晶核。

(3) 沉淀作用应在热溶液中进行，在热溶液中沉淀的溶解度较大，可降低过饱和度；热溶液可减少吸附作用以提高沉淀纯净度。

(4) 沉淀完全后进行陈化，陈化过程能使细小晶体溶解，而粗大晶体长得更大。因为在同样的条件下，小晶粒溶解度大于大晶粒。一般在室温下进行陈化需数小时，若在水浴上加热并不断搅拌下陈化，仅需数十分钟或 1~2h。长大的结晶易于过滤和洗涤，晶形更加完整，包藏在晶体内的杂质可部分被排除。但是，若有后沉淀产生，陈化时间过长，混入的杂质可能增多。

在进行沉淀反应时，尽管沉淀剂在不断搅拌下缓慢加入，但沉淀剂在溶液中局部过浓的现象仍难以避免。为此，常用均匀沉淀法：加入的试剂通过一个缓慢的化学反应过程，在溶液内部产生沉淀剂，使沉淀均匀而缓慢地形成。例如，加硫酸二甲酯用均匀沉淀法沉淀 Ba^{2+} 生成 $BaSO_4$。

2. 非晶形沉淀

(1) 试样溶液和沉淀剂都应该较浓，加沉淀剂的速度要快，使生成的沉淀比较紧密。但此时溶液中杂质的浓度也相应增大，沉淀吸附的杂质增多。因此，常在沉淀作用完毕后，立即用大量热水稀释，使一部分被吸附的杂质离子转入溶液中。

(2) 沉淀反应在热溶液中进行，并加入适当电解质，以防止形成胶体溶液。电解质一般选用在高温灼烧时可挥发的铵盐。

(3) 沉淀完毕后不必陈化，立即过滤、洗涤。

(4) 选用有机沉淀剂。有机沉淀剂与金属离子形成的沉淀与无机沉淀相比，其优势有：①溶解度小，利于沉淀定量完全。②吸附杂质少，沉淀颗粒大，纯度高，易于过滤、洗涤。③有机沉淀剂性质各异，选择性较高；且有机沉淀物烘干后组成恒定，不需高温灼烧即可作称量形式；称量形式的摩尔质量较大等。这都有利于减小称量误差，提高分析的准确度。缺点是有机沉淀剂本身在水中的溶解度小，易夹在沉淀中；有些沉淀易黏附于器皿壁或漂浮于溶液表面上，这些会带来操作上的困难。常见的实例有：用 8-羟基喹啉测定 Al^{3+}、Mg^{2+}；用四苯硼酸钠测定 K^+；用丁二酮肟测定 Ni^{2+}等。

12.2.4　沉淀的过滤、洗涤、烘干或灼烧

对沉淀的过滤，可按沉淀的性质选用疏密程度不同的快、中、慢速定量滤纸。对于需要灼烧的沉淀，常用无灰滤纸，即每张滤纸灰分不大于 0.2mg。沉淀的过滤和洗涤均采用倾析法。洗涤沉淀是为了除去吸附于沉淀表面的杂质和母液，特别要除去在烘干或灼烧时不易挥发的杂质。同时，要尽量减少由洗涤带来的沉淀的溶解损失和避免形成胶体。

经洗涤后的沉淀可采用电烘箱或红外灯干燥。有些沉淀因组成不定，烘干后不能称量，因此需要用灼烧的方法将沉淀形式定量地转化为称量形式。沉淀经干燥或灼烧后，冷却、称量直至恒量。最后通过沉淀的质量，经计算得出分析结果。

12.2.5　结果的计算与表示

重量分析法分析结果是根据试样和称量形式的质量计算而得，计算通式为

$$w(被测物) = \frac{m(称量形式)}{m(试样)} \times F$$

式中：F 称为换算因数，其数值可由被测物含量表示形式和沉淀称量表示形式的相互关系中得到。例如，重量法测定铁，称量形式为 Fe_2O_3，含量表示形式可以是 Fe、Fe_2O_3 或 Fe_3O_4 等。当分析结果用 $w(Fe)$ 表示时，$F = \dfrac{2M(Fe)}{M(Fe_2O_3)}$；而用 $w(Fe_3O_4)$ 表示分析结果时，$F = \dfrac{2M(Fe_3O_4)}{3M(Fe_2O_3)}$。

【例 12-1】　测定 1.0239g 某试样中 P_2O_5 的含量：用 $MgCl_2$、NH_4Cl、$NH_3 \cdot H_2O$ 使磷沉淀为 $MgNH_4PO_4$，过滤、洗涤，灼烧成 $Mg_2P_2O_7$，称得质量为 0.2836g。计算试样中 P_2O_5 的质量分数。

解　　$$w(P_2O_5) = \frac{m(Mg_2P_2O_7) \times \dfrac{M(P_2O_5)}{M(Mg_2P_2O_7)}}{m(试样)}$$

$$= \frac{0.2836 \times \dfrac{141.95}{222.55}}{1.0239}$$

$$= 0.1767$$

习　题

1. 准确量取生理盐水 25.00mL，加入 K_2CrO_4 指示剂 0.5～1mL，以 $0.1045 mol \cdot L^{-1}$ $AgNO_3$ 标准溶液滴定至 Ag_2CrO_4 出现，用去 $AgNO_3$ 溶液 36.45mL，生理盐水中 NaCl 的含量为多少($g \cdot mL^{-1}$)?

2. 用 25.00mL $0.1000 mol \cdot L^{-1}$ $AgNO_3$ 标准溶液与含有 60.00% NaCl 与 37.00% KCl 的混合物反应，过量的 $AgNO_3$ 用 8.00mL NH_4SCN 溶液滴定，NH_4SCN 对于 $AgNO_3$ 的滴定度为 $1.10 mL \cdot mL^{-1}$，应取多少克的物质来分析?

3. 称取一含银废液 2.075g，加适量硝酸，以铁铵矾作指示剂，用 $0.04634 mol \cdot L^{-1}$ NH_4SCN 溶液滴定，用去 25.50mL。求废液中银的含量。

4. 称取某含砷农药 0.2105g，溶于硝酸后转化为 H_3AsO_4，调至中性，加 $AgNO_3$ 使沉淀为 Ag_3AsO_4。沉淀经过滤、洗涤后再溶解于稀 HNO_3 中，以铁铵矾作指示剂，用 $0.1080 mol \cdot L^{-1}$ NH_4SCN 溶液滴定，用去 30.85mL，求农药中 As_2O_3 的含量。

5. 称取含有 NaCl 和 NaBr 的试样 0.3860g，溶解后，用去 22.11mL 0.1153mol·L⁻¹ AgNO₃ 溶液滴定；另取同样质量的试样，溶解后，加过量 AgNO₃ 溶液，得到的沉淀经过滤、洗涤、干燥后称量为 0.4120g。试计算试样中 NaCl 和 NaBr 的质量分数。

6. 某试样含有 KBrO₃、KBr 和惰性物质，称取 1.000g 溶解后配制于 100mL 容量瓶中。吸取 25.00mL，于 H₂SO₄ 介质中用 Na₂SO₃ 将 BrO₃⁻ 还原至 Br⁻，然后调至中性，用莫尔法测定 Br⁻，用去 0.1020mol·L⁻¹ AgNO₃ 溶液 10.31mL。另吸取 25.00mL 用 H₂SO₄ 酸化后加热除去 Br₂，再调至中性，用上述 AgNO₃ 溶液滴定过剩 Br⁻时用去 3.15mL。试计算试样中 KBrO₃ 和 KBr 的含量。

7. 写出重量分析法计算中换算因素的表示式：

沉淀形式	称量形式	含量表示形式	换算因数
Ag_3AsO_4	$AgCl$	As_2O_3	
$MgNH_4PO_4$	$Mg_2P_2O_7$	P_2O_5	
$Ni(C_4H_7N_2O_2)_2$	$Ni(C_4H_7N_2O_2)_2$	Ni	
$KB(C_6H_5)_4$	$KB(C_6H_5)_4$	K_2O	

8. 用硫酸钡重量法测定试样中钡的含量，灼烧时因部分 $BaSO_4$ 还原为 BaS，使钡的测定值为标准结果的 97.5%，$BaSO_4$ 沉淀中含有多少 BaS？

9. 植物试样中磷的定量测定方法是：先处理试样，使磷转化为 PO_4^{3-}，然后将其沉淀转化为磷钼酸铵 $(NH_4)_3PO_4 \cdot 12MoO_3$，并称其质量。如果从 0.2731g 试样中得到 1.178g 沉淀，计算试样中的 P 和 P_2O_5 的质量分数。

10. 重量法测定某试样的铝含量，采用 8-羟基喹啉作沉淀剂，生成 $Al(C_9H_6ON)_3$。若 1.0510g 试样产生了 0.1892g 沉淀，则试样中铝的质量分数为多少？

11. 用重量法分析某试样中的含铁量，并以 Fe_2O_3 为称量形式。要求所得结果达到 4 位有效数字。如果 Fe 含量在 11%～15%，最少称取多少试样可以得到 100.0mg 沉淀？

第 13 章　物质的氧化还原性与电化学

氧化还原反应以反应过程中有电子转移区别于其他化学反应。原则上任何氧化还原反应都可设计成一个原电池。因此，本章将围绕组成原电池的两个半电池进行讨论；即讨论半电池电极电势产生的原因、影响电极电势值大小的因素，以及电子转移反应的规律；并引导大家正确地运用这些规律和结论来解决氧化还原反应的实际问题。

13.1　离子-电子法配平氧化还原方程式

氧化反应(oxidation reaction)，即物质失去电子的反应，例如：

$$Zn \longrightarrow Zn^{2+} + 2e^- \tag{13-1}$$

还原反应(reduction reaction)，即物质获得电子的反应，例如：

$$Cu^{2+} + 2e^- \longrightarrow Cu \tag{13-2}$$

电子有得者必有失者，还原反应和氧化反应必须联系在一起才能进行。若将式(13-1)和式(13-2)合并，全反应式为

$$Zn + Cu^{2+} \Longrightarrow Zn^{2+} + Cu \tag{13-3}$$

式(13-3)这类全反应称为氧化还原反应。在氧化还原反应中，得电子者为氧化剂(oxidant)，氧化剂自身被还原，如式(13-3)中的 Cu^{2+}。氧化剂发生的还原反应称为全反应的还原半反应，如式(13-2)是式(13-3)的还原半反应。失电子者为还原剂(reductant)，还原剂自身被氧化，如式(13-3)中的 Zn。还原剂发生的氧化反应称为全反应的氧化半反应，如式(13-1)是式(13-3)的氧化半反应。

在半反应中，同一元素的两种不同氧化数的物质组成了氧化还原电对(redox pair)，其中氧化数较高的物质为氧化态(oxidation state)，氧化数较低的物质为还原态(reduction state)，氧化还原电对通常表示为"氧化态/还原态"(Ox/Red)。这里只把作为氧化态和还原态的物质用化学式表示出来，通常不表示电解液的组成。例如，由 Zn^{2+} 与 Zn 所组成的氧化还原电对可表示为 Zn^{2+}/Zn，由 Cu^{2+} 与 Cu 所组成的电对可表示为 Cu^{2+}/Cu。氧化还原电对中的同一元素的不同氧化态可以通过半反应相互转化。任何氧化还原反应都是由两个氧化还原电对构成的。如果以下标"1"表示还原剂所对应的电对，下标"2"表示氧化剂所对应的电对，则氧化还原反应可写为

$$还原态_1 + 氧化态_2 \Longrightarrow 氧化态_1 + 还原态_2$$

氧化还原反应方程式的配平方法有多种，其中最常用的是氧化数法和半反应法。不管哪一种配平方法，都必须遵循下列配平原则：①确知反应前后氧化剂与还原剂及其存在形式；②根据质量守恒定律，反应前后各元素的原子数必须相等；③根据氧化还原反应的本质，还原剂所失电子总数必须等于氧化剂所得电子总数；④确知反应进行的条件，如溶液的酸碱性、温度和浓度等条件。

"离子-电子法"又称半反应法。此法只适用于溶液中的离子反应。具体步骤是：首先将氧化还原反应分解为氧化半反应和还原半反应；再分别对两个半反应进行元素配平和电荷配平；最后根据两个半反应得失电子总数相等的原则，将两个半反应各乘以相应的系数后加和，即得到配平的方程式；若需要，可做进一步简化。用这种方法配平发生在溶液中的氧化还原反应时，既简明又方便。现以在稀 H_2SO_4 溶液中 $KMnO_4$ 氧化 $H_2C_2O_4$ 为例说明配平的步骤。

(1) 一分为二：根据实验现象，以离子方程式表示出主要反应物和产物：

$$MnO_4^- + H^+ + H_2C_2O_4 \longrightarrow Mn^{2+} + CO_2$$

把方程式分成两个半反应：

氧化反应　　　　　　　　　　　　$H_2C_2O_4 \longrightarrow CO_2$

还原反应　　　　　　　　　　　　$MnO_4^- \longrightarrow Mn^{2+}$

(2) 原子配平：根据介质条件，分别配平两个半反应的原子数：

$$H_2C_2O_4 \longrightarrow 2CO_2 + 2H^+$$

$$MnO_4^- + 8H^+ \longrightarrow Mn^{2+} + 4H_2O$$

为了配平原子数，可在方程式中加 H^+、OH^- 或 H_2O，注意与反应介质的酸碱性一致。酸性介质的水溶液中，H^+ 和 H_2O 是大量的，可以任意使用；而碱性介质的水溶液中，OH^- 和 H_2O 是大量的，可以任意使用，如表 13-1 所示。

表 13-1　不同介质中配平反应方程式的示例

介质	反应式左边比右边多一个氧原子	反应式左边比右边少一个氧原子
酸性	$2H^+ + "O^{2-}" \longrightarrow H_2O$	$H_2O \longrightarrow 2H^+ + "O^{2-}"$
碱性	$H_2O + "O^{2-}" \longrightarrow 2OH^-$	$2OH^- \longrightarrow H_2O + "O^{2-}"$
中性	$H_2O + "O^{2-}" \longrightarrow 2OH^-$	$H_2O \longrightarrow 2H^+ + "O^{2-}"$

(3) 电荷配平：用 e^- 配平两个半反应的电荷数

$$H_2C_2O_4 \longrightarrow 2CO_2 + 2H^+ + 2e^-$$

$$MnO_4^- + 8H^+ + 5e^- \longrightarrow Mn^{2+} + 4H_2O$$

(4) 电子配平合二为一：两个半反应得失电子数应相等，即氧化反应 ×5 + 还原反应 ×2，得配平的离子方程式：

$$2MnO_4^- + 6H^+ + 5H_2C_2O_4 = 2Mn^{2+} + 10CO_2 + 8H_2O$$

【例 13-1】　在碱性介质中，H_2O_2 可将 $NaCrO_2$ 氧化为 Na_2CrO_4，用半反应法配平反应式。

解　全反应：　　　　　$H_2O_2 + CrO_2^- + OH^- \longrightarrow CrO_4^{2-} + H_2O$

氧化反应：　　　　　　　$CrO_2^- + 4OH^- \longrightarrow CrO_4^{2-} + 2H_2O + 3e^-$

还原反应：　　　　　　　$H_2O_2 + 2e^- \longrightarrow 2OH^-$

氧化反应 ×2，还原反应 ×3，相加得

$$3H_2O_2 + 2CrO_2^- + 2OH^- = 2CrO_4^{2-} + 4H_2O$$

13.2　原电池和电极电势

13.2.1　原电池

1. 原电池的组成

对于一个能自发进行的氧化还原反应，如 $Zn(s) + Cu^{2+}(aq) \rightleftharpoons Zn^{2+}(aq) + Cu(s)$，根据热力学所学知识，很容易算得 298.15K 时该反应的标准摩尔吉布斯函数变 $\Delta_r G_m^{\ominus}$ (298.15K)= $-212.55kJ \cdot mol^{-1}$。一般反应中，这部分能量都以热的形式释放；那么，能不能将此能量直接转变为电能呢？把化学反应的能量转变为电能的装置称为原电池(primary battery)。

图 13-1 即为 Cu-Zn 原电池的装置示意图。一只烧杯中放入硫酸锌溶液和锌片，另一只烧杯中放入硫酸铜溶液和铜片，将两只烧杯中的溶液用盐桥联系起来，用导线连接锌片和铜片，并在导线中间连一只电流计，就可以看到电流计的指针发生偏转。盐桥通常是一个 U 形管，其中装入含有琼脂的饱和氯化钾溶液。在氧化还原反应进行过程中，Zn 氧化成 Zn^{2+}，使硫酸锌溶液因 Zn^{2+} 增加，而锌片带负电荷称为原电池的负极(negative electrode)；Cu^{2+} 还原成 Cu 沉积在铜片上，使硫酸铜溶液因 Cu^{2+} 减少而带负电荷，铜片带正电荷称为原电池的正极(positive electrode)。这两种电荷都会阻碍原电池中反应的继续进行。当有盐桥时，盐桥的溶液中具有相同迁移速度的 K^+ 和 Cl^-，分别向硫酸铜溶液和硫酸锌溶液扩散，从而保持了溶液的电中性，电流就能继续产生。原电池中所进行的氧化还原反应称为电池反应(battery reaction)。

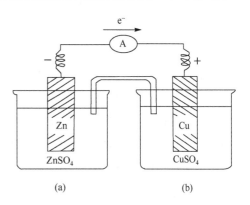

图 13-1　铜锌原电池的装置示意图

对于自发进行的电池反应，都可以把它分成相应于两个电极的半反应。在正极上发生的氧化剂被还原的反应称为原电池的正极半反应，在负极上发生的还原剂被氧化的反应称为原电池的负极半反应。对于其中的任一部分称为原电池的半反应(half reaction)。在铜锌原电池中：

负极半反应　　　　　　　$Zn(s) \rightleftharpoons Zn^{2+}(aq) + 2e^-$　　　　　　　　(13-4)

正极半反应　　　　　　　$Cu^{2+}(aq) + 2e^- \rightleftharpoons Cu(s)$　　　　　　　　(13-5)

若用铜片和硫酸铜溶液，与银片和硝酸银溶液组成 Ag-Cu 原电池；由于 Cu 比 Ag 活泼，电池反应为

$$Cu(s) + 2Ag^+(aq) \rightleftharpoons Cu^{2+}(aq) + 2Ag(s)$$

负极半反应　　　　　　　$Cu(s) \rightleftharpoons Cu^{2+}(aq) + 2e^-$　　　　　　　　(13-6)

正极半反应　　　　　　　$2Ag^+(aq) + 2e^- \rightleftharpoons 2Ag(s)$　　　　　　　　(13-7)

从上述两个原电池中可以看出，在 Cu-Zn 原电池中是 Cu^{2+} 被还原，而在 Ag-Cu 原电池中

是 Cu 被氧化，式(13-5)与式(13-6)互为逆反应：

$$Cu^{2+}(aq) + 2e^- \underset{氧化}{\overset{还原}{\rightleftharpoons}} Cu(s)$$

对于这种可逆的氧化还原反应，可以用一个通式表示：

$$\nu_O 氧化态 + ne^- \underset{氧化}{\overset{还原}{\rightleftharpoons}} \nu_R 还原态$$

或
$$\nu_O Ox + ne^- \underset{氧化}{\overset{还原}{\rightleftharpoons}} \nu_R Red \tag{13-8}$$

式中：n 为相应于所写电极反应中化学计量数的电子转移数；Ox、Red 分别是 "oxidation state" (氧化态)和 "reduction state" (还原态)的缩写；ν_O、ν_R 分别为氧化态和还原态的化学计量系数。

2. 原电池的图式

原电池的装置可用电池图式来表示。按规定，负极写在左边，正极写在右边，以双垂线 "‖" 表示盐桥，以单垂线 "|" 表示两个相之间的界面。盐桥的两边应该是半电池组成的溶液。例如，铜锌原电池可用下列图式来表示：

$$(-)Zn \mid ZnSO_4(c_1) \parallel CuSO_4(c_2) \mid Cu(+)$$

同一个铜电极，在铜锌原电池中作为正极，这时表示为 $CuSO_4(c_2)|Cu(+)$，但是在银铜原电池中作为负极，这时表示为$(-)Cu|CuSO_4(c_2)$。

可用来组成半电池电极的氧化还原电对很多，除 Zn^{2+}/Zn 和 Cu^{2+}/Cu 这种金属及其对应的金属盐溶液组成的电对以外，还有如表 13-2 所示的非金属单质及其对应的非金属离子，如 H_2 和 H^+组成的电对 H^+/H_2 及 O_2 和 OH^-组成的电对 O_2/OH^-，同一种金属不同价的离子如 Fe^{3+} 和 Fe^{2+}组成的电对 Fe^{3+}/Fe^{2+} 等。对于这些电对，在组成电极时常需外加导电体材料如 Pt 或石墨等作为惰性电极材料。

表 13-2　常见电极的种类、电极反应及电极表达式

电极种类	电极反应举例	电极表达式
金属电极：金属-金属离子组成，如 Zn^{2+}/Zn、Cu^{2+}/Cu	$Fe^{2+} + 2e^- \rightleftharpoons Fe$	Fe^{2+}/Fe
氧化还原电极：同一元素的不同价态组成，如 Fe^{3+}/Fe^{2+}、$Cr_2O_7^{2-}/Cr^{3+}$、MnO_4^-/Mn^{2+}	$Fe^{3+} + e^- \rightleftharpoons Fe^{2+}$ $MnO_4^- + 8H^+ + 5e^- \rightleftharpoons Mn^{2+} + 4H_2O$	$(Pt)|Fe^{3+}, Fe^{2+}$ $(石墨)|MnO_4^-, Mn^{2+}$
非金属电极：非金属单质-非金属离子组成，如 Cl_2/Cl^-、O_2/OH^-、H^+/H_2	$O_2 + 2H_2O + 4e^- \rightleftharpoons 4OH^-$ $2H^+ + 2e^- \rightleftharpoons H_2$	$(Pt) O_2|OH^-$ $(Pt) H_2|H^+$
难溶盐电极：金属-金属难溶盐组成，如 Hg_2Cl_2/Hg、$AgCl/Ag$	$Hg_2Cl_2(s) + 2e^- \rightleftharpoons 2Hg(s) + 2Cl^-$ $AgCl(s) + e^- \rightleftharpoons Ag(s) + Cl^-$	$Hg|Hg_2Cl_2(s)|KCl$ $Ag|AgCl(s)|HCl$

3. 原电池的电动势

在图 13-1 所示的原电池中，连接好电路后，盐桥插入溶液中，观察到检流计指针由 Zn 电极向 Cu 电极方向偏转，表明两电极间有电流通过，也就是说两电极间存在电势差，这个电势差称为原电池的电动势(electromotive force)，用"E"表示。

一个能自发进行的氧化还原反应，可以设计成一个原电池，把化学能转变为电能。那么，作为该电池推动能力的吉布斯函数变与所组成的原电池的电动势之间有什么联系？根据化学热力学，如果在能量转变的过程中，化学能全部转变为电功，而无其他的能量损失，则在恒温恒压条件下，吉布斯函数变 $\Delta_r G_m$ 等于原电池可能做的最大电功 W_{max}，即

$$\Delta_r G_m = W_{max} \tag{13-9}$$

若一个原电池的电动势为 E，有一定量电荷 Q 由原电池的负极移动到正极时，原电池做的最大电功为

$$W_{max} = Q \cdot E \tag{13-10}$$

当原电池的两极在氧化还原反应中有单位物质的量的电子发生转移时，就产生 96485 库仑(C)的电量，表示为 $F = 96485 C \cdot mol^{-1}$，称为法拉第(Faraday)常量；如果氧化还原反应中表示电子得失的化学计量数为 n，则 $Q = nF$，有

$$\Delta_r G_m = W_{max} = -nFE \tag{13-11}$$

式(13-11)中负号表示系统向环境做功。当参与电池反应的各物质均处于标准状态时，原电池即处于标准状态，电池的电动势就是原电池的标准电动势 $E^\ominus$，而 $\Delta_r G_m = \Delta_r G_m^\ominus$，式(13-11)即为

$$\Delta_r G_m^\ominus = -nFE^\ominus \tag{13-12}$$

原电池电动势的 SI 单位是伏特(V)，$\Delta G^\ominus$ 的 SI 单位是 $J \cdot mol^{-1}$。通过式(13-11)就可以从电池的电动势计算反应的吉布斯函数变。

对于一个通式为 $\nu_C C(aq) + \nu_D D(aq) \rightleftharpoons \nu_Y Y(aq) + \nu_Z Z(aq)$ 的原电池反应，其反应的吉布斯函数变可按热力学的等温方程式求得

$$\Delta G = \Delta G^\ominus + RT \ln \frac{[a(Y)]^{\nu_Y} \cdot [a(Z)]^{\nu_Z}}{[a(C)]^{\nu_C} \cdot [a(D)]^{\nu_D}} \tag{13-13}$$

将式(13-11)和式(13-12)代入式(13-13)，即得

$$E = E^\ominus - \frac{RT}{nF} \ln \frac{[a(Y)]^{\nu_Y} \cdot [a(Z)]^{\nu_Z}}{[a(C)]^{\nu_C} \cdot [a(D)]^{\nu_D}} \tag{13-14}$$

式(13-14)即为表达电池反应条件与原电池电动势关系的能斯特(Walther Nernst，1864—1941，德国物理化学家)方程式。当选定温度为 $T = 298.15K$ 时，式(13-14)可变换为较简便的计算式(13-15)：

$$E = E^\ominus - \frac{0.05917V}{n} \ln \frac{[a(Y)]^{\nu_Y} \cdot [a(Z)]^{\nu_Z}}{[a(C)]^{\nu_C} \cdot [a(D)]^{\nu_D}} \tag{13-15}$$

处于标准状态的原电池工作一段时间后，原电池中各物质状态就要发生变化，相应的电动势也不再是标准电动势。那么，在电池反应条件变化时，原电池的电动势将发生怎样的变化呢？此时即可根据式(13-14)和式(13-15)进行计算。

【例 13-2】 已知铜锌原电池的标准电动势为 $E^\ominus = 1.1037V$，若某铜锌原电池的 $c(Cu^{2+}) = 0.020 mol \cdot L^{-1}$，$c(Zn^{2+}) = 0.045 mol \cdot L^{-1}$，该原电池的电动势为多少？

解　电池反应：　　　　　$Zn(s) + Cu^{2+}(aq) \rightleftharpoons Zn^{2+}(aq) + Cu(s)$　　　　　$n=2$

根据式(13-15)：　　　　　$E = E^{\ominus} - \dfrac{0.05917V}{2} \lg \dfrac{c(Zn^{2+})}{c(Cu^{2+})}$

将有关数据代入，得　　　$E = 1.1037V - \dfrac{0.05917V}{2} \lg \dfrac{0.045}{0.020} = 1.08V$

13.2.2　电极电势的概念及其产生原因

原电池能够产生电流说明原电池两个电极的电势不同，电池的电动势规定为正极的电极电势减去负极的电极电势：

$$E = \varphi(正) - \varphi(负) \tag{13-16}$$

那么电极电势是如何产生的呢？能斯特提出的"双电层"理论对此做了如下解释：如图 13-2 所示，将金属板插入该金属盐的溶液中，金属原子受溶剂水分子的作用，有变成溶剂化的正离子进入溶液的倾向。相反，溶剂化的金属正离子也有受极板上电子吸引而沉积在极板上的倾向，最终两者必然会建立如下平衡：

$$M(s) \rightleftharpoons M^{n+}(aq) + ne^-$$

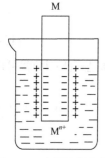

图 13-2　金属电极电势

平衡时，极板表面有过剩的负电荷，溶液中有过剩的正电荷，在极板表面形成双电层。虽然双电层的厚度小，但存在电势差，这就是金属电极的电极电势(electrode potential)，又称金属的平衡电势。金属越活泼，极板上的负电荷越多，电势越低；反之，金属越不活泼，极板上的负电荷越少，电势越高。当两电极板用导线连接时，因两极存在电势差，电子就由电势低的极板流向电势高的极板。由于两极板的双电层遭到破坏，活泼金属不断溶解，不活泼金属离子还原而不断沉积。我国多用代表电极获得电子的倾向表示电极电势，称为还原电势；表示为 $\varphi(氧化态/还原态)$ 或 $\varphi(Ox/Red)$。

目前，单个氧化还原电对的电极电势的绝对值至今无法测定，如同无法测定物质的焓(H)的绝对值一样，只能测得原电池的电动势，即两个电极的电势差。因此，选择某一电极的电势作为标准，可得其他电极的电极电势相对值。

13.2.3　标准电极电势和标准氢电极

若参与某个电极反应的所有物质都处于标准态时，对应的电极电势称为该电极反应的标准电极电势，以 "$\varphi^{\ominus}$" 表示。例如，标准氢电极的组成和结构如图 13-3 所示：它是将镀有一层疏松铂黑的铂片插入 H^+ 为标准态的硫酸溶液中，并不断通入压强为 100kPa 的纯氢气流，以保证 H_2 处于标准态，这时溶液中的氢离子与被铂黑所吸附的氢气建立起下列动态平衡：

$$2H^+(aq,\ c^{\ominus}) + 2e^- \rightleftharpoons H_2(g,\ p^{\ominus})$$

通常简写为　　　　　　　$2H^+(c^{\ominus}) + 2e^- \rightleftharpoons H_2(p^{\ominus})$

　　按照原电池的图式表示，标准氢电极表示为 $Pt|H_2(p^\ominus)|H^+(c^\ominus)$。IUPAC 规定，标准氢电极为标准电极(standard electrode)；并规定在任何温度下，标准氢电极的平衡电极电势为零，这就是电极电势的一级标准，即氢标；以 $\varphi^\ominus(H^+/H_2)=0.0000V$ 表示。

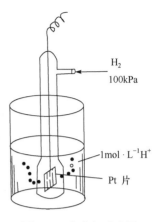

图 13-3　氢电极示意图

　　以标准氢电极作为负极与待定电极作为正极组成原电池，测得的电动势的数值就是待定电极的电极电势。例如，在原电池 $(-)Pt|H_2(100kPa)|H^+(1mol \cdot L^{-1})||Cu^{2+}(1mol \cdot L^{-1})|Cu(+)$中，原电池的电动势就等于铜电极的电极电势。这里铜电极为原电池的正极，所以电极电势为正值。若给定电极为原电池的负极，如在电池 $(-)Zn|Zn^{2+}(1mol \cdot L^{-1})||H^+(1mol \cdot L^{-1})|H_2(100kPa)|Pt(+)$中，锌电极为原电池的负极，则电极电势取原电池电动势的负值。

　　表 13-3 列出 298.15K 时一些氧化还原电对的标准电极电势。一般标准电极电势表分为酸表和碱表，本书将酸表和碱表合为一体，其中带 * 的为碱性条件下的标准电极电势。例如，"$Cr_2O_7^{2-} + 14H^+ + 6e^- \Longrightarrow 2Cr^{3+} + 7H_2O$"，为酸性条件，即 $c(H^+)=1mol \cdot L^{-1}$ 时的电极电势(应查酸表)；而 "$^*CrO_4^{2-} + 4H_2O + 3e^- \Longrightarrow CrO_2^- + 8OH^-$" 则为碱性条件下，即 $c(OH^-)=1mol \cdot L^{-1}$ 时的电极电势(应查碱表)。表中所列电势称为还原电势，按 $\varphi^\ominus$ 代数值由小到大的顺序自上而下排列。电极电势为强度性质，不因电极书写方式而改变，无加和性。例如，$\varphi^\ominus(Zn^{2+}/Zn)$ 无论对应正极反应：$Zn^{2+} + 2e^- \Longrightarrow Zn$；还是作为负极反应：$Zn-2e^- \Longrightarrow Zn^{2+}$，或写为 $2Zn^{2+}+4e^- \Longrightarrow 2Zn$，其数值均为 $-0.7626V$。因此，相同电极材料的电池并不因其大小不同而使电动势有差别。

表 13-3　标准电极电势(298.15K)

电极反应	$\varphi^\ominus$ /V
$^*CrO_4^{2-} + 4H_2O + 3e^- \Longrightarrow [Cr(OH)_4]^- + 4OH^-$	−0.72
$3N_2 + 2H^+ + 2e^- \Longrightarrow 2HN_3$	−3.10
$Li^+ + e^- \Longrightarrow Li$	−3.045
$K^+ + e^- \Longrightarrow K$	−2.925
$Na^+ + e^- \Longrightarrow Na$	−2.714
$Mg^{2+} + 2e^- \Longrightarrow Mg$	−2.356
$Al^{3+} + 3e^- \Longrightarrow Al$	−1.67
$Mn^{2+} + 2e^- \Longrightarrow Mn$	−1.18
$Zn^{2+} + 2e^- \Longrightarrow Zn$	−0.7626
$^*Fe(OH)_3 + e^- \Longrightarrow Fe(OH)_2 + OH^-$	−0.56
$H_3PO_3 + 2H^+ + 2e^- \Longrightarrow H_3PO_2 + H_2O$	−0.499
$2CO_2 + 2H^+ + 2e^- \Longrightarrow H_2C_2O_4$	−0.49
$Fe^{2+} + 2e^- \Longrightarrow Fe$	−0.44

续表

电极反应	$\varphi^{\ominus}$ /V
$Cr^{3+} + e^- \rightleftharpoons Cr^{2+}$	−0.424
$Cd^{2+} + 2e^- \rightleftharpoons Cd$	−0.4025
$^*Cu_2O + H_2O + 2e^- \rightleftharpoons 2Cu + 2OH^-$	−0.361
$PbSO_4 + 2e^- \rightleftharpoons Pb + SO_4^{2-}$	−0.3505
$[Ag(CN)_2]^- + e^- \rightleftharpoons Ag + 2CN^-$	−0.31
$Co^{2+} + 2e^- \rightleftharpoons Co$	−0.277
$Ni^{2+} + 2e^- \rightleftharpoons Ni$	−0.257
$V^{3+} + e^- \rightleftharpoons V^{2+}$	−0.255
$N_2 + 5H^+ + 4e^- \rightleftharpoons N_2H_5^+$	−0.225
$AgI + e^- \rightleftharpoons Ag + I^-$	−0.1522
$Sn^{2+} + 2e^- \rightleftharpoons Sn$	−0.136
$Pb^{2+} + 2e^- \rightleftharpoons Pb$	−0.125
$^*2Cu(OH)_2 + 2e^- \rightleftharpoons Cu_2O + 2OH^- + H_2O$	−0.08
$2H^+ + 2e^- \rightleftharpoons H_2(g)$	0.00
$^*NO_3^- + H_2O + 2e^- \rightleftharpoons NO_2^- + 2OH^-$	0.01
$CuBr(s) + e^- \rightleftharpoons Cu + Br^-$	0.033
$HCOOH + 2H^+ + 2e^- \rightleftharpoons HCHO + 2H_2O$	0.056
$AgBr(s) + e^- \rightleftharpoons Ag + Br^-$	0.0711
$S_4O_6^{2-} + 2e^- \rightleftharpoons 2S_2O_3^{2-}$	0.08
$TiO^{2+} + 2H^+ + e^- \rightleftharpoons Ti^{3+} + H_2O$	0.100
$^*[Co(NH_3)_6]^{3+} + e^- \rightleftharpoons [Co(NH_3)_6]^{2+}$	0.1
$CuCl + e^- \rightleftharpoons Cu + Cl^-$	0.121
$S + 2H^+ + 2e^- \rightleftharpoons H_2S(aq)$	0.144
$Sn^{4+} + 2e^- \rightleftharpoons Sn^{2+}$	0.15
$SO_4^{2-} + 4H^+ + 2e^- \rightleftharpoons H_2SO_3 + H_2O$	0.158
$Cu^{2+} + e^- \rightleftharpoons Cu^+$	0.159
$[CuCl_3]^{2-} + e^- \rightleftharpoons Cu + 3Cl^-$	0.178
$SbO^+ + 2H^+ + 3e^- \rightleftharpoons S + H_2O$	0.212
$AgCl(s) + e^- \rightleftharpoons Ag + Cl^-$	0.2223
$Hg_2Cl_2 + 2e^- \rightleftharpoons 2Hg + 2Cl^-$	0.2676
$BiO^+ + 2H^+ + 3e^- \rightleftharpoons Bi + H_2O$	0.32
$VO^{2+} + 2H^+ + e^- \rightleftharpoons V^{3+} + H_2O$	0.337

续表

电极反应	$\varphi^{\ominus}$ /V
$Cu^{2+} + 2e^- \rightleftharpoons Cu$	0.337
$^*Ag_2O + H_2O + 2e^- \rightleftharpoons 2Ag + 2OH^-$	0.342
$^*ClO_4^- + H_2O + 2e^- \rightleftharpoons ClO_3^- + 2OH^-$	0.36
$[Fe(CN)_6]^{3-} + e^- \rightleftharpoons [Fe(CN)_6]^{4-}$	0.361
$^*[Ag(NH_3)_2]^+ + e^- \rightleftharpoons Ag + 2NH_3$	0.373
$^*O_2 + 2H_2O + 4e^- \rightleftharpoons 4OH^-$	0.401
$4H_2SO_3 + 4H^+ + 6e^- \rightleftharpoons S_4O_6^{2-} + 6H_2O$	0.507
$Cu^+ + e^- \rightleftharpoons Cu$	0.520
$I_2(s) + 2e^- \rightleftharpoons 2I^-$	0.536
$I_3^- + 2e^- \rightleftharpoons 3I^-$	0.536
$Cu^{2+} + Cl^- + e^- \rightleftharpoons CuCl(c)$	0.559
$H_3AsO_4 + 2H^+ + 2e^- \rightleftharpoons HAsO_2 + 2H_2O$	0.581
$^*MnO_4^{2-} + 2H_2O + 2e^- \rightleftharpoons MnO_2 + 4OH^-$	0.60
$Sb_2O_5 + 6H^+ + 4e^- \rightleftharpoons 2SbO^+ + 3H_2O$	0.605
$^*BrO_3^- + 3H_2O + 6e^- \rightleftharpoons Br^- + 6OH^-$	0.61
$2HgCl_2 + 2e^- \rightleftharpoons Hg_2Cl_2(c) + 2Cl^-$	0.63
$[Au(SCN)_4]^- + 3e^- \rightleftharpoons Au + 4SCN^-$	0.636
$Cu^{2+} + Br^- + e^- \rightleftharpoons CuBr(c)$	0.654
$Ag_2SO_4 + 2e^- \rightleftharpoons 2Ag + SO_4^{2-}$	0.654
$O_2(g) + 2H^+ + 2e^- \rightleftharpoons H_2O_2(aq)$	0.695
$H_2SeO_3 + 4H^+ + 4e^- \rightleftharpoons Se + 3H_2O$	0.739
$Fe^{3+} + e^- \rightleftharpoons Fe^{2+}$	0.771
$Hg_2^{2+} + 2e^- \rightleftharpoons 2Hg$	0.7960
$Ag^+ + e^- \rightleftharpoons Ag$	0.7991
$Cu^{2+} + I^- + e^- \rightleftharpoons CuI$	0.861
$^*HO_2^- + H_2O + 2e^- \rightleftharpoons 3OH^-$	0.88
$^*ClO^- + H_2O + 2e^- \rightleftharpoons Cl^- + 2OH^-$	0.89
$2Hg^{2+} + 2e^- \rightleftharpoons Hg_2^{2+}$	0.911
$NO_3^- + 3H^+ + 2e^- \rightleftharpoons HNO_2 + H_2O$	0.94
$NO_3^- + 4H^+ + 3e^- \rightleftharpoons NO + 2H_2O$	0.957

续表

电极反应	$\varphi^{\ominus}/V$
$HNO_2 + H^+ + e^- \rightleftharpoons NO + H_2O$	0.996
$N_2O_4 + 4H^+ + 4e^- \rightleftharpoons 2NO + 2H_2O$	1.039
$Br_2(l) + 2e^- \rightleftharpoons 2Br^-$	1.065
$N_2O_4 + 2H^+ + 2e^- \rightleftharpoons 2HNO_3$	1.07
$2IO_3^- + 12H^+ + 10e^- \rightleftharpoons I_2(s) + 6H_2O$	1.195
$ClO_4^- + 2H^+ + 2e^- \rightleftharpoons ClO_3^- + H_2O$	1.201
$O_2 + 4H^+ + 4e^- \rightleftharpoons 2H_2O(l)$	1.229
$MnO_2 + 4H^+ + 2e^- \rightleftharpoons Mn^{2+} + 2H_2O$	1.23
$^*O_3 + H_2O + 2e^- \rightleftharpoons O_2 + 2OH^-$	1.246
$ClO_2 + H^+ + e^- \rightleftharpoons HClO_2$	1.275
$2HNO_2 + 4H^+ + 4e^- \rightleftharpoons N_2O + 3H_2O$	1.297
$Cl_2 + 2e^- \rightleftharpoons 2Cl^-$	1.3583
$Cr_2O_7^{2-} + 14H^+ + 6e^- \rightleftharpoons 2Cr^{3+} + 7H_2O$	1.36
$PbO_2 + 4H^+ + 2e^- \rightleftharpoons Pb^{2+} + 2H_2O$	1.468
$2BrO_3^- + 12H^+ + 10e^- \rightleftharpoons Br_2(l) + 6H_2O$	1.478
$MnO_4^- + 8H^+ + 5e^- \rightleftharpoons Mn^{2+} + 4H_2O$	1.51
$2BrO_3^- + 12H^+ + 10e^- \rightleftharpoons Br_2(l) + 6H_2O$	1.52
$NiO_2 + 4H^+ + 2e^- \rightleftharpoons Ni^{2+} + 2H_2O$	1.593
$H_5IO_6 + H^+ + 2e^- \rightleftharpoons IO_3^- + 3H_2O$	1.603
$2HBrO + 2H^+ + 2e^- \rightleftharpoons Br_2(l) + 2H_2O$	1.604
$2HClO + 2H^+ + 2e^- \rightleftharpoons Cl_2 + 2H_2O$	1.630
$MnO_4^- + 4H^+ + 3e^- \rightleftharpoons MnO_2(s) + 2H_2O$	1.70
$Ce^{4+} + e^- \rightleftharpoons Ce^{3+}$	1.72
$H_2O_2 + 2H^+ + 2e^- \rightleftharpoons 2H_2O$	1.763
$Co^{3+} + e^- \rightleftharpoons Co^{2+}$	1.84
$S_2O_8^{2-} + 2e^- \rightleftharpoons 2SO_4^{2-}$	1.96
$Ag^{2+} + e^- \rightleftharpoons Ag^+$	1.980
$O_3 + 2H^+ + 2e^- \rightleftharpoons O_2 + H_2O$	2.075
$F_2 + 2H^+ + 2e^- \rightleftharpoons 2HF$	3.053

注：前面有*符号的电极反应是在碱性溶液中进行，其余都在酸性溶液中进行。

由于同一还原剂或氧化剂在不同介质中的产物和标准电极电势可能是不同的,因此在查阅标准电极电势数据时,要注意电对的具体存在形式、状态和介质条件等都必须完全符合。与标准电极电势相对应的电极反应中,应标明反应式中各物质及介质等的状态,如固体 s、液体 l、气体 g、晶体 c 和水合离子 aq 等。

13.2.4 影响电极电势大小的因素——能斯特方程

原电池的电动势是由原电池两极的电极电势决定的,其值的大小首先取决于电极材料,其次与温度、浓度、压力等外界条件也有一定关系。原电池在使用一段时间后电动势变小,反映了原电池中发生氧化还原反应后各有关物质状态发生的变化引起了电极电势的变化。对于任意给定的电极,电极反应通式为

$$\nu_O \text{Ox} + n e^- \rightleftharpoons \nu_R \text{Red}$$

则有

$$\varphi = \varphi^\ominus - \frac{RT}{nF} \ln \frac{[a(\text{Red})]^{\nu_R}}{[a(\text{Ox})]^{\nu_O}}$$

或

$$\varphi = \varphi^\ominus + \frac{RT}{nF} \ln \frac{[a(\text{Ox})]^{\nu_O}}{[a(\text{Red})]^{\nu_R}} \tag{13-17}$$

式(13-17)称为电极电势的能斯特方程式,简称能斯特方程式。温度为 $T = 298.15\text{K}$ 时,式(13-17)也可简写为

$$\varphi = \varphi^\ominus + \frac{0.05917\text{V}}{n} \lg \frac{[a(\text{Ox})]^{\nu_O}}{[a(\text{Red})]^{\nu_R}} \tag{13-18}$$

应用能斯特方程式时应注意以下几点:①电极反应式中氧化态、还原态物质以其对应的化学计量数为指数;②若电极反应中某一物质是纯固体或纯液体,则 $a = 1$;③若在原电池反应或电极反应中,除氧化态和还原态物质外,还有 H^+ 或 OH^- 等参与反应,则这些物质应写在能斯特方程式中相应的氧化态或还原态位置。

1. 浓度和压力对电极电势的影响

【例 13-3】 计算 298.15K,Cu^{2+}浓度为 $0.00100\text{mol} \cdot \text{L}^{-1}$ 时的铜电极的电极电势。

解 从表 13-3 查得铜的标准电极电势:

$$Cu^{2+}(\text{aq}) + 2e^- \rightleftharpoons Cu(\text{s}) \qquad \varphi^\ominus(Cu^{2+}/Cu) = 0.337\text{V}$$

当 $c(Cu^{2+}) = 0.00100\text{mol} \cdot \text{L}^{-1}$ 时,铜的电极电势(298.15K)为

$$\varphi(Cu^{2+}/Cu) = \varphi^\ominus(Cu^{2+}/Cu) - \frac{0.05917\text{V}}{2} \lg \frac{a(Cu)}{a(Cu^{2+})}$$

$$= 0.337\text{V} - \frac{0.05917\text{V}}{2} \lg \frac{1}{0.00100/1}$$

$$= 0.248\text{V}$$

【**例 13-4**】　计算 $p(O_2)$=100kPa，T=298.15K，OH^-浓度为 $0.100mol \cdot L^{-1}$ 时，氧的电极电势 $\varphi(O_2/OH^-)$。

解　从表 13-3 查得氧的标准电极电势：

$$O_2(g) + 2H_2O + 4e^- \rightleftharpoons 4OH^-(aq) \qquad \varphi^{\ominus}(O_2/OH^-)=0.401V$$

该电极反应的能斯特方程式为

$$\varphi(O_2/OH^-)=\varphi^{\ominus}(O_2/OH^-) - \frac{0.05917V}{4}\lg\frac{[c(OH^-)]^4}{p(O_2)/p^{\ominus}}$$

$$=0.401V - \frac{0.05917V}{4}\lg\frac{0.100^4}{100/100}$$

$$=0.460V$$

若把电极反应式写成 $\frac{1}{2}O_2(g) + H_2O + 2e^- \rightleftharpoons 2OH^-(aq)$，会不会影响结果呢？可以通过计算予以说明。此时电极电势的能斯特方程式为

$$\varphi(O_2/OH^-)=\varphi^{\ominus}(O_2/OH^-) - \frac{0.05917V}{2}\lg\frac{[c(OH^-)]^2}{\left[p(O_2)/p^{\ominus}\right]^{1/2}}$$

$$=0.401V - \frac{0.05917V}{2}\lg\frac{(0.100)^2}{(100/100)^{1/2}}$$

$$= 0.460V$$

从计算结果可以看出，电极电势与电极反应书写方式无关。

2. 介质的酸碱性对电极电势的影响

【**例 13-5**】　若 $c(MnO_4^-)= c(Mn^{2+})=1.000mol \cdot L^{-1}$，$T$=298.15K，求高锰酸钾在 $c(H^+)$=1.000× $10^{-3}mol \cdot L^{-1}$ 的弱酸性介质中的电极电势。

解　在酸性介质中，MnO_4^- 的还原产物为 Mn^{2+}，其电极反应和标准电极电势为

$$MnO_4^- + 8H^+ + 5e^- \rightleftharpoons Mn^{2+} + 4H_2O \qquad \varphi^{\ominus}(MnO_4^-/Mn^{2+})=1.51V$$

该电极反应中还有 H^+参与反应，各物质浓度的改变对电极电势的影响可用能斯特方程式表示为

$$\varphi(MnO_4^-/Mn^{2+})=\varphi^{\ominus}(MnO_4^-/Mn^{2+})+\frac{0.05917V}{5}\lg\frac{c(MnO_4^-) \cdot [c(H^+)]^8}{c(Mn^{2+})}$$

$$=1.51V+\frac{0.05917V}{5}\lg(1.000\times10^{-3})^8$$

$$=1.51V - 0.28V=1.23V$$

从例 13-3、例 13-4 和例 13-5 可以看出：氧化态或还原态物质离子浓度的改变对电极电势有影响，但在通常情况下影响不大，如在例 13-3 中，当氧化态离子浓度减小到原来的 1/1000 时，电极电势改变不到 0.1V。而例 13-5 中介质的酸碱性对电极电势的影响非常显著，另外，如表 13-4 所示，介质的酸碱性还会影响含氧酸盐的被还原产物。

表 13-4　$KMnO_4$ 在不同介质中与 SO_3^{2-} 反应

介质	电极反应
酸性	$2MnO_4^- + 6H^+ + 5SO_3^{2-} \rightleftharpoons 2Mn^{2+} + 5SO_4^{2-} + 3H_2O$
中性	$2MnO_4^- + H_2O + 3SO_3^{2-} \rightleftharpoons 2MnO_2(s) + 3SO_4^{2-} + 2OH^-$
碱性	$2MnO_4^- + 2OH^- + SO_3^{2-} \rightleftharpoons 2MnO_4^{2-} + SO_4^{2-} + H_2O$

【例 13-6】　若 $c(Cr_2O_7^{2-}) = c(Cr^{3+}) = 1.000 mol \cdot L^{-1}$，$T$=298.15K，求电极反应

$$Cr_2O_7^{2-} + 14H^+ + 6e^- \rightleftharpoons 2Cr^{3+} + 7H_2O$$

在 $c(H^+)$ 分别为 $10 mol \cdot L^{-1}$、$1 mol \cdot L^{-1}$、$1 \times 10^{-3} mol \cdot L^{-1}$、$1 \times 10^{-7} mol \cdot L^{-1}$ 时的电极电势。

解　电极反应的能斯特方程式表示为

$$\varphi(Cr_2O_7^{2-}/Cr^{3+}) = \varphi^{\ominus}(Cr_2O_7^{2-}/Cr^{3+}) + \frac{0.05917V}{6} \lg \frac{c(Cr_2O_7^{2-}) \cdot [c(H^+)]^{14}}{[c(Cr^{3+})]^2}$$

从表 13-3 可查得 $\varphi^{\ominus}(Cr_2O_7^{2-}/Cr^{3+}) = 1.36V$，则 $c(H^+) = 10 mol \cdot L^{-1}$ 时：

$$\varphi(Cr_2O_7^{2-}/Cr^{3+}) = 1.36V + \frac{0.05917V}{6} \lg 10^{14} = 1.50V$$

$c(H^+) = 1 mol \cdot L^{-1}$ 时：$\varphi(Cr_2O_7^{2-}/Cr^{3+}) = 1.36V$

$c(H^+) = 1 \times 10^{-3} mol \cdot L^{-1}$ 时：$\varphi(Cr_2O_7^{2-}/Cr^{3+}) = 1.36V + \frac{0.05917V}{6} \lg(1 \times 10^{-3})^{14} = 0.94V$

$c(H^+) = 1 \times 10^{-7} mol \cdot L^{-1}$ 时：$\varphi(Cr_2O_7^{2-}/Cr^{3+}) = 1.36V + \frac{0.05917V}{6} \lg(1 \times 10^{-7})^{14} = 0.39V$

若溶液的酸度继续降低，该反应在碱性介质 $c(OH^-) = 1.0 mol \cdot L^{-1}$ 中变为

$$CrO_4^{2-} + 4H_2O + 3e^- \rightleftharpoons [Cr(OH)_4]^- + 4OH^- \qquad \varphi^{\ominus}[CrO_4^{2-}/Cr(OH)_4^-] = -0.72V$$

3. 沉淀的生成对电极电势的影响

【例 13-7】　已知 $\varphi^{\ominus}(Ag^+/Ag) = 0.799V$，$K_{sp}^{\ominus}(AgCl) = 1.77 \times 10^{-10}$，若在 Ag^+ 和 Ag 组成的标态半电池中加入 NaCl，会有 AgCl 沉出，当溶液中 $c(Cl^-) = 1.000 mol \cdot L^{-1}$ 时，求 (1) $\varphi(Ag^+/Ag)$ 值；(2) $\varphi^{\ominus}(AgCl/Ag)$ 值。

解　(1)　$Ag^+(aq) + e^- \rightleftharpoons Ag(s) \qquad \varphi^{\ominus}(Ag^+/Ag) = 0.799V$

体系中若 $c(Cl^-)=1.000 mol \cdot L^{-1}$，则达平衡时：

$$c(Ag^+) = \frac{K_{sp}^{\ominus}(AgCl)}{c(Cl^-)} = 1.77 \times 10^{-10} mol \cdot L^{-1}$$

依据能斯特方程：

$$\varphi(Ag^+/Ag) = \varphi^{\ominus}(Ag^+/Ag) + 0.05917 \lg c(Ag^+) = 0.799V + 0.05917 \lg(1.77 \times 10^{-10}) = 0.222V$$

(2) 若方程式两边同时加上 Cl^-，反应式变为

$$AgCl(s) + e^- \Longrightarrow Ag(s) + Cl^-$$

依据标准电极电势的定义，$c(Cl^-)=1.000 mol \cdot L^{-1}$ 时的 $\varphi(Ag^+/Ag)$ 为

$$\varphi^{\ominus}(AgCl/Ag)=0.222V$$

由例 13-7 可以看出，沉淀的生成对电极电势的影响是很大的。氧化态物质生成沉淀，电极电势会降低，还原态物质生成沉淀，电极电势会升高。

4. 配合物的生成对电极电势的影响

【例 13-8】 已知：$\varphi^{\ominus}(Cu^{2+}/Cu) = 0.337V$，$\beta_4^{\ominus}[Cu(NH_3)_4^{2+}]=10^{13.32}$，在 $1 mol \cdot L^{-1}$ 的 Cu^{2+} 和 Cu 组成的半电池中加入氨水，当溶液中 $c(NH_3) = c[Cu(NH_3)_4^{2+}]=1.000 mol \cdot L^{-1}$ 时，求 $\varphi(Cu^{2+}/Cu)$ 的值；并求出 $\varphi^{\ominus}\{[Cu(NH_3)_4^{2+}]/Cu\}$。

解　　　$Cu^{2+} + 4NH_3 \Longrightarrow [Cu(NH_3)_4]^{2+}$　　　$\dfrac{c[Cu(NH_3)_4^{2+}]}{c(Cu^{2+}) \cdot [c(NH_3)]^4} = \beta_4^{\ominus}$

当 $c(NH_3) = c[Cu(NH_3)_4^{2+}]=1.000 mol \cdot L^{-1}$ 时，$c(Cu^{2+}) = \dfrac{1}{\beta_4^{\ominus}[Cu(NH_3)_4^{2+}]}$

$$Cu^{2+} + 2e^- \Longrightarrow Cu$$

$$\varphi(Cu^{2+}/Cu) = \varphi^{\ominus}(Cu^{2+}/Cu) + \frac{0.05917V}{2}\lg \frac{a(Cu^{2+})}{a(Cu)}$$

$$= \varphi^{\ominus}(Cu^{2+}/Cu) + \frac{0.05917V}{2}\lg \frac{1}{\beta_4^{\ominus}[Cu(NH_3)_4^{2+}]}$$

$$= 0.337V + \frac{0.05917V}{2}\lg 10^{-13.32} = -0.0571V$$

$$[Cu(NH_3)_4]^{2+} + 2e^- \Longrightarrow Cu + 4NH_3$$

当 $c(NH_3) = c[Cu(NH_3)_4^{2+}]=1.000 mol \cdot L^{-1}$ 时，

$$\varphi^{\ominus}\{[Cu(NH_3)_4^{2+}]/Cu\}=\varphi(Cu^{2+}/Cu) = -0.0571V$$

5. 弱电解质的生成对电极电势的影响

【例 13-9】 在标准氢电极的半电池中加入 NaAc 溶液，则生成 HAc，当体系平衡时保持 $p(H_2) = p^{\ominus}$，溶液中 $c(HAc) = c(Ac^-)=1.000 mol \cdot L^{-1}$，求此时的 $\varphi(H^+/H_2)$ 的值。已知 HAc 的 $pK_a=4.75$。

解　　　$HAc \Longrightarrow H^+ + Ac^-$　　　$K_a^{\ominus} = \dfrac{c(H^+) \cdot c(Ac^-)}{c(HAc)}$

当 $c(HAc) = c(Ac^-)=1.000 mol \cdot L^{-1}$ 时，$c(H^+) = K_a^{\ominus}(HAc)$，则

$$2H^+ + 2e^- \Longrightarrow H_2(g)$$

$$\varphi(H^+/H_2)=\varphi^{\ominus}(H^+/H_2)+\frac{0.05917V}{2}\lg\frac{[c(H^+)]^2}{p(H_2)\big/p^{\ominus}}$$

$$=\varphi^{\ominus}(H^+/H_2)+\frac{0.05917V}{2}\lg\frac{[K_a^{\ominus}(HAc)]^2}{p(H_2)\big/p^{\ominus}}$$

$$=0+0.05917V\lg[K_a^{\ominus}(HAc)]=0.05917V\times(-4.75)=-0.281V$$

13.2.5　参比电极

由于标准氢电极要求氢气纯度很高、压力稳定，并且铂在溶液中易吸附其他组分而中毒、失去活性。因此，实际上常用易于制备、使用方便且电极电势稳定的甘汞电极或氯化银电极等作为电极电势的对比参考，称为参比电极。

甘汞电极如图 13-4 所示，其电极反应为

$$Hg_2Cl_2(s)+2e^-{=\!=\!=}2Hg(l)+2Cl^-(aq)$$

在温度 T 时的电极电势为

$$\varphi(Hg_2Cl_2/Hg)=\varphi^{\ominus}(Hg_2Cl_2/Hg)-\frac{RT}{nF}\ln\frac{c(Cl^-)}{c^{\ominus}}$$

可见，甘汞电极的电极电势大小与 KCl 溶液中 Cl⁻浓度有关，因而有饱和甘汞电极、甘汞电极和 0.1mol·L⁻¹ 甘汞电极等之分。它们在 298.15K 时的电极电势分别为 0.2412V、0.2801V 和 0.3337V。

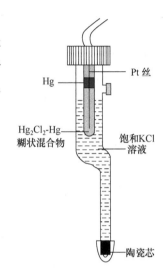

图 13-4　甘汞电极示意图

图中标注：Pt 丝、Hg、Hg₂Cl₂-Hg 糊状混合物、饱和KCl溶液、陶瓷芯

13.3　电极电势的应用

电极电势数值是电化学中很重要的数据，除了用以计算原电池的电动势和相应的氧化还原反应的摩尔吉布斯函数变外，还可以比较氧化剂和还原剂的相对强弱、判断氧化还原反应进行的方向和程度等。

13.3.1　氧化剂和还原剂相对强弱的比较

电极电势的大小反映了氧化还原能力的强弱。若氧化还原电对的电极电势代数值越小，则该电对中的还原态物质越易失去电子，是越强的还原剂；其对应的氧化态物质就越难得到电子，是越弱的氧化剂。若电极电势的代数值越大，则该电对中氧化态物质是越强的氧化剂，其对应的还原态物质就是越弱的还原剂。例如，有下列三个电对：

电对	电极反应	标准电极电势 $\varphi^{\ominus}$ /V
MnO₄⁻/Mn²⁺	$MnO_4^-(aq)+8H^++5e^-{\rightleftharpoons}Mn^{2+}(aq)+4H_2O$	+1.51
Br₂/Br⁻	$Br_2(l)+2e^-{\rightleftharpoons}2Br^-(aq)$	+1.065
Fe³⁺/Fe²⁺	$Fe^{3+}(aq)+e^-{\rightleftharpoons}Fe^{2+}(aq)$	+0.771

从标准电极电势可以看出，在离子浓度为 1.000mol·L⁻¹ 的条件下，还原剂由强到弱的顺

序是：$Fe^{2+}(aq) > Br^-(aq) > Mn^{2+}(aq)$，氧化剂由强到弱的顺序是：$MnO_4^-(aq) > Br_2(l) > Fe^{3+}(aq)$。$Fe^{2+}$可以还原$MnO_4^-$或$Br_2$；而$Fe^{3+}$是其中最弱的氧化剂，不能氧化$Br^-$或$Mn^{2+}$。$MnO_4^-$是其中最强的氧化剂，可以氧化$Fe^{2+}$或$Br^-$；而$Mn^{2+}$是其中最弱的还原剂，不能还原$Br_2$或$Fe^{3+}$。

【例 13-10】 下列三个电对中，在标准条件和 pH=3.00 的条件下，哪个是最强的氧化剂？已知：$\varphi^\ominus(Cr_2O_7^{2-}/Cr^{3+}) = 1.36V$，$\varphi^\ominus(Br_2/Br^-) = 1.065V$，$\varphi^\ominus(Cu^{2+}/Cu) = 0.337V$。

解 (1) 在标准状态下可用 $\varphi^\ominus$ 值的相对大小进行比较，因为 $\varphi^\ominus(Cr_2O_7^{2-}/Cr^{3+}) > \varphi^\ominus(Br_2/Br^-) > \varphi^\ominus(Cu^{2+}/Cu)$，所以上述物质中 $Cr_2O_7^{2-}$ 或 $K_2Cr_2O_7$ 是最强的氧化剂，Cu 是最强的还原剂。

(2) 溶液的 pH 由 1.00 变为 3.00，$\varphi^\ominus(Br_2/Br^-)$ 和 $\varphi^\ominus(Cu^{2+}/Cu)$ 值不变，$\varphi^\ominus(Cr_2O_7^{2-}/Cr^{3+})$ 由 1.36V 变为 0.94V(例 13-6)，$\varphi^\ominus(Br_2/Br^-) > \varphi^\ominus(Cr_2O_7^{2-}/Cr^{3+}) > \varphi^\ominus(Cu^{2+}/Cu)$，此时氧化性的强弱顺序为：$Br_2 > Cr_2O_7^{2-} > Cu^{2+}$。

【例 13-11】 有一含 Br^- 和 I^- 的混合液，需选用一种氧化剂能氧化 I^- 到 I_2，但 Br^- 不能被氧化，$FeCl_3$ 和 $K_2Cr_2O_7$，选择哪种更合适？

解 查有关的电极电势值，$\varphi(Cr_2O_7^{2-}/Cr^{3+}) = 1.36V$，$\varphi^\ominus(Br_2/Br^-) = +1.065V$，$\varphi^\ominus(I_2/I^-) = +0.536V$，$\varphi^\ominus(Fe^{3+}/Fe^{2+}) = 0.771V$。因为 $\varphi(Cr_2O_7^{2-}/Cr^{3+}) > \varphi^\ominus(Br_2/Br^-) > \varphi^\ominus(I_2/I^-)$，所以 $Cr_2O_7^{2-}$ 能氧化 I^-，也能氧化 Br^-，故 $Cr_2O_7^{2-}$ 不能选用。又因为 $\varphi^\ominus(Br_2/Br^-) > \varphi^\ominus(Fe^{3+}/Fe^{2+}) > \varphi^\ominus(I_2/I^-)$，所以 $FeCl_3$ 能氧化 I^-，但不能氧化 Br^-。可知 $FeCl_3$ 是较好的氧化剂。

特别需要指出的是，在选用氧化剂和还原剂时，必须注意具体的情况。例如，要从溶液中将 Cu^{2+}还原而得到金属铜；若只从电极电势考虑，可选用 Zn 粉或 Fe 粉，也可选用金属钠作为还原剂。在实际操作时，过量的 Zn 粉或 Fe 粉与产物铜混在一起而不易分离；而金属钠放入水溶液中，首先便会与水作用，生成 NaOH 和 H_2，生成的 NaOH 进而与 Cu^{2+}反应生成 $Cu(OH)_2$ 沉淀。若选用像 H_2SO_3 这样的还原剂就较合理，一方面可将 Cu^{2+}还原成铜，另一方面又易于分离。

一般说来，当电对的氧化态或还原态处于非标准态时，应考虑物质的浓度、压力、溶液的酸碱性等对电极电势的影响，运用能斯特方程式计算 φ 值后，再比较氧化剂或还原剂的强弱。然而，对于简单的电极反应，物质的浓度、压力的变化对 φ 值的影响不大。因此，只要两个电对的标准电极电势值相差较大，通常也可直接用 $\varphi^\ominus$ 来进行比较；而对于含氧酸盐，在介质酸性 H^+ 浓度不为 $1.000mol \cdot L^{-1}$ 时必须先进行计算再进行比较。

13.3.2 氧化还原反应方向的判断

一个氧化还原反应能否自发进行，可用反应的吉布斯函数变 $\Delta_r G_m$ 来判断。氧化还原反应的吉布斯函数变与原电池电动势的关系为：$\Delta_r G_m = -nFE$，因而只有当原电池的电动势 $E > 0$ 时，$\Delta_r G_m$ 才能小于零。而 $E = \varphi(正) - \varphi(负)$。所以只要 $E > 0$，即 $\varphi(正) > \varphi(负)$ 时，就能满足氧化还原反应自发进行的条件。这样，根据组成氧化还原反应的两电对的电极电势，就可以判断氧化还原反应进行的方向。

【例 13-12】 判断下列氧化还原反应进行的方向。

(1) $Sn + Pb^{2+}(1mol \cdot L^{-1}) \rightleftharpoons Sn^{2+}(1mol \cdot L^{-1}) + Pb$

(2) $Sn + Pb^{2+}(0.01000mol \cdot L^{-1}) \rightleftharpoons Sn^{2+}(1.000mol \cdot L^{-1}) + Pb$

解　先从表 13-3 中查出各电对的标准电极电势：

$$\varphi^{\ominus}(Sn^{2+}/Sn) = -0.136V, \quad \varphi^{\ominus}(Pb^{2+}/Pb) = -0.125V$$

(1)　当 $c(Sn^{2+}) = c(Pb^{2+}) = 1mol \cdot L^{-1}$ 时，可用 $\varphi^{\ominus}$ 值直接比较，因为 $\varphi^{\ominus}(Pb^{2+}/Pb) > \varphi^{\ominus}(Sn^{2+}/Sn)$，此时 Pb^{2+} 作氧化剂、Sn 作还原剂。反应按下列反应正向进行：

$$Sn + Pb^{2+}(1mol \cdot L^{-1}) \longrightarrow Sn^{2+}(1mol \cdot L^{-1}) + Pb$$

(2)　当 $c(Sn^{2+}) = 1mol \cdot L^{-1}$，$c(Pb^{2+}) = 0.01000mol \cdot L^{-1}$ 时，因两电极的标准电极电势相差甚小(0.0113V)，所以要考虑离子浓度对 φ 值的影响，此时，

$$\varphi(Pb^{2+}/Pb) = \varphi^{\ominus}(Pb^{2+}/Pb) + \frac{0.05917V}{2}\lg c(Pb^{2+})$$

$$= -0.125V + \frac{0.05917V}{2}\lg 0.01000$$

$$= -0.184V$$

$\varphi(Sn^{2+}/Sn) = \varphi^{\ominus}(Sn^{2+}/Sn) > \varphi(Pb^{2+}/Pb)$，所以反应按(1)中反应逆向进行，即

$$Sn^{2+}(1.000mol \cdot L^{-1}) + Pb \longrightarrow Sn + Pb^{2+}(0.01000mol \cdot L^{-1})$$

【例 13-13】　(1) 标准状态下 $2Fe^{3+} + 2I^- \rightleftharpoons 2Fe^{2+} + I_2$ 反应能否自发进行？

(2) 若向(1)反应中，加入 KCN 至 $c(CN^-)$ 为 $1.0mol \cdot L^{-1}$ 时，$[Fe(CN)_6]^{3-}$ 能否氧化 I^-？已知：$\beta_6^{\ominus}[Fe(CN)_6^{3-}] = 10^{42}$，$\beta_6^{\ominus}[Fe(CN)_6^{4-}] = 10^{35}$。

解　(1)　因为 $\varphi^{\ominus}(Fe^{3+}/Fe^{2+}) = 0.771V > \varphi^{\ominus}(I_2/I^-) = 0.536V$，所以标准状态下此反应能够自发进行。

(2)　由于配合物的形成，溶液中 $c(Fe^{3+})$ 和 $c(Fe^{2+})$ 的浓度均发生了变化，有

$$Fe^{3+} + 6CN^- \rightleftharpoons [Fe(CN)_6]^{3-} \qquad \beta_6^{\ominus}[Fe(CN)_6^{3-}] = \frac{c[Fe(CN)_6^{3-}]}{c(Fe^{3+}) \cdot [c(CN^-)]^6} = 10^{42}$$

$$Fe^{2+} + 6CN^- \rightleftharpoons [Fe(CN)_6]^{4-} \qquad \beta_6^{\ominus}[Fe(CN)_6^{4-}] = \frac{c[Fe(CN)_6^{4-}]}{c(Fe^{2+}) \cdot [c(CN^-)]^6} = 10^{35}$$

当 $c(CN^-) = 1.0mol \cdot L^{-1}$ 时，$c[Fe(CN)_6^{3-}] = 1.0mol \cdot L^{-1}$，$c[Fe(CN)_6^{4-}] = 1.0mol \cdot L^{-1}$，此时：

$$c(Fe^{3+}) = \frac{1}{\beta_6[Fe(CN)_6^{3-}]} = 10^{-42}, \quad c(Fe^{2+}) = \frac{1}{\beta_6[Fe(CN)_6^{4-}]} = 10^{-35}$$

$$\varphi(Fe^{3+}/Fe^{2+}) = \varphi^{\ominus}(Fe^{3+}/Fe^{2+}) + \frac{0.05917V}{1}\lg\frac{c(Fe^{3+})}{c(Fe^{2+})}$$

$$= 0.771V + \frac{0.05917V}{1}\lg\frac{10^{-42}}{10^{-35}} = 0.36V$$

因为 $\varphi^{\ominus}(Fe^{3+}/Fe^{2+}) = 0.36V < \varphi^{\ominus}(I_2/I^-) = 0.536V$，所以此时 $[Fe(CN)_6]^{3-}$ 不能氧化 I^-，或也可以说(1)反应不能向正反应方向进行。

13.3.3　判断氧化还原反应进行的次序和产物

一般情况下，当一个体系中存在的物质可能发生几个氧化还原反应时，E 值大者首先发生，即所谓的分步氧化还原。但有些情况，由于动力学的因素，E 大者并不一定发生反应，因此不能一概而论，不过这种情况并不多见。

【例 13-14】　标准状态下和 pH=7 的条件下，通 $Cl_2(g)$ 于 Br^- 和 I^- 的混合液中，可能发生哪些反应？反应发生的次序如何？

解　涉及 Cl_2 作氧化剂，Br^- 和 I^- 作还原剂的标准电极电势如下：

$$I_2(s) + 2e^- \rightleftharpoons 2I^-(aq) \qquad\qquad \varphi^\ominus = 0.536V$$

$$Br_2(l) + 2e^- \rightleftharpoons 2Br^-(aq) \qquad\qquad \varphi^\ominus = 1.065V$$

$$2IO_3^- + 12H^+ + 10e^- = I_2(s) + 6H_2O \qquad \varphi^\ominus = 1.195V$$

$$Cl_2(g) + 2e^- \rightleftharpoons 2Cl^-(aq) \qquad\qquad \varphi^\ominus = 1.360V$$

$$2BrO_3^- + 12H^+ + 10e^- = Br_2(l) + 6H_2O \qquad \varphi^\ominus = 1.52V$$

首先在标准状态下，$c(H^+) = 1.0\ mol \cdot L^{-1}$，

$Cl_2(g)$ 作氧化剂，I^- 作还原剂：$E^\ominus = \varphi^\ominus(Cl_2/Cl^-) - \varphi^\ominus(I_2/I^-) = 1.360V - 0.536V = 0.824V$

$Cl_2(g)$ 作氧化剂，Br^- 作还原剂：$E^\ominus = \varphi^\ominus(Cl_2/Cl^-) - \varphi^\ominus(Br_2/Br^-) = 1.360V - 1.065V = 0.295V$

$Cl_2(g)$ 作氧化剂，I_2 作还原剂：$E^\ominus = \varphi^\ominus(Cl_2/Cl^-) - \varphi^\ominus(IO_3^-/I_2) = 1.360V - 1.195V = 0.165V$

所以，标准状态下，Cl_2 首先氧化 I^- 为 I_2，再氧化 Br^- 为 Br_2，进一步还可以氧化 I_2 为 IO_3^-。

若溶液的 pH 变为 7，应考虑浓度、酸度对电极电势的影响，当 $c(H^+) = 10^{-7}\ mol \cdot L^{-1}$ 时，其余物质浓度仍为 $1 mol \cdot L^{-1}$。$\varphi^\ominus(Cl_2/Cl^-)$、$\varphi^\ominus(Br_2/Br^-)$ 和 $\varphi^\ominus(I_2/I^-)$ 值不变，则

$$\varphi(IO_3^-/I_2) = \varphi^\ominus(IO_3^-/I_2) + \frac{0.05917}{n}\lg\frac{[c(IO_3^-)]^2 \cdot [c(H^+)]^{12}}{1} = 1.195 + \frac{0.05917}{10}\lg(10^{-7})^{12}$$

$$= 0.698(V) < \varphi^\ominus(Br_2/Br^-)$$

$$E^\ominus = \varphi^\ominus(Cl_2/Cl^-) - \varphi(IO_3^-/I_2) = 1.360 - 0.698 = 0.662(V)$$

所以，在 pH=7 的条件下，Cl_2 首先氧化 I^- 为 I_2，再氧化 I_2 为 IO_3^-，进一步还可以氧化 Br^- 为 Br_2。还可以通过计算考虑能否将 Br_2 氧化为 BrO_3^-。

13.3.4　氧化还原反应进行程度的衡量

氧化还原反应进行的程度也可由氧化还原反应的标准平衡常数 $K^\ominus$ 的大小来衡量。对于一般通式表达的氧化还原反应：

$$\nu_C C(aq) + \nu_D D(aq) \rightleftharpoons \nu_Y Y(aq) + \nu_Z Z(aq)$$

$$E = E^\ominus - \frac{RT}{nF}\ln\frac{[a(Y)]^{\nu_Y} \cdot [a(Z)]^{\nu_Z}}{[a(C)]^{\nu_C} \cdot [a(D)]^{\nu_D}}$$

当反应达到平衡时，系统的 $\Delta G = 0$，由式(13-11)中 $\Delta_r G_m = -nFE$，可知氧化还原反应达到

平衡时，原电池的电动势 $E=0$，此时反应熵 $Q=\dfrac{[a(Y)]^{\nu_Y}\cdot[a(Z)]^{\nu_Z}}{[a(C)]^{\nu_C}\cdot[a(D)]^{\nu_D}}$ 即为标准平衡常数 $K^{\ominus}$。即可得

$$0=E^{\ominus}-\frac{RT}{nF}\ln K^{\ominus}$$

$$E^{\ominus}=\frac{RT}{nF}\ln K^{\ominus} \tag{13-19}$$

在 298.15K 时，SI 制的计算式可表达为

$$\lg K^{\ominus}=\frac{nE^{\ominus}}{0.05917\text{V}} \tag{13-20}$$

从式(13-20)可以看出，在 298.15K 时氧化还原反应的平衡常数只与标准电动势 $E^{\ominus}$ 有关，而与溶液的起始浓度无关。同时，只要知道由氧化还原反应所组成的原电池的标准电动势，就可以计算出氧化还原反应可能进行的程度。

【例 13-15】　计算例 13-12 中反应(1)的标准平衡常数，并分析该反应能进行的程度(298.15K)。

解　反应式为　　　　　　　　$\text{Sn}+\text{Pb}^{2+}\Longleftrightarrow\text{Sn}^{2+}+\text{Pb}$

从例 13-12 已知该反应在标准条件下能自发进行，并算得该原电池的标准电动势 $E^{\ominus}=0.0113\text{V}$。根据式(13-20)，可以计算该反应在 298.15K 时的标准平衡常数。

$$\lg K^{\ominus}=\frac{nE^{\ominus}}{0.05917\text{V}}=\frac{2\times0.0113\text{V}}{0.05917\text{V}}=0.38$$

即　　　　　　　　　　　　$\lg\frac{c(\text{Sn}^{2+})}{c(\text{Pb}^{2+})}=0.38$

$$K^{\ominus}=\frac{c(\text{Sn}^{2+})}{c(\text{Pb}^{2+})}=2.41$$

从计算结果可知，当溶液中 Sn^{2+} 浓度等于 Pb^{2+} 浓度的 2.41 倍时，反应便达到平衡状态。由此可见，此反应进行得不很完全。

【例 13-16】　计算下列反应在 298.15K 时的标准平衡常数 $K^{\ominus}$。

$$\text{Cu(s)}+2\text{Fe}^{3+}\text{(aq)}\Longleftrightarrow\text{Cu}^{2+}\text{(aq)}+2\text{Fe}^{2+}\text{(s)}$$

解　先设想按上述氧化还原所组成的一个标准条件下的原电池：

负极　　　　　$\text{Cu(s)}-2\text{e}^-\!=\!\!=\!\text{Cu}^{2+}\text{(aq)}$　　　　$\varphi^{\ominus}(\text{Cu}^{2+}/\text{Cu})=0.337\text{V}$

正极　　　　　$\text{Fe}^{3+}\text{(aq)}+\text{e}^-\!=\!\!=\!\text{Fe}^{2+}\text{(s)}$　　　　$\varphi^{\ominus}(\text{Fe}^{3+}/\text{Fe}^{2+})=0.771\text{V}$

原电池的标准电动势为

$$E^{\ominus}=\varphi^{\ominus}(\text{正})-\varphi^{\ominus}(\text{负})=\varphi^{\ominus}(\text{Fe}^{3+}/\text{Fe}^{2+})-\varphi^{\ominus}(\text{Cu}^{2+}/\text{Cu})$$
$$=0.771\text{V}-0.337\text{V}=0.434\text{V}$$

代入式(13-20)求标准平衡常数：

$$\lg K^{\ominus} = \frac{nE^{\ominus}}{0.05917V} = \frac{2 \times 0.434V}{0.05917V} = 14.7$$

$$K^{\ominus} = 10^{14.7} = 5.01 \times 10^{14}$$

从以上结果可以看出，该反应进行的程度是相当彻底的。一般说来，当 $n=1$ 时，$E^{\ominus} > 0.3V$ 的氧化还原反应 $K^{\ominus}$ 值大于 10^5；当 $n=2$ 时，$E^{\ominus} > 0.2V$ 的氧化还原反应的 $K^{\ominus}$ 值大于 10^6，此时可认为反应能进行得相当彻底。

13.3.5　确定溶液的 pH

对于有 H^+ 参与的电对或反应(见例 13-5)来说，溶液中的 $c(H^+)$ 不同，其 E 或 φ 不同。反之，当确知其他条件，仅 $c(H^+)$ 为未知时，就可以通过测定 E 值而计算出 $c(H^+)$ 和 pH。

【例 13-17】　在 298.15K 时，测得下列电池的 $E = +0.460V$，求溶液的 pH。

$$Zn|Zn^{2+}(1.00mol \cdot L^{-1})\|H^+(c)|H_2(100kPa)|Pt$$

解　该电池反应为

$$Zn + 2H^+ \rightleftharpoons Zn^{2+} + H_2$$

$$E = E^{\ominus} - \frac{0.05917}{n}\lg Q = [0-(-0.763)] - \frac{0.05917}{2}\lg\frac{c(Zn^{2+}) \cdot [p(H_2)/p^{\ominus}]}{[c(H^+)]^2}$$

$$+0.460 = +0.763 + \frac{0.05917}{2}\lg[c(H^+)]^2 = +0.763 + 0.05917\lg c(H^+)$$

$$pH = -\lg c(H^+) = \frac{0.763 - 0.460}{0.05917} = 5.12$$

$$c(H^+) = 10^{-5.12}mol \cdot L^{-1} = 7.59 \times 10^{-6}mol \cdot L^{-1}$$

13.3.6　确定有关的平衡常数

前面曾提到过，由于形成弱电解质或发生配位、沉淀等反应，对电极电势会产生影响，因此，可以借助测定电池电动势的方法来确定有关的平衡常数。

【例 13-18】　在氢电极的半电池中，加入 NaAc 溶液，则生成 HAc，当平衡时保持 $p(H_2) = p^{\ominus}$，$c(HAc) = c(Ac^-) = 1mol \cdot L^{-1}$，测得此时 $\varphi(H^+/H_2) = -0.282V$，求 HAc 的解离常数。

解　　　　$HAc \rightleftharpoons H^+ + Ac^-$　　　$K_a^{\ominus} = \dfrac{c(H^+) \cdot c(Ac^-)}{c(HAc)}$

当 $c(HAc) = c(Ac^-) = 1mol \cdot L^{-1}$ 时，$c(H^+) = K_a^{\ominus}(HAc)$，有

$$2H^+ + 2e^- \rightleftharpoons H_2(g)$$

$$\varphi(H^+/H_2) = \varphi^{\ominus}(H^+/H_2) + \frac{0.05917V}{2}\lg\frac{[c(H^+)]^2}{p(H_2)/p^{\ominus}}$$

$$-0.282V = 0 + \frac{0.05917V}{2}\lg[K_a^{\ominus}(HAc)]^2$$

$$\lg K_a^{\ominus}(HAc) = -4.766$$

$$K_a^\ominus (HAc)=1.71\times 10^{-5}$$

【例 13-19】 借助有关的电极电势值确定 $K_{sp}^\ominus (AgCl)$。

解 $K_{sp}^\ominus (AgCl)$ 是反应 $AgCl \rightleftharpoons Ag^+ + Cl^-$ 的平衡常数,若方程式的左右两边各加一个 Ag,则变为一个氧化还原反应:$Ag + AgCl \rightleftharpoons Ag^+ + Cl^- + Ag$

负极反应: $\qquad\qquad Ag - e^- \rightleftharpoons Ag^+ \qquad\qquad\qquad \varphi^\ominus = + 0.799V$

正极反应: $\qquad\qquad AgCl + e^- \rightleftharpoons Ag + Cl^- \qquad\qquad \varphi^\ominus = + 0.222V$

因为 $$\lg K^\ominus = \frac{nE^\ominus}{0.05917}$$

所以 $$\lg K_{sp}^\ominus = \frac{nE^\ominus}{0.05917} = \frac{1\times[(+0.222)-(+0.799)]}{0.05917} = -9.75$$

则 $\qquad\qquad K_{sp}^\ominus (AgCl) = 1.78\times 10^{-10}$(查表为 1.8×10^{-10})

氧化剂或还原剂的强弱是相对的,有些物质在一个反应中是氧化剂,在另一个反应中却是还原剂,如 H_2O_2 在与 $KMnO_4$ 反应时是强还原剂,而与 $[Cr(OH)_4]^-$ 反应时又是强氧化剂。$\varphi^\ominus$ 是在标准条件下水溶液中测定的,对于非水溶液、高温、固相反应均不适用。用 $\varphi^\ominus$ 判断反应自发进行的方向时,没有考虑动力学的因素,如 $\varphi^\ominus (MnO_4^-/Mn^{2+}) =1.507V$。 $\varphi^\ominus (O_2/H_2O) =$ 1.229V。$KMnO_4$ 能将 H_2O 氧化为 O_2,但实际上由于动力学的原因,$KMnO_4$ 水溶液能够稳定存在。

13.4 元素电势图及其应用

当某种元素可以形成三种或三种以上氧化值的物种时,这些物种可以组成多种不同的电对,各电对的标准电极电势可以以图的形式表示出来,这种图称为元素电势图(element potential diagram)。

画元素电势图时,可以按元素的氧化值由高到低的顺序,把各物种的化学式从左到右写出来,各不同氧化值物种之间用直线连接起来,在直线上标明两种不同氧化值物种所组成的电对的标准电极电势。例如,Fe 元素的电极电势图如图 13-5 所示。图中所对应的电极反应都是在酸性溶液中发生的,它们是:

$\varphi_A^\ominus$: Fe^{3+} $\xrightarrow{0.771V}$ Fe^{2+} $\xrightarrow{-0.44V}$ Fe

$\varphi_B^\ominus$: Fe(OH)$_3$ $\xrightarrow{-0.56V}$ Fe(OH)$_2$ $\xrightarrow{-0.877V}$ Fe

图 13-5 铁的元素电势图

$$Fe^{3+} + e^- \rightleftharpoons Fe^{2+} \qquad\qquad \varphi_A^\ominus = 0.771V$$

$$Fe^{2+} + 2e^- \rightleftharpoons Fe \qquad\qquad \varphi_A^\ominus = -0.44V$$

$$Fe(OH)_2 + 2e^- \rightleftharpoons Fe + 2OH^- \qquad\qquad \varphi_B^\ominus = -0.877V$$

$$Fe(OH)_3 + e^- \rightleftharpoons Fe(OH)_2 + OH^- \qquad\qquad \varphi_B^\ominus = -0.56V$$

元素电势图对于了解元素的单质及化合物的性质是很有用的。以下举例说明。

13.4.1 判断元素处于不同氧化态时的氧化还原能力

由锰的元素电势图(图 13-6)可见，Mn 元素常见的氧化值有+7、+6、+4、+3、+2、0。在酸性介质中 MnO_4^{2-} 的氧化能力最强，Mn 单质的还原能力最强，MnO_4^-、MnO_4^{2-}、MnO_2 和 Mn^{3+} 都是强氧化剂，因而在酸性介质中 Mn^{2+} 的稳定性最高，在碱性介质中 MnO_4^-、MnO_4^{2-}、MnO_2 和 $Mn(OH)_3$ 氧化能力很弱。

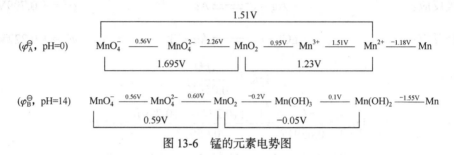

图 13-6　锰的元素电势图

13.4.2 判断元素处于某一氧化态时是否会发生歧化反应

【例 13-20】　根据铜元素在酸性溶液中的有关电对的标准电极电势，画出它的电势图，并推测在酸性溶液中 Cu^+ 能否发生歧化反应。

解　在酸性溶液中，铜元素的电势图所对应的电极反应为

$$Cu^{2+}(aq) + 2e^- \rightleftharpoons Cu^+(aq) \qquad \varphi^{\ominus}=0.159V \qquad ①$$

$$Cu^+(aq) + e^- \rightleftharpoons Cu(s) \qquad \varphi^{\ominus}=0.520V \qquad ②$$

可得铜元素的电势图为 $\qquad Cu^{2+} \underline{\quad 0.159V \quad} Cu^+ \underline{\quad 0.520V \quad} Cu$

②式–①式，得 $\qquad 2Cu^+(aq) \rightleftharpoons Cu^{2+}(aq) + Cu(s) \qquad ③$

$$E^{\ominus}=\varphi^{\ominus}(Cu^+/Cu) - \varphi^{\ominus}(Cu^{2+}/Cu^+) = 0.520V - 0.159V = 0.361V$$

$E^{\ominus} > 0$，反应③能从左向右进行，说明 Cu^+ 在酸性溶液中不稳定，能够发生歧化反应。由上例可以得出判断歧化反应能否发生的一般原则：

$$A \underline{\quad \varphi^{\ominus}_{左} \quad} B \underline{\quad \varphi^{\ominus}_{右} \quad} C$$

若 $\varphi^{\ominus}_{右} > \varphi^{\ominus}_{左}$，B 既是电极电势大的电对的氧化态，可作氧化剂，又是电极电势小的电对的还原态，也可作还原剂，B 的歧化反应能够发生；若 $\varphi^{\ominus}_{右} < \varphi^{\ominus}_{左}$，B 的歧化反应不能够发生。

依据此规则，由图 13-6 可以判断酸性介质中 MnO_4^{2-} 和 Mn^{3+} 可发生歧化反应，在碱性介质中 MnO_4^{2-} 和 $Mn(OH)_3$ 可发生歧化反应。

13.4.3 由相邻已知电对电极电势值求未知电对的电极电势值

根据元素电势图，可以从已知某些电对的标准电极电势很简单地计算出另一电对的标准电极电势。假设有一元素电势图：

$$A \xrightarrow[Z_1]{\varphi_1^\ominus} B \xrightarrow[Z_2]{\varphi_2^\ominus} C \xrightarrow[Z_3]{\varphi_3^\ominus} D$$

$$\xrightarrow[Z_x]{\varphi_x^\ominus}$$

将每个电对分别与标准氢电极组成原电池，可以推出：

(1) $\qquad A + n_1 e^- \rightleftharpoons B \qquad \varphi_1^\ominus \qquad \Delta_r G_{m(1)}^\ominus = -n_1 F \varphi_1^\ominus$

(2) $\qquad B + n_2 e^- \rightleftharpoons C \qquad \varphi_2^\ominus \qquad \Delta_r G_{m(2)}^\ominus = -n_2 F \varphi_2^\ominus$

(3) $\qquad C + n_3 e^- \rightleftharpoons D \qquad \varphi_3^\ominus \qquad \Delta_r G_{m(3)}^\theta = -n_3 F \varphi_3^\ominus$

(1) + (2) + (3)： $A + n_x e^- \rightleftharpoons D \qquad \varphi_x^\ominus \qquad \Delta_r G_{m(x)}^\ominus = -n_x F \varphi_x^\ominus$

$$\Delta_r G_{m(x)}^\ominus = \Delta_r G_{m(1)}^\ominus + \Delta_r G_{m(2)}^\ominus + \Delta_r G_{m(3)}^\ominus$$

$$= -n_x F \varphi_x^\ominus = -n_1 F \varphi_1^\ominus - n_2 F \varphi_2^\ominus - n_3 F \varphi_3^\ominus$$

$$\varphi_x^\ominus = \frac{n_1 \varphi_1^\ominus + n_2 \varphi_2^\ominus + n_3 \varphi_3^\ominus}{n_x} \tag{13-21}$$

根据上式，可以在元素电势图上，很简便地计算出欲求电对的 $\varphi^\ominus$ 值。

【例 13-21】 已知 25℃时，Br 元素在碱性溶液中的电势图 $\varphi_B^\ominus$/V(B 代表碱性介质)如下：

$$BrO_3^- \xrightarrow{\varphi_1^\ominus} BrO^- \xrightarrow{0.45V} \tfrac{1}{2}Br_2 \xrightarrow{1.07V} Br^-$$

(1) 求 $\varphi_1^\ominus$、$\varphi_2^\ominus$ 和 $\varphi_3^\ominus$。(2) 判断哪些物种可发生歧化反应。(3) 液溴和 NaOH 混合最稳定的产物是什么？写出反应方程式，并求其平衡常数。

解 (1) $\varphi_1^\ominus(BrO_3^-/BrO^-) = \dfrac{6\varphi^\ominus(BrO_3^-/Br^-) - \varphi^\ominus(BrO^-/Br_2) - \varphi^\ominus(Br_2/Br^-)}{4}$

$$= \frac{6\times0.61 - 1\times0.45 - 1\times1.07}{4} = 0.54(V)$$

$$\varphi_2^\ominus(BrO^-/Br^-) = \frac{\varphi^\ominus(BrO^-/Br_2) + \varphi^\ominus(Br_2/Br^-)}{2} = \frac{1\times0.45 + 1\times1.07}{2} = 0.76(V)$$

$$\varphi_3^\ominus(BrO_3^-/Br_2) = \frac{4\varphi^\ominus(BrO_3^-/BrO^-) + \varphi^\ominus(BrO^-/Br_2)}{5} = \frac{4\times0.54 + 1\times0.45}{5} = 0.52(V)$$

(2) 把计算所得的电极电势值填充到元素电势图上，判断 BrO⁻ 和 Br₂ 可发生歧化反应。

(3) 最稳定的产物为 BrO_3^- 和 Br^-，反应方程式为

$$3Br_2(l) + 6OH^- \rightleftharpoons 5Br^- + BrO_3^- + 3H_2O$$

正极： $\qquad Br_2(l) + 2e^- \rightleftharpoons 2Br^- \qquad\qquad \varphi^\ominus(Br^-/Br_2) = 1.07V$

负极：$Br_2(l) + 12OH^- - 10e^- \rightleftharpoons 2BrO_3^- + 6H_2O$　　　　$\varphi^{\ominus}(BrO_3^-/Br_2) = 0.52V$

$$E^{\ominus} = \varphi^{\ominus}(Br_2/Br^-) - \varphi^{\ominus}(BrO_3^-/Br_2) = 1.07V - 0.52V = 0.55V$$

$$\lg K^{\ominus} = \frac{nE^{\ominus}}{0.05917V} = \frac{5 \times 0.55}{0.05917} = 46.48$$

$$K^{\ominus} = 3.0 \times 10^{46}$$

因为从元素电势图上能很简便地计算出电对的 $\varphi^{\ominus}$ 值，所以在电势图上没有必要把所有电对的 $\varphi^{\ominus}$ 值都表示出来，只要在电势图上把最基本的最常用的 $\varphi^{\ominus}$ 值表示出来即可。

13.5　电势-pH 图及其应用

13.5.1　电势-pH 图

电势-pH(φ -pH)图是另一种了解物质在水溶液中稳定性及氧化还原能力的电势图解。许多氧化还原反应有 H^+ 或 OH^- 参与，这些氧化还原反应受溶液酸度的影响，将某些电对的电极电势对溶液的 pH 作图，就得到 φ -pH 图。利用 φ -pH 图了解物质稳定存在的 pH 范围及控制反应的条件更直观。

图 13-7 是水和某些电对的 φ -pH 图。由于水在一些反应中即可被氧化为 O_2，也可被还原为 H_2，并且其电极电势受溶液酸度影响，下面以水为例介绍 φ -pH 图的绘制。水的氧化还原性还可以用下列电极反应表示：

水作氧化剂：　　　　$2H_2O + 2e^- \rightleftharpoons H_2 + 2OH^-$　　　　$\varphi^{\ominus}(H_2O/H_2) = -0.83V$　　　(1)

水作还原剂：　　　　$O_2 + 4e^- + 4H^+ \rightleftharpoons 2H_2O$　　　　$\varphi^{\ominus}(O_2/H_2O) = +1.23V$　　　(2)

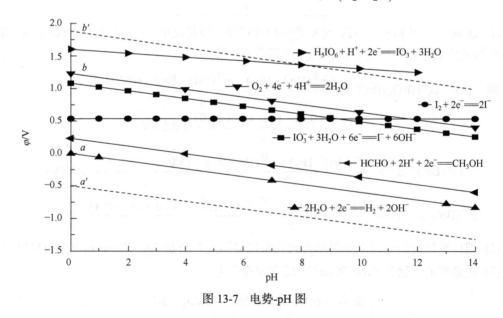

图 13-7　电势-pH 图

当溶液的酸度发生变化时，其电极电势的变化可以用能斯特方程求得，先讨论反应(1)中 φ 值随 pH 的变化情况。

$$\varphi(H_2O/H_2) = \varphi^{\ominus}(H_2O/H_2) + \frac{0.05917}{2}\lg\frac{1}{\dfrac{p(H_2)}{p^{\ominus}}\cdot[c(OH^-)]^2}$$

设 $p(H_2) = p^{\ominus}$，则有

$$\varphi(H_2O/H_2) = \varphi^{\ominus}(H_2O/H_2) + \frac{0.05917}{2}\lg\frac{1}{[c(OH^-)]^2} = -0.83V + 0.05917V\cdot pOH$$

所以 $$\varphi(H_2O/H_2) = -0.83V + 0.05917V\cdot(14 - pH) = -0.05917V\cdot pH \qquad (13\text{-}22)$$

如图 13-7 中 a 线，该线是一条截距为 0、斜率为 -0.05917 的直线。

用同样的方法可以导出电对 O_2/H_2O 对应电极的 φ 与 pH 的关系：

$$\varphi(O_2/H_2O) = \varphi^{\ominus}(O_2/H_2O) + \frac{0.05917}{4}\lg\{[p(O_2)/p^{\ominus}]\cdot[c(H^+)/c^{\ominus}]^4\}$$

设 O_2 处于标准态，则有

$$\varphi(O_2/H_2O) = 1.23V + 0.05917V\lg c(H^+) = 1.23V - 0.05917V\cdot pH \qquad (13\text{-}23)$$

很显然，这是一条截距为 1.23V、斜率为 -0.05917 与 H_2 线平行的斜线，如图 13-7 中 b 线。

利用上面的方法可得到任一电对的 φ-pH 图，如图中 $\varphi(H_5IO_6/IO_3^-)$-pH 线为一条截距为 $\varphi^{\ominus}$(1.603V)、斜率为 -0.0296 的线。如果某一电极反应与溶液的酸度无关，如图中 $\varphi(I_2/I^-)$，则其对应的 φ-pH 线为平行于 pH 轴的直线。

对于 φ-pH 图中每一条线，线的上方代表氧化态稳定区域，线的下方为还原态的稳定区域。如 b 线又称为 O_2 线，代表 O_2-H_2O 共存的状态；b 线上方是 O_2 的稳定区，在该区内 H_2O 被氧化为 O_2；b 线下方是 H_2O 的稳定区，该区内 O_2 易被还原成 H_2O。同理，a 线又称为 H_2 线；a 线下方为 H_2 的稳定区，a 线上方为 H_2O 的稳定区。因此，与水对应的氧化还原反应 φ-pH 线，共分为三个区，b 线以上为 O_2 的稳定区，a 线以下为 H_2 的稳定区，a 线和 b 线之间为水的稳定区。实验测得水的实际稳定区比理论计算值区间大，图中 a'、b' 两虚线分别代表实测的 H_2 线和 O_2 线。

13.5.2 应用电势-pH 图判断氧化还原反应的方向及反应趋势大小

在 φ-pH 图中，同一 pH 条件下，位于上面一条直线的氧化态物质可以与位于下面一条直线的还原态物质发生反应。两条直线之间的距离越大，则反应自发的趋势越大。如图 13-7 所示，$O_2 + 4e^- + 4H^+ \rightleftharpoons 2H_2O$ 线位于 $HCHO + 2H^+ + 2e^- \rightleftharpoons CH_3OH$ 线上方，则 O_2 能与 CH_3OH 发生反应。又如，$HCHO + 2H^+ + 2e^- \rightleftharpoons CH_3OH$ 线位于 $2H_2O + 2e^- \rightleftharpoons H_2 + 2OH^-$ 线上方，则 H_2 能与 HCHO 发生反应：$HCHO + H_2 \rightleftharpoons CH_3OH$。而 H_2O 不能将 CH_3OH 氧化成 HCHO。

由上面的分析可知，如某一电对 φ 值处在 O_2 线上方，其氧化态物质能氧化水，即该物质在水中不稳定。如某电对 φ 值处在 H_2 线下方，则其还原态能从水中置换氢气，该物质也不能稳定存在于水中。当某电对 φ 值处在 H_2 线和 O_2 线之间，则该电对物质处在水的稳定区，不与水发生反应，其氧化态和还原态物质在水中均能稳定存在。

13.5.3　应用电势-pH 图确定物质歧化和反歧化的 pH 条件

若 φ-pH 图上，两个电对对应的线相交于一点，该点的两边，两条线的相对位置不同，说明发生的反应方向不同，即交叉点是反应方向的转变点。如图 13-7 所示，$IO_3^- + 3H_2O + 6e^- \rightleftharpoons I^- + 6OH^-$ 线和 $I_2 + 2e^- \rightleftharpoons 2I^-$ 线在 pH = 9 处交叉，可以判断在 pH>9 的条件下，I_2 能歧化为 IO_3^- 与 I^-，而在 pH<9 的条件下，IO_3^- 与 I^- 能反歧化为 I_2。

φ-pH 图是一种研究元素化学很有使用价值的工具，它被广泛应用于无机化学、分析化学、冶金学等的研究。

13.6　电　　解

对于一些不能自发进行的氧化还原反应，例如：

$$Cu^{2+}(aq) + 2Cl^-(aq) = Cu(s) + Cl_2 \qquad \Delta G^{\ominus}(298.15K) = +197.0kJ \cdot mol^{-1}$$

可以通过电解池，使用外加电能的方法迫使反应进行。

在电解池中，与直流电源的负极相连的一极称为阴极(cathode)，与直流电源的正极相连的一极称为阳极(anode)。电子从电源的负极沿导线进入电解池的阴极；另一方面，电子又从电解池的阳极离去，沿导线流回电源正极。这样在阴极上电子过剩，在阳极上电子缺少，电解液中的正离子移向阴极，在阴极上可得到电子，进行还原反应；负离子移向阳极，在阳极上可给出电子，进行氧化反应。在电解池的两极反应中氧化态物质得到电子或还原态物质给出电子的过程都称为放电(discharge)。

13.6.1　分解电压和超电势

在电解某一给定的电解液时，需要对电解池施以多少电压才能使电解顺利进行是电解过程的一个重要问题。下面以铂作电极，电解 $0.100mol \cdot L^{-1}$ Na_2SO_4 溶液为例说明。

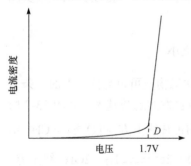

图 13-8　测定分解电压的电压-电流密度曲线

图 13-8 是电解 $0.100mol \cdot L^{-1}$ Na_2SO_4 溶液时，电流密度随电压变化的曲线。由图可见，在外加电压很小时，电流很小；电压逐渐增加到 1.23V 时，电流增大仍很小，说明电解还未发生；只有当电压增加到约 1.7V 时，电流开始剧增，而以后随电压的增加，电流直线上升。此时，电解能够顺利进行。通常把能使电解得以顺利进行的最低电压称为实际分解电压，简称分解电压(decomposition voltage)。图中 D 点的电压读数即为实际分解电压。各种物质的分解电压是通过实验测定的。产生分解电压的原因可以从电极上的氧化还原产物进行分析。在电解 Na_2SO_4 溶液时：

阴极上发生反应　　　　$2H^+ + 2e^- = H_2$　　　　析出氢气

阳极上发生反应　　　　$2OH^- = H_2O + \dfrac{1}{2}O_2 + 2e^-$　　析出氧气

而部分氢气和氧气分别吸附在铁表面，组成了氢氧原电池：

$$(-)Pt \mid H_2 \mid Na_2SO_4 \ (0.100mol \cdot L^{-1}) \mid O_2 \mid Pt(+)$$

该原电池的电子流方向与外加直流电源电子流的方向相反。因此，至少需要外加一定值的电压以克服该原电池所产生的电动势，才能使电解顺利进行。这样看来，分解电压是由电解产物在电极上形成某种原电池，产生反向电动势而引起的。

分解电压的理论数值可以根据电解产物及溶液中有关离子的浓度计算得到。例如，假设 $p(O_2)$ 和 $p(H_2)$ 均为 100kPa，上述原电池的电动势是正极即氧电极的电极电势，与负极即氢电极的电极电势之差，其值计算如下：在 $0.100mol \cdot L^{-1}Na_2SO_4$ 溶液中，$c(OH^-)=1.00 \times 10^{-7}mol \cdot L^{-1}=c(H^+)$，则

正极：
$$H_2O + \frac{1}{2}O_2 + 2e^- = 2OH^-$$

$$\varphi(O_2/OH^-) = \varphi^{\ominus} + \frac{0.05917V}{2}lg\frac{[p(O_2)/p^{\ominus}]^{1/2}}{[c(OH^-)]^2}$$

$$= 0.401V - \frac{0.05917V}{2}lg(1.00 \times 10^{-7})^2$$

$$= 0.815V$$

负极：
$$H_2 = 2H^+ + 2e^-$$

$$\varphi(H^+/H_2) = \varphi^{\ominus} + \frac{0.05917V}{2}lg\frac{[c(H^+)]^2}{[p(H_2)/p^{\ominus}]}$$

$$= 0V - \frac{0.05917V}{2}lg(1.00 \times 10^{-7})^2$$

$$= -0.414V$$

此电解产物组成的氢氧原电池电动势为

$$E = \varphi(正) - \varphi(负) = 0.815V - (-0.414V) = 1.229V$$

理论上计算所得的分解电压为 1.229V，然而实际的分解电压约为 1.7V。为什么实际分解电压大于理论分解电压？下面分析其原因。

前面讨论的电极电势、电动势及电动势与吉布斯函数变的关系都是在电极处于平衡状态且电极上无电流通过时的条件下进行的。但当有可察觉量的电流通过电极时，电极的电势会与上述平衡电势有所不同。这种电极电势偏离了没有电流通过的电极电势值的现象在电化学上统称为极化。电解池中实际分解电压与理论分解电压之间的偏差，除了由电阻引起的电压降以外，还有由阴、阳极的极化引起的。造成极化的原因主要有以下两个方面。

浓差极化(concentration polarization)：由电解液中离子扩散速率缓慢引起。可以通过搅拌和升高温度使离子的扩散速率增大而使之减小。在电解过程中，由于离子在电极上放电的速率较快而溶液中离子扩散速率较慢，电极附近的离子浓度较溶液中其他部分的要小。在阴极上是正离子被还原，当正离子浓度减小时，其电极电势代数值将减小；在阳极上负离子被氧化，当负离子浓度减小时，其电极电势代数值增大。总的结果是使实际分解电压的数值增大。

电化学极化(electrochemical polarization)：由电解产物析出过程中某一步骤如离子的放电、原子结合为分子、气泡的形成等的反应速率迟缓而引起电极电势偏离平衡电势的现象，由电化学反应速率决定。在电流通过电极时，若电极反应进行较慢，就会改变电极上的带电程度，使电极电势偏离平衡电势即理论电极电势，实际电极电势与理论电极电势之差称为超电势或

过电位(overpotential)，用"η"表示。以上面电解 Na_2SO_4 溶液为例，若阴极上 $2H^+ + 2e^- \Longrightarrow H_2$ 的反应不够快，则阴极上电子过剩，此时的电极比平衡电极要带更多的负电荷，使阴极实际析出电极产物的电势比其平衡电势更低；在阳极上，若 OH^- 氧化为 O_2 的速率不够快，则阳极上带有更多的正电荷，致使阳极实际析出电极产物的电势比其平衡电势更高。

电解时电解池的实际分解电压 E(实)与理论分解电压 E(理)之差(在消除由电阻引起的电压降和浓差极化的情况下)称为超电压(over voltage)，用"E(超)"表示：E(超)$\approx E$(实)$- E$(理)。

由于两极的超电势均取正值，电解池的超电压等于阴极超电势 η(阴)与阳极超电势 η(阳)之和，即

$$E(超) = \eta(阴) + \eta(阳)$$

以上面电解 $0.100mol \cdot L^{-1} Na_2SO_4$ 溶液为例，可知电解池的超电压为

$$E(超) \approx E(实) - E(理) = 1.70V - 1.23V = 0.47V$$

影响超电势的主要因素：①电解产物的本质，金属的超电势一般很小，气体的超电势较大，而氢气、氧气的超电势则更大；②电极的材料和表面状态，同一电解产物在不同的电极上的超电势数值不同；③电流密度，随着电流密度增大，超电势增大。因此，表达超电势的数据时，必须指明电流密度的数值或具体条件。

13.6.2　判别电解产物

综合考虑电极电势和超电势后的电极电势称为析出电势(evolution or deposition potential)，即考虑超电势因素后的实际电极电势。一般在阳极上进行氧化反应的首先是析出电势代数值较小的还原态物质；在阴极上进行还原反应的首先是析出电势代数值较大的氧化态物质。

析出电势代数值大小的决定因素：首先是离子及其相应电对标准电极电势值的大小，在阴极上标准电极电势代数值较大的氧化态物质最先被还原，在阳极上标准电极电势代数值较小的还原态物质最先被氧化；其次是离子浓度，离子浓度对电极电势的影响可以根据能斯特方程进行计算。对于简单离子，在通常情况下对电极电势的影响不大；对于 H^+ 及 OH^-，溶液 pH 对电极电势产生的影响较大。例如，在中性溶液(如 Na_2SO_4 溶液)中，pH = 7，$\varphi(H^+/H_2) = -0.414V$，$\varphi(O_2/OH^-) = 0.815V$。最后是电解产物的超电势，有关电解产物的超电势数值，可通过查阅有关手册得到。阴极超电势使阴极析出电势代数值减小。例如，H_2 在电流密度 $100A \cdot m^{-2}$ 下，铁电极上的超电势为 0.56V，阳极超电势使阳极析出电势代数值增大。例如，O_2 在电流密度 $100A \cdot m^{-2}$ 下，石墨电极上的超电势为 0.90V。简单盐类水溶液电解产物的一般情况是：

阴极：电极电势代数值比 H^+ 大的金属正离子首先在阴极还原析出；一些电极电势比 H^+ 小的金属正离子如 Zn^{2+}、Fe^{2+} 等则由于 H_2 的超电势较大，在酸性较小时，这些金属正离子的析出电势代数值仍大于 H^+ 的析出电势代数值，所以在一般情况下它们也较 H^+ 易于被还原而析出。如果电解池的电压很大，则氢气也能够与这些金属一起在阴极析出。标准电极电势代数值较小的金属离子，如 Na^+、K^+、Mg^{2+}、Al^{3+} 等在阴极不易被还原，而是水中的 H^+ 被还原成 H_2 而析出，所以要电解还原 Na^+、K^+、Mg^{2+} 等为相应金属，必须采用相应的熔融盐进行电解。

阳极：金属材料除 Pt 等惰性电极外，如 Zn 或 Cu、Ag 等作阳极时，金属阳极首先被氧化成离子溶解。用惰性材料作电极时，溶液中存在 S^{2-}、Br^-、Cl^- 等简单离子时，如果从标准

电极电势数值来看，$\varphi^{\ominus}(O_2/OH^-)$ 比它们的要小，似乎应该是 OH^- 在阳极上易于被氧化而产生氧气。然而由于溶液中 OH^- 浓度对 $\varphi(O_2/OH^-)$ 的影响较大，再加上 O_2 的超电势较大，OH^- 析出电势可大于 1.7V，甚至还要更大。因此在电解 S^{2-}、Br^-、Cl^- 等简单负离子的盐溶液时，在阳极可以优先析出 S、Br_2 和 Cl_2。用惰性阳极，溶液中存在复杂离子如 SO_4^{2-} 等时，由于其电极电势代数值 $\varphi(S_2O_8^{2-}/SO_4^{2-})=+2.01V$ 比 $\varphi^{\ominus}(O_2/OH^-)$ 大，因而一般都是 OH^- 首先被氧化而析出氧气。在电解 NaCl 浓溶液(以石墨作阳极，铁作阴极)时，在阴极能得到氢气，在阳极能得到氯气；在电解 $ZnSO_4$ 溶液(以铁作阴极，石墨作阳极)时，在阴极能得到金属锌，在阳极能得到氧气。

习　题

1. 用离子-电子法配平反应方程式。

(1) $MnO_4^- + Sn^{2+} \longrightarrow Sn^{4+} + Mn^{2+}$ 　　　　　　(在 H^+ 中)

(2) $MnO_4^- + H_2O_2 \longrightarrow Mn^{2+} + H_2O + O_2$ 　　　(在 H^+ 中)

(3) $Cr_2O_7^{2-} + SO_3^{2-} \longrightarrow SO_4^{2-} + Cr^{3+}$ 　　　(在 H^+ 中)

(4) $ClO_3^- + As_2S_3 \longrightarrow Cl^- + H_2AsO_4^- + SO_4^{2-}$ 　　(在 H^+ 中)

(5) $BrO_3^- + SO_2 \longrightarrow HSO_4^- + Br^-$ 　　　　　(在 H^+ 中)

(6) $Cr^{3+} + H_2O_2 \longrightarrow CrO_4^{2-} + H_2O$ 　　　　(在 OH^- 中)

(7) $MnO_4^- + SO_3^{2-} \longrightarrow Mn^{2+} + SO_4^{2-}$ 　　　(在 H^+ 中)

(8) $Ag_2S + CN^- + O_2 \longrightarrow SO_2 + [Ag(CN)_2]^-$ 　(在 OH^- 中)

2. 求下列原电池的电动势，写出电池反应。

$Zn \mid Zn^{2+}(0.01mol\cdot L^{-1}) \parallel Fe^{2+}(0.001mol\cdot L^{-1}) \mid Fe$

$Zn \mid Zn^{2+}(0.1mol\cdot L^{-1}) \parallel Cu^{2+}(0.01mol\cdot L^{-1}) \mid Cu$

$Pt \mid Fe^{3+}(0.1mol\cdot L^{-1}), Fe^{2+}(0.01mol\cdot L^{-1}) \parallel Cl^-(2mol\cdot L^{-1}) \mid Cl_2(100kPa) \mid Pt$

$Fe \mid Fe^{2+}(0.01mol\cdot L^{-1}) \parallel Ni^{2+}(0.1mol\cdot L^{-1}) \mid Ni$

3. 已知下列各标准电极电势：

$\varphi^{\ominus}(Br_2/Br^-)=+1.07V$ 　　　$\varphi^{\ominus}(NO_3^-/HNO_2)=+0.94V$ 　　　$\varphi^{\ominus}(Co^{3+}/Co^{2+})=+1.84V$

$\varphi^{\ominus}(O_2/H_2O)=+1.23V$ 　　　$\varphi^{\ominus}(H^+/H_2)=0V$ 　　　$\varphi^{\ominus}(HBrO/Br_2)=+1.59V$

$\varphi^{\ominus}(As/AsH_3)=-0.60V$

设 $p(H_2)=p(O_2)=100kPa$，除 H^+ 外，其他物种浓度均为 $1mol\cdot L^{-1}$；根据各电对的电极电势，指出：

(1) 最强的还原剂和最强的氧化剂分别是什么？

(2) 哪些物质在水中不稳定？它们都发生了什么变化？

(3) Br_2 能否发生歧化反应？说明原因。

(4) 哪些 $\varphi^{\ominus}$ 与 H^+ 浓度无关？

(5) 在 pH=10 的溶液中，Br_2 能否发生歧化？

4. 测得电池 $Pb(s) \mid Pb^{2+}(10^{-2}mol\cdot L^{-1}) \parallel VO^{2+}(10^{-1}mol\cdot L^{-1}), V^{3+}(10^{-5}mol\cdot L^{-1}), H^+(10^{-1}mol\cdot L^{-1}) \mid Pt(s)$ 的电动势为+0.67V。(1) 计算 $\varphi^{\ominus}(VO^{2+}/V^{3+})$；(2) 计算反应 $Pb(s)+2VO^{2+}+4H^+ \Longrightarrow Pb^{2+}+2V^{3+}+2H_2O$ 的平衡常数。

5. 已知 $\varphi^{\ominus}(HBrO/Br_2)=+1.59V$，计算 pH=5 时的 $\varphi(HBrO/Br_2)$ 值。

6. 一支铁棒插入 $0.010mol\cdot L^{-1}$ 的 $FeSO_4$ 溶液中，一支锰棒插入 $0.10mol\cdot L^{-1}$ 的 $MnSO_4$ 溶液中，用盐桥将两种溶液连接起来，并在金属棒之间接上伏特计。

(1) 写出自发反应的化学反应方程式并计算电池的电动势。

(2) 如果想把电池电动势增大 0.02V，哪种溶液应当稀释？稀释到多少物质的量浓度？

7. 计算下列反应的标准平衡常数。

(1) $Fe(s) + Sn^{2+}(aq) \rightleftharpoons Fe^{2+}(aq) + Sn(s)$

(2) $Cl_2(g) + 2Br^-(aq) \rightleftharpoons Br_2(aq) + 2Cl^-(aq)$

(3) $Cu^{2+}(aq) + Cu(s) \rightleftharpoons 2Cu^+(aq)$

8. 计算下列各电对在给定条件下的电极电势。

(1) Fe^{3+}/Fe^{2+}，$c(Fe^{3+})= 0.01mol \cdot L^{-1}$，$c(Fe^{2+})= 0.5mol \cdot L^{-1}$。

(2) $Cr_2O_7^{2-}/Cr^{3+}$，$c(Cr_2O_7^{2-}) = 0.1mol \cdot L^{-1}$，$c(Cr^{3+}) = 0.2mol \cdot L^{-1}$，$c(H^+)=6mol \cdot L^{-1}$。

9. 用下列数据：

$$Al^{3+} + 3e^- \rightleftharpoons Al(s) \qquad \varphi^{\ominus} = -1.66V$$

$$[Al(OH)_4]^- + 3e^- \rightleftharpoons Al(s) + 4OH^- \qquad \varphi^{\ominus} = -2.35V$$

计算反应 $Al^{3+} + 4OH^- \rightleftharpoons [Al(OH)_4]^-$ 的平衡常数。

10. 已知 $\varphi^{\ominus}(Cu^{2+}/Cu)=0.337V$，将一个铜电极浸在含有 $1.00mol \cdot L^{-1}$ NH_3 和 $1.00mol \cdot L^{-1}$ $[Cu(NH_3)_4]^{2+}$ 的溶液中，用氢标准电极作为正极，测得原电池的电动势为 0.03V，求$[Cu(NH_3)_4]^{2+}$的稳定常数。

11. 有一浓差电池：$(+)Pt \mid H_2(100kPa) \mid H^+(pH=1.0) \| H^+(? \; mol \cdot L^{-1}) \mid H_2(100kPa) \mid Pt(-)$，其电动势为 0.16V，求未知的 H^+浓度。

12. 计算反应 $Au(s) + NO_3^- + 4Cl^- + 4H_3O^+ \longrightarrow AuCl_4^- + NO + 6H_2O$ 的标准电动势，若氯离子的浓度从标准状态变到 $10^{-2}mol \cdot L^{-1}$，将会发生什么情况？

13. 在 $c(H^+) = 1.00mol \cdot L^{-1}$ 时 MnO_4^-、MnO_4^{2-}、$MnO_2(s)$的元素电势图为

$$MnO_4^- \xrightarrow{0.56V} MnO_4^{2-} \xrightarrow{2.26V} MnO_2(s)$$

(1)酸介质中，标准状态下 MnO_4^{2-} 能否发生歧化反应？

(2) 若能，试写出反应方程式。

(3) 计算 $\varphi^{\ominus}(MnO_4^- / MnO_2)$。

14. 含有 $Sn(ClO_4)_2$ 和 $Pb(ClO_4)_2$ 的水溶液与过量的铅-锡合金粉末振荡，在 298.15K 时建立平衡，平衡时 $[Pb^{2+}]/[Sn^{2+}]=0.46$，计算 $\varphi^{\ominus}(Sn^{2+}/Sn)$值。已知 $\varphi^{\ominus}(Pb^{2+}/Pb) = -0.126V$。

15. 今有一原电池：$(-)Pt \mid H_2(100kPa) \mid HA(0.5mol \cdot L^{-1}) \| NaCl(1.0mol \cdot L^{-1}) \mid AgCl(s) \mid Ag(+)$，若该电池电动势为+0.568V，求此 HA 的解离平衡常数 $K_a^{\ominus}$。

16. 已知：FeY^- 的 $lg\beta =25.1$，FeY^{2-} 的 $lg\beta =14.3$，计算 $\varphi^{\ominus}(FeY^-/FeY^{2-})$ 的值。

17. 查出下列半反应的 $\varphi^{\ominus}$，并回答问题：

$$MnO_4^- + 4H^+ + 3e^- \rightleftharpoons MnO_2 + 2H_2O$$

$$Ce^{4+} + e^- \rightleftharpoons Ce^{3+}$$

$$Fe^{2+} + 2e^- \rightleftharpoons Fe$$

$$Ag^+ + e^- \rightleftharpoons Ag$$

(1) 上述离子中，哪个是最强的还原剂？哪个是最强的氧化剂？

(2) 上述离子中，哪些离子能将 Fe^{2+} 还原成 Fe？

(3) 上述离子中，哪些离子能将 Ag 氧化成 Ag^+？

18. 已知：$\varphi^{\ominus}(O_2/H_2O_2) = 0.682V$，$\varphi^{\ominus}(H_2O_2/H_2O) = 1.776V$，$\varphi^{\ominus}(Cr^{3+}/Cr^{2+}) = -0.41V$。

(1) 用标准电极电势计算酸性溶液中 H_2O_2 歧化反应的标准电动势。

(2) Cr^{2+} 能催化 H_2O_2 的歧化反应吗？

(3) 已知酸性溶液中的元素电势图为：$O_2 \xrightarrow{-0.13V} HO_2 \xrightarrow{+1.51V} H_2O_2$，计算超氧化氢($HO_2$) 歧化为 O_2 和 H_2O_2 的 $\Delta_r G_m^{\ominus}$ 值，并将所得的结果与 H_2O_2 歧化反应的 $\Delta_r G_m^{\ominus}$ 值做比较。

19. 已知下列电对的 $\varphi_A^{\ominus}$ 值：

电对	Fe^{2+}/Fe	H^+/H_2	Cu^{2+}/Cu	I_2/I^-	O_2/H_2O_2	Fe^{3+}/Fe^{2+}	NO_3^-/NO	Br_2/Br^-	H_2O_2/H_2O
$\varphi^{\ominus}/V$	−0.44	0	0.34	0.54	0.68	0.77	0.96	1.08	1.77

回答下列问题，并写出有关离子反应方程式。

(1) 为什么 $FeCl_3$ 溶液能腐蚀铜板？

(2) Fe^{2+} 应保存在酸性介质中，能否给亚铁盐溶液中加一些 HNO_3？

(3) 在 Br^- 和 I^- 的混合溶液中，只使 I^- 氧化，应选择氧化剂 H_2O_2 和 $Fe_2(SO_4)_3$ 中的哪一种？

(4) 铁分别与足量稀盐酸和稀硝酸反应，得到的产物有什么不同？

20. 甲烷燃烧电池：$(-) Pt \mid CH_4 (g) \mid H^+ \parallel H^+ \mid O_2 \mid Pt (+)$的反应如下：

负极　　　　　　$CH_4(g) + 2H_2O(l) \rightleftharpoons CO_2(g) + 8H^+ + 8e^-$

正极　　　　　　$O_2(g) + 4H^+ + 4e^- \rightleftharpoons 2H_2O(l)$

总反应　　　　　$CH_4(g) + 2O_2(g) \rightleftharpoons CO_2(g) + 2H_2O(l)$

此反应的 $K = 10^{44}$，用能斯特方程计算该电池的电动势。

21. 一个 Ag/AgCl 电极浸入 $1mol \cdot L^{-1}$ 盐酸溶液中，标准电极电势为+0.22V，另一个 Ag/AgCl 电极浸入未知浓度的含 Cl^- 的溶液中，当此电极作为阳极，第一个电极作为阴极时，构成电池的电动势为 0.0435V，未知浓度溶液中，Cl^- 的浓度为多少？

22. 一支 $p(H_2)=100kPa$ 的氢电极浸入 $0.10mol \cdot L^{-1}$ 乙酸溶液中，此电极与另一个浸入 $0.010mol \cdot L^{-1}$ $FeCl_2$ 溶液中的铁钉连接，求此电池的电动势。

23. 一个学生装了一个电池来测量 CuS 的 $K_{sp}^{\ominus}$。电池的一边是铜电极浸入 $0.10mol \cdot L^{-1}$ $CuSO_4$ 溶液中，电池的另一边是 Zn 电极浸入 $1.0mol \cdot L^{-1}$ 的 $ZnSO_4$ 溶液中，$CuSO_4$ 溶液中不断通入 H_2S 使之饱和，铜电极作为阴极，电池的电动势为+0.67V，计算 CuS 的 $K_{sp}^{\ominus}$。

24. 已知 $\varphi^{\ominus} (Au^{3+}/Au^+) = 1.2V$，$\varphi^{\ominus} (VO_2^+/VO^{2+}) = 1.2V$，在什么样的条件下，$VO_2^+$ 能够作为氧化剂，将 Au^+ 氧化为 Au^{3+}？试通过计算说明理由。

25. 解释现象：(1) 配制 $SnCl_2$ 溶液时，常需加入 Sn 粒。(2) Na_2SO_3 或 $FeSO_4$ 溶液久置后失效。

26. 试解释：为什么中性的 KI 溶液中的 I_2 能氧化 As(III)，而在强碱性溶液中 As(V) 能将 I^- 氧化成 I_2？

27. 已知：$\varphi^{\ominus} (Ni^{2+}/Ni) = -0.23V$，$\varphi^{\ominus} (Ag^+/Ag) = +0.80V$，$\varphi^{\ominus} (Pb^{2+}/Pb) = -0.13V$，$\varphi^{\ominus} (Cu^{2+}/Cu) = +0.34V$。写出下列电池的电池反应，并求电动势，判断该电池反应能否自发进行，计算反应的平衡常数。

(1) $Ag|Ag^+(0.050mol \cdot L^{-1}) \parallel Ni^{2+}(0.20mol \cdot L^{-1})|Ni$

(2) $Pb|Pb^{2+} (0.50mol \cdot L^{-1}) \parallel Cu^{2+}(0.30mol \cdot L^{-1})|Cu$

28. 在常温、常压下，电解 $c(H^+)=1mol \cdot L^{-1}$ 的 H_2SO_4 溶液，阳极放出 $O_2(100kPa)$，阴极放出 $H_2(100kPa)$，利用下列已知的电极电势值，计算理论分解电势。

$$2H^+ + 2e^- \rightleftharpoons H_2 \qquad \varphi^{\ominus} = 0.00V$$

$$H_2O + \frac{1}{2} O_2 + 2e^- \rightleftharpoons 2OH^- \qquad \varphi^{\ominus} = + 0.40V$$

若用 $0.10mol \cdot L^{-1}$ 的 NaOH 代替 H_2SO_4，理论分解电势是否相同？

29. 从标准电极电势看：

$$\varphi^{\ominus} (H_2O_2/H_2O)(+1.776V) > \varphi^{\ominus} (MnO_4^-/Mn^{2+})(+1.491V) > \varphi^{\ominus} (Cl_2/Cl^-)(+1.358V)$$

为什么 H_2O_2 遇 $KMnO_4$ 和 Cl_2 时都起还原剂的作用？写出相应的离子方程式。

30. 根据热力学数据计算 $\varphi^{\ominus}(Mg^{2+}/Mg)$。

$$Mg\,(s) + \frac{1}{2}\,O_2\,(g) =\!\!= MgO\,(s) \qquad\qquad \Delta_r G_m^{\ominus} = -572.9\ kJ \cdot mol^{-1}$$

$$MgO\,(s) + H_2O(l) =\!\!= Mg(OH)_2\,(s) \qquad\qquad \Delta_r G_m^{\ominus} = -31.2\ kJ \cdot mol^{-1}$$

$$H_2O\,(l) =\!\!= H_2(g) + \frac{1}{2}\,O_2(g) \qquad\qquad \Delta_r G_m^{\ominus} = +241.3\ kJ \cdot mol^{-1}$$

已知：298.15K 时，$K_w = 1.00 \times 10^{-14}$，$K_{sp}^{\ominus}[Mg(OH)_2] = 5.50 \times 10^{-12}$。

第14章 氧化还原滴定法

氧化还原滴定法是滴定分析中应用最为广泛的方法之一。氧化还原反应机理比较复杂，常分步进行；有些反应虽可进行得很完全但反应速率很慢；且副反应的发生会使反应物间没有确定的计量关系等。因此，在氧化还原滴定中要注意创造和控制适当的反应条件，防止副反应的发生；加快反应速率，以满足滴定反应的要求。不同的条件，氧化还原电对的电极电势不同。

14.1 条件电极电势

对于可逆氧化还原电对的电极反应：

$$\nu_O Ox + ne^- \rightleftharpoons \nu_R Red$$

电极电势的能斯特方程通式为

$$\varphi = \varphi^\ominus - \frac{RT}{nF}\ln\frac{[a(\text{Red})]^{\nu_R}}{[a(\text{Ox})]^{\nu_O}} \quad \text{或} \quad \varphi = \varphi^\ominus + \frac{RT}{nF}\ln\frac{[a(\text{Ox})]^{\nu_O}}{[a(\text{Red})]^{\nu_R}} \tag{14-1}$$

式中：$a(\text{Ox})$ 和 $a(\text{Red})$ 分别为氧化态和还原态的活度；$\varphi^\ominus$ 为电对的标准电极电势，它仅随温度变化。

实际上已知的是溶液中氧化剂或还原剂的浓度，而不是活度。当溶液中离子强度较大时，用浓度代替活度进行计算，会引起较大的误差。此外，当氧化态或还原态与溶液中其他组分发生副反应，如酸度的影响，沉淀与配合物的形成等都会使电极电势发生变化。因此，应该引入相应的活度系数 $\gamma(\text{Ox})$ 和 $\gamma(\text{Red})$；考虑到副反应的发生，还必须引入相应的副反应系数 $\alpha(\text{Ox})$ 和 $\alpha(\text{Red})$，则

由于
$$a(\text{Red}) = c(\text{Red}) \cdot \gamma(\text{Red}) , \quad c(\text{Red}) = \frac{c'(\text{Red})}{\alpha(\text{Red})}$$

因此
$$a(\text{Red}) = \frac{c'(\text{Red})\gamma(\text{Red})}{\alpha(\text{Red})}$$

同理有
$$a(\text{Ox}) = \frac{c'(\text{Ox})\gamma(\text{Ox})}{\alpha(\text{Ox})}$$

式中：$c'(\text{Ox})$ 和 $c'(\text{Red})$ 分别表示氧化态和还原态的分析浓度，将以上关系代入式(14-1)，并加以整理得

$$\varphi = \varphi^\ominus - \frac{0.05917}{n}\lg\frac{\gamma(\text{Red})\alpha(\text{Ox})}{\gamma(\text{Ox})\alpha(\text{Red})} - \frac{0.05917}{n}\lg\frac{c'(\text{Red})}{c'(\text{Ox})}$$

令
$$\varphi^{\ominus\prime} = \varphi^\ominus - \frac{0.05917}{n}\lg\frac{\gamma(\text{Red})\alpha(\text{Ox})}{\gamma(\text{Ox})\alpha(\text{Red})} \tag{14-2}$$

能斯特方程则表示为

$$\varphi = \varphi^{\ominus\prime} - \frac{0.05917}{n} \lg \frac{c'(\text{Red})}{c'(\text{Ox})} \qquad (14\text{-}3)$$

当 $c'(\text{Ox}) = c'(\text{Red}) = 1\text{mol} \cdot \text{L}^{-1}$ 时，有 $\varphi = \varphi^{\ominus\prime}$。因此，条件电极电势(conditional electrode potential)表示在一定介质条件下，氧化态和还原态的分析浓度都为 $1\text{mol} \cdot \text{L}^{-1}$ 时的实际电极电势。条件电极电势是考虑了在给定条件下离子强度与各种副反应影响后的实际电极电势，即为校正了给定条件下外界因素的影响后的电极电势，只要条件确定即为常数。各种条件下的 $\varphi^{\ominus\prime}$ 值都是由实验测定的，因此用它来处理问题，才比较符合实际情况。表 14-1 列出一些氧化还原电对的 $\varphi^{\ominus\prime}$ 值。

表 14-1　部分电对的条件电极电势值(298.15K)

电极反应	$\varphi^{\ominus\prime}/\text{V}$	介质
$Ag^{2+} + e^- \rightleftharpoons Ag^+$	1.980	$4\text{mol} \cdot \text{L}^{-1} \text{HNO}_3$
$Ce(\text{IV}) + e^- \rightleftharpoons Ce(\text{III})$	1.70 1.61 1.44 1.28	$1\text{mol} \cdot \text{L}^{-1} \text{HClO}_4$ $1\text{mol} \cdot \text{L}^{-1} \text{HNO}_3$ $0.5\text{mol} \cdot \text{L}^{-1} \text{H}_2\text{SO}_4$ $1\text{mol} \cdot \text{L}^{-1} \text{HCl}$
$Co^{3+} + e^- \rightleftharpoons Co^{2+}$	1.92	$3\text{mol} \cdot \text{L}^{-1} \text{HNO}_3$
$[Co(en)_3]^{3+} + e^- \rightleftharpoons [Co(en)_3]^{2+}$	−0.2	$0.1\text{mol} \cdot \text{L}^{-1}$ 乙二胺(en)
$Cr^{3+} + e^- \rightleftharpoons Cr^{2+}$	−0.424	$5\text{mol} \cdot \text{L}^{-1} \text{HCl}$
$Cr_2O_7^{2-} + 14H^+ + 6e^- \rightleftharpoons 2Cr^{3+} + 7H_2O$	1.36 1.15 1.03	$1\text{mol} \cdot \text{L}^{-1} \text{HCl}$ $0.1\text{mol} \cdot \text{L}^{-1} \text{H}_2\text{SO}_4$ $1\text{mol} \cdot \text{L}^{-1} \text{HClO}_4$
$CrO_4^{2-} + 4H_2O + 3e^- \rightleftharpoons [Cr(OH)_4]^- + 4OH^-$	−0.13	$1\text{mol} \cdot \text{L}^{-1} \text{NaOH}$
$Fe^{3+} + e^- \rightleftharpoons Fe^{2+}$	0.70 0.67 0.73 0.44	$1\text{mol} \cdot \text{L}^{-1} \text{HCl}$ $0.5\text{mol} \cdot \text{L}^{-1} \text{H}_2\text{SO}_4$ $1\text{mol} \cdot \text{L}^{-1} \text{HClO}_4$ $0.3\text{mol} \cdot \text{L}^{-1} \text{H}_3\text{PO}_4$
$[Fe(EDTA)]^- + e^- \rightleftharpoons [Fe(EDTA)]^{2-}$	0.12	$0.1\text{mol} \cdot \text{L}^{-1}$ EDTA, pH = 4~6
$[Fe(CN)_6]^{3-} + e^- \rightleftharpoons [Fe(CN)_6]^{4-}$	0.71	$1\text{mol} \cdot \text{L}^{-1} \text{HCl}$
$FeO_4^{2-} + 2H_2O + 3e^- \rightleftharpoons FeO_2^- + 4OH^-$	0.55	$10\text{mol} \cdot \text{L}^{-1} \text{NaOH}$
$I_3^- + 2e^- \rightleftharpoons 3I^-$	0.536	$0.5\text{mol} \cdot \text{L}^{-1} \text{H}_2\text{SO}_4$
$I_2(\text{aq}) + 2e^- \rightleftharpoons 2I^-$	0.621	$0.5\text{mol} \cdot \text{L}^{-1} \text{H}_2\text{SO}_4$

【例 14-1】　计算 $1\text{mol} \cdot \text{L}^{-1}$ HCl 溶液中铈电对 $c(\text{Ce}^{\text{IV}}) = 1.00 \times 10^{-2}\text{mol} \cdot \text{L}^{-1}$，$c(\text{Ce}^{\text{III}}) = 1.00 \times 10^{-3}\text{mol} \cdot \text{L}^{-1}$ 时的电极电势。

解　由表 14-1 查得，$1\text{mol} \cdot \text{L}^{-1}$ HCl 条件下，$\varphi^{\ominus\prime} = 1.28\text{V}$，有

$$\varphi = \varphi^{\ominus\prime} - \frac{0.05917}{n} \lg \frac{c'(\text{Red})}{c'(\text{Ox})} = 1.28 - \frac{0.05917}{1} \lg \frac{1.00 \times 10^{-3}}{1.00 \times 10^{-2}} = 1.34(\text{V})$$

若没有相同条件的 $\varphi^{\ominus\prime}$ 值，可采用条件相近的 $\varphi^{\ominus\prime}$ 值。例如，未查到 $0.3\text{mol} \cdot \text{L}^{-1}$ H_2SO_4 介质中 $\varphi^{\ominus\prime}(Cr_2O_7^{2-}/Cr^{3+})$，可用 $0.1\text{mol} \cdot \text{L}^{-1}$ H_2SO_4 介质中的 $\varphi^{\ominus\prime}(Cr_2O_7^{2-}/Cr^{3+}) = 1.15\text{V}$ 来代替。如用 $\varphi^{\ominus} = 1.33\text{V}$ 误差更大。对于没有条件电极电势的氧化还原电对，则只能采用标准电极电势。

14.2　氧化还原滴定曲线

在氧化还原滴定过程中被测试液的特征变化是电极电势的变化，因此滴定曲线的绘制是以电极电势为纵坐标、滴定剂体积或滴定分数为横坐标。电极电势可以用实验的方法测得。也可用能斯特方程计算得到，但后一种方法只有当两个半反应都是可逆时，所得曲线才与实际测得结果一致。图 14-1 为 $0.1000\text{mol}\cdot\text{L}^{-1}$ $Ce(SO_4)_2$ 溶液滴定在不同介质条件下 $0.1000\text{mol}\cdot\text{L}^{-1}$ $FeSO_4$ 溶液的滴定曲线。滴定反应为

$$Ce^{4+} + Fe^{2+} == Ce^{3+} + Fe^{3+}$$

由图 14-1 可见，由于测定溶液介质不同，$\varphi^{\ominus}(Fe^{3+}/Fe^{2+})$ 不同，滴定曲线的突跃的起点不同。

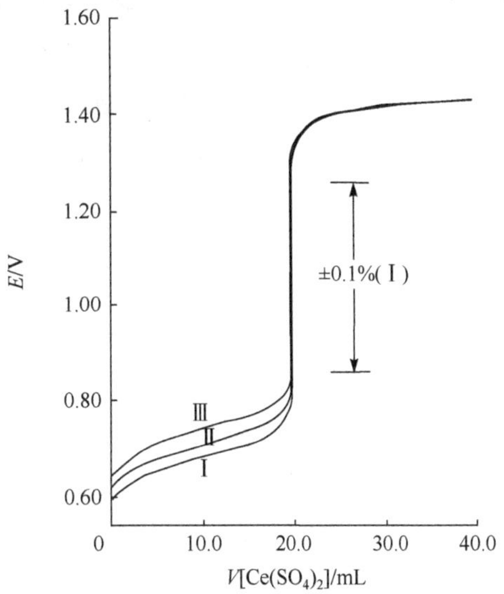

若某氧化还原反应对应的两个半反应和条件电极电势分别是

$$Ox_1 + n_1e^- == Red_1 \qquad \varphi_1^{\ominus\prime}$$
$$Red_2 == Ox_2 + n_2e^- \qquad \varphi_2^{\ominus\prime}$$

则其通式为 $n_2Ox_1 + n_1Red_2 == n_1Ox_2 + n_2Red_1$

图 14-1　$0.1000\text{mol}\cdot\text{L}^{-1}$ $Ce(SO_4)_2$ 溶液滴定在不同介质条件下 $0.1000\text{mol}\cdot\text{L}^{-1}$ $FeSO_4$ 溶液的滴定曲线

Ⅰ. 在 $0.5\text{mol}\cdot\text{L}^{-1}$ H_2SO_4 溶液中 $[\varphi^{\ominus}(Fe^{3+}/Fe^{2+}) = +0.67\text{V}]$；
Ⅱ. 在 $1\text{mol}\cdot\text{L}^{-1}$ HCl 溶液中 $[\varphi^{\ominus}(Fe^{3+}/Fe^{2+}) = +0.70\text{V}]$；
Ⅲ. 在 $1\text{mol}\cdot\text{L}^{-1}$ $HClO_4$ 溶液中 $[\varphi^{\ominus}(Fe^{3+}/Fe^{2+}) = +0.73\text{V}]$

当以 Ox_1 来滴定 Red_2 时，终点之前滴定剂消耗完毕，浓度甚小，不易计算，溶液的电势取决于被测物 Red_2。若误差为 $\pm0.1\%$，化学计量点前滴定突跃始点的浓度条件为

$$\frac{c'(Red_2)}{c'(Ox_2)} = \frac{0.1}{99.9}$$

$$\varphi(Ox_2/Red_2) = \varphi^{\ominus\prime}(Ox_2/Red_2) - \frac{0.05917}{n_2}\lg\frac{c'(Red_2)}{c'(Ox_2)}$$

$$= \varphi^{\ominus\prime}(Ox_2/Red_2) + \frac{0.05917\times3}{n_2}$$

化学计量点后滴定突跃点的电势取决于滴定剂 Ox_1，其浓度条件为

$$\frac{c'(Red_1)}{c'(Ox_1)} = \frac{100}{0.1}$$

$$\varphi(Ox_1/Red_1) = \varphi^{\ominus\prime}(Ox_1/Red_1) - \frac{0.05917}{n_1}\lg\frac{c'(Red_1)}{c'(Ox_1)}$$

$$= \varphi^{\ominus\prime}(Ox_1/Red_1) - \frac{0.05917\times3}{n_1}$$

因此，滴定突跃范围为 $\varphi_2^{\ominus\prime} + \dfrac{3 \times 0.05917}{n_2} \to \varphi_1^{\ominus\prime} - \dfrac{3 \times 0.05917}{n_1}$。特别指出：上式只能应用于电对氧化态和还原态在反应式中系数都相等的情况。

由以上讨论可知下列因素将影响滴定突跃的大小：①氧化剂和还原剂的条件电极电势：$\varphi_1^{\ominus\prime}(\text{Ox}_1/\text{Red}_1)$ 越大，氧化剂越强；$\varphi_2^{\ominus\prime}(\text{Ox}_2/\text{Red}_2)$ 越小，还原剂越强；二者都有利于使滴定突跃范围大。②电子转移数：n_1/n_2 越大，滴定突跃越大。③由于条件电极电势受离子强度、介质、副反应的影响，故滴定突跃必然也受上述因素的影响。④滴定突跃与滴定剂和被测物质的浓度无关，此点与其他滴定不同。

达到化学计量点时，两电对的电势相等，即

$$\varphi(\text{计量点}) = \varphi(\text{Ox}_1/\text{Red}_1) = \varphi(\text{Ox}_2/\text{Red}_2)$$

$$\varphi(\text{计量点}) = \varphi^{\ominus\prime}(\text{Ox}_1/\text{Red}_1) - \frac{0.05917}{n_1}\lg\frac{c'(\text{Red}_1)}{c'(\text{Ox}_1)}$$

$$\varphi(\text{计量点}) = \varphi^{\ominus\prime}(\text{Ox}_2/\text{Red}_2) - \frac{0.05917}{n_2}\lg\frac{c'(\text{Red}_2)}{c'(\text{Ox}_2)}$$

将两式分别乘以 n_1、n_2 后相加得

$$(n_1+n_2) \cdot \varphi(\text{计量点}) = n_1\varphi^{\ominus\prime}(\text{Ox}_1/\text{Red}_1) + n_2\varphi^{\ominus\prime}(\text{Ox}_2/\text{Red}_2) - 0.05917\lg\frac{c'(\text{Red}_1)c'(\text{Red}_2)}{c'(\text{Ox}_1)c'(\text{Ox}_2)}$$

化学计量点时电极电势计算通式为

$$\varphi_{\text{计}} = \frac{n_1\varphi_1^{\ominus\prime} + n_2\varphi_2^{\ominus\prime}}{n_1 + n_2} \tag{14-4}$$

此式也仅适用于同一元素在反应前后反应系数相等的情况。

根据滴定突跃的大小可选择指示剂。在 $1\text{mol} \cdot \text{L}^{-1}\,\text{H}_2\text{SO}_4$ 介质中，用 Ce^{4+} 滴定 Fe^{2+}，计量点时溶液的电极电势为 1.06V，滴定突跃范围为 0.86～1.226V。可选择在该范围变色的指示剂。若要使滴定突跃明显，可设法降低还原剂电对的电极电势。如加入配位剂，可使之生成稳定的配离子，使反应进行得更完全，从而增大突跃范围。

14.3　氧化还原预处理

氧化还原滴定时，被测物的价态往往不适于滴定，需进行氧化还原滴定前的预处理。例如，用 $\text{K}_2\text{Cr}_2\text{O}_7$ 法测定铁矿中的含铁量，Fe^{2+} 在空气中不稳定，易被氧化成 Fe^{3+}，而 $\text{K}_2\text{Cr}_2\text{O}_7$ 溶液不能与 Fe^{3+} 反应，必须预先将溶液中的 Fe^{3+} 还原至 Fe^{2+}，才能用 $\text{K}_2\text{Cr}_2\text{O}_7$ 溶液进行直接滴定。

预处理时所用的氧化剂或还原剂应满足下列条件：①必须将欲测组分定量地氧化或还原；②预氧化或预还原反应要迅速；③剩余的预氧化剂或预还原剂应易于除去；④预氧化或预还原反应具有好的选择性，避免其他组分的干扰。预处理中常用的氧化剂、还原剂列于表 14-2 中。

表 14-2　常用的预处理用氧化剂、还原剂

	氧化剂或还原剂	反应条件	主要反应	过量试剂除去方法
氧化预处理	$(NH_4)_2S_2O_8$	酸性	$Mn^{2+} \longrightarrow MnO_4^-$ $Cr^{3+} \longrightarrow Cr_2O_7^{2-}$ $VO^{2+} \longrightarrow VO_3^-$	煮沸分解
	$NaBiO_3$	HNO_3 介质	同上	过滤
	H_2O_2	碱性	$Cr^{3+} \longrightarrow CrO_4^{2-}$	煮沸分解
	Cl_2，$Br_2(l)$	酸性或中性	$I^- \longrightarrow IO_3^-$	煮沸或通空气
还原预处理	$SnCl_2$	酸性加热	$Fe^{3+} \longrightarrow Fe^{2+}$ $As(V) \longrightarrow As(III)$	加 $HgCl_2$ 氧化
	$TiCl_3$	酸性	$Fe^{3+} \longrightarrow Fe^{2+}$	稀释，Cu^{2+}催化空气氧化
	联胺		$As(V) \longrightarrow As(III)$	加浓 H_2SO_4煮沸
	锌汞齐还原器	酸性	$Fe^{3+} \longrightarrow Fe^{2+}$ $Sn(IV) \longrightarrow Sn(II)$ $Ti(IV) \longrightarrow Ti(III)$	

14.4　氧化还原滴定中的终点检测

14.4.1　自身指示剂法——KMnO₄ 法

1. 基本原理

自身指示剂(self indicator)法是利用滴定剂或被测物质本身的颜色变化来指示滴定终点，无需另加指示剂。酸性溶液中用 $KMnO_4$ 标准溶液作滴定剂的方法，就是典型的自身指示剂法，常称为 $KMnO_4$ 法。$KMnO_4$ 是一种强氧化剂，在不同酸度条件下，其氧化能力不同。

强酸：　　　　　$MnO_4^- + 8H^+ + 5e^- = Mn^{2+} + 4H_2O$　　　　　$\varphi^{\ominus} = 1.5V$

中性、弱酸碱：　$MnO_4^- + 2H_2O + 3e^- = MnO_2 + 4OH^-$　　　　　$\varphi^{\ominus} = 0.59V$

强碱：　　　　　$MnO_4^- + e^- = MnO_4^{2-}$　　　　　$\varphi^{\ominus} = 0.56V$

可见，只有酸性介质中，$KMnO_4$ 才适合滴定反应。在酸性溶液中，$KMnO_4$ 与 $Na_2C_2O_4$ 的反应为

$$2MnO_4^- + 5C_2O_4^{2-} + 16H^+ = 2Mn^{2+} + 10CO_2 + 8H_2O$$

滴定至化学计量点后只要有很少过量的 $KMnO_4$(约 $2 \times 10^{-6} mol \cdot L^{-1}$)就能使溶液呈现浅紫红色，指示终点到达。但该滴定的反应常温没有催化剂时反应速率较慢，因此应该控制滴定条件使反应快速定量进行。

2. 滴定条件

(1) 反应温度需控制在 70~80℃。高于 90℃，$H_2C_2O_4$ 发生反应：$H_2C_2O_4 = CO_2 + CO + H_2O$ 而分解。

(2) 一般滴定开始的最适宜酸度为 $1mol \cdot L^{-1}$。为防止诱导氧化 Cl^- 的反应发生,应在 H_2SO_4 介质中进行。酸度过低,MnO_4^- 会部分被还原成 MnO_2;酸度过高,会促使 $H_2C_2O_4$ 分解。

(3) 控制滴定速度。因 Mn^{2+} 作催化剂可以加速滴定反应,开始滴定时滴定剂滴定速度应该慢些,待第一滴加入的 $KMnO_4$ 褪色生成 Mn^{2+} 后,再适当加快滴定速度;若滴定速度太快,滴入的 $KMnO_4$ 来不及和 $C_2O_4^{2-}$ 反应,可能发生分解副反应:$4MnO_4^- + 12H^+ \!=\!\!=\!\! 4Mn^{2+} + 5O_2 + 6H_2O$,造成误差。有时也可在滴定前加入少量 Mn^{2+}。

特点:优点是氧化能力强,可直接、间接测定多种无机物和有机物;本身可作指示剂。缺点是 $KMnO_4$ 标准溶液不够稳定;滴定的选择性较差。

3. 应用示例

(1) 直接滴定法测定 H_2O_2:在酸性溶液中 H_2O_2 被 $KMnO_4$ 定量氧化,其反应为

$$2MnO_4^- + 5H_2O_2 + 6H^+ \!=\!\!=\!\! 2Mn^{2+} + 5O_2 + 8H_2O$$

可加入少量 Mn^{2+} 加速反应。

(2) 间接滴定法测定 Ca^{2+}:先用 $C_2O_4^{2-}$ 将 Ca^{2+} 全部沉淀为 CaC_2O_4,沉淀经过滤、洗涤后溶于稀 H_2SO_4,然后用 $KMnO_4$ 标准溶液滴定,间接测得 Ca^{2+} 的含量。

(3) 返滴定法测定氧化性物质含量:如在含 MnO_2 试液中加入过量的 $C_2O_4^{2-}$,在酸性介质中发生反应:

$$MnO_2 + C_2O_4^{2-} + 4H^+ \!=\!\!=\!\! Mn^{2+} + 2CO_2(g) + 2H_2O$$

待反应完全后,用 $KMnO_4$ 标准溶液返滴定剩余的 $C_2O_4^{2-}$,可求得 MnO_2 含量。此法也可用于测定 PbO_2 等强氧化性物质的含量。

(4) 返滴定法测定某些具有还原性的有机物:以测定甘油为例。将一定量过量的碱性 $(2mol \cdot L^{-1} NaOH)$ $KMnO_4$ 标准溶液加入含有甘油的试液中,发生反应:

$$C_3H_8O_3 + 14MnO_4^- + 20OH^- \!=\!\!=\!\! 3CO_3^{2-} + 14MnO_4^{2-} + 14H_2O$$

待反应完全后,将溶液酸化,MnO_4^{2-} 歧化成 MnO_4^- 和 MnO_2,加入一定量过量的还原剂 $FeSO_4$ 标准溶液使所有高价锰还原为 Mn^{2+},再用 $KMnO_4$ 标准溶液滴定剩余的还原剂 $FeSO_4$。最后通过两次加入 $KMnO_4$ 的量和 $FeSO_4$ 的量以及它们的计量关系,求得甘油的含量。

4. $KMnO_4$ 标准溶液的配制和标定

因市售的 $KMnO_4$ 试剂常含有少量 MnO_2 和其他杂质,蒸馏水中常含有微量的还原性物质等,$KMnO_4$ 不符合基准物质要求,标液不能用直接法配制,应该采用标定法。其配制方法为:称取略多于理论计算量的固体 $KMnO_4$,溶解于一定体积的蒸馏水中,加热煮沸,保持微沸约 1h,或在暗处放置 $7 \sim 10d$,使还原性物质完全氧化。冷却后用微孔玻璃漏斗过滤去除 $MnO(OH)_2$ 沉淀。过滤后的 $KMnO_4$ 溶液储存于棕色瓶中,置于暗处,避光保存。标定 $KMnO_4$ 溶液的基准物质有 $H_2C_2O_4 \cdot 2H_2O$、$Na_2C_2O_4$、As_2O_3、$(NH_4)_2Fe(SO_4)_2 \cdot 6H_2O$ 等。最常用的是 $Na_2C_2O_4$,它易提纯,稳定,不含结晶水。

14.4.2　特殊指示剂法——碘量法

有些物质本身并不具有氧化还原性,但它能与滴定剂或被测物产生特殊的颜色以指示终

点，碘量法就是利用可溶性淀粉与 I_3^- 生成深蓝色的吸附化合物，以蓝色的出现或消失指示终点，灵敏度高。

1. 碘量法的基本原理和滴定条件

碘量法是基于 I_2 的氧化性及 I^- 的还原性进行测定的方法。固体碘在水中溶解度很小且易于挥发，通常将 I_2 溶解于 KI 以配成碘液。此时 I_2 以 I_3^- 的形式存在，其半反应为

$$I_3^- + 2e^- \Longrightarrow 3I^- \qquad \varphi^\ominus = 0.536V$$

为简化并强调化学计量关系，一般仍简写成 I_2/I^-。

由 I_3^-/I^- 电对的标准电极电势值可见，I_3^- 是较弱的氧化剂，I^- 则是中等强度的还原剂。用碘标准溶液直接滴定强还原剂如 SO_3^{2-}、As(Ⅲ)、$S_2O_3^{2-}$、维生素 C 等的方法称为直接碘量法(direct iodimetry)或碘滴定法(iodimetric titration)。而利用 I^- 还原许多氧化物质如 $Cr_2O_7^{2-}$、MnO_4^-、BrO_3^-、H_2O_2 等，定量地析出 I_2 后，用 $Na_2S_2O_3$ 标准溶液滴定 I_2，间接地测定这些氧化性物质的方法称为间接碘量法(indirect iodimetry)或滴定碘法(iodometry)。I_3^-/I^- 电对的可逆性好，其电极电势在很宽的 pH 范围内(pH<9)不受溶液酸度及其他配位剂的影响，且副反应少，因此碘量法应用非常广泛。

碘量法中两个主要误差来源：一是 I_2 的挥发造成的误差；为消除 I_2 挥发，直接碘量法配制的碘标准溶液和碘滴定法生成的 I_2 都需以 I_3^- 形式存在，因此应加入过量 KI；间接碘量法除加入过量 KI 外，还要采用碘量瓶借助水封防止 I_2 挥发，并且滴定时勿剧烈摇动。二是酸性溶液中 I^- 易被空气氧化生成的 I_2 造成的误差；为防止 I^- 被氧化，碘滴定法中生成 I_2 的反应完成后，立即稀释降低溶液的酸度，并立即滴定；直接碘量法滴定也选择在中性或弱酸性溶液中进行。

2. 应用示例

1) 维生素 C 含量的测定

用 I_2 标液直接滴定维生素 C。维生素 C 分子中的二烯醇基可被 I_2 氧化成二酮基，滴定反应为

维生素 C 在碱性溶液中易被空气氧化，因此滴定在 HAc 介质中进行。

2) Cu^{2+} 的测定

在弱酸性溶液中，Cu^{2+} 与 KI 反应：

$$2Cu^{2+} + 4I^- \Longrightarrow 2CuI(s) + I_2$$

然后用 $Na_2S_2O_3$ 标准溶液滴定析出的 I_2，间接求出 Cu^{2+} 含量。为减少 CuI 对 I_2 的吸附，可在近终点时加入 KSCN 溶液，使 CuI 转化为溶解度更小且对 I_2 吸附力弱的 CuSCN。

3) 葡萄糖含量的测定——返滴定法

碱性条件下，有

$$I_2 + 2OH^- \Longrightarrow IO^- + I^- + H_2O$$

葡萄糖分子中的醛基被 IO^- 氧化成羧基，则

$$CH_2OH(CHOH)_4CHO + IO^- = CH_2OH(CHOH)_4COOH + I^-$$

剩余的 IO^- 在碱性溶液中歧化：

$$3IO^- = IO_3^- + 2I^-$$

溶液经酸化后又析出 I_2：

$$IO_3^- + 5I^- + 6H^+ = 3I_2 + 3H_2O$$

最后用 $Na_2S_2O_3$ 标准溶液滴定析出的 I_2，通过计量关系计算醛基含量。

4) 卡尔·费歇尔滴定法(Karl Fischer titration)测定水

该方法的基本原理是 I_2 氧化 SO_2 时需要一定量的 H_2O：

$$I_2 + SO_2 + H_2O = SO_3 + 2HI$$

为使反应能定量地向右进行，加入吡啶(C_5H_5N)以中和生成的 SO_3 和 HI。其总反应为

$$C_5H_5N \cdot I_2 + C_5H_5N \cdot SO_2 + C_5H_5N + H_2O = C_5H_5N \cdot SO_3 + 2C_5H_5N \cdot HI$$

而生成的 $C_5H_5N \cdot SO_3$ 也能与 H_2O 反应，为此需加入甲醇以防止副反应发生，即

$$C_5H_5N \cdot SO_3 + CH_3OH = C_5H_5N \cdot HOSO_2OCH_3$$

因此该方法测定水时，所用的标准溶液是含有 I_2、SO_2、C_5H_5N 和 CH_3OH 的混合液，称为卡尔·费歇尔试剂(Karl Fischer reagent)。此试剂呈深棕色，与水作用后呈黄色。滴定时溶液由浅黄色变为红棕色即为终点。测定时所用器皿必须干燥。卡尔·费歇尔试剂常用标准的纯水-甲醇溶液进行标定。卡尔·费歇尔滴定法不仅可测定水分含量，还可根据反应中生成或消耗水的量，间接测定某些有机官能团(如醇、酸酐、羧酸、羰基化合物、伯胺、仲胺及过氧化物)。

3. 标准溶液的配制与标定

碘量法中使用的标准溶液是硫代硫酸钠溶液和碘液。

$Na_2S_2O_3 \cdot 5H_2O$ 纯度不够高，易风化和潮解，不符合基准物质要求，不能用直接法配制。配好的 $Na_2S_2O_3$ 溶液也不稳定，易分解，其原因有：①水中的 CO_2 使蒸馏水呈弱酸性以使其分解：$S_2O_3^{2-} + CO_2 + H_2O \xrightarrow{pH<4.6} HCO_3^- + HSO_3^- + S(s)$，此分解作用一般在初制成溶液的最初 10 日内进行；②受水中微生物的作用被还原为单质硫析出：$S_2O_3^{2-} \longrightarrow SO_3^{2-} + S(s)$；③空气中氧的氧化作用使单质硫析出：$2S_2O_3^{2-} + O_2 \longrightarrow 2SO_4^{2-} + 2S(s)$；④见光分解；⑤蒸馏水中可能含有的 Fe^{3+}、Cu^{2+} 等会催化 $Na_2S_2O_3$ 溶液的氧化分解：$2Cu^{2+} + 2S_2O_3^{2-} = 2Cu^+ + S_4O_6^{2-}$，$2Cu^+ + \frac{1}{2}O_2 + H_2O = 2Cu^{2+} + 2OH^-$。因此配制 $Na_2S_2O_3$ 溶液的方法是：称取比计算用量稍多的 $Na_2S_2O_3 \cdot 5H_2O$ 试剂，溶于新煮沸除去 CO_2、灭过菌并已冷却的蒸馏水中，加入少量 Na_2CO_3 使溶液呈弱碱性抑制上述反应的发生。溶液储于棕色瓶中置数天后进行标定。若发现溶液变浑，需过滤后再标定，严重时应弃去重新配制。标定 $Na_2S_2O_3$ 溶液的基准物有 $K_2Cr_2O_7$、$KBrO_3$、KIO_3 等，其中 $K_2Cr_2O_7$ 最常用。标定实验的主要步骤是在碘量瓶中酸性介质条件下，$K_2Cr_2O_7$ 与过量 KI 反应，生成与 $K_2Cr_2O_7$ 计量相当的 I_2，在暗处放置 3～5min 使反应完全，然后加蒸馏水稀释以降低酸度，在弱酸性条件下用待标定的 $Na_2S_2O_3$ 溶液滴定析出的 I_2，近终点时溶

液呈现稻草黄色(I_3^-黄色与Cr^{3+}绿色)时，加入淀粉指示剂，继续滴定至蓝色消失即为终点。最后准确计算$Na_2S_2O_3$溶液的浓度。若滴定前加入淀粉指示剂，由于碘-淀粉吸附化合物，不易与$Na_2S_2O_3$反应，给滴定带来误差。

碘标准溶液虽然可以用纯碘直接配制，但由于I_2的挥发性强，很难准确称量。一般先称取一定量的碘溶于少量KI溶液中，KI加入量一般三倍于I_2的质量，再加等质量的水溶解后稀释至所需体积。例如，配制$0.05mol\cdot L^{-1}$ I_2溶液时需称取13g I_2、39g KI、加水50mL左右溶解后稀释至1L，溶液中自由KI浓度约为3%，配制好的溶液应保存于棕色磨口瓶中。碘液可以用基准物As_2O_3进行标定，也可用已标定的$Na_2S_2O_3$溶液进行标定。

14.4.3　氧化还原指示剂

1. 指示剂的变色原理及选择原则

这类指示剂具有氧化还原性质，其氧化态和还原态具有不同的颜色。在滴定过程中，因被氧化或还原而发生颜色变化以指示终点。氧化还原指示剂的半反应和相应的能斯特方程为

$$In(Ox) + ne^- \rightleftharpoons In(Red)$$

$$\varphi = \varphi_{In}^{\ominus\prime} - \frac{0.05917}{n}\lg\frac{c[In(Red)]}{c[In(Ox)]}$$

在滴定过程中，随着溶液电极电势的改变，$\frac{c[In(Red)]}{c[In(Ox)]}$随之变化，溶液的颜色也发生变化。当$\frac{c[In(Red)]}{c[In(Ox)]}$从$\frac{1}{10}$到10，指示剂由氧化态颜色转变为还原态颜色。相应的指示剂变色范围为$\varphi_{In}^{\ominus\prime}\pm\frac{0.05917V}{n}$。表14-3列出的是常用的氧化还原指示剂。在氧化还原滴定中选择这类指示剂的原则是，指示剂变色点的电极电势应处于滴定体系的电极电势突跃范围内。

表 14-3　常用的氧化还原指示剂

指示剂	颜色变化		$\varphi_{In}^{\ominus\prime}$/V $c(H^+)=1mol\cdot L^{-1}$	配制方法
	还原态	氧化态		
次甲基蓝	无色	蓝色	+0.53	质量分数为0.05%的水溶液
二苯胺	无色	紫色	+0.76	0.25g指示剂与3mL水混合溶于100mL浓H_2SO_4或H_3PO_4中
二苯胺磺酸钠	无色	紫红色	+0.85	0.8g指示剂加2g Na_2CO_3，用水溶解并稀释至100mL
邻苯氨基苯甲酸	无色	紫红色	+0.89	0.1g指示剂溶于30mL质量分数为0.6%的Na_2CO_3溶液中，用水稀释至100mL过滤，保存在暗处
邻二氮菲-亚铁	红色	淡蓝色	+1.06	1.49邻二氮菲加0.7g $FeSO_4\cdot7H_2O$溶于水，稀释至100mL

图14-1中$1mol\cdot L^{-1}$ H_2SO_4介质中用Ce^{4+}溶液滴定Fe^{2+}溶液，化学计量点前后0.1%的电极电势突跃范围是0.86~1.26V，显然宜选用邻苯氨基苯甲酸或邻二氮菲-亚铁作指示剂。二苯胺磺酸钠常用于HCl-H_3PO_4介质中，用$K_2Cr_2O_7$溶液滴定Fe^{2+}溶液的情况。

氧化还原反应的完全程度一般来说是比较高的，因而化学计量点附近的突跃范围较大，又有不同的指示剂可供选择，因此终点误差一般并不大。

2. 重铬酸钾法

基本原理： $K_2Cr_2O_7$ 是一种常用的氧化剂，在酸性介质中的半反应为

$$Cr_2O_7^{2-} + 14H^+ + 6e^- \rightleftharpoons 2Cr^{3+} + 7H_2O \qquad \varphi^\ominus = 1.33V$$

与 $KMnO_4$ 法相比，$K_2Cr_2O_7$ 法有如下特点：①$K_2Cr_2O_7$ 易提纯、较稳定，在 140～150℃ 干燥后可作为基准物质直接配制标准溶液；②$K_2Cr_2O_7$ 标准溶液非常稳定，可以长期保存在密闭容器内，溶液浓度不变；③在室温下，$K_2Cr_2O_7$ 不与 Cl^- 反应，故可以在 HCl 介质中作滴定剂；④$K_2Cr_2O_7$ 法需用指示剂。

3. 应用实例 1

铁锈中含铁量的测定。将铁锈试样用 HCl 溶解后，先用 $SnCl_2$ 将大部分 Fe^{3+} 还原至 Fe^{2+}，然后在 Na_2WO_3 存在下，以 $TiCl_3$ 还原剩余的 Fe^{3+} 至 Fe^{2+}，稍过量的 $TiCl_3$ 可使 Na_2WO_3 被还原为钨蓝，使溶液呈现蓝色，以指示 Fe^{3+} 被还原完毕。然后以 Cu^{2+} 作催化剂，利用空气氧化或滴加稀 $K_2Cr_2O_7$ 溶液使钨蓝恰好褪色。再于 H_3PO_4 介质或 H_2SO_4-H_3PO_4 介质中，以二苯胺磺酸钠为指示剂，用 $K_2Cr_2O_7$ 标准溶液滴定 Fe^{2+}。H_2SO_4-H_3PO_4 介质中 H_3PO_4 的作用之一是提供必要的酸度，更重要的是与 Fe^{3+} 形成稳定且无色的$[Fe(HPO_4)_2]^-$，既掩蔽了 Fe^{3+} 的黄色又可使 Fe^{3+}/Fe^{2+} 电对的电极电势降低，增大突跃范围，使二苯胺磺酸钠变色点的电极电势落在滴定的电极电势突跃范围内，有利于终点的观察。

4. 应用实例 2

土壤中腐殖质含量的测定。腐殖质是土壤中复杂的有机物质，其含量大小反映土壤的肥力。测定方法是将土壤试样在浓硫酸存在下与已知过量的 $K_2Cr_2O_7$ 溶液共热，使腐殖质的碳被氧化，然后以邻二氮菲-亚铁作指示剂，用 Fe^{2+} 标准溶液滴定剩余的 $K_2Cr_2O_7$。最后通过计算有机碳的含量再换算成腐殖质的含量，反应为

$$4CrO_4^{2-} + 3C + 20H^+ \rightleftharpoons 4Cr^{3+} + 3CO_2 + 10H_2O$$

$$CrO_4^{2-}(余量) + 3Fe^{2+} + 8H^+ \rightleftharpoons Cr^{3+} + 3Fe^{3+} + 4H_2O$$

空白测定可用纯砂或灼烧过的土壤代替土样。

$$w(腐殖质) = \frac{\frac{1}{4}(V_0 - V)c(Fe^{2+})}{m(土样)} \times 0.021 \times 1.1$$

式中：V_0 为空白实验所消耗的 Fe^{2+} 标准溶液的体积，mL；V 为土壤试样所消耗的 Fe^{2+} 标准溶液的体积，mL。

由于土壤中腐殖质氧化率平均仅为 90%，故需乘以校正系数 1.1 即 $\left(\frac{100}{90}\right)$；且因反应中

1mmol 碳质量为 0.012g，土壤中腐殖质中碳平均含量为 58%，则 1mmol 碳相当于 $0.012g \times \frac{100}{58}$，即约 0.021g 的腐殖质。

习　题

1. 当两电对的电子转移数均为 2 时，为使反应完全度达到 99.9%，两电对的条件电极电势差至少应大于多少?

2. 化学计量点在滴定曲线上的位置与氧化剂和还原剂的电子转移数有什么关系?

3. 下列反应中哪个反应滴定曲线在化学计量点前后是对称的?

(A) $2Fe^{3+} + Sn^{2+} \Longrightarrow Sn^{4+} + 2Fe^{2+}$　　　　(B) $MnO_4^- + 5Fe^{2+} + 8H^+ \Longrightarrow Mn^{2+} + 5Fe^{3+} + 4H_2O$

(C) $Ce^{4+} + Fe^{2+} \Longrightarrow Ce^{3+} + Fe^{3+}$　　　　(D) $I_2 + 2S_2O_3^{2-} \Longrightarrow 2I^- + S_4O_6^{2-}$

4. 已知在 $1mol \cdot L^{-1}$ HCl 中，$\varphi(Fe^{3+}/Fe^{2+}) = 0.68V$，$\varphi(Sn^{4+}/Sn^{2+}) = 0.14V$，计算以 Fe^{3+} 滴定 Sn^{2+} 至 99.9%、100%、100.1% 时的电极电势分别为多少?

5. 已知 $\varphi'(Ce^{4+}/Ce^{3+}) = 1.44V$，$\varphi'(Fe^{3+}/Fe^{2+}) = 0.68V$，则反应 $Ce^{4+} + Fe^{2+} \Longrightarrow Ce^{3+} + Fe^{3+}$ 在化学计量点时溶液两个电对的电极电势为多少? $c(Fe^{3+})/c(Fe^{2+})$ 为多少?

6. 在 $0.10mol \cdot L^{-1}$ HCl 介质中，用 $0.2000mol \cdot L^{-1}$ Fe^{3+} 滴定 $0.10mol \cdot L^{-1}$ Sn^{2+}，试计算在化学计量点时的电势及 pH 突跃范围。在此条件下选用什么指示剂滴定终点与化学计量点是否一致? 已知在此条件下，Fe^{3+}/Fe^{2+} 电对的 $\varphi^{\ominus\prime} = 0.73V$，$Sn^{4+}/Sn^{2+}$ 电对的 $\varphi^{\ominus\prime} = 0.07V$。

7. 有一不纯物 Fe_2O_3，为了分析其纯度，溶解后，首先被铁完全还原到 Fe^{2+}，然后在酸性条件下被 $KMnO_4$ 溶液氧化。若 3.57g 此不纯物需要 37.69mL $0.170 mol \cdot L^{-1}$ $KMnO_4$ 溶液反应，试求 Fe_2O_3 在此不纯物中的质量分数。

8. 称取软锰矿 0.3516g、分析纯 $Na_2C_2O_4$ 0.3685g，共置于同一烧杯中，加入 H_2SO_4，并加热，待反应完毕后，用 $0.02400mol \cdot L^{-1}$ $KMnO_4$ 溶液滴定剩余的 $Na_2C_2O_4$，消耗 $KMnO_4$ 溶液 11.26mL。计算软锰矿中 MnO_2 的质量分数。

9. 将 0.1652g 石灰石试样溶解在 HCl 溶液中，然后将钙沉淀为 CaC_2O_4，沉淀溶解于稀 H_2SO_4 中，用 $KMnO_4$ 溶液滴定，用去 20.70mL。已知 $KMnO_4$ 对 $CaCO_3$ 的滴定度为 0.006020。求石灰石中 $CaCO_3$ 的质量分数。

10. 已知一过氧化氢水溶液重 3.579g，用 KI 和酸处理，H_2O_2 被还原成 H_2O，而 I^- 被氧化成 I_2，生成的 I_2 由反应 $I_2 + 2S_2O_3^{2-} \longrightarrow 2I^- + S_4O_6^{2-}$ 来测定。为使生成的 I_2 完全反应必用 26.87mL $0.1635mol \cdot L^{-1}$ 的 $Na_2S_2O_3$ 溶液，计算 H_2O_2 原始溶液的质量分数。

11. 用 $K_2Cr_2O_7$ 作基准物质标定 $Na_2S_2O_3$ 溶液时，为什么要加入过量的 KI 和 H_2SO_4 溶液? 为什么放置一定时间后才加水稀释? 如果(1)加 KI 溶液而不加 H_2SO_4 溶液; (2)加 H_2SO_4 后不放置于暗处; (3)不放置或稍放置一定时间即加水稀释，会产生什么影响?

12. 为什么用 I_2 溶液滴定 $Na_2S_2O_3$ 溶液时应预先加入淀粉指示剂? 而用 $Na_2S_2O_3$ 滴定 I_2 溶液时必须在将近终点之前才加入?

13. 现有含 As_2O_3 与 As_2O_5 的混合试样，将此试样溶解后，在中性溶液中用 $0.02500mol \cdot L^{-1}$ 碘液滴定，耗去 20.00mL。滴定完毕后，使溶液呈强酸性，加入过量的 KI。由此析出的碘又用 $0.1500mol \cdot L^{-1}$ $Na_2S_2O_3$ 溶液滴定，耗去 30.00mL，计算试样中 $As_2O_3 + As_2O_5$ 混合物的质量。

14. 用 KIO_3 为基准物标定 $Na_2S_2O_3$ 溶液。称取 0.1520g KIO_3 与过量的 KI 作用，析出的碘用 $Na_2S_2O_3$ 溶液滴定，用去 24.52mL。此 $Na_2S_2O_3$ 的浓度为多少? 每毫升相当于多少克碘?

15. 试剂厂生产试剂 $FeCl_3 \cdot 6H_2O$，国家规定二级品质量分数不少于 99.0%，三级品质量分数不少于 98.0%。为了检查质量，称取 0.5136g 试样，溶于水，加浓 HCl 溶液 3mL 和 2g KI，最后用 $0.1008mol \cdot L^{-1}$ $Na_2S_2O_3$ 标准溶液 18.17mL 滴定至终点。则该试样属于哪一级?

16. 25.00mL KI 溶液用稀盐酸及 10.00mL $0.05000mol \cdot L^{-1}$ KIO_3 溶液处理，煮沸以挥发除去释出的 I_2。冷却后，加入过量 KI 溶液使之与剩余的 KIO_3 反应。释出的 I_2 需要用 21.14mL $0.1008mol \cdot L^{-1}$ $Na_2S_2O_3$ 溶液滴定。计算 KI 溶液的浓度。

17. 称取含甲酸(HCOOH)的试样 0.2000g，溶解于碱性溶液后，加入 $0.02018mol \cdot L^{-1}$ $KMnO_4$ 溶液 25.00mL，待反应完成并酸化后，加入过量的 KI 还原过剩的 MnO_4^-，以及 MnO_4^{2-} 歧化生成的 MnO_4^- 和 MnO_2，

最后用 $0.1062 mol \cdot L^{-1} Na_2S_2O_3$ 标准溶液滴定析出的 I_2，消耗 $Na_2S_2O_3$ 溶液 21.22mL。计算试样中甲酸的质量分数。(提示：HCOOH 在碱性溶液中被 $KMnO_4$ 氧化为 CO_3^{2-})

18. 在用 $K_2Cr_2O_7$ 法测定 Fe 时，加入 H_3PO_4 的主要目的是什么？

19. 0.1020g 工业甲醇，在 H_2SO_4 溶液中与 25.00mL $0.01667 mol \cdot L^{-1} K_2Cr_2O_7$ 溶液作用。反应完成后，以邻苯氨基甲酸作指示剂，用 $0.100 mol \cdot L^{-1} (NH_4)_2Fe(SO_4)_2$ 溶液滴定剩余的 $K_2Cr_2O_7$，用去 10.00mL。求试样中甲醇的质量分数。

20. 某一溶液含有 $FeCl_3$ 及 H_2O_2。写出用 $KMnO_4$ 法测定其中 H_2O_2 及测定 Fe^{3+} 的步骤。

21. $KMnO_4$ 法与配位滴定法测定钙的优缺点各是什么？

22. 氧化还原滴定中的指示剂分为几类？各自如何指示滴定终点？

23. 氧化还原指示剂的变色原理和选择与酸碱指示剂有何异同？

第15章 化学助力生态平衡教学案例

在实际应用中，产品应用的领域和条件决定了选用材料的性质，而材料的性质又是由其组成和结构决定的；除此之外还要考虑产品的社会价值及经济价值。因此，在原料选择、生产工艺制定、确定产品的使用和储存条件等过程中，要综合运用基本原理和理论。本章以生物质综合利用和水性铝粉颜料的研发为例，加深理解化学原理和理论在生态保护和绿色生产中的应用，初步感悟创新与基础科学的关系。

15.1 生物质综合利用

农作物秸秆以及果树和绿化产生的树枝等是典型的生物质废弃物，其利用方式是多种多样的，传统方式主要是作为燃料焚烧。随着环境保护日趋迫切，有关碳达峰、碳中和、碳减排、控制雾霾天气等政策不断出台，作为燃料焚烧的利用方式受到限制，废弃生物质给生态环境带来较大的压力。实现其资源化的经济效益和社会效益的意义日趋明显。秸秆还田、工业原料和综合利用等生物质利用方式不断开发。在我国，秸秆年产生量达 7 亿多吨，秸秆中富含氮、磷、钾、钙、镁和有机质等，是一种具有多用途的可再生生物资源。

下面以农作物秸秆的应用为例，探讨生物质废弃物综合利用过程中的化学原理和理论，体会化学在生态平衡中的重要助力作用。

15.1.1 秸秆还田

秸秆还田通常是指在农作物收获后，将秸秆以不同的方式返还到田里。用作肥料是秸秆资源最主要的利用方式之一。因此，水稻、小麦和其他一些作物的秸秆以各种方式返还到田中。秸秆直接还田包括：①高茬还田，指用机械等将作物留茬秸秆翻入土中；②覆盖还田，作物收割后，将秸秆直接或粉碎覆盖在土壤表层，起抗旱保墒保水作用；③粉碎翻耕还田，指用旋耕机将粉碎秸秆均匀翻耕入土，是比较普遍的一种还田方式，省时省力，减少化肥投入，还可以增加土壤孔隙度，降低土壤容重，改善土壤通气状况和水分状况，为作物生长提供良好的土壤环境，提高耕地质量，且能够增加土壤有机碳含量，发掘农业土壤的固碳潜力，是有效的碳减排途径。然而连续的直接秸秆还田会使病虫害加重，造成生态破坏。

应生态可持续发展的需要，人们探索了秸秆间接还田方式，即将秸秆处理后再还田，包括：①堆肥还田，将作物秸秆与畜禽粪便、辅料等混合，加入适宜的微生物菌剂进行高温发酵腐熟杀死病虫原，作为有机肥料还田；②过圈还田，将秸秆与畜禽粪便堆沤发酵后还田；③过腹还田，牲畜食用秸秆消化后，将排泄物简单堆沤处理用作肥料还田。不管哪种途径都需要严格控制有效成分的比例。例如，堆肥还田时，需要控制碳元素和氮元素的比例；按《有机肥料》(NY 525—2021)标准，采用酸碱滴定中的凯氏定氮法测定秸秆、粪便及辅料中的氮含量，采用氧化还原滴定中的重铬酸钾法测定各原料中碳的含量，确定合理的碳氮比，以保证腐熟效果，达到防治病虫害的目的。

秸秆间接还田虽然克服了直接还田的缺陷，但是又出现新的问题：秸秆发酵腐熟过程中会有氨臭的主要成分 NH_3 和硫臭的主要成分 H_2S 放出，不仅会损失养分，而且会造成空气污染。

15.1.2　生物炭去除水中重金属

重金属是指密度大于 $4.5g \cdot cm^{-3}$ 的金属元素，真正划入重金属的有 10 种元素，分别为铜、铅、锌、锡、镍、钴、锑、汞、镉和铋。环境中的重金属污染主要来源于工业污染、交通污染和生活垃圾污染。食品中的重金属污染大多来源于含有重金属的植物性或动物性原材料，其次来源于食品的加工和储藏过程。研究表明，重金属一般能通过消化系统和呼吸系统进入机体，当积累超过一定限量会对人体脏器、神经系统、免疫系统和生殖系统等造成损害，造成慢性中毒；严重时有致畸、致癌、致突变风险。汞对人体的损伤主要通过抑制 β-微管蛋白、破坏线粒体功能等损害人体中枢神经系统。镉主要通过与含羟基、氨基、巯基的蛋白质分子结合，形成的复合物对巯基酶活性具有较强的抑制作用，从而对人体的免疫系统、肾脏及骨骼造成损害。铅进入机体后与线粒体及线粒体膜、细胞膜上的蛋白质相结合，或者与含氮、氧、硫基团有机物相结合，形成大分子复合物，抑制 ATP 酶活性，使机体无法合成能量，因此铅对机体免疫系统、神经系统、造血系统和肝、肾、脑组织等器官等产生有毒作用，引起厌食症、慢性肾病、神经元损伤和阿尔茨海默病等疾病。对于水生生物来说，重金属也会影响其正常的生理代谢和生长发育，最终会随食物链逐级富集，危害人类健康。因此，有效去除重金属对维持生态平衡和人体健康有着至关重要的作用。目前，用于去除水中重金属离子的方法有化学沉淀、离子交换、电化学处理、膜分离技术和吸附方法等。但这些方法均受到工艺和经济的限制，所以寻找较为廉价的水净化材料、降低水处理的成本、提高净化效率成为研究人员的重要课题。

吸附法的原理是利用吸附剂将水中的重金属离子吸附到吸附剂的表面，随着吸附剂与水的分离，从而达到去除重金属污染物的目的。按吸附机理来区分，主要可分为物理吸附和化学吸附两种。物理吸附主要是依靠吸附剂与重金属离子之间的"分子间相互作用"，化学吸附是依靠吸附剂表面的一些活性基团与水中的重金属离子发生"化学反应"。但是在实际应用过程中，通常是物理吸附和化学吸附同时存在，且共同作用。目前用于重金属水处理的吸附剂种类很多，如常见的活性炭、硅藻土、膨润土、沸石及生物质吸附剂等，它们各有优势。生物质(如木纤维、玉米秆、稻壳、木屑、树皮和壳聚糖等)吸附法因操作过程简单、处理过程无污泥产生以及对低浓度的重金属水具有很好的去除效果，且吸附剂来源广泛、价廉易得等优点，受到了越来越多的国内外学者的关注。但鉴于这些纯天然生物质本身结构的局限，对于重金属的吸附容量较小、选择性差等缺点，对其进行物理或者化学改性势在必行。

以生物质为原料经高温炭化和活化而成的活性炭和生物炭在去除水中的重金属离子方面得到了广泛关注。常规的生物质炭化技术一般是在氮气气氛条件下 400℃ 以上完成，依据热化学原理很容易理解该工艺能耗高、对设备要求高。较高的温度使生物质增大了富电子的芳香结构的比例，具有丰富的孔隙结构、较大的比表面积，一般呈碱性。Boehm 滴定法测定表明，高温炭化过程中极性官能团(如羧基、内酯基和酚羟基)的含量及其总酸值大大降低。依据

"相似相溶原理"可以推测,生物炭对富电子的有机物吸附效果较好,用于食品脱色时效果显著;但对重金属等极性物质的吸附性能却有待商榷。

为了提高极性官能团含量,扩大生物炭的应用范围,常在磷酸、硫酸或 NaOH、KOH 介质中水热制备生物质炭,或在上述工艺炭化后再水蒸气活化生物炭;不仅耗能高,而且易造成污染。例如,专利文献《一种处理废水中重金属镉的磁改性生物炭的制备方法》(CN 201910922223.6),包括以下步骤:①小麦秸秆生物炭的制备,小麦秸秆风干后粉碎过筛,对粉碎后的小麦秸秆进行炭化,炭化后自然冷却至室温,用酸洗涤并过滤,然后用蒸馏水洗至中性,烘干至恒量,即可得到小麦秸秆生物炭;②磁改性生物炭的制备,将步骤①中制得的小麦秸秆生物炭浸渍在铁离子溶液中,调节 pH 至 11~13,混合静置后进行超声波处理,加热搅拌后烘干,然后用蒸馏水洗涤至 pH 稳定,即得到磁改性生物炭。

尽管生物炭作为吸附剂展现出良好的应用前景和潜力,但其生产过程需要高温热解,能耗高,产量低(一般低于 30%),价格较高,且温室气体排放显著。

15.1.3　官能化秸秆综合调控生态平衡

针对上述问题,河北大学的韩冰课题组选择芦苇、麦秸秆和玉米秸秆等典型的生物质代表,开拓了低温(<300℃)氧化生物质制备官能化秸秆的技术。官能化秸秆技术是在控氧条件下 350℃ 以下完成,由于秸秆氧化为放热反应,该技术为典型的节能工艺,符合碳达峰的目标。较低的温度下被氧化,使生物质增大了羟基、羧基、酯基等酸性极性基团含量,一般呈酸性。表 15-1 为不同温度制备的官能化秸秆的表面官能团含量。

表 15-1　不同温度制备的官能化秸秆的表面官能团含量

温度/℃	酸性基团含量/(mmol·g⁻¹)			总酸值	碱性基团含量/(mmol·g⁻¹)	总官能团含量/(mmol·g⁻¹)	pH
	酚基	内酯基	羧基				
秸秆原料(30)	0.65	0.39	0.45	1.49	0.37	1.86	5.54
140	0.76	0.87	0.25	1.88	0.11	1.99	4.46
160	1.17	0.84	0.42	2.43	0.09	2.52	4.12
180	1.59	1.03	0.36	2.98	0.30	3.28	4.28
200	1.67	0.71	0.75	3.13	0.46	3.59	4.51
220	1.85	0.77	0.64	3.26	0.66	3.92	4.83
240	1.72	0.85	0.68	3.25	0.85	4.10	4.95
260	1.51	0.75	0.37	2.63	0.83	3.46	**5.82**

依据"相似相溶原理",官能化秸秆对重金属等极性物质的作用力更强。图 15-1~图 15-5 分别为不同温度制备的官能化秸秆对水中的 Cu^{2+}、Cd^{2+}、结晶紫、亚甲基蓝及氨气的吸附效果。由图 15-1~图 15-5 可知,官能化秸秆可以作为水中 Cu^{2+}、Cd^{2+} 等重金属离子及阳离子有机染料等极性物质的有效吸附剂,并且可用于空气中以氨气为代表的碱性污染气体的净化。

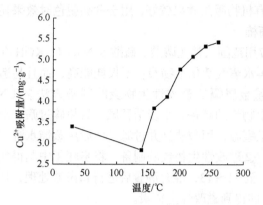

图 15-1　官能化秸秆对水中 Cu^{2+} 的吸附效果

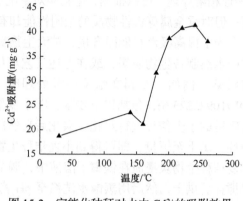

图 15-2　官能化秸秆对水中 Cd^{2+} 的吸附效果

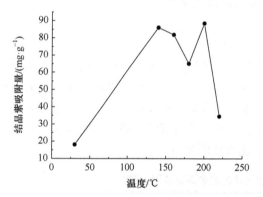

图 15-3　官能化秸秆对结晶紫的吸附效果

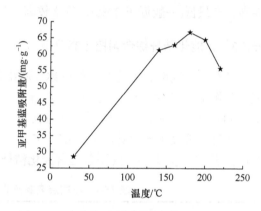

图 15-4　官能化秸秆对亚甲基蓝的吸附效果

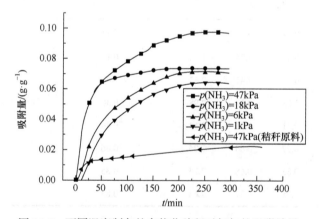

图 15-5　不同温度制备的官能化秸秆对氨气的吸附效果

15.2　水性铝粉颜料的制备原理

　　铝粉又称"银粉",是一种非常重要的金属颜料。1910 年美国人 J. Hall 开发出了以高纯度的铝粉为原料,加入惰性溶剂及添加剂一起球磨,生产片状铝粉浆的技术。此方法设备简单,操作安全,很快被推广到世界各国。铝粉呈鳞片状,其片径与厚度的比例为 40∶1~100∶1,

表面光洁；当铝粉分散在如涂料等载体内时，会产生飘浮运动，使铝粉片状颗粒相互交错平行排列，覆盖成层，可形成几十层的排列，最终结果是平铺在底材表面。由于铝粉片交错排列成层，切断了载体膜所形成的毛细微孔，在底材与外界空气之间形成了一道保护层，基体得到有效保护。铝粉片平铺在底材表面之后，形成了连续的金属膜层，具有镜面反射效果；可以反射可见光、红外光、紫外光的 60%～90%，因此铝粉具有特有的遮盖特性、屏蔽特性及显著的着色能力。当可见光被铝粉形成的镜面反射时，可使涂层具有亮白色金属光泽；铝粉涂层表面越光滑，金属光泽效应越强，可以达到更好的装饰效果。当反射红外光时，可以使涂层具有保温效果；当紫外光被反射时，可以提高被保护材料的使用年限，有效地防止因受到紫外光照射而老化。当然，依据涂层表面粗糙程度的不同，还会对光产生既有反射也有散射的效果。铝粉在涂层中是交错相连、叠加成层，在受到外界光线照射时，各层的铝粉颗粒，由于所在位置不同，受到光线照射的强度也不同，因此反射光线的亮度也会有所不同。若铝粉与透明载体混合成为涂料并涂抹成膜时，光线射入膜层，入射光透过透明载体粒子成为有色光，再经过不同位置的铝粉颗粒反射出来，就会产生不同颜色与不同光泽的光，这种当光线的入射角度和视角改变时，光泽和颜色也随之发生变化的现象，称为"随角异色效应"。

铝粉的这些特性使之在诸多行业领域得到广泛应用。20 世纪 90 年代中期开始，技术和产品质量处于全球领先地位的德国 Eckart 公司、美国 Silberline 公司和日本东洋铝业等的高档铝颜料开始进入中国市场，从而带动了中国铝颜料产业的大发展。中国铝颜料市场获得了前所未有的发展机遇。目前我国铝颜料在涂料中的应用约占 85%。油墨应用约占 9%，塑料应用约占 4%，其他应用约占 2%。在涂料领域，铝颜料主要用于装饰性涂料和保护涂料、屋顶涂料、汽车涂料等。

15.2.1　研发水性铝颜料的意义

随着环境要求的逐渐提高，以减少挥发性有机污染物(VOCs)的排放为目的，涂料行业的主要产品由油性涂料转向水性涂料。依据"相似相溶原理"，用于油性涂料的铝粉颜料，分散到水介质中必然会出现相容性问题，由此造成油性铝颜料在水性涂料中发生团聚现象，即分散性降低导致遮盖力、着色能力、光泽度等性能显著降低。同时，由于铝粉比表面积大、化学性质活泼，易与水性涂料中的溶剂水发生如下化学反应：

$$2Al + 6H^+ \longrightarrow 2Al^{3+} + 3H_2 \uparrow \qquad 酸性条件 \qquad (15\text{-}1)$$

$$2Al + 6H_2O \longrightarrow 2Al(OH)_3 + 3H_2 \uparrow \qquad 中性或弱碱性 \qquad (15\text{-}2)$$

$$2Al + 2OH^- + 6H_2O \longrightarrow 2[Al(OH)_4]^- + 3H_2 \uparrow \qquad 强碱性条件 \qquad (15\text{-}3)$$

这些反应一方面使铝粉表面不再光洁，失去光泽；而更大的问题是铝粉在被腐蚀的过程中有大量氢气产生，造成储存容器内部压力升高，甚至发生爆炸，对铝粉的生产、储存和运输产生危险。因此，水性铝颜料的开发应运而生。水性铝颜料的研发就是对其表面进行改性，增加其抗腐蚀能力及在水性介质中的分散性。

15.2.2　水性铝颜料制备方法存在的问题

目前，铝粉颜料的制备方法主要有物理保护法和化学保护法。物理保护法即在铝粉表面包一层透明的树脂作为保护层。因为树脂和铝粉表面的黏结力较弱，树脂很容易从铝粉表面脱落，从而失去对铝粉的保护作用。化学保护法主要分为钝化法、缓蚀法和包覆法。钝化法即采用铬酸盐、钼酸盐和磷酸盐等，在铝粉表面形成氧化物。其中，铬酸盐的钝化防腐效果最好。这些钝化物对环境及人体有害，且如果用量不足，反而加剧部分金属的腐蚀，已被淘汰。缓蚀法是利用一些物质吸附在铝颜料表面，达到隔绝铝颜料与水、空气等腐蚀环境介质接触的目的。有机酸和表面活性剂由于具有疏水性是缓蚀剂的主体；含氮、含硫或含羟基的、具有表面活性的有机化合物等吸附膜型缓蚀剂分子，以亲水基与铝粉表面的羟基相互作用吸附或结合于金属表面上，保护金属表面不受水腐蚀，当用量不足时不会加速腐蚀。

包覆法是一种传统的微粒表面改性方法，它使微粒表面形成一层或多层致密的有机或无机膜层，此膜层可以阻止微粒表面与外界物质接触，从而达到保护微粒的效果。根据其反应机理的不同可分为气相沉积法、沉淀法、溶胶-凝胶法、聚合物包裹法、异质絮凝法等。在金属防腐中，溶胶-凝胶法是一种常用的方法，该法是将化学活性较高的化合物作为原料，在液相中与辅料均匀混合，在催化剂作用下进行水解、缩合，在溶液中形成溶胶体系，慢慢聚合再形成网络结构的凝胶，包覆到金属表面，再经过干燥、煅烧得到表面包覆的粉体。膜层与微粒之间依靠库仑静电引力相互吸引，或通过化学键结合，从而生成均匀致密的包覆层。但在这个领域，大部分的研究多是以异丙醇或水为分散介质，在氨或乙二胺作用下催化硅氧烷的水解和缩合，如李利君、皮丕辉等制备的硅烷偶联剂改性的纳米二氧化硅包覆铝粉，通过在氨水催化作用下，硅烷偶联剂和正硅酸乙酯(TEOS)水解缩聚后形成含有疏水的有机基团的均一杂化材料，与有机树脂相容性较好。尽管采用红外分析和能谱分析表征表明复合粒子表面出现了 Si—O—Si 的特征吸收峰，但这些仅能说明复合粒子表层有二氧化硅的存在，至于水解缩聚生成的二氧化硅是否真正结合在铝粉表面，文中并没有详细说明。因此对铝颜料表面的包覆机理的详细探讨至关重要，下面详细叙述溶胶-凝胶层是如何结合到铝粉表面。

李利君和 Karlsson 分别在相关文献中提到，铝颜料由于长期暴露在空气中，其会形成一层铝的氧化物覆盖在表面，这层氧化物在潮湿的环境下表面会带有很多的羟基，这些羟基能够作为锚固点参与溶胶-凝胶的缩合反应，在片状铝和硅溶胶-凝胶膜之间形成化学交联的Si—O—Al 键。这种推测在某些方面可能正确，但是新制备的铝薄片表面几乎没有羟基的存在，而且长期自然条件中放置的铝粉形成的这种氧化物过多会导致铝粉表面金属光泽的严重恶化。此外，由自然腐蚀而形成的锚固点的量是不确定的，不能保证有效的锚固。仔细分析溶胶-凝胶过程，可以发现氨或乙二胺溶液作为催化剂的两个作用：第一，提供碱性介质，催化硅氧烷的水解与缩合；第二，提供足够的碱度以确保铝粉与水的反应，使铝粉表面生成羟基锚固点。但是水与铝粉反应为强放热反应，尤其是体系中水的比例较大且碱的浓度较高时，反应难以控制，会导致大量氢气放出，发生溢出或暴沸，给生产带来安全隐患。因此，许多实验的制备过程以选择介质体系中醇为主，水的比例很小，因而容易导致硅氧烷的水解和缩合反应被抑制，铝粉表面不能形成致密的包覆层，不能提供足够的耐腐蚀保护，所以介质中水占比例的多少成为一个制约因素。若将酸或碱的作用仅限制在催化硅氧烷的水解，则可降低酸或碱的浓度，使生产安全运行。因此，寻找合适的锚固剂是安全生产且保证质量的有效途径。另外，典型的氨催化法中，生产过程中氨的挥发带来的生产环境问题也是亟待解决的关键。

15.2.3　利用相似相溶原理选择反应介质

包覆流程示意图如图 15-6 所示。铝粉在制备过程中通常加入少许硬脂酸及烃类有机溶剂，尽管离心分离已将绝大多数有机物去除，但不可避免地还会在铝粉表面有残留，阻碍了包覆层物质与铝粉的结合，应在包覆前将其洗掉。此外，正硅酸乙酯微溶于水，为了确保水与正硅酸乙酯充分接触，应当选择一种既能溶于水也能溶于正硅酸乙酯的溶剂。异丙醇符合该条件，异丙醇/水混合介质被选为制备过程中的溶剂。

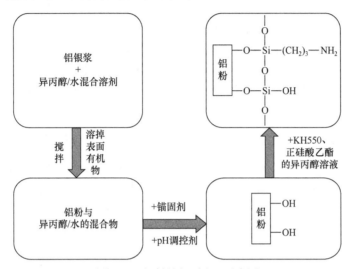

图 15-6　铝粉的包覆流程示意图

15.2.4　利用配合物调控锚固剂浓度及介质酸碱性提高产品质量

铝粉表面非常光洁，且金属铝间的作用力是金属键，无论是无机化合物还是有机化合物都不易以化学键结合或靠分子间力黏附于铝粉表面。因此，在铝粉表面额外增加锚固点是必然的。而对于金属铝来说，与无机化合物相结合最方便可行的途径是表面生成氢氧化物，形成羟基，即要在铝粉表面发生氧化反应。

考虑到产品性能的要求，氧化反应的发生不能破坏铝粉表面的光洁度。因此，要选择温和的氧化剂，且要控制铝粉表面被氧化的密度，且生成的 $Al(OH)_3$ 不能以任何物种溶解到溶液中，即羟基要适量，且均匀地分布在铝粉表面。鉴于文献中报道的条件多数以氨或乙二胺溶液作为催化剂，首先选择镍盐和铜盐与 NH_3 形成配合物来控制氧化剂 Cu^{2+} 和 Ni^{2+} 的氧化性及包覆介质的 pH，使反应可以温和进行：

$$[Cu(NH_3)_y]^{2+} + Al + H_2O \longrightarrow [Al(OH)_x]^{3-x} + Cu + NH_3 \tag{15-4}$$

$$\left[Ni(NH_3)_z\right]^{2+} + Al + H_2O \longrightarrow [Al(OH)_x]^{3-x} + Ni + NH_3 \tag{15-5}$$

采用 $[Cu(NH_3)_y]^{2+}$ 和 $\left[Ni(NH_3)_z\right]^{2+}$ 并控制溶液 pH 为 8.8~10(NH_3-NH_4^+ 缓冲体系)，可以氧化金属铝在铝粉表面形成勃姆石结构的铝氧化物的水合物 $[Al(OH)_x]^{(3-x)+}$，使铝粉表面实现羟基化。在弱碱性条件下，硅烷的缩合反应大于水解反应，这意味着硅烷一旦生成就参与缩合形成硅溶胶。低的锚固效率会导致硅胶在溶液中自身成核结晶而不是包覆在铝粉表面，降低铝颜料的遮盖率。勃姆石锚固硅胶膜的效率可通过铝粉表面与硅溶胶的静电作用得以解释。依据型体分布，勃姆石的零电荷点为 9.1，当 pH<9.1 时，铝粉表面$[Al(OH)_x]^{(3-x)+}$的 x<3，所带净电荷为正值；当 pH>9.1 时，铝粉表面$[Al(OH)_x]^{(3-x)+}$的 x>3，所带净电荷为负值。铝粉表面带正电荷量随着 pH 的增大而减少，当 9.1<pH<10.1 时，铝粉表面仍然有一定量的正电荷。此外，硅酸的 pK_{a_1} 为 9.77，pH>9.77 时，硅酸表面所带净电荷为负值(酸式硅酸根的优势区)，硅酸表面带的负电荷随着 pH 的增大而增多。当 8.77<pH<9.77 时，硅酸表面也有一定量的负电荷。因此，当 pH 在 8.77～10.1 时，铝粉和硅酸表面带有适量的相反电荷，有利于两者之间的相互吸引，包覆的水性铝银浆具有较好的稳定性效果。当介质的 pH 为 9.5 左右时，铝粉表面锚固硅胶的效率最佳，包覆水性铝银浆的稳定性效果最好。当介质的 pH>10.1 时，铝粉和硅酸表面均带负电荷，二者相互排斥，导致硅酸在介质中自聚结晶。当介质的 pH<8.77 时，电中性的硅酸和酸式硅酸根的比例大于 10:1，会减弱硅胶膜和铝粉的吸引，导致硅胶自聚结晶。

实验表明，采用适量的 $\left[Cu(NH_3)_y\right]^{2+}$ 和 $\left[Ni(NH_3)_z\right]^{2+}$ 可以促进二氧化硅溶胶凝胶膜包覆在铝粉表面，起到很好的保护措施。低添加量的锚固剂导致锚固效率低，这是很容易理解的。但当$[Cu(NH_3)_4]^{2+}$及$[Ni(NH_3)_6]^{2+}$过量添加，因为过多的$[Cu(NH_3)_4]^{2+}$及$[Ni(NH_3)_6]^{2+}$导致更多的$[Al(OH)_x]^{(3-x)+}$形成；且由于放出 NH_3 量增大，pH 升高，$[Al(OH)_x]^{(3-x)+}$在溶液中溶解度也增大。$[Al(OH)_x]^{(3-x)+}$可参与硅溶胶-凝胶的异核结晶，导致二氧化硅溶胶在铝粉表面的锚固效率降低。

15.2.5　H_2O_2 作为锚固剂实现无氨生产

氨性物质有强烈的刺激性气味，无论生产过程还是应用过程都会造成环境污染。由 15.2.2 小节和 15.2.3 小节可知，溶胶-凝胶法包覆铝颜料的过程通常是在弱碱性介质中进行的。在碱性介质中，H_2O_2 可氧化金属铝，其反应式如下

$$3HO_2^- + 2Al + 3H_2O \longrightarrow 2\left[Al(OH)_x\right]^{(3-x)+} + (9-2x)OH^- \qquad (15\text{-}6)$$

而硼砂缓冲溶液是一种良好的无氨介质。马志领等的结果表明：以正硅酸乙酯和 γ-氨丙基三乙氧基硅烷(KH550)为前驱体，包覆介质的 pH 和 H_2O_2 的用量对铝颜料表面硅膜的形成有重要影响，并进一步影响了在腐蚀介质中的稳定性。控制反应介质的 pH 在 8.77～10.10 时，铝粉表面的勃姆石带有足量的正电荷，而硅溶胶-凝胶带有负电荷，二者相互吸引，勃姆石型氢氧化物的羟基可与硅溶胶-凝胶的硅羟基反应，进而在铝粉表面上形成二氧化硅薄膜。扫描电镜分析、光学显微镜分析和稳定性测试证明，当包覆介质的 pH 为 9.5，H_2O_2 为铝粉表面每平方米 $5.1×10^{-5}mol$ 时，铝粉表面形成了一层光滑、致密、遮盖率最佳的包覆膜并显示最佳的耐腐蚀性。

15.2.6　依据溶度积原理制备水性彩色隐身颜料

铝粉是金属，可以吸收外界辐射能，且发射率低，因此可以作为红外隐身颜料。但铝粉对可见光的高反射率又限制了其在可见光波段的隐身性能。另外，SiO_2 包覆法制得的水性铝粉颜料仍为银白色，色彩单一且所得涂层的反射率高，不能满足可见光和红外光范围的兼容隐身要求。马志领等以 H_2O_2 为锚固剂，①以 $FeSO_4 \cdot 7H_2O$ 为氧化铁前驱体，控制 pH 为 5.0，

温度为 45℃和异丙醇与水比为 2：1 的条件下，铝粉表面形成的水铝石诱导氧化铁晶种形成针铁矿型氧化铁的包覆层；体系 pH 的升高，氧化铁晶种的供给速率加快，易自聚；体系 pH 的降低，溶液的过饱和度偏低，氧化铁晶种的供给速率降低，在铝粉表面形成片状的针铁矿型包覆层，涂层的反射率高，不适宜制备隐身颜料。②以 $FeCl_3 \cdot 6H_2O$ 代替 $FeSO_4 \cdot 7H_2O$ 为氧化铁前驱体时，控制 pH 为 6.5 左右，在铝粉表面形成无定形的水铁矿包覆层，呈卡其色，能够遮盖铝粉的金属光泽，适合制备隐身颜料。

习　　题

1. 官能化秸秆的制备利用了哪些基本理论？
2. 吸附剂具有哪些基团有利于去除废水中的重金属？利用了哪些基本原理？
3. 为什么对铝粉颜料进行包覆处理？什么是水性铝粉颜料？
4. 请谈一谈基本理论和原理在实际应用中的体会。

参 考 文 献

董元彦, 王运, 张方钰. 2011. 无机及分析化学. 3 版. 北京: 科学出版社.

龚静静, 胡宏祥, 朱昌雄, 等, 2018. 秸秆还田对农田生态环境的影响综述. 江苏农业科学, 46(23): 36-40.

韩冰, 马志领, 刘薇, 等. 2021. 针对含重金属阳离子废水的处理方法: CN112604662A.

韩冰, 王献玲, 马志领, 等. 2019. 一种低温控氧碳化生物秸秆制备生物炭的方法: CN110624504A.

何俊瑜, 崔志文, 任艳芳, 等. 2019. 一种处理废水中重金属镉的磁改性生物炭的制备方法: CN110586035A.

侯振雨, 李英, 郝海玲. 2016. 无机及分析化学. 北京: 化学工业出版社.

黄晓琴. 2012. 无机及分析化学. 3 版. 武汉: 华中师范大学出版社.

焦运红, 马志领, 李翠翠, 等. 2014. 无氨环境下利用锚固剂对铝粉颜料进行包覆的方法: CN104059397A.

焦运红, 马志领, 王静, 等. 2019. 一种锡氧化物包覆的水性铝粉颜料的制备方法: CN107418257B.

李利君, 皮丕辉, 王炼石, 等. 2010. 改进的溶胶/凝胶法制备包覆型铝颜料. 材料科学与工艺, 18(4): 464-468.

刘从荡. 2017. 一种包覆型铝粉颜料的制备方法: CN106317969A.

马志领, 李志林, 周国强, 等. 2015. 无机化学及分析化学. 2 版. 北京: 化学工业出版社.

马志领, 乔艳君, 王献玲, 等. 2016. $[Ni(NH_3)_6]^{2+}$为锚固剂制备 SiO_2 包覆的水性铝颜料. 河北大学学报(自然科学版), 36(2): 141-147.

马志领, 王献玲, 温雅静, 等. 2019. 一种铁氧化物包覆的彩色水性铝粉颜料的制备方法: CN107163625B.

南京大学《无机及分析化学》编写组. 2015. 无机及分析化学. 5 版. 北京: 高等教育出版社.

皮丕辉, 陈军, 李利君, 等. 2009. 纳米 SiO_2 包覆改性薄片铝粉颜料及其耐酸性研究. 湖南大学学报(自然科学版), 36(12): 53-58.

陶畅, 马志领, 刘渊博, 等. 2019. 多功能水性铝粉颜料的制备及应用. 河北大学学报(自然科学版), 39(2): 159-165.

王运, 胡先文. 2019. 无机及分析化学. 5 版. 北京: 科学出版社.

位会棉, 马志领, 李翠翠. 2015. 铜离子氧化铝粉增强磷酸酯对铝颜料的缓蚀作用. 中国表面工程, 28(1): 96-100.

颜秀茹. 2016. 无机化学与化学分析. 北京: 高等教育出版社.

Ma Z L, Li C C, Wei H M, et al. 2015. Silica sol-gel anchoring on aluminum pigments surface for corrosion resistance based on aluminum oxidized by hydrogen peroxide. Dyes and Pigments, 114: 253-258.

Ma Z L, Wei H M, Li C C, et al. 2015. Silica sol-gel anchoring on aluminum pigments surface for corrosion protection based on aluminum oxidized by copper ammonia complex ion. Dyes and Pigments, 113: 730-736.

Ma Z L, Wen Y J, Zhang C Y, et al. 2018. Coloured waterborne aluminium pigments prepared by iron oxides encapsulation method using $FeSO_4$ and $FeCl_3$ as iron source. Pigment & Resin Technology, 47(3): 216-227.